中国国家标准汇编

384

GB 21970～22034

（2008 年制定）

中国标准出版社 编

中国标准出版社

北 京

图书在版编目（CIP）数据

中国国家标准汇编：2008年制定.384：GB 21970～22034/中国标准出版社编.—北京：中国标准出版社，2009

ISBN 978-7-5066-5296-4

Ⅰ.中…　Ⅱ.中…　Ⅲ.国家标准-汇编-中国-2008
Ⅳ.T-652.1

中国版本图书馆CIP数据核字（2009）第075155号

中国标准出版社出版发行
北京复兴门外三里河北街16号
邮政编码:100045

网址 www.spc.net.cn
电话:68523946　68517548
中国标准出版社秦皇岛印刷厂印刷
各地新华书店经销

*

开本 880×1230　1/16　印张 38.75　字数 1 155 千字
2009年6月第一版　2009年6月第一次印刷

*

定价 200.00 元

ISBN 978-7-5066-5296-4

出 版 说 明

1.《中国国家标准汇编》是一部大型综合性国家标准全集。自1983年起，按国家标准顺序号以精装本、平装本两种装帧形式陆续分册汇编出版。它在一定程度上反映了我国建国以来标准化事业发展的基本情况和主要成就，是各级标准化管理机构，工矿企事业单位，农林牧副渔系统，科研、设计、教学等部门必不可少的工具书。

2.《中国国家标准汇编》收入我国每年正式发布的全部国家标准，分为"制定"卷和"修订"卷两种编辑版本。

"制定"卷收入上一年度我国发布的、新制定的国家标准，顺延前年度标准编号分成若干分册，封面和书脊上注明"20××年制定"字样及分册号，分册号一直连续。各分册中的标准是按照标准编号顺序连续排列的，如有标准顺序号缺号的，除特殊情况注明外，暂为空号。

"修订"卷收入上一年度我国发布的、被修订的国家标准，视篇幅分设若干分册，但与"制定"卷分册号无关联，仅在封面和书脊上注明"20××年修订-1，-2，-3，……"字样。"修订"卷各分册中的标准，仍按标准编号顺序排列(但不连续)；如有遗漏的，均在当年最后一分册中补齐。需提请读者注意的是，个别非顺延前年度标准编号的新制定的国家标准没有收入在"制定"卷中，而是收入在"修订"卷中。

读者配套购买《中国国家标准汇编》"制定"卷和"修订"卷则可收齐上一年度我国制定和修订的全部国家标准。

3. 由于读者需求的变化，自1996年起，《中国国家标准汇编》仅出版精装本。

4. 2008年我国制修订国家标准共5946项。本分册为"2008年制定"卷第384分册，收入国家标准GB 21970～22034的最新版本。

中国标准出版社

2009年5月

目　　录

ICS 13.060
Z 16

中华人民共和国国家标准

GB/T 21970—2008

水质　组胺等五种生物胺的测定 高效液相色谱法

Water quality—Determination of putrescine, cadaverine, spermidine, spermine and histamine—High performance liquid chromatography method

2008-06-11 发布　　2008-06-11 实施

中华人民共和国国家质量监督检验检疫总局
中国国家标准化管理委员会　发布

前　言

本标准的附录A、附录B、附录C为资料性附录。

本标准由中华人民共和国科学技术部和中国分析测试协会共同提出。

本标准由全国仪器分析测试标准化技术委员会归口。

本标准负责起草单位:中国医学科学院药物研究所、中国计量科学研究院。

本标准参加起草单位:中国人民解放军军事医学科学院、中国疾病预防控制中心营养与食品安全所、中国科学院生态环境研究中心、北京理工大学、国家地质实验测试中心、岛津北京分析中心、北京市理化分析测试中心、中国农业科学院、中国地质大学(北京)、中国测试技术研究院。

本标准主要起草人:杜冠华、吕扬、李红梅、王琰、董方霆。

水质 组胺等五种生物胺的测定 高效液相色谱法

1 范围

本标准规定了用苯甲酰氯衍生化-高效液相色谱-紫外检测法测定水中腐胺、尸胺、亚精胺、精胺及组胺含量的方法。

本标准适用于水中 2.0 mg/L～40.0 mg/L 的腐胺、尸胺、亚精胺、精胺及组胺的测定。

2 规范性引用文件

下列文件中的条款通过本标准的引用而成为本标准的条款。凡是注日期的引用文件，其随后所有的修改单(不包括勘误的内容)或修订版均不适用于本标准，然而，鼓励根据本标准达成协议的各方研究是否可使用这些文件的最新版本。凡是不注日期的引用文件，其最新版本适用于本标准。

GB/T 6379.1—2004 测量方法与结果的准确度(正确度与精密度) 第1部分：总则与定义

GB/T 6379.2—2004 测量方法与结果的准确度(正确度与精密度) 第2部分：确定标准测量方法重复性与再现性的基本方法

GB/T 6682 分析实验室用水规格和试验方法(GB/T 6682—1992，neq ISO 3696：1987)

GB/T 12999 水质采样 样品的保存和管理技术规定

3 术语和定义

下列术语和定义适用于本标准。

3.1

水样 water sample

供实验室检验或测试的未经处理的水。

3.2

试样 treated water

经过衍生化和萃取处理后，供高效液相色谱仪测试用水样。

4 原理

水样经苯甲酰氯衍生化后用乙醚萃取，萃取物经溶剂转换后用高效液相色谱-紫外检测器检测，外标法定量。

5 试剂和材料

除另有说明外，所用试剂均为分析纯，实验用水为 GB/T 6682 规定的一级水。

5.1 苯甲酰氯(C_7H_5OCl)。

5.2 乙醚($C_4H_{10}O$)。

5.3 甲醇(CH_4O)：色谱纯。

5.4 乙腈(C_2H_3N)：色谱纯。

5.5 氯化钠(NaCl)。

5.6 氮气(N_2)：99.99%。

5.7 滤膜:0.45 μm,水相。

5.8 一次性过滤器:ϕ13 mm～15 mm,0.45 μm,有机相。

5.9 氢氧化钠(NaOH)溶液:2.0 mol/L。

称取4 g氢氧化钠,用50 mL水溶解完全后,混匀。

5.10 乙酸铵(CH_3COONH_4)溶液:0.02 mol/L。

称取1.54 g乙酸铵于1 L容量瓶中,用水完全溶解,稀释至刻度,经滤膜(5.7)过滤。

5.11 腐胺标准贮备溶液:1.00 mg/mL。

准确称取0.182 7 g盐酸腐胺($C_4H_{12}N_2 \cdot 2HCl$,纯度≥99%)准确至0.000 1 g,于100 mL容量瓶中,用水溶解完全后,稀释至刻度,混匀。于4℃保存,有效期为3个月。

5.12 尸胺($C_5H_{14}N_2$)标准贮备溶液:1.00 mg/mL。

准确称取0.100 0 g尸胺(纯度≥99%)准确至0.000 1 g,于100 mL容量瓶中,用水完全溶解后,稀释至刻度,混匀。于4℃保存,有效期为3个月。

5.13 亚精胺($C_7H_{19}N_3$)标准贮备溶液:1.00 mg/mL。

准确称取0.100 0 g亚精胺(纯度≥99%)准确至0.000 1 g,于100 mL容量瓶中,用水完全溶解后,稀释至刻度,混匀。于4℃保存,有效期为3个月。

5.14 精胺($C_{10}H_{26}N_4$)标准贮备溶液:1.00 mg/mL。

准确称取0.100 0 g精胺(纯度≥99%)准确至0.000 1 g,于100 mL容量瓶中,用水完全溶解后,稀释至刻度,混匀。于4℃保存,有效期为3个月。

5.15 组胺($C_5H_9N_3$)标准贮备溶液:1.00 mg/mL。

准确称取0.100 0 g组胺(纯度≥99%)准确至0.000 1 g,于100 mL容量瓶中,用水完全溶解后,稀释至刻度,混匀。于4℃保存,有效期为3个月。

5.16 标准工作溶液:使用时配制。

5.16.1 分别移取10.0 mL腐胺(5.11)、尸胺(5.12)、亚精胺(5.13)、精胺(5.14)及组胺(5.15)标准贮备溶液,置于100 mL容量瓶中,用水稀释至刻度,混匀,获得标准混合溶液。此标准混合溶液1 mL含腐胺、尸胺、亚精胺、精胺及组胺各0.100 mg。

5.16.2 按表1分别移取不同体积的标准混合溶液(5.16.1)置于50 mL容量瓶中,用水稀释至刻度,混匀。

表1 标准工作溶液配制

标准混合溶液体积/mL	1.00	2.00	5.00	10.00	20.00
腐胺、尸胺、亚精胺、精胺、组胺浓度/(mg/L)	2.00	4.00	10.00	20.00	40.00
定容体积/mL	50	50	50	50	50

6 仪器

6.1 高效液相色谱仪,紫外检测器:带梯度洗脱装置。

6.2 色谱柱:C_{18}色谱柱,或性能相当者。

6.3 液体混匀器(或称涡旋混匀器)。

6.4 恒温水浴箱。

6.5 具塞刻度试管:10 mL。

6.6 分析天平:感量0.1 mg。

7 样品的制备和保存

7.1 水样保存

水样密封,于4℃保存,保存期不超过7 d。

7.2 试样保存

试样密封，于4℃保存，保存期不超过7 d。

8 测定步骤

警告：由于有机生物胺成分可能存在有一定的毒副作用及过敏反应，实施本标准操作时建议配戴口罩和橡胶手套。

8.1 水样的衍生和萃取

8.1.1 移取2.00 mL水样置于10 mL具塞刻度试管(6.5)中，加入1 mL氢氧化钠溶液(5.9)、20 μL苯甲酰氯(5.1)，在液体混匀器(6.3)上涡旋30 s，置于37℃水浴(6.4)中振荡，反应时间20 min，反应期间每隔5 min涡旋30 s。

8.1.2 衍生反应完毕后，加入1 g氯化钠(5.5)、2 mL乙醚(5.2)，振荡混匀，涡旋30 s，静置。待溶液分层后，用滴管将乙醚层完全移取至10 mL具塞刻度试管(6.5)中，用氮气(5.6)或吸耳球缓缓吹干乙醚，加1.00 mL甲醇(5.3)溶解，再用一次性过滤器(5.8)过滤后，作为高效液相色谱分析用试样。

8.2 不同浓度标准工作溶液的衍生和萃取

8.2.1 移取2.00 mL不同浓度的标准工作溶液分别置于5个10 mL具塞刻度试管(6.5)中，加入1 mL氢氧化钠溶液(5.9)、20 μL苯甲酰氯(5.1)，在液体混匀器(6.3)上涡旋30 s充分混匀。

8.2.2 萃取步骤同8.1.2。

8.3 高效液相色谱测定

8.3.1 色谱条件

a) 色谱柱：C_{18}色谱柱，5 μm，4.6 mm×250 mm，或性能相当者；

b) 柱温：室温；

c) 流动相：A(乙腈)，B(0.02 mol/L乙酸铵)。梯度洗脱条件见表2；

d) 检测波长：254 nm；

e) 进样量：20 μL。

表2 梯度洗脱条件

时间/min	流速/(mL/min)	A(乙腈)/%	B(0.02 mol/L乙酸铵)/%
0.00	1.0	30	70
5.00	1.0	75	25
10.00	1.0	75	25
15.00	1.0	30	70

8.3.2 液相色谱分析测定

8.3.2.1 仪器的准备

开机，预热，使用流动相冲洗色谱柱，待基线稳定30 min后开始进样。

8.3.2.2 定性分析

利用保留时间定性法。根据腐胺、尸胺、亚精胺、精胺及组胺的标准色谱图(参见附录A)中各物质的保留时间，确定样品中物质。

8.3.2.3 定量分析

校准方法为外标法。

8.3.2.3.1 校准曲线制作

使用衍生化的标准工作溶液(8.2.2)分别进样，以标准工作溶液浓度为横坐标，以峰面积为纵坐标，分别绘制腐胺、尸胺、亚精胺、精胺及组胺的校准曲线。

8.3.2.3.2 试样测定

使用试样(8.1.2)分别进样,每个试样重复3次,获得每个物质的峰面积。根据校准曲线计算被测试样中腐胺、尸胺、亚精胺、精胺及组胺的含量(mg/L)。

水样中各待测物质的响应值均应在本标准的线性范围内。

注:当试样中某种生物胺的响应值高于本标准的线性范围时,应将水样稀释适当倍数后再进行衍生、萃取和测定。

9 结果计算

结果按式(1)计算:

$$X = f \times c \qquad (1)$$

式中:

X——水样中被测物质含量,单位为毫克每升(mg/L);

f——稀释倍数;

c——从标准工作曲线得到试样溶液中被测物质的含量,单位为毫克每升(mg/L)。

10 精密度

本标准精密度数据按照GB/T 6379.1—2004和GB/T 6379.2—2004规定确定,重复性和再现性值以95%的置信度计算,精密度结果应满足表3要求。

表3 水质中五种生物胺含量范围及重复性和再现性方程

成分	水平范围/(mg/L)	重复性限(r)	再现性限(R)
腐胺	2.0~40.0	r=0.726 5+0.250 1 m	R=0.908 1+0.381 4 m
尸胺	2.0~40.0	r=0.090 8+0.305 4 m	R=0.474 6+0.433 3 m
亚精胺	2.0~40.0	r=0.008 4+0.295 1 m	R=0.776 6+0.391 0 m
精胺	2.0~40.0	r=−0.188 6+0.358 5 m	R=1.393 0+0.609 7 m
组胺	2.0~40.0	r=0.333 4+0.373 1 m	R=0.336 9+0.589 7 m
注:m表示两次测定结果的算术平均值,单位为毫克每升(mg/L)。 如果两次测定值的差值超过重复性限r,应舍弃试验结果并重新完成两次单个试验的测定。			

精密度实验结果参见附录B,图示参见附录C。

11 实验报告

实验报告应包括下列内容:

a) 鉴别水样、实验室和分析日期等资料;

b) 遵守本标准规定的程度;

c) 分析结果及其表示;

d) 测定中观察到的异常现象;

e) 对分析结果可能有影响而本部分未包括的操作或者任选的操作。

12 质量控制与质量保证

实验人员、仪器设备、标准物质及水样的采集与保存等应满足如下要求:

a) 操作人员应按照国家相关规定,并具备从事相应实验的技术能力;

b) 仪器应通过检定或校准,在有效使用期内;

c) 建议采用有证标准物质,若采用自配标样,应使用有证标准物质对自配标样进行验证;

d) 水样采集和保存应严格执行本标准、GB/T 12999及国家其他相关规定,实施全过程质量控制和质量保证。

附 录 A
（资料性附录）
五种生物胺标准物质衍生物色谱图

五种生物胺标准物质衍生物的色谱图，见图 A.1。

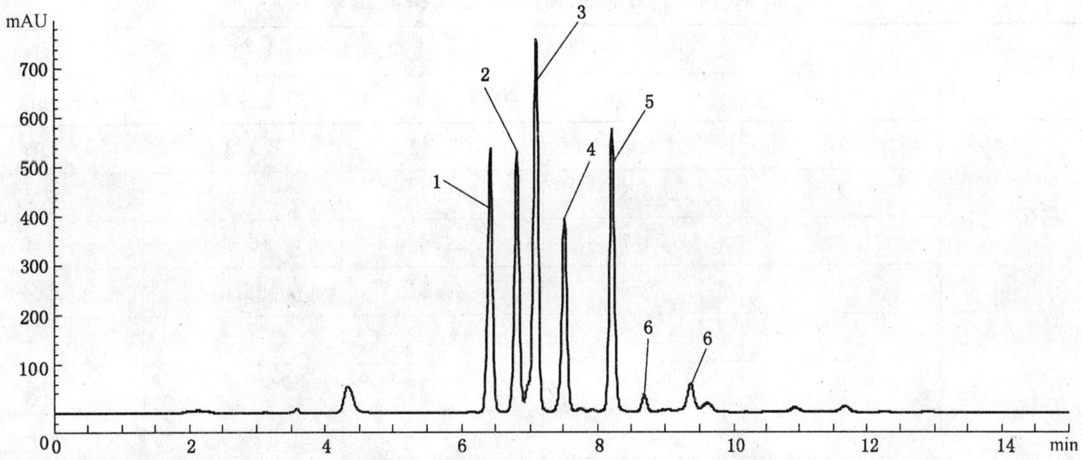

1——腐胺；
2——尸胺；
3——亚精胺；
4——精胺；
5——组胺；
6——反应副产物。

图 A.1 五种生物胺标准物质衍生物的色谱图

附 录 B
（资料性附录）
五种生物胺的精密度实验结果

五种生物胺的精密度实验结果见表 B.1。

表 B.1 五种生物胺精密度实验结果

成 分	样 品	实验结果/(mg/L)			
		理论值	测定结果平均值	重复性限(r)	再现性限(R)
腐胺	1	2.0	2.3	1.3	1.8
	2	15.8	15.4	4.0	7.7
	6	23.7	24.6	6.4	6.4
	3	39.6	40.3	12.6	20.2
尸胺	3	2.0	2.0	0.7	1.4
	2	16.0	15.8	4.7	7.9
	6	23.9	25.0	6.2	6.6
	1	39.9	39.5	15.0	23.6
亚精胺	1	2.1	2.2	0.7	1.7
	4	16.4	15.8	3.7	7.1
	6	25.2	27.0	6.6	8.8
	2	41.0	33.4	13.5	16.6
精胺	4	2.1	2.1	0.6	2.8
	3	16.4	13.8	3.8	8.3
	6	24.6	30.4	6.4	14.8
	1	41.0	43.3	24.1	38.0
组胺	2	2.0	2.1	1.1	1.6
	6	24.1	24.9	9.7	13.2
	3	40.2	35.7	13.5	23.8

附 录 C
（资料性附录）
五种生物胺的精密度数据图示

五种生物胺的精密度图示分别见图 C.1～图 C.5，对应的公式见本标准第 10 章。其中 R 表示再现性限，r 表示重复性限。

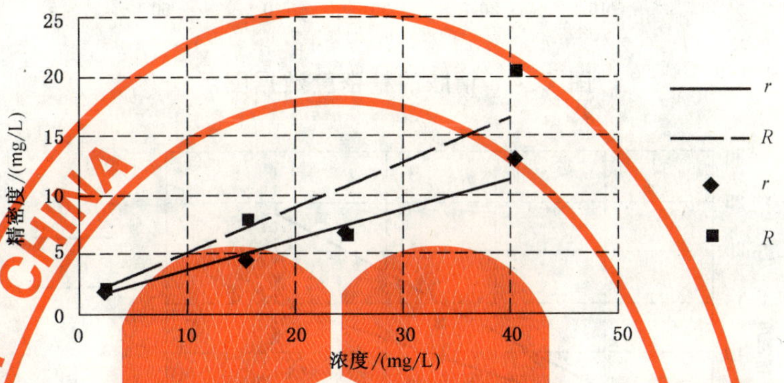

图 C.1 腐胺的精密度数据图示

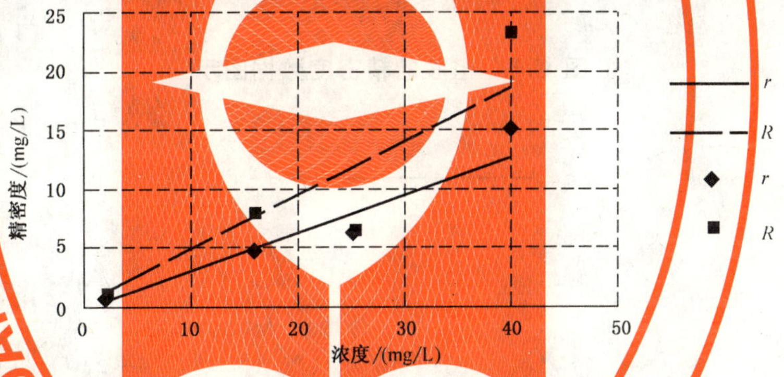

图 C.2 尸胺的精密度数据图示

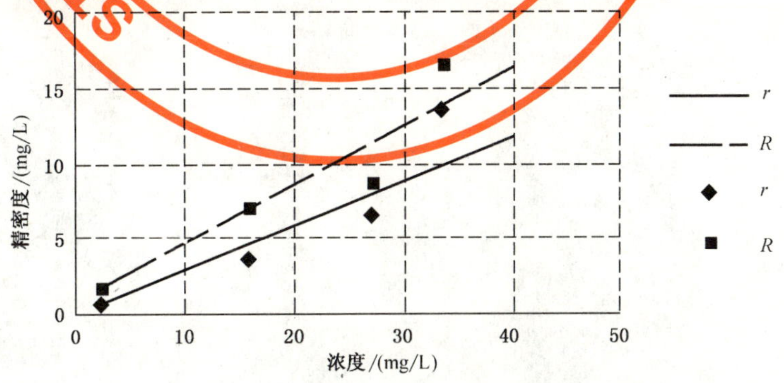

图 C.3 亚精胺的精密度数据图示

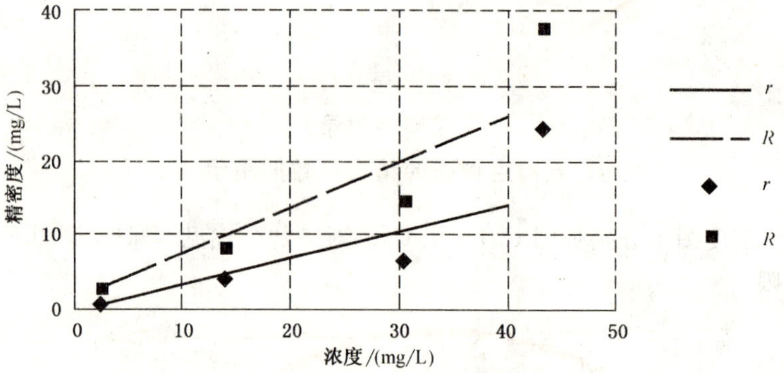

图 C.4 精胺的精密度数据图示

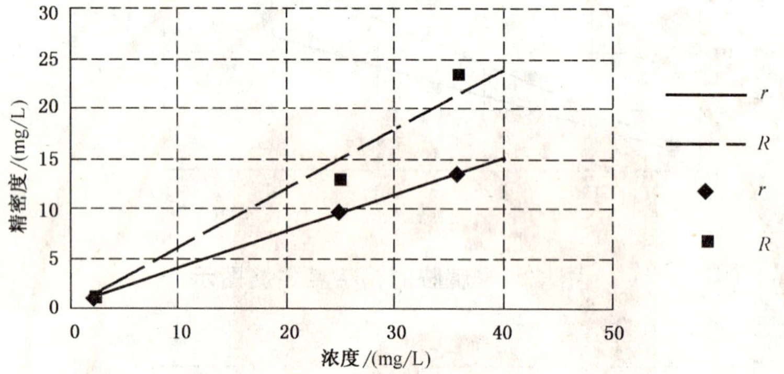

图 C.5 组胺的精密度数据图示

ICS 29.160.30
K 26

中华人民共和国国家标准

GB/T 21971—2008

YZD 系列起重用多速三相异步电动机技术条件

Technical specifications for YZD range of multi-speed three-phase induction motors for crane application

2008-06-13 发布 2009-03-01 实施

中华人民共和国国家质量监督检验检疫总局
中国国家标准化管理委员会 发布

前　言

本标准由中国电器工业协会提出。

本标准由全国旋转电机标准化技术委员会起重冶金和屏蔽电机标准化分技术委员会(SAC/TC 26/SC 3)归口。

本标准起草单位：佳木斯防爆电机研究所、佳木斯电机股份有限公司、南京特种电机厂有限公司、中国长江航运集团电机厂、山西电机制造有限公司。

本标准主要起草人：苗峰、刘卫星、谭玉林、唐庆华、胡建兴、贾玉清、苏颜利、李吉贵。

YZD系列起重用多速三相异步电动机
技术条件

1 范围

本标准规定了YZD系列起重用多速三相异步电动机的型式、基本参数与尺寸、技术要求、检验规则与试验方法以及标志、包装及保用期的要求。

本标准适用于各种起重机械电力传动用三相异步电动机(以下简称电动机),凡属本系列电动机所派生的各种电动机亦可参照执行。

2 规范性引用文件

下列文件中的条款通过本标准的引用而成为本标准的条款。凡是注日期的引用文件,其随后所有的修改单(不包括勘误的内容)或修订版均不适用于本标准,然而,鼓励根据本部分达成协议的各方研究是否可使用这些文件的最新版本。凡是不注日期的引用文件,其最新版本适用于本标准。

GB/T 191—2000 包装储运图示标志 (eqv ISO 780:1997)

GB 755—2000 旋转电机 定额和性能 (idt IEC 60034-1:1996)

GB/T 757—1993 旋转电机 圆锥形轴伸

GB/T 997—2003 旋转电机结构及安装型式(IM代号) (IEC 60034-7:1992,IDT)

GB/T 1032—2005 三相异步电动机试验方法

GB/T 1096—2003 普通型 平键 (ASME B18.25.1M:1996,NEQ)

GB/T 1993—1993 旋转电机冷却方法

GB/T 2423.4—1993 电工电子产品基本环境试验规程 试验Db:交变湿热试验方法(eqv IEC 60068-2-30:1980)

GB/T 4772.1—1999 旋转电机尺寸和输出功率等级 第1部分:机座号56～400和凸缘号55～1080(idt IEC 60072-1:1991)

GB/T 4942.1—2006 旋转电机整体结构的防护等级(IP代码)分级 (IEC 60034-5:2000,IDT)

GB 10068—2000 轴中心高为56 mm及以上电机的机械振动 振动的测量、评定及限值(idt IEC 60034-14:1996)

GB/T 10069.1—2006 旋转电机噪声测定方法及限值 第1部分:旋转电机噪声测定方法(ISO 1680:1999,MOD)

GB 10069.3—2006 旋转电机噪声测定方法及限值 第3部分:噪声限值(IEC 60034-9:1997,IDT)

GB/T 13306—1991 标牌

GB 20237—2006 起重冶金和屏蔽电机安全要求

JB/T 9615.1—2000 交流低压电机散嵌绕组匝间绝缘试验方法

JB/T 9615.2—2000 交流低压电机散嵌绕组匝间绝缘试验限值

3 型式、基本参数与尺寸

3.1 电动机外壳防护等级为IP44,接线盒防护等级为IP54(见GB/T 4942.1—2006)。

3.2 电动机冷却方法:机座号112及132为IC410,机座号160～250为IC411(见GB/T 1993—1993)。

3.3 电动机的结构及安装型式为IM1001、IM1002、IM1003、IM1004(见GB/T 997—2003),并按表1的规定制造。

表 1

结构安装型式	代　　号	制造范围(机座号)
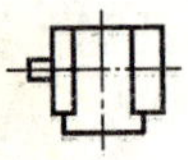	IM1001	112～160
	IM1003	180～250
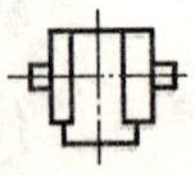	IM1002	112～160
	IM1004	180～250

3.4 电动机在基准工作制时的额定功率应符合表2的规定。

3.5 电动机基准工作制:高速为S3 25%,低速为S3 15%(即基准工作制为S3,基准负载持续率分别为25%、15%,每一工作周期为10 min)。

注:高速指同步转速为750 r/min～1 500 r/min,低速指同步转速为250 r/min～375 r/min。

3.6 电动机额定频率为50 Hz,额定电压为380 V;定子绕组为Y接法。根据用户需求,可增加零点引出线。

3.7 电动机在基准工作制时的速比,额定功率,转子转动惯量 J_m 与机座号的对应关系应符合表2的规定。

表 2

机座号	同步转速/(r/min)					J_m kg·m^2
	1500/375	1500/250	1000/375	750/300	1500/750/250	
	功率/kW					
112M	0.75/0.2	—	0.75/0.2	—	—	0.022
132M1	1.5/0.4	—	1.5/0.4	—	—	0.056
132M2	2.2/0.55	—	2.2/0.55	—	—	0.061
160M1	3.7/1.0	—	3.7/1.0	—	—	0.114
160M2	5.5/1.5	—	5.5/1.5	—	—	0.143
160L	7.5/2.0	—	7.5/2.0	—	—	0.192

表 2（续）

机座号	同步转速/(r/min)					J_m kg·m^2
	1500/375	1500/250	1000/375	750/300	1500/750/250	
	功率/kW					
180L	11/3.0	—	11/3.0	—	—	0.352
200L	—	11/1.5	—	11/3.7	13/11/3.0	0.622
225M	—	15/2.2	—	15/4.5	15/13/3.0	0.820
250M	—	22/3.0	—	22/6.3	22/20/3.7	1.432
250L	—	—	—	30/10	—	—
注：M 后面的 1、2 分别代表同一机座号和转速下的不同功率。						

3.8 转动惯量的容差为+10%。

3.9 电动机的尺寸及公差(见 GB/T 4772.1—1999)。

3.9.1 电动机的安装尺寸及其公差应符合图 1 及表 3 的规定，外形尺寸应不大于图 1 及表 3 的规定。

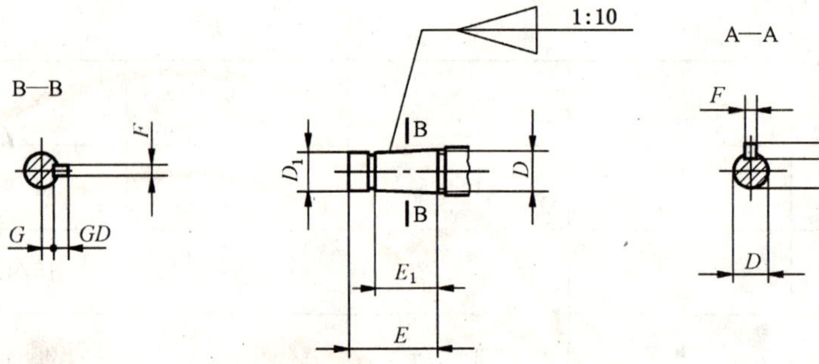

图 1 IM1001、IM1003、及 IM1002、IM1004

表

机座号	安装尺寸															
	A	$A/2$[1)]		B	C[2)]		CA	D[3)]		D_1	E		E_1		F	
	基本尺寸	基本尺寸	极限偏差	基本尺寸	基本尺寸	极限偏差		基本尺寸	极限偏差		基本尺寸	极限偏差	基本尺寸	极限偏差	基本尺寸	极限偏差
112M	190	95	±0.50	140	70	±2.0	135	32	+0.018 +0.002	—	80	±0.37	—	—	10	0 −0.036
132M	216	108		173	89		150	38								
160M	254	127	±0.75	210	108	±3.0	180	48			110	±0.43			14	0 −0.043
160L				254												
180L	279	139.5		279	121			55	+0.046 0	M36×3			82	0 −0.46		
200L	318	159		305	133		210	60		M42×3	140	±0.50	105		16	
225M	356	178		311	149	±4.0	258	65								
250M	406	203	±1.00	349	168		295	70		M48×3					18	
250L				406			315									

1) 如 K 孔的位置度合格，则 A/2 可不作考核。

2) C 尺寸的轴向偏差包括轴的窜动。

3) 圆锥形轴伸按 GB/T 757—1993 的规定进行检查。

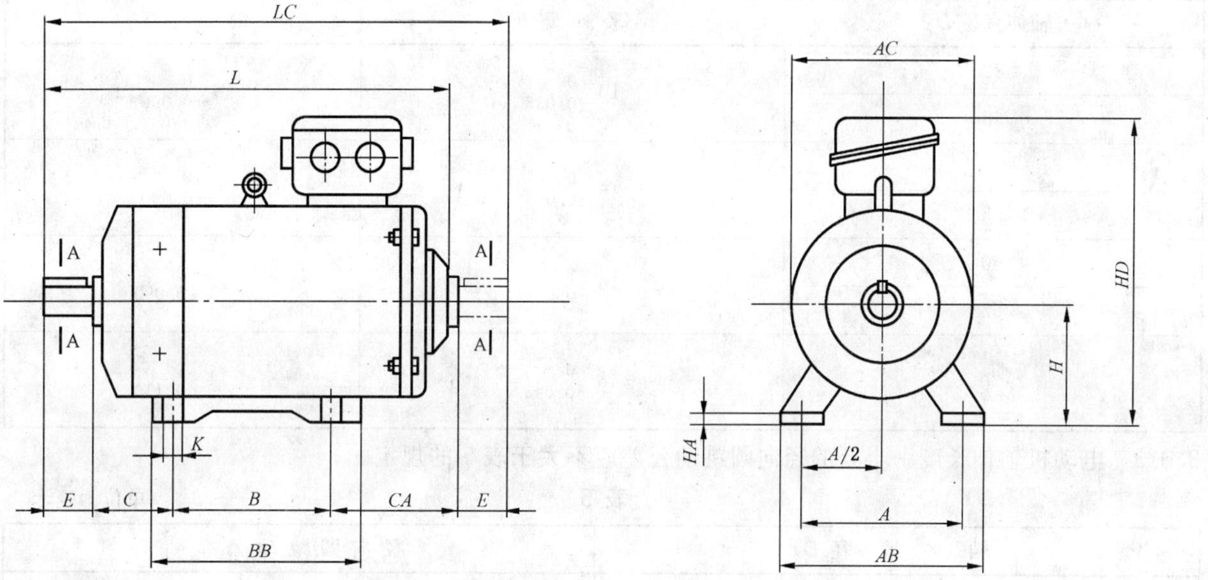

机座带底脚、端盖上无凸缘的电动机

3

单位为毫米

及公差								外形尺寸						
G		*H*		*K*										
基本尺寸	极限偏差	基本尺寸	极限偏差	基本尺寸	极限偏差	位置度公差	螺栓直径	*AB*	*AC*	*BB*	*HA*	*HD*	*L*	*LC*
27	0 −0.2	112	0 −0.5	12	+0.43 0	Φ1.0 Ⓜ	M10	250	245	235	18	335	420	505
33		132						275	285	260	20	365	495	577
42.5		160		15		Φ1.5 Ⓜ	M12	320	325	290	25	425	608	718
										335			650	762
19.9		180						360	360	380		465	685	800
21.4		200		19	+0.52 0		M16	405	405	400	23	510	780	928
23.9		225						455	430	410		545	850	998
25.4		250		24		Φ2.0 Ⓜ	M20	515	480	510	30	605	935	1 092
										560		680	1 040	1 200

3.9.2 电动机轴伸键的尺寸及其公差应符合表 4 的规定(见 GB/T 1096—2003)。

表 4

单位为毫米

轴伸直径 D	键　宽 F	键　高 GD
32	$10_{-0.036}^{0}$	$8_{-0.090}^{0}$
38		
48	$14_{-0.043}^{0}$	$9_{-0.090}^{0}$
55		
60	$16_{-0.043}^{0}$	$10_{-0.090}^{0}$
65		
70	$18_{-0.043}^{0}$	$11_{-0.110}^{0}$

3.9.3 电动机轴伸长度一半处的径向圆跳动公差应不大于表 5 的规定。

表 5

单位为毫米

轴 伸 直 径 D	径 向 圆 跳 动 公 差
>30～50	0.050
>50～80	0.060

3.9.4 电动机轴线对底脚支承平面的平行度公差应不大于 0.50 mm。

3.9.5 电动机底脚支承平面的平面度公差应不大于表 6 的规定。

表 6

单位为毫米

底脚外边缘距离的最大尺寸(AB 或 BB)	平 面 度 公 差
>160～250	0.15
>250～400	0.20
>400～630	0.25

3.9.6 电动机轴伸键槽的对称度公差应不大于表 7 的规定。

表 7

单位为毫米

键　槽　高	对　称　度　公　差
10	0.030
14	0.040
16	
18	

4　技术要求

4.1　电动机应符合本标准的要求,并按照经规定程序批准的图样及技术文件制造。

4.2　电动机在下列条件下使用时,应能额定运行。

4.2.1　海拔不超过 1 000 m,如果电动机指定在海拔超过 1 000 m 使用时,应按 GB 755—2000 的规定处理。

4.2.2　环境空气最高温度随季节变化,但不超过 40 ℃。最低环境空气温度为−15 ℃。如果电动机指定在环境空气温度高于或低于上述规定使用时,应按 GB 755—2000 的规定处理。

4.2.3　户内使用。

4.2.4 频繁地起动、制动(电气的或机械的)及逆转。

4.2.5 经常地机械震动及冲击。

4.2.6 电动机可在额定电压下直接起动。

4.3 电动机在额定电压、额定频率和基准工作制时,最大转矩、堵转转矩对额定转矩之比的保证值应不低于表8的规定,数值修约间隔为0.1。

表 8

转　速	最大转矩/额定转矩	堵转转矩/额定转矩
高　速	2.2	1.8
中　速	2.2	1.8
低　速	1.8	1.8

4.4 电动机在额定电压、额定频率下,基准工作制时,堵转电流的保证值应不大于表9的规定,数值修约间隔为0.1。

表 9

功率/kW	同步转速/(r/min)				
	1 500/375	1 500/250	1 000/375	750/300	1 500/750/250
	堵转电流/A				
0.75/0.2	16/4.3	—	18/5	—	—
1.5/0.4	40/12	—	48/13	—	—
2.2/0.55	50/14	—	54/15	—	—
3.7/1.0	72/13	—	80/15	—	—
5.5/1.5	74/18	—	90/18	—	—
7.5/2.0	105/25	—	122/30	—	—
11/3.0	140/40	—	178/40	—	—
11/3.7	—	—	—	160/45	—
15/4.5	—	—	—	220/58	—
22/6.3	—	—	—	300/80	—
11/1.5	—	145/30	—	—	—
15/2.2	—	195/38	—	—	—
22/3.0	—	280/52	—	—	—
30/10	—	—	—	660/128	—
13/11/3.0	—	—	—	—	145/110/40
15/13/3.0	—	—	—	—	200/130/40
22/20/3.7	—	—	—	—	270/170/50

4.5 电动机电气性能保证值的容差应不超过表10的规定。

表 10

项目名称	容　差
堵转转矩倍数	保证值的−15%
最大转矩倍数	保证值的−10%
堵转电流	保证值的+15%

4.6　电动机运行期间电源电压和频率与额定值的偏差应符合 GB 755—2000 的规定。

4.7　电动机采用联轴器或正齿轮传动，若采用正齿轮传动时，其齿轮节圆直径应不小于轴伸直径的 2 倍。

4.8　电动机采用 F 级绝缘，F 级绝缘电动机适用于环境空气温度不超过 40 ℃的场所。当海拔和环境空气温度符合 4.2.1 及 4.2.2 的规定时，电动机各发热部位的温升限值和允许温度应不超过表 11 的规定，数值修约间隔为 1。

如果试验地点的海拔和环境空气温度与 4.2.1 及 4.2.2 的规定不同时，温升限值应按 GB 755—2000 的规定修正。

表 11

电动机的发热部位	绝缘等级(热分级) F(155)
绕组温升(电阻法) IC410 IC411	 105K 100K
轴承允许温度(温度计法)	95 ℃

4.9　当三相电源平衡时，电动机三相空载电流中任何一相与三相平均值的偏差应不大于三相平均值的 10%。

4.10　电动机绕组的绝缘电阻，在热态下应不低于式(1)所求得的数值。

$$R_1 = \frac{U_1}{1\,000 + P/100} \qquad \cdots\cdots(1)$$

式中：

R_1——定子绕组绝缘电阻，单位为兆欧姆(MΩ)；

U_1——定子额定电压，单位为伏特(V)；

P——电动机额定功率，单位为千瓦特(kW)。

4.11　电动机定子绕组应能承受历时 1 min 的绝缘耐电压试验而不发生击穿，试验电压的频率为 50 Hz，并尽可能为正弦波形的交流电压。电压的有效值为 $1\,000\ \mathrm{V} + 2U_1$。

4.12　电动机的定子绕组应能承受匝间耐冲击电压试验而不发生击穿，其冲击电压峰值按 JB/T 9615.2—2000 的规定。

4.13　电动机在热态和逐渐增加转矩的情况下，应能承受 4.3 所规定的高速时的最大转矩(允许计及容差)，历时 15 s 而不发生转速突变、停转及有害变形，此时电压和频率应维持额定值。

4.14　电动机允许的最大转速对 4 极电动机为高速时同步转速的 2 倍，6 极、8 极电动机为高速时同步转速的 2.5 倍，电动机空载时应能承受 1.2 倍最大转速的超速试验，历时 2 min，转子不应发生有害变形。

4.15　电动机气隙不均匀度不大于表 12 的规定。

表 12

δ/mm	0.35	0.40	0.45	0.50	0.55	0.60	0.65	0.70
ε/δ/(%)	23.5	23.0	22.0	21.5	20.5	19.7	19.0	18.5

注：δ——气隙的基本尺寸

ε——气隙的不均匀值，其定义为：

$$\varepsilon = \frac{2}{3}\sqrt{\delta_1^2 + \delta_2^2 + \delta_3^2 - \delta_1\delta_2 - \delta_2\delta_3 - \delta_3\delta_1}$$

其中：δ_1、δ_2、δ_3 为相距 120°测得的气隙值。

4.16　电动机在空载时测得的振动速度有效值应不超过表 13 的规定，数值修约间隔为 0.1。

表 13

机　座　号	112～132	160～225	250
振动速度有效值/(mm/s)	1.8	2.8	3.5

4.17　电动机的绕组需进行 6 个周期 40 ℃交变湿热试验，试验后绝缘电阻应不低于 4.10 的规定，并能承受 4.11 所规定的耐电压试验而不发生击穿，但试验电压有效值为 1 500 V。

4.18　电动机在高速空载时测得的 A 计权声功率级的噪声限值应不超过表 14 的规定（见 GB 10069.3—2006），数值修约间隔为 1。其容差为+3 dB(A)。

表 14

<table>
<tr><td rowspan="3">功率/kW</td><td colspan="3">同步转速/(r/min)</td></tr>
<tr><td>1 500</td><td>1 000</td><td>750</td></tr>
<tr><td colspan="3">声功率级/dB(A)</td></tr>
<tr><td>0.75</td><td>78</td><td>75</td><td>—</td></tr>
<tr><td>1.5</td><td rowspan="2">82</td><td rowspan="2">78</td><td rowspan="2">—</td></tr>
<tr><td>2.2</td></tr>
<tr><td>3.7</td><td rowspan="2">86</td><td rowspan="2">82</td><td rowspan="2">—</td></tr>
<tr><td>5.5</td></tr>
<tr><td>7.5</td><td rowspan="2">90</td><td rowspan="2">85</td><td>—</td></tr>
<tr><td>11</td><td>82</td></tr>
<tr><td>13</td><td rowspan="3">94</td><td rowspan="4">—</td><td rowspan="3">86</td></tr>
<tr><td>15</td></tr>
<tr><td>22</td></tr>
<tr><td>30</td><td>—</td><td>90</td></tr>
</table>

4.19　电动机定子接线盒位于机座顶部，可沿电动机两侧方向出线。接线盒内设有接地螺钉，并应在接地螺钉的附近设有接地标志，此标志应保证电动机在整个使用时期内不易磨灭。

4.20　电动机上的各紧固螺栓须有防松措施。

4.21　电动机的安全性能应符合 GB 20237—2006 的规定。

5　检验规则与试验方法

5.1　每台电动机需经检验合格后方能出厂，并应附有产品合格证。

5.2　每台电动机应经过检查试验，检查试验项目包括：

5.2.1　机械检查

a)　转动检查：电动机转动时，轴承应平稳轻快，无停滞现象，声音均匀和谐，而不夹有害噪声；

b)　外观检查：检查电动机是否装配完整正确，表面油漆应完全干燥，色泽均匀，光滑，无污损、碰坏和裂纹等缺陷；

c)　安装尺寸、外形尺寸及键的尺寸检查：安装尺寸及外形尺寸应符合 3.9.1 的规定，键的尺寸应符合 3.9.2 的规定；

d)　圆跳动公差、底脚支承平面的平行度公差和平面度公差及键槽对称度公差的检查：圆跳动公差应符合 3.9.3 的规定；底脚支承平面的平行度公差和平面度公差应符合 3.9.4 和 3.9.5 的规定；键槽对称度公差应符合 3.9.6 的规定。底脚支承平面的平面度公差和键槽对称度公差允许在零部件上进行检查。

5.2.2 绕组对地及绕组相互间绝缘电阻的测定(检查试验时可测量冷态绝缘电阻,但应保证热态绝缘电阻不低于4.10的规定)。

5.2.3 绕组在实际冷态下直流电阻的测定。

5.2.4 空载电流及损耗的测定。

5.2.5 匝间绝缘耐冲击电压试验。

5.2.6 绕组相间和绕组对机壳的耐电压试验(允许在半成品上进行)。

5.2.7 噪声及振动的测定。

5.2.8 堵转电流和损耗的测定。

5.3 5.2.1中的a)和b)必须每台检查,c)、d)和5.2.7可以进行抽查,抽查办法由制造厂按有关规定执行。

5.4 凡遇下列情况之一者,必须进行型式试验。

a) 经鉴定定型后制造厂第一次试制或小批试生产时;

b) 当设计和工艺及材质上的变更足以引起某些性能和参数发生变化时;

c) 当检查试验结果与以前的型式试验结果发生不可允许的偏差时;

d) 成批生产的电动机应定期抽试,其抽试时间至少每年一次。

5.5 电动机的型式试验项目包括:

a) 检查试验的全部项目;

b) 效率、功率因数和转差率的测定;

c) 热试验;

d) 超速试验;

e) 短时过转矩试验;

f) 最大转矩的测定;

g) 转矩-转差率曲线的测定;

h) 堵转特性曲线和空载特性曲线的测定;

i) 转动惯量的测定。

5.6 5.2(其中5.2.1、5.2.5和5.2.7除外)和5.5中的b)~i)按GB/T 1032—2005进行;5.2.5按JB/T 9615.1—2000进行;5.2.7分别按GB/T 10069.1—2006和GB 10068—2000进行;5.2.1中的c)、d)按GB/T 4772.1—1999进行;5.2.1中c)锥轴伸检查按GB/T 757—1993进行;

5.7 电动机外壳防护等级的试验,40 ℃交变湿热试验以及气隙不均匀度检查,可在产品定型或当结构和工艺有较大改变时进行。外壳防护等级的试验方法按GB/T 4942.1—2006进行;40 ℃交变湿热试验方法按GB/T 2423.4—1993进行。

6 标志、包装及保用期

6.1 铭牌、变速指示牌上数据的刻划方法,应保证其字迹在电动机整个使用时期内不易磨灭(见GB/T 13306—1991)。

6.2 从风扇端看,铭牌应固定在电动机机座的右上半部,应标明项目如下:

a) 制造厂名称;

b) 电动机名称(起重用多速三相异步电动机);

c) 电动机型号;

d) 额定功率(给出双速或三速时的功率);

e) 额定电压,单位为V;

f) 额定电流,单位为A;

g) 额定频率，单位为 Hz；

h) 额定转速（给出双速或三速时的转速），单位为 r/min；

i) 工作制（给出双速或三速时的工作制）；

j) 接线方法（给出双速或三速时的接线方法）；

k) 绝缘等级；

l) 环境空气温度，单位为℃；

m) 转动惯量，单位为 $kg \cdot m^2$；

n) 防护等级；

o) 噪声限值，单位为 dB(A)；

p) 质量，单位为 kg；

q) 标准编号；

r) 出品编号；

s) 出品年、月。

6.3 电动机应设置变速指示牌并标明接线图，接线板与变速指示牌的标志应一致，其标志见表 15。

表 15

三 相	出线端标志				
	双 速		三 速		
	高 速	低 速	高 速	中 速	低 速
第一相	1U	2U	1U	2U	3U
第二相	1V	2V	1V	2V	3V
第三相	1W	2W	1W	2W	3W

6.4 电动机的轴伸平键须绑扎在轴上，轴伸及平键表面应有防锈及保护措施。

6.5 电动机的轴伸平键、使用说明书（同一用户、同一型号的一批电动机至少供给一份）及产品合格证应随同电动机供给用户。

6.6 电动机的包装应能保证在正常储运条件下，自发货之日起的一年时间内不致因包装不善而导致受潮与损坏。

6.7 包装箱外壁的文字和标志应清楚整齐，内容如下：

a) 发货站及制造厂名称；

b) 收货站及收货单位名称；

c) 电动机型号及出品编号；

d) 电动机净重及连同箱子的毛重；

e) 箱子尺寸，并在箱外的适当位置标有"小心轻放"、"怕湿"、"重心"等字样及符号，其图形应符合 GB/T 191—2000 的规定。

6.8 在用户按照使用说明书的规定，正确地使用与存放电动机的情况下，电动机在使用一年内，但自制造厂起运的日期不超过两年内，电动机因制造质量不良而发生损坏或不能正常工作时，制造厂应无偿地为用户修理或更换零件或电动机。

ICS 29.160.30
K 26

GB

中华人民共和国国家标准

GB/T 21972.1—2008

起重及冶金用变频调速三相异步电动机技术条件 第1部分:YZP系列起重及冶金用变频调速三相异步电动机

Technical specification for variable-frequency adjustable-speed three-phase induction motors for crane and metallurgical application—Part 1:YZP series variable-frequency adjustable-speed three-phase induction motors for crane and metallurgical applications

2008-06-13 发布　　　　2009-03-01 实施

中华人民共和国国家质量监督检验检疫总局
中国国家标准化管理委员会　发布

前　言

GB/T 21972《起重及冶金用变频调速三相异步电动机技术条件》分为三个部分：

第1部分：YZP系列起重及冶金用变频调速三相异步电动机；

第2部分：YZPZF系列起重及冶金用变频调速三相异步电动机；

第3部分：YZPLP系列起重及冶金用变频调速三相异步电动机。

本部分为GB/T 21972的第1部分。

本部分由中国电器工业协会提出。

本部分由全国旋转电机标准化技术委员会起重冶金和屏蔽电机标准化分技术委员会(SAC/TC 26/SC 3)归口。

本部分起草单位：佳木斯防爆电机研究所、佳木斯电机股份有限公司、江西特种电机股份有限公司、湖南特种电机有限责任公司、无锡宏泰起重电机有限公司、中国长江航运集团电机厂、重庆特种电机厂、安徽皖南电机股份有限公司、上海南洋电机有限公司、大连黄海起重电机有限责任公司、四川宜宾力源电机有限公司、河南奔宇电机有限公司。

本部分主要起草人：苗峰、潘波、吴冬英、汤松青、薛荣辉、唐庆华、尹启文、许洪清、祝俊峰、刘同元、黄涛、赵文明、谭玉林。

起重及冶金用变频调速三相异步电动机技术条件 第1部分:YZP系列起重及冶金用变频调速三相异步电动机

1 范围

GB/T 21972 的本部分规定了 YZP 系列起重及冶金用变频调速三相异步电动机的型式、基本参数与尺寸、技术要求、检验规则、试验方法以及标志、包装及保用期的要求。

本部分适用于变频器供电的各种起重机械及冶金辅助设备电力传动用三相异步电动机(以下简称电动机),凡属本系列电动机所派生的各种系列电动机均可参照执行。

2 规范性引用文件

下列文件中的条款通过 GB/T 21972 的本部分的引用而成为本部分的条款。凡是注日期的引用文件,其随后所有的修改单(不包括勘误的内容)或修订版均不适用于本部分,然而,鼓励根据本部分达成协议的各方研究是否可使用这些文件的最新版本。凡是不注日期的引用文件,其最新版本适用于本部分。

GB/T 191—2000 包装储运图示标志(eqv ISO 780:1997)

GB 755—2000 旋转电机 定额和性能(idt IEC 60034-1:1996)

GB/T 757—1993 旋转电机 圆锥形轴伸

GB/T 997—2003 旋转电机结构及安装型式(IM 代号)(IEC 60034-7:1992,IDT)

GB/T 1032—2005 三相异步电动机试验方法

GB/T 1096—2003 普通型 平键(ASME B18.25.1M:1996,NEQ)

GB/T 1993—1993 旋转电机冷却方法

GB/T 2423.4—1993 电工电子产品基本环境试验规程 试验 Db:交变湿热试验方法(eqv IEC 60068-2-30:1980)

GB/T 4772.1—1999 旋转电机尺寸和输出功率等级 第1部分:机座号 56~400 和凸缘号 55~1080(idt IEC 60072-1:1991)

GB/T 4942.1—2006 旋转电机整体结构的防护等级(IP 代码)分级(IEC 60034-5:2000,IDT)

GB 10068—2000 轴中心高为 56 mm 及以上电机的机械振动 振动的测量、评定及限值(idt IEC 60034-14:1996)

GB/T 10069.1—2006 旋转电机噪声测定方法及限值 第1部分:旋转电机噪声测定方法(ISO 1680:1999,MOD)

GB 10069.3—2006 旋转电机噪声测定方法及限值 第3部分:噪声限值(IEC 60034-9:1997,IDT)

GB/T 12351—1990 热带型旋转电机环境技术条件

GB/T 13306—1991 标牌

GB 20237—2006 起重冶金和屏蔽电机安全要求

JB/T 9615.1—2000 交流低压电机散嵌绕组匝间绝缘试验方法

3 型式、基本参数与尺寸

3.1 电动机的外壳与接线盒的防护等级均为IP54(见GB/T 4942.1—2006)。

3.2 电动机的冷却方式按表1的规定(见GB/T 1993—1993)。

表 1

冷却方式	制造范围(机座号)
IC410	100～132
IC411	160～400

3.3 电动机的结构及安装型式为IM1001、IM1002、IM1003、IM1004、IM3001、IM3003、IM3011、IM3013(见GB/T 997—2003),并按表2的规定制造。

表 2

结构安装型式	代号	制造范围(机座号)
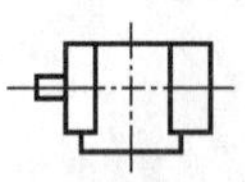	IM1001	100～160
	IM1003	180～400
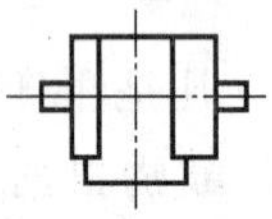	IM1002	100～160
	IM1004	180～400
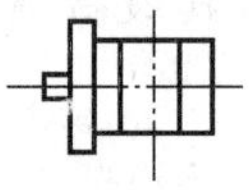	IM3001	100～160
	IM3003	180～315
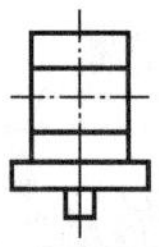	IM3011	100～160
	IM3013	180～315

3.4 电动机的工作制分为S1、S2、S3、S4、S5、S6、S7及S9八种类型,按S6、S7、S9订货时须与制造厂协商。电动机的定额是以断续周期工作制S3 40%为基准的周期工作定额(即基准工作制为S3,基准负载持续率为40%,每一工作周期为10 min)。电动机按基准工作制出厂,也可按合同特指的工作制及功率出厂。

3.5 电动机的额定电压为380 V,额定频率为50 Hz。

注:额定电压和额定频率是指电动机输出恒转矩和恒功率特性间的转折点相对应的电动机工作电压及频率。

3.6 电动机的定子绕组接法一般为Y形接法,根据需要也可为△形接法。

3.7 电动机的极数为4极、6极、8极、10极。

3.8 电动机在基准工作制时应按下列标称功率制造:1.5 kW、2.2 kW、3 kW、4kW、5.5 kW、6.3 kW、7.5 kW、11 kW、15 kW、22 kW、30 kW、37 kW、45 kW、55 kW、63 kW、75 kW、90 kW、110 kW、132 kW、160 kW、200 kW、250 kW、300 kW(见GB/T 4772.1—1999)。

3.9 电动机的机座号、基准工作制时的额定功率、额定转矩、转子转动惯量及变频调速范围的对应关系应按表3的规定。

注:额定转矩值按额定频率下的额定功率和同步转速折算。

3.10 电动机的尺寸及公差(见GB/T 4772.1—1999)。

3.10.1 电动机的安装尺寸及公差应符合图1～图3、表4～表6的规定,外形尺寸应不大于图1～图3、表4～表6的规定。

表 3

机座号	同步转速/(r/min)												恒转矩调频范围/Hz	恒功率调频范围/Hz
	1 500			1 000			750			600				
	标称功率/kW	额定转矩/N·m	转动惯量/kg·m^2	标称功率/kW	额定转矩/N·m	转动惯量/kg·m^2	标称功率/kW	额定转矩/N·m	转动惯量/kg·m^2	标称功率/kW	额定转矩/N·m	转动惯量/kg·m^2		
100L	2.2	14.0	0.012	—	—	—	—	—	—	—	—	—	5～50	50～100（对于 355～400 机座号 4 极时电动机恒功率调频范围为:50～75）
112M1	3.0	19.1	0.025	1.5	14.0	0.023	—	—	—	—	—	—		
112M2	4.0	25.5	0.026	2.2	21.0	0.026								
132M1	5.5	35.0	0.042	3.0	28.6	0.045	2.2	28.0	0.045	—	—	—		
132M2	6.3	40.0	0.044	4.0	38.0	0.051	3.0	38.2	0.051					
160M1	7.5	47.8	0.11	5.5	52.5	0.120	4.0	51.0	0.120	—	—	—		
160M2	11	70.0	0.13	7.5	71.5	0.149	5.5	70.0	0.149					
160L	15	95.5	0.15	11	105	0.190	7.5	95.5	0.190					
180L	22	140.0	0.25	15	143	0.370	11	140	0.370	—	—	—		
200L	30	191.0	0.41	22	210	0.630	15	190	0.630	—	—	—		
225M	37	235.5	0.51	30	286	0.780	22	280	0.770	—	—	—		
250M1	45	286.5	0.89	37	353	1.41	30	380	1.39	—	—	—		
250M2	55	350.0	1.03	45	429	1.63	37	471	1.61					
280S1	63	401.1	1.85	55	525	2.20	45	573	2.30	37	588	3.20		
280S2	75	477.5	2.00	63	600	2.40	—	—	—	—	—	—		
280M	90	573	2.20	75	715	2.80	55	700	2.80	45	716	3.70		
315S1	110	700	4.20	90	859	5.40	63	802	5.40	55	875	6.80		
315S2	—	—	—	—	—	—	75	955	5.80	63	1 002	7.30		
315M	132	840	4.90	110	1 050	6.40	90	1 146	6.40	75	1 193	8.10		
355M	160	1 019	6.40	132	1 260	14.1	110	1 400	14.1	90	1 432	14.2		
355L1	200	1 274	12.0	160	1 528	15.8	132	1 680	15.8	110	1 750	16.4		
355L2	250	1 592	13.0	200	1 910	17.3	160	2 037	17.3	132	2 100	18.0		
400L1	—	—	—	250	2 388	22.8	200	2 547	22.8	160	2 550	23.6		
400L2				300	2 865	25.8	250	3 183	25.8	200	3 183	25.2		

注：S、M、L 后面的数字 1、2 分别代表同一机座号和转速下的不同功率。

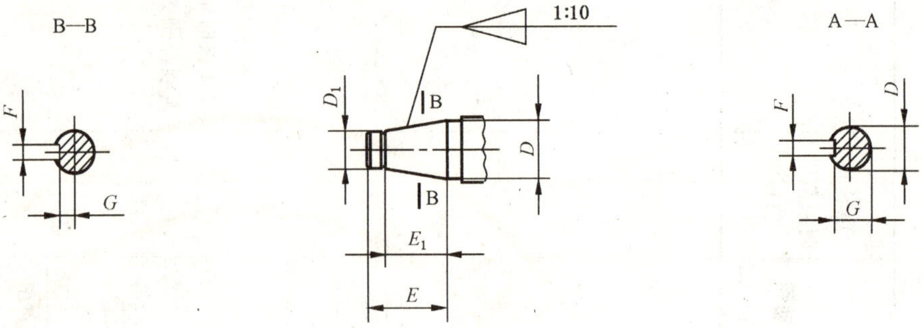

图 1　IM1001、IM1002、IM1003、IM1004 卧式安装的电动机

表

机座号	安装尺寸														
	A	A/2[a]	B	C^b 基本尺寸	C^b 极限偏差	CA	D^c 基本尺寸	D^c 极限偏差	D_1	E 基本尺寸	E 极限偏差	E_1 基本尺寸	E_1 极限偏差	F 基本尺寸	F 极限偏差
100L	160	80	140	63	±2.0	—	28	+0.009 −0.004	—	60	±0.37	—	—	8	0 −0.036
112M	190	95		70		135	32	+0.018 +0.002		80				10	
132M	216	108	178	89		150	38								
160M	254	127	210	108	±3.0	180	48			110	±0.43			14	0 −0.043
160L			254												
180L	279	139.5	279	121			55	+0.046 0	M36×3			82	0 −0.54		
200L	318	159	305	133		210	60		M42×3	140	±0.50	105		16	
225M	356	178	311	149	±4.0	258	65								
250M	406	203	349	168		295	70		M48×3					18	
280S	457	228.5	368	190			85	+0.054 0	M56×4	170		130	0 −0.63	20	0 −0.052
280M			419												
315S	508	254	406	216		320	95		M64×4					22	
315M			457												
355M	610	305	560	254		365	110		M80×4	210	±0.58	165		25	
355L			630												
400L	686	343	710	280		405	130	+0.063 0	M100×4	250		200	0 −0.72	28	

[a] 如 K 孔的位置度合格，则 A/2 可不考核。

[b] C 尺寸的极限偏差包括轴的窜动量。

[c] 圆锥形轴伸按 GB/T 757—1993 的规定。

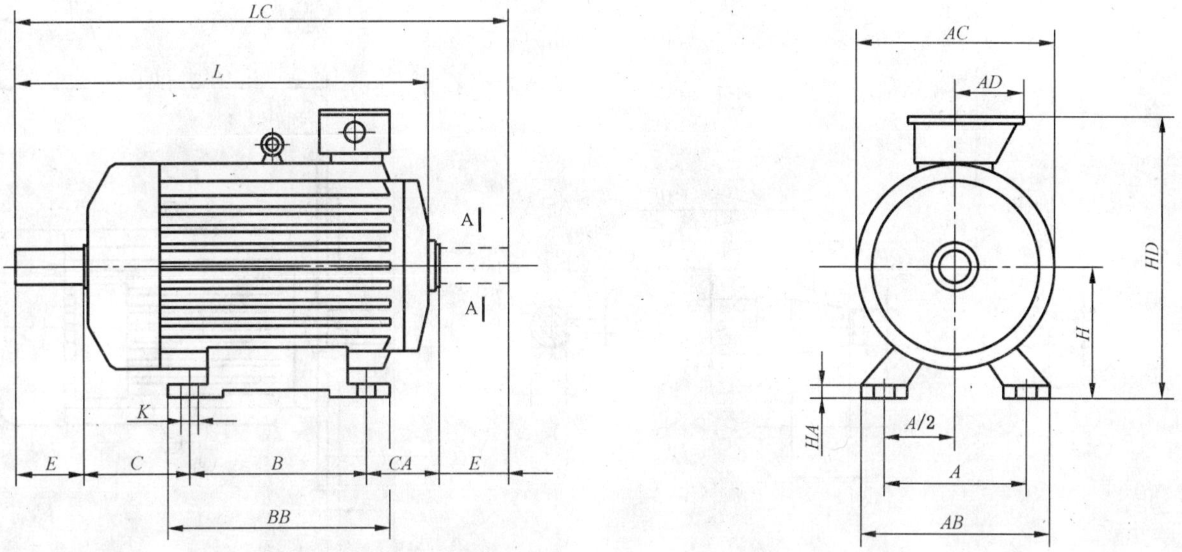

（机座号 100～132 为自冷式，160～400 为自扇冷式）

4

单位为毫米

及公差

G 基本尺寸	G 极限偏差	H 基本尺寸	H 极限偏差	K 基本尺寸	K 极限偏差	K 位置度	螺栓直径	外形尺寸 AB	AC	AD	BB	HA	HD	L	LC
24	0 −0.20	100	0 −0.5	12	+0.43 0	ϕ1.0Ⓜ	M10	206	215	135	200	12	250	330	395
27		112						250	245	160	235	15	330	420	505
33		132						275	285		260	17	360	495	577
42.5		160		15		ϕ1.5Ⓜ	M12	320	325	200	290	20	420	610	718
											335			650	762
19.9		180						360	360		380	22	460	685	800
21.4		200		19	+0.52 0		M16	406	405	245	400	25	510	780	928
23.9		225						455	430		410	28	545	850	998
25.4		250		24		ϕ2.0Ⓜ	M20	515	480	315	510	30	605	935	1 092
31.7		280	0 −1.0					575	535		530	32	665	1 000	1 180
											580			1 060	1 240
35.2		315		28			M24	640	620	370		35	750	1 130	1 310
											630			1 180	1 360
41.9		355						740	710	440	730	38	840	1 390	1 610
											800			1 460	1 680
50		400		35	+0.62 0	ϕ2.5Ⓜ	M30	855	800		880	45	1 090	1 645	1 890

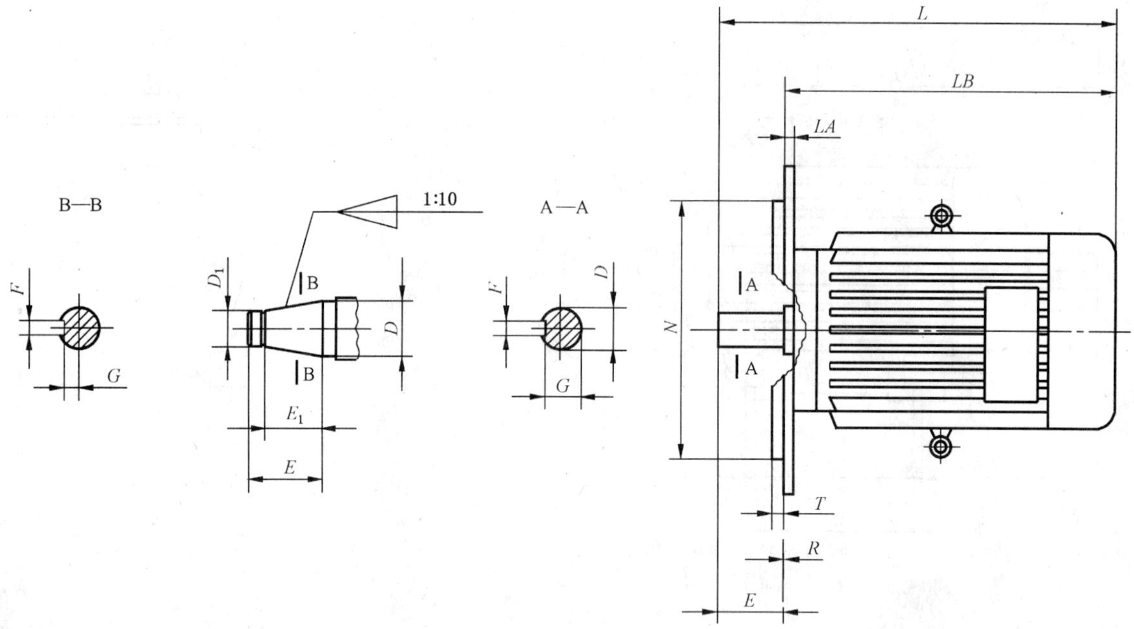

图 2　IM3001、IM3003 卧式安装的电动机（机座号

表

机座号	凸缘号	安装尺寸											
		D^a		D_1	E		E_1		F		G		M
		基本尺寸	极限偏差		基本尺寸	极限偏差	基本尺寸	极限偏差	基本尺寸	极限偏差	基本尺寸	极限偏差	
100L	FF215	28	+0.009 −0.004	—	60	±0.37	—	—	8	0 −0.036	24	0 −0.20	215
112M		32	+0.018 +0.002		80				10		27		265
132M	FF265	38									33		
160M	FF300	48			110	±0.43			14	0 −0.043	42.5		300
160L													
180L		55	+0.046 0	M36×3			82	0 −0.54			19.9		
200L	FF400	60		M42×3	140	±0.50	105		16		21.4		400
225M		65									23.9		
250M	FF500	70		M48×3	170				18		25.4		500
280S		85	+0.054 0	M56×4			130	0 −0.63	20	0 −0.052	31.7		
280M													
315S	FF600	95		M64×4					22		35.2		600
315M													

[a] 圆锥形轴伸按 GB/T 757—1993 的规定。

[b] P 为最大极限尺寸。

[c] R 为凸缘配合面至轴肩的距离，其极限偏差包括轴的窜动量。

机座号 100～180　　　　　　　　　　机座号 200～315

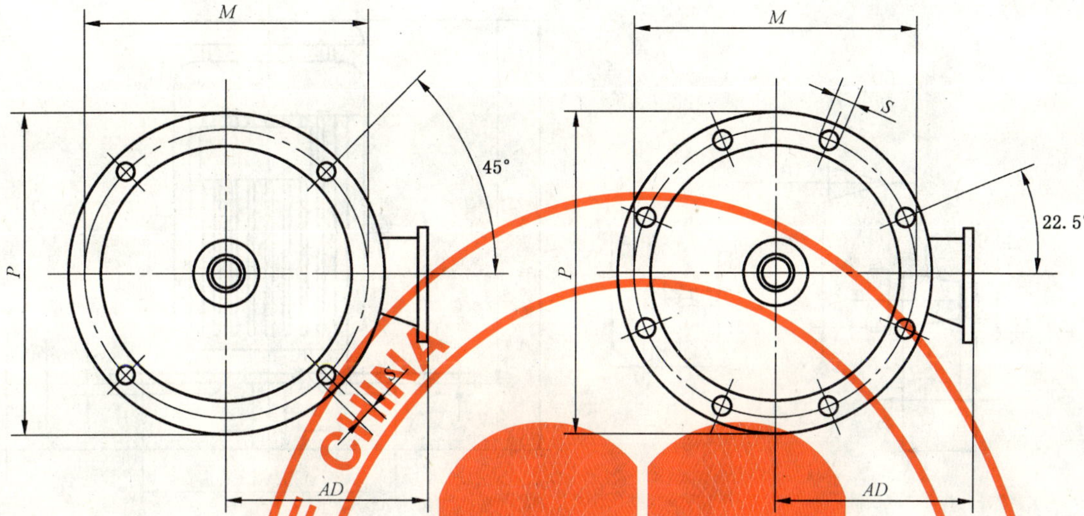

100～132 为自冷式，160～315 为自扇冷式）

5

单位为毫米

及公差											外形尺寸			
N		*P*[b]	*R*[c]		*S*			螺栓直径	*T* 最大	孔数（个）	*AD*	*L*	*LA*	*LB*
基本尺寸	极限偏差		基本尺寸	极限偏差	基本尺寸	极限偏差	位置度							
180	+0.014 −0.011	250	0	±2.0	15	+0.43 0	ϕ1.5Ⓜ	M12	4	4	180	330	14	270
230	+0.016 −0.013	300									220	420		340
											230	495		415
250		350		±3.0	19	+0.52 0		M16	5		260	610	18	500
												650		540
											280	685		575
350	±0.018	450		±4.0						8	320	780	20	640
											335	850		710
450	±0.020	550									385	935	22	795
											435	1 000		830
												1 060		890
660	±0.022	660			24		ϕ2.0Ⓜ	M20	6		520	1 130	25	960
												1 180		1 010

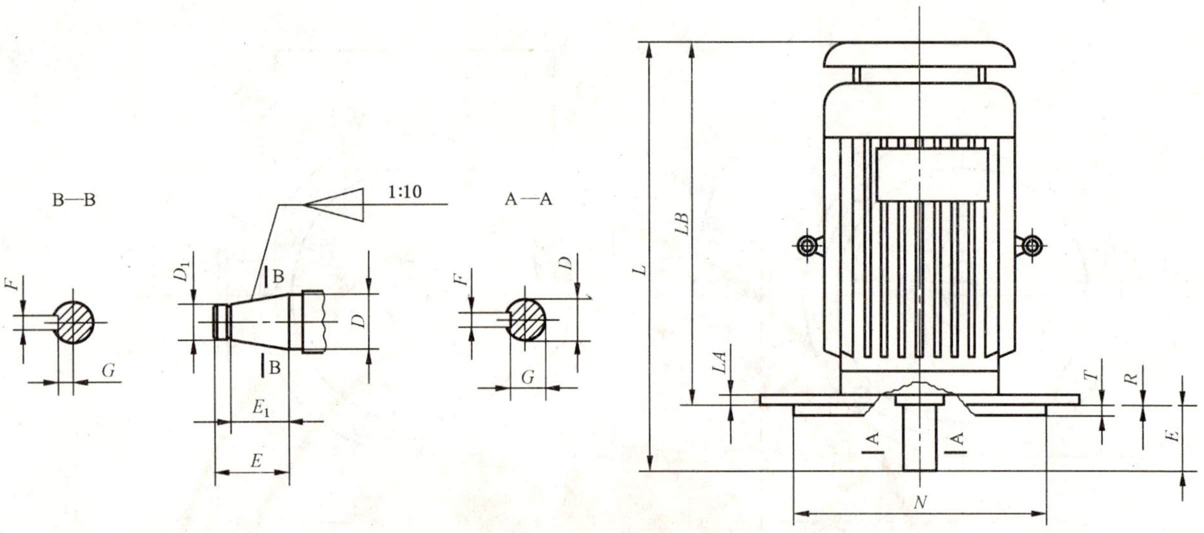

图 3　IM3011、IM3013 立式安装的电动机(机座号

表

机座号	安装尺寸												
	凸缘号	D[a]		D_1	E		E_1		F		G		M
		基本尺寸	极限偏差		基本尺寸	极限偏差	基本尺寸	极限偏差	基本尺寸	极限偏差	基本尺寸	极限偏差	
100L	FF215	28	+0.009 −0.004	—	60	±0.37	—	—	8	0 −0.036	24	0 −0.20	215
112M		32	+0.018 +0.002		80				10		27		265
132M	FF265	38									33		
160M	FF300	48			110	±0.43			14	0 −0.043	42.5		300
160L													
180L		55	+0.046 0	M36×3			82	0 −0.54			19.9		
200L	FF400	60		M42×3	140	±0.50	105		16		21.4		400
225M		65									23.9		
250M	FF500	70		M48×3	170				18		25.4		
280S		85	+0.054 0	M56×4			130	0 −0.63	20	0 −0.052	31.7		500
280M													
315S	FF600	95		M64×4					22		35.2		600
315M													

a　圆锥形轴伸按 GB/T 757—1993 的规定。

b　P 为最大极限尺寸。

c　R 为凸缘配合面至轴肩的距离，其极限偏差包括轴的窜动量。

机座号 100～180

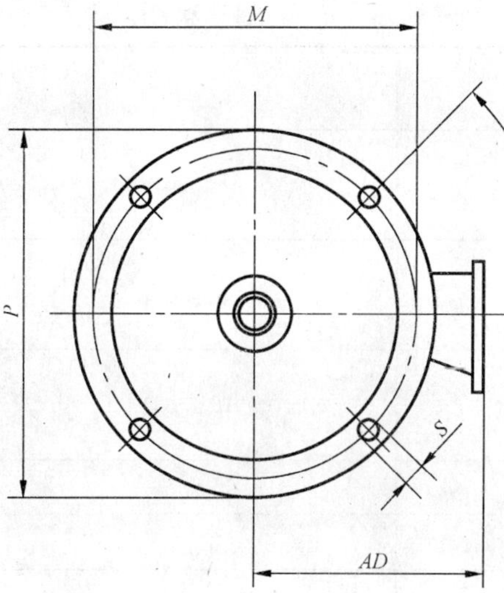

机座号 200～315

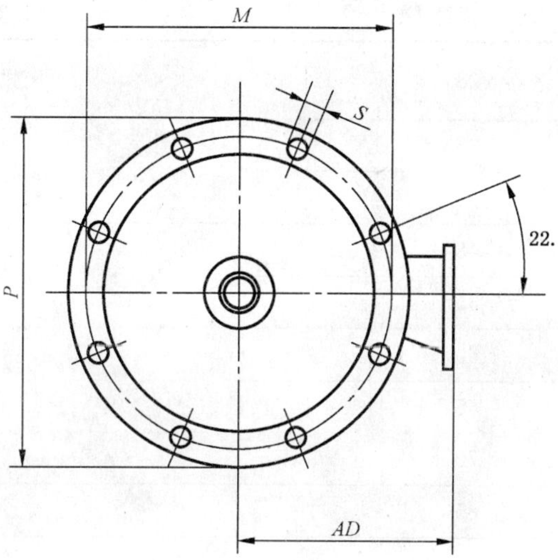

100～132 为自冷式，160～315 为自扇冷式）

6

单位为毫米

及公差											外形尺寸			
N		P^b	R^c		S			螺栓直径	T 最大	孔数（个）	AD	L	LA	LB
基本尺寸	极限偏差		基本尺寸	极限偏差	基本尺寸	极限偏差	位置度							
180	+0.014 −0.011	250	0	±2.0	15	+0.43 0	ϕ1.5Ⓜ	M12	4	4	180	370	14	310
230	+0.016 −0.013	300									220	460		380
											230	535		455
250		350		±3.0	19	+0.52 0		M16	5		260	660	18	550
												700		590
											280	735		625
350	±0.018	450		±4.0						8	320	830	20	690
											335	900		760
450	±0.020	550									385	995	22	855
											435	1 060		890
												1 120		950
660	±0.022	660			24		ϕ2.0Ⓜ	M20	6		520	1 190	25	1 020
												1 240		1 070

3.10.2 电动机轴伸键的尺寸及公差应符合表 7 的规定(见 GB/T 1096—2003)。

表 7

单位为毫米

<table>
<tr><th>轴伸直径 D</th><th>键　宽 F</th><th>键　高 GD</th></tr>
<tr><td>28</td><td>$8_{-0.036}^{0}$</td><td>$7_{-0.090}^{0}$</td></tr>
<tr><td>32</td><td rowspan="2">$10_{-0.036}^{0}$</td><td rowspan="2">$8_{-0.090}^{0}$</td></tr>
<tr><td>38</td></tr>
<tr><td>48</td><td rowspan="2">$14_{-0.043}^{0}$</td><td rowspan="2">$9_{-0.090}^{0}$</td></tr>
<tr><td>55</td></tr>
<tr><td>60</td><td rowspan="2">$16_{-0.043}^{0}$</td><td rowspan="2">$10_{-0.090}^{0}$</td></tr>
<tr><td>65</td></tr>
<tr><td>70</td><td>$18_{-0.043}^{0}$</td><td>$11_{-0.110}^{0}$</td></tr>
<tr><td>85</td><td>$20_{-0.052}^{0}$</td><td>$12_{-0.110}^{0}$</td></tr>
<tr><td>95</td><td>$22_{-0.052}^{0}$</td><td rowspan="2">$14_{-0.110}^{0}$</td></tr>
<tr><td>110</td><td>$25_{-0.052}^{0}$</td></tr>
<tr><td>130</td><td>$28_{-0.052}^{0}$</td><td>$16_{-0.110}^{0}$</td></tr>
</table>

3.10.3 电动机轴伸长度一半处的径向圆跳动公差应不大于表 8 的规定。

表 8

单位为毫米

轴伸直径 D	径向圆跳动公差
>18～30	0.04
>30～50	0.05
>50～80	0.06
>80～120	0.07
>120～130	0.08

3.10.4 凸缘止口对电动机轴线的径向圆跳动公差及凸缘配合面对电动机轴线的端面圆跳动公差应不大于表 9 的规定。

表 9

单位为毫米

凸　缘　代　号	径向及端面圆跳动公差
FF215～265	0.100
FF300～500	0.125
FF600～740	0.160

3.10.5 电动机轴线对底脚支承平面的平行度公差应不大于表 10 的规定。

表 10

单位为毫米

轴　中　心　高	平行度公差
100～250	0.5
280～400	1.0

3.10.6 电动机底脚支承平面的平面度公差应不大于表11的规定。

表 11

单位为毫米

底脚外边缘距离的最大尺寸(*AB* 或 *BB*)	平面度公差
>160~250	0.15
>250~400	0.20
>400~630	0.25
>630~1 000	0.30

3.10.7 电动机轴伸键槽的对称度公差应不大于表12的规定。

表 12

单位为毫米

键槽宽 *F*	对称度公差
8	0.03
10	
14	0.04
16	
18	
20	0.05
22	
25	
28	

4 技术要求

4.1 电动机应符合本部分的规定，并按照经规定程序批准的图样及技术文件制造。

4.2 在下列海拔高度、环境空气温度条件下，电动机应能在表3规定的频率范围内额定运行。

4.2.1 海拔不超过1 000 m，如果电动机指定在海拔超过1 000 m使用时，应按GB 755—2000的规定处理。

4.2.2 最高环境空气温度随季节变化，但一般环境空气温度不超过40 ℃，冶金环境空气温度不超过60 ℃，环境空气最低温度为−15 ℃。如果电动机指定在环境空气温度高于或低于上述规定使用时，应按GB 755—2000的规定处理。

4.2.3 户内使用。

4.2.4 按不同工作制的规定，频繁地起动、制动(电气的或机械的)及逆转。

4.2.5 经常地机械震动及冲击。

4.3 电动机采用联轴器或正齿轮传动，若采用正齿轮传动时，其齿轮节圆直径应不小于轴伸直径的2倍。

4.4 电动机运行期间电源电压和频率与额定值的偏差应符合GB 755—2000的规定。

4.5 电动机在规定频率范围内应能保证恒转矩(5 Hz~50 Hz)和恒功率(50 Hz~100 Hz)运行。

4.6 在额定电压和额定频率下，电动机堵转转矩对额定转矩之比的保证值为2倍，容差允许−15%。

4.7 在额定电压和额定频率下，电动机最大转矩对额定转矩之比的保证值见表13，容差允许−10%。

表 13

标称功率/kW	最大转矩/额定转矩
≤5.5	2.4
>5.5～7.5	2.6
>7.5	2.8

4.8 在额定电压和额定频率下，电动机堵转电流对额定电流之比的保证值允许9倍，容差允许+20%。

4.9 电动机的绝缘等级为F与H级两种，F级绝缘电动机适用于环境空气温度不超过40 ℃的场所，H级绝缘电动机适用于环境空气温度不超过60 ℃的场所。当海拔和环境空气温度符合4.2的规定时，电动机各发热部位的温升限值或允许温度应不超过表14的规定，数值修约间隔为1。

如果试验地点的海拔或环境空气温度与4.2的规定不同时，温升限值应按GB 755—2000的规定修正。

表 14

电动机的发热部位	绝缘等级(热分级)	
	F(155)	H(180)
绕组温升(电阻法)	105 K	105 K
轴承允许温度(温度计法)	95 ℃	115 ℃
注：轴承允许温度是指在4.2所规定的环境空气温度下的数值，当在低于规定的环境空气温度下测量时，轴承温度应为实测温度加规定的环境空气温度与实际环境空气温度之差。		

4.10 当电动机三相输入电源平衡时，电动机三相空载电流中任何一相与三相平均值的偏差应不大于三相平均值的10%。

4.11 电动机定子绕组绝缘电阻，在热态时或温升试验后，应不低于0.69 MΩ。

4.12 电动机在热试验后，在额定电压、额定频率下逐渐增加转矩的情况下，应能承受4.7所规定的最大转矩值(允许计及容差)的短时过转矩试验，历时15 s而无转速突变，停转及发生有害变形。

4.13 4极电动机在380 V、120 Hz电源供电空载运行状态下；6极、8极、10极电动机在380 V、150 Hz电源供电空载运行状态下，应能承受历时2 min的超速试验，试验后转子不应发生任何有害变形。

4.14 电动机的定子绕组应能承受为时1 min的耐电压试验而不发生击穿，试验电压的频率为50 Hz，并尽可能为正弦波形，电压的有效值为2 380 V。

4.15 电动机定子绕组应能承受匝间冲击耐电压试验而不击穿，其试验冲击电压峰值：100机座号为3 300 V，100以上机座号为3 670 V，容差为±3%，波前时间为0.5 μs。

4.16 电动机在空载运行状态下，在整个变频范围内其转速应平稳无停滞、无共振现象。

4.17 电动机的定子绕组在按GB/T 2423.4—1993所规定的40 ℃交变湿热试验方法进行6周期试验后，绝缘电阻应不低于0.69 MΩ，并应能承受4.14所规定的耐电压试验而不发生击穿，但试验电压有效值为2 000 V，试验时间为1 min。

4.18 电动机在采用变频器供电条件下空载时测得的振动速度有效值应不超过表15的规定，数值修约间隔为0.1。

表 15

机座号	100～132	>132～225	>225～400
振动速度有效值/(mm/s)	1.8	2.8	3.5

4.19 电动机在采用变频器供电条件下，空载时测得的A计权声功率级的噪声限值应不超过表16所规定的数值(见GB 10069.3—2006)。噪声数值的容差为+3 dB(A)，数值修约相隔为1。

表 16

功率/kW	同步转速/(r/min)			功率/kW	同步转速/(r/min)		
	1 500	1 000	750		1 500	1 000	750及600
	声功率级 dB(A)				声功率级 dB(A)		
1.5	—	78	—	37	98	91	90
2.2	82	78	74	45	100	94	93
3.0	86	82	78	55	100	94	93
4.0	86	82	78	63	103	98	96
5.5	86	82	78	75	103	98	96
6.3	90	85	—	90	103	98	96
7.5	90	85	82	110	103	98	96
11	90	85	82	132	106	102	99
15	94	88	86	160	106	102	99
22	94	88	86	200	106	102	99
30	98	91	90	250	108	105	102
—	—	—	—	300	—	105	—

4.20 电动机在检查试验时空载与堵转的电流和损耗，应在某一数据范围之内，该数据范围应能保证电动机性能符合4.5～4.8的规定。

4.21 电动机的接线盒应置于机座顶部或右侧(从主轴伸端视之)，可沿电动机两侧方向出线。电动机的接线盒内应有接地端子，对额定功率超过100 kW的电动机，应在机座上另设一个接地端子，并应在接地端子附近设置接地标志，此标志应保证在电动机的整个使用期内不易磨灭，并且不可拆卸。

4.22 在出线端标志的字母顺序与三相电源的电压相序相同时，从主轴伸端视之，电动机应为顺时针方向旋转。

4.23 电动机上的紧固螺栓须有防松措施。

4.24 电动机可按GB/T 12351—1990的规定制成湿热带型。

4.25 电动机的安全性能应符合GB 20237—2006的规定。

5 检验规则

5.1 每台电动机须经检验合格后方能出厂，并应附有产品合格证。

5.2 每台电动机应经过检查试验，检查试验项目包括：

a) 机械检查(按5.5和5.6的规定)；

b) 定子绕组对机壳及绕组相互间绝缘电阻的测定(检查试验时可测量冷态绝缘电阻，但应保证热态绝缘电阻不低于4.11的规定)；

c) 定子绕组在实际冷却状态下直流电阻的测定；

d) 耐电压试验；

e) 匝间绝缘试验；

f) 空载电流和损耗的测定；

g) 堵转电流和损耗的测定；

h) 噪声的测定；

i) 振动的测定。

5.3 凡遇下列情况之一者，必须进行型式试验。

a) 经鉴定定型后制造厂第一次试制或小批试生产时；

b) 电动机设计或工艺上的变更足以引起某些性能和参数发生变化时；

c) 当检查试验结果与以前的型式试验结果发生不可允许的偏差时；

d) 成批生产的电动机应定期抽试，每年抽试一次。当需要抽试的数量过多时，抽试时间间隔可适当延长。

5.4 电动机的型式试验项目包括：

a) 检查试验的全部项目；

b) 热试验；

c) 负载特性的测定；

d) 短时过转矩试验；

e) 最大转矩的测定；

f) 超速试验；

g) 转动惯量的测定；

h) 额定转速的测定；

i) 电动机从 0 Hz～100 Hz 空载运行，观察是否有异常振动与噪声的频点。

5.5 电动机的机械检查项目包括：

a) 转动检查：电动机转动时，应平稳轻快、无停滞现象；

b) 外观检查：检查电动机的装配是否完整正确，电动机表面油漆应干燥完整、均匀、无污损、碰坏、裂痕等缺陷；

c) 安装尺寸、外形尺寸及键的尺寸检查：安装尺寸及外形尺寸应符合 3.10.1 的规定；键的尺寸应符合 3.10.2 的规定；

d) 圆跳动、底脚支承平面的平行度和平面度及键槽对称度的检查：圆跳动应符合 3.10.3 和 3.10.4 的规定；底脚支承平面的平行度和平面度应分别符合 3.10.5 和 3.10.6 的规定；键槽对称度应符合 3.10.7 的规定。底脚支承面的平面度和键槽对称度允许在零部件上进行检查。

5.6 5.5 的 a)和 b)必须每台检查；5.2 的 h)、i)及 5.5 的 c)和 d)可以抽查，抽查办法由制造厂制定。

6 试验方法

6.1 5.2 和 5.4 的试验

5.2[其中的 e)、h)和 i)除外]和 5.4[其中的 b)、c)和 g)除外]所规定的各项试验，其试验方法按 GB/T 1032—2005 进行，5.2 的 e)按 JB/T 9615.1—2000 进行，5.5 所规定的安装尺寸及公差的检查按 GB/T 4772.1—1999 进行。

6.2 电动机外壳防护等级试验，40 ℃交变湿热试验

电动机外壳防护等级的试验，40 ℃交变湿热试验，可在产品结构定型或当结构和工艺有较大改变时进行。外壳防护等级的试验方法按 GB/T 4942.1—2006 进行；40 ℃交变湿热试验方法按 GB/T 2423.4—1993 进行。

6.3 5.2 的 h)电动机噪声的测定

在变频器供电下，分别在 20 Hz、50 Hz 和 100 Hz 三点频率处，测取电动机空载时的最大噪声，即为电动机的噪声值，试验方法按 GB/T 10069.1—2006 进行。

6.4 5.2 的 i)电动机振动的测定

在变频器供电下，分别在 20 Hz、50 Hz 和 100 Hz 三点频率处，测取电动机空载时的最大振动速度

有效值，即为电动机的振动值，试验方法按 GB 10068—2000 进行。

6.5　5.4 的 b)电动机绕组热试验

6.5.1　50 Hz 时电动机的热试验

将变频器频率调至 50 Hz，电动机在额定转矩下运行，并用温度计定期测定电动机机座温度，待其温升稳定后，立即停机，测取其定子绕组电阻，其温升计算方法按 GB/T 1032—2005 进行。

6.5.2　5 Hz 时电动机的热试验

在 6.5.1 的试验后立即重新起动电动机，将变频器频率调至 5 Hz，使电动机在额定转矩下运行，并用温度计定期测定电动机机座温度，待其温升稳定后，立即停机，测取其定子绕组电阻，其温升计算方法按 GB/T 1032—2005 进行。

6.6　5.4 的 c)电动机的负载特性测定

在 6.5.2 的试验后，重新起动电动机，将变频器频率分别调至 5 Hz、15 Hz、30 Hz、50 Hz 的频率下测取电动机的额定转矩、110%额定转矩、80%额定转矩，随后分别在 60 Hz、80 Hz、100 Hz 的频率下测取电动机在额定功率、110%额定功率、80%额定功率各点处的转矩值(此时的额定功率应折算为转矩)，然后绘出电动机的负载特性曲线(见图 7)。在测试过程中，电动机应平稳运转，无明显转矩脉动现象。

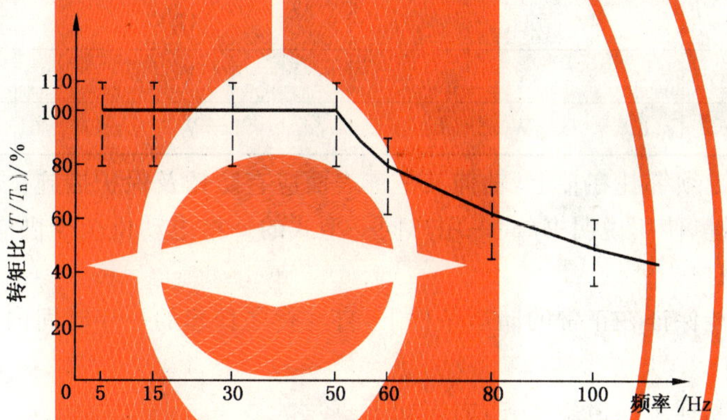

图 4　电动机的负载特性曲线

7　标志、包装及保用期

7.1　铭牌材料及铭牌上数据的刻划方法，应保证其字迹在电动机整个使用时期内不易磨灭(见 GB/T 13306—1991)。

7.2　铭牌应固定在电动机机座的上半部，应标明项目如下：

a)　制造厂名称；

b)　电动机名称；

c)　电动机型号；

d)　外壳防护等级(允许另作铭牌)；

e)　工作制；

f)　额定功率，单位为 kW；

g)　额定电流，单位为 A；

h)　额定电压，单位为 V；

i)　额定频率，单位为 Hz；

j)　额定转矩，单位为 N·m；

k)　额定转速，单位为 r/min；

l)　恒转矩频率范围(5 Hz～50 Hz)，恒功率范围(50 Hz～100 Hz)；

m） 噪声限值，单位为 dB(A)；

n） 绝缘等级；

o） 转动惯量，单位为 kg・m^2；

p） 环境空气温度，单位为 ℃；

q） 接线方法；

r） 制造厂出品年月和出品编号；

s） 质量，单位为 kg；

t） 标准编号。

7.3 电动机定子绕组的六个或三个出线端及在接线板的接线位置上均应有相应的标志，并应保证其字迹在电动机整个使用期内不易磨灭。其标志按表 17 的规定。

表 17

定子绕组名称	出线端标志		
	六个出线端		三个出线端
	始端	末端	
第一相	U_1	U_2	U
第二相	V_1	V_2	V
第三相	W_1	W_2	W

7.4 电动机的轴伸平键须绑扎在轴上，轴伸及平键表面应有防锈及保护措施。

7.5 电动机的轴伸平键、使用说明书（同一用户同一型式的一批电动机至少供应一份）及产品合格证应随同每台电动机供给用户。

7.6 电动机的包装应能保证在正常的储运条件下，自发货之日起的一年时间内不至因包装不善而导致受潮与损坏。

7.7 箱子外壁的文字和标志应清楚整齐，内容如下：

a） 发货站及制造厂名称；

b） 收货站及收货单位名称；

c） 电动机型号及出品编号；

d） 电动机净重及连同箱子的毛重；

e） 箱子尺寸；

f） 在箱外的适当位置标有“小心轻放”、“怕湿”、“重心”等字样及符号，其图形应符合 GB/T 191—2000 的规定。

7.8 用户在按照使用说明书的规定，正确地使用与存放电动机的情况下，制造厂应保证电动机在开始使用一年内，但自制造厂起运的日期不超过两年的时间内能良好地运行。如在此规定时间内电动机因制造质量不良而发生损坏或不能正常工作时，制造厂应无偿地为用户修理或更换零件或电动机。

ICS 29.160.30
K 26

中华人民共和国国家标准

GB/T 21973—2008

YZR3 系列起重及冶金用绕线转子三相异步电动机技术条件

Technical specification for YZR3 range of wound-rotor three-phase induction motors for crane and metallurgical applications

2008-06-13 发布　　2009-03-01 实施

中华人民共和国国家质量监督检验检疫总局
中国国家标准化管理委员会　发布

前　言

本标准的附录 A 为规范性附录。

本标准由中国电器工业协会提出。

本标准由全国旋转电机标准化技术委员会起重冶金和屏蔽电机标准化分技术委员会(SAC/TC 26/SC 3)归口。

本标准起草单位:佳木斯防爆电机研究所、佳木斯电机股份有限公司、山西电机制造有限公司、重庆特种电机厂、无锡市新大力电机有限公司、安徽皖南电机股份有限公司、江西特种电机股份有限公司、中国长江航运集团电机厂、山东省潍坊市电机一厂有限公司、天津市起重电机有限公司、湖南特种电机有限公司、大连天元电机有限公司。

本标准主要起草人:王晓文、潘波、苗峰、魏敏、陈璞、尹启文、徐敏、宁榕、吴冬英、周崇春、任爱冬、潘立国、汤松青、梁君声。

YZR3 系列起重及冶金用绕线转子三相异步电动机技术条件

1 范围

本标准规定了 YZR3 系列起重及冶金用绕线转子三相异步电动机的型式、基本参数与尺寸、技术要求、检验规则与试验方法以及标志、包装及保用期的要求。

本标准适用于各种起重机械及冶金辅助设备配套的起重及冶金用绕线转子三相异步电动机(以下简称电动机),凡属本系列电动机所派生的各种电动机均可参照执行。

2 规范性引用文件

下列文件中的条款通过本标准的引用而成为本标准的条款。凡是注日期的引用文件,其随后所有的修改单(不包括勘误的内容)或修订版均不适用于本标准,然而,鼓励根据本标准达成协议的各方研究是否可使用这些文件的最新版本。凡是不注日期的引用文件,其最新版本适用于本标准。

GB/T 191—2000 包装储运图示标志(eqv ISO 780:1997)

GB 755—2000 旋转电机 定额和性能(idt IEC 60034-1:1996)

GB/T 757—1993 旋转电机 圆锥形轴伸

GB/T 997—2003 旋转电机结构及安装型式(IM 代码)(IEC 60034-7:1992,IDT)

GB/T 1032—2005 三相异步电动机试验方法

GB/T 1096—2003 普通型 平键(ASME B18.25.1M:1996,NEQ)

GB/T 1993—1993 旋转电机冷却方法

GB/T 2423.4—1993 电工电子产品基本环境试验规程 试验 Db:交变湿热试验方法(eqv IEC 60068-2-30:1980)

GB/T 4772.1—1999 旋转电机尺寸和输出功率等级 第 1 部分:机座号 56~400 和凸缘号 55~1080(idt IEC 60072-1:1991)

GB/T 4942.1—2006 旋转电机整体结构的防护等级(IP 代码)分级(IEC 60034-5:2000,IDT)

GB 10068—2000 轴中心高为 56 mm 及以上电机的机械振动 振动的测量、评定及限值(idt IEC 60034-14:1996)

GB/T 10069.1—2006 旋转电机噪声测定方法及限值 第 1 部分:旋转电机噪声测定方法(ISO 1680:1999,MOD)

GB 10069.3—2006 旋转电机噪声测定方法及限值 第 3 部分:噪声限值(IEC 60034-9:1997,IDT)

GB/T 12351—1990 热带型旋转电机环境技术要求

GB/T 13306—1991 标牌

GB 20237—2006 起重冶金和屏蔽电机安全要求

JB/T 9615.1—2000 交流低压电机散嵌绕组匝间绝缘试验方法

JB/T 9615.2—2000 交流低压电机散嵌绕组匝间绝缘试验限值

JB/T 56105—1999 起重及冶金用三相异步电动机可靠性试验方法

3 型式、基本参数与尺寸

3.1 电动机分为：一般环境用（最高环境空气温度 40 ℃）电动机，冶金环境用（最高环境空气温度 60 ℃）电动机。电动机外壳防护等级为 IP54，接线盒防护等级为 IP55（见 GB/T 4942.1—2006）。

3.2 电动机的冷却方法为 IC411（见 GB/T 1993—1993）。

3.3 电动机的结构及安装型式为 IM1001、IM1002、IM1003、IM1004、IM3001、IM3003、IM3011、IM3013（见 GB/T 997—2003），并按表 1 的规定制造。

表 1

结构及安装型式	代　　号	制造范围（机座号）
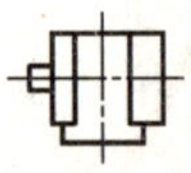	IM1001	100～160
	IM1003	180～400
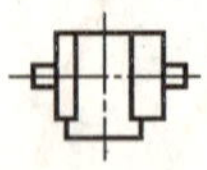	IM1002	100～160
	IM1004	180～400
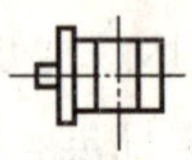	IM3001	100～160
	IM3003	180～225
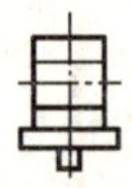	IM3011	100～160
	IM3013	180～315

3.4 电动机的工作制分为 S2、S3、S4、S5、S6、S7、S8 及 S9 八种类型（见 GB 755—2000），按 S6～S9 工作制订货时须与制造厂协商。电动机基准工作制的定额是以断续周期工作制 S3 40% 为基准的周期工作定额（即工作制为 S3，基准负载持续率为 40%，每一个工作周期为 10 min）。电动机按基准工作制出厂，也可按订货合同特指的工作制及功率出厂。

3.5 电动机在基准工作制时，应按下列额定功率制造：1.5 kW、2.2 kW、3.0 kW、3.7 kW、5.5 kW、6.3 kW、7.5 kW、11 kW、15 kW、22 kW、30 kW、37 kW、45 kW、55 kW、63 kW、75 kW、90 kW、110 kW、132 kW、160 kW、200 kW、250 kW（见 GB/T 4772.1—1999）。

3.6 电动机的额定电压为 380 V，额定频率为 50 Hz。机座号 100～355 定子绕组为 Y 形接法，机座号 400 一般为 Δ 形接法，也可按订货合同供应 Y 形接法的电动机。

3.7 电动机在基准工作制 S3 40% 时的额定功率、转子转动惯量（J_m）、转子绕组开路电压（U_2）及 S3 工作制中其他负载持续率的额定功率与机座号的对应关系应符合表 2 的规定。

3.7.1 S4、S5 及其他工作制时的额定功率按基准工作制时额定功率的实际温升值确定，由制造厂在产品样本中给出。但 S6～S9 工作制时的额定功率需用户提供所需的工作制参数后由制造厂分别确定。

3.7.2 电动机转子绕组开路电压的容差为 ±5%。

3.7.3 转子转动惯量的容差为 +10%。

3.8 电动机的尺寸及公差（见 GB/T 4772.1—1999）。

3.8.1 电动机的安装尺寸及其公差应符合图 1～图 3、表 3～表 5 的规定，外形尺寸应不大于图 1～图 3、表 3～表 5 的规定。

表 2

机座号	同步转速																							
	1 500 r/min						1 000 r/min						750 r/min						600 r/min					
	功率/kW				U_2/V	J_m/kg·m²	功率/kW				U_2/V	J_m/kg·m²	功率/kW				U_2/V	J_m/kg·m²	功率/kW				U_2/V	J_m/kg·m²
	25%	40%	60%	100%			25%	40%	60%	100%			25%	40%	60%	100%			25%	40%	60%	100%		
100L	2.5	2.2	1.9	1.6	85	0.014	—	—	—	—	—	—	—	—	—	—	—	—	—	—	—	—	—	—
112M1	3.3	3.0	2.6	2.0	110	0.025	1.7	1.5	1.3	1.1	100	0.025	—	—	—	—	—	—	—	—	—	—	—	—
112M2	4.0	3.7	3.2	2.5	145	0.029	2.5	2.2	1.9	1.6	132	0.029	—	—	—	—	—	—	—	—	—	—	—	—
132M1	6.3	5.5	4.8	4.0	140	0.042	3.3	3.0	2.6	2.2	110	0.047	—	—	—	—	—	—	—	—	—	—	—	—
132M2	7.0	6.3	5.3	4.8	170	0.044	4.0	3.7	3.2	2.5	185	0.053	—	—	—	—	—	—	—	—	—	—	—	—
160M1	8.5	7.5	6.3	5.0	180	0.085	6.3	5.5	4.8	4.0	138	0.12	—	—	—	—	—	—	—	—	—	—	—	—
160M2	13	11	9.5	8.8	180	0.11	8.5	7.5	6.3	5.5	185	0.15	—	—	—	—	—	—	—	—	—	—	—	—
160L	17	15	13	11	260	0.13	13	11	9.5	8.0	250	0.20	8.5	7.5	6.3	5.5	205	0.20	—	—	—	—	—	—
180L	25	22	19	16	270	0.25	17	15	13	11	218	0.34	13	11	9.5	8.0	172	0.34	—	—	—	—	—	—
200L	35	30	26	22	270	0.41	25	22	19	16	200	0.63	17	15	13	11	178	0.63	—	—	—	—	—	—
225M	42	37	32	27	325	0.49	35	30	25	22	250	0.77	26	22	19	16	232	0.77	—	—	—	—	—	—
250M1	52	45	39	33	185	0.81	42	37	32	27	250	1.20	36	30	26	22	272	1.18	—	—	—	—	—	—
250M2	63	55	47	40	230	1.03	52	45	39	33	290	1.46	42	37	32	27	335	1.44	—	—	—	—	—	—
280S1	70	63	53	46	230	1.62	63	55	47	40	280	1.78	52	45	39	33	320	2.13	42	37	32	27	150	2.94
280S2	85	75	63	55	240	1.76	70	63	53	46	300	2.16	—	—	—	—	—	—	—	—	—	—	—	—
280M	100	90	75	65	310	1.91	85	75	63	55	310	2.55	63	55	47	40	340	2.52	52	45	39	33	170	3.50
315S1	125	110	92	80	290	4.00	100	90	75	65	255	5.40	70	63	53	46	250	5.40	63	55	47	40	225	6.70
315S2	—	—	—	—	—	—	—	—	—	—	—	—	85	75	63	55	285	5.80	70	63	53	46	242	7.50
315M	150	132	110	95	375	4.90	125	110	92	80	305	6.40	100	90	75	65	330	6.40	85	75	63	55	280	8.30
355M	—	—	—	—	—	—	—	—	—	—	—	—	125	110	92	80	285	13.0	100	90	75	65	330	14.3
355L1	—	—	—	—	—	—	—	—	—	—	—	—	150	132	110	95	325	14.4	125	110	92	80	388	16.0
355L2	—	—	—	—	—	—	—	—	—	—	—	—	185	160	132	115	380	16.0	150	132	110	95	450	15.6
400L1	—	—	—	—	—	—	—	—	—	—	—	—	230	200	170	145	390	24.5	185	160	132	115	395	24.1
400L2	—	—	—	—	—	—	—	—	—	—	—	—	300	250	210	180	480	28.0	230	200	170	145	460	28.3

注：S、M、L后面的数字1、2分别代表同一机座号和转速下不同的功率。

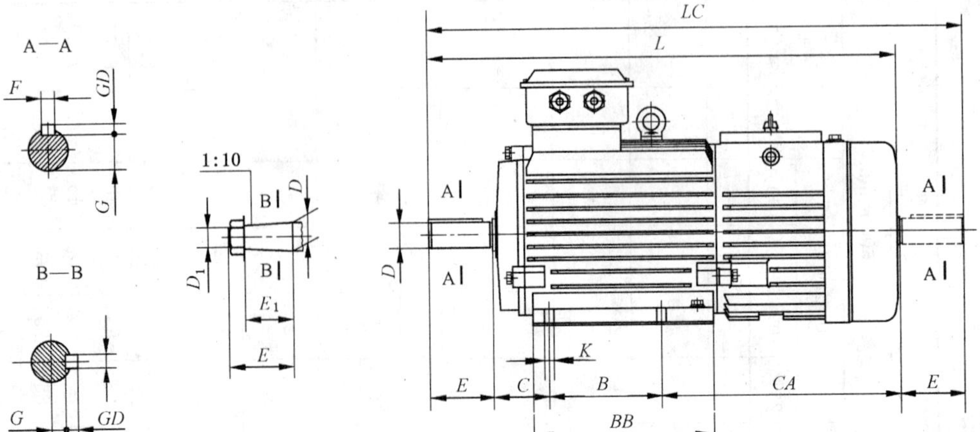

YZR3 100～160

图 1 IM1001、IM1002、IM1003、

表

机座号	安装尺寸														
	A	A/2[a]	B	C[b]		CA	D[c]		D_1	D_2^d	D_3^e	E		E_1	
				基本尺寸	极限偏差		基本尺寸	极限偏差				基本尺寸	极限偏差	基本尺寸	极限偏差
100L	160	80	140	63	±2.0	270	28	+0.009 −0.004	—	M27×2	—	60	±0.37	—	—
112M	190	95	140	70		300	32	+0.018 +0.002		M30×2	—	80			
132M	216	108	178	89			38								
160M	254	127	210	108	±3.0	330	48			M36×2		110	±0.43		
160L			254												
180L	279	139.5	279	121		360	55	+0.046 0	M36×3		M30×2			82	0 −0.54
200L	318	159	305	133		400	60		M42×3	M48×2		140	±0.50	105	
225M	356	178	311	149	±4.0	450	65								
250M	406	203	349	168		540	70		M48×3						
280S	457	228.5	368	190			85	+0.054 0	M56×4	M64×2	M36×2	170		130	0 −0.63
280M			419												
315S	508	254	406	216		600	95		M64×4						
315M			457												
355M	610	305	560	254		630	110		M80×4	M64×2	M48×2	210	±0.58	165	
355L			630												
400L	686	343	710	280			130	+0.063 0	M100×4			250		200	0 −0.72

[a] 如 K 孔的位置度合格，则 A/2 可不考核。

[b] C 尺寸的极限偏差包括轴的窜动。

[c] 圆锥形轴伸按 GB/T 757—1993 的规定检查。

[d] D_2 为定子接线口尺寸。

[e] D_3 为转子接线口尺寸。

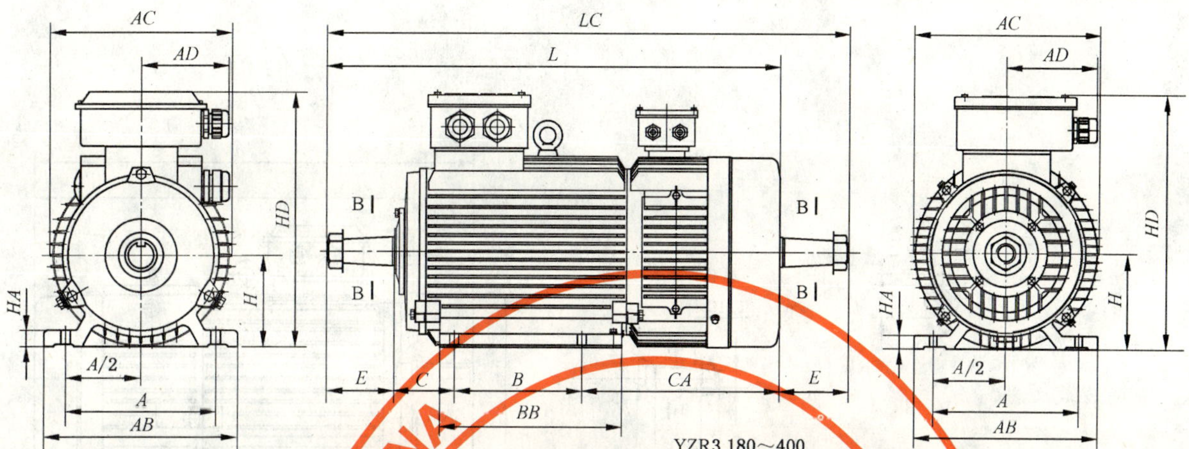

YZR3 180～400

IM1004 卧式安装的电动机

3

单位为毫米

及公差												外形尺寸									
F		*G*		*H*		*K*			螺栓直径	*AB*	*AC*	*AD*	*BB*	*HA*	*HD*	*L*	*LC*
基本尺寸	极限偏差	基本尺寸	极限偏差	基本尺寸	极限偏差	基本尺寸	极限偏差	位置度									
8	0 −0.036	24	0 −0.20	100	0 −0.5	12	+0.43 0	ϕ1.0Ⓜ	M10	206	210	135	210	18	285	533	593
10		27		112						250	235	160	225	20	315	590	670
		33		132						275	285		240	22	355	647	727
14	0 −0.043	42.5		160		15		ϕ1.5Ⓜ	M12	320	320	200	290	25	425	758	868
													330			802	912
		19.9		180						360	360		380		470	870	980
16		21.4		200		19	+0.52 0		M16	406	406	245	390	28	520	978	1 118
		23.9		225						455	425		410		560	1 050	1 190
18		25.4		250		24		ϕ2.0Ⓜ	M20	515	470	315	500	30	625	1 195	1 337
20	0 −0.052	31.7		280	0 −1.0					575	530		520	32	735	1 265	1 438
													570			1 315	1 489
22		35.2		315		28			M24	640	620	370	550	35	835	1 385	1 562
													600			1 443	1 613
25		41.9		355						740	695	440	710	38	990	1 654	1 864
													780			1 724	1 934
28		50		400		35	+0.62 0	ϕ2.5Ⓜ	M30	855	800		880	45	1 090	1 870	2 120

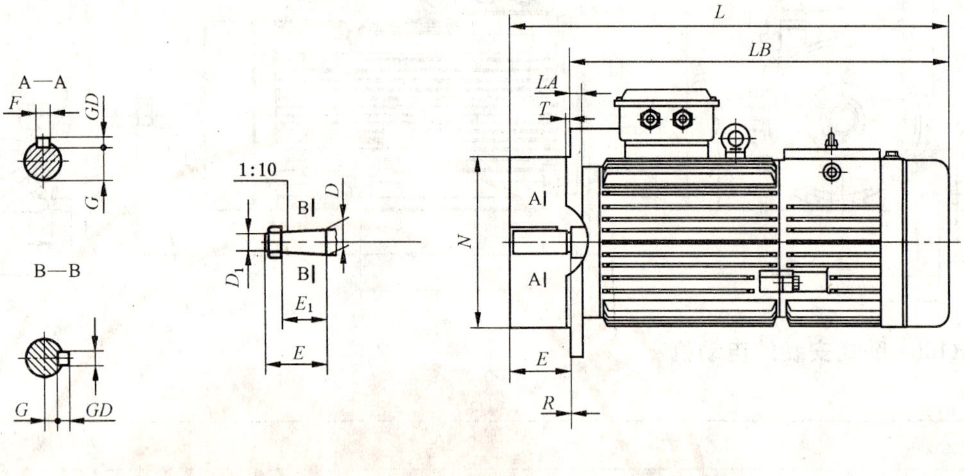

YZR3 100～160

图 2 IM3001、IM3003

表

机座号	安装尺寸													
	凸缘号	D^a		D_1	D_2^b	D_3^c	E		E_1		F		G	
		基本尺寸	极限偏差				基本尺寸	极限偏差	基本尺寸	极限偏差	基本尺寸	极限偏差	基本尺寸	极限偏差
100L	FF215	28	+0.009 −0.004	—	M27×2	—	60	±0.37	—	—	8	0 −0.036	24	0 −0.2
112M		32	+0.018 +0.002		M30×2	—	80				10		27	
132M	FF265	38											33	
160M	FF300	48			M36×2	—	110	±0.43			14	0 −0.043	42.5	
160L														
180L		55	+0.046 0	M36×3		M30×2			82	0 −0.54			19.9	
200L	FF400	60		M42×3	M48×2		140	±0.50	105		16		21.4	
225M		65											23.9	

a 圆锥形轴伸按 GB/T 757—1993 的规定检查。

b D_2 为定子接线口尺寸。

c D_3 为转子接线口尺寸。

d P 尺寸为最大极限尺寸。

e R 为凸缘配合面至轴伸肩的距离，其极限偏差包括轴的窜动。

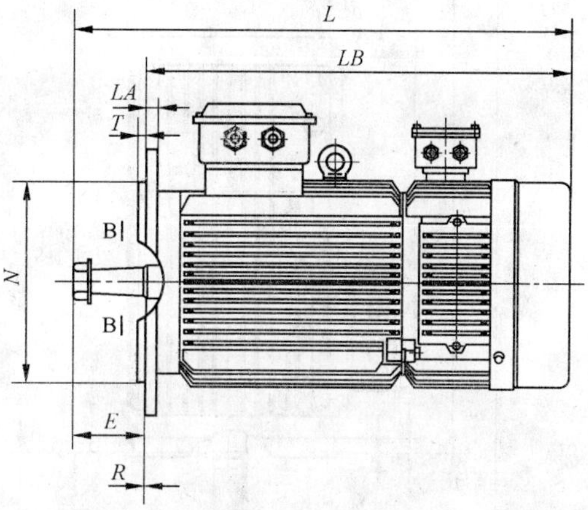

YZR3 180～225

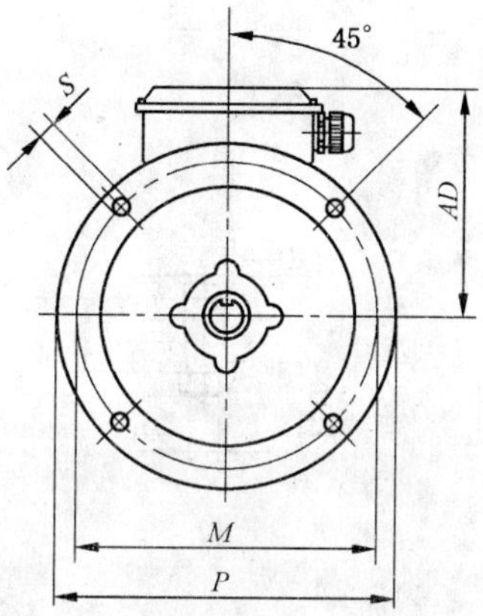

YZR3 100～180

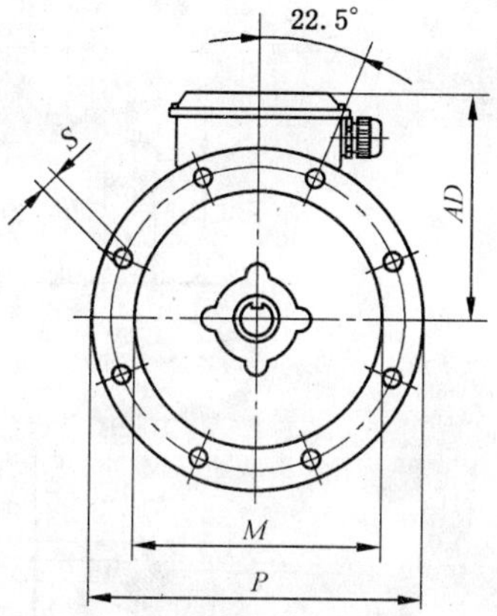

YZR3 200～225

卧式安装的电动机

4

单位为毫米

及公差												外形尺寸			
M	*N* 基本尺寸	*N* 极限偏差	P^d	R^e 基本尺寸	R^e 极限偏差	*S* 基本尺寸	*S* 极限偏差	*S* 位置度	螺栓直径	*T* 最大	孔数（个）	*AD*	*L*	*LA*	*LB*
215	180	+0.014 −0.011	250	0	±2.0	15	+0.43 0	ϕ1.5Ⓜ	M12	4	4	180	533	14	473
												203	590		510
265	230	+0.016 −0.013	300									218	647		567
300	250		350		±3.0	19	+0.52 0		M16	5		265	758	18	648
													802		692
												285	870		760
400	350	±0.018	450		±4.0						8	317	978	20	838
												335	1 050		910

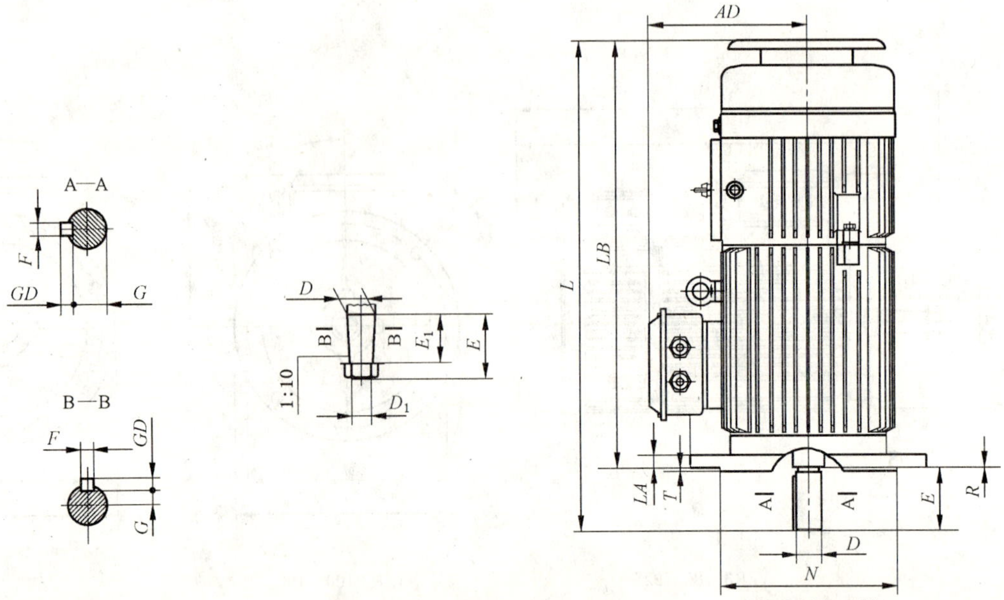

YZR3 100～160

图 3　IM3011、IM3013

表

机座号	凸缘号	D[a] 基本尺寸	D[a] 极限偏差	D_1	D_2^b	D_3^c	E 基本尺寸	E 极限偏差	E_1 基本尺寸	E_1 极限偏差	F 基本尺寸	F 极限偏差	G 基本尺寸	G 极限偏差
100L	FF215	28	+0.009 −0.004	—	M27×2	—	60	±0.37	—	—	8	0 −0.036	24	0 −0.2
112M		32	+0.018 +0.002		M30×2	—	80				10		27	
132M	FF265	38											33	
160M	FF300	48			M36×2	—	110	±0.43			14	0 −0.043	42.5	
160L														
180L		55	+0.046 0	M36×3		M30×2			82	0 −0.54			19.9	
200L	FF400	60		M42×3	M48×2		140	±0.50	105		16		21.4	
225M		65											23.9	
250M	FF500	70		M48×3							18		25.4	
280S		85	+0.054 0	M56×4	M64×2	M36×2	170		130	0 −0.63	20	0 −0.052	31.7	
280M														
315S	FF600	95		M64×4							22		35.2	
315M														

(安装尺寸)

[a] 圆锥形轴伸按 GB/T 757—1993 的规定检查。

[b] D_2 为定子接线口尺寸。

[c] D_3 为转子接线口尺寸。

[d] P 尺寸为最大极限尺寸。

[e] R 为凸缘配合面至轴伸肩的距离，其极限偏差包括轴的窜动。

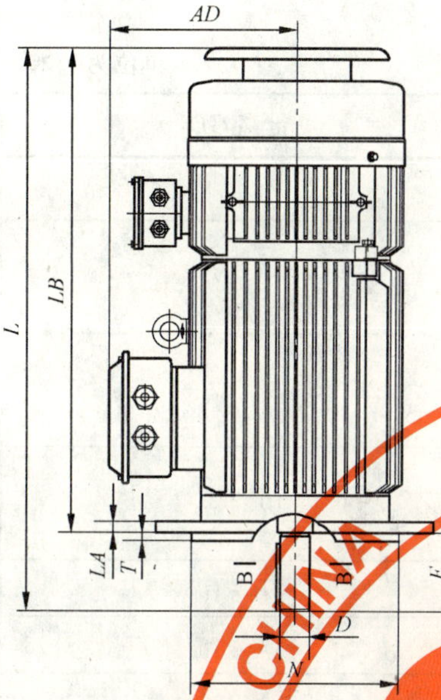

YZR3 180～315

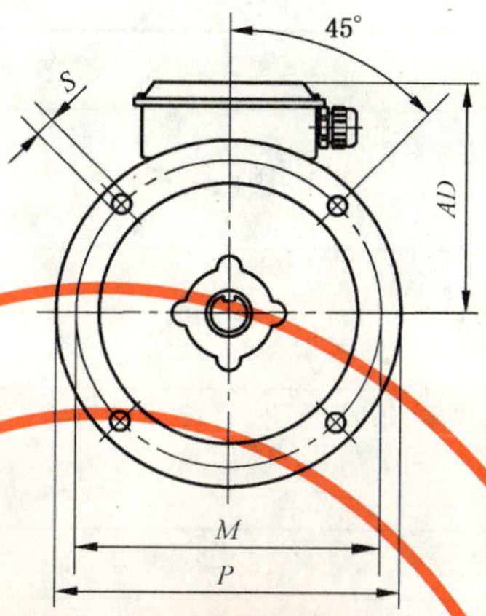

YZR3 100～180

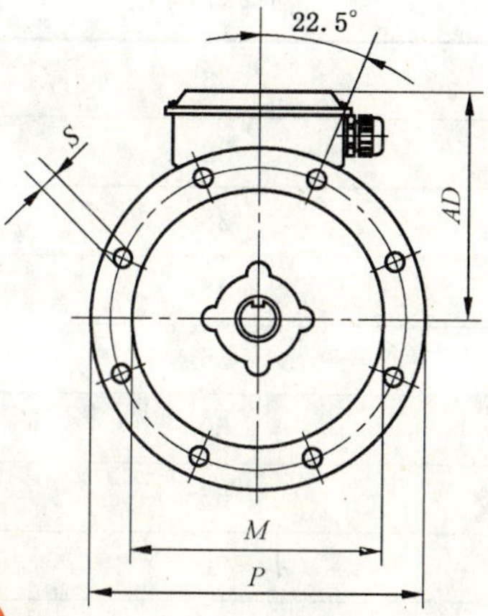

YZR3 200～315

立式安装的电动机

5

单位为毫米

及公差

M	N 基本尺寸	N 极限偏差	P^{d}	R^{e} 基本尺寸	R^{e} 极限偏差	S 基本尺寸	S 极限偏差	S 位置度	螺栓直径	T 最大	孔数（个）	外形尺寸 AD	外形尺寸 L	外形尺寸 LA	外形尺寸 LB
215	180	+0.014 −0.011	250	0	±2.0	15	+0.43 0	ϕ1.5 Ⓜ	M12	4	4	180	573	14	513
												203	630		550
265	230		300									218	687		607
300	250	+0.016 −0.013	350		±3.0							265	808	18	698
													852		742
												285	920		810
400	350	±0.018	450			19	+0.52 0		M16	5	8	317	1 028	20	888
												335	1 100		960
500	450	±0.020	550		±4.0							375	1 257	22	1 117
												455	1 328		1 158
													1 379		1 209
600	550	±0.022	660			24		ϕ2.0 Ⓜ	M20	6		520	1 452	25	1 282
													1 503		1 333

3.8.2 电动机轴伸键的尺寸及公差应符合表 6 的规定(见 GB/T 1096—2003)。

表 6

单位为毫米

轴伸直径 D	键宽 F	键高 GD
28	$8_{-0.036}^{0}$	$7_{-0.090}^{0}$
32	$10_{-0.036}^{0}$	$8_{-0.090}^{0}$
38		
48	$14_{-0.043}^{0}$	$9_{-0.090}^{0}$
55		
60	$16_{-0.043}^{0}$	$10_{-0.090}^{0}$
65		
70	$18_{-0.043}^{0}$	$11_{-0.110}^{0}$
85	$20_{-0.052}^{0}$	$12_{-0.110}^{0}$
95	$22_{-0.052}^{0}$	$14_{-0.110}^{0}$
110	$25_{-0.052}^{0}$	
130	$28_{-0.052}^{0}$	$16_{-0.110}^{0}$

3.8.3 电动机轴伸长度一半处的径向圆跳动公差应不大于表 7 的规定。

表 7

单位为毫米

轴伸直径 D	径向圆跳动公差
>18～30	0.040
>30～50	0.050
>50～80	0.060
>80～120	0.070
>120～130	0.080

3.8.4 凸缘止口对电动机轴线的径向圆跳动公差及凸缘配合面对电动机轴线的端面圆跳动公差应不大于表 8 的规定。

表 8

单位为毫米

凸 缘 代 号	径向及端面圆跳动公差
FF215～265	0.100
FF300～500	0.125
FF600～740	0.160

3.8.5 电动机轴线对底脚支承平面的平行度公差应不大于表 9 的规定。

表 9

单位为毫米

轴 中 心 高	平行度公差
100～250	0.5
280～400	1.0

3.8.6 电动机底脚支承平面的平面度公差应不大于表10的规定。

表 10

单位为毫米

底脚外边缘距离的最大尺寸(*AB*或*BB*)	平面度公差
＞160～250	0.15
＞250～400	0.20
＞400～630	0.25
＞630～1 000	0.30

3.8.7 电动机轴伸键槽的对称度公差应不大于表11的规定。

表 11

单位为毫米

键槽宽度 *F*	对称度公差
8	0.03
10	
14	0.04
16	
18	
20	0.05
22	
25	
28	

4 技术要求

4.1 电动机应符合本标准的要求,并应按照经规定程序批准的图样及技术文件制造。

4.2 电动机在下列条件下使用时应能额定运行。

4.2.1 海拔不超过1 000 m,如果电动机指定在海拔超过1 000 m使用时,应按GB 755—2000的规定处理。

4.2.2 最高环境空气温度随季节而变化,一般环境空气温度不超过40 ℃,冶金环境空气温度不超过60 ℃,环境空气最低温度为−15 ℃。如果电动机指定在环境空气温度高于或低于上述规定使用时,应按GB 755—2000的规定处理。

4.2.3 户内使用。

4.2.4 按不同工作制的规定频繁地起动、制动(电气的或机械的)及逆转。

4.2.5 经常地机械震动及冲击。

4.3 电动机运行期间电源电压和频率与额定值的偏差应符合GB 755—2000的规定。

4.4 电动机起动时,转子必须串入附加电阻或电抗,以限制起动电流的平均值不超过各工作制的额定电流的2倍。

4.5 电动机采用联轴器或正齿轮传动,若采用正齿轮传动时,其齿轮节圆直径应不小于轴伸直径的2倍。

4.6 电动机在额定电压下,基准工作制时,最大转矩对额定转矩之比的保证值应不低于表12的规定,数值修约间隔为0.1。

表 12

额定功率/kW	最大转矩/额定转矩
≤7.5	2.5
>7.5	2.8

4.7　最大转矩倍数的容差为保证值的－10%。

4.8　电动机的绝缘等级为F、H级两种。F级绝缘电动机适用于环境空气温度不超过40 ℃的场所，H级绝缘电动机适用于环境空气温度不超过60 ℃的场所。当海拔和环境空气温度符合4.2的规定时，电动机各发热部位的温升限值或允许温度应不超过表13的规定，数值修约间隔为1。

电动机的集电环允许采用B级绝缘，但其温度不超过120 ℃。

如果试验地点的海拔或环境空气温度与4.2的规定不同时，温升限值应按GB 755—2000的规定修正。

表 13

电动机发热部位	绝缘等级(热分级) F(155)	绝缘等级(热分级) H(180)
绕组温升(电阻法)	105 K	105 K
集电环温升(温度计法)	95 K	80 K
轴承允许温度(温度计法)	95 ℃	115 ℃
注：轴承允许温度是指在4.2所规定的环境空气温度下的数值，当在低于规定的环境空气温度下测量时，轴承温度值应为实测温度加规定的环境空气温度与实际环境空气温度之差。		

4.9　当三相电源平衡时，电动机三相空载电流中的任何一相与三相平均值的偏差应不大于三相平均值的10%。

4.10　电动机绕组的绝缘电阻，在热态下应不低于式(1)和式(2)所求得的数值。

$$R_1 = \frac{U_1}{1\,000 + P/100} \qquad \cdots\cdots(1)$$

$$R_2 = \frac{2.5U_2}{1\,000 + P/100} \qquad \cdots\cdots(2)$$

式中：

R_1——定子绕组绝缘电阻，单位为兆欧姆(MΩ)；

U_1——定子额定电压，单位为伏特(V)；

R_2——转子绕组绝缘电阻，单位为兆欧姆(MΩ)；

U_2——转子绕组开路电压，单位为伏特(V)；

P——电动机的额定功率，单位为千瓦特(kW)。

4.11　电动机的绕组应能承受历时1 min的耐电压试验而不发生击穿，试验电压的频率为50 Hz，并尽可能为正弦波形，电压的有效值：定子为1 000 V+2 U_1，转子为1 000 V+4 U_2。

4.12　电动机在热态和逐渐增加转矩的情况下，应能承受4.6所规定的最大转矩值(允许计及容差)短时过转矩试验，历时15 s而无转速突变、停转及发生有害变形。此时，电压和频率应维持额定值。

4.13　电动机的最大转速：4极电动机为同步转速的2倍，6极、8极、10极电动机为同步转速的2.5倍。电动机空载时应能承受1.2倍最大转速的超速试验，历时2 min。超速试验后，如无永久性的异常变形和不产生妨碍电动机正常运行的其他缺陷，并且转子绕组在超速试验能满足4.11的耐压试验要求时，则为合格。

4.14 电动机定、转子散嵌绕组应能承受匝间绝缘耐冲击电压试验而不发生击穿，其冲击电压峰值按 JB/T 9615.2—2000 的规定。

对成型绕组应能承受短时升高电压试验而不发生故障。试验是在转子静止和转子开路情况下进行，试验的外施电压为额定电压的 130%，历时 3 min，试验时允许提高频率。

4.15 电动机的绕组在按 GB/T 2423.4—1993 所规定的 40 ℃交变湿热试验方法进行 6 个周期试验后，绝缘电阻应不低于 4.10 的规定，并应能承受 4.11 所规定的耐电压试验而不发生击穿，但试验电压有效值为 4.11 所规定电压的 0.85 倍，试验时间为 1 min。

4.16 电动机在空载时测得的振动速度有效值应不超过表 14 的规定，数值修约间隔为 0.1。

表 14

机　座　号	100～132	160～225	250～400
振动速度有效值/(mm/s)	1.8	2.8	3.5

4.17 电动机在空载时测得的 A 计权声功率级的噪声限值应不超过表 15 的规定(见 GB 10069.3—2006)，数值修约间隔为 1。容差为+3 dB(A)。

表 15

功率/kW	同步转速/(r/min)			功率/kW	同步转速/(r/min)		
	1 500	1 000	750 及 600		1 500	1 000	750 及 600
	声功率级/dB(A)				声功率级/dB(A)		
1.5	82	78	—	37	98	91	90
2.2	82	78	—	45	100	94	93
3.0	86	82	—	55	100	94	93
3.7	86	82	—	63	103	98	96
5.5	86	82	—	75	103	98	96
6.3	90	85	—	90	103	98	96
7.5	90	85	82	110	103	98	96
11	90	85	82	132	106	102	99
15	94	88	86	160	—	—	99
22	94	88	86	200	—	—	99
30	98	91	90	250	—	—	102

4.18 电动机气隙不均匀度应不大于表 16 的规定。

表 16

δ/mm	0.35	0.40	0.45	0.50	0.55	0.60	0.65	0.70	0.75	0.80	0.85
δ/ε/%	23.5	23.0	22.0	21.5	20.5	19.7	19.0	18.5	18.0	17.5	17.0
δ/mm	0.90	0.95	1.00	1.05	1.10	1.15	1.20	1.25	1.30	≥1.40	
δ/ε/%	16.0	15.5	15.0	14.5	14.0	13.5	13.0	12.5	12.0	10.0	

注：δ——气隙公称值；

ε——不均匀度，其定义为：

$$\varepsilon=\frac{2}{3}\sqrt{\delta_1^2+\delta_2^2+\delta_3^2-\delta_1\delta_2-\delta_2\delta_3-\delta_3\delta_1}$$

式中：δ_1、δ_2、δ_3 为相距 120°测得的气隙值。

4.19 派生产品

4.19.1 电动机可按 GB/T 12351—1990 的规定制成湿热带型和户外型。

4.19.2 电动机可制成额定频率为 60 Hz 的产品，其额定电压为 380 V 及 440 V 两种。

4.19.3 60 Hz 的电动机允许最大转速的数值及空载时超速试验与 50 Hz 时相同。

4.20 电动机的可靠度规定为：起重用电动机当可靠寿命为 2.5 年时，可靠度应不低于 0.95，冶金用电动机当可靠寿命为 3 年时，可靠度不低于 0.95(见 JB/T 56105—1999)。

4.21 电动机定子接线盒、转子接线盒(机座号 180～400)单独设置，分别用于定、转子接线，机座号 100～315 定子接线盒为 3 个接线端子，机座号 355～400 为 6 个接线端子。机座号 100～160 转子引线从高端盖侧面直接引出，机座号 180～400 设有转子接线盒。接线盒位于电动机顶部，可沿电动机两侧方向出线。

4.22 电动机接线盒内应设有接地端子，在机座上另设一个外接地端子。接地端子的连接必须可靠锁紧，应能防止意外转动和电气间隙与爬电距离的减小，且只有用工具才能将其松开。

4.23 接地端子除作保护接地外，应不兼作它用。

4.24 电动机上各紧固螺栓须有防松措施。

4.25 电动机的安全性能应符合 GB 20237—2006 的规定。

5 检验规则与试验方法

5.1 每台电动机须经检验合格后方能出厂，并应附有产品合格证。

5.2 每台电动机应经过检查试验，检查试验项目包括：

a) 机械检查(按 5.5 和 5.6 的规定)；

b) 绕组对机壳或轴及绕组相互间绝缘电阻的测定(检查试验时可测量冷态绝缘电阻，但应保证热态绝缘电阻不低于 4.10 的规定)；

c) 绕组在实际冷却状态下直流电阻的测定；

d) 转子绕组开路电压的测定；

e) 绕组相间和绕组对机壳的耐电压试验。当电动机只有三根引出线时，绕组相间耐电压试验允许在半成品进行；

f) 匝间绝缘耐冲击电压试验；

g) 空载电流及损耗的测定；

注：在型式试验时测取空载特性曲线。

h) 噪声的测定；

i) 振动的测定。

5.3 凡遇下列情况之一者，必须进行型式试验：

a) 经鉴定定型后制造厂第一次试制或小批试生产时；

b) 当设计或工艺上的变更足以引起某些性能和参数发生变化时；

c) 当检查试验结果与以前的型式试验结果发生不可允许的偏差时；

d) 成批生产的电动机应定期抽试，其抽试时间应每年一次，当抽试的数量过多时，抽试时间间隔可适当延长，但至少每两年抽试一次。

5.4 电动机的型式试验项目包括：

a) 检查试验的全部项目；

b) 效率、功率因数及转差率的测定；

c) 短时过转矩试验；

d) 超速试验；

e) 最大转矩的测定；

f) 转矩-转差率曲线的测定；

g) 热试验：电动机按基准工作制 S3 40%及 S3 100%时的功率进行热试验。其他工作制功率的热试验按 5.8 的规定；

h) 转动惯量的测定；

i) 空载特性曲线的测取。

5.5 电动机的机械检查项目包括：

a) 转动检查：电动机转动时，应平稳轻快，无停滞现象；

b) 外观检查：检查电动机的装配是否正确，表面油漆应干燥完整、均匀，无污损、碰坏、裂纹等现象；

c) 安装尺寸、外形尺寸及键的尺寸检查：安装尺寸及外形尺寸应符合 3.8.1 的规定，键的尺寸应符合 3.8.2 的规定；

d) 圆跳动公差、底脚支承平面的平行度公差和平面度公差及键槽对称度公差的检查：圆跳动公差应符合 3.8.3 和 3.8.4 的规定；底脚支承平面的平行度公差和平面度公差应符合 3.8.5 和 3.8.6 的规定；键槽对称度公差应符合 3.8.7 的规定。底脚支承平面的平面度公差和键槽对称度公差允许在零部件上进行检查；

e) 电刷与集电环接触情况检查：电刷与集电环的接触面积在电动机出厂时应达到 50%以上。

5.6 5.2 中的 a)～f)、5.5 中的 a)和 b)必须每台检查，5.2 中的 h)、i)和 5.5 中的 c)～e)可以进行抽查，抽查办法由制造厂按有关规定执行。

5.7 5.2 中的 b)～e)、g)和 5.4 中的 b)～h)所规定的试验，其试验方法按 GB/T 1032—2005 进行；其中 5.4 中的 g)规定的 S4、S5 及 S7 工作制的热试验按附录 A(规范性附录)给定的方法进行；5.2 中的 f)按 JB/T 9615.1—2000 进行；5.2 中的 h)按 GB/T 10069.1—2006 进行；5.2 中的 i)按 GB 10068—2000 进行；5.5 中所规定的安装尺寸及公差的检查按 GB/T 4772.1—1999 进行；4.20 可靠性试验方法按 JB/T56105—1999 进行。

5.8 电动机外壳防护等级的试验、40 ℃交变湿热试验及气隙不均匀度检查、热试验中的 S3 15%、S3 25%、S3 60%及 S4、S5 工作制的每小时起动次数为 150 次及 300 次时的热试验在产品定型或当结构和工艺有较大改变时进行。外壳防护等级的试验方法按 GB/T 4942.1—2006 进行；40 ℃交变湿热试验方法按 GB/T 2423.4—1993 进行；4.20 可靠度试验在电动机鉴定定型后制造厂第一次生产时或按规定有此项要求时进行。

6 标志、包装及保用期

6.1 铭牌材料及铭牌上数据的刻划方法应保证其字迹在电动机整个使用时期内不易磨灭(见 GB/T 13306—1991)。

6.2 从轴伸端看，铭牌应固定在电动机机座的右上半部，应标明的项目如下：

a) 制造厂名称；

b) 电动机名称(起重及冶金用绕线转子三相异步电动机)；

c) 电动机型号；

d) 额定功率，单位为 kW；

e) 额定电压，单位为 V；

f) 额定频率，单位为 Hz；

g) 工作制；

h) 额定转速，单位为 r/min；

i) 额定电流，单位为 A；

j) 定转子接线方法；

k) 转子绕组开路电压，单位为 V；

l) 转子电流，单位为 A；

m) 定转子绝缘等级；

n) 环境空气温度，单位为℃；

o) 外壳防护等级；

p) 转动惯量，单位为 kg·m^2；

q) 质量，单位为 kg；

r) 标准编号；

s) 出品编号；

t) 出品年、月。

6.3 电动机接线盒的接线端子及在接线板的接线位置上均应有相应的标志，并保证其字迹在电动机整个使用时期内不易磨灭，其标志符合表 17 的规定。

表 17

绕组名称	定子绕组	转子绕组
出线端标志 （机座号 100～315）	U　V　W	K　L　M
出线端标志 （机座号 355～400）	U_1　V_1　W_1 U_2　V_2　W_2	K　L　M

6.4 电动机应设置接线标志图，其线端标志应与电动机的接线端子标志一致。电动机的接线标志图必须可靠固定，防止脱落。

6.5 电动机接地端子附近应标以接地图形符号"⏚"，并应以字母符号"PE"标志。这些标志不应放在螺钉、可拆卸的垫圈或用作连接导线的可能拆卸的零部件上。此标志应保证在电动机整个使用时期内不易磨灭。

6.6 电动机轴伸平键须绑扎在轴上，并用轴伸保护套将轴伸及键包牢。轴伸及平键表面、凸缘的配合表面均应加防锈措施。

6.7 电动机的轴伸平键、使用说明书（同一用户、同一型号的一批电动机至少供应一份）及产品合格证应随同每台电动机供给用户。每台电动机随机供给备用电刷 6 块，但 400 机座号供给 12 块。

6.8 电动机的包装应能保证在正常储运条件下，自发货之日起的一年时间内不致因包装不善而导致受潮与损坏。

6.9 包装箱外壁的文字和标志应清楚整齐，内容如下：

a) 发货站及制造厂名称；

b) 收货站及收货单位名称；

c) 电动机的型号和出品编号；

d) 电动机的净重及连同箱子的毛重；

e) 包装箱尺寸，并在箱子的外壁适当位置标有"小心轻放"、"怕湿"、"重心"等字样及符号，其图形应符合 GB/T 191—2000 的规定。

6.10 在用户按照使用说明书的规定，正确地使用与存放电动机的情况下，电动机在使用一年内，但自制造厂起运日期不超过两年内，电动机因制造质量不良而发生损坏或不能正常工作时，制造厂应无偿地为用户修理或更换零件或电动机。

附 录 A
（规范性附录）
YZR3 系列起重及冶金用绕线转子三相异步电动机热试验方法

A.1 S2、S3 工作制电动机热试验按 GB/T 1032—2005 进行。

A.2 S4、S5、S7 工作制电动机热试验按给定的每小时等效起动次数进行，试验时额定惯量率 FI 等于 2。试验线路图如下：

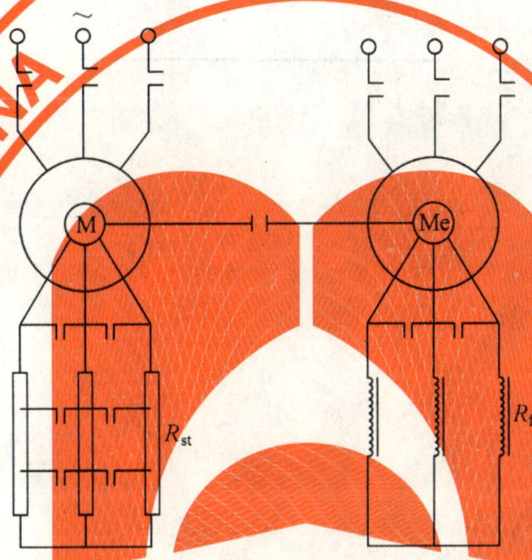

图 A.1

M—被试电动机；Me—负荷电机，应为绕线转子电动机，转子串入频敏电阻或电抗使其运行于反接制动状态（S=1～2），以获得恒定转矩特性；R_f—频敏电阻或电抗；R_{st}—起动电阻，宜采用铬铁铝电阻，R_{st}的全值应使起动电流的平均值限定在各该工作制时的额定电流的 2 倍内。

试验时，起动电阻应不小于 3 级，各级电阻的短接时间应保证起动电流的峰值不变，起动时间应不大于电动机接电时间的 30%。

负载电机转子外串频敏电阻，使转子功率因数 $\cos\phi_2$ 小于 0.5 或串入电抗使转子功率因数 $\cos\phi_2$ 等于 0.5～0.65。

根据电动机给定的每小时等效起动次数（Z）和被试电动机与负荷机的转动惯量 J 求得电动机每个工作周期时间 T 及接电时间 t：

$$T = 3\,600/Z \qquad \cdots\cdots\text{（A.1）}$$

$$t = T \cdot FC \qquad \cdots\cdots\text{（A.2）}$$

式中：

T——每个工作周期时间，单位为秒（s）；

t——接电时间，单位为秒（s）；

FC——给定的负载持续率。

根据 T 及 t 调整时间继电器，并按给定的额定功率进行热试验。

每小时等效起动次数按等值发热原理折算如下：

a) 点动终了时，电动机的转速不超过额定转速的 25%，四次点动相当于一次起动；

b) 电制动（制动到额定转速 1/3）一次相当于 0.8 次起动。试验时传动系统的惯量率按下式计算。

$$FI = (J_m + J_{ext})/J_m \qquad \cdots\cdots\text{（A.3）}$$

式中：

FI——传动系统的惯量率；

J_m——电动机的转动惯量，单位为千克平方米（$kg \cdot m^2$）；

J_{ext}——外加负荷系统的转动惯量（折算到电动机轴上），单位为千克平方米（$kg \cdot m^2$）。

若试验在非额定的 FI 值下进行，则可根据负荷机转动惯量的大小改变每小时等效起动次数以保证惯量率与每小时等效起动次数乘积为常数，选择试验设备时，一般应满足 FI 等于 2～8 的要求。

A.3 S6 工作制热试验时，如无其他规定，每个周期的时间为 10 min。

A.4 S8、S9 工作制时电动机热试验按用户给定的负载和转速进行试验。

ICS 29.160.30
K 26

中华人民共和国国家标准

GB/T 21974—2008

YZRW 系列起重及冶金用涡流制动绕线转子三相异步电动机技术条件

Technical specification for YZRW range of eddy-current braking wound-rotor three-phase induction motors for crane and metallurgical application

2008-06-13 发布　　2009-03-01 实施

中华人民共和国国家质量监督检验检疫总局
中国国家标准化管理委员会　发布

前　言

本标准的附录 A、附录 B 为规范性附录。

本标准由中国电器工业协会提出。

本标准由全国旋转电机标准化技术委员会起重冶金和屏蔽电机标准化分技术委员会(SAC/TC 26/SC 3)归口。

本标准起草单位：佳木斯防爆电机研究所、佳木斯电机股份有限公司、无锡市宏泰起重电机股份有限公司、天津市起重电机有限公司、中国长江航运集团电机厂。

本标准主要起草人：苗峰、辛怡、王景辉、薛荣辉、潘立国、唐庆华、于淑华。

YZRW 系列起重及冶金用涡流制动绕线转子三相异步电动机技术条件

1 范围

本标准规定了 YZRW 系列起重及冶金用涡流制动绕线转子三相异步电动机的术语和定义、型式、基本参数与尺寸、技术要求、检验规则与试验方法以及标志、包装及保用期的要求。

本标准适用于各种起重机械及冶金辅助设备电力传动用涡流制动绕线转子三相异步电动机(以下简称涡流制动电动机)及其涡流制动器,凡属本系列涡流制动电动机所派生的各种电动机亦可参照执行。

2 规范性引用文件

下列文件中的条款通过本标准的引用而成为本标准的条款。凡是注日期的引用文件,其随后所有的修改单(不包括勘误的内容)或修订版均不适用于本标准,然而,鼓励根据本标准达成协议的各方研究是否可使用这些文件的最新版本。凡是不注日期的引用文件,其最新版本适用于本标准。

GB/T 191—2000 包装储运图示标志(eqv ISO 780:1997)

GB 755—2000 旋转电机 定额和性能(idt IEC 60034-1:1996)

GB/T 757—1993 旋转电机 圆锥形轴伸

GB/T 997—2003 旋转电机结构及安装型式(IM 代号)(IEC 60034-7:1992,IDT)

GB/T 1032—2005 三相异步电动机试验方法

GB/T 1096—2003 普通型 平键(ASME B18.25.1M:1996,NEQ)

GB/T 1993—1993 旋转电机冷却方法

GB/T 2423.4—1993 电工电子产品基本环境试验规程 试验 Db:交变湿热试验方法(eqv IEC 60068-2-30:1980)

GB/T 4772.1—1999 旋转电机尺寸和输出功率等级 第 1 部分:机座号 56～400 和凸缘号 55～1080(idt IEC 60072-1:1991)

GB/T 4942.1—2006 旋转电机整体结构的防护等级(IP 代码)分级(IEC 60034-5:2000,IDT)

GB 10068—2000 轴中心高为 56 mm 及以上电机的机械振动 振动的测量、评定及限值(IEC 60034-14:1996,IDT)

GB/T 10069.1—2006 旋转电机噪声测定方法及限值 第 1 部分:旋转电机噪声测定方法(ISO 1680:1999,MOD)

GB 10069.3—2006 旋转电机噪声测定方法及限值 第 3 部分:噪声限值(IEC 60034-9:1997,IDT)

GB/T 13306—1991 标牌

GB 20237—2006 起重冶金和屏蔽电机安全要求

JB/T 9615.1—2000 交流低压电机散嵌绕组匝间绝缘试验方法

JB/T 9615.2—2000 交流低压电机散嵌绕组匝间绝缘试验限值

3 术语和定义

下列术语和定义适用于本标准。

3.1

额定制动力矩　rated breaking torque

涡流制动器在100 r/min励磁绕组热稳定时的制动力矩。

3.2

限定制动力矩　limited breaking torque

涡流制动器在950 r/min～1 000 r/min励磁绕组热稳定时的制动力矩。

3.3

额定励磁电流　rated exciting current

能满足额定制动力矩及限定制动力矩的励磁电流。

4　型式、基本参数与尺寸

4.1　涡流制动电动机分为:一般环境用(最高环境空气温度40 ℃)涡流制动电动机,其外壳防护等级为IP44,冶金环境用(最高环境空气温度60 ℃)涡流制动电动机,其外壳防护等级为IP54;涡流制动器的防护等级为IP00(见GB/T 4942.1—2006)。

4.2　涡流制动电动机的冷却方法:机座号112～132为IC410;机座号160～280为IC411(见GB/T 1993—1993)。

4.3　涡流制动电动机的工作制分为S3、S4、S5(S4、S5最大允许300次/h)三种类型(见GB 755—2000),基准工作制为S3,基准负载持续率为40%,涡流制动器的基准负载持续率为15%。

4.4　涡流制动电动机的结构及安装型式为IM1001、IM1003、IM3011、IM3013(见GB/T 997—2003),并按表1的规定制造。

表1

结构及安装型式	代　　号	制造范围(机座号)
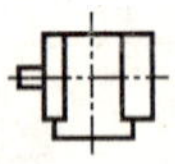	IM1001	112～160
	IM1003	180～315
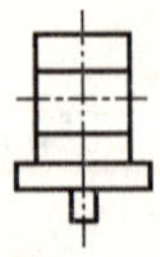	IM3011	112～160
	IM3013	180～225

4.5　涡流制动电动机在基准工作制时应按下列额定功率制造:1.5 kW、2.2 kW、3.7 kW、5.5 kW、7.5 kW、11 kW、15 kW、22 kW、30 kW、37 kW、45 kW、55 kW、75 kW、90 kW(见GB/T 4772.1—1999)。涡流制动器在额定转速100 r/min时的额定制动力矩按下列数值制造:7 N·m、18 N·m、64 N·m、118 N·m、170 N·m、235 N·m、390 N·m、590 N·m、980 N·m。

4.6　涡流制动电动机的额定频率为50 Hz,额定电压为380 V,定子绕组为Y接法,根据用户要求,Y接法的涡流制动电动机可增加零点引出线。

4.7　涡流制动电动机在基准工作制时的额定功率,转子转动惯量J_{m1},转子绕组开路电压及其涡流制动器的额定制动力矩和限定制动力矩,电枢的转动惯量J_{m2}与机座号的对应关系应符合表2的规定。

表 2

机座号	涡流制动电动机												
	同步转速/(r/min)									涡流制动器			
	1 000			750			600						
	功率/kW	J_{m1}/kg·m²	转子开路电压/V	功率/kW	J_{m1}/kg·m²	转子开路电压/V	功率/kW	J_{m1}/kg·m²	转子开路电压/V	额定制动力矩/N·m	额定转速/r/min	限定制动力矩/N·m	J_{m2}/kg·m²
112M	1.5	0.03	100	—	—	—	—	—	—	7	100	26	0.13
132M1	2.2	0.06	132	—	—	—	—	—	—	18	100	64	0.3
132M2	3.7	0.07	185	—	—	—	—	—	—				
160M1	5.5	0.12	138	—	—	—	—	—	—	64	100	196	0.6
160M2	7.5	0.15	185	—	—	—	—	—	—				
160L	11	0.2	250	7.5	0.20	205	—	—	—				
180L	15	0.39	218	11	0.39	172	—	—	—	118	100	245	1.3
200L	22	0.67	200	15	0.67	178	—	—	—	170	100	390	1.9
225M	30	0.84	250	22	0.82	232	—	—	—	235	100	540	2.9
250M1	37	1.52	250	30	1.52	272	—	—	—	390	100	785	5.3
250M2	45	1.78	290	37	1.79	335	—	—	—				
280S	55	2.35	280	45	2.35	305	37	3.58	150	590	100	1 180	8.8
280M	75	2.86	370	55	2.86	360	45	3.98	172				
315S1		—	—	—	—	—	55	6.8	225	980	100	1 860	10.2
315S2		—	—	—	—	—	75	7.3	242				
315M		—	—	—	—	—	90	8.1	280				
注：根据用户需要涡流制动电动机上的涡流制动器可不按表中对应关系匹配。													

4.7.1　转子绕组开路电压的容差：机座号 112～250 为±7.5%，机座号 280～315 为±10%。

4.7.2　转动惯量容差为+10%。

4.7.3　涡流制动器励磁绕组电源为直流，额定励磁电压为 80 V±15 V。若用户需要也可制成 160 V±30 V。

4.8　涡流制动电动机的尺寸及公差(见 GB/T 4772.1—1999)。

4.8.1　涡流制动电动机的安装尺寸及其公差应符合图 1～图 2、表 3～表 4 的规定，外形尺寸应不大于图 1～图 2、表 3～表 4 的规定。

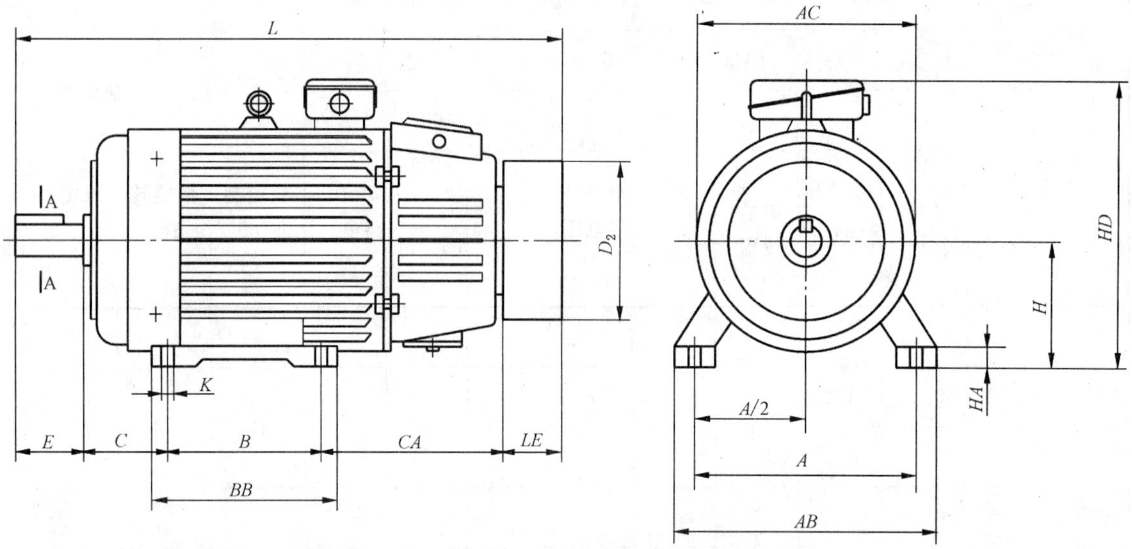

图 1 IM1001 及 IM1003 机座带底脚、

表

机座号	安装尺寸 A	A/2[a]		B	C[b]		D[c]		D_1	D_2[d]	E		E_1	
	基本尺寸	基本尺寸	极限偏差	基本尺寸	基本尺寸	极限偏差	基本尺寸	极限偏差	基本尺寸	基本尺寸	基本尺寸	极限偏差	基本尺寸	极限偏差
112M	190	95	±0.50	140	70	±2.0	32	+0.018 +0.002	—	M30×2	80	±0.37	—	—
132M	216	108		178	89		38							
160M	254	127	±0.75	210	108	±3.0	48			M36×2	110	±0.43		
160L				254										
180L	279	139.5		279	121		55	+0.046 0	M36×3	M36×2			82	0 −0.46
200L	318	159		305	133		60		M42×3	M48×2	140	±0.50	105	
225M	356	178		311	149	±4.0	65							
250M	406	203		349	168		70		M48×3	M48×2				
280S	457	228.5	±1.00	368	190		85	+0.054 0	M56×4	M64×2	170		130	0 −0.54
280M				419										
315S	508	254		406	216		95		M64×4	M64×2				
315M				457										

a 如 K 孔的位置度合格，则 A/2 可不考核。

b C 尺寸的极限偏差包括轴的窜动。

c 圆锥轴伸按 GB/T 757—1993 的规定进行。

d D_2 为定子接线口尺寸。

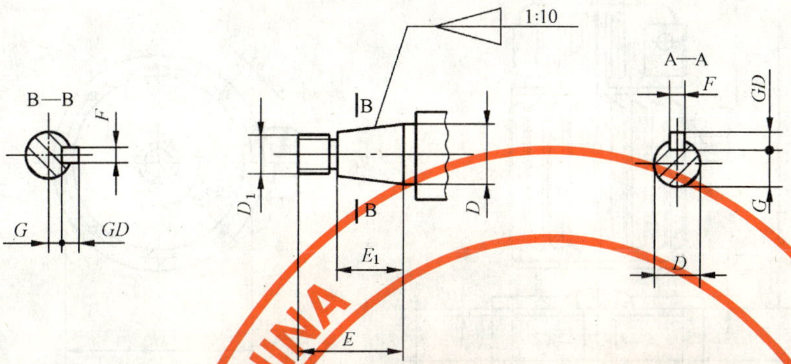

端盖上无凸缘的涡流制动电动机

3

单位为毫米

及公差											外形尺寸						
F		*G*		*H*		*CA*	*K*				*BB*	*AB*	*AC*	*HD*	*L*	D_2	*LE*
基本尺寸	极限偏差	基本尺寸	极限偏差	基本尺寸	极限偏差		基本尺寸	极限偏差	位置度公差	螺栓直径							
10	0 −0.036	27		112		283	12		ϕ1.0Ⓜ	M10	235	250	245	330	698	ϕ220	125
		33		132							260	275	285	360	775	ϕ260	145
14	0 −0.043	42.5		160	0 −0.5	317	15	+0.43 0	ϕ1.5Ⓜ	M12	290 335	320	325	420	916 960	ϕ315	171
		19.9		180		319					380	360	360	460	1 070	ϕ355	241
16		21.4	0 −0.2	200		375	19			M16	400	405	405	510	1 200	ϕ395	245
		23.9		225		425					410	455	430	545	1 270	ϕ445	
18		25.4		250		488	24	+0.52 0	ϕ2.0Ⓜ	M20	510	515	480	605	1 455	ϕ495	310
20	0 −0.052	31.7		280	0 −1.0	500					530 580	575	535	665	1 569 1 620	ϕ555	341
22		35.2		315		570	28			M24	630	640	620	750	1 755 1 804	ϕ625	391

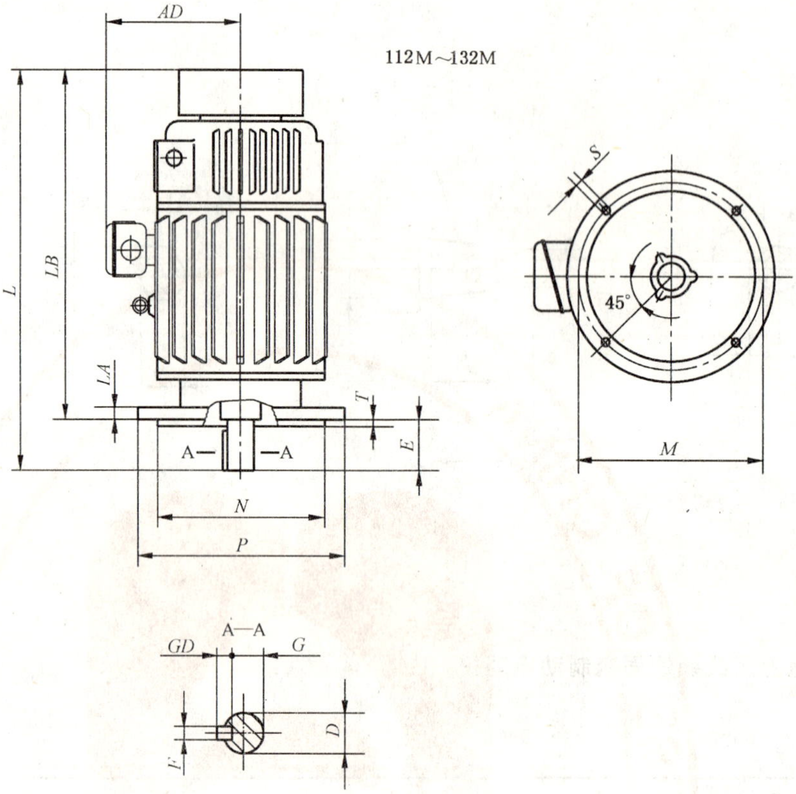

图 2 IM3011 及 IM3013 立式安装、机座不带底脚、

表

机座号	凸缘号	安装尺寸												
		D^a		D_1	D_2^b	E		E_1		F		G		M
		基本尺寸	极限偏差			基本尺寸	极限偏差	基本尺寸	极限偏差	基本尺寸	极限偏差	基本尺寸	极限偏差	
112M	FF215	32	+0.018 +0.002	—	M30×2	80	±0.37	—	—	10	0 −0.036	27	0 −0.2	215
132M	FF265	38										33		265
160M	FF300	48			M36×2	110	±0.43			14	0 −0.043	42.5		300
160L														
180L		55	+0.046 0	M36×3	M36×2			82	0 −0.46			19.9		
200L	FF400	60		M42×3	M48×2	140	±0.50	105		16		21.4		400
225M		65										23.9		

a 圆锥形轴伸按 GB/T 757—1993 的规定进行。

b D_2 为定子接线口尺寸。

c P 尺寸为最大极限尺寸。

d R 为凸缘配合面至轴伸肩的距离，其中极限偏差包括轴的窜动。

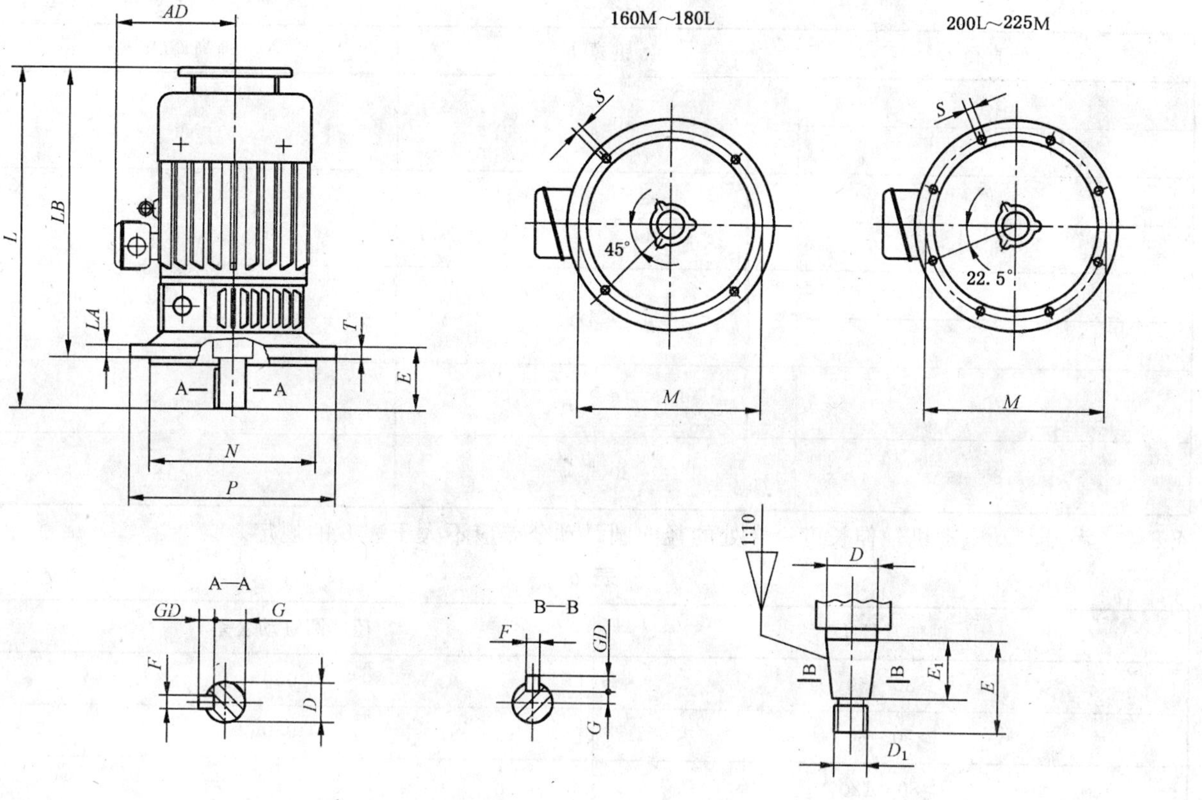

端盖有凸缘、轴伸向下的涡流制动电动机

4

单位为毫米

及公差											外形尺寸			
N		P^c	R^d		S				T	孔数（个）	AD	L	LA	LB
基本尺寸	极限偏差		基本尺寸	极限偏差	基本尺寸	极限偏差	位置度公差	螺栓直径						
180	+0.014 −0.011	250	0	±2.0	15	+0.43 0	ϕ1.5 Ⓜ	M12	4	4	220	735	14	655
230	+0.016 −0.013	300									230	805		725
250		350		±3.0	19	+0.52 0		M16	5		260	1 084	18	974
												1 128		1 018
											280	1 241		1 131
350	±0.018	450		±4.0						8	320	1 364	20	1 224
												1 453		1 313

4.8.2 涡流制动电动机轴伸键的尺寸及其公差应符合表 5 的规定(见 GB/T 1096—2003)。

表 5

单位为毫米

轴伸直径 D	键宽 F	键高 GD
32	$10_{-0.036}^{0}$	$8_{-0.090}^{0}$
38		
48	$14_{-0.043}^{0}$	$9_{-0.090}^{0}$
55		
60	$16_{-0.043}^{0}$	$10_{-0.090}^{0}$
65		
70	$18_{-0.043}^{0}$	$11_{-0.110}^{0}$
85	$20_{-0.052}^{0}$	$12_{-0.110}^{0}$

4.8.3 涡流制动电动机轴伸长度一半处的径向圆跳动公差应不大于表 6 的规定。

表 6

单位为毫米

轴伸直径 D	径向圆跳动公差
>30～50	0.050
>50～80	0.060
>80～120	0.070

4.8.4 凸缘止口对涡流制动电动机轴线的径向圆跳动公差及凸缘配合面对涡流制动电动机轴线的端面圆跳动公差应不大于表 7 的规定。

表 7

单位为毫米

凸 缘 代 号	径向及端面圆跳动公差
FF215～265	0.100
FF300～500	0.125

4.8.5 涡流制动电动机轴线对底脚支承平面的平行度公差应不大于表 8 的规定。

表 8

单位为毫米

轴 中 心 高	平行度公差
112～250	0.5
280～315	1.0

4.8.6 涡流制动电动机底脚支承平面的平面度公差应不大于表 9 的规定。

表 9

单位为毫米

底脚外边缘距离的最大尺寸(AB 或 BB)	平面度公差
>160～250	0.15
>250～400	0.20
>400～630	0.25

4.8.7 涡流制动电动机轴伸键槽的对称度公差应不大于表 10 的规定。

表 10

单位为毫米

键槽宽度 F	对称度公差
10	0.03
14	0.04
16	
18	
20	0.05
22	

5 技术要求

5.1 涡流制动电动机应符合本标准的要求，并应按照经规定程序批准的图样及技术文件制造。

5.2 涡流制动电动机在下列条件下使用时应能额定运行。

5.2.1 海拔不超过 1 000 m，如果涡流制动电动机指定在海拔超过 1 000 m 使用时，应按 GB 755—2000 的规定处理。

5.2.2 最高环境空气温度随季节而变化，一般环境空气温度不超过 40 ℃，冶金环境空气温度不超过 60 ℃，环境空气最低温度为－15 ℃。如果涡流制动电动机指定在环境空气温度高于或低于上述规定使用时，应按 GB 755—2000 的规定处理。

5.2.3 户内使用。

5.2.4 按不同工作制的规定频繁地起动、制动(电气的或机械的)及逆转。

5.2.5 经常地机械震动及冲击。

5.3 涡流制动电动机运行期间电源电压和频率与额定值的偏差应符合 GB 755—2000 的规定。

5.4 涡流制动电动机起动时，转子必须串入附加电阻或电抗，以限制起动电流的平均值不超过额定电流的 2 倍。

5.5 涡流制动电动机采用联轴器或正齿轮传动。若采用正齿轮传动时，其齿轮节圆直径应不小于轴伸直径的 2 倍。

5.6 涡流制动电动机在额定电压下、基准工作制时，最大转矩对额定转矩之比的保证值应不低于表 11 的规定，数值修约间隔为 0.1。

表 11

额定功率/kW	最大转矩/额定转矩
≤5.5	2.3
＞5.5～11	2.5
＞11	2.8

5.7 最大转矩容差为保证值的－10%。

5.8 涡流制动电动机的绝缘等级为 F、H 级两种。F 级绝缘涡流制动电动机适用于环境空气温度不超过 40 ℃的场所，H 级绝缘涡流制动电动机适用于环境空气温度不超过 60 ℃的场所。当海拔和环境空气温度符合 5.2 的规定时，涡流制动电动机各发热部位的温升限值或允许温度应不超过表 12 的规定，数值修约间隔为 1。

如果试验地点的海拔或环境空气温度与 5.2 的规定不同时，温升限值应按 GB 755—2000 的规定修正。

涡流制动电动机的集电环允许采用 B 级绝缘，但其温度值不超过 120 ℃。

表 12

涡流制动电动机发热部位	绝缘等级(热分级) F(155)	绝缘等级(热分级) H(180)
绕组温升(电阻法) IC410 IC411	 105 K 100 K	 105 K 100 K
集电环温升(温度计法)	95 K	80 K
轴承允许温度(温度计法)	95 ℃	115 ℃
涡流制动器电枢表面最高温度(温度计法)	150 ℃	150 ℃
注:轴承允许温度是指在5.2所规定的环境空气温度下的数值。当在低于规定的环境空气温度下测量时,轴承温度应为实测温度加规定的环境空气温度与实际环境空气温度之差。		

5.9 当三相电源平衡时,涡流制动电动机三相空载电流中的任何一相与三相平均值的偏差应不大于三相平均值的10%。

5.10 涡流制动电动机定、转子绕组的绝缘电阻,在热态下应不低于式(1)和式(2)所求得的数值。

$$R_1 = \frac{U_1}{1\,000 + P/100} \qquad \cdots\cdots(1)$$

$$R_2 = \frac{2.5U_2}{1\,000 + P/100} \qquad \cdots\cdots(2)$$

式中:

R_1——定子绕组绝缘电阻,单位为兆欧姆(MΩ);

U_1——定子额定电压,单位为伏特(V);

R_2——转子绕组绝缘电阻,单位为兆欧姆(MΩ);

U_2——转子绕组开路电压,单位为伏特(V);

P——涡流制动电动机的额定功率,单位为千瓦特(kW)。

涡流制动器励磁绕组的绝缘电阻在热态时应不低于1 MΩ。

5.11 涡流制动电动机的定、转子绕组及涡流制动器的励磁绕组,应能承受历时1 min的绝缘耐电压试验而不发生击穿,试验电压的频率为50 Hz,并尽可能为正弦波形,试验电压的有效值:定子为1 000 V加2 U_1,转子为1 000 V加4 U_2,涡流制动器励磁绕组为1 500 V加2倍额定励磁电压。

5.12 涡流制动电动机在热态和逐渐增加转矩的情况下,应能承受5.6所规定的最大转矩值(允许计及容差)的短时过转矩试验,历时15 s而无转速突变、停转及发生有害变形。此时电压和频率应维持额定值。

5.13 涡流制动电动机允许的最大转速为同步转速的2.5倍。涡流制动电动机空载及涡流制动器励磁绕组无励磁电流时应能承受1.2倍最大转速的超速试验,历时2 min。超速试验后,应无永久性的异常变形和不产生妨碍涡流制动电动机正常运行的其他缺陷,并且转子绕组在超速试验后能满足5.11规定的耐电压试验要求时,则为合格。

5.14 涡流制动电动机绕组应能承受匝间绝缘耐冲击电压试验而不发生击穿,其冲击电压峰值按JB/T 9615.2—2000的规定。

对成型绕组应能承受短时升高电压试验而不发生故障。试验是在转子静止和转子开路情况下进行,试验的外施电压为额定电压的130%。历时3 min,试验时允许提高频率。

5.15 涡流制动电动机绕组在按GB/T 2423.4—1993所规定的40 ℃交变湿热试验方法进行6个周期试验后,绝缘电阻应不低于5.10的规定,并应能承受5.11所规定的耐电压试验而不发生击穿,但试验电压的有效值为5.11的85%。

5.16 涡流制动电动机转子和涡流制动器电枢应校动平衡。

5.17 涡流制动电动机在空载时测得的振动速度有效值应不超过表13的规定,数值修约间隔为0.1。

表 13

机 座 号	112～132	160～225	250～315
振动速度有效值/(mm/s)	1.8	2.8	3.5

5.18 涡流制动电动机在空载时(涡流制动器无励磁)测得的A计权声功率级的噪声限值,应不超过表14的规定(见GB 10069.3—2006),数值修约间隔为1。噪声限值的容差为+3 dB(A)。

表 14

功率/kW	同步转速/(r/min)	
	1 000	750 及 600
	声功率级/dB(A)	
1.5 2.2	78	—
3.7 5.5	82	—
7.5 11	85	82
15 22	88	86
30 37	91	90
45 55	94	93
75	98	96
90	—	

5.19 涡流制动电动机定、转子及涡流制动器电枢与磁极的气隙不均匀度应不大于表15的规定。

表 15

δ/mm	0.40	0.45	0.50	0.55	0.60	0.65	0.70	0.75	1.0
ε/δ/%	23.0	22.0	21.5	20.5	19.7	19.0	18.5	18.0	15.0

注:δ——气隙公称值;

ε——不均匀度,其定义为:

$$\varepsilon=\frac{2}{3}\sqrt{\delta_1^2+\delta_2^2+\delta_3^2-\delta_1\delta_2-\delta_2\delta_3-\delta_3\delta_1}$$

式中:δ_1、δ_2、δ_3 为相距120°测得的气隙值。

5.20 涡流制动电动机定子接线盒位于机座顶部,可沿涡流制动电动机两侧方向出线。转子和涡流制动器励磁绕组,可以从端盖的两侧出线,并应可靠地固定。

5.21 涡流制动电动机上的各紧固螺栓须有防松措施。

5.22 涡流制动电动机的接线盒内应设有接地端子,并应在接地端子附近设置接地标志,此标志应保证在涡流制动电动机整个使用时期内不易磨灭。

5.23 电动机的安全性能应符合GB 20237—2006的规定。

6 检验规则

6.1 每台涡流制动电动机须经检验合格后方能出厂，并应附有产品合格证。

6.2 每台涡流制动电动机应经过检查试验，检查试验项目包括：

a) 机械检查(按 6.3 的规定)；

b) 定子、转子、涡流制动器励磁绕组对机壳绝缘电阻的测定(检查试验时可测量冷态绝缘电阻，但应保证热态绝缘电阻不低于 5.10 的规定)；

c) 定子、转子、涡流制动器励磁绕组在实际冷却状态下直流电阻的测定；

d) 转子绕组开路电压的测定；

e) 定、转子绕组匝间绝缘耐冲击电压试验；

f) 空载电流及损耗的测定；

g) 绕组相间及绕组和涡流制动器励磁绕组对机壳的耐电压试验，当涡流制动电动机只有三根引出线时，绕组相间耐电压试验允许在半成品上进行；

h) 涡流制动器励磁绕组热稳定后，在 100 r/min 时，额定制动力矩及励磁电压和励磁电流的测定；

i) 噪声的测定；

j) 振动的测定。

6.3 涡流制动电动机的机械检查项目包括：

a) 转动检查：涡流制动电动机转动时，应平稳轻快，无停滞现象；

b) 外观检查：检查涡流制动电动机的装配是否完整正确，表面油漆应干燥完整、均匀、无污损、碰坏、裂纹等现象；

c) 安装尺寸、外形尺寸及键的尺寸检查：安装尺寸及外形尺寸应符合 4.8.1 的规定，键的尺寸应符合 4.8.2 的规定；

d) 圆跳动公差、底脚支承平面的平行度公差和平面度公差及键槽对称度公差的检查：圆跳动公差应符合 4.8.3 和 4.8.4 的规定；底脚支承平面的平行度公差和平面度公差应符合 4.8.5 和 4.8.6 的规定；键槽对称度公差应符合 4.8.7 的规定。底脚支承平面的平面度公差和键槽对称度公差允许在零部件上进行检查；

e) 电刷与集电环接触情况检查：电刷与集电环应接触良好。

6.4 凡遇下列情况之一者，必须进行型式试验：

a) 经鉴定定型后制造厂第一次试制或小批试生产时；

b) 当设计或工艺上的变更足以引起某些性能和参数发生变化时；

c) 当检查试验结果与以前的型式试验结果发生不可允许的偏差时；

d) 成批生产的涡流制动电动机应定期抽试，其抽试时间应每年一次。当抽试的数量过多时，抽试时间间隔可适当延长，但至少每两年抽试一次。

6.5 涡流制动电动机的型式试验项目包括：

a) 检查试验的全部项目；

b) 效率、功率因数的测定；

c) 短时过转矩试验；

d) 超速试验；

e) 最大转矩的测定；

f) 转矩-转差率曲线的测定；

g) 空载特性曲线的测定；

h) 热试验：涡流制动电动机按基准工作制时的功率进行热试验；涡流制动器按 S3 15%在额定制动力矩及额定励磁电流下进行热试验；

i) 转动惯量的测定；

j) 涡流制动器的机械特性曲线的测定，应分别测定 0.25I、0.5I、0.75I、1.0I、1.25I、1.5I 六种机械特性曲线（I 为额定励磁电流）并编入产品样本中；

k) 涡流制动器限定制动力矩及励磁电流测定（测定时间不得超过 15 s）。

6.6 6.3 中的 a)、b)必须每台检查，6.2 中的 h)～j)和 6.3 中的 c)～e)可以进行抽查，抽查办法由制造厂按有关规定制定。

6.7 6.2 中的 b)～d)、f)、g)和 6.5 中的 b)～i)试验按 GB/T 1032—2005 进行；6.2 中的 e)按 JB/T 9615.1—2000 进行；6.2 中的 i)按 GB/T 10069.1—2006 进行；6.2 中的 j)按 GB 10068—2000 进行；6.3中的 c)和 d)检查按 GB/T 4772.1—1999 进行；6.5 中的 h)按附录 A（规范性附录）进行；6.5 中的 j)、k)按附录 B（规范性附录）进行。

6.8 电动机外壳防护等级的试验、40 ℃交变湿热试验及气隙不均匀度检查在产品定型或当结构和工艺有较大改变时进行。外壳防护等级的试验方法按 GB/T 4942.1—2006 进行；40 ℃交变湿热试验方法按 GB/T 2423.4—1993 进行。

7 标志、包装及保用期

7.1 铭牌材料及铭牌上数据的刻划应保证其字迹在涡流制动电动机整个使用时期内不易磨灭（见 GB/T 13306—1991）。

7.2 从风扇端看，铭牌应固定在涡流制动电动机机座的右上半部，应标明的项目如下：

a) 制造厂名称；

b) 涡流制动电动机名称（起重及冶金用涡流制动绕线转子三相异步电动机）；

c) 涡流制动电动机型号；

d) 额定功率，单位为 kW；

e) 额定电压，单位为 V；

f) 额定频率，单位为 Hz；

g) 工作制；

h) 额定转速，单位为 r/min；

i) 额定电流，单位为 A；

j) 转子绕组开路电压，单位为 V；

k) 转子电流，单位为 A；

l) 环境空气温度，单位为℃；

m) 防护等级；

n) 转动惯量，单位为 kg·m^2；

o) 噪声限值，单位为 dB(A)；

p) 接线方法；

q) 绝缘等级；

r) 涡流制动器励磁电压，单位为 V；

s) 涡流制动器额定励磁电流，单位为 A；

t) 涡流制动器额定制动力矩，单位为 N·m；

u) 涡流制动器限定制动力矩，单位为 N·m；

v) 质量，单位为 kg；

w) 标准编号；

x) 出品编号；

y) 出品年、月。

注：涡流制动电动机和涡流制动器应分别给出铭牌。

7.3 涡流制动电动机轴伸平键须绑扎在轴上，并用轴伸保护套将轴伸和键包牢。轴伸及平键表面、凸缘的配合表面均应有防锈及保护措施。

7.4 涡流制动电动机的包装应能保证在正常储运条件下，自发货之日起一年时间内不致因包装不善而导致受潮与损坏。

7.5 涡流制动电动机轴伸平键、使用说明书(同一用户、同一型号的一批涡流制动电动机至少供一份)及产品合格证应随同涡流制动电动机供给用户。每台涡流制动电动机随机供给备用电刷六块。

7.6 包装箱外壁的文字和标志应清楚整齐，内容如下：

a) 发货站及制造厂名称；

b) 收货站及收货单位名称；

c) 涡流制动电动机的型号和出品编号；

d) 涡流制动电动机的净重及连同箱子的毛重；

e) 箱子外形尺寸，并在箱外的适当位置标有“小心轻放”、“怕湿”、“重心”等字样及符号，其图形应符合 GB/T 191—2000 的规定。

7.7 在用户按照使用说明书的规定正确地使用与存放涡流制动电动机的情况下，制造厂应保证涡流制动电动机在使用一年内，或自制造厂起运日期不超过两年内能良好地运行，如在此规定的时间内涡流制动电动机因制造质量不良而发生损坏或不能正常工作时，制造厂应无偿地为用户修理或更换零件或涡流制动电动机。

附 录 A
（规范性附录）
YZRW 系列起重及冶金用涡流制动绕线转子三相异步电动机热试验方法

A.1 除电动机热试验外，其他试验按 GB/T 1032—2005 的规定进行。

A.2 热试验：对断续周期性工作制 S3 的涡流制动电动机，其热试验应进行到涡流制动电动机各部分达到热稳定。温度测定应在最后一个周期中最大负载时间一半终了时进行。

热试验可以从涡流制动电动机的实际冷态开始，亦可以从热态开始，并应按涡流制动电动机铭牌上规定的负载持续率及额定制动力矩下进行。

S3 工作制试验时，如无特别规定，每个工作周期的时间为 10 min。

在一个周期时间内，电动机在负载情况下按照 40% 负载持续率运行 2 min 30 s 后，电动机转子串入适当电阻使电动机立即转入 100 r/min 运行 1 min 30 s，在低速运行的同时，对涡流制动器的励磁绕组施直流励磁电流。调整励磁电流使之始终保证输出额定制动力矩值。如此循环达到电动机绕组热稳定为止，此时除测取热态电阻外，还应测试电枢温度。热稳定时的励磁电压和励磁电流为额定值。

附 录 B
（规范性附录）
涡流制动器额定制动力矩及机械特性曲线的测试方法

涡流制动器的制动力矩应进行实测，测试条件不具备时，也可按下述方法进行计算。

B.1 测试线路

测试线路如图 B.1，涡流制动器与被试电动机用联轴器连接，电动机的额定转矩应大于或等于涡流制动器的额定制动力矩，电动机转子回路中串入三相可调电阻器。

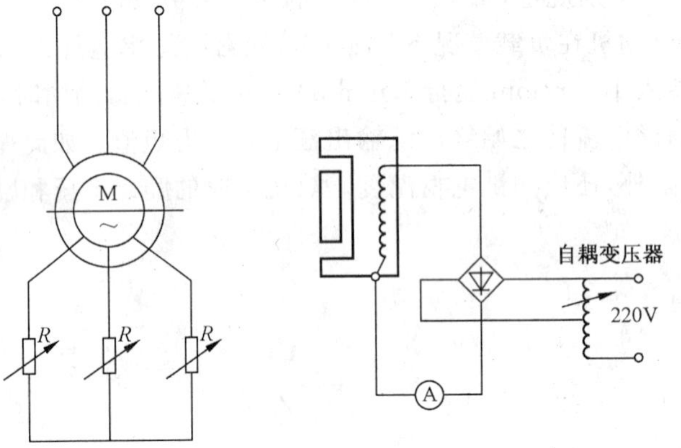

图 B.1

B.2 测试原理及制动力矩计算公式

涡流制动电动机的输出转矩即为涡流制动器的制动力矩，经验计算公式为：

$$M = 9\,550\,\frac{P_1 - P_{cu} - P_{Fe} - P_{fw}}{n_n} \qquad \text{(B.1)}$$

式中：

M——制动力矩，单位为牛·米（N·m）；

P_1——涡流制动电动机定子输入功率，单位为千瓦特（kW）；

P_{cu}——涡流制动电动机定子铜损耗，单位为千瓦特（kW）；

P_{Fe}——涡流制动电动机定子铁损耗，单位为千瓦特（kW）；

P_{fw}——风摩损耗，单位为千瓦特（kW）；

n_n——涡流制动电动机的额定转速，单位为转每分钟（r/min）。

B.3 测试方法

a) 测出涡流制动电动机定子相电阻 r_1；

b) 测出涡流制动电动机定子铁耗，风摩损耗并作为常数；

c) 涡流制动电动机起动后，给涡流制动器加上不同的励磁电流，通过切换串接在电动机转子回路内的外接电阻 R 逐步改变电动机的转速 n，测出与涡流制动电动机转子转速相对应的输入功率 P_1，定子电流 I_1，计算出电动机定子铜损耗 $P_{cu}=3I_1^2r_1$，然后代入上述公式计算出 M。

B.4 机械特性曲线的测取

以涡流制动电动机转速 n 为横坐标，其涡流制动力矩 M 为纵坐标，即可绘制涡流制动器的机械特性曲线，励磁电流值取 0.25～1.5 倍额定励磁电流值(间隔为 0.25I)，分别绘制不少于六条不同的机械特性曲线，如图 B.2，其中包括 100 r/min 额定制动力矩和限定制动力矩点。

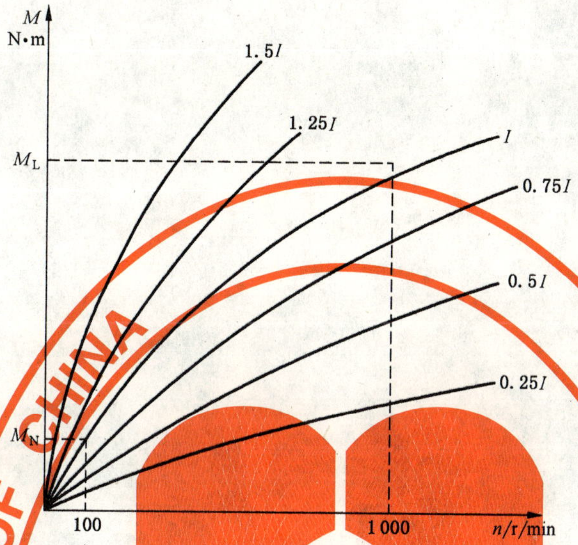

I——额定励磁电流，单位为安培(A)；

M_N——额定制动力矩，单位为牛顿·米(N·m)；

M_L——限定制动力矩，单位为牛顿·米(N·m)。

图 B.2

机械特性曲线的测定应在涡流制动器电枢表面的温度控制在 100 ℃～120 ℃时进行，并且各点的测量也应在相同的温度下进行。因此在进行某点测试后，涡流制动器应去掉励磁，并停车 1 min～2 min 后再进行下一点的测量。

ICS 29.160.30
K 26

中华人民共和国国家标准

GB/T 21975—2008

起重及冶金用三相异步电动机可靠性试验方法

Method of test for reliability of three-phase induction motors for crane and metallurgical application

2008-06-13 发布　　　　2009-03-01 实施

中华人民共和国国家质量监督检验检疫总局
中国国家标准化管理委员会　发布

前　言

本标准的附录 A、附录 B、附录 C 为规范性附录，附录 D 为资料性附录。

本标准由中国电器工业协会提出。

本标准由全国旋转电机标准化技术委员会起重冶金和屏蔽电机标准化分技术委员会(SAC/TC 26/SC 3)归口。

本标准起草单位：佳木斯防爆电机研究所、佳木斯电机股份有限公司、无锡市宏泰起重电机股份有限公司、南京特种电机厂有限公司、中国长江航运集团电机厂、大连伯顿冠力电机有限公司。

本标准主要起草人：章力源、李冬平、薛荣辉、胡建兴、唐庆华、李建东、于淑华。

起重及冶金用三相异步电动机可靠性试验方法

1 范围

本标准规定了起重及冶金用三相异步电动机可靠性试验室试验方法、试验数据处理及可靠性评定。

本标准适用于起重及冶金用三相异步电动机(以下简称电动机)可靠度、可靠寿命、平均寿命评定。

2 规范性引用文件

下列文件中的条款通过本标准的引用而成为本标准的条款。凡是注日期的引用文件,其随后所有的修改单(不包括勘误的内容)或修订版均不适用于本标准,然而,鼓励根据本标准达成协议的各方研究是否可使用这些文件的最新版本。凡是不注日期的引用文件,其最新版本适用于本标准。

GB 755—2000 旋转电机 定额和性能(idt IEC 60034-1:1996)

GB/T 2423.3—1993 电工电子产品基本环境试验规程 试验 Ca:恒定湿热试验方法(eqv IEC 60068-2-3:1984)

GB 10068—2000 轴中心高为 56 mm 及以上电机的机械振动 振动的测量、评定及限值(idt IEC 60034-14:1996)

JB/T 9615.1—2000 交流低压电机散嵌绕组匝间绝缘试验方法

JB/T 9615.2—2000 交流低压电机散嵌绕组匝间绝缘试验限值

JB/T 10104—1999 YZ 系列起重及冶金用三相异步电动机技术条件

JB/T 10105—1999 YZR 系列起重及冶金用绕线转子三相异步电动机技术条件

3 术语、定义及符号

下列术语、定义及符号适用于本标准。

3.1 术语及定义

3.1.1

漏判风险 leak judgment risk rate

由于抽样的原因,把本来不合格的一批产品误判为合格产品批而加以接受,导致用户蒙受损失的概率。用 β 表示。

3.1.2

正反转次数 number of forward-and reversal-direction rotation

当电动机按接近其额定转速向某一方向旋转,由于电源相序的变更使其转速经"零"后向另一方向旋转至接近其额定转速,该全过程计为正反转一次。

3.1.3

完全寿命试验 complete life test

加速试验至全部样本失效为止的寿命试验。

3.1.4

定时截尾寿命试验 timing end-off life test

事先给定某一时间(正反转次数),一批产品寿命试验至该时间即告结束;根据在此期间内的故障数来判断产品可靠性的试验。

3.2 符号

R——可靠度；

t_r——可靠寿命；

t_s——试验时间；

N——批产品中的总量；

n——样本量；

r——故障数；

X——正反转次数；

C——合格判定数；

ψ——试验条件下的加速试验系数；

T——平均寿命；

β——漏判风险。

4 抽样

4.1 试验样机应从生产厂成批生产的，并经检验合格的产品中随机抽样，抽样采用随机数表见附录A（规范性附录）。

4.2 试验样机应是工艺相同，制造时间相近的同一型号电动机。抽样方案是根据可靠寿命 t_r 和它相对应的可靠度 R、漏判风险 β 以及产品合格判定数 C 进行拟定。为了减少样本量，可使试验时间 t_s 大于可靠寿命 t_r。确定抽样数量可按附录B（规范性附录）进行。

5 试验准备工作

5.1 试验前应检查电动机的质量情况，并应符合被试产品标准的规定（如 JB/T 10104—1999、JB/T 10105—1999）。

5.2 在定子绕组端部或机壳吊攀孔处和轴承外套（非风扇端）安装经过校正过的测温元件。在轴承内填充耐热润滑脂，其填充数量应按有关技术文件规定。

5.3 测量定、转子绕组（绕线转子）在实际冷却状态下的直流电阻。

5.4 测量定、转子绕组（绕线转子）的绝缘电阻。

5.5 电动机空载运行 10 min，并测量惯性运行时间，做好试验记录。

6 加速试验

6.1 将被试样机施加一定的应力水平（机械的、电的、热的及湿热的）进行试验。试验要求选取的各个应力水平都高于正常工作条件下的应力水平。

6.2 试验是在额定电压下（允许偏差±10%）以空载下正反转运行方式进行。

6.3 在空载状态下测得的电动机振动速度有效值应符合表1的规定（见 GB 10068—2000）。如果达不到表1的规定，则应对转动部分人为地加入不平衡量，使其达到表1的规定。

表 1

机座号	100～132	>132～225	>225～400
振动速度有效值/(mm/s)	1.8	2.8	3.5

6.4 定、转子绕组温度是通过调整电动机每小时正反转次数的方式达到，但每小时正反转次数不少于360次。电动机定、转子绕组及轴承的试验温度应符合表2的规定。

表 2

绕组			轴承
绝缘等级(热分级)	允许极限温度/℃	试验温度/℃	试验温度(不大于)/℃
F(155)	155	180	120
H(180)	180	200	135
注1：做上述试验时，不允许改变电动机的结构(如取下风扇增大气隙)。额定功率大于10 kW的电动机，允许在转子电路中接入电阻。此电阻值应使起动转矩接近最大转矩。为保证同型号的电动机发热相同，允许堵死风扇罩通风孔。 注2：F级绝缘电动机适用于环境空气温度不超过40 ℃的场所，H级绝缘电动机适用于环境空气温度不超过60 ℃的场所(见GB 755—2000)。			

6.5 试验前须校准电阻法和热传感器法测量的温度差，然后用热传感器法连续监测试验温度，试验温度差为±3 ℃。此外，须用电阻法测量绕组平均温度及用温度计法测量轴承温度，每昼夜至少一次。

6.6 一个试验周期内的总作用时间(电的、热的、机械的、湿热的)为14个昼夜。当电动机的温度达到表2规定的试验温度的一半时，为试验周期的起始时间，开始记录正反转次数。

6.7 每个试验周期结束后，按GB/T 2423.3—1993的规定进行恒定湿热试验，历时24 h。

6.8 在第一个周期的湿热试验结束，电动机从湿热箱内取出后按JB/T 9615.1—2000的规定进行匝间耐电压试验，其试验限值按JB/T 9615.2—2000的规定。

6.9 按6.7和6.8试验结束后，使电动机空载运行10 min，检查其运行情况，并测量电动机惯性运行时间。当惯性运行时间减少到原测定时间的1/2以下时，应更换轴承润滑脂。

6.10 在试验过程中，当试验样机的正反转次数低于0.3×10^6出现故障时，则认为早期故障(早期失效)，允许再更换一台新样机进行试验，重新记录试验时间。如果重新更换的试验样机正反转次数仍未达到0.3×10^6又出现故障时，则应查明原因，采取措施解决后再进行下一步试验。

6.11 采用定时截尾试验时，试验进行到予先规定的正反转次数即可终止；如果采用完全寿命试验时，将试验一直进行到全部样机出现故障时为止。

7 试验数据处理

7.1 电动机失效时间的概率分布为指数分布。

7.2 电动机加速试验时间X以兆次正反转次数计算。X按式(1)计算：

$$X = t_r \cdot K/\psi = t_s/\psi \qquad \cdots\cdots(1)$$

式中：

ψ——加速试验系数可根据电动机负载繁重程度按表3选取。电动机负载级别见附录C(规范性附录)。

$K=t_s/t_r$为试验时间增长系数(见附录B(规范性附录)中的表B.2)。

表 3

负载级别	使用条件的加速试验系数ψ/(年/兆次正反转)	
	起重用电动机	冶金用电动机
K_L	4.0	—
K_N(基准负载)	2.0	2.6
K_H	1.3	1.6
K_S	1.15	1.4

7.3 如果在定时截尾所规定的时间 X 内，发生故障(失效)的电动机数量 $r \leqslant C$ 时，则说明符合预先规定的可靠度。

7.4 如果在定时截尾所规定的时间 X 内，发生故障(失效)的电动机数量 $r > C$ 时，则应重新确定一个 r 等于 C 的试验时间 X'，可验证可靠寿命 t_r。按式(2)计算：

$$t_r = \psi X'/K \qquad \cdots\cdots(2)$$

7.5 平均寿命 X(以正反转次数计算的平均无故障工作时间)按式(3)计算：

$$X = \sum_{i=1}^{n} X_i/n\text{(兆次正反转)} \qquad \cdots\cdots(3)$$

式中：

n——被试样机总台数；

X_i——第 i 台电动机故障前的工作时间(兆次正反转)。

7.6 平均寿命的置信上限值与下限值的确定，按式(4)、式(5)计算：

$$\text{上限值：}X_u = Q_u \cdot X\text{(兆次正反转)} \qquad \cdots\cdots(4)$$

$$\text{下限值：}X_L = Q_L \cdot X\text{(兆次正反转)} \qquad \cdots\cdots(5)$$

式中的 Q_u、Q_L 是置信度等于 0.9 时的置信界限系数，按表 4 选取。

表 4

n	1	2	3	4	5	6	7	8	9
Q_u	9.5	3.7	2.73	2.29	2.05	1.90	1.80	1.72	1.66
Q_L	0.43	0.51	0.57	0.60	0.62	0.65	0.66	0.68	0.69
n	10	11	12	13	14	15	20	25	30
Q_u	1.61	1.57	1.53	1.50	1.48	1.46	1.37	1.33	1.29
Q_L	0.70	0.708	0.717	0.725	0.738	0.74	0.77	0.79	0.80

7.7 以年计算的平均寿命的置信上限值与下限值，按式(6)、式(7)计算：

$$\text{上限值：}T_u = \psi \cdot X_u\text{(年)} \qquad \cdots\cdots(6)$$

$$\text{下限值：}T_L = \psi \cdot X_L\text{(年)} \qquad \cdots\cdots(7)$$

附 录 A
（规范性附录）
随机数表及抽样数表编制方法

利用表 A.1 随机数表编制抽样数表。

被试的一批产品应当按顺序排列起来，并假定从 0 编到 *N*-1，从随机数表中取数量与一批被试产品数量相符合标记数。例如一批被试产品数 *N* 为 1001～10 000 则取四位数。若被试产品数量 *N* 为 101～1 000，则取三位数，这三位数是用去掉表上（四位数）左边或右边一个数字的方法取得的。

挑选符合表列数码的样品，直至 *n* 台编制成一个抽样表。这时大于 *N*-1 的数或重复的数去掉。

表中数字的选择顺序可按任一规则选择。例如：从表中选任一数向下顺序经任一数向上连续选择。

表 A.1

2 182	1 666	7 373	4 982	2 368	0 079	8 768	8 409	2 949	4 751
1 549	8 441	3 351	3 079	0 026	5 609	9 172	4 284	2 793	1 333
5 118	4 796	7 035	2 010	3 449	7 070	3 543	3 812	8 478	3 696
6 348	3 420	6 583	7 520	4 909	4 748	0 896	3 758	6 368	9 968
3 309	4 853	4 021	8 644	3 980	1 093	8 312	0 310	1 512	0 178
2 050	3 603	1 812	4 020	6 573	9 818	4 719	8 187	8 589	8 807
6 817	6 736	4 591	9 037	2 949	5 690	7 934	8 875	9 796	0 520
8 310	3 044	0 433	1 322	7 664	0 943	8 798	6 149	5 385	2 884
7 505	7 670	1 848	5 173	2 146	2 166	5 084	9 117	0 199	7 127
5 637	5 325	9 367	5 935	3 191	6 702	2 902	6 365	7 014	6 121
8 251	3 537	5 139	5 050	1 516	3 208	4 252	1 361	8 838	6 770
6 129	7 391	0 429	2 836	5 284	9 692	1 021	2 415	6 337	6 060
1 311	4 847	2 317	3 561	4 533	1 211	1 918	0 260	7 193	7 603
5 151	2 477	3 250	7 859	1 764	3 230	7 073	1 890	4 899	6 533
4 245	4 289	9 301	4 788	3 937	5 969	3 070	6 557	9 925	1 969
3 395	7 157	1 084	0 561	8 388	2 613	9 025	2 836	8 493	8 207
6 542	9 575	7 896	7 029	4 986	4 161	6 224	4 184	2 633	2 736
8 068	1 543	2 019	3 678	9 248	7 061	3 847	9 508	4 528	1 226
3 370	3 863	4 713	4 726	7 010	1 575	3 209	9 070	0 644	3 614
9 306	0 691	3 221	3 010	5 948	5 318	1 959	4 783	1 810	2 020
2 166	2 583	6 878	3 080	6 318	0 312	7 739	9 374	4 788	4 350
6 844	3 518	1 638	7 438	6 106	7 406	4 238	4 279	6 206	1 899
1 479	7 233	3 827	9 134	1 023	3 310	2 487	3 926	2 233	8 260
6 432	6 329	1 364	1 015	3 892	1 289	8 504	0 911	2 001	5 804
0 485	7 584	6 030	2 040	8 568	5 930	3 361	6 743	5 995	4 194
3 603	9 141	3 778	1 939	2 596	8 792	5 513	5 583	6 103	9 872
6 736	5 786	4 356	9 390	7 245	5 485	4 035	2 643	3 089	4 991
3 044	9 355	5 064	6 508	6 771	6 655	7 354	1 903	6 909	9 976
7 670	6 721	2 387	4 220	9 357	1 590	3 309	2 555	9 334	3 869
5 325	7 972	3 664	8 187	2 040	9 122	9 301	4 741	0 683	0 253
3 537	8 129	6 485	3 472	3 915	7 575	7 513	0 431	9 659	8 204
7 391	3 452	6 919	3 520	1 417	6 632	8 145	7 080	3 287	3 336
2 066	3 343	8 506	9 336	8 366	2 452	1 224	0 260	4 158	3 735
5 120	2 905	3 163	6 449	2 833	3 736	2 412	9 066	8 663	5 408
4 058	0 542	7 260	9 652	0 310	5 659	4 145	2 452	3 340	5 504
6 494	8 057	7 173	5 735	3 592	5 945	6 473	7 475	9 696	2 861
2 268	6 361	7 078	7 995	8 010	2 760	8 276	6 593	3 346	7 244
6 350	5 108	3 033	3 546	0 827	8 015	4 970	1 574	1 636	6 966
5 611	7 390	2 421	9 873	9 796	6 245	3 108	9 344	4 513	0 218
3 539	6 208	9 450	7 613	4 591	6 667	2 966	0 873	0 582	7 541

表 A.1（续）

5 841	0 528	4 948	3 849	4 894	2 195	1 160	4 756	6 503	1 341
7 645	6 476	1 022	3 393	5 062	7 012	6 355	5 557	2 070	5 013
2 173	0 511	7 104	6 753	6 484	1 816	5 453	8 893	3 695	4 625
2 070	8 506	9 126	4 729	1 798	4 378	2 940	2 861	4 690	5 711
3 668	4 930	9 203	0 248	8 489	5 108	7 369	7 804	6 732	3 310
2 040	4 353	8 415	4 506	3 644	9 128	7 183	8 966	8 292	9 768
7 784	0 734	7 174	2 648	6 464	5 803	8 205	2 398	5 607	0 046
9 748	9 925	4 961	6 179	0 922	8 314	2 891	9 541	2 529	6 572
2 971	3 390	4 915	8 231	6 403	4 839	2 512	0 938	0 233	7 302
5 901	5 420	9 443	8 654	5 492	4 212	3 052	4 238	4 210	6 860

附 录 B
（规范性附录）
样本量的确定

根据 β 和 R 查表 B.1 和 B.2 确定样本量。

表 B.1

R 或 $R(t_s)$		0.95	0.93	0.91	0.90	0.85	0.80	0.75	0.70
β	c	n							
0.1	0	45	32	24	22	14	10	8	7
	1	76	54	42	37	24	18	14	11
0.2	0	31	22	17	15	10	7	6	5
	1	59	42	32	29	19	14	11	9
0.3	0	23	17	13	11	8	6	—	—
	1	48	34	26	24	16	12	9	8
0.4	0	17	13	10	8	7	5	—	—
	1	41	29	23	21	14	10	8	7

注：如果 R 与表中值不一致时，则 n' 值可用内插法确定，即按式(B.1)计算：

$$n' = (1-R)/(1-R') \cdot n \qquad \text{(B.1)}$$

式中：

n'——当可靠度为 $R(t_s)$ 时的样本量；

R'——最接近 $R(t_s)$ 的表中可靠度数值。

表 B.2

R	0.95	0.93	0.91	0.90	0.85	0.80	0.75	0.70
K	$R(t_s)$							
0.1	0.994 9	0.992 8	0.990 6	0.989 5	0.983 9	0.977 9	0.971 6	0.965 0
0.5	0.974 7	0.964 4	0.953 9	0.948 7	0.922 0	0.894 4	0.866 0	0.836 7
1.0	0.950 0	0.930 0	0.910 0	0.900 0	0.850 0	0.800 0	0.750 0	0.700 0
1.2	0.940 3	0.916 6	0.893 0	0.881 2	0.823 2	0.765 1	0.708 1	0.651 8
1.5	0.925 9	0.896 9	0.868 1	0.853 8	0.783 7	0.715 5	0.649 5	0.595 7
2.0	0.902 5	0.864 9	0.828 1	0.810 0	0.722 5	0.640 0	0.562 5	0.470 0
2.5	0.879 6	0.834 0	0.790 0	0.768 2	0.666 0	0.572 4	0.487 1	0.410 0

注：如果 t_s/t_r 等于 K 值，与表值不一致，则 $R(t_s)$ 可用插值法计算[按式(B.2)计算]。

$$R(t_s) = R(K't_r) - \{[R(K't_r) - R(K''t_r)]/(K'-K'')\} \cdot (K-K') \qquad \text{(B.2)}$$

式中：

K'——略小于 K 的表中值；

K''——略大于 K 的表中值；

$R(K't_r)$——对应 K' 的可靠度；

$R(K''t_r)$——对应 K'' 的可靠度。

附 录 C
（规范性附录）
电动机负载级别

根据电动机负载状况按表C.1确定负载级别。

表 C.1

负载级别	在使用条件下每小时等效起动次数	利用系数			负载持续率/%	环境温度/℃
		负载能力 K_f	时间			
			年 K_y	天 K_d		
K_L	60	1.00	—	—	—	25
		0.75	—	—	—	
		0.50	0.25	0.33	15	
		0.25	0.50	0.67	15	
		0.10	1.00	1.00	25	
K_N（基准负载）	120	1.00	1.00	0.67	15	25
		0.75	0.50	0.33	25	
		0.50	0.50	0.67	25	
		0.25	1.00	1.00	40	
		0.10	1.00	1.00	60	
K_H	240	1.00	1.00	0.67	25	25
		1.00	1.00	0.33	40	
		0.75	0.75	0.67	40	
		0.50	1.00	1.00	40	
		0.25	1.00	1.00	60	
K_S	300～600	1.00	1.00	1.00	40	45
		0.75	1.00	1.00	60	
		0.50	1.00	1.00	60	
		0.25	1.00	1.00	60	
		1.00	1.00	1.00	60	

注：K_y——电机年利用系数（式C.1）；

$$K_y = 每年电动机工作日/365 \qquad \cdots\cdots(C.1)$$

K_d——电动机日利用系数（式C.2）；

$$K_d = 每日工作小时/24 \qquad \cdots\cdots(C.2)$$

K_f——电动机负载能力利用系数（式C.3）；

$$K_f = Q_{av}/Q_n \qquad \cdots\cdots(C.3)$$

式中：

Q_{av}——每班平均负载；

Q_n——每班额定负载。

附 录 D
（资料性附录）
试 例

D.1 对某电机厂 YZR 系列电动机进行可靠性验证试验，根据产品标准的规定及该产品可靠性考核细则，确定如下参数。

可靠寿命 $t_r=2.5$（年）

可靠度 $R=0.93$

漏判风险 $\beta=0.3$

合格判定数 $C=0$

电动机负载 K_N 为基准负载。

D.2 抽样

根据附录 B（规范性附录）表 B.1 的数值，当 $\beta=0.3$，$R=0.93$，$C=0$ 时，样本量 n 应为 17，为减少样本量，拟延长试验时间 t_s，取 $t_s=1.3$，$t_r=3.25$（年）。

按附录 B（规范性附录）表 B.2，当 $R=0.93$ 时，$K=1.3$，则

$$R(t_s)=R(1.2t_r)-\{[R(1.2t_r)-R(1.5t_r)]/(1.5-1.2)\}\times(1.3-1.2)$$
$$=0.9166-[(0.9166-0.8969)/0.3]\times0.1$$
$$=0.91$$

按附录 B（规范性附录）中表 B.1 及表 B.2 求得样本量为：

$$n=[(1-0.91)/(1-0.93)]\cdot n'$$
$$=(0.09/0.07)\cdot n'$$
$$n'=17/1.3=13$$

根据工厂成品库存情况，按附录 A（规范性附录）抽样数表随机抽取 YZR160M-6，11 kW-6P，F 级绝缘共 13 台。

D.3 加速试验及数据处理

D.3.1 电动机加速试验时间（按正反转起动次数计）X：

$$X=t_s/\psi=t_r\cdot K/\psi=2.5\times1.3/2\times10^{-6}=1.625\times10^{6}\text{（次正反转）}$$

ψ 为加速试验系数，按表 3 查取，对中载起重用电动机取 $\psi=2.0$（年/10^6 次）。

D.3.2 试验数据如表 D.1。

表 D.1

序 号	平均寿命 X_i（兆次正反转）	电动机工作号	发生故障原因
1	3.549	3CY116-11	轴承故障
2	1.822	3CY116-20	转子破压
3	2.249	3CY116-19	转子匝间短路
4	2.762	3G2011-2-5	定子线圈短路
5	2.268	3CY116-19	转子集电环引线断
6	1.945	3CY116-15	轴承的支架脱落
7	4.439	3G2011-2-5	轴承的支架脱落
8	2.183	3CY116-2	集电环烧损

表 D.1（续）

序　号	平均寿命 X_i（兆次正反转）	电动机工作号	发生故障原因
9	4.195	3CY116-18	轴承的支架脱落
10	2.024	3CY116-13	轴承滚道损坏
11	2.426	3G2011-2-2	转子破压
12	2.923	3CY116-8	转子短路扫堂
13	3.901	3CY116-12	风扇的松动

所有投入试验的电动机，加速试验正反转次数 X_i 都大于1.625。因此证明拟定的 C 等于0，可靠度 R 等于0.93是可达到的。

D.3.3 平均寿命为：

$$X=\sum_{i=1}^{n}X_i/n=(3.549+1.822+2.249\cdots\cdots+3.901)/13=2.822(\text{兆次正反转})$$

平均寿命置信上限与下限如下：

$$X_u=Q_u\cdot X=1.50\times 2.822=4.233(\text{兆次正反转})$$

$$X_L=Q_L\cdot X=0.725\times 2.822=2.046(\text{兆次正反转})$$

式中：

$Q_u=1.50$；

$Q_L=0.725$；取于表4。

平均寿命的置信上、下限值：

$$\text{上限值 } T_u=\psi\cdot X_u=2.0\times 4.233=8.466(\text{年})$$

$$\text{下限值 } T_L=\psi\cdot X_L=2.0\times 2.046=4.092(\text{年})$$

ICS 13.220.10
C 80

中华人民共和国国家标准

GB 21976.1—2008

建筑火灾逃生避难器材
第1部分：配备指南

Escape apparatus for building fire—
Part 1: Equipping guide

2008-06-04 发布　　　　2009-06-01 实施

中华人民共和国国家质量监督检验检疫总局
中国国家标准化管理委员会　发布

前　言

本部分的5.6、6、7、9为强制性条文，其余为推荐性条文。

GB 21976《建筑火灾逃生避难器材》分为以下部分：

——第1部分：配备指南；

——第2部分：逃生缓降器；

——第3部分：逃生梯；

——第4部分：逃生滑道；

——第5部分：应急逃生器；

——第6部分：逃生绳；

——第7部分：过滤式消防自救呼吸器；

——第8部分：化学氧消防自救呼吸器；

……

本部分为GB 21976的第1部分。

本部分的附录A为资料性附录。

本部分由中华人民共和国公安部提出。

本部分由全国消防标准化技术委员会第五分技术委员会(SAC/TC 113/SC 5)归口。

本部分负责起草单位：公安部上海消防研究所。

本部分参加起草单位：浙江省消防总队、吉林省消防总队。

本部分主要起草人：李宝忠、金义重、严晓龙、孙宇、金韡、马伟光、韩翔、凌新亮。

建筑火灾逃生避难器材 第1部分:配备指南

1 范围

GB 21976 的本部分规定了建筑火灾逃生避难器材的配备、安装、检查、更换、报废等方面的要求。

本部分适用于各类已建、新建、扩建、改建的人员密集的公共建筑,如宾馆、饭店、商场、会堂等场所。各类居住建筑可参照本部分执行。

2 规范性引用文件

下列文件中的条款通过 GB 21976 的本部分的引用而成为本部分的条款。凡是注日期的引用文件,其随后所有的修改单(不包括勘误的内容)或修订版均不适用于本部分,然而,鼓励根据本部分达成协议的各方研究是否可使用这些文件的最新版本。凡是不注日期的引用文件,其最新版本适用于本部分。

GB 50016 建筑设计防火规范

GB 50045 高层民用建筑设计防火规范

GA 654 人员密集场所消防安全管理

3 术语和定义

下列术语和定义适用于本部分。

3.1

建筑火灾逃生避难器材(以下简称逃生避难器材) escape apparatus for building fire

是在发生建筑火灾的情况下,遇险人员逃离火场时所使用的辅助逃生器材(如逃生缓降器、逃生梯、逃生滑道等)。

3.2

逃生缓降器 descent rescue device

也称救生缓降器,是一种使用者靠自重以一定的速度自动下降并能往复使用的逃生器材。

3.3

逃生梯 descent ladder

为固定式逃生梯和悬挂式逃生梯的统称。

3.3.1

固定式逃生梯 descent rescue metallic ladder

和建筑物固定连接,使用者靠自重以一定的速度自动下降并能循环使用的一种金属梯。

3.3.2

悬挂式逃生梯 folding escape ladder

展开后悬挂在建筑物外墙上供使用者自行攀爬逃生的一种软梯。

3.4

逃生滑道 escape slide

使用者靠自重以一定的速度下滑逃生的一种柔性通道。

3.5

应急逃生器 rescue device

使用者靠自重以一定的速度下降且具有刹停功能的一次性使用的逃生器材。

3.6

逃生绳 rescue rope

供使用者手握滑降逃生的纤维绳索。

3.7

自救呼吸器 devises for self-rescue

为消防过滤式自救呼吸器和化学氧消防自救呼吸器的统称。

4 器材分类

4.1 按器材结构可分为：

a） 绳索类：如逃生缓降器、应急逃生器、逃生绳；

b） 滑道类：如逃生滑道；

c） 梯类：如固定式逃生梯、悬挂式逃生梯；

d） 呼吸器类：如消防过滤式自救呼吸器、化学氧消防自救呼吸器。

4.2 按器材工作方式可分为：

a） 单人逃生类：如逃生缓降器、应急逃生器、逃生绳、悬挂式逃生梯、消防过滤式自救呼吸器、化学氧消防自救呼吸器等；

b） 多人逃生类：如逃生滑道、固定式逃生梯等。

5 配备

5.1 适用场所

5.1.1 绳索类、滑道类或梯类等逃生避难器材适用于人员密集的公共建筑的二层及二层以上楼层。

5.1.2 呼吸器类逃生避难器材适用于人员密集的公共建筑的二层及二层以上楼层和地下公共建筑。

5.2 适用楼层（高度）

5.2.1 逃生滑道、固定式逃生梯应配备在不高于 60 m 的楼层内；逃生缓降器应配备在不高于 30 m 的楼层内；悬挂式逃生梯、应急逃生器应配备在不高于 15 m 的楼层内；逃生绳应配备在不高于 6 m 的楼层内。地上建筑可配备过滤式自救呼吸器或化学氧自救呼吸器，高于 30 m 的楼层内应配备防护时间不少于 20 min 的自救呼吸器。地下建筑应配备化学氧自救呼吸器。逃生避难器材配备楼层（高度）见表 1。

5.2.2 其他逃生避难器材的配备楼层（高度）参照国家指定质量检验机构出具的检验报告确定。

表 1 逃生避难器材适用楼层（高度）

器材	固定式逃生梯	逃生滑道	逃生缓降器	悬挂式逃生梯	应急逃生器	逃生绳	过滤式自救呼吸器	化学氧自救呼吸器
配备楼层（高度）	≤60 m	≤60 m	≤30 m	≤15 m	≤15 m	≤6 m	地上建筑	地上及地下公共建筑

5.3 配备数量

5.3.1 逃生避难器材的配备数量应满足器材可救助人数之和不小于逃生避难人数的要求。

5.3.2 各类场所的逃生避难人数及逃生避难器材可救助人数的计算方法参见附录 A。

5.4 配备数量的减免

当建筑物的设计符合 GB 50016 或 GB 50045 的要求，并且按 GA 654 的要求进行管理时，其配备的逃生避难器材可相应减少。

5.5 变更

当建筑物的用途发生变更或建筑物内的人员数量、建筑结构、装修、消防系统发生改变时，应重新确定该建筑物内逃生避难器材的配备。

5.6 产品要求

配备在建筑物内的逃生避难器材应为通过国家指定质量检验机构检验合格的产品。逃生避难器材的实际使用高度不得超出国家指定质量检验机构出具的检验报告中的参数范围。

6 安装

6.1 安装位置

6.1.1 逃生缓降器、逃生梯、逃生滑道、应急逃生器、逃生绳应安装在建筑物袋形走道尽头或室内的窗边、阳台凹廊以及公共走道、屋顶平台等处。室外安装应有防雨、防晒措施。

6.1.2 逃生缓降器、逃生梯、应急逃生器、逃生绳供人员逃生的开口高度应在 1.5 m 以上，宽度应在 0.5 m以上，开口下沿距所在楼层地面高度应在 1 m 以上。

6.1.3 自救呼吸器应放置在室内显眼且便于取用的位置。

6.2 安装方式

6.2.1 逃生滑道的入口圈、固定式逃生梯应安装在建筑物的墙体、地面及结构坚固的部分。逃生缓降器、应急逃生器、逃生绳应采用安装连接栓、支架和墙体连接的固定方式，连接强度应满足相应设计要求。悬挂式逃生梯应采用夹紧装置与墙体连接，夹紧装置应能根据墙体厚度进行调节。除固定式逃生梯外其他产品应设置在专用箱内。

6.2.2 逃生避难器材在其安装或放置位置应有明显的标志，并配有灯光或荧光指示。

6.2.3 逃生缓降器、逃生梯、逃生滑道、应急逃生器、逃生绳等产品的使用说明或使用方法简图应固定在产品使用位置，自救呼吸器产品使用说明或使用方法简图应在其产品外包装上。

6.2.4 逃生缓降器、悬挂式逃生梯、逃生滑道、应急逃生器、逃生绳展开后不应和建筑物有干涉现象，逃生缓降器、应急逃生器、逃生绳的绳索垂线与建筑物外墙间的距离应大于 0.2 m，固定式逃生梯的踏板以及逃生滑道的外侧与建筑物外墙间的距离应大于 0.3 m。

6.2.5 逃生缓降器、逃生梯、逃生滑道、应急逃生器、逃生绳安装时在水平方向应保持一定间隔。逃生缓降器、应急逃生器和逃生绳的绳索垂线间距以及逃生梯、逃生滑道外侧间距应大于 1.0 m，以防止使用过程中的相互干涉。

6.2.6 逃生缓降器、应急逃生器、逃生绳的安装高度应距所在楼层地面 1.5 m～1.8 m；逃生滑道进口的高度应距所在楼层地面 1.0 m 以内。

6.2.7 完全展开后的逃生缓降器和应急逃生器的绳索底端、悬挂式逃生梯最底端的梯蹬、固定式逃生梯最底端的踏板、逃生绳的底端距地面的距离应在 0.5 m 以内，逃生滑道袋体末端距地面的距离应在 1.0 m 以内。

6.3 其他逃生避难器材的安装位置和安装方式应满足相应设计及安全使用要求。

7 检查

7.1 周期

逃生避难器材安装后应定期检查。检查周期不应超出一个月。

7.2 内容

检查内容为 7.2.1～7.2.8，检查数量为建筑物内全部已安装的逃生避难器材。

7.2.1 器材是否丢失或损毁。

7.2.2 器材的使用说明或使用方法简图是否完好无损。

7.2.3 器材的绳索、编织物及橡胶制品是否出现霉蛀、老化或破损。

7.2.4 器材的金属部件和连接栓、支架等是否出现损伤、锈蚀或焊缝开裂等现象。

7.2.5 器材是否出现卡阻。

7.2.6 器材的紧固件有无明显松动。

7.2.7 自救呼吸器真空包装有无损伤、贮气袋是否出现鼓起。

7.2.8 器材是否超出产品有效期。

7.3 **处理**

出现任何异常现象的逃生避难器材均应立即停用整修。整修期间应设置可救助人数不低于原有器材的逃生避难器材。

8 更换

逃生避难器材中的绳索、编织物、橡胶制品等易损及易老化件应定期更换。更换周期参见相关产品的技术标准及产品使用说明。更换时应使用原厂部件。

9 报废

9.1 逃生避难器材在下列情况下必须报废:

a) 金属件出现严重腐蚀或变形;

b) 达到器材使用年限时。

9.2 报废的逃生避难器材应进行破坏性解体处理,禁止继续使用。

附　录　A
（资料性附录）
逃生避难人数及逃生避难器材可救助人数的参考计算方法

A.1　逃生避难人数的计算方法

各类场所的逃生避难人数可参考表 A.1 进行计算。

表 A.1

配备场所	逃生避难人数
宾馆、饭店、商场、会堂、公共娱乐场所	宾馆：员工人数（当班员工人数，下同）＋床位数 饭店：员工人数＋座位数 商场：员工人数＋顾客人数（营业区面积每 4 m^2 折算为 1 人） 会堂：员工人数＋座位数 公共娱乐场所：员工人数＋座位数（影剧院、餐饮场所、网吧等）或员工人数＋顾客人数（歌舞厅、游乐和健身场所等，营业区面积每 3 m^2 折算为 1 人）
医院的门急诊楼（部）、病房楼（部）	门急诊楼（部）：员工人数＋就诊人数（门诊室及候诊区室内面积每 3 m^2 折算为 1 人） 病房楼（部）：员工人数＋床位数
学校的教学楼、图书馆和集体宿舍	教学楼：员工人数＋学生人数 图书馆：员工人数＋座位数 集体宿舍：员工人数＋床位数
养老院、托儿所、幼儿园	养老院：员工人数＋床位数 托儿所、幼儿园：员工人数＋学生人数
客运车站、码头、民用机场的候车、候船、候机厅（楼）	员工人数＋座位数
公共图书馆的阅览室，展览馆、博物馆的展览厅	阅览室：员工人数＋座位数 展览厅：员工人数＋参观人数（观展区面积每 3 m^2 折算为 1 人）
办公楼	办公楼：员工人数＋办公人数
地下车站、地下商场等地下公共建筑	地下车站：员工人数＋座位数 地下商场：员工人数＋顾客人数（营业区面积每 3 m^2 折算为 1 人）

A.2 逃生避难器材可救助人数的计算方法

各类逃生避难器材的可救助人数可参考表 A.2 进行计算，表中 N 代表器材实际安装高度。

表 A.2

器材名称	可救助人数	
	不高于 15 m 的楼层	高于 15 m 的楼层
逃生缓降器	20 人/套	$\frac{20}{1+(N-15)/15}$人/套
逃生滑道	60 人/套	$\frac{60}{1+(N-15)/15}$人/套
固定式逃生梯	150 人/台	$\frac{150}{1+(N-15)/15}$人/台
悬挂式逃生梯	5 人/件	—
应急逃生器	1 人/具	—
逃生绳	2 人/根 （用于不高于 6 m 的楼层）	—
自救呼吸器	1 人/具	
其他逃生避难器材	参照国家指定质量检验机构出具的检验报告确定	

ICS 59.060.10
W 10

中华人民共和国国家标准

GB/T 21977—2008

骆 驼 绒

Camel wool

2008-06-17 发布 2008-10-01 实施

中华人民共和国国家质量监督检验检疫总局
中国国家标准化管理委员会 发布

前　　言

本标准由中国纤维检验局提出并归口。

本标准起草单位:内蒙古自治区纤维检验局。

本标准主要起草人:田文亮、冯晔、高英杰。

骆　驼　绒

1　范围

本标准规定了骆驼绒(包括骆驼原绒、分梳骆驼绒、过轮骆驼绒、洗净骆驼绒)的产品分等分级、技术要求、检验方法、检验规则、包装、标志、储存、运输等。

本标准适用于骆驼原绒、分梳骆驼绒、过轮骆驼绒和洗净骆驼绒的生产、交易、加工的质量检验。

2　规范性引用文件

下列文件中的条款通过本标准的引用而成为本标准的条款。凡是注日期的引用文件,其随后所有的修改单(不包括勘误的内容)或修订版均不适用于本标准,然而,鼓励根据本标准达成协议的各方研究是否可使用这些文件的最新版本。凡是不注日期的引用文件,其最新版本适用于本标准。

GB/T 6500　羊毛回潮率试验方法　烘箱法

GB/T 6977　洗净羊毛油、灰、杂含量试验方法

GB/T 8170　数值修约规则

GB/T 10685　羊毛纤维直径试验方法　投影显微镜法

3　术语和定义

下列术语和定义适用于本标准。

3.1

骆驼原绒　raw camel wool

从骆驼身上采集的,未经加工的骆驼毛绒混合物,其中直径在 40 μm 及以下的属绒纤维。

3.2

骆驼粗毛　coarse camel hair

从骆驼身上采集的,细度超过 40 μm 的毛纤维。

3.3

骆驼两型毛　heterotypical camel hair

从骆驼身上采集的毛纤维,其一端的细度在 40 μm 及以下,而另一端的细度在 40 μm 以上。其中,一端细度在 40 μm 及以下,长度超过纤维总长的二分之一者,记为绒。

3.4

含绒率　pure camel wool content

用物理方法去掉粗毛、皮屑、土沙、植物质等杂质的骆驼绒质量占骆驼原绒质量的百分比。

3.5

肘、嗉、鬃毛　elbow crop bristly camel wool

从骆驼肘部、颈上下缘、峰部采集的粗长毛纤维。

3.6

骆驼绒颜色　colour of camel wool

骆驼绒颜色深浅程度,可对照标样评定。

3.7

分梳骆驼绒　dehaired camel wool

经洗涤、工业分梳加工去除大量粗毛后的骆驼绒。

3.8

含杂率　foreign content

用物理方法拣出的皮屑、土沙、植物质等杂质的质量占骆驼绒样品总质量的百分比。

3.9

含粗率　coarse camel hair content

分梳骆驼绒中直径大于 40 μm 的纤维质量占总质量的百分比。

3.10

短绒率　short camel wool content

长度在 20 mm 及以下的绒纤维根数占总根数的百分比。

3.11

过轮骆驼绒　opened camel wool

骆驼原绒经过分选、除杂机打土过轮后的骆驼绒。

3.12

洗净骆驼绒　scoured camel wool

骆驼原绒、过轮骆驼绒经过洗涤达到一定品质要求的骆驼绒。

3.13

洗净率　yield

经洗涤后的骆驼绒公定回潮质量占骆驼绒样品总质量的百分比。

4　要求

4.1　骆驼原绒

4.1.1　分等规定

骆驼原绒分等规定见表 1。

表 1　骆驼原绒分等规定

<table>
<tr><th rowspan="2">等别</th><th colspan="3">技术指标</th></tr>
<tr><th>含绒率/%</th><th>手扯长度/mm</th><th>外观特征</th></tr>
<tr><td>特等</td><td>≥75</td><td>≥60</td><td rowspan="2">纤维细长，以绒为主体，含少量粗毛，手感柔软，富有弹性，颜色较浅</td></tr>
<tr><td>一等</td><td>≥65</td><td>≥60</td></tr>
<tr><td>二等</td><td>≥55</td><td>≥50</td><td>手感柔软，绒毛比例大致相等，颜色深浅中等</td></tr>
<tr><td>三等</td><td>≥40</td><td>≥40</td><td>含有一定比例的绒，手感粗糙，含粗毛较多，颜色较深</td></tr>
<tr><td colspan="4">注 1：含绒率、手扯长度为考核指标，外观特征为参考指标。考核指标中，以单项最低者定等。
注 2：凡有一项考核指标达不到三等指标者，列入等外。肘、嗉、鬃毛单独包装。
注 3：根据文字标准制作标准样品，两者具有同等效力。</td></tr>
</table>

4.1.2　回潮率

骆驼原绒回潮率不得超过 14%。

4.2　分梳骆驼绒

4.2.1　分级规定

分梳骆驼绒分级规定见表 2。

表 2　分梳驼绒分级规定

级　别	技　术　指　标				
	平均直径/μm	平均长度/mm	含粗率/%	含杂率/%	20 mm 以下短绒率/%
优级	≤18.0	≥45	≤2.0	≤0.35	≤8
一级	18.1～20.0	≥42	≤3.5	≤0.35	≤8
二级	20.1～23.0	≥38	≤5.0	≤0.50	≤15
三级	≥23.1	≥30	≤7.0	≤0.50	≤15
注 1：平均直径、平均长度、含粗率、含杂率为考核指标，以各项目的最低值定级。 注 2：短绒率为参考指标。 注 3：关于分梳骆驼绒颜色的要求由交易双方合约确定。					

4.2.2　回潮率

分梳骆驼绒公定回潮率定为 15%。

4.2.3　含油脂率

分梳骆驼绒公定含油脂率为 1.0%。

4.3　过轮骆驼绒和洗净骆驼绒

4.3.1　技术指标

过轮骆驼绒和洗净骆驼绒以平均直径、平均长度、净绒率三项指标为考核指标。平均手扯长度可参照骆驼原绒分等规定。

4.3.2　过轮骆驼绒和洗净骆驼绒的品质分类

过轮骆驼绒和洗净骆驼绒的品质以六位字符表示类别、型号、特性，第一位表示产品名称代号，第二、三位表示平均直径，第四、五位表示平均长度，第六位表示净绒率档次。平均直径用直径平均值的整数部分的两位数值表示，平均直径的小数部分按数字修约规则修约至整数。

过轮骆驼绒、洗净骆驼绒的净绒率分Ⅰ、Ⅱ、Ⅲ三档，见表 3。

表 3　指标分档对照表

产　品　名　称	净绒率/%		
	Ⅰ	Ⅱ	Ⅲ
过轮骆驼绒(用 A 表示)	＞70	60～70	＜60
洗净骆驼绒(用 B 表示)	＞75	65～75	＜65

示例：A1745Ⅰ

A：表示过轮骆驼绒；

17：表示平均直径整数部分 17 μm；

45：表示平均长度 45 mm；

Ⅰ：表示净绒率 70%以上。

5　取样方法

5.1　骆驼原绒

5.1.1　取样包数

骆驼原绒取样包数的确定见表 4。

表 4 取样包数表

单位为包

批量	取样包数
1～5	逐包
6～50	5
51～100	10
101～200	15
200 以上	每增加 50 增抽 1

5.1.2 批样的抽取

取批样时，成包的毛包在任意两部位及中央抽取，每包不少于 50 g，每批不少于 5 kg。散毛以80 kg 为一包计。

5.1.3 项目样品的抽取

将批样充分混合后，从中抽取各项目样品。其抽取方法及数量按照项目试验方法要求进行。

5.2 分梳骆驼绒

5.2.1 批样

5.2.1.1 抽样数量

机械打包按总包数的 20％抽取样品，软包 20 包以下逐包抽取，20 包以上增加部分按 30％抽取。品质样品每批不少于 300 g。回潮率样品每批不少于 8 只，每只 50 g，精确至 0.01 g。

5.2.1.2 抽样方法

随机确定抽样包，在包的上、中、下部位深于 15 cm 处抽取样品。回潮率样品抽取后立即放于密闭容器中，并在 4 h 内定重。

5.2.2 试验试样

将样品充分混匀后，用多点法从正、反两面随机抽取试样，试样数量见表 5。

表 5 试样数量与质量

试验项目	每份试样质量/g	试样数量/份
平均直径	5	3
平均长度	0.5	3
含粗率	5	3
含杂率	5	3
含油脂率	5	3
回潮率	50	8

5.3 过轮骆驼绒和洗净骆驼绒

5.3.1 批样

5.3.1.1 抽样数量

机械打包按总包数的 20％抽取样品；软包 20 包及以下逐包抽取；20 包以上增加部分按 30％抽取。过轮骆驼绒品质样品不少于 2 kg，洗净骆驼绒品质样品不少于 1 kg。回潮率批样总质量不少于 400 g，精确至 0.01 g。

5.3.1.2 抽样方法

随机确定抽样包，在包的上、中、下部位深于包皮 15 cm 及以上处抽取样品。取样后立即放于密闭容器中，并在 4 h 之内定重。

5.3.2 实验室样品

将抽取的批样在规定的时间内称其质量、记录，然后将其放在试验台上充分混和，去掉土杂后称其质量、记录，精确至 1 g，用对分法将其分成两等份，一份为实验室样品，另一份留作备样。

5.3.3 试验试样

从试验样品中随机多点抽取试样，试样的数量和质量见表 6。

表 6 试样质量和数量

试验项目	每份试样质量/g	试样数量/份
过轮骆驼绒净绒率	100	3
洗净骆驼绒净绒率	5	3
手排长度	0.5	3
平均直径	5	3
含粗、杂率	5	3

6 试验方法

6.1 骆驼原绒试验方法

6.1.1 手扯长度

取有代表性的样品，每份约 200 mg，双手平分，抽取纤维，反复整理成一端平齐的毛束后，将其中突出的粗长毛去掉，剩下的部分再反复抽取，整理成一端平齐的毛束，尺量其切线以两端不露黑绒板为准。其测量份数可根据批量大小及长度变异情况而定，一般不少于 5 份。以试样的算术平均值为结果。

6.1.2 含绒率

采用手检法。从批样中随机抽取有代表性的骆驼原绒三份，每份约 5 g(称重精确至 0.01 g)，用镊子将 40 μm 以上纤维及杂质逐根拣出，用分析天平分别称量绒纤维、骆驼粗毛(对于骆驼两型毛，其一端细度在 40 μm 及以下，长度不足纤维总长的二分之一者，记为骆驼粗毛)和杂质的质量(称重精确至 0.000 1 g)。计算绒重占原样重的百分比。

含绒率按式(1)计算：

$$H = K m_c / m_0 \qquad \cdots\cdots (1)$$

式中：

H——含绒率，%；

K——系数；

m_c——绒纤维质量，单位为克(g)；

m_0——试样质量(绒纤维、粗毛和杂质的重量总和)，单位为克(g)。

以两份试样含绒率的平均值为试验结果。当两份试样含绒率的绝对差值超过其平均值的 10%时，须增试第三份试样，并以三份试样含绒率的平均值作为最终结果。计算结果按 GB/T 8170 修约至整数。

6.1.3 系数 *K* 的计算

系数 K 按式(2)计算：

$$K = m_a / m_b \qquad \cdots\cdots (2)$$

式中：

K——系数；

m_a——过轮绒实验室样品抖去土杂后的质量，单位为克(g)；

m_b——过轮绒实验室样品质量，单位为克(g)。

6.1.4 回潮率

按照 GB/T 6500 进行。

6.2 分梳骆驼绒试验方法

6.2.1 平均直径

按 GB/T 10685 进行。

6.2.2 平均长度和短绒率

6.2.2.1 试样制备

将样品充分混匀后用多点法从正反两面随机抽取纤维约 200 mg，充分混合后分成三份，其中两份用于平行试验，一份留作备样。

6.2.2.2 排图

将抽取的纤维试样整理成一端平齐的小绒束，一手握住小绒束平齐的一端，将另一端贴于绒板并用另一手拇指摁住该端，将纤维由长至短从绒束中拔出并由长至短排在绒板上，将纤维试样均匀地排成底边长度为 250 mm±10 mm、纤维分布均匀的长度分布图，如图 1 所示。

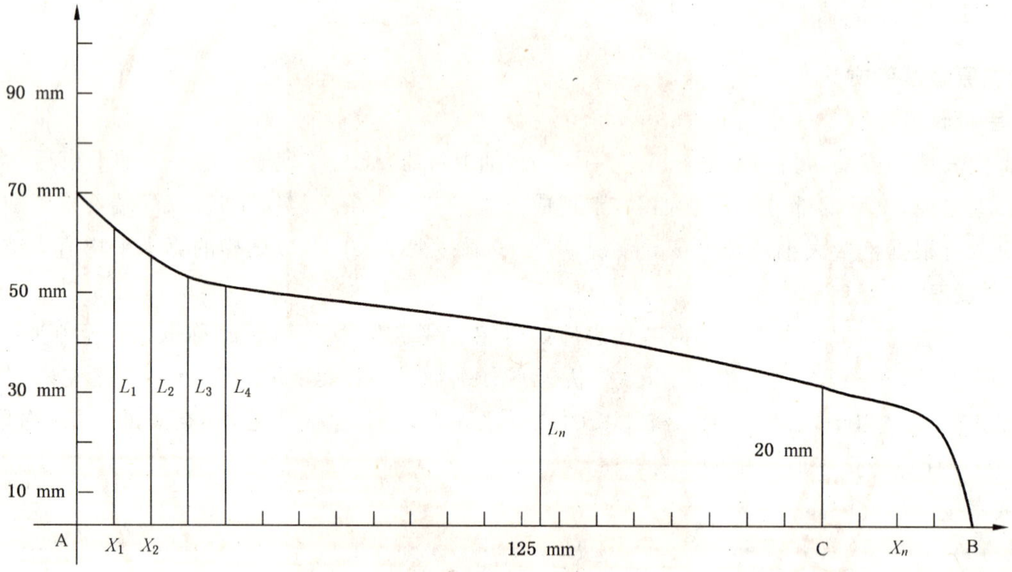

注：L_n 为中间长度；CB 为 20 mm 长度以下的底边长度；AB 为底边全部长度。

图 1 纤维长度分布图

6.2.2.3 作图

将透明坐标纸(1 mm 刻度)置于已排好的长度分布图上，目光直视图形的每个观测点，按照透明坐标纸上的刻度，将相关数值记录下来。以长度分布图的底边为横坐标，以纤维长度为纵坐标，从原点自左向右每间隔 10 mm 在横坐标和图形上缘之间作平行于纵轴的直线 L_1、L_2、…、L_n。

6.2.2.4 平均长度计算

平均长度按式(3)计算：

$$L = \sum L_i / n \qquad \cdots\cdots(3)$$

式中：

L——平均长度，单位为毫米(mm)；

L_i——每组长度，单位为毫米(mm)；

n——组数。

以两份试样平均长度的平均值为试验结果，当两份试样平均长度的绝对值差异超过 2 mm 时，须增试第三份试样，并以三份试样平均长度的平均值作为最终结果，平均长度计算结果按 GB/T 8170 修约至整数。

6.2.2.5 **短绒率计算**

短绒率按式(4)计算：

$$S = \frac{CB}{AB} \times 100 \qquad \cdots\cdots (4)$$

式中：

S——短绒率，%；

CB——20 mm 长度以下的底边长度；

AB——底边全部长度。

短绒率计算结果修约至整数。

6.2.3 **含油脂率**

按 GB/T 6977 进行。

6.2.4 **回潮率**

按 GB/T 6500 进行。

6.2.5 **含粗率、含杂率**

6.2.5.1 **试样称取和检测**

试样质量精确至 0.01 g。将试样置于与被测纤维颜色反差较大的绒板上，用镊子将粗毛、杂质(包括皮屑)拣出，分别称取质量，精确至 0.000 1 g。

6.2.5.2 **含粗率计算**

含粗率按式(5)计算：

$$B_c = \frac{m_c}{m} \times 100 \qquad \cdots\cdots (5)$$

式中：

B_c——含粗率，%；

m_c——粗毛质量，单位为克(g)；

m——试样质量(杂质、绒纤维和粗毛质量总和)，单位为克(g)。

6.2.5.3 **含杂率计算**

含杂率按式(6)计算：

$$B_z = \frac{m_z}{m} \times 100 \qquad \cdots\cdots (6)$$

式中：

B_z——含杂率，%；

m_z——杂质质量，单位为克(g)；

m——试样质量(杂质、绒纤维和粗毛质量总和)，单位为克(g)。

6.3 **过轮骆驼绒、洗净骆驼绒试验方法**

6.3.1 **过轮骆驼绒洗净率试验**

6.3.1.1 **洗涤**

从三份试样中随机抽取两份试样分别进行洗涤，洗涤工艺见表 7。

表 7 洗涤工艺

工　艺	1 槽	2 槽	3 槽	4 槽
洗涤溶液	清水	洗液	洗液	清水
控制温度/℃	45～50	50～55	45～50	40～50
洗涤时间/min	3	3	3	3
注：洗涤剂为中性，洗槽浴比 1∶50。洗净后草杂含量应小于 2%，油脂含量应小于 1.5%。				

6.3.1.2 脱水

将洗涤后的两份试样，分别装入丝袋，放在脱水机中脱水，时间为5 min。

6.3.1.3 烘干

将洗净后的试样按 GB/T 6500 烘干至绝干质量，精确至0.01 g。

6.3.1.4 骆驼原绒洗净率计算

洗净率按式(7)计算：

$$Y = m_s(100 + R_s)K/100 \quad \cdots\cdots(7)$$

式中：

Y——骆驼原绒洗净率，%；

m_s——试样洗净后绝干质量，单位为克(g)；

R_s——洗净骆驼绒公定回潮率($R_s=15$)，%；

K——过轮率(样品过轮后质量与过轮前质量之比)，%。

6.3.2 洗净骆驼绒净绒率试验方法

随机多点抽取洗净骆驼绒样品三份，每份约5 g，其中两份做平行试验，一份留作备样。用镊子将试样中的粗毛、杂质拣出，得到净绒后烘至绝干，称取净绒绝干质量，精确至0.000 1 g。

6.3.3 洗净骆驼绒净绒率计算

洗净骆驼绒净绒率按式(8)计算：

$$A = \frac{m_p \times (100 - J_e) \times (100 + R_p) \times (100 + J_p)}{m \times 10^6} \times 100 \quad \cdots\cdots(8)$$

式中：

A——洗净骆驼绒净绒率，%；

m_p——净绒绝干质量，单位为克(g)；

J_e——净绒实测含油脂率，%；

R_p——分梳骆驼绒公定回潮率($R_p=15$)，%；

J_p——分梳骆驼绒公定含油脂率($J_p=1.0$)，%；

m——洗净骆驼绒试样质量，单位为克(g)。

6.3.4 骆驼原绒净绒率计算

骆驼原绒净绒率按式(9)计算：

$$B = A \times y \quad \cdots\cdots(9)$$

式中：

B——骆驼原绒净绒率，%；

A——洗净骆驼绒净绒率，%；

y——骆驼原绒洗净率，%。

6.3.5 洗净骆驼绒含油脂率试验

将烘至绝干质量的洗净绒在常温环境下冷却后，随机多点抽取试样三份，每份试样质量5 g，精确至0.01 g，其中两份做平行试验，一份留作备样，按 GB/T 6977 进行。

6.3.6 平行试验误差要求

以两份试样净绒率的平均值为试验结果，当两份试样净绒率的绝对差值超过3%时，须增试第三份试样，并以三份试样净绒率的平均值作为最终结果。试验结果计算至三位小数，按 GB/T 8170 修约至两位小数。

6.3.7 骆驼原绒净绒公量

骆驼原绒净绒公量按式(10)计算：

$$m_g = m_n \times B/100 \quad \cdots\cdots(10)$$

式中：

m_g——骆驼原绒净绒公量，单位为千克(kg)；

m_n——全批骆驼原绒检验净重，单位为千克(kg)；

B——骆驼原绒净绒率，%。

净重及净绒公量结果计算至两位小数，修约至一位小数。

6.3.8 **洗净绒回潮率试验**

洗净绒回潮率试验按 GB/T 6500 进行。

6.3.9 **洗净骆驼绒净绒公量**

洗净骆驼绒净绒公量按式(11)计算：

$$m_x = m_n \times A_s / 100 \quad \cdots\cdots(11)$$

式中：

m_x——洗净骆驼绒净绒公量，单位为千克(kg)；

m_n——全批洗净骆驼绒检验净重，单位为千克(kg)；

A_s——洗净骆驼绒净绒率，%。

净重及公量结果计算至两位小数，按 GB/T 8170 修约至一位小数。

6.3.10 **平均直径试验**

平均直径试验按 GB/T 10685 进行。

6.3.11 **平均长度试验**

按 6.2.2 手排长度试验方法进行。

7 检验规则及检验报告

检验以批为单位进行，检验后应出具检验报告。检验报告的内容包括产品名称、包数、重量、产地、检验项目及检验结果。

8 包装、标志、储存和运输

8.1 包装

包装应以便于管理、储存和运输，且保证其品质不受影响为原则。骆驼原绒的包装应使用通风、透气的材料，禁止使用丙纶袋。分梳骆驼绒的内包装应用防潮材料，外层应用坚固材料，并以数道铁箍均匀外扎成包。分梳骆驼绒每包标准质量为 75 kg±5 kg，外形尺寸为 800 mm×600 mm×400 mm，若需方有特殊要求，供需双方自行商定。

8.2 标志

成包骆驼绒，每包应有标志。标志的字迹应醒目、清晰、持久。骆驼原绒标志的内容包括产品名称、产地、等级、毛重、净重、包号、交货单位。分梳骆驼绒标志的内容包括产品名称、批号、级别、毛重、净重、包号、交货单位。过轮骆驼绒、洗净骆驼绒的内容包括产品名称、批号、型号、毛重、净重、包号、交货单位。

8.3 储存

骆驼绒应在干燥通风的库房内储存，绒包不得与地面直接接触，不得被污染。

骆驼绒以批为单位堆放，将刷有唛头的包面朝外整齐排列。

骆驼绒堆放处的垛底需放置适量的防虫剂。

8.4 运输

运输工具应具备洁净、防腐、防潮、防包装破裂损伤的条件。

运输过程中，骆驼绒不得被污染，不得使用有损包装的器械。

ICS 07.060
N 93

中华人民共和国国家标准

GB/T 21978.3—2008

降水量观测仪器
第3部分:虹吸式雨量计

**Instrument for precipitation observation—
Part 3:Siphon rainfall recorder**

2008-06-17 发布 2008-10-01 实施

中华人民共和国国家质量监督检验检疫总局
中国国家标准化管理委员会 发布

前　言

GB/T 21978《降水量观测仪器》分为七个部分：

——第 1 部分：雨量器；

——第 2 部分：翻斗式雨量计；

——第 3 部分：虹吸式雨量计；

——第 4 部分：浮子式雨量计；

——第 5 部分：遥测雨量计；

——第 6 部分：融雪型雨雪量计；

——第 7 部分：光电式雨雪量计。

本部分为 GB/T 21978 的第 3 部分。

本部分由中华人民共和国水利部提出。

本部分由全国水文标准化技术委员会水文仪器分技术委员会(TC 199/SC 1)归口。

本部分主要起草单位：水利部水文仪器及岩土工程仪器质量监督检验测试中心、南京水利水文自动化研究所。

本部分主要起草人：周小庆、冯讷敏、陆旭、陆伟佳。

降水量观测仪器
第3部分：虹吸式雨量计

1 范围

GB/T 21978 的本部分规定了虹吸式雨量计(以下简称雨量计)的产品结构组成、技术要求、试验方法、检验规则及标志、使用说明书、包装、运输、贮存等。

本部分适用于连续记录降雨量、降雨时间与降雨强度的虹吸式雨量计。

2 规范性引用文件

下列文件中的条款通过 GB/T 21978 的本部分的引用而成为本部分的条款。凡是注日期的引用文件，其随后所有的修改单(不包括勘误的内容)或修订版均不适用于本部分，然而，鼓励根据本部分达成协议的各方研究是否可使用这些文件的最新版本。凡是不注日期的引用文件，其最新版本适用于本部分。

GB/T 9359 水文仪器基本环境试验条件及方法

GB/T 13264 不合格品率的小批计数抽样检查程序及抽样表

GB/T 18185—2000 水文仪器可靠性技术要求

GB/T 18522.2 水文仪器通则 第2部分：参比工作条件

GB/T 18522.6 水文仪器通则 第6部分：检验规则及标志、包装、运输、贮存、使用说明书

GB/T 19677 水文仪器术语及符号(GB/T 19677—2005，ISO 772:1988，NEQ)

3 术语和定义

GB/T 19677 确立的以及下列术语和定义适用于 GB/T 21978 的本部分。

3.1

湿润损失 loss of wetness

进入承雨口的降雨被截留未得到计量的部分。湿润损失一般发生在降雨开始时。

4 产品结构组成

雨量计由承雨口、浮子室、自记钟、虹吸管等组成，见图1。

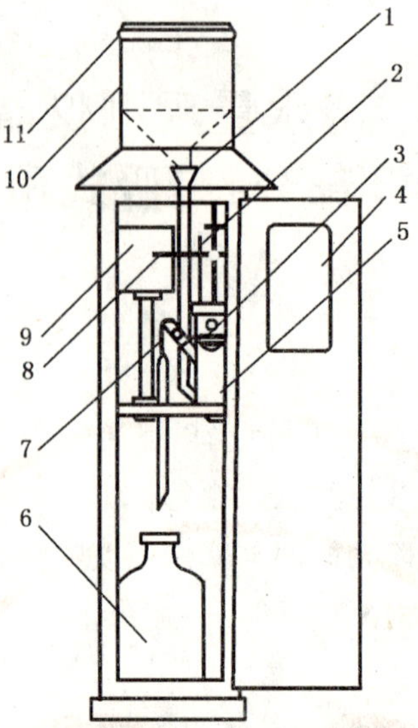

1——小漏斗；
2——笔挡；
3——浮子；
4——巡视窗；
5——浮子室；
6——储水瓶；
7——虹吸管；
8——自记笔；
9——自记钟；
10——外壳；
11——承雨口。

图 1 虹吸式雨量计

5 技术要求

5.1 工作环境条件

5.1.1 温度：0 ℃～+50 ℃。

5.1.2 相对湿度：不大于 95%（+40 ℃，无凝露）。

5.2 外观

雨量计各零部件所敷保护层应牢固、均匀、光洁，不应有砂眼、毛刺、碰伤、脱层、锈蚀、渗漏等缺陷。其结构上应具有防堵、防虫等措施。

5.3 承雨口

承雨口内径尺寸为 $\phi 200^{+0.60}_{0}$ mm。特殊情况下，采用其他规格的承雨口内径，其承雨面积应与标准承雨面积有相同的相对误差。

承雨口材料应坚实，宜采用铜、铝、钢质合金等，其口缘应呈内直外斜的刃口状，刃口角度为 40°～45°，进入承雨口的降雨不应溅出承雨口外。

5.4 降雨强度

连续降雨强度记录范围为 0.01 mm/min～4 mm/min。当仪器在不超过 4 mm/min 的降雨强度下连续工作时，小漏斗不应有水溅出，各导水管应无阻流现象。

5.5 分辨力

雨量计记录的分辨力为 0.1 mm。

5.6 记录范围

记录纸分度范围为0 mm～10.0 mm。降雨量每达到10 mm时,虹吸一次,自记笔返回零点,循环记录。

5.7 记录误差

当自记笔零点的示值为0 mm降雨量时,0 mm～10 mm降雨量测量范围内的示值记录误差不应超过±0.05 mm。

5.8 稳定性

零点和虹吸点的示值稳定性(即与自记纸上0 mm和10 mm点相比较),不应超过±0.1 mm。

5.9 虹吸及虹吸排水时间

虹吸时,水流应连续,不应有中断、间歇、水汽混杂和滴流等现象;虹吸结束后管内不应有影响下次虹吸的残留液柱。

在静态条件下,虹吸过程中无降雨或注水时,虹吸一次排水时间不应超过14 s。

5.10 湿润损失

雨量计的湿润损失不应大于0.5 mm降雨量。

5.11 灵敏阈

雨量计的灵敏阈不应大于0.1 mm降雨量。

5.12 计时误差

5.12.1 机械式自记钟日走时误差不应大于±5 min。

5.12.2 石英晶体自记钟日走时误差不应大于±1 min。

5.13 平行度

承雨口与安装自记钟、浮子室的底盘面应当平行。浮子杆上升或下降应灵活,无阻滞现象。

5.14 防水密封性

空心浮子应不渗漏;实心浮子应采用不吸水材料制成。其他所有与水接触的零部件表面应光滑,其相互配合或焊缝应当严密、牢固,不应有渗漏水现象。

5.15 自记笔及划线

5.15.1 浮子带动笔杆上升或下降时,笔尖在自记纸上的移动应灵活、平稳,不刮纸、不断线,划线宽度不应超过0.3 mm;笔杆应平直、光洁、具有弹性,且能使笔尖对自记纸有适当的压力。在0.01 mm/min的降水强度下,笔尖不应有阻滞、跳跃现象;当仪器在不超过4 mm/min的降雨强度下连续工作时,记录图形应完整、清晰、无重叠、模糊等现象发生。

5.15.2 自记钟的中心轴应与中间座垂直,与浮子杆平行。虹吸时,记录笔尖在自记纸的全量程内移动的垂直轨迹线应与时间标线吻合或平行,其最大偏差不应大于相邻两时间标线的1/5;无雨时,记录笔尖水平轨迹线应与雨量标线吻合或平行,其最大偏差不应大于相邻两雨量标线的间距。

5.16 机械环境适应性

雨量计在包装状态下,应能适应运输、装卸、搬运过程中可能出现的振动、跌落等情况。

5.17 可靠性

雨量计在正常工作条件下,其MTBF(平均无故障工作时间)不小于16 000 h。

6 试验方法

6.1 试验环境条件

雨量计的试验环境应满足GB/T 18522.2的规定。

6.2 试验设备仪表

6.2.1 游标卡尺。

6.2.2 万能角度尺。

6.2.3 秒表。

6.2.4 157.08 mL、314.16 mL、942.48 mL 的标准球。

6.2.5 5 mL 吸管。

6.2.6 10 倍以上刻度放大镜。

6.2.7 水平尺。

6.2.8 检定支架。

6.2.9 三路活塞、止水夹等。

6.2.10 振动试验台。

6.2.11 跌落试验台。

6.2.12 高低温湿热箱。

6.3 试验步骤

6.3.1 试验要求如下：

a) 用于雨量计测试的设备、仪表、量具，均应经检定、校准或测试合格，有准确度要求的，其准确度应高于被测仪器的准确度测量要求；

b) 除试验开始前允许对仪器作校准外，试验过程中不允许再作任何调整；

c) 检测时应使用洁净的水，并应避免振动和阳光直射。

6.3.2 试验项目及试验步骤见表 1。

表 1 试验项目及试验步骤

序号	技术要求条款	试验内容	试 验 方 法
1	5.1	工作环境试验	工作环境试验包括温度试验与湿度试验。 雨量计应按 GB/T 9359 的规定，按照 5.1 要求进行试验。完成试验后，目测检测，不应有因环境条件变化所致的缺陷。
2	5.2	外观检查	目测检查外观质量。应符合 5.2 的要求。
3	5.3	承雨口	用游标卡尺测量承雨口内径，均匀取五个不同方向，其值均应符合 5.3 的要求。 用万能角度尺在互成 120°角的三个方向上测量承雨口的刃口角度，其值应在 40°～45°范围内。
4	5.4	降雨强度	向承雨口内以 4 mm/min 降水强度连续进行 10 min 注水，观察小漏斗处不得有水溢出或溅出，观察记录情况，工作应正常。再以 0.01 mm/min 降水强度连续进行 1 h 注水，观察记录情况，工作应正常。
5	5.5 5.6	分辨力 记录范围	1. 将雨量计置于检定设备出水口下方(参见图 2)，并将承雨口用水平尺调整水平。 2. 转动三路活塞使标准球中的水通过止水夹以 4 mm/min 的模拟降水强度注入承雨口内，记录曲线应连续，分辨力为 0.1 mm，注水量不小于 942.48 mL(30 mm 降水量)。 用同样的方法以 0.01 mm/min～0.02 mm/min 模拟降水强度向承雨口内滴水，记录曲线上升应平稳、连续、无跳跃现象。在虹吸点位置上，记录不得划平线，注水量应不小于 345.58 mL(11 mm 降水量)。

表 1（续）

序号	技术要求条款	试验内容	试 验 方 法
6	5.7	记录误差	示值检定点为 5 mm、10 mm 降水量，相应标准球的容量为 157.08 mL、314.16 mL(参见图 2)。 1. 零点的调整：向承雨口内注水(当接近虹吸时注水速度应减慢)，直到虹吸排水为止。排水结束后，将自记笔尖调到零点位置上。 2. 5 mm、10 mm 降水量点的检定：通过虹吸使笔位回零，并将零点的示值记在检定记录表中。转动三路活塞使 157.08 mL、314.16 mL 的标准球充满水，再转动活塞使 157.08 mL 标准球中的水按约 1 mm/min 降水强度流出，当水流停止后，将雨量计的示值记在检定计量表中。5 mm 降水量点检定完后加水使其虹吸，再进行 10 mm 降水量点的检定，方法同上。 3. 分别用 5 mm 和 10 mm 降水量检定点的示值减去零点示值得出差值就是记录误差，其结果应符合 5.7 的要求。
7	5.8	稳定性	以 4 mm/min 的模拟降水强度向承雨口内注入 314.16 mL 的水，当水流停止后，雨量计应虹吸一次。读取零点和虹吸点的示值。重复三次，其结果应符合 5.8 的要求。
8	5.9	虹吸及虹吸排水时间	以 4 mm/min 的降水强度向承雨口注水，当虹吸时观察有无中断和间歇现象。 再以 0.01 mm/min 的降水强度向承雨口注水，当临近虹吸时观察有无滴流现象。 当虹吸开始时，启动秒表，待虹吸结束时，按停秒表，记下时间。重复三次，应符合 5.9 的要求。
9	5.10	湿润损失	在受试雨量计处于干燥的情况下，用 5 mL 吸管慢慢地向承雨口内壁均匀注入清水(确保承雨口内壁全部湿润)，直至记录笔记录显示为 0.1 mm 时立刻停止注水，等待 1 min 后，用注入的水量减去记录的水量，应符合 5.10 的要求。
10	5.11	灵敏阈	1. 灵敏阈的测定分别在 1 mm±0.1 mm，9 mm±0.1 mm 降雨量标线上进行。 2. 向承雨口内注水，使自记笔分别上升到 1 mm±0.1 mm，9 mm±0.1 mm 降雨量标线上。用 5 mL 吸管吸取 3.14 mL 的水慢慢注入承雨口内，等待 1 min 后，稍稍转动钟筒位置再测，每一检定点应连续测定三次，其结果应符合 5.11 的要求。
11	5.12	计时误差	计时装置在室温条件下，一般可运行 6 d～10 d，至少运行 24 h，根据不同的时钟，记录时间的平均时间误差应符合 5.12 的要求。

表 1（续）

序号	技术要求条款	试验内容	试　验　方　法
12	5.13	平行度	缓慢向承雨口内注入水，观察浮子杆上升和虹吸后下降时笔尖在自记纸上是否能灵活、平稳地移动。
13	5.14	防水密封性	将空心浮子全部浸入 60 ℃热水中，1 min 内观察浮子周围应不出现气泡。 其他所有与水接触的零部件不应有渗漏现象。
14	5.15	自记笔及划线	将雨量计垂直放置，用手拨自记笔杆，使笔尖离开自记纸约 1.5 cm，然后放开笔杆，笔尖应能自行复位。以 0.01 mm/min～0.02 mm/min 的降水强度向承雨口注水，观察笔尖移动，有无阻滞、跳跃现象。观察记录曲线，用 10 倍以上放大镜测量记录曲线的宽度。再以 4 mm/min 的降水强度注水，观察有无溅水、阻流现象，其结果应符合 5.15.1 的要求。 向承雨口注水，观察笔尖上升和下降时的垂直轨迹线与时间标线吻合或平行的情况。向承雨口注水，当笔尖指示 0 mm 和 9.8 mm 时，分别转动钟筒，观察水平轨迹线与记录纸标线吻合或平行的情况，其结果应符合 5.15.2 的要求。
15	5.16	机械环境适应性 振动	雨量计在运输包装的状态下，设置扫频振动频率为 10 Hz～150 Hz～10 Hz，扫频速度为 1 倍频程/min，加速度为 2 *g*，循环 2 个周期/单轴进行振动试验。试验后，包装箱应不变形、不开裂，开箱取出雨量计检查，不应有变形、松脱及损伤，各部分功能应正常。
16	5.16	机械环境适应性 自由跌落	雨量计在运输包装的状态下，将雨量计自由跌落在平滑、坚硬的混凝土面或钢质面上，跌落高度为 300 mm，共进行三次跌落试验。 试验后，包装箱应不变形、不开裂，开箱取出雨量计检查，不应有变形、松脱及损伤，各部分功能应正常。
17	5.17	可靠性	可靠性试验以现场试验为主。试验应按 GB/T 18185 的规定，并满足 5.17 的要求。

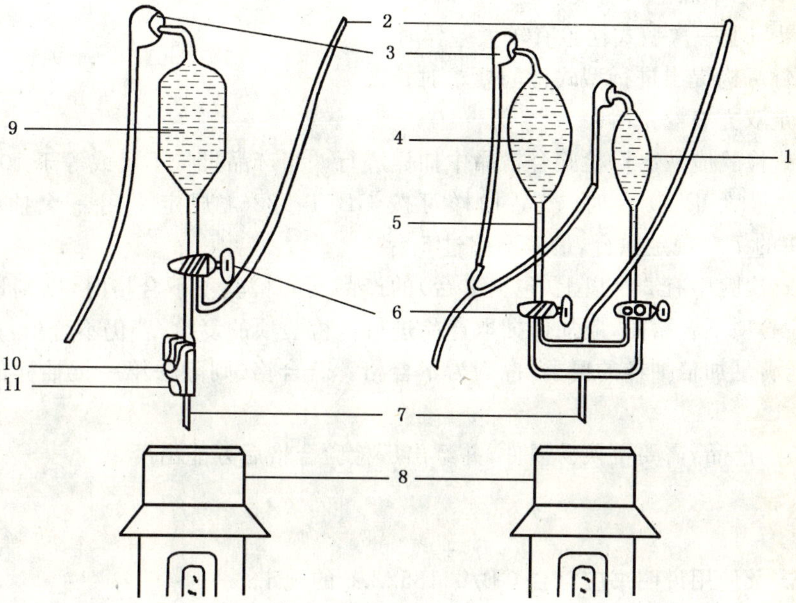

1——157.08 mL 标准球；

2——进水口；

3——溢出口；

4——314.16 mL 标准球；

5——标线；

6——三路活塞；

7——出水口；

8——雨量计；

9——942.48 mL 标准球；

10——压轮；

11——止水夹。

图 2　雨量计检定设备示意图

7　检验规则

7.1　出厂检验

7.1.1　批量出厂的雨量计，应逐台进行出厂检验。

7.1.2　出厂检验由制造厂质量检验部门按表 1 中序号 2、4、5、6、7 的要求逐项进行检验。

7.1.3　雨量计应经制造厂质量检验部门检验合格后，并签发合格证，方允许出厂、销售。

7.1.4　出厂检验中凡出现不合格者，应进行返工。

7.2　型式检验

7.2.1　型式检验按本部分的技术要求规定内容进行全性能检验(不包括可靠性试验)。

7.2.2　雨量计有下列情况之一时，应进行型式检验：

a)　新产品提交技术(定型)鉴定前；

b)　新产品试生产或老产品转厂生产后；

c)　产品结构、材料、工艺等有较大改变，可能影响产品性能时；

d)　正常生产中，定期或积累一定产量后；

e) 产品长期停产(三年以上),需要恢复生产时;

f) 出厂检验结果与上一次型式检验有较大差异时;

g) 国家质量监督机构提出进行型式检验要求时;

h) 根据合同规定双方有约定时。

7.2.3 抽样规则:型式检验应从出厂检验合格品中抽样进行。当产品批量不足或等于10台时,产品抽样至少3台;当产品批量大于10台时,产品抽样可按GB/T 13264规定采用一次抽样方案,并按GB/T 18185—2000中的7.5规定执行,最多不超过5台。

7.2.4 判定规则:型式检验中有2台以上(包括2台)的产品同一检验项不合格时,则判该批产品不合格;有1台产品的某检验项不合格时,应加倍抽取产品进行该检验项的复检,若仍不合格,则判该批产品不合格;若数量上不能满足加倍抽样的要求,也判为不合格。若合格,则除去第一批抽样的不合格品之外,其余判为合格。

7.2.5 经过型式检验的产品,需要更换易损件,并经出厂检验合格后方能出厂。

8 标志及使用说明书

雨量计产品的标志及使用说明书应符合GB/T 18522.6的规定。

9 包装、运输、贮存

9.1 包装

雨量计产品的包装应符合GB/T 18522.6的规定。

9.2 运输

包装好的雨量计应能适应各种运输方式。

9.3 贮存

包装状态下的雨量计应能适应以下贮存环境条件:

a) 温度:−40 ℃～60 ℃;

b) 相对湿度:+40 ℃时,不大于85%;

c) 长期贮存状态下的雨量计,其贮存场所应选择通风、干燥的室内,附近应无酸性、碱性及其他腐蚀性物质存在。

ICS 07.060
N 93

中华人民共和国国家标准

GB/T 21978.6—2008

降水量观测仪器 第6部分：融雪型雨雪量计

Instrument for precipitation observation—Part 6: Melted snow type rain and snow recorder

2008-06-17 发布　　2008-10-01 实施

中华人民共和国国家质量监督检验检疫总局
中国国家标准化管理委员会　发布

前　言

GB/T 21978《降水量观测仪器》分为七个部分：

——第1部分：雨量器；

——第2部分：翻斗式雨量计；

——第3部分：虹吸式雨量计；

——第4部分：浮子式雨量计；

——第5部分：遥测雨量计；

——第6部分：融雪型雨雪量计；

——第7部分：光电式雨雪量计。

本部分为GB/T 21978的第6部分。

本部分由中华人民共和国水利部提出。

本部分由全国水文标准化技术委员会水文仪器分技术委员会(TC 199/SC 1)归口。

本部分主要起草单位：水利部水文仪器及岩土工程仪器质量监督检验测试中心、南京水利水文自动化研究所。

本部分参加起草单位：长春丰泽水文气象仪器有限公司、全国工业产品生产许可证办公室水文仪器及岩土工程仪器审查部。

本部分主要起草人：李刚、冯讷敏。

本部分参加起草人：王鹏、陆旭。

降水量观测仪器
第6部分：融雪型雨雪量计

1 范围

GB/T 21978的本部分规定了融雪型雨雪量计(以下简称雨雪量计)的分类及构成、技术要求、试验方法、检验规则及标志、使用说明书、包装、运输和贮存等。

本部分适用于利用加热或不冻液等方法将雪融化为液态后进行降水(雨、雪、雨夹雪)量自动测量的雨雪量计。

本部分不适用于未将雪融化而直接测量降雪量的雪量计。

2 规范性引用文件

下列文件中的条款通过GB/T 21978的本部分的引用而成为本部分的条款。凡是注日期的引用文件,其随后所有的修改单(不包括勘误的内容)或修订版均不适用于本部分,然而,鼓励根据本部分达成协议的各方研究是否可使用这些文件的最新版本。凡是不注日期的引用文件,其最新版本适用于本部分。

GB/T 9359—2001 水文仪器基本环境试验条件及方法

GB/T 13264 不合格品率的小批计数抽样检查程序及抽样表

GB/T 17626.5—1999 电磁兼容 试验和测量技术 浪涌(冲击)抗扰度试验(idt IEC 61000-4-5:1995)

GB/T 18185—2000 水文仪器可靠性技术要求

GB/T 18522.2 水文仪器通则 第2部分:参比工作条件

GB/T 18522.6 水文仪器通则 第6部分:检验规则及标志、包装、运输、贮存、使用说明书

GB/T 19677 水文仪器术语及符号(GB/T 19677—2005,ISO 772:1988,NEQ)

GB/T 19704—2005 水文仪器显示与记录

GB/T 19705—2005 水文仪器信号与接口

SL 21 降水量观测规范

3 术语和定义

GB/T 19677确立的以及下列术语和定义适用于GB/T 21978的本部分。

3.1

不冻液 antifreeze solution

冰点较低的特殊液体,具有良好低温融雪性能,密度小于或接近于水,在仪器使用环境范围内不冻结。

3.2

融雪器 meiter

不冻液式雨雪量计中用于融雪的容器,其内装一定量的不冻液,降雪时进入其中的雪可自行融化。

3.3

补液桶 container for additional solution

内装不冻液的加盖容器,具有定时向融雪器补充定量不冻液的功能。

3.4

温控器　thermal controller

在电加热式雨雪量计中，用于启闭加热装置的控制电路。

3.5

降水量测量范围　precipitation measuring range

一次安装或处理后（在无人干预的时间内）所能测量的最大降水总量。

4　分类及构成

4.1　分类

4.1.1　按融雪方式

4.1.1.1　不冻液式：利用不冻液的低温不冻结特性融雪。

4.1.1.2　电加热式：利用电能转换为热能融雪。

4.1.2　按融雪后采取的传感方式

4.1.2.1　翻斗式：利用翻斗翻转进行测量。

4.1.2.2　浮子式：利用浮子升降进行测量。

4.1.2.3　其他方式：利用其他方式测量融化后的液态量。

4.1.3　按记录方式

4.1.3.1　模拟记录：以图形划线方式记录降水过程线。

4.1.3.2　数据存贮：用非易失性数据存贮器进行数据记录，并能输入计算机。

4.2　构成

融雪型雨雪量计一般由雨量传感器（以下简称传感器）、融雪装置、记录器三部分构成。在多风地区，需增设防风栏、防风屏。

5　技术要求

5.1　工作环境条件

5.1.1　温度

5.1.1.1　普通型：室外部分：−25 ℃～50 ℃；
室内部分：−10 ℃～40 ℃。

5.1.1.2　高寒型：室外部分：−40 ℃～40 ℃；
室内部分：−20 ℃～40 ℃。

5.1.2　湿度

5.1.2.1　室外部分：40 ℃时，相对湿度不大于 95%。

5.1.2.2　室内部分：40 ℃时，相对湿度不大于 90%。

5.2　传感器

5.2.1　外观

传感器各零部件所敷保护层应牢固、均匀、光洁，不应有砂眼、毛刺、碰伤、脱层、锈蚀、渗漏等缺陷。

5.2.2　承水口

承水口内径尺寸为 $\phi 200^{+0.60}_{0}$ mm。承水口材料应坚实，宜采用铜、铝、钢质合金等，其口缘应呈内直外斜的刃口状，刃口角度 40°～45°，进入承水口的降水不应溅出承水口外。

5.2.3　分辨力

分辨力一般可分为 0.1 mm、0.2 mm、0.5 mm、1.0 mm 四种，根据不同采集目的，依据各部门规定的测验或观测规范要求选用。

5.2.4 降水强度

5.2.4.1 在规定的室外最低工作环境温度时，降雪强度不大于 10 mm/h(雪水当量)。

5.2.4.2 在 0 ℃～50 ℃或 0 ℃～40 ℃环境温度范围内，降雨强度不大于 4 mm/min。

5.2.5 测量准确度

当降水强度在 0 mm/min～4 mm/min 范围内的测量误差应不超过±4%。

测量误差(E)按式(1)进行计算，结果以%表示：

$$E = \frac{P_i - P_s}{P_s} \times 100 \qquad (1)$$

式中：

P_i——仪器测量值，单位为毫米(mm)；

P_s——约定真值，单位为毫米(mm)。

测试方式：室内人工滴水。

5.2.6 重复性

在相同工作条件下及规定降水强度范围内，用同一降水强度对传感器进行测量误差试验，测量误差相互间允差范围不超过 1%。

5.2.7 信号输出

5.2.7.1 传感器信号可以是一组或多组接点开关信号输出，亦可以是高低电平或模拟量输出，但与降水量、降水强度均应有确定的关系。

5.2.7.2 当传感器为一组或多组接点开关信号输出时，接点允许承受电压不小于 16 V，允许通过的电流不小于 50 mA。输出端间开路电阻不小于 1 MΩ，接触电阻不大于 10 Ω。输出端与外壳间绝缘电阻不小于 10 MΩ。

5.2.7.3 当传感器信号为高低电平输出时，应与 CMOS 或 TTL 电平相符。

5.2.7.4 当传感器信号为模拟量输出时，其电流为 4 mA～20 mA、电压为 1 V～5 V 或电流为 0 mA～20 mA、电压为 0 V～5 V。

5.3 融雪装置

5.3.1 不冻液式

5.3.1.1 不冻液式雨雪量计的融雪器可以自成一体，也可为传感器桶身的一部分。长周期(如一个月以上)使用时，应配置补液桶或采取其他能有效保证仪器连续工作的措施。

5.3.1.2 融雪器和补液桶材料应耐腐蚀，各焊接处应牢固、可靠、无缝隙、无渗漏，其中的溢流装置应有防风浪的静水性能。

5.3.1.3 补液桶应能自动定时向融雪器内补充定量不冻液，每次补充的定量不冻液应能使融雪器产生溢流，补液桶的容量大小应与自记周期相匹配。

5.3.1.4 降雪量测量范围选择值为 50 mm、100 mm、200 mm、500 mm。

5.3.1.5 不冻液应具有以下特性：

a) 冰点：普通型低于－30 ℃；

高寒型低于－45 ℃；

b) 密度：0.92 g/cm³～1.00 g/cm³；

c) 无毒或低毒。

5.3.2 电加热式

5.3.2.1 电加热式雨雪量计的加热元件一般为管状或板状，主加热器和辅助加热器安装在传感器桶内恰当位置，提供传感器各部分融雪的热量需要。

5.3.2.2 传感器均应采用耐腐蚀性材料，且传感器桶身应有隔热保温措施。

5.3.2.3 温控器一般采用电控式，当温度降到设定温度时，温控器应能可靠启动加热元件，温控器的使用寿命不少于5年。温控器的设定温度应可调,温度控制误差应小于或等于±3 ℃。温控器应有温控失效保险装置。

5.3.2.4 融雪装置应采用交流供电,电压为220 V。电压波动在±20%时,融雪装置应工作正常。

5.4 记录器

5.4.1 记录方式

记录器具有将降水测量值进行显示、记录等功能。记录器可采用模拟划线记录、数据存贮、指针、声、光指示等。

5.4.2 记录周期

记录器的记录周期一般可分为日记、月记、季记、半年记、年记。

5.4.3 计时装置

记录器可具有计时装置,其在工作负载条件下的综合误差应满足表1的规定值。

表1 计时装置综合误差表

记录周期	综合误差/min	计时装置持续运行时间/d
日记	±1	≥1.5
月记	±4	≥35
季记	±9	≥100
半年记	±12	≥200
年记	±15	≥400

5.4.4 显示要求

记录器的显示要求应符合GB/T 19704—2005中5.2。

5.4.5 记录要求

记录器的记录要求应符合GB/T 19704—2005中5.3。

5.4.6 电源

记录器宜采用直流供电,电压可在24 V、12 V、6 V或6 V以下任选。当采用交流供电时,应配备直流备用电源,并具备自动切换功能。直流电源电压波动−10%～+15%、交流电源电压波动−15%～+10%时,记录器应工作正常。

5.4.7 传输

记录器的数据传输接口应满足GB/T 19705—2005的要求。当采用规定导线时,记录器与传感器间的最大有效传输距离应不小于150 m。

5.5 防风装置

雨雪量计在多风地区使用时,需增设防风栏或防风屏等装置,防风装置应满足SL 21的要求。

5.6 机械环境适应性

在包装状态下,雨雪量计应能适应运输、装卸、搬运过程中可能出现的振动、跌落等情况。

5.7 安全性要求

5.7.1 不冻液式雨雪量计排出的溶液应按照低毒化学试剂的有关规定妥善处置,以免造成对周围环境的污染和人员伤害。

5.7.2 电加热式雨雪量计应具有良好的绝缘性能,其交流220 V接线端子对外壳接地点的绝缘电阻应大于50 MΩ。外壳应可靠接地,以保证人身安全。

5.7.3 电加热式雨雪量计应有良好的防雷击浪涌性能,应满足GB/T 17626.5—1999中试验等级4级的规定要求。

5.8 安装要求

雨雪量计对室外工作条件应具有良好的适应能力,应有水平调整装置。对符合规定条件的安装地点,能正确、可靠、方便的进行安装。对防堵、防虫、防尘应有措施。

5.9 可靠性

雨雪量计的传感器所采用的发讯元器件，其使用寿命应保证至少能测量 50 000 mm 降水量。雨雪量计在正常工作条件下，其 MTBF(平均无故障工作时间)不小于 4 000 h。

6 试验方法

6.1 试验环境条件

雨雪量计的试验环境应满足 GB/T 18522.2 的规定。

6.2 试验设备仪表

6.2.1 恒流雨量滴定装置。

6.2.2 雨量计数器。

6.2.3 秒表。

6.2.4 电子秤。

6.2.5 标准量杯。

6.2.6 万能角度尺。

6.2.7 游标卡尺。

6.2.8 水平尺。

6.2.9 高低温湿热箱。

6.2.10 振动试验台。

6.2.11 跌落试验台等。

6.3 试验步骤

6.3.1 试验要求

6.3.1.1 用于雨雪量计测试的设备、仪表、量具，均应经检定、校准或测试合格，有准确度要求的，其准确度应高于被检测仪器的准确度测量要求。

6.3.1.2 除试验开始前允许对仪器作校准外，试验过程中不允许再作任何调整。

6.3.2 试验项目及试验步骤

具体试验项目及试验步骤见表 2。

表 2 试验项目及试验步骤

序号	技术要求条款	试验内容	试 验 方 法
1	5.1.1 5.1.2	工作环境试验	工作环境试验包括温度试验和湿度试验。 雨雪量计应按 GB/T 9359—2001 中第 6 章、第 7 章规定的试验方法，按 5.1.1、5.1.2 的要求进行试验。试验后，目测检查不应有因环境条件变化所致的缺陷。
2	5.2.1	外观	目测检查外观质量，应符合 5.2.1 的要求。
3	5.2.2	承水口	用游标卡尺测量承水口内径，均匀取五个不同方向，其值均应符合 5.2.2 的要求。用万能角度尺测量刃口角度，均匀取三个不同方向，其值均应符合 5.2.2 的要求。
4	5.2.3 5.2.4.2 5.2.5 5.2.6	分辨力 降雨强度 准确度 重复性误差	室内正常工作条件下，在规定的降水强度范围内，按大(3.5 mm/min～4.0 mm/min)、中(1.5 mm/min～2.5 mm/min)、小(0.3 mm/min～0.5 mm/min)三种降水强度恒定向仪器注入清水，每种强度注入不小于 20 mm 水量，同时用显示记录器计数，采用标准器测量仪器自身排水量，均应符合 5.2.3、5.2.4.2、5.2.5、5.2.6 的要求。当记录器具有对传感器进行计量误差修正功能时，准确度试验应与记录器一起进行。

表 2（续）

序号	技术要求条款	试验内容	试 验 方 法
5	5.2.4.1 5.3.1.1 5.3.1.2 5.3.1.3 5.3.1.4	降雪强度 不冻液式融雪装置	在规定的最低工作环境温度下，以 10 mm/h（雪水当量）的速度向仪器注入新鲜积雪（密度为 0.07 g/cm^3～0.15 g/cm^3）或人造冰花（密度小于 0.25 g/cm^3），累计达 50 mm 降水量，仪器应工作正常，无冻结或其他影响工作的现象，符合 5.2.4.1 的要求。 检查不冻液式雨雪量计的融雪装置的各项功能和性能，应符合 5.3.1.1、5.3.1.2、5.3.1.3、5.3.1.4 的要求。
6	5.2.7.1 5.2.7.2 5.2.7.3 5.2.7.4	信号输出	检查传感器的信号输出方式，应符合 5.2.7.1 的要求。 当输出方式为开关信号输出时，用万用表测量信号输出端之间开路电阻、接触电阻，用 100V 兆欧表测量输出端与外壳间的绝缘电阻。均应符合 5.2.7.2 的要求。 当输出方式为高低电平输出时，用万用表测量信号输出端之间电压应符合 5.2.7.3 的要求。 当输出方式为模拟量输出时，用万用表测量信号输出的电流和电压值应符合 5.2.7.4 的要求。
7	5.3.1.5	不冻液	在配制好的不冻液中取一定量放入高低温交变湿热试验箱，将试验温度控制在－30 ℃或－45 ℃，并保温 12 h，检查不冻液应不冻结。用常规的液体密度测量方法测其密度，应符合 5.3.1.5 的要求。
8	5.3.2.1 5.3.2.2 5.3.2.3	电加热式融雪装置 温控器	检查电加热式雨雪量计的主、辅加热器的安装和传感器的隔热保温性能，应符合 5.3.2.1、5.3.2.2 的要求。 将电加热式雨雪量计放入高低温交变湿热试验箱，分别设置 2 个～3 个温度控制点，当试验温度达到或低于控制点误差下限时，应能自动启动加热元件。当试验温度高于控制点温度误差上限时，应能自动关闭加热元件。
9	5.3.2.4	融雪电源	用交流调压器调整电加热式雨雪量计的加热元件输入电压，在额定电压允许偏差±20%范围内，加热元件应工作正常。
10	5.4.1 5.4.2 5.4.3	计时误差	检查记录器的记录方式，应符合 5.4.1 的要求。 室温条件下，对记录周期为日记的记录器，其试验运行时间应不少于 1.5 d；对记录周期大于或等于月记的记录器，其试验运行时间应不少于 15 d，记录器的计时误差应符合 5.4.2、5.4.3 的要求。
11	5.4.4 5.4.5	显示 记录	室温条件下，将传感器与记录器按规定导线相连，以 4 mm/min左右降水强度向仪器注入清水，累计不少于 300 mm，显示及记录均应符合 5.4.4、5.4.5 的要求。
12	5.4.6 5.4.7	电压波动 传输距离和接口	室温条件下，将传感器与记录器用规定导线 150 m 相连，直流电源电压波动－10%～＋15%、交流电源电压波动－15%～＋10%时，仪器应符合 5.4.6 的要求。检查记录器的传输接口应符合 5.4.7 的要求。

表 2（续）

序号	技术要求条款	试验内容	试　验　方　法
13	5.6	机械环境适应性振动	在包装状态下，按 GB/T 9359—2001 中第 12 章表 4 中 B 类仪器的有关扫频试验方法进行试验，频率为 10 Hz～150 Hz～10 Hz，扫频速度为 1 倍频程/min，加速度为 2 g，循环 2 个周期/单轴的振动试验。试验后检查，包装箱应不变形、不开裂，开箱取出雨雪量计，应无变形、松脱及损伤现象，且工作正常。
14	5.6	机械环境适应性自由跌落	在包装状态下，按 GB/T 9359—2001 中第 15 章表 7 中 B 类仪器的有关自由跌落试验方法进行试验，设置跌落高度为 300 mm，3 次/每轴向，试验后检查，包装箱应不变形、不开裂，开箱取出雨雪量计，应无变形、松脱及损伤现象，且工作正常。
15	5.7.2	安全性要求	用 500 V 兆欧表测量电源输入端与外壳间的绝缘电阻，应符合 5.7.2 的要求。
16	5.7.3	安全性要求	按 GB/T 17626.5—1999 中试验等级 4 级的有关试验方法进行雷击浪涌性能试验，结果应符合 5.7.3 的要求。
17	5.8	安装要求	检查水平调整装置以及防堵、防虫、防尘等措施，应符合 5.8 的要求。
18	5.9	可靠性要求	可靠性试验以现场试验为主。试验应按 GB/T 18185 的规定，并满足 5.9 的要求。

7　检验规则

7.1　出厂检验

7.1.1　批量出厂的雨雪量计，应逐台进行出厂检验。

7.1.2　出厂检验由制造厂质量检验部门负责检验。对不冻液式雨雪量计应按本部分表 2 中序号 2、3、4、5 的要求逐项进行检验；对电加热式雨雪量计应按本部分表 2 中序号 2、3、4、8、15 的要求逐项进行检验。

7.1.3　雨雪量计应经制造厂质量检验部门检验合格后，并签发合格证，方允许出厂、销售。

7.1.4　出厂检验中凡出现不合格者，应进行返工。

7.2　型式检验

7.2.1　型式检验按本部分的技术要求规定内容进行全性能检验(不包括可靠性试验)。

7.2.2　雨雪量计有下列情况之一时，应进行型式检验：

a)　新产品提交技术(定型)鉴定前；

b)　新产品试生产或老产品转厂生产后；

c)　产品结构、材料、工艺等有较大改变，可能影响产品性能时；

d)　正常生产中，定期或积累一定产量后；

e)　产品长期停产(三年以上)，需要恢复生产时；

f)　出厂检验结果与上一次型式检验有较大差异时；

g)　国家质量监督机构提出进行型式检验要求时；

h)　根据合同规定双方有约定时。

7.2.3　抽样规则：型式检验应从出厂检验合格品中抽样进行。当产品批量不足或等于 10 台时，产品抽样至少3台；当产品批量大于10台时，产品抽样可按GB/T 13264的规定采用一次抽样方案，并按GB/T 18185—2000中7.5的规定执行，最多不超过5台。

7.2.4 判定规则：型式检验中有2台以上（包括2台）的产品同一检验项不合格时，则判该批产品不合格；有1台产品的某检验项不合格时，应加倍抽取产品进行该检验项的复检，若仍不合格，则判该批产品不合格；若数量上不能满足加倍抽样的要求，也判为不合格。若合格，则除去第一批抽样的不合格品之外，其余判为合格。

7.2.5 经过型式检验的产品，需要更换易损件，并经出厂检验合格后方能出厂。

8 标志及使用说明书

雨雪量计的标志及使用说明书应符合GB/T 18522.6的规定。对于涉及人身安全的重要注意事项，使用说明书中应用醒目的字体说明。

9 包装、运输、贮存

9.1 包装

雨雪量计的包装应符合GB/T 18522.6的规定。

9.2 运输

包装好的雨雪量计应能适应各种运输方式。

9.3 贮存

包装状态下的雨雪量计应能适应以下贮存环境条件：

a) 温度：−40 ℃～60 ℃；

b) 相对湿度：40 ℃时，不大于85%；

c) 长期贮存状态下的雨雪量计，其贮存场所应选择通风、干燥的室内，附近应无酸性、碱性及其他腐蚀性物质存在。

ICS 65.120
B 46

中华人民共和国国家标准

GB/T 21979—2008

饲料级 L-苏氨酸

Feed grade—L-Threonine

2008-06-17 发布

2008-10-01 实施

中华人民共和国国家质量监督检验检疫总局
中国国家标准化管理委员会
发布

前　言

本标准由全国饲料工业标准化技术委员会提出并归口。

本标准起草单位:农业部饲料质量监督检验测试中心(西安)、长春大成实业集团。

本标准主要起草人:赵彩会、陈莉、贾青、李会玲、姚天玲、梁红锐、杨汉卿、冯西辉、李明涛。

饲料级　L-苏氨酸

1　范围

本标准规定了饲料级 L-苏氨酸产品的技术要求、试验方法、检验规则、标签、包装、运输、贮存和保质期。

本标准适用于以淀粉、糖质为主要原料，经发酵、提取制成的饲料级 L-苏氨酸。

化学名称：L-2-氨基-3-羟基丁酸

分子式：$C_4H_9NO_3$

相对分子质量：119.12(按 2006 年国际相对原子质量)

结构式：

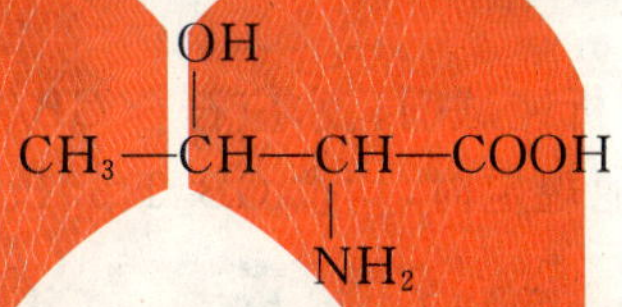

2　规范性引用文件

下列文件中的条款通过本标准的引用而成为本标准的条款。凡是注日期的引用文件，其随后所有的修改单(不包括勘误的内容)或修改版均不适用于本标准，然而，鼓励根据本标准达成协议的各方研究是否可使用这些文件的最新版本。凡是不注日期的引用文件，其最新版本适用于本标准。

GB/T 601　化学试剂　标准滴定溶液的制备

GB/T 602　化学试剂　杂质测定用标准溶液的制备

GB/T 603　化学试剂　试验方法中所用制剂及制品的制备

GB/T 6435　饲料中水分和其他挥发性物质含量的测定

GB/T 6438　饲料中粗灰分的测定

GB/T 6682　分析实验室用水规格和试验方法(GB/T 6682—1992,neq ISO 3696:1987)

GB 10648　饲料标签

GB 13078　饲料卫生标准

GB/T 13079　饲料中总砷的测定

GB/T 13080　饲料中铅的测定　原子吸收光谱法

GB/T 14699.1　饲料　采样

中华人民共和国药典　2005 年版二部

3　技术要求

3.1　外观和性状

本品应为白色至浅褐色的结晶或结晶性粉末，味微甜。能溶于水，难溶于甲醇、乙醚和三氯甲烷。有旋光性。

3.2　技术指标

应符合表 1 规定。

表 1 技术指标

项目	指标	
	一级	二级
含量(以干基计)/%	≥98.5	≥97.5
比旋光度$[\alpha]_D^{20}$	−26.0°～−29.0°	
干燥失重/%	≤1.0	
灼烧残渣/%	≤0.5	
重金属(以 Pb 计)/(mg/kg)	≤20	
砷(以 As 计)/(mg/kg)	≤2	

3.3 其他卫生指标

应符合 GB 13078 的规定。

4 试验方法

除非另有规定,在分析中仅使用分析纯试剂。水应符合 GB/T 6682 三级水规定。试验中所用标准滴定溶液、制剂及制品,在没有注明其他规定时,均按 GB/T 601、GB/T 602 和 GB/T 603 的规定制备。

4.1 鉴别试验

4.1.1 试剂

茚三酮。

4.1.2 仪器

红外分光光度仪。

4.1.3 鉴别方法

4.1.3.1 取本品 0.05 g,加水 50 mL 使溶解,加茚三酮 0.05 g,加热,溶液显蓝紫色,随温度升高颜色加重。

4.1.3.2 红外鉴别:本品的红外光吸收图谱与《中华人民共和国药典》2005 年版的对照图谱(光谱集 957 图)一致。

4.2 L-苏氨酸含量的测定

4.2.1 试剂和溶液

4.2.1.1 甲酸。

4.2.1.2 冰乙酸。

4.2.1.3 高氯酸标准滴定溶液:$c(HClO_4)=0.1$ mol/L。

4.2.1.4 α-萘酚苯基甲醇指示液:2 g/L 冰乙酸溶液。

4.2.2 仪器

自动电位滴定仪或酸度计:以玻璃电极为指示电极,饱和甘汞电极为参比电极(或采用复合电极),并备有磁力搅拌器和滴定装置。

4.2.3 分析步骤

称取预先在 105 ℃干燥至恒重的试样 0.2 g,精确到 0.2 mg,加甲酸(4.2.1.1)3 mL 和冰乙酸(4.2.1.2) 50 mL 使溶解,用高氯酸标准滴定溶液(4.2.1.3)滴定,用电位滴定仪滴定至终点。或选用指示剂,加 α-萘酚苯基甲醇指示液(4.2.1.4)10 滴,溶液由橙黄色变为黄绿色。用时做空白试验。

4.2.4 结果计算

L-苏氨酸含量 X 以质量分数(%)表示,按式(1)计算:

$$X=\frac{(V-V_0)\times 119.12\times c}{m\times 1\,000}\times 100 \qquad \cdots\cdots(1)$$

式中：

V——试样溶液消耗高氯酸标准滴定溶液的体积，单位为毫升(mL)；

V_0——空白溶液消耗高氯酸标准滴定溶液的体积，单位为毫升(mL)；

119.12——L-苏氨酸的摩尔质量，单位为克每摩尔(g/mol)；

c——高氯酸标准滴定溶液的浓度，单位为摩尔每升(mol/L)；

m——试样的质量，单位为克(g)；

1 000——将体积 V 和 V_0 由毫升换算为升。

若试样滴定的温度与高氯酸标准滴定溶液标定时的温度差别超过 10 ℃，则应重新标定；若未超过 10 ℃，则应根据式(2)将高氯酸标准滴定溶液的浓度 c_0 校正为 c。

$$c = \frac{c_0}{1 + 0.001\,1(t - t_0)} \quad \cdots\cdots (2)$$

式中：

c_0——高氯酸标准滴定溶液在温度为 t_0 时的标定浓度，单位为摩尔每升(mol/L)；

0.001 1——冰乙酸的膨胀系数；

t——试样滴定时的实际温度，单位为摄氏度(℃)；

t_0——高氯酸标准滴定溶液标定时的温度，单位为摄氏度(℃)。

计算结果表示至小数点后一位。

4.2.5 允许误差

取平行测定结果的算术平均值为测定结果，平行测定结果之差不大于 0.3%。

4.3 比旋光度测定

4.3.1 仪器

旋光仪：用钠光灯(钠光谱 D 线 589.3 nm)作光源。

4.3.2 测定方法

试样在 105 ℃干燥至恒重，称取干燥试样约 3 g，精确到 0.2 mg，加水温热溶解(若样品溶液颜色较深，溶解后加少量活性炭，过滤，用水洗涤数次)，并全部转入 50 mL 容量瓶中，调节溶液温度至 20 ℃，并稀释至刻度，中速定性滤纸过滤，滤液用旋光仪测定旋光度。

4.3.3 结果计算

L-苏氨酸在 20 ℃下，对钠光谱 D 线的旋光度 $[\alpha]_D^{20}$ 按式(3)计算：

$$[\alpha]_D^{20} = \frac{100\alpha}{L \times c} \quad \cdots\cdots (3)$$

式中：

α——测得的旋光度；

L——旋光管的长度，单位为分米(dm)；

c——每 100 mL 溶液中所含试样的质量，单位为克(g)。

4.4 干燥失重的测定

按 GB/T 6435 执行。

4.5 灼烧残渣的测定

按 GB/T 6438 执行。

4.6 重金属(以 Pb 计)的测定

按 GB/T 13080 执行。

4.7 砷的测定

按 GB/T 13079 执行。

5 检验规则

5.1 抽样方法

按 GB/T 14699.1 执行。

5.2 出厂检验

每批产品应进行出厂检验。检验项目为外观性状、含量和干燥失重。检验合格并附合格证入库或出厂。

5.3 型式检验

本标准中规定的所有项目为型式检验项目。

有下列情况之一时，应进行型式检验：

a） 长期停产，恢复生产时；

b） 原料变化或改变主要生产工艺时；

c） 国家质量监督机构或行业主管部门提出进行型式检验的要求时；

d） 出厂检验与上次型式检验有较大差异时；

e） 每年至少进行一次型式检验。

5.4 判定规则

若检验结果有一项不符合本标准要求时，应自两倍的包装中抽样进行复检。复检结果即使只有一项指标不符合本标准要求，则判整批产品为不合格。

6 标签、包装、运输、贮存和保质期

6.1 标签

按 GB 10648 执行。

6.2 包装

本产品装入适当的包装容器内。包装应符合运输和贮存的规定。

6.3 运输

本产品在运输过程中应避免日晒雨淋、受潮。不得与有毒有害或其他有污染的物品混装、混运。

6.4 贮存

本产品应于干燥、通风处贮存，防止日晒、雨淋、受潮。不得与有毒有害物品混贮。

6.5 保质期

在本标准规定的条件下，本产品保质期为 36 个月，开封后应尽快使用。

ICS 61.020
Y 75

中华人民共和国国家标准

GB/T 21980—2008

专业运动服装和防护用品通用技术规范

Current technical criterion for sportswear and exposure suit

2008-05-23 发布　　　　2008-12-01 实施

中华人民共和国国家质量监督检验检疫总局
中国国家标准化管理委员会　发布

前　言

本标准的附录 A、附录 B 和附录 C 为规范性附录。

本标准由中国纺织工业协会提出。

本标准由全国服装标准化技术委员会(SAC/TC 219)归口。

本标准由全国服装标准化技术委员会负责解释。

本标准主要起草单位:上海市服装研究所、国家体育总局体育器材装备中心、福建省纤维检验所、北京李宁体育用品有限公司、安踏(中国)有限公司、特步(中国)有限公司、泉州雷速体育用品有限公司。

本标准主要起草人:许鉴、张小晶、王志勇、徐明明、李苏、林章利、丁国斯、秦威、王之昌、黄硕。

本标准首次发布。

专业运动服装和防护用品通用技术规范

1 范围

本标准规定了专业运动服装和防护用品的要求、检验(测试)方法、检验分类规则以及标志、包装、运输和贮存等技术特征。

本标准适用于以纺织机织物为主要原料生产的专业运动服装和防护用品。

2 规范性引用文件

下列文件中的条款通过本标准的引用而成为本标准的条款。凡是注日期的引用文件,其随后所有的修改单(不包括勘误的内容)或修订版均不适用于本标准,然而,鼓励根据本标准达成协议的各方研究是否可使用这些文件的最新版本。凡是不注日期的引用文件,其最新版本适用于本标准。

GB 251 评定沾色用灰色样卡

GB/T 2910 纺织品 二组分纤维混纺产品定量化学分析方法

GB/T 2911 纺织品 三组分纤维混纺产品定量化学分析方法

GB/T 2912.1 纺织品 甲醛的测定 第1部分:游离水解的甲醛(水萃取法)

GB/T 3917.2 纺织品 织物撕破性能 第2部分:舌形试样撕破强力的测定

GB/T 3920 纺织品 色牢度试验 耐摩擦色牢度

GB/T 3921 纺织品 色牢度试验 耐皂洗色牢度

GB/T 3922 纺织品 耐汗渍色牢度试验方法

GB/T 3923.1 纺织品 织物拉伸性能 第1部分:断裂强力和断裂伸长率的测定 条样法

GB/T 4841.3 染料染色标准深度卡 2/1、1/3、1/6、1/12、1/25

GB 5296.4 消费品使用说明 纺织品和服装使用说明

GB/T 5713 纺织品 色牢度试验 耐水色牢度

GB/T 7573 纺织品 水萃取液 pH 值的测定

GB/T 8170 数值修约规则

GB/T 8427—1998 纺织品 色牢度试验 耐人造光色牢度:氙弧

GB/T 8629 纺织品 试验用家庭洗涤和干燥程序

GB/T 8630 纺织品 洗涤和干燥后尺寸变化的测定

GB 9994 纺织材料公定回潮率

GB/T 12704—1991 织物透湿量测定方法 透湿杯法

GB/T 15557 服装术语

GB/T 17592 纺织品 禁用偶氮染料的测定

GB 18401 国家纺织产品基本安全技术规范

FZ/T 01026 四组分纤维混纺产品定量化学分析方法

FZ/T 01053 纺织品 纤维含量的标识

FZ/T 01057(所有部分) 纺织纤维鉴别试验方法

FZ/T 01095 纺织品 氨纶产品纤维含量的试验方法

FZ/T 80002 服装标志、包装、运输和贮存

3 术语和定义

GB/T 15557 确立的以及下列术语和定义适用于本标准。

3.1

互沾色牢度　cross stain

同件样品中不同颜色的织物之间相互染色或颜色迁移的程度。

4　要求

4.1　使用说明

4.1.1　成品的使用说明按 GB 5296.4 和 GB 18401 规定执行。

4.1.2　专业运动服装的服装号型、成分及含量、洗涤方法必须标注在耐久性标签上。

4.1.3　专业运动防护用品可以不采用耐久性标签。

4.2　理化性能

成品的理化性能技术要求按表 1 规定。

表 1

项　目		技术要求
裤后裆缝接缝强力/N		面料≥140　　里料≥80
撕破强力/N		≥10
纰裂/cm		≤0.6
水洗尺寸变化率/%	领大	≥−1.0
	胸围	≥−2.0
	衣长	≥−2.5
	腰围	≥−1.5
	裤(裙长)	≥−2.5
透湿量/[g/(m² · d)]		≥2 500
耐洗色牢度/级	变色	≥4
	沾色	≥4
	互沾	≥4—5
耐酸汗渍色牢度/级	变色	≥4
	沾色	≥4
	互沾	≥4—5
耐碱汗渍色牢度/级	变色	≥4
	沾色	≥4
	互沾	≥4—5
耐水色牢度/级	变色	≥4
	沾色	≥4
	互沾	≥4—5
耐摩擦色牢度/级	干摩擦	≥4
	湿摩擦	≥3
耐光色牢度/级		≥4
甲醛含量/(mg/kg)		直接接触皮肤的产品≤75,非直接接触皮肤的产品≤300

表 1（续）

项　　目	技 术 要 求
pH 值	直接接触皮肤的产品 4.0～7.5，非直接接触皮肤的产品 4.0～9.0
异味	无
可分解芳香胺染料	禁 用
纤维含量偏差	按 FZ/T 01053 执行
注 1：按 GB/T 4841.3 标准规定，颜色大于 1/12 染料染色标准深度色卡为深色，颜色不大于 1/12 染料染色标准深度色卡为浅色。 注 2：深色产品的耐湿摩擦色牢度可降低半级。 注 3：印花部位的耐洗色牢度、耐摩擦色牢度可降低半级。 注 4：防护用品不考核裤后裆缝接缝强力、撕破强力、纰裂和水洗尺寸变化率。	

5 检验（测试）方法

5.1 成品释放甲醛含量测试方法按 GB/T 2912.1 规定。

5.2 成品的 pH 值测试方法按 GB/T 7573 规定。

5.3 成品异味的测试方法按 GB 18401 规定。

5.4 成品可分解芳香胺染料的测试方法按 GB/T 17592 规定。

5.5 成品透湿量的测试方法按 GB/T 12704—1991 中方法 B 测定。

5.6 成品的色牢度允许程度测试方法分别按 GB/T 3921 的方法 3（再生纤维素纤维、锦纶及其混纺织物或纯毛织物按 GB/T 3921 的方法 1）、GB/T 5713、GB/T 3920、GB/T 8427—1998（按方法 3 测试）、GB/T 3922 规定。互沾色牢度测试方法按附录 A 规定。

5.7 成品主要部位的缝子纰裂的测试方法按附录 B 规定，取样部位按表 2 规定。

表 2

取样部位名称	取样部位规定
后背缝	后领中向下 25 cm
袖窿缝	后袖窿弯处
袖缝	袖窿处向下 10 cm
摆缝	袖窿底向下 10 cm
裤后缝	后龙门弧线二分之一为中心
裤侧缝	裤侧缝上三分之一为中心
下裆缝	下裆缝上三分之一为中心
裙侧缝，裙后中缝	腰头向下 20 cm

5.8 成品裤后裆缝接缝强力的测试方法按 GB/T 3923.1 规定，取样部位见附录 C。

5.9 成品的撕破强力测试方法按 GB/T 3917.2 规定。

5.10 成品水洗后的尺寸变化率的测试方法按 GB/T 8629、GB/T 8630 规定，并在批量中随机抽取三件成品测试，结果取三件的平均值。

5.11 成品所用原料的成分和含量的测试方法按 FZ/T 01057、GB/T 2910、GB/T 2911、FZ/T 01026、FZ/T 01095 等规定，棉型产品的测试结果按净干含量计算，其余产品的测试结果结合公定回潮率含量计算。含有 GB 9994 中未规定公定回潮率的新型纤维的产品，可按标准回潮率计算。

6 抽样规则

抽样数量按产品批量：

500 件(套)及以下抽验 10 件(套)。

500 件(套)以上至 1 000 件(套)[含 1 000 件(套)]抽验 20 件(套)。

1 000 件(套)以上抽验 30 件(套)。

7 标志、包装、运输和贮存

成品的标志、包装、运输和贮存按 FZ/T 80002 执行。

附　录　A
（规范性附录）
互沾色牢度试验方法

A.1　试样准备

A.1.1　耐洗色牢度试样

A.1.1.1　嵌条、包边类样品：取 40 mm×100 mm 试样一块，按 GB/T 3921 方法 3(再生纤维素纤维、锦纶及其混纺织物或纯毛织物按 GB/T 3921 方法 1)进行试验。如果一块试样不能包含所有的颜色，则应取若干块试样同时进行试验。

A.1.1.2　条纹、格子、印花、绣花类样品：取 40 mm×100 mm 试样一块，按 GB/T 3921 方法 3(再生纤维素纤维、锦纶及其混纺织物或纯毛织物按 GB/T 3921 方法 1)进行试验。取样时应包含所有的颜色，如果一块试样不能包含所有的颜色，则应取若干块试样同时进行试验。如果有两种颜色不能被包含在一块样品中，则应分别取样，沿短边缝合形成一个组合试样进行试验。

A.1.2　耐汗渍色牢度和耐水色牢度试样

每种颜色分别取样，尺寸为 40 mm×100 mm。每两种颜色的试样，正面相互贴合并沿一短边缝合，形成一个组合试样，按 GB/T 3922、GB/T 5713 规定进行试验。如果一块试样中包含两种或两种以上颜色，两块样品相互贴合时颜色应错开，形成一个组合试样。

A.2　评级

用 GB 251 评定每个试样每种颜色的沾色等级，并报告最差级数。

附 录 B
（规范性附录）
缝口脱开程度试验方法

B.1 原理

在垂直于织物接缝的方向上施加一定的负荷，接缝处脱开，测量其脱开的最大距离。

B.2 施加的负荷

面料负荷为：100 N±5 N。

里料负荷为：70 N±5 N。

B.3 设备与材料

织物强力机，上、下夹钳距离为10.0 cm，下夹钳无载荷时下降速度为5.0 cm/min，预加张力（重锤）为2 N，夹钳对试样的有效夹持面积为2.5 cm×2.5 cm。

B.4 试验环境

调湿和试验用标准大气，温度20℃±2℃，相对湿度60%～70%。

B.5 试样要求与准备

B.5.1 取样尺寸：5.0 cm×20.0 cm（包括夹持部位），其直向中心线应与缝迹垂直。

B.5.2 试样数量：从成品的每个取样部位（或缝制样）上各截取三块。

B.6 试验步骤

B.6.1 将强力机的两个夹钳分开至10.0 cm，两个夹钳边缘应相互平行且垂直于移动方向。

B.6.2 将试样固定在夹钳中间（试样下端先挂上2 N的预加负荷钳，再拧紧下夹钳），使接缝与夹钳边缘相互平行。

B.6.3 以5.0 cm/min的速度逐渐增加其负荷，面料至100 N±5 N、里料至70 N±5 N时，停止下夹钳的下降，然后在强力机上垂直量取其接缝脱开的最大距离，见图B.1。若出现纱线从试样中滑脱，则测试结果记录为滑脱。

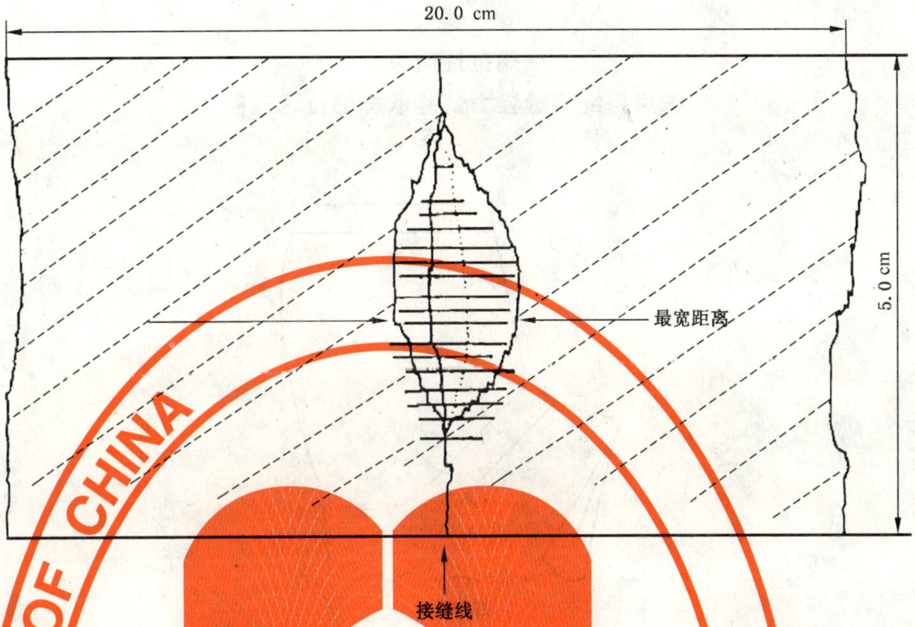

图 B.1 接缝脱开距离的测量

B.7 计算

计算三块试样缝口脱开程度的平均值,结果按 GB/T 8170 修约至 0.05 cm。若三块试样中仅有一块出现滑脱,则计算另两块试样的平均值,若三块试样中有两块或三块出现滑脱,则结果为滑脱。

附　录　C
（规范性附录）
裤后裆缝接缝强力试验取样部位示意图

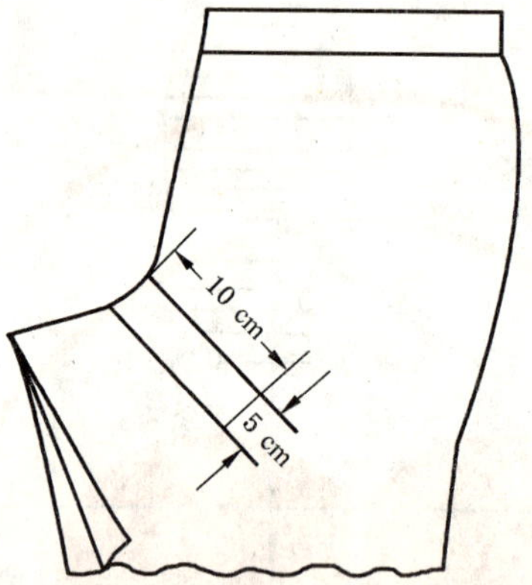

横向取样

图 C.1

ICS 67.120
X 04

中华人民共和国国家标准

GB/T 21981—2008

动物源食品中激素多残留检测方法 液相色谱-质谱/质谱法

Determination of hormone multiresidues in foodstuffs of animal origin—LC-MS/MS method

2008-06-06 发布

2008-07-03 实施

中华人民共和国国家质量监督检验检疫总局
中国国家标准化管理委员会 发布

前 言

本标准附录A和附录B为规范性附录，附录C、附录D、附录E、附录F和附录G均为资料性附录。

本标准由中华人民共和国国家质量监督检验检疫总局提出。

本标准由中华人民共和国国家认证认可监督管理委员会归口。

本标准起草单位：北京市疾病预防控制中心、中国疾病预防控制中心营养与食品安全所、中国检验检疫科学研究院。

本标准主要起草人：邵兵、杨奕、张晶、吴永宁、储晓刚。

动物源食品中激素多残留检测方法 液相色谱-质谱/质谱法

1 范围

本标准规定了动物源食品中激素残留量的液相色谱-质谱/质谱测定方法。

本标准适用于猪肉、猪肝、鸡蛋、牛奶、牛肉、鸡肉和虾等动物源食品中50种激素(见附录A)残留的确证和定量测定。

2 规范性引用文件

下列文件中的条款通过本标准的引用而成为本标准的条款。凡是注日期的引用文件，其随后所有的修改单(不包括勘误的内容)或修订版均不适用于本标准，然而，鼓励根据本标准达成协议的各方研究是否可使用这些文件的最新版本。凡是不注日期的引用文件，其最新版本适用于本标准。

GB/T 6682 分析实验室用水规格和试验方法(GB/T 6682—1992,neq ISO 3696:1987)

3 方法提要

试样中的目标化合物经均质，酶解，用甲醇-水溶液提取，经固相萃取富集净化，液相色谱-质谱/质谱仪测定，内标法定量。

4 试剂和材料

除特殊注明外，本标准所用试剂均为色谱纯，水为GB/T 6682规定的一级水。

4.1 甲醇。

4.2 二氯甲烷。

4.3 乙腈。

4.4 甲酸。

4.5 乙酸：分析纯。

4.6 乙酸钠($NaAC \cdot 4H_2O$)：分析纯。

4.7 β-葡萄糖醛酸酶/芳香基硫酸酯酶溶液(β-glucuronidase/arylsulfatase)：4.5 U/mL β-葡萄糖醛酸酶，14 U/mL 芳香基硫酸酯酶。

4.8 乙酸-乙酸钠缓冲溶液(pH 5.2)：称取43.0 g乙酸钠($NaAC \cdot 4H_2O$)，加入22 mL乙酸，用水溶解并定容到1 000 mL，用乙酸调节pH到5.2。

4.9 甲醇-水溶液(1+1，体积比)：取50 mL甲醇和50 mL水混合。

4.10 二氯甲烷-甲醇溶液(7+3，体积比)：取70 mL二氯甲烷和30 mL甲醇混合。

4.11 0.1%甲酸水溶液：精确量取甲酸1 mL加水稀释至1 000 mL。

4.12 标准品：去甲雄烯二酮、群勃龙、勃地酮、氟甲睾酮、诺龙、雄烯二酮、睾酮、普拉雄酮、甲睾酮、异睾酮、表雄酮、康力龙、17β-羟基雄烷-3-酮、美睾酮、达那唑、美雄诺龙、羟甲雄烯二酮、美雄醇、雌二醇、雌三醇、雌酮、炔雌醇、己烷雌酚、己烯雌酚、己二烯雌酚、炔诺酮、21α-羟基孕酮、17α-羟基孕酮、左炔诺孕酮、甲羟孕酮、乙酸甲地孕酮、孕酮、甲羟孕酮乙酸酯、乙酸氯地孕酮、曲安西龙、醛固酮、泼尼松、可的松、氢化可的松、泼尼松龙、氟米松、地塞米松、乙酸氟氢可的松、甲基泼尼松龙、倍氯米松、曲安奈德、氟轻松、氟米龙、布地奈德、丙酸氯倍他索，纯度均大于97%。物质英文名称及CAS号见附录A。

4.13 同位素内标：炔诺孕酮-d_6、孕酮-d_9、甲地孕酮乙酸酯-d_3、甲羟孕酮-d_3、美仑孕酮-d_3、炔诺酮-$^{13}C_2$、氯睾酮乙酸酯-d_3、氯睾酮-d_3、16β-羟基司坦唑醇-d_3、甲睾酮-d_3、勃地龙-d_3、氢化可的松-d_3、睾酮-$^{13}C_2$、雌酮-d_2、雌二醇-$^{13}C_2$、己烯雌酚-d_6、己二烯雌酚-d_2、己烷雌酚-d_4，物质英文名称见附录B。

4.14 标准储备液：分别准确称取10.0 mg的标准品及内标于10 mL容量瓶中，用甲醇溶解并定容至刻度制成1.0 mg/mL标准储备液，−18℃以下保存，标准储备液在12个月内稳定。

4.15 混合内标工作液：用甲醇将各标准储备溶液配制成浓度为100 μg/L的混合内标工作液。

4.16 混合标准工作液：根据需要，用甲醇-水溶液(4.9)将各标准储备溶液配制为适当浓度(0.5，1，2，5，10，20和40 μg/L，其中炔诺酮、表雄酮、布地奈德、17β-羟基雄烷-3-酮、氟米龙、氟甲睾酮为其他化合物浓度的5倍)，标准工作溶液中含各内标浓度为10 μg/L。

4.17 ENVI-Carb固相萃取柱(500 mg，6 mL)或相当者，使用前依次用6 mL二氯甲烷-甲醇溶液(4.10)、6 mL甲醇、6 mL水活化。

4.18 氨基固相萃取柱(500 mg，6 mL)，使用前用6 mL二氯甲烷-甲醇溶液(4.10)活化。

5 仪器

5.1 液相色谱-串联四极杆质谱仪：配有电喷雾离子源。

5.2 电子天平：感量为0.000 1 g和0.01 g。

5.3 组织匀浆机。

5.4 涡旋混合器。

5.5 恒温振荡器。

5.6 超声清洗仪。

5.7 离心机：10 000 r/min。

5.8 固相萃取装置。

5.9 氮吹仪。

5.10 pH计。

5.11 移液器。

6 试样制备

6.1 动物肌肉、肝脏、虾

从所取全部样品中取出有代表性样品约500 g，剔除筋膜，虾去除头和壳。用组织捣碎机充分捣碎均匀，均分成两份，分别装入洁净容器中，密封，并标明标记，于−18℃以下冷冻存放。

6.2 牛奶

从所取全部样品中取出有代表性样品约500 g，充分摇匀，均分成两份，分别装入洁净容器中，密封，并标明标记，于0℃～4℃以下冷藏存放。

6.3 鸡蛋

从所取全部样品中取出有代表性样品约500 g，去壳后用组织捣碎机充分搅拌均匀，均分成两份，分别装入洁净容器中，密封，并标明标记，于0℃～4℃以下冷藏存放。

注：制样操作过程中应防止样品被污染或其中的残留物发生变化。

7 分析步骤

7.1 提取

称取5 g试样(精确至0.01 g)于50 mL具塞塑料离心管中，准确加入内标溶液(4.15)100 μL和10 mL乙酸-乙酸钠缓冲溶液(4.8)，涡旋混匀，再加入β-葡萄糖醛酸酶/芳香基硫酸酯酶溶液100 μL，于37℃±1℃振荡酶解12 h。取出冷却至室温，加入25 mL甲醇超声提取30 min，0℃～4℃下

10 000 r/min离心 10 min。将上清液转入洁净烧杯，加水 100 mL，混匀后待净化。

7.2 净化

提取液(7.1)以 2 mL/min～3 mL/min 的速度上样于活化过的 ENVI-Carb 固相萃取柱(4.17)。将小柱减压抽干。再将活化好的氨基柱串接在 ENVI-Carb 固相萃取柱下方。用 6 mL 二氯甲烷-甲醇溶液(4.10)洗脱并收集洗脱液，取下 ENVI-Carb 小柱，再用 2 mL 二氯甲烷-甲醇溶液(4.10)洗氨基柱，洗脱液在微弱的氮气流下吹干，用 1 mL 甲醇-水溶液(4.9)溶解残渣，供仪器测定。

8 测定

8.1 雄激素、孕激素、皮质醇激素测定

8.1.1 液相色谱条件

a) 色谱柱：ACQUITY UPLC™ BEH C_{18} 柱，2.1 mm(内径)×100 mm，1.7 μm，或相当者。

b) 流动相：A，0.1%甲酸水溶液(4.11)；B，甲醇。梯度淋洗，参考梯度条件参见表 C.1。

c) 流速：0.3 mL/min。

d) 柱温：40℃。

e) 进样量：10 μL。

8.1.2 雄激素、孕激素测定参考质谱条件

a) 电离源：电喷雾正离子模式。

b) 毛细管电压：3.5 kV。

c) 源温度：100℃。

d) 脱溶剂气温度：450℃。

e) 脱溶剂气流量：700 L/h。

f) 碰撞室压力：0.31 Pa(3.1×10^{-3} mbar)。

g) 雄激素、孕激素的特征离子参见表 D.1 和表 D.2。

8.1.3 皮质醇激素测定参考质谱条件

a) 电离源：电喷雾负离子模式。

b) 毛细管电压：3.0 kV。

c) 源温度：100℃。

d) 脱溶剂气温度：450℃。

e) 脱溶剂气流量：700 L/h。

f) 碰撞室压力：0.31 Pa(3.1×10^{-3} mbar)。

g) 皮质醇激素的特征离子参见表 D.3。

8.2 雌激素测定

8.2.1 雌激素测定液相色谱条件

a) 色谱柱：ACQUITY UPLC™ BEH C_{18} 柱，2.1 mm(内径)×100 mm，1.7 μm，或相当者。

b) 流动相：A，水；B，乙腈。梯度洗脱，参考梯度条件参见表 C.2。

c) 流速：0.3 mL/min。

d) 柱温：40℃。

e) 进样量：10 μL。

8.2.2 雌激素测定质谱条件

a) 电离源：电喷雾负离子模式。

b) 毛细管电压：3.0 kV。

c) 源温度：100℃。

d) 脱溶剂气温度：450℃。

e) 脱溶剂气流量:700 L/h。

f) 碰撞室压力:0.31 Pa(3.1×10^{-3} mbar)。

g) 雌激素的特征离子参见表 D.4。

9 定性

各测定目标化合物的定性以保留时间和与两对离子(特征离子对/定量离子对)所对应的 LC-MS/MS 色谱峰相对丰度进行。要求被测试样中目标化合物的保留时间与标准溶液中目标化合物的保留时间一致,同时被测试样中目标化合物的两对离子对应的 LC-MS/MS 色谱峰丰度比与标准溶液中目标化合物的色谱峰丰度比一致,允许的偏差见表 1。

表 1 定性测定时相对离子丰度的最大允许偏差

相对离子丰度	>50%	>20%至 50%	>10%至 20%	≤10%
允许的相对偏差	±20%	±25%	±30%	±50%

10 定量

本标准采用内标法定量。各物质对应内标见表 A.1。

每次测定前配制标准系列(4.14),按浓度由小到大的顺序,依次上机测定,得到目标物浓度与峰面积比的工作曲线。标准溶液的液相色谱-质谱/质谱多反应监测(MRM)色谱图参见图 E.1。

11 计算

按式(1)计算试样中检测目标物残留量(μg/kg):

$$X_i = \frac{c_{si} \times V}{m} \qquad \cdots\cdots(1)$$

式中:

X_i——试样中检测目标化合物残留量,单位为微克每千克(μg/kg);

c_{si}——由回归曲线计算得到的上机试样溶液中目标化合物含量,单位为微克每升(μg/L);

V——浓缩至干后试样的定容体积,单位为毫升(mL);

m——试样的质量,单位为克(g)。

12 测定低限和回收率

按能够准确确认的目标化合物浓度来估计各目标化合物在不同样品基质的检出限,样品基质、取样量、进样量、色谱分离状况、电噪声水平以及仪器灵敏度均可能对样品检出限造成影响,因此噪声水平应从实际样品谱图中获取。当某目标化合物的结果报告未检出时应同时报告样品检出限。

采用上述方法,50 种激素在不同基质中的测定低限为 0.4 μg/kg ~2.0 μg/kg(参见表 F.1)。各化合物的加标回收率在 75.2%~121.8%之间,相对标准偏差为 2.4%~20.8%(参见表 G.1 和表 G.2)。

附 录 A
（规范性附录）
50 种激素物质的英文名称、CAS 号及对应的内标物质

表 A.1 50 种激素物质的英文名称、CAS 号及对应的内标物质

化 合 物	英 文 名	CAS 号	内 标 物 质
去甲雄烯二酮	19-nor-4-androstene-3,17-dione	734-32-7	勃地酮-d_3
群勃龙	trenbolone	10161-33-8	勃地酮-d_3
勃地酮	boldenone	846-48-0	勃地酮-d_3
氟甲睾酮	fluoxymesterone	76-43-7	勃地酮-d_3
诺龙	nandrolone	434-22-0	勃地酮-d_3
雄烯二酮	4-androstene-3,17-dione	734-32-7	睾酮-$^{13}C_2$
美雄酮	methandrostenolone	72-63-9	睾酮-$^{13}C_2$
睾酮	testosterone	58-22-0	睾酮-$^{13}C_2$
普拉雄酮	dehydroepiandrosterone	53-43-0	睾酮-$^{13}C_2$
甲睾酮	methyltestosterone	5858-18-4	甲睾酮-d_3
异睾酮	testostrone	—	睾酮-$^{13}C_2$
美雄醇	methylandrostenediol	521-10-8	甲睾酮-d_3
表雄酮	epiandrosterone	481-29-8	甲睾酮-d_3
康力龙	stanozolol	10418-03-8	16β-羟基司坦唑醇-d_3
17β-羟基雄烷-3-酮	5α-androstan-17β-ol-3-one	521-18-6	氯睾酮-d_3
美睾酮	mesterolone	1424-00-6	氯睾酮-d_3
达那唑	danazol	17230-88-5	氯睾酮乙酸酯-d_3
美雄诺龙	mestanolone	521-11-9	氯睾酮乙酸酯-d_3
炔诺酮	19-norethindrone	68-22-4	炔诺酮-$^{13}C_2$
21α-羟基孕酮	21α-hydroxyprogesterone	64-85-7	美仑孕酮-d_3
17α-羟基孕酮	17α-hydroxyprogesterone	68-96-2	美仑孕酮-d_3
甲基炔酮	D-(-)-norgestrel	797-63-7	炔诺孕酮-d_6
甲羟孕酮	medroxyprogesterone	520-85-4	甲羟孕酮-d_3
乙酸甲地孕酮	megestrol acetate	595-33-5	甲地孕酮乙酸酯-d_3
乙酸氯地孕酮	chlormadinone acetate	302-22-7	甲地孕酮乙酸酯-d_3
孕酮	progesterone	57-83-0	孕酮-d_9
甲羟孕酮乙酸酯	medroxyprogesterone	71-58-9	甲地孕酮乙酸酯-d_3
曲安西龙	triamcinolone	124-94-7	氢化可的松-d_3
醛固酮	aldosterone	52-39-1	氢化可的松-d_3
泼尼松	prednisone	53-03-2	氢化可的松-d_3
可的松	cortisone	53-06-5	氢化可的松-d_3

表 A.1（续）

化合物	英文名	CAS号	内标物质
氢化可的松	cortisol	50-23-7	氢化可的松-d_3
泼尼松龙	prednisolone	50-24-8	氢化可的松-d_3
氟米松	flumethasone	2135-17-3	氢化可的松-d_3
地塞米松	dexanethasone	50-02-2	氢化可的松-d_3
乙酸氟氢可的松	fludro cortisone acetate	514-36-3	氢化可的松-d_3
甲基泼尼松龙	methylprednisolone	83-43-2	氢化可的松-d_3
倍氯米松	beclomethasone	4419-39-0	氢化可的松-d_3
曲安奈德	triamcinolone acetonide	76-25-5	氢化可的松-d_3
氟轻松	fluocinolone acetonide	67-73-2	氢化可的松-d_3
氟米龙	fluormetholone	426-13-1	氢化可的松-d_3
布地奈德	budesonide	51333-22-3	氢化可的松-d_3
丙酸氯倍他索	clobetasol propionate	25122-46-7	氢化可的松-d_3
雌三醇	estradiol	50-27-1	雌二醇-$^{13}C_2$
雌二醇	estriol	50-28-2	雌二醇-$^{13}C_2$
炔雌醇	ethinylestradiol	57-63-6	雌酮-d_2
雌酮	estrone	53-16-7	雌酮-d_2
己烯雌酚	diethylstilbestrol	6898-97-1	己烯雌酚-d_6
己烷雌酚	hexestrol	84-16-2	己二烯雌酚-d_2
己二烯雌酚	dienestrol	84-17-3	己烷雌酚-d_4

附　录　B
（规范性附录）
18 种内标物质的英文名称

表 B.1　18 种内标物质的英文名称

化　合　物	英　文　名
炔诺孕酮-d_6	norgestrel-d_6
孕酮-d_9	progesterone-d_9
甲地孕酮乙酸酯 d_3	megestrol-d_3 acetate
甲羟孕酮-d_3	medroxyprogesterone-d_3
美仑孕酮-d_3	melengestrol-d_3
炔诺酮-$^{13}C_2$	northindrone-ethynyl-$^{13}C_2$
氯睾酮乙酸酯-d_3	chlortestosterone acetate-d_3
氯睾酮-d_3	chlortestosterone-d_3
16β-羟基司坦唑醇-d_3	16β-hydroxy-stanozolol-d_3
甲睾酮-d_3	methyltestosterone-d_3
勃地酮-d_3	17β-boldenone-d_3
氢化可的松-d_3	cortisol-d_3
睾酮-$^{13}C_2$	testosterone-3,4-$^{13}C_2$
雌酮-d_2	estrone-2,4-d_2
雌二醇-$^{13}C_2$	estradiol-3,4-$^{13}C_2$
己烯雌酚-d_6	diethylstilbestrol-d_6
己二烯雌酚-d_2	dienestrol-d_2
己烷雌酚-d_4	hexestrol-d_4

附　录　C
（资料性附录）
参考液相色谱条件

表 C.1　雄激素、孕激素、皮质醇激素参考液相色谱条件

时间/min	A/%	B/%
0	50	50
8	36	64
11	16	84
12.5	0	100
14.5	0	100
15	50	50
17	50	50

表 C.2　雌激素参考液相色谱条件

时间/min	A/%	B/%
0	65	35
4	50	50
4.5	0	100
5.5	0	100
5.6	65	35
9	65	35

附 录 D
（资料性附录）
参考质谱条件[1)]

表 D.1 雄激素参考质谱条件

化合物	保留时间/min	母离子(m/z)	锥孔电压/V	子离子(m/z)	碰撞能量/eV
去甲雄烯二酮	4.28	273.4	42	108.9[a] 197.3	25 18
群勃龙	4.41	271.4	33	253.3[a] 199.3	18 24
勃地酮	4.80	287.6	22	121.0[a] 135	22 15
氟甲睾酮	4.87	337.7	33	241.0[a] 131.0	22 30
诺龙	5.18	275.6	35	109.1[a] 257.4	26 15
雄烯二酮	5.25	287.6	25	96.9[a] 108.9	20 23
美雄酮	5.58	301.0	22	149.0[a] 121.0	15 26
睾酮	6.22	289.4	38	97.1[a] 109.1	22 20
普拉雄酮	6.92	289.5	13	271.0[a] 253.1	10 10
甲睾酮	7.35	303.5	20	109.1[a] 97.1	27 25
异睾酮	7.40	289.3	30	187.0[a] 205.1	18 15
美雄醇	7.60	287.4	16	269.1[a] 159.1	11 21
表雄酮	7.86	291.4	15	273.5[a] 255.2	16 8
康力龙	8.29	329.5	60	81.1[a] 91.1	42 40
17β-羟基雄烷-3-酮	8.32	291.5	25	159.1[a] 255.1	20 15
美睾酮	9.25	305.7	35	269.3[a] 173.1	16 20

1) 非商业性声明：附录 D 所列参考质谱条件是在 Micromass-Quattro Premier XE 质谱仪上完成的，此处列出试验用仪器型号仅为提供参考，并不涉及商业目的，鼓励标准使用者尝试不同厂家或型号的仪器。

表 D.1（续）

化合物	保留时间/min	母离子(m/z)	锥孔电压/V	子离子(m/z)	碰撞能量/eV
达那唑	10.37	338.7	33	120.0[a] 148.0	29 25
美雄诺龙	9.60	305.6	33	269.0[a] 229.2	16 19
氯睾酮乙酸酯-d_3	11.51	368.4	35	143[a]	24
氯睾酮-d_3	8.03	326.3	35	142.8[a]	23
16β-羟基司坦唑醇-d_3	4.41	348.4	52	81[a]	30
甲睾酮-d_3	7.26	306.4	24	109[a]	26
勃地酮-d_3	4.76	290.1	22	121[a]	22
睾酮-$^{13}C_2$	6.20	291.4	38	111.2[a]	22
注：对不同质谱仪器，仪器参数可能存在差异，测定前应将质谱参数优化到最佳。					
[a] 为定量离子。					

表 D.2 孕激素参考质谱条件

化合物	保留时间/min	母离子(m/z)	锥孔电压/V	子离子(m/z)	碰撞能量/eV
炔诺酮	5.39	299.3	35	109.1[a] 231.4	27 17
21α-羟基孕酮	5.89	331.5	35	96.9[a] 108.9	21 21
17α-羟基孕酮	6.75	331.5	35	96.9[a] 108.9	22 22
甲基炔诺酮	7.20	313.4	38	108.9[a] 245.4	26 20
甲羟孕酮	8.71	345.5	35	123.0[a] 97.0	24 24
乙酸甲地孕酮	8.99	385.5	30	267.3[a] 325.6	16 16
乙酸氯地孕酮	9.25	405.4	28	345.6[a] 309.6	12 16
孕酮	9.57	315.5	35	97.0[a] 297.5	20 35
甲羟孕酮乙酸酯	9.45	387.5	30	327.3[a] 285.4	16 16
炔诺孕酮-d_6	7.11	319.4	35	251.4[a]	21
孕酮-d_9	9.45	324.6	35	100[a]	20
甲地孕酮乙酸酯-d_3	8.94	388.4	30	270.7[a]	18
甲羟孕酮-d_3	8.65	348.5	35	126.1[a]	24
美仑孕酮-d_3	7.11	358.5	36	282.1[a]	23
炔诺酮-$^{13}C_2$	5.36	301.5	35	231.5[a]	25
注：对不同质谱仪器，仪器参数可能存在差异，测定前应将质谱参数优化到最佳。					
[a] 为定量离子。					

表 D.3 皮质醇激素参考质谱条件

化合物	保留时间/min	母离子(m/z)	锥孔电压/kV	子离子(m/z)	碰撞能量/eV
曲安西龙	1.32	439.3	25	363.0[a] 329.9	14 10
醛固酮	2.17	405.3	26	359.3[a] 331.4	10 22
泼尼松	2.36	403.7	18	327.5[a] 357.2	14 9
可的松	2.49	405.6	19	329.5[a] 359.4	16 16
氢化可的松	2.92	407.5	25	331.5[a] 361.7	16 13
泼尼松龙	2.92	405.4	26	329.5[a] 359.4	26 16
氟米松	3.62	455.4	22	379.7[a] 409.2	18 12
地塞米松	3.96	437.4	30	361.5[a] 391.3	16 12
乙酸氟氢可的松	4.08	467.4	20	421.2[a] 349.0	12 24
甲基泼尼松龙	4.24	419.7	20	343.6[a] 373.3	19 12
倍氯米松	4.24	453.3	20	377.3[a] 407.3	15 12
曲安奈德	4.21	479.4	25	413.3[a] 337.6	25 19
氟轻松	4.32	497.4	25	431.5[a] 355.4	20 20
氟米龙	4.70	421.4	20	355.4[a] 254.6	16 25
布地奈德	7.71	475.1	22	357.3[a] 339.3	14 18
丙酸氯倍他索	8.99	511.4	25	465.4[a] 429.4	13 18
氢化可的松-d_3	2.94	410.5	25	334.5[a]	16

注：对不同质谱仪器，仪器参数可能存在差异，测定前应将质谱参数优化到最佳。

[a] 为定量离子。

表 D.4 雌激素参考质谱条件

化合物	保留时间/ min	母离子 (m/z)	锥孔电压/ V	子离子 (m/z)	碰撞能量/ eV
雌三醇	1.39	287.3	56	145.2[a] 171.1	44 47
雌二醇	3.27	271.4	45	183.1[a] 145.2	40 45
炔雌醇	3.89	295.4	45	145.2[a] 159.2	41 35
雌酮	4.13	269.4	49	145.2[a] 159.2	41 41
己烯雌酚	4.68	267.3	43	251.3[a] 237.3	25 28
己烷雌酚	4.97	269.5	30	133.9[a] 119.1	16 40
己二烯雌酚	4.95	265.2	40	92.9[a] 171.2	25 25
雌酮-d_2	4.11	271.4	49	147.2[a]	41
雌二醇-$^{13}C_2$	3.28	273.2	45	147.1[a]	40
己烯雌酚-d_6	4.65	273.3	30	136.1[a]	25
己二烯雌酚-d_2	4.95	267.3	43	92.8[a]	25
己烷雌酚-d_4	4.95	273.3	30	136.1[a]	20

注：对不同质谱仪器，仪器参数可能存在差异，测定前应将质谱参数优化到最佳。

[a] 为定量离子。

附　录　E
（资料性附录）
标准物质的 MRM 谱图

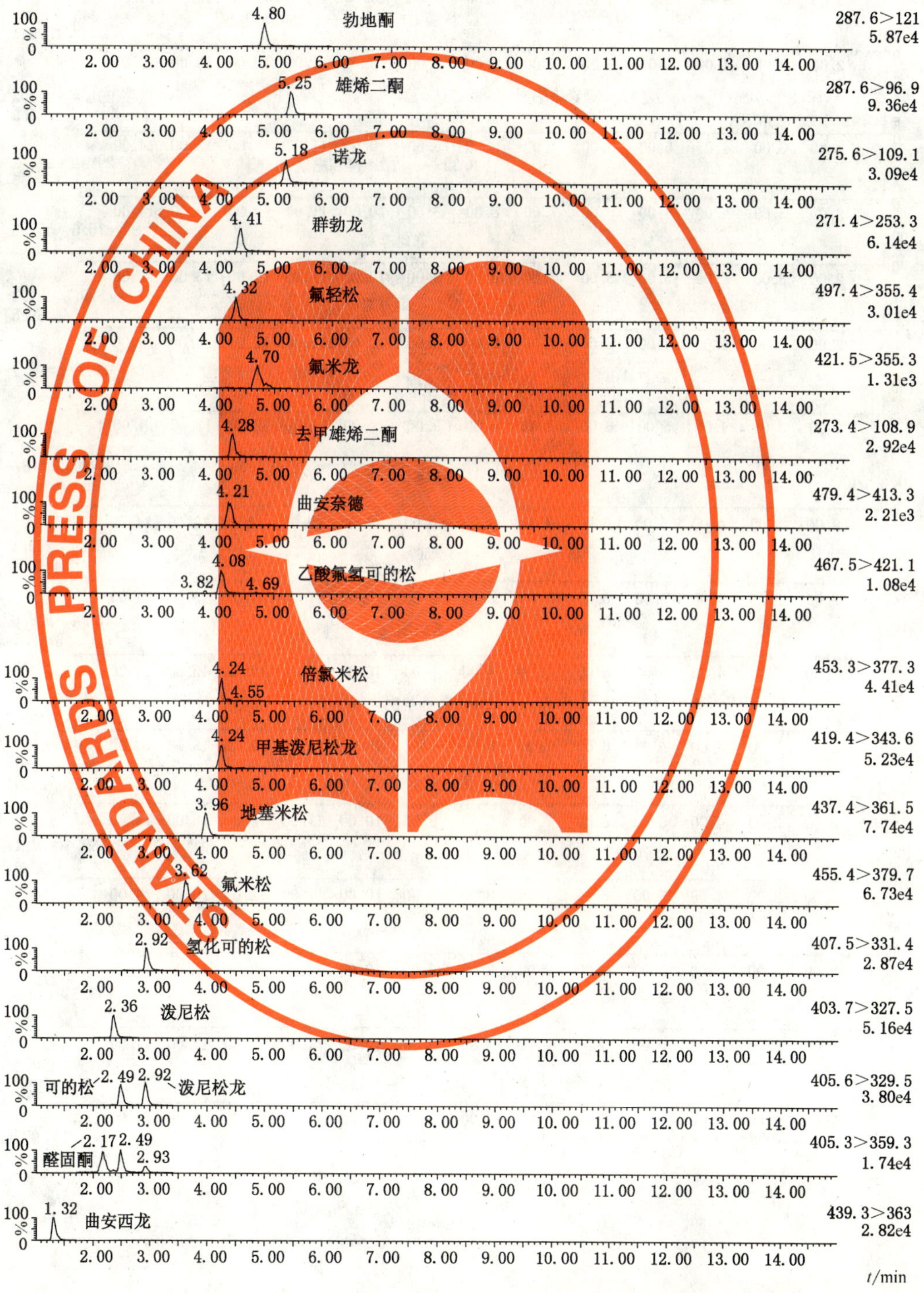

图 E.1　激素混合标准溶液多反应监测(MRM)色谱图

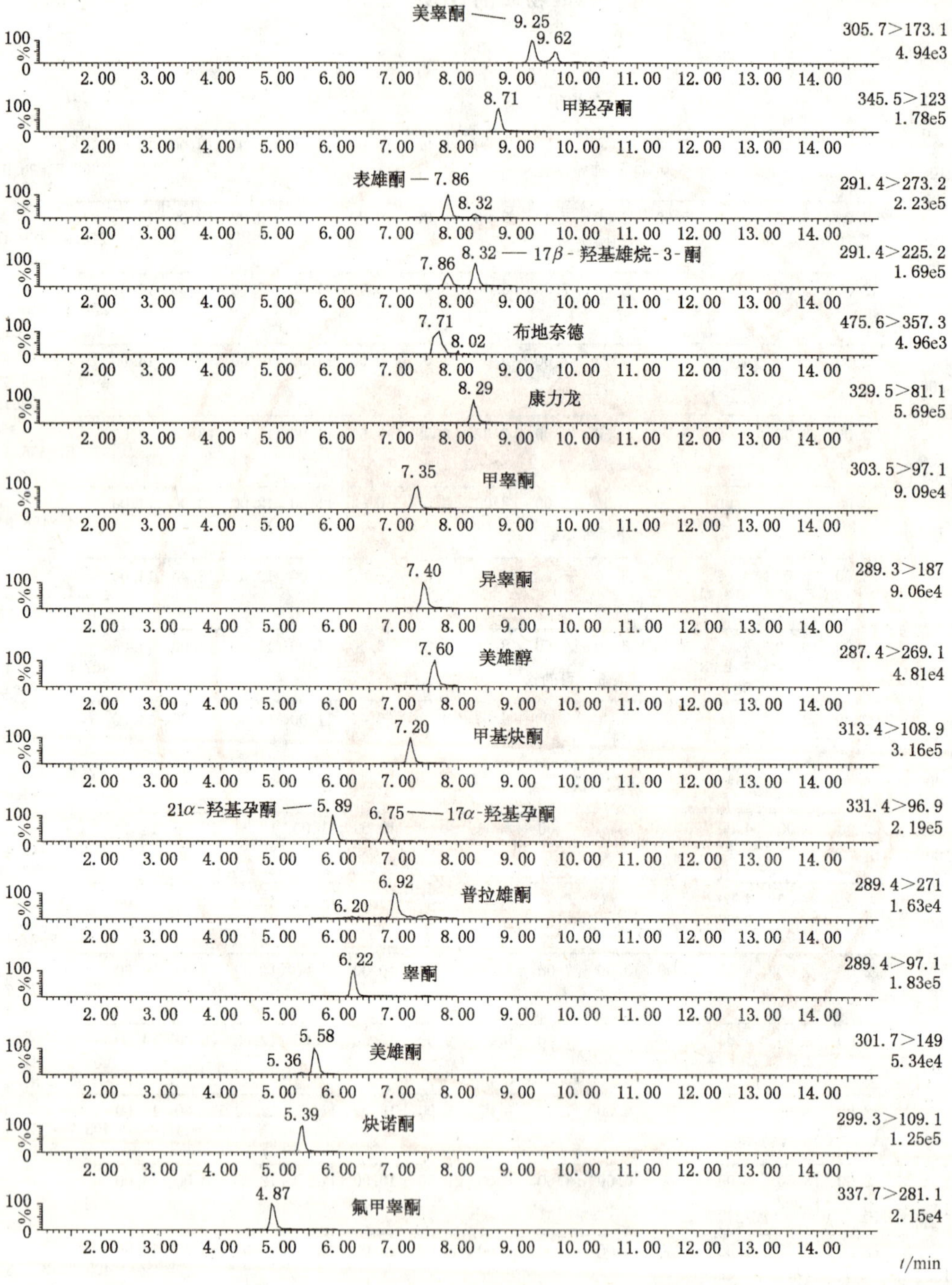
美睾酮 — 9.25
9.62
305.7>173.1
4.94e3
8.71
甲羟孕酮
345.5>123
1.78e5
表雄酮 — 7.86
8.32
291.4>273.2
2.23e5
7.86
8.32 — 17β-羟基雄烷-3-酮
291.4>225.2
1.69e5
7.71
8.02
布地奈德
475.6>357.3
4.96e3
8.29
康力龙
329.5>81.1
5.69e5
7.35
甲睾酮
303.5>97.1
9.09e4
7.40
异睾酮
289.3>187
9.06e4
7.60
美雄醇
287.4>269.1
4.81e4
7.20
甲基炔酮
313.4>108.9
3.16e5
21α-羟基孕酮 — 5.89
6.75 — 17α-羟基孕酮
331.4>96.9
2.19e5
6.92
6.20
普拉雄酮
289.4>271
1.63e4
6.22
睾酮
289.4>97.1
1.83e5
5.58
5.36
美雄酮
301.7>149
5.34e4
5.39
炔诺酮
299.3>109.1
1.25e5
4.87
氟甲睾酮
337.7>281.1
2.15e4
100
%
0
2.00 3.00 4.00 5.00 6.00 7.00 8.00 9.00 10.00 11.00 12.00 13.00 14.00
t/min

图 E.1（续）

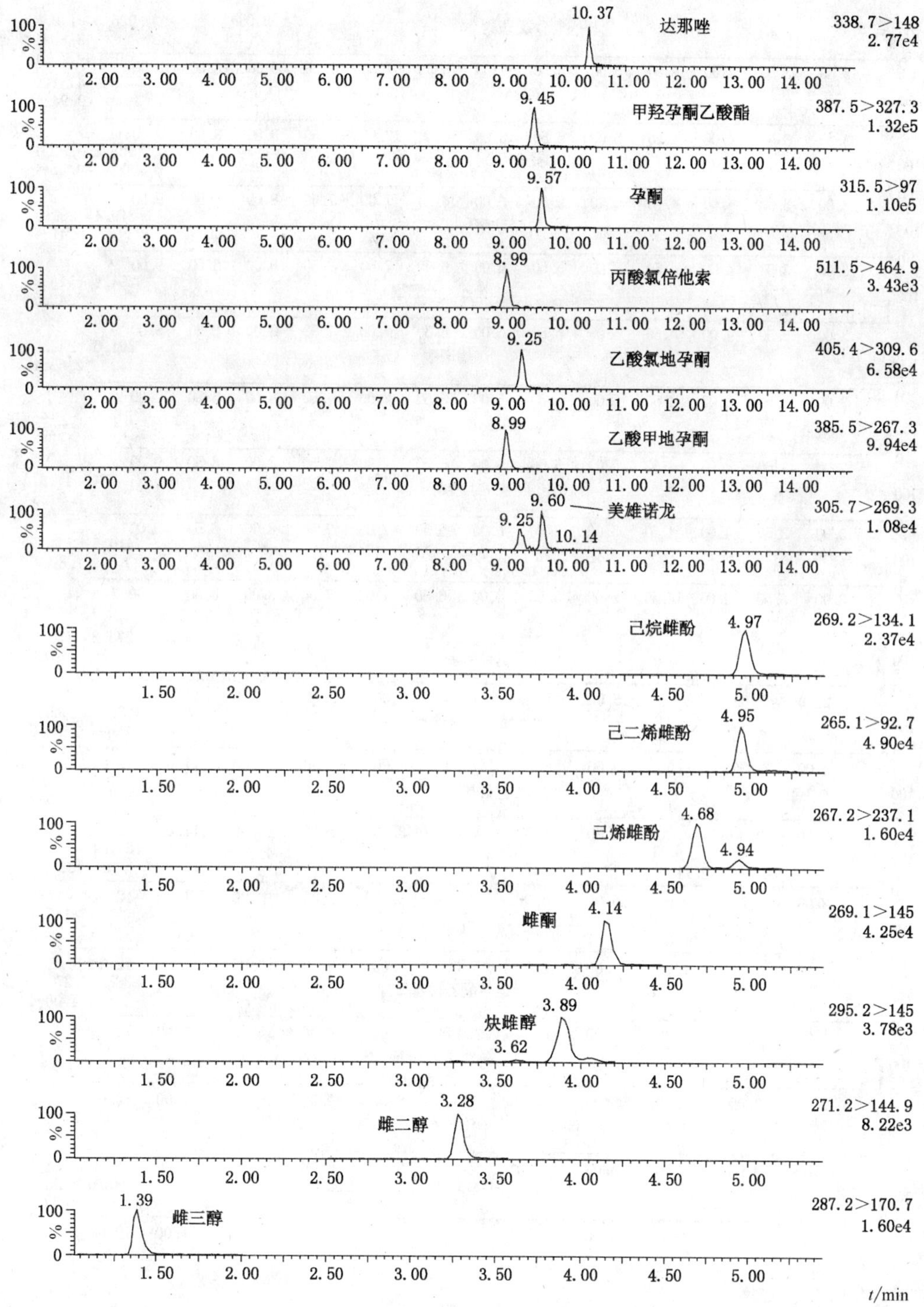
达那唑
10.37
338.7>148
2.77e4
甲羟孕酮乙酸酯
9.45
387.5>327.3
1.32e5
孕酮
9.57
315.5>97
1.10e5
丙酸氯倍他索
8.99
511.5>464.9
3.43e3
乙酸氯地孕酮
9.25
405.4>309.6
6.58e4
乙酸甲地孕酮
8.99
385.5>267.3
9.94e4
美雄诺龙
9.60
9.25
10.14
305.7>269.3
1.08e4
己烷雌酚
4.97
269.2>134.1
2.37e4
己二烯雌酚
4.95
265.1>92.7
4.90e4
己烯雌酚
4.68
4.94
267.2>237.1
1.60e4
雌酮
4.14
269.1>145
4.25e4
炔雌醇
3.89
3.62
295.2>145
3.78e3
雌二醇
3.28
271.2>144.9
8.22e3
雌三醇
1.39
287.2>170.7
1.60e4
t/min

图 E.1（续）

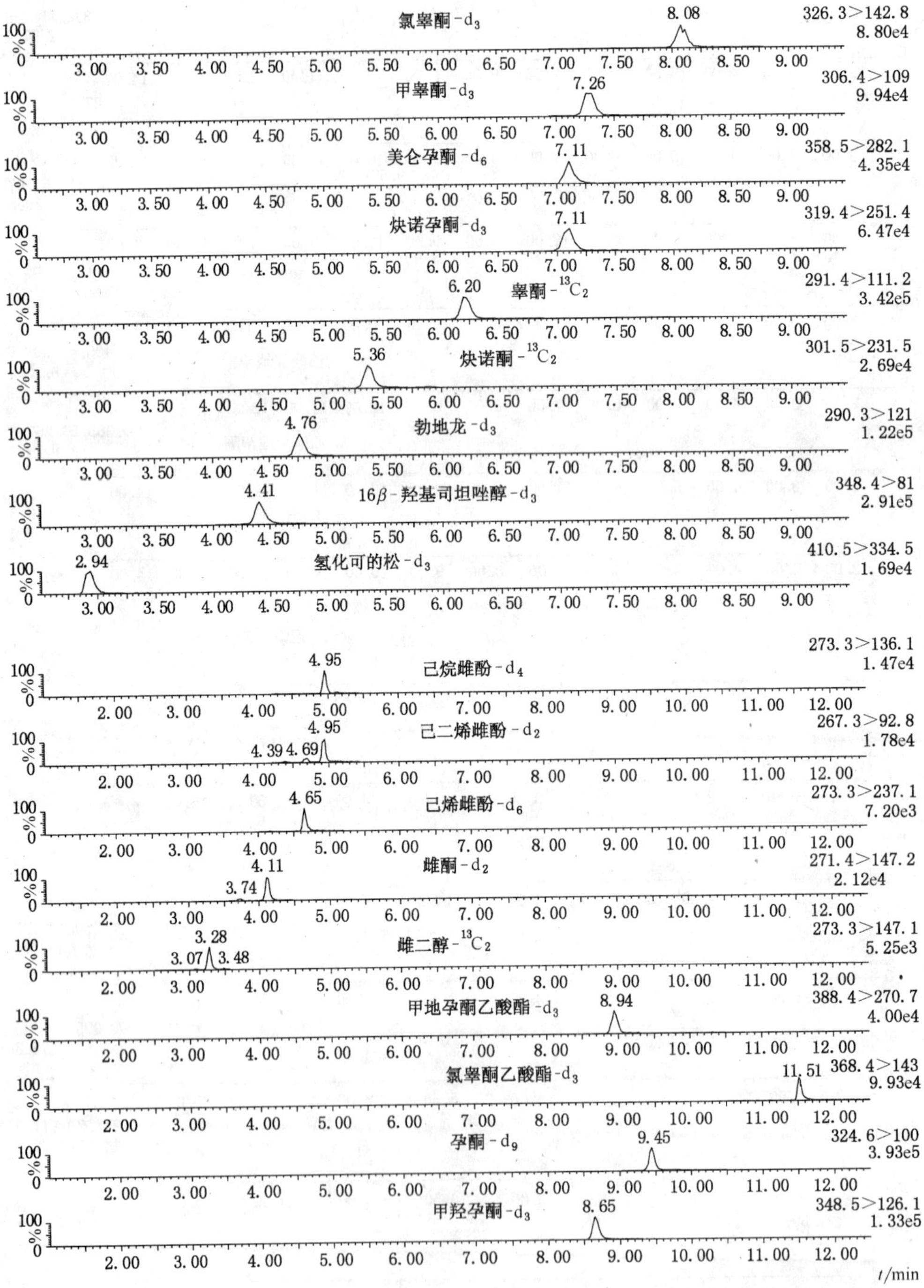

氯睾酮-d3
8.08
326.3>142.8
8.80e4
甲睾酮-d3
7.26
306.4>109
9.94e4
美仑孕酮-d6
7.11
358.5>282.1
4.35e4
炔诺孕酮-d3
7.11
319.4>251.4
6.47e4
睾酮-13C2
6.20
291.4>111.2
3.42e5
炔诺酮-13C2
5.36
301.5>231.5
2.69e4
勃地龙-d3
4.76
290.3>121
1.22e5
16β-羟基司坦唑醇-d3
4.41
348.4>81
2.91e5
氢化可的松-d3
2.94
410.5>334.5
1.69e4
己烷雌酚-d4
4.95
273.3>136.1
1.47e4
己二烯雌酚-d2
4.95
4.39
4.69
267.3>92.8
1.78e4
己烯雌酚-d6
4.65
273.3>237.1
7.20e3
雌酮-d2
4.11
3.74
271.4>147.2
2.12e4
雌二醇-13C2
3.28
3.07
3.48
273.3>147.1
5.25e3
甲地孕酮乙酸酯-d3
8.94
388.4>270.7
4.00e4
氯睾酮乙酸酯-d3
11.51
368.4>143
9.93e4
孕酮-d9
9.45
324.6>100
3.93e5
甲羟孕酮-d3
8.65
348.5>126.1
1.33e5
100
%
0
t/min

图 E.1（续）

附 录 F
（资料性附录）
50种激素的测定低限

表 F.1 50种激素的测定低限(LOQ)

化 合 物	LOQ/(μg/kg)	化 合 物	LOQ/(μg/kg)
去甲雄烯二酮	1.0	孕酮	0.4
群勃龙	1.0	甲羟孕酮乙酸酯	1.0
宝丹酮	2.0	曲安西龙	0.4
氟甲睾酮	2.0	醛固酮	1.0
诺龙	1.0	泼尼松	0.4
雄烯二酮	0.4	可的松	0.4
美雄酮	1.0	氢化可的松	0.4
睾酮	0.4	泼尼松龙	0.4
普拉雄酮	2.0	氟米松	0.4
甲睾酮	0.4	地塞米松	0.4
异睾酮	1.0	乙酸氟氢可的松	1.0
美雄醇	2.0	甲基泼尼松龙	0.4
表雄酮	0.4	倍氯米松	0.4
康力龙	0.4	曲安奈德	1.0
17β-羟基雄烷-3-酮	2.0	氟轻松	1.0
美睾酮	2.0	氟米龙	2.0
达那唑	1.0	布地奈德	2.0
美雄诺龙	2.0	丙酸氯倍他索	2.0
炔诺酮	1.0	雌三醇	1.0
21α-羟基孕酮	0.4	雌二醇	1.0
17α-羟基孕酮	0.4	炔雌醇	1.0
甲基炔诺酮	2.0	雌酮	0.4
甲羟孕酮	0.4	已烯雌酚	0.4
乙酸甲地孕酮	1.0	已烷雌酚	0.4
乙酸氯地孕酮	1.0	已二烯雌酚	0.4

附 录 G
（资料性附录）
方法的加标回收率和相对标准偏差

表 G.1 50种激素在猪肝、猪肉、鸡肉和鸡蛋样品中的加标回收率和相对标准偏差(RSD)

化合物	添加水平/(μg/kg)	猪肝		猪肉		鸡肉		鸡蛋	
		回收率/%	RSD/%	回收率/%	RSD/%	回收率/%	RSD/%	回收率/%	RSD/%
去甲雄烯二酮	1.0	89.0	11.4	91.9	13.0	99.7	9.0	96.4	10.1
	2.0	103.2	9.8	92.3	16.1	99.4	7.4	94.5	12.3
	5.0	97.4	8.3	108.3	7.5	98.3	10.3	103.5	6.4
群勃龙	1.0	98.5	13.1	94.9	10.6	103.6	10.7	102.9	7.0
	2.0	108.4	5.9	112.0	10.3	104.8	11.8	99.7	9.8
	5.0	102.3	4.6	108.1	8.4	95.2	8.8	105.3	4.5
宝丹酮	2.0	89.0	11.4	95.4	6.8	105.9	8.9	99.9	8.7
	5.0	119.2	9.7	120.0	10.5	105.4	7.4	99.3	4.7
	10.0	108.0	6.9	104.0	7.9	109.8	11.6	105.6	5.9
氟甲睾酮	2.0	92.3	18.0	108.1	7.6	99.1	6.9	106.9	8.9
	5.0	102.3	9.5	111.0	11.1	118.0	8.1	105.4	12.0
	10.0	105.4	10.1	107.0	8.4	109.5	5.4	106.7	9.1
诺龙	1.0	102.4	9.2	109.5	7.6	102.3	4.3	116.8	7.2
	2.0	98.5	8.0	108.4	5.4	97.5	3.9	99.3	10.3
	5.0	106.1	7.3	95.9	4.8	103.0	6.2	101.8	3.7
雄烯二酮	1.0	107.9	9.1	96.4	4.0	109.0	5.7	98.3	8.6
	2.0	99.8	8.1	94.8	6.4	88.8	20.1	104.1	6.5
	5.0	103.6	9.4	95.8	5.2	99.7	10.5	104.6	2.7
美雄酮	1.0	89.0	6.4	108.7	9.9	98.5	11.2	109.7	6.7
	2.0	104.5	11.9	102.4	5.7	107.4	9.1	116.3	9.0
	5.0	94.7	7.4	107.3	6.1	93.6	9.5	105.1	8.6
睾酮	0.4	115.1	11.1	104.7	8.0	99.9	10.9	106.7	4.0
	1.0	92.5	20.8	105.5	7.0	109.2	5.6	120.0	9.8
	2.0	108.8	6.6	102.5	9.2	105.6	6.4	107.3	4.7
普拉雄酮	2.0	102.8	17.4	90.5	13.8	96.9	15.1	102.9	10.6
	5.0	108.0	9.8	114.0	5.2	108.4	10.2	120.0	8.3
	10.0	105.9	7.2	109.5	7.9	101.3	9.1	111.7	11.2

表 G.1（续）

化合物	添加水平/(μg/kg)	猪肝		猪肉		鸡肉		鸡蛋	
		回收率/%	RSD/%	回收率/%	RSD/%	回收率/%	RSD/%	回收率/%	RSD/%
甲睾酮	0.4	99.7	5.8	94.3	10.3	98.9	11.7	102.5	14.3
	1.0	104.8	9.5	101.0	10.5	102.3	11.4	96.7	8.3
	2.0	99.9	6.5	105.1	9.9	103.6	11.3	97.1	4.3
异睾酮	1.0	93.1	17.2	98.5	19.0	89.2	6.4	91.9	7.6
	2.0	99.1	12.0	103.7	8.6	108.5	8.3	102.1	8.7
	5.0	107.4	7.5	105.3	8.2	94.8	6.8	96.2	5.1
美雄醇	2.0	110.3	15.0	105.7	11.2	107.5	9.8	102.7	9.4
	5.0	102.4	19.0	109.2	10.3	105.8	13.5	98.6	13.3
	10.0	97.1	11.7	101.8	8.0	108.6	11.7	105.2	19.6
表雄酮	0.4	102.0	9.1	103.8	9.9	105.4	18.6	104.3	13.1
	1.0	102.3	18.4	85.4	15.2	105.8	12.4	103.3	15.8
	2.0	99.8	13.2	110.9	13.1	105.2	16.1	103.8	8.6
康力龙	0.4	109.5	4.1	105.7	9.5	103.8	6.9	104.3	6.4
	1.0	75.2	11.9	99.8	14.7	105.5	8.1	101.5	4.7
	2.0	109.2	18.0	111.9	13.5	95.5	12.3	95.0	15.0
17β-羟基雄烷-3-酮	2.0	107.5	8.0	100.7	5.0	111.2	13.8	101.5	16.1
	5.0	109.5	4.0	108.2	3.3	105.6	20.4	103.8	17.9
	10.0	117.4	13.8	101.6	19.9	118.4	12.0	98.3	15.7
美睾酮	2.0	116.8	5.1	121.8	9.6	92.2	11.9	98.6	13.0
	5.0	99.7	4.4	112.5	11.6	104.7	9.2	107.1	8.3
	10.0	105.4	7.5	110.2	10.7	105.9	6.6	106.5	9.1
达那唑	1.0	87.6	18.0	97.4	6.5	94.5	6.9	102.4	10.7
	2.0	98.5	9.5	105.9	5.4	101.0	8.0	101.2	8.5
	5.0	93.0	10.5	91.9	6.6	105.7	3.9	92.7	6.9
美雄诺龙	2.0	103.7	16.0	110.7	11.4	109.1	7.8	107.8	8.7
	5.0	116.9	8.0	114.0	9.7	114.1	7.2	100.0	11.3
	10.0	109.3	6.3	105.3	2.9	104.9	9.1	112.0	11.2
炔诺酮	1.0	85.9	14.1	87.7	12.8	91.3	8.4	93.2	8.6
	2.0	96.5	17.5	102.4	6.9	107.3	7.8	100.8	9.2
	5.0	90.7	7.2	95.2	7.0	93.9	10.8	106.5	4.6
21α-羟基孕酮	0.4	111.4	16.2	98.6	5.9	104.3	10.1	104.4	7.4
	1.0	100.9	16.4	102.5	11.3	99.1	12.3	94.6	11.3
	2.0	98.0	8.4	112.8	8.0	102.4	12.4	102.1	11.9

表 G.1（续）

化合物	添加水平/(μg/kg)	猪肝		猪肉		鸡肉		鸡蛋	
		回收率/%	RSD/%	回收率/%	RSD/%	回收率/%	RSD/%	回收率/%	RSD/%
17α-羟基孕酮	0.4	91.2	8.8	106.4	9.8	103.8	15.6	103.1	13.5
	1.0	101.9	12.4	95.2	13.1	103.4	17.2	101.9	13.9
	2.0	97.6	14.5	107.4	16.9	108.2	18.3	99.2	9.4
甲基炔诺酮	2.0	103.2	4.3	109.0	7.5	105.3	5.9	105.9	4.6
	5.0	76.3	8.8	82.4	15.6	103.8	7.4	99.6	5.3
	10.0	114.1	10.1	107.5	4.5	91.5	10.1	90.4	13.8
甲羟孕酮	0.4	109.8	15.1	111.2	6.5	96.0	9.8	103.1	14.0
	1.0	100.7	6.2	108.8	3.7	94.2	11.4	104.3	7.8
	2.0	106.8	3.5	108.9	7.0	101.5	5.3	116.1	12.5
乙酸甲地孕酮	1.0	112.2	3.9	111.6	12.1	113.0	5.3	109.9	6.6
	2.0	109.6	9.8	112.1	9.8	92.1	9.2	102.0	10.2
	5.0	107.4	8.1	116.0	7.7	105.8	5.9	98.1	4.8
乙酸氯地孕酮	1.0	87.5	16.3	97.1	15.3	97.8	2.6	108.8	11.2
	2.0	118.1	11.2	107.6	6.4	109.0	11.3	99.7	8.3
	5.0	94.9	8.0	93.6	10.3	106.3	6.1	103.5	7.8
孕酮	0.4	108.1	12.0	116.8	9.1	107.0	12.0	109.5	8.6
	1.0	120.3	9.1	127.9	10.3	111.7	7.5	106.6	4.4
	2.0	111.9	10.1	109.1	7.2	107.7	11.4	105.5	10.6
甲羟孕酮乙酸酯	1.0	99.8	8.9	107.8	11.8	98.6	9.1	100.7	9.6
	2.0	93.1	16.2	98.5	19.0	89.2	6.4	91.9	7.6
	5.0	94.5	8.3	95.3	9.9	102.0	5.9	97.5	8.5
曲安西龙	0.4	105.7	6.5	103.7	8.6	109.1	8.3	102.1	8.7
	1.0	118.0	4.0	104.3	10.0	107.5	6.5	102.7	9.4
	2.0	109.0	8.0	109.2	10.3	105.8	13.5	98.6	13.3
醛固酮	0.4	97.1	11.7	101.8	8.0	108.6	11.7	105.2	19.6
	1.0	85.0	15.2	95.6	16.7	87.3	7.6	92.1	9.6
	2.0	91.7	11.8	106.5	11.7	108.4	6.7	99.7	8.8
泼尼松	0.4	109.6	6.1	99.9	11.4	104.3	10.1	100.0	8.7
	1.0	85.1	10.4	101.9	18.6	104.7	11.2	95.7	9.1
	2.0	97.1	10.9	112.8	8.9	103.5	12.0	108.0	9.7
可的松	0.4	91.0	14.2	109.3	6.4	105.2	13.2	107.0	8.0
	1.0	106.5	15.5	97.5	11.5	104.2	6.2	101.9	9.2
	2.0	96.1	13.1	111.7	15.3	107.3	10.6	97.8	9.4

表 G.1（续）

化合物	添加水平/(μg/kg)	猪肝		猪肉		鸡肉		鸡蛋	
		回收率/%	RSD/%	回收率/%	RSD/%	回收率/%	RSD/%	回收率/%	RSD/%
氢化可的松	0.4	104.9	9.4	109.3	6.5	107.3	5.9	107.0	6.8
	1.0	76.9	11.4	84.9	9.6	107.1	7.4	99.6	5.3
	2.0	108.6	9.1	105.8	11.3	91.5	10.1	90.4	13.8
泼尼松龙	0.4	108.2	10.2	94.1	9.6	96.9	16.7	92.1	15.7
	1.0	118.8	17.2	113.5	16.6	112.5	13.0	99.9	15.3
	2.0	100.2	13.1	90.1	14.7	95.4	13.8	90.8	18.2
氟米松	0.4	114.4	11.2	106.8	6.5	105.1	11.2	100.9	15.6
	1.0	100.3	17.2	96.5	14.6	115.7	17.2	119.2	13.0
	2.0	111.0	6.2	109.9	7.5	97.1	10.8	92.6	18.3
地塞米松	0.4	95.2	13.1	110.4	13.6	109.5	12.3	104.8	10.9
	1.0	99.2	8.6	96.5	6.3	97.2	19.7	96.7	18.4
	2.0	101.5	16.1	101.2	12.2	116.3	15.6	110.1	11.1
乙酸氟氢可的松	0.4	98.6	10.2	100.8	5.7	118.9	16.1	108.9	12.2
	1.0	115.4	8.1	104.2	6.6	100.4	19.1	113.7	13.8
	2.0	120.6	7.8	115.6	8.6	101.8	11.7	89.1	9.4
甲基泼尼松龙	0.4	118.6	15.7	93.8	14.6	117.2	16.3	107.9	13.6
	1.0	116.7	13.0	103.3	13.9	89.5	12.7	97.4	6.5
	2.0	103.2	10.5	93.2	9.8	104.7	10.8	101.2	13.1
倍氯米松	0.4	116.2	16.1	114.6	7.8	90.8	15.6	92.1	9.8
	1.0	107.6	9.2	117.2	7.2	108.1	11.3	109.2	6.9
	2.0	104.6	7.5	116.5	11.3	103.2	5.5	105.5	4.1
曲安奈德	1.0	106.9	7.8	112.0	7.0	105.4	5.4	108.1	7.9
	2.0	99.9	18.0	104.8	9.8	98.9	8.0	102.3	9.4
	5.0	105.1	5.9	108.7	4.0	102.9	8.6	96.8	9.3
氟轻松	1.0	108.6	11.7	105.2	19.6	96.8	9.2	94.3	6.3
	2.0	105.4	18.6	104.3	13.1	104.0	9.4	102.6	10.2
	5.0	110.8	10.5	95.7	7.3	106.6	5.9	97.9	8.8
氟米龙	2.0	105.8	12.4	103.3	15.8	102.5	10.6	104.9	9.4
	5.0	105.2	16.1	103.8	8.6	100.8	11.3	96.8	5.6
	10.0	103.8	6.9	104.3	6.4	104.1	14.4	102.9	10.3
布地奈德	2.0	105.5	8.1	101.5	4.7	108.6	16.7	99.2	9.7
	5.0	95.5	12.3	95.0	15.0	104.8	18.2	108.4	11.7
	10.0	103.4	11.8	98.7	5.9	109.9	19.4	103.3	10.3

表 G.1(续)

化合物	添加水平/(μg/kg)	猪肝		猪肉		鸡肉		鸡蛋	
		回收率/%	RSD/%	回收率/%	RSD/%	回收率/%	RSD/%	回收率/%	RSD/%
丙酸氯倍他索	2.0	109.2	6.4	99.4	7.3	107.5	5.7	103.8	4.0
	5.0	108.1	5.4	104.7	9.4	100.1	8.1	96.4	5.8
	10.0	103.3	6.8	109.5	8.1	96.0	11.3	95.6	8.3
雌三醇	1.0	89.2	6.4	91.9	7.6	107.5	9.8	102.7	9.4
	2.0	108.5	8.3	102.1	8.7	105.8	13.5	98.6	13.3
	5.0	94.8	10.5	97.2	6.9	109.8	7.3	95.4	9.6
雌二醇	1.0	102.3	18.4	85.4	15.2	109.5	4.1	105.7	9.5
	2.0	99.8	13.2	110.9	13.1	81.3	17.9	99.8	14.7
	5.0	104.6	8.4	98.3	7.9	97.8	6.0	102.6	5.8
炔雌醇	1.0	87.6	14.0	91.9	11.4	95.9	8.0	99.4	8.5
	2.0	98.7	12.0	91.7	17.3	108.4	7.6	100.9	8.1
	5.0	95.7	8.4	99.5	4.7	98.1	9.0	105.3	6.8
雌酮	0.4	114.5	25.7	99.7	7.0	98.1	7.8	105.7	11.2
	1.0	105.9	19.0	102.3	11.9	103.1	10.5	109.9	9.1
	2.0	98.3	8.5	115.7	13.9	113.4	10.2	108.0	9.7
己烯雌酚	0.4	102.0	10.0	101.9	9.8	99.4	14.7	107.0	13.5
	1.0	98.2	17.7	85.3	18.6	105.6	15.0	100.9	9.5
	2.0	97.0	11.8	109.2	8.2	109.1	7.3	110.2	18.4
己烷雌酚	0.4	108.2	10.1	99.9	7.6	99.8	5.9	107.0	6.8
	1.0	87.8	10.3	85.7	15.3	103.8	8.4	108.2	10.7
	2.0	115.2	9.1	106.4	13.5	102.5	10.2	99.2	12.7
己二烯雌酚	0.4	93.1	27.2	98.5	19.0	102.4	19.0	109.2	10.3
	1.0	99.1	12.0	103.7	8.6	97.1	11.7	101.8	8.0
	2.0	110.3	15.0	105.7	11.2	102.0	9.1	103.8	9.9

表 G.2　50 种激素在牛肉、牛奶、虾中的加标回收率和相对标准偏差(RSD)

化合物	添加水平/(μg/kg)	牛肉		牛奶		虾	
		回收率/%	RSD/%	回收率/%	RSD/%	回收率/%	RSD/%
去甲雄烯二酮	1.0	77.7	11.0	84.3	7.6	81.5	8.6
	2.0	78.0	13.6	84.1	6.2	79.9	10.4
	5.0	94.5	8.1	105.1	7.3	95.4	10.0

表 G.2（续）

化合物	添加水平/(μg/kg)	牛肉		牛奶		虾	
		回收率/%	RSD/%	回收率/%	RSD/%	回收率/%	RSD/%
群勃龙	1.0	80.3	8.9	87.6	9.0	87.0	6.0
	2.0	94.7	8.7	88.6	10.0	84.3	8.3
	5.0	99.2	4.5	104.9	8.1	92.3	8.5
宝丹酮	2.0	80.6	5.8	89.6	7.5	84.4	7.3
	5.0	101.5	8.8	89.1	6.2	84.0	4.0
	10.0	87.9	6.7	92.8	9.8	89.3	5.0
氟甲睾酮	2.0	91.4	6.4	83.8	5.9	90.4	7.5
	5.0	93.8	9.4	99.8	6.9	89.1	10.1
	10.0	90.5	7.1	92.5	4.6	90.2	7.7
诺龙	1.0	92.5	6.4	86.5	3.6	98.8	6.0
	2.0	91.6	4.6	82.4	3.3	84.0	8.7
	5.0	102.9	7.1	93.0	4.7	99.9	6.0
雄烯二酮	1.0	81.5	3.3	92.2	4.8	83.1	7.3
	2.0	80.2	5.4	75.1	17.0	88.0	5.5
	5.0	100.5	9.1	92.9	5.0	96.7	10.2
美雄酮	1.0	91.9	8.4	83.2	9.5	92.7	5.7
	2.0	86.6	4.8	90.8	7.7	98.3	7.6
	5.0	91.9	7.2	104.1	5.9	90.8	9.2
睾酮	0.4	88.5	6.8	84.4	9.2	90.2	3.3
	1.0	89.2	6.0	92.3	4.7	101.5	8.3
	2.0	86.7	7.8	89.3	5.4	90.7	4.0
普拉雄酮	2.0	99.7	16.9	87.8	13.4	94.0	14.6
	5.0	96.3	4.4	91.6	8.6	101.5	7.0
	10.0	92.5	6.7	85.7	7.7	94.4	9.5
甲睾酮	0.4	79.7	8.7	83.6	9.9	86.7	12.1
	1.0	85.4	8.8	86.5	9.7	81.7	7.0
	2.0	88.8	8.4	87.6	9.6	82.1	3.6
异睾酮	1.0	83.2	16.1	75.4	5.4	77.7	6.4
	2.0	87.7	7.3	91.7	7.0	86.3	7.3
	5.0	104.2	7.3	102.1	8.0	92.0	6.6
美雄醇	2.0	89.4	9.5	90.9	8.3	86.9	7.9
	5.0	92.3	8.7	89.5	11.4	83.3	11.3
	10.0	86.0	6.8	91.8	9.9	88.9	16.6

表 G.2（续）

化合物	添加水平/(μg/kg)	牛肉		牛奶		虾	
		回收率/%	RSD/%	回收率/%	RSD/%	回收率/%	RSD/%
表雄酮	0.4	87.8	8.4	89.1	15.7	88.2	11.1
	1.0	72.2	12.8	89.5	10.5	87.3	13.4
	2.0	93.7	11.1	88.9	13.6	87.8	7.3
康力龙	0.4	89.4	8.0	87.8	5.9	88.2	5.4
	1.0	84.4	12.5	89.2	6.9	85.8	4.0
	2.0	94.6	11.4	80.7	10.4	80.4	12.6
17β-羟基雄烷-3-酮	2.0	85.1	4.2	94.0	11.6	85.8	22.0
	5.0	91.5	2.8	114.7	17.2	87.8	15.2
	10.0	85.9	16.8	100.1	10.1	83.1	13.3
美睾酮	2.0	103.0	8.1	77.9	10.0	83.3	11.0
	5.0	95.1	9.8	88.5	7.8	90.6	7.0
	10.0	93.2	9.0	89.6	5.6	90.0	7.7
达那唑	1.0	82.3	5.5	79.9	5.9	86.6	9.0
	2.0	89.6	4.6	85.4	6.8	85.6	7.2
	5.0	90.2	10.2	89.1	6.4	102.5	3.8
美雄诺龙	2.0	93.6	9.7	92.3	6.6	91.1	7.3
	5.0	96.3	8.2	96.4	6.0	84.5	9.6
	10.0	89.0	2.4	88.7	7.7	94.7	9.5
炔诺酮	1.0	74.1	10.8	77.2	7.1	78.8	7.3
	2.0	86.6	5.9	90.7	6.6	85.2	7.8
	5.0	88.0	7.0	92.3	6.8	91.1	10.5
21α-羟基孕酮	0.4	83.3	5.0	88.2	8.6	88.3	6.2
	1.0	86.7	9.6	83.8	10.4	80.0	9.6
	2.0	95.3	6.8	86.6	10.5	86.3	10.0
17α-羟基孕酮	0.4	89.9	8.3	87.8	13.2	87.1	11.4
	1.0	80.4	11.1	87.4	14.5	86.1	11.7
	2.0	90.8	14.3	91.5	15.4	83.9	7.9
甲基炔诺酮	2.0	92.2	6.3	89.0	5.0	89.6	3.9
	5.0	89.7	13.2	87.8	6.2	84.2	4.5
	10.0	90.9	20.7	77.4	8.6	76.4	11.6
甲羟孕酮	0.4	102.5	5.5	81.2	8.3	87.1	11.8
	1.0	92.0	3.2	105.0	9.7	105.1	6.6
	2.0	92.1	6.0	85.8	4.5	98.1	10.6

表 G.2（续）

化合物	添加水平/(μg/kg)	牛肉		牛奶		虾	
		回收率/%	RSD/%	回收率/%	RSD/%	回收率/%	RSD/%
乙酸甲地孕酮	1.0	102.8	10.2	95.5	4.5	109.8	5.6
	2.0	94.8	8.3	103.2	7.8	103.1	8.6
	5.0	104.2	7.9	112.5	7.5	102.6	5.7
乙酸氯地孕酮	1.0	82.1	12.9	82.7	2.2	92.0	9.5
	2.0	91.0	5.4	92.2	9.6	84.3	7.0
	5.0	92.1	7.8	90.8	10.0	103.1	5.9
孕酮	0.4	98.8	7.7	90.5	10.1	92.5	7.3
	1.0	108.2	8.7	94.4	6.3	90.1	3.7
	2.0	92.3	6.0	91.0	9.7	89.2	8.9
甲羟孕酮乙酸酯	1.0	91.1	10.0	83.3	7.7	85.1	8.1
	2.0	83.2	16.1	75.4	5.4	77.7	6.4
	5.0	91.7	8.1	92.4	9.6	98.9	5.7
曲安西龙	0.4	87.7	7.3	92.3	7.0	86.3	7.3
	1.0	88.2	8.5	90.9	5.5	86.9	7.9
	2.0	92.3	8.7	89.5	11.4	83.3	11.3
醛固酮	0.4	86.0	6.8	91.8	9.9	88.9	16.6
	1.0	80.8	14.1	73.8	6.4	77.8	8.1
	2.0	90.0	9.9	91.6	5.7	84.3	7.4
泼尼松	0.4	84.4	9.7	88.2	8.6	84.5	7.3
	1.0	86.1	15.7	88.5	9.5	80.9	7.7
	2.0	95.3	7.5	87.5	10.1	91.3	8.2
可的松	0.4	92.4	5.4	88.9	11.2	90.5	6.8
	1.0	82.4	18.1	88.1	5.2	86.1	7.8
	2.0	94.4	12.9	90.7	8.9	82.7	7.9
氢化可的松	0.4	92.4	5.5	90.7	5.0	90.5	5.8
	1.0	91.8	8.1	90.6	6.2	84.2	4.5
	2.0	89.5	9.6	77.4	8.6	86.4	11.6
泼尼松龙	0.4	79.5	8.1	81.9	14.1	77.8	13.3
	1.0	86.0	14.0	95.1	11.0	84.4	12.9
	2.0	76.2	12.5	80.6	11.6	76.7	15.3
氟米松	0.4	90.3	5.5	88.8	9.5	85.3	13.2
	1.0	81.6	12.4	97.8	14.5	100.8	11.0
	2.0	92.9	6.3	82.1	9.1	78.3	15.4

表 G.2（续）

化合物	添加水平/(μg/kg)	牛肉		牛奶		虾	
		回收率/%	RSD/%	回收率/%	RSD/%	回收率/%	RSD/%
地塞米松	0.4	93.4	11.5	92.5	10.4	88.6	9.2
	1.0	81.6	5.3	82.2	16.6	81.7	15.5
	2.0	85.6	10.3	98.3	13.2	93.1	9.4
乙酸氟氢可的松	0.4	85.2	4.8	100.5	13.6	92.1	10.3
	1.0	88.1	5.6	84.9	16.2	96.2	11.6
	2.0	97.7	7.3	86.0	9.9	95.3	7.9
甲基泼尼松龙	0.4	79.3	12.4	99.0	13.8	91.2	11.5
	1.0	87.3	11.7	85.7	10.7	82.3	5.5
	2.0	78.8	8.3	88.5	9.1	85.6	11.1
倍氯米松	0.4	96.9	6.6	86.7	13.2	77.8	8.3
	1.0	99.0	6.0	91.4	9.6	92.3	5.9
	2.0	98.5	9.6	87.2	4.7	89.2	3.4
曲安奈德	1.0	94.7	6.0	89.1	4.6	91.4	6.7
	2.0	88.6	8.3	83.6	6.8	86.5	7.9
	5.0	101.9	5.7	105.4	3.9	99.8	8.3
氟轻松	1.0	88.9	16.6	81.8	7.8	79.7	5.3
	2.0	88.2	11.1	87.9	7.9	86.8	8.6
	5.0	107.5	10.2	92.8	7.1	103.4	5.7
氟米龙	2.0	87.3	13.4	86.7	8.9	88.7	7.9
	5.0	87.8	7.3	85.2	9.6	81.8	4.7
	10.0	88.2	5.4	88.0	12.2	87.0	8.7
布地奈德	2.0	85.8	4.0	91.8	14.1	83.9	8.2
	5.0	80.4	12.6	88.6	15.3	91.6	9.9
	10.0	83.4	5.0	92.9	16.4	87.3	8.7
丙酸氯倍他索	2.0	84.1	6.1	90.9	4.8	87.8	3.3
	5.0	88.5	7.9	84.6	6.9	81.5	4.9
	10.0	92.5	6.8	81.2	9.6	80.8	7.0
雌三醇	1.0	77.7	6.4	90.9	8.3	86.9	7.9
	2.0	86.3	7.3	89.5	11.4	83.3	11.3
	5.0	92.0	10.2	94.3	6.7	106.5	7.1
雌二醇	1.0	72.2	12.8	92.5	3.4	89.4	8.0
	2.0	93.7	11.1	60.3	10.0	84.4	12.5
	5.0	101.5	8.1	95.4	7.7	94.9	5.8

表 G.2（续）

化合物	添加水平/(μg/kg)	牛肉		牛奶		虾	
		回收率/%	RSD/%	回收率/%	RSD/%	回收率/%	RSD/%
炔雌醇	1.0	77.7	9.7	81.1	6.8	84.1	7.2
	2.0	77.6	14.6	91.6	6.4	85.3	6.9
	5.0	92.8	8.1	96.5	4.6	95.2	8.7
雌酮	0.4	84.3	6.0	83.0	6.6	89.4	9.5
	1.0	86.5	10.0	87.1	8.8	92.9	7.7
	2.0	97.8	11.7	95.9	8.6	91.3	8.2
己烯雌酚	0.4	86.1	8.3	84.1	12.5	90.5	11.4
	1.0	92.1	15.7	89.3	12.6	85.3	8.0
	2.0	92.3	17.9	92.3	6.1	93.2	15.5
己烷雌酚	0.4	84.4	6.4	84.4	5.0	90.5	5.8
	1.0	82.4	12.9	87.8	7.1	91.5	9.0
	2.0	89.9	11.4	86.7	8.6	83.9	10.7
己二烯雌酚	0.4	83.2	16.1	86.6	16.1	92.3	8.7
	1.0	87.7	7.3	82.1	9.9	86.0	6.8
	2.0	89.4	9.5	86.2	7.7	87.8	8.4

ICS 67.120
X 04

中华人民共和国国家标准

GB/T 21982—2008

动物源食品中玉米赤霉醇、β-玉米赤霉醇、α-玉米赤霉烯醇、β-玉米赤霉烯醇、玉米赤霉酮和玉米赤霉烯酮残留量检测方法 液相色谱-质谱/质谱法

Determination of residues of zearalanol, β-zearalanol, α-zearalenol, β-zearalenol, zearalanone and zearalenone in foodstuffs of animal origin—LC-MS/MS method

2008-06-06 发布　　2008-07-03 实施

中华人民共和国国家质量监督检验检疫总局
中国国家标准化管理委员会　发布

前　言

本标准附录 A、附录 B 和附录 C 均为资料性附录。

本标准由中华人民共和国国家质量监督检验检疫总局提出。

本标准由中华人民共和国国家认证认可监督管理委员会归口。

本标准由中国检验检疫科学研究院负责起草。

本标准主要起草人：彭涛、于静、严矛、代汉慧、李晓娟、国伟、陈冬东、李建中、李淑娟、唐英章。

动物源食品中玉米赤霉醇、β-玉米赤霉醇、α-玉米赤霉烯醇、β-玉米赤霉烯醇、玉米赤霉酮和玉米赤霉烯酮残留量检测方法　液相色谱-质谱/质谱法

1　范围

本标准规定了动物源食品中玉米赤霉醇、β-玉米赤霉醇、α-玉米赤霉烯醇、β-玉米赤霉烯醇、玉米赤霉酮和玉米赤霉烯酮残留量的液相色谱-质谱/质谱测定方法。

本标准适用于牛肉、猪肉、牛肝、牛奶和鸡蛋中玉米赤霉醇、β-玉米赤霉醇、α-玉米赤霉烯醇、β-玉米赤霉烯醇、玉米赤霉酮和玉米赤霉烯酮残留量的定性确证和定量测定。

2　规范性引用文件

下列文件中的条款通过本标准的引用而成为本标准的条款。凡是注日期的引用文件，其随后所有的修改单(不包括勘误的内容)或修订版均不适用于本标准，然而，鼓励根据本标准达成协议的各方研究是否可使用这些文件的最新版本。凡是不注日期的引用文件，其最新版本适用于本标准。

GB/T 6682　分析实验室用水规格和试验方法(GB/T 6682—1992，neq ISO 3696:1987)

3　方法提要

样品经β-葡萄糖苷酸/硫酸酯复合酶水解后，采用乙醚提取，经液液分配、HLB固相萃取柱净化后，液相色谱-质谱/质谱检测和确证，外标法定量。

4　试剂和材料

除非另有说明，所有试剂均为分析纯，水为GB/T 6682规定的一级水。

4.1　甲醇：高效液相色谱级。

4.2　乙腈：高效液相色谱级。

4.3　无水乙醚。

4.4　三氯甲烷。

4.5　氢氧化钠。

4.6　三水合乙酸钠。

4.7　磷酸：纯度大于85%。

4.8　冰乙酸。

4.9　0.5 mol/L氢氧化钠溶液：称取20 g氢氧化钠(4.5)用水溶解并定容至1 L。

4.10　0.05 mol/L乙酸钠缓冲溶液：称取6.8 g乙酸钠(4.6)用900 mL水溶解，冰乙酸调pH值至4.8，定容至1 L。

4.11　磷酸-水溶液(1+4，体积比)：取10 mL磷酸和40 mL水混合。

4.12　甲醇-水溶液(1+1，体积比)：取50 mL甲醇和50 mL水混合。

4.13　β-葡萄糖苷酸/硫酸酯复合酶：96 000 U/mL β-葡萄糖苷酸酶，390 U/mL硫酸酯酶(H-2，Form Helix pomatia)。

4.14　标准品：玉米赤霉醇(zearalanol，CAS:26538-44-3)、β-玉米赤霉醇(β-zearalanol，CAS:42422-68-4)、 α-玉米赤霉烯醇(α-zearalenol，CAS:36455-72-8)、β-玉米赤霉烯醇(β-zearalenol，CAS:71030-11-0)、玉米赤霉酮(zearalanone，CAS:5975-78-0)、玉米赤霉烯酮(zearalenone，CAS:17924-92-4)，纯度均大于等于99%。

4.15 标准储备溶液：分别准确称取适量标准品(精确至0.000 1 g)，用乙腈溶解，配制成浓度为100 μg/mL的标准储备溶液，−18℃以下冷冻避光保存，有效期3个月。

4.16 混合中间标准溶液：准确移取各1 mL标准储备液(4.15)于10 mL容量瓶中，用乙腈定容至刻度，配制成浓度为10 μg/mL的混合中间标准溶液，0℃～4℃冷藏避光保存，有效期1个月。

4.17 混合标准工作溶液：根据需要用乙腈把混合中间标准溶液(4.16)稀释成适合浓度的混合标准工作溶液，现用现配。

4.18 固相萃取柱：*N*-乙烯吡咯烷酮和二乙烯基苯共聚物填料，Oasis HLB，6 mL，500 mg，或相当者。使用前依次用5 mL甲醇和5 mL水预淋洗。

4.19 微孔滤膜：0.20 μm，有机相型。

4.20 氮气：纯度大于等于99.999%。

4.21 氩气：纯度大于等于99.999%。

5 仪器和设备

5.1 液相色谱-质谱/质谱仪：配备电喷雾离子源(ESI)。

5.2 组织捣碎机。

5.3 天平：感量为0.000 1 g和0.01 g。

5.4 均质器：10 000 r/min。

5.5 振荡器。

5.6 恒温振荡器。

5.7 离心机：4 000 r/min。

5.8 pH计：测量精度±0.02 pH单位。

5.9 氮吹仪。

5.10 涡旋混合器。

5.11 旋转蒸发仪。

5.12 超声清洗器。

5.13 浓缩瓶：100 mL。

5.14 具塞离心管：50 mL。

5.15 刻度试管：10 mL。

6 试样制备

在制样的操作过程中，应防止样品污染或发生残留物含量的变化。

6.1 肌肉和内脏

从原始样品取出有代表性样品约500 g，用组织捣碎机充分捣碎混匀，均分成两份，分别装入洁净容器作为试样，密封，并标明标记。将试样置于−18℃以下冷冻避光保存。

6.2 牛奶

从原始样品取出有代表性样品约500 g，充分混匀，均分成两份，分别装入洁净容器作为试样，密封，并标明标记。将试样置于0℃～4℃冷藏避光保存。

6.3 鸡蛋

从原始样品取出有代表性样品约500 g，去壳后用组织捣碎机搅拌充分混匀，均分成两份，分别装入洁净容器作为试样，密封，并标明标记。将试样置于0℃～4℃冷藏避光保存。

7 分析步骤

7.1 水解

称取 5 g 试样(精确至 0.01 g)于 50 mL 具塞离心管中,加入 10 mL 乙酸钠缓冲溶液(4.10)和 0.025 mL β-葡萄糖苷酸/硫酸酯复合酶(4.13),涡旋混匀,于 37℃水浴中振荡 12 h。

7.2 提取

水解后加入 15 mL 无水乙醚,振荡提取 5 min 后,以 4 000 r/min 离心 2 min,将上清液转移至浓缩瓶中,再用 15 mL 无水乙醚重复提取一次,合并上清液,40℃以下旋转浓缩至近干。加入 1 mL 三氯甲烷溶解残渣,超声波助溶 2 min 后,转入 10 mL 离心管中,再用 3 mL 氢氧化钠溶液(4.9)润洗浓缩瓶后转移至同一离心管中,涡旋混匀,以 4 000 r/min 离心 2 min,吸取上层氢氧化钠溶液。再用 3 mL 氢氧化钠(4.9)重复润洗、萃取一次,合并氢氧化钠萃取液,加入 1 mL 磷酸-水溶液(4.11),混匀后待净化。

7.3 净化

将样品提取液(7.2)转入 HLB 固相萃取柱(4.18)。用 5 mL 水、5 mL 甲醇-水溶液(4.12)淋洗,弃去;再用 10 mL 甲醇进行洗脱,收集洗脱液。整个固相萃取净化过程控制流速不超过 2 mL/min。洗脱液在 40℃以下用氮气吹干。残留物用 1.0 mL 乙腈溶解,涡旋混匀后,过 0.2 μm 微孔滤膜,供仪器检测。

7.4 混合基质标准溶液的制备

称取 5 份 5 g 空白试样(精确至 0.01 g)于 50 mL 具塞离心管中,分别加入相应体积的混合中间标准溶液(4.16)或混合标准工作溶液(4.17),配制成浓度为 1,5,10,50 和 100 μg/kg 的混合基质标准溶液,然后按 7.1"加入 10 mL 乙酸钠缓冲溶液……"操作。

8 测定

8.1 液相色谱条件

a) 色谱柱:CAPCELLPAK C_{18},50 mm×2.0 mm(内径),2 μm,或相当者。

b) 柱温:40℃。

c) 流速:0.2 mL/min。

d) 进样量:5 μL。

e) 流动相及梯度洗脱条件见表 1。

表 1 流动相及梯度洗脱条件

时间/ min	乙腈/ %	水/ %
0	25	75
5	70	30
6	70	30
9	25	75

8.2 质谱条件

参见附录 A。

8.3 液相色谱-质谱/质谱测定

8.3.1 定性测定

按照上述条件测定样品和混合基质标准溶液,如果样品的质量色谱峰保留时间与混合基质标准溶液一致;定性离子对的相对丰度与浓度相当的混合基质标准溶液的相对丰度一致,相对丰度偏差不超过表 2 的规定,则可判断样品中存在相应的被测物。

表 2 定性测定时相对离子丰度的最大允许偏差

相对离子丰度	>50%	>20%至50%	>10%至20%	≤10%
允许的相对偏差	±20%	±25%	±30%	±50%

8.3.2 **定量测定**

按照外标法进行定量计算。按浓度由小到大的顺序，依次分析混合基质标准溶液(7.4)，得到浓度与峰面积的工作曲线。样品溶液中分析物的响应值应在工作曲线范围内。在上述液相色谱-质谱/质谱条件下，β-玉米赤霉醇、β-玉米赤霉烯醇、玉米赤霉醇、α-玉米赤霉烯醇、玉米赤霉酮、玉米赤霉烯酮的保留时间依次为3.18，3.25，3.61，3.72，4.32，4.38 min。混合基质标准溶液的液相色谱-质谱/质谱多反应监测(MRM)色谱图参见图B.1。

9 结果计算

试样中分析物的残留含量，按式(1)或用检测仪器的数据处理机计算：

$$X_i = \frac{c_i \times V}{m \times 1\,000} \quad \cdots\cdots(1)$$

式中：

X_i——试样中分析物的含量，单位为毫克每千克(mg/kg)；

c_i——从混合基质标准曲线上得到的样液中分析物的含量，单位为纳克每毫升(ng/mL)；

V——样液最终定容体积，单位为毫升(mL)；

m——最终样液所代表的试样质量，单位为克(g)。

10 测定低限

本标准的测定低限为0.001 mg/kg。

11 回收率和精密度

参见表C.1。

附 录 A
（资料性附录）
质 谱 条 件

电离方式：电喷雾电离(ESI-)；

毛细管电压：3.0 kV；

源温度：120℃；

去溶剂温度：350℃；

锥孔气流：氮气，流速 100 L/h；

去溶剂气流：氮气，流速 600 L/h；

碰撞气：氩气，碰撞气压 2.60×10^{-4} Pa；

扫描方式：负离子扫描；

检测方式：多反应监测(MRM)，多反应监测条件见表 A.1。

表 A.1 多反应监测条件[1)]

中文名称	英文名称	母离子(m/z)	子离子(m/z)	驻留时间/s	锥孔电压/V	碰撞能量/eV	保留时间/min
β-玉米赤霉醇	β-zearalanol	321.1	277.2[a]	0.2	40	18	3.18
			303.2	0.2	40	20	
β-玉米赤霉烯醇	β-zearalenol	319.1	275.1[a]	0.2	40	20	3.25
			301.1	0.2	40	22	
玉米赤霉醇	zearalanol	321.1	277.2[a]	0.2	40	18	3.61
			303.2	0.2	40	20	
α-玉米赤霉烯醇	α-zearalenol	319.1	275.1[a]	0.2	40	20	3.72
			301.1	0.2	40	22	
玉米赤霉酮	zearalanone	319.1	275.1[a]	0.2	40	20	4.32
			301.1	0.2	40	22	
玉米赤霉烯酮	zearalenone	317.1	174.9[a]	0.2	30	25	4.38
			273.9	0.2	30	20	

[a] 用于定量。

1) 非商业性声明：表 A.1 所列参数是在 Waters Quattro Premier 质谱仪上完成的，此处列出试验用仪器型号仅是为了提供参考，并不涉及商业目的，鼓励标准使用者尝试采用不同厂家或型号的仪器。

附 录 B
（资料性附录）
混合基质标准样品多反应监测(MRM)色谱图

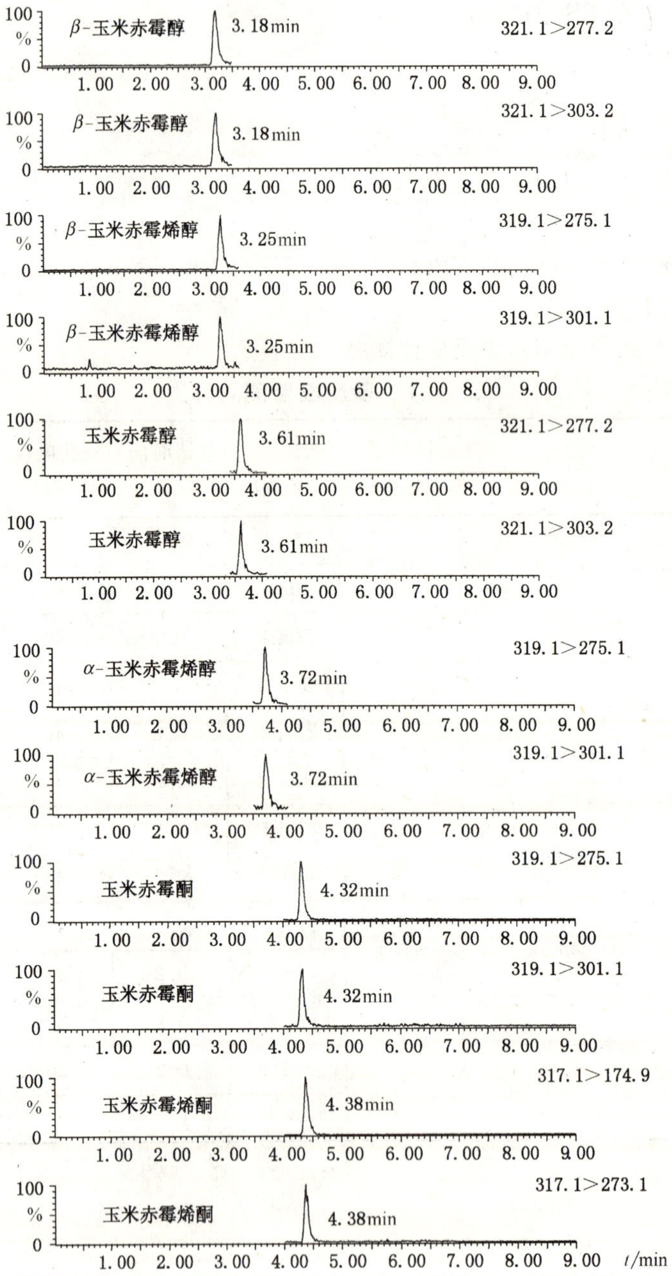

图 B.1 混合基质标准样品多反应监测(MRM)色谱图
（添加浓度为 0.001 mg/kg）

附 录 C
（资料性附录）
添加回收数据

表 C.1 5种动物源食品中玉米赤霉醇、β-玉米赤霉醇、α-玉米赤霉烯醇、β-玉米赤霉烯醇、玉米赤霉酮和玉米赤霉烯酮的添加回收率（$n=10$）

食品名称	化合物	添加浓度/(μg/kg)	回收率范围/%	最大相对标准偏差/%
牛肝	β-玉米赤霉醇	1	86.0～108.0	9.1
		10	86.3～109.7	8.6
		20	89.4～108.7	5.7
	β-玉米赤霉烯醇	1	91.0～109.0	7.0
		10	86.9～107.7	7.5
		20	89.1～106.8	5.6
	玉米赤霉醇	1	86.0～107.0	5.7
		10	86.3～104.7	7.1
		20	88.9～108.5	7.4
	α-玉米赤霉烯醇	1	84.0～104.0	6.5
		10	83.9～109.6	9.4
		20	83.7～109.1	8.4
	玉米赤霉酮	1	86.0～107.0	7.7
		10	85.2～105.8	8.3
		20	88.7～104.0	4.8
	玉米赤霉烯酮	1	87.0～104.0	6.5
		10	90.8～109.4	6.3
		20	84.0～109.6	8.5
鸡蛋	β-玉米赤霉醇	1	85.0～107.0	8.7
		10	95.7～109.6	4.9
		20	84.8～108.0	8.5
	β-玉米赤霉烯醇	1	86.0～106.0	6.9
		10	86.5～109.7	6.6
		20	87.9～108.9	7.3
	玉米赤霉醇	1	87.0～108.0	8.5
		10	85.4～105.9	6.5
		20	83.8～97.6	6.6

表 C.1（续）

食品名称	化合物	添加浓度/(μg/kg)	回收率范围/%	最大相对标准偏差/%
鸡蛋	α-玉米赤霉烯醇	1	84.0～106.0	7.1
		10	86.7～105.4	6.2
		20	84.0～109.7	8.1
	玉米赤霉酮	1	85.0～108.0	8.6
		10	84.6～109.3	7.2
		20	84.3～108.7	8.1
	玉米赤霉烯酮	1	84.0～110.0	9.7
		10	89.8～106.8	6.3
		20	85.0～109.7	10.7
牛奶	β-玉米赤霉醇	1	89.0～106.0	5.6
		10	89.6～106.0	6.2
		20	87.6～104.8	6.1
	β-玉米赤霉烯醇	1	87.0～108.0	6.9
		10	87.1～103.0	6.4
		20	87.0～104.7	7.4
	玉米赤霉醇	1	90.0～108.0	6.4
		10	92.1～108.5	5.4
		20	88.5～106.1	6.3
	α-玉米赤霉烯醇	1	90.0～110.0	6.5
		10	89.7～106.7	5.6
		20	88.4～104.5	5.3
	玉米赤霉酮	1	89.0～109.0	6.9
		10	92.5～106.1	5.4
		20	87.8～105.5	6.4
	玉米赤霉烯酮	1	89.0～106.0	5.6
		10	87.4～101.2	4.6
		20	90.2～104.3	4.8
猪肉	β-玉米赤霉醇	1	86.0～107.0	7.8
		10	90.4～108.6	5.6
		20	86.5～105.1	6.8
	β-玉米赤霉烯醇	1	89.0～103.0	5.1
		10	87.0～103.3	5.5
		20	86.9～107.3	6.3

表 C.1（续）

食品名称	化合物	添加浓度/(μg/kg)	回收率范围/%	最大相对标准偏差/%
猪肉	玉米赤霉醇	1	87.0～105.0	6.8
		10	88.2～104.4	5.3
		20	90.7～104.5	4.2
	α-玉米赤霉烯醇	1	87.0～109.0	7.1
		10	91.6～109.7	6.0
		20	91.2～98.7	3.4
	玉米赤霉酮	1	90.0～102.0	4.7
		10	89.8～108.0	6.4
		20	89.2～107.6	6.1
	玉米赤霉烯酮	1	86.0～108.0	7.3
		10	88.9～107.2	5.8
		20	92.9～109.2	5.6
牛肉	β-玉米赤霉醇	1	88.0～105.0	5.9
		10	88.6～104.5	4.9
		20	85.8～103.5	5.7
	β-玉米赤霉烯醇	1	89.0～108.0	7.6
		10	88.7～106.5	6.4
		20	89.9～105.1	6.1
	玉米赤霉醇	1	88.0～103.0	4.5
		10	88.3～109.6	7.3
		20	89.2～103.8	6.2
	α-玉米赤霉烯醇	1	91.0～99.0	6.0
		10	86.1～104.6	2.9
		20	91.9～107.0	4.5
	玉米赤霉酮	1	87.0～107.0	3.3
		10	89.3～104.2	2.5
		20	87.3～104.6	4.7
	玉米赤霉烯酮	1	92.0～109.0	3.3
		10	88.4～109.3	2.5
		20	89.3～107.2	5.7

ICS 07.060
A 47

中华人民共和国国家标准

GB/T 21983—2008

暖冬等级

Warm winter grade

2008-06-03 发布　　2008-11-01 实施

中华人民共和国国家质量监督检验检疫总局
中国国家标准化管理委员会　发布

前　言

本标准的附录A为规范性附录。

本标准由中国气象局提出。

本标准由中国气象局政策法规司归口。

本标准起草单位：中国气象局国家气候中心、武汉区域气候中心、南京信息工程大学、中国农业科学院农业环境与可持续发展研究所。

本标准主要起草人：陈峪、王凌、邹旭恺、张强、陈正洪、江志红、李茂松。

引　言

在全球变暖的背景下,我国气候也出现了明显的变暖趋势,其中以冬季增暖最为突出。“暖冬”带来的影响是全方位的,不仅影响到人类及其相关活动、农业生产、生态环境和生态平衡等,对政治、经济等也会造成直接或间接的影响。冬季平均气温偏高是暖冬的总体特征。由于目前对于“暖冬”没有统一的标准及确切的定义,加上气候平均值的更新、冬季平均气温的年际变化以及区域气候差异造成的不同地区人们感知上的不同,引发了学术界的争议和公众的疑义。为此,制定《暖冬等级》标准具有十分重要的学术和社会意义。

本标准对冬季平均气温序列采用三分位方法确定单站暖冬阈值,使其在空间和时间上具有可比性;制定了单站暖冬等级指标,将单站暖冬分为弱和强两个等级。在此基础上,制定区域及全国的暖冬指标和暖冬等级划分标准。区域暖冬采用站点百分比确定;全国暖冬采用暖冬面积百分比界定,可以有效地消除因我国台站分布不均所造成的影响。

本标准为相关行业的业务、科研及公共服务提供了科学依据。

暖 冬 等 级

1 范围

本标准规定了单站、区域及全国暖冬的定义、指标及其计算方法、等级划分及命名。

本标准适用于暖冬的预测、评价及公共服务。

2 术语和定义

下列术语和定义适用于本标准。

2.1

暖冬 warm winter

冬季平均气温高于某一规定阈值。根据发生范围,可分为单站暖冬、区域暖冬和全国暖冬。

2.2

单站暖冬阈值 station-based threshold of warm winter

确定单站暖冬发生的温度临界值。

2.3

冬季平均气温 winter mean air temperature

上年12月至当年2月的平均气温为当年冬季平均气温,以摄氏度(℃)为单位。

2.4

气候平均值 climatic normal

气象要素的多年平均值。取最近三个年代的平均值作为气候平均值。

2.5

冬季平均气温距平 winter mean air temperature anomaly

冬季平均气温与其气候平均值之差,以摄氏度(℃)为单位。

3 暖冬指标和暖冬等级划分

3.1 单站暖冬指标和暖冬等级划分

3.1.1 单站暖冬指标

单站冬季平均气温距平(ΔT)大于或等于暖冬阈值(见附录A),定义为单站暖冬。

3.1.2 单站暖冬等级划分

单站暖冬划分为弱和强两个等级,见表1。

表1 单站暖冬等级划分

等级指标	等级名称
$\Delta T \geqslant 1.29\sigma$	单站强暖冬
$0.43\sigma \leqslant \Delta T < 1.29\sigma$	单站弱暖冬

3.2 区域暖冬指标和暖冬等级划分

3.2.1 区域暖冬指标

区域范围内暖冬站点数超过站点总数的50%,定义为区域暖冬。

3.2.2 区域暖冬等级划分

在区域暖冬年,区域范围内强暖冬站点数超过暖冬站点数的50%,定义为区域强暖冬,否则为区域弱暖冬。

3.3 全国暖冬指标和暖冬等级划分

3.3.1 全国暖冬指标

全国暖冬指数≥50%，定义为全国暖冬。全国暖冬指数定义见3.3.1.6。

3.3.1.1 有效网格

按2.0°×2.0°经纬度格距划分网格，有观测资料的网格为有效网格。

3.3.1.2 有效网格面积

有效网格内的面积。其计算如式(1)：

$$SG_i = xgrid \times ygrid \times S_e \times \cos\phi_i \qquad (1)$$

式中：

SG_i——各有效网格面积，单位为平方千米(km^2)；

$xgrid$——经度格距，单位为度(°)；

$ygrid$——纬度格距，单位为度(°)；

S_e——赤道地区1.0°×1.0°网格的近似面积($S_e=110.0\times111.0$)，单位为平方千米(km^2)；

ϕ_i——各有效网格中心点纬度，单位为度(°)；

i——有效网格序号，$i=1,2,\cdots,l$；

l——全国有效网格数，每年因全国站点数的变化而不同。

3.3.1.3 有效网格暖冬面积

有效网格内单站暖冬站点所代表的面积。其计算如式(2)：

$$SGW_i = AD_i \times SG_i \qquad (2)$$

式中：

SGW_i——各有效网格暖冬面积，单位为平方千米(km^2)；

AD_i——暖冬面积权重系数，为各有效网格内暖冬站点数与该网格内站点总数之比。

3.3.1.4 全国暖冬面积

全国各有效网格暖冬面积之和。

3.3.1.5 全国有效面积

全国各有效网格面积之和。

3.3.1.6 全国暖冬指数

全国暖冬面积占全国有效面积的百分比。其计算如式(3)：

$$IW = \frac{SW}{SE} \times 100\% \qquad (3)$$

式中：

IW——全国暖冬指数，以百分数表示；

SW——全国暖冬面积，单位为平方千米(km^2)；

SE——全国有效面积，单位为平方千米(km^2)。

3.3.1.7 全国强暖冬面积

全国各有效网格强暖冬面积之和。有效网格强暖冬面积参照式(2)计算。

3.3.2 全国暖冬等级划分

在全国暖冬年，全国强暖冬面积超过全国暖冬面积的50%，定义为全国强暖冬，否则为全国弱暖冬。

附 录 A
（规范性附录）
暖冬阈值计算方法

A.1 气候平均值计算公式

$$\overline{T}=\frac{1}{n}\sum_{j=1}^{n}t_j \qquad \text{(A.1)}$$

式中：

$\overline{T}$——冬季平均气温的气候平均值；

t_j——为最近三个年代的逐年冬季平均气温；

j——年份序号；

n——序列长度，为30年。

A.2 标准差计算公式

$$\sigma=\sqrt{\frac{1}{n-1}\sum_{j=1}^{n}(t_j-\overline{T})^2} \qquad \text{(A.2)}$$

式中：

σ——标准差，表示随机变量分布离散程度的统计量之一。

A.3 暖冬阈值计算

冬季平均气温序列服从正态分布，概率密度函数计算如式(A.3)：

$$p(t)=\frac{1}{\sigma\sqrt{2\pi}}\exp\left[-\frac{(t-\overline{T})^2}{2\sigma^2}\right] \qquad \text{(A.3)}$$

式中：

$p(t)$——冬季平均气温的概率密度函数；

t——冬季平均气温。

根据σ，将冬季平均气温概率密度平均划分为三等份(即三分位)，其概率均为33.3%，相应得到偏冷、偏暖的气候边界阈值分别为-0.43σ和0.43σ。

将偏暖的气候边界阈值定义为单站暖冬阈值，即0.43σ。

参 考 文 献

[1] 白殿一.标准编写指南.北京:中国标准出版社,2002.

[2] 么枕生,丁裕国.气候统计.北京:气象出版社,1990.

[3] 黄嘉佑.气象统计分析与预报方法.北京:气象出版社,2000.

[4] Zou,X. K. ,P. M. Zhai and Q. Zhang. Variations in droughts over China:1951-2003. Geophys. Res. Lett. ,32(4),L04707,doi:10.1029/2004GL021853,2005.

[5] 王凌,张强,陈峪,龚道溢.1956—2005年中国暖冬和冬季温度变化.气候变化研究进展,2007,3(1):26-30.

ICS 07.060
A 47

中华人民共和国国家标准

GB/T 21984—2008

短期天气预报

Short-range weather forecast

2008-06-03 发布 2008-11-01 实施

中华人民共和国国家质量监督检验检疫总局
中国国家标准化管理委员会 发布

前 言

本标准的附录B为规范性附录，附录A和附录C为资料性附录。

本标准由中国气象局提出。

本标准由中国气象局政策法规司归口。

本标准由海南省气象台负责起草。

本标准主要起草人：辛吉武、许向春、叶晓东、陈俊岩、郝丽清、胡玉蓉。

引　言

短期天气预报是预报员应用气象观测资料，根据大气运动规律，对未来72 h内天气变化进行预测，制作成预报结论，并向社会公开发布或在服务对象范围内发布，为社会活动、经济建设、人民生活、防灾减灾和国防建设等提供的保障服务。随着经济、社会快速发展，短期天气预报显得更为重要，而短期天气预报至今没有全国统一的标准，为了更好地规范短期天气预报业务，制定本标准十分紧迫和必要。

短 期 天 气 预 报

1 范围

本标准规定了短期天气预报的术语和定义、预报内容、预报时效、预报制作和发布等内容。

本标准适用于短期天气预报制作、发布和使用。

2 术语和定义

下列术语和定义适用于本标准。

2.1

短期天气预报　short-range weather forecast

某一区域未来 72 h 内天气变化的预先估计和预告。

2.2

天空状况　sky condition

天空中云量、云的属性、云距地高度等大气状况。

2.3

天气现象　weather phenomenon

在测站上和视区内出现的降水现象、水汽凝结现象(云除外)、冻结物、大气尘粒现象、光、电现象及一些风的特征。

2.4

气温　air temperature

空气冷热程度的物理量。

注：本标准的气温是在标准环境里百叶箱中离地面约 1.5 m 高处的温度观测仪器所量测的空气温度，单位为摄氏度(℃)，取 1 位小数，0℃以下为负值。

2.5

最高气温　maximum air temperature

一定时段内空气温度的最高值。

2.6

最低气温　minimum air temperature

一定时段内空气温度的最低值。

2.7

总云量　total cloud cover

天空被云遮蔽的总成数。

2.8

总云量等级　grade of total cloud cover

空中总云量多少的级别标准。

2.9

相对湿度　relative humidity

空气中实际水气压(e)与当时气温下的饱和水气压(E)的比值，以百分数(%)表示。

2.10

风向　wind direction

风的来向。

2.11

风速 wind speed

单位时间空气移动的水平距离。单位为米每秒(m/s)。

注：本标准风速采用我国地面观测规范规定，在地形平坦的条件下，距地高度为 10 m 的风速感应器所测风速。

2.12

平均风速 mean wind speed

给定时段内风速的平均值。单位为米每秒(m/s)。

2.13

阵风 gust

一定时段内的最大瞬间风速。单位为米每秒(m/s)。

2.14

风力等级 wind scale

根据风对地面(或海面)物体影响程度而定出的等级，用来表示风速的大小。

注：常用的风力等级系英国人蒲福(Beaufort)于 1805 年拟订，故又称"蒲福风级(Beaufort scale)"，自零到十二共分十三个等级。自 1946 年以来，风力等级又做了扩充，增加到十八个等级(0～17 级)。蒲福风力等级见附录 A。

2.15

降水量 precipitation

从天空降落到地面上的液态或固态(经融化后)水，未经蒸发、渗透、流失，而在水平面上积聚的深度，包括降雨量和降雪量，单位为毫米(mm)。

2.16

降水量等级 grade of precipitation

降水量大小的级别标准。

2.17

降水概率 probability of precipitation

降水发生可能性大小的量。以百分数(%)表示。

2.18

能见度 visibility

大气的透明程度。单位为千米(km)。

2.19

天气会商 forecast discussion

预报人员在制作天气预报时对未来天气的预报及其依据进行讨论，最后做出预报结论的过程。

2.20

预报时效 forecast leading time

预报内容所覆盖的时间长度。单位为小时(h)。

2.21

数值天气预报 numerical weather prediction

基于大气运动的初始状态，通过数值求解描述大气运动规律的动力、热力学方程组，计算未来一定时段内不同时刻的大气状态的一种客观定量的天气预报方法。

3 预报时效、预报要素和预报时间分辨率

3.1 预报时效

0～72 h。

3.2 预报要素

3.2.1 天空状况

直接给出总云量等级，总云量等级划分见附录 B。

3.2.2 天气现象

直接给出可能出现的天气现象术语。

3.2.3 风向

风向预报可有以下三种表示方式，示意图见图 1。

a) 八个方位方式。即东(E)、南(S)、西(W)、北(N)、东南(SE)、西南(SW)、西北(NW)和东北(NE)。还可用偏北风、偏南风等名称，偏字表示风向围绕某个方位作小范围摆动。

b) 十六个方位方式。即在列项 a)基础上增加北东北(NNE)、北西北(NNW)、东东北(ENE)、东东南(ESE)、南东南(SSE)、南西南(SSW)、西西南(WSW)、西西北(WNW)表示。

c) 角度表示方式。即用 0～360°范围内度数表示风向。以 0°表示北，90°为东，180°为南，270°为西，余类推。

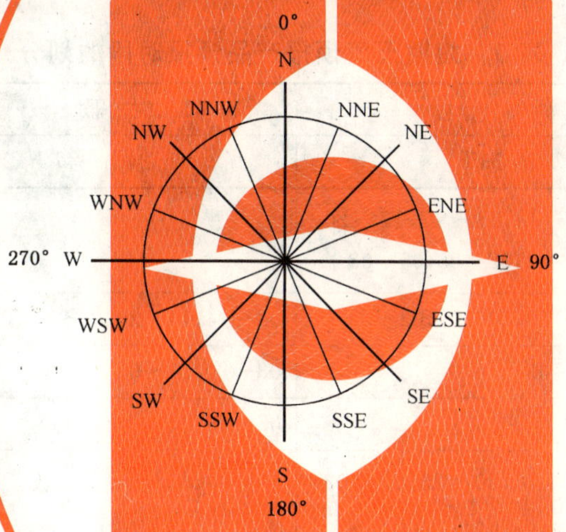

图 1 风向表示方法示意图

3.2.4 风力等级或风速

直接给出风力等级或风速预报风的强度，预报的风力等级跨度不大于 2 级，风力等级划分见附录 A。

3.2.5 日最低气温、最高气温

直接给出预报温度，预报跨度不大于 2℃。

3.2.6 降水量或降水量等级

直接给出降水量或降水量等级，降水量等级划分见附录 C。

3.2.7 其他

短期天气预报可根据需要增加预报要素。如降水概率、能见度、相对湿度等。

3.3 预报时间分辨率

短期天气预报的预报时间分辨率宜选择 3 h、6 h、12 h 或 24 h。

4 预报制作

4.1 使用资料

a) 气候资料；

b) 实时气象观测资料；

c) 数值预报及其释用产品；

d) 预报指导产品。

4.2 预报方法

短期天气预报方法包括数值天气预报及其释用、天气学方法、数理统计和单站预报方法等。

4.3 制作流程

a) 分析当地气候背景；

b) 分析大尺度天气形势演变及主要影响系统；

c) 分析中小尺度天气系统；

d) 在上述分析的基础上，结合预报员经验，经天气会商后确定天气预报结论。

4.4 预报结论表现形式

宜选择文本、图表、图像或者文本与图表相结合的形式，明确天气现象、强度、落区和影响时间等。

4.5 制作时次

短期天气预报宜在每天早、中、晚制作3次，必要时可增加预报时次。

4.6 预报时段

短期天气预报应分为0～24 h，24～48 h，48～72 h三个时段进行制作，不同的预报时段可选择不同预报时间分辨率。示例见表1。

表1 短期天气预报产品预报时段的划分

制作时间	预报时间分辨率	预报时段		
		0～23 h	24 h～47 h	48 h～71 h
05时	3 h	08～11，11～14，14～17，17～20，20～23，23～02，02～05，05～08		
	6 h	08～14，14～20，20～02，02～08	08～14，14～20，20～02，02～08	
	12 h	08～20，20～08	08～20，20～08	08～20，20～08
	24 h	08～08	08～08	08～08
11时	3 h	14～17，17～20，20～23，23～02，02～05，05～08，08～11，11～14		
	6 h	14～20，20～02，02～08，08～14	14～20，20～02，02～08，08～14	
	12 h	14～02，02～14	14～02，02～14	14～02，02～14
	24 h	14～14	14～14	14～14
17时	3 h	20～23，23～02，02～05，05～08，08～11，11～14，14～17，17～20		
	6 h	20～02，02～08，08～14，14～20	20～02，02～08，08～14，14～20	
	12 h	20～08，08～20	20～08，08～20	20～08，08～20
	24 h	20～20	20～20	20～20

5 短期天气预报发布

通过广播、电视、报纸、互联网、电话、手机短信等渠道准确、及时发布。

附　录　A
（资料性附录）
蒲福风力等级表

表 A.1　蒲福风力等级表

风力级数	名称	海面状况 海浪高度/m		海岸船只征象	陆地地面征象	相当于空旷平地上标准高度 10 m 处的风速		
		一般	最高			n mile/h	m/s	km/h
0	静风	—	—	静	静，烟直上	小于 1	0～0.2	小于 1
1	软风	0.1	0.1	平常渔船略觉摇动	烟能表示风向，但风向标不能动	1～3	0.3～1.5	1～5
2	轻风	0.2	0.3	渔船张帆时，每小时可随风移行 2～3 km	人面感觉有风，树叶微响，风向标能转动	4～6	1.6～3.3	6～11
3	微风	0.6	1.0	渔船渐觉颠簸，每小时可随风移行 5～6 km	树叶及微枝摇动不息，旌旗展开	7～10	3.4～5.4	12～19
4	和风	1.0	1.5	渔船满帆时，可使船身倾向一侧	能吹起地面灰尘和纸张，树的小枝摇动	11～16	5.5～7.9	20～28
5	清劲风	2.0	2.5	渔船缩帆（即收去帆之一部）	有叶的小树摇摆，内陆的水面有小波	17～21	8.0～10.7	29～38
6	强风	3.0	4.0	渔船加倍缩帆，捕鱼须注意风险	大树枝摇动，电线呼呼有声，举伞困难	22～27	10.8～13.8	39～49
7	疾风	4.0	5.5	渔船停泊港中，在海者下锚	全树摇动，迎风步行感觉不便	28～33	13.9～17.1	50～61
8	大风	5.5	7.5	进港的渔船皆停留不出	微枝拆毁，人行向前，感觉阻力甚大	34～40	17.2～20.7	62～74
9	烈风	7.0	10.0	汽船航行困难	建筑物有小损（烟囱顶部及平屋摇动）	41～47	20.8～24.4	75～88
10	狂风	9.0	12.5	汽船航行颇危险	陆上少见，见时可使树木拔起或使建筑物损坏严重	48～55	24.5～28.4	89～102
11	暴风	11.5	16.0	汽船遇之极危险	陆上很少见，有则必有广泛损坏	56～63	28.5～32.6	103～117
12	飓风	14.0	—	海浪滔天	陆上绝少见，摧毁力极大	64～71	32.7～36.9	118～133
13	—	—	—	—	—	72～80	37.0～41.4	134～149
14	—	—	—	—	—	81～89	41.5～46.1	150～166
15	—	—	—	—	—	90～99	46.2～50.9	167～183
16	—	—	—	—	—	100～108	51.0～56.0	184～201
17	—	—	—	—	—	109～118	56.1～61.2	201～220

附　录　B
（规范性附录）
总云量等级划分表

表 B.1　总云量等级划分表

名　　称	总云量
晴	0～2
少云	3～5
多云	6～8
阴	9～10

附　录　C
（资料性附录）
降水量等级划分表

表 C.1　降水量等级划分表

名　　称	12 h降水总量/mm	24 h降水总量/mm
毛毛雨、小雨	<5.0	<10.0
中　雨	5.0～14.9	10.0～24.9
大　雨	15.0～29.9	25.0～49.9
暴　雨	30.0～69.9	50.0～99.9
大暴雨	70.0～139.9	100～249.9
特大暴雨	≥140.0	≥250.0
零星小雪、小雪	<1.0	<2.5
中　雪	1.0～2.9	2.5～4.9
大　雪	3.0～5.9	5.0～9.9
暴　雪	≥6.0	≥10.0

参 考 文 献

[1] 中华人民共和国气象法.
[2] GB/T 19201—2006 热带气旋等级.
[3] QX/T 8—2002 气象仪器术语.
[4] 精细天气预报业务规范(试行),2006.
[5] 台风业务和服务规定,2001.
[6] 大气科学辞典,1994.

ICS 07.060
A 47

中华人民共和国国家标准

GB/T 21985—2008

主要农作物高温危害温度指标

Temperature index of high temperature harm for main crops

2008-06-03 发布

2008-11-01 实施

中华人民共和国国家质量监督检验检疫总局
中国国家标准化管理委员会 发布

前　言

本标准由中国气象局提出。

本标准由中国气象局政策法规司归口。

本标准由湖北省气象局武汉区域气候中心负责起草，华中农业大学植物科学技术学院、武汉市气象局参加。

本标准主要起草人：冯明、刘安国、吴义城、胡幼林、张方方。

引　言

随着全球气候变化，我国的极端天气气候事件在增加，农作物生长受高温危害日趋加重。为了对农作物因受高温危害而做的灾害监测、预警、评估和灾后采取的防灾减灾措施，本标准统一和规范主要农作物因受高温危害的温度指标。

主要农作物高温危害温度指标

1 范围

本标准规定了水稻、冬小麦、玉米、棉花、油菜受高温危害的温度指标。

本标准适用于农业气象灾害监测、预警、评估，农业生产、科研和其他相关领域。

2 规范性引用文件

下列文件中的条款通过本标准的引用而成为本标准的条款。凡是注日期的引用文件，其随后所有的修改单(不包括勘误的内容)或修订版均不适用于本标准，然而，鼓励根据本标准达成协议的各方研究是否可使用这些文件的最新版本。凡是不注日期的引用文件，其最新版本适用于本标准。

QX/T 50—2007　地面气象观测规范　第6部分：空气温度和湿度观测

3 术语、定义和符号

QX/T 50—2007确立的以及下列术语、定义和符号适用于本标准。

3.1

高温危害　harm of high temperature

当气温上升到一定程度时，作物生长发育受到不利影响，导致作物生长受阻、产量下降、品质变差，作物某一器官或植株死亡。

3.2

减数分裂　meiosis

在植物个体生长过程中，体细胞进行有丝分裂增殖的基础上，当生殖器官出现的时候，在幼小花蕾中发生特殊的细胞分裂。

3.3 符号

T_{Max}：日最高气温。

T：日平均气温。

H：空气相对湿度。

4 高温危害指标

4.1 水稻

4.1.1 早稻

薄膜育秧期：$T_{Max} \geqslant 26$℃时，膜内幼苗受害。

抽穗开花期：连续三天 $T_{Max} \geqslant 35$℃或 $T \geqslant 30$℃时，花粉发育受影响和开花授粉受精不良。

灌浆结实期：$T_{Max} \geqslant 35$℃或 $T \geqslant 30$℃时，灌浆结实期缩短，成熟期提前，影响产量和品质。

4.1.2 中稻(含一季晚稻)

薄膜育秧期：$T_{Max} \geqslant 26$℃时，膜内幼苗受害。

孕穗期至抽穗开花期：连续三天 $T_{Max} \geqslant 35$℃或 $T \geqslant 30$℃时，花粉发育受影响和开花授粉受精不良。

灌浆结实期：$T \geqslant 28$℃时，灌浆结实期缩短，成熟期提前，千粒重下降，秕谷率增加，影响产量和品质。

4.1.3 晚稻

育秧期：$T_{Max} \geqslant 35$℃或 $T \geqslant 30$℃时，秧苗素质差。

抽穗开花期：连续三天 T_{Max}≥35℃或 T≥30℃时，花粉发育受影响和开花授粉受精不良。

4.2 冬小麦

灌浆结实期：T≥24℃时，灌浆结实期缩短，成熟期提前，千粒重下降，影响产量和品质。

4.3 玉米

地膜玉米芽期：T_{Max}≥30℃时，膜内种芽受害。

薄膜育苗期：T_{Max}≥26℃时，膜内幼苗受害。

开花期：T_{Max}≥30℃，H≤60%时，开花较少；T_{Max}≥35℃时，花粉粒丧失活力，不利于开花。

灌浆结实期：T≥25℃时，灌浆结实期缩短，成熟期提前，影响产量和品质。

4.4 棉花

地膜覆盖出苗期：T_{Max}≥30℃时，种芽受害。

薄膜育苗期：T_{Max}≥26℃时，膜内幼苗受害。

营养钵薄膜育苗期：T_{Max}≥26℃时，膜内幼苗易受高温危害。

4.5 油菜

开花期：T≥26℃时，开花显著减少。

灌浆结实期：T_{Max}≥30℃时，会使灌浆结实期缩短，成熟期提前，影响产量和品质。

参 考 文 献

[1] 陈能,沈波.灌浆期温度对早籼米质的影响.浙江农业学报,1996,8(4):251-252.

[2] 陈万胜,金宇奎,陈玫.水稻高温热害成因及相应的对策.安徽农学通报,2004,10(1):28.

[3] 蒋雨怀.中稻减产原因分析及对策.安徽农学通报,2004,10(1):32-33.

[4] 李成德.高温导致水稻出现大量空壳分析.陕西农业科学,2003,5:45-47.

[5] 李林,沙国栋.水稻灌浆期温光因子对稻米品质的影响.中国农业气象,1989,10(3): 33-38.

[6] 森谷国男.水稻高温胁迫抗性遗传育种研究概况.徐正进,译.杂交水稻,1992,1:47-48.

[7] 上海植生所.高温对早稻开花结实的影响及其防治.植物学报,1976,18(4):323-329.

[8] 王才林,仲维功.高温对水稻结实率的影响及防御对策.江苏农业科学,2004(1):15-48.

[9] 王锋尖,黄英金.水稻高温胁迫及耐热性育种.中国农学通报,2004,20(3):87-89.

[10] 西山岩男等.水稻高温障碍的研究.国外农学-水稻,1982,5:17-20.

[11] 张桂莲,陈立云,雷东阳,张顺堂.水稻耐热性研究进展.杂交水稻,2005,20(1):1-5.

[12] 朱兴明,曾庆曦,宁清利.自然高温对杂交稻开花受精的影响.中国农业科学,1983,2:37-43.

[13] 陈怀亮,邹春辉,付祥建等.河南省小麦干热风发生规律分析.自然资源学报,2001,1:59-64.

[14] 张翠英.菏泽市小麦干热风气候特征分析及预报.山东气象,2004,2:46-47.

[15] 刘守芳,李国师.淮北平原小麦生育后期的生态环境与干热风分区.现代农业科技,2006,2:41-42.

[16] 武万里,韩世涛.气候变暖对宁夏小麦干热风的影响.宁夏农林科技,2007,1:64-66.

[17] 孙本普,王勇,李秀云等.气候条件对冬小麦千粒重的影响.麦类作物学报,2003,23(4):52-56.

[18] 柳芳,刘淑梅,王宝山.天津市干热风发生规律与特点探讨.天津农业科学,2007,13(1):52-54.

[19] 孙学增.高温干旱影响玉米"怀胎".河北科技报(农村版),2000,2.

[20] 曹红霞,谷士林.地膜棉高温烫苗的原因及对策.中国棉花,2006,5:40.

[21] 谭业云,王林.高温高湿棉花烂铃咋防治.科技致富向导,2006,7:23.

[22] 贾朝阳.棉花杂交制种过程中异常天气的应对措施.种子世界,2006,5:46-47.

[23] 张艳.如何应对农作物生长期的高温天气.农机与农艺,2005,3.

[24] 中国农业百科全书总编辑委员会.中国农业百科全书农业气象卷.农业出版社,1983.

[25] 贺维农.农业常用数据资料.农业出版社,1983.

ICS 07.060
A 47

中华人民共和国国家标准

GB/T 21986—2008

农业气候影响评价：农作物气候年型划分方法

Assessment of agroclimate impact: Classification method of annual crop climate types

2008-06-03 发布　　2008-11-01 实施

中华人民共和国国家质量监督检验检疫总局
中国国家标准化管理委员会　发布

前　言

本标准由中国气象局提出。

本标准由中国气象局政策法规司归口。

本标准由湖北省气象局武汉区域气候中心负责起草，湖北省农业厅、湖北省黄冈市气象局参加起草。

本标准主要起草人：吴义城、袁业畅、任耀武、张震、冯明、李国华。

农业气候影响评价：农作物气候年型划分方法

1 范围

本标准规定了农作物气候年型划分方法。

本标准适用于农业气候影响评价业务、科研和教学等领域。

2 规范性引用文件

下列文件中的条款通过本标准的引用而成为本标准的条款。凡是注日期的引用文件，其随后所有的修改单(不包括勘误的内容)或修订版均不适用于本标准，然而，鼓励根据本标准达成协议的各方研究是否可使用这些文件的最新版本。凡是不注日期的引用文件，其最新版本适用于本标准。

QX/T 50—2007 地面气象观测规范 第6部分：空气温度和湿度观测

3 术语及定义

QX/T 50—2007确立的以及下列术语和定义适用于本标准。

3.1

农业年度 agricultural year

前一年12月至当年11月。

3.2

农业气象要素 agrometeorological elements

农业年度或农作物生育期内气温或积温、降水量、日照时数。

3.3

农业气象要素异常度 abnormality of agrometeorological elements

农业气象要素值偏离序列平均的程度。

3.4

距平百分率 percentage of deviation from average

距平占农业气象要素序列平均值的百分比，单位为%。

3.5

农作物气候年型 annual crop climate types

农业年度或农作物全生育期农业气象要素的不同组合类型。

3.6

积温 accumulated temperature

某时段内日平均气温的总和，单位为摄氏度(℃)。

4 农业气象要素异常度计算及等级划分方法

4.1 气温、积温、日照异常度的计算

4.1.1 平均值计算按式(1)：

$$Y_p = \frac{1}{n}\sum_{i=1}^{n} Y_i \quad \cdots\cdots(1)$$

式中：

Y_i——农业年度或农作物生育期气温(℃)、积温(℃)、日照(h)要素值；

Y_p——相应时段内气温(℃)、积温(℃)、日照(h)要素平均值；

n——资料序列样本年数。农业年度资料取近3个年代，$n=30$；农作物生育期资料取近10年或以上，$n\geqslant 10$。

4.1.2 标准差计算按式(2)：

$$s=\sqrt{\frac{1}{n}\sum_{i=1}^{n}(Y_i-Y_p)^2} \quad i=1,2,\cdots,n \qquad \cdots\cdots(2)$$

式中：

s——标准差。

4.1.3 异常度计算按式(3)：

$$C=\frac{Y-Y_p}{s} \qquad \cdots\cdots(3)$$

式中：

C——异常度。

4.2 等级划分

气温、积温及日照异常度划分见表1、表2。

表1 气温、积温异常度分级

异常度	$C\geqslant 1.9$	$1.9>C\geqslant 1$	$1>C\geqslant -1$	$-1>C\geqslant -1.5$	$C<-1.5$
气温	高	较高	正常	较低	低
积温	多	较多	正常	较少	少

表2 日照异常度等级划分

异常度	$C\geqslant 1.0$	$1.0>C\geqslant -1.0$	$C<-1.0$
日照	多	正常	少

4.3 降水异常度等级划分

降水异常度以降水距平百分率(ΔR)表示，其等级划分见表3。

表3 降水异常度等级

异常度	$30\%\leqslant\Delta R$	$15\%<\Delta R<30\%$	$-15\%\leqslant\Delta R\leqslant 15\%$	$-30\%<\Delta R<-15\%$	$\Delta R\leqslant -30\%$
降水	多	偏多	正常	偏少	少

5 农作物气候年型划分方法

农作物气候年型依据农业气象要素异常度的不同组合划分，见表4。

表4 农作物气候年型划分

农作物气候年型	气温(积温)	降水	日照
高温年	高(多)	正常、偏多或偏少	正常或多
高温少雨年	高(多)	少	正常或多
低温年	低(少)	正常、偏多或偏少	正常或少
低温寡照多雨年	低(少)	偏多或多	少
多雨年	较高(较多)、正常、较低(较少)	多	正常或少

表 4（续）

农作物气候年型	气温(积温)	降水	日照
少雨年	较高(较多)、正常、较低(较少)	少	正常或多
正常年	较高(较多)、正常、较低(较少)	正常、偏多或偏少	多、正常或少

注 1：当出现农业气象灾害时，可以根据灾害程度对年型进行修正。

注 2：各地可根据当地的实际情况进行年型调整。

参考文献

[1] 韩湘玲等.农业气候学.山西科学技术出版社,1999.
[2] 段若溪等.农业气象学.气象出版社,2002.
[3] 魏淑秋.农业气象统计.福建科学技术出版社,1985.
[4] 农业气象观测规范(试行).中国气象局.

ICS 07.060
A 47

中华人民共和国国家标准

GB/T 21987—2008

寒潮等级

Grades of cold wave

2008-06-03 发布　　　　2008-11-01 实施

中华人民共和国国家质量监督检验检疫总局
中国国家标准化管理委员会　发布

前　言

本标准由中国气象局提出。

本标准由中国气象局政策法规司归口。

本标准由中国气象局乌鲁木齐区域气象中心起草。

本标准主要起草人：谭艳梅、魏荣庆、徐羹慧、毛炜峄、唐冶、李秦。

引　言

寒潮是我国重大的灾害性天气之一，它具有降温幅度大、影响范围广、致灾严重等特点，不仅会造成我国国民经济、特别是农林业、畜牧业生产的巨大损失，而且还会对人们的生活、健康造成严重的影响和危害。

长期以来，我国气象工作者对寒潮标准进行了大量的研究。由于我国地域辽阔，各地的自然地理环境不同，南北方冷空气活动差异很大，因此，各地采用的寒潮标准不统一。随着经济的发展和经济结构的变化，社会对寒潮天气服务的需求在不断提高，本标准编制的目的是为了统一我国单站寒潮强度等级、区域寒潮强度等级及全国寒潮强度等级标准，使寒潮的监测、预报、服务、评估、研究等工作更规范化、标准化、科学化。

寒 潮 等 级

1 范围

本标准规定了我国单站寒潮强度等级、区域寒潮强度等级、全国寒潮强度等级。

本标准适用于我国范围内寒潮的监测、预报、警报和评估等业务服务以及科学研究。

2 规范性引用文件

下列文件中的条款通过本标准的引用而成为本标准的条款。凡是注日期的引用文件，其随后所有的修改单（不包括勘误的内容）或修订版均不适用于本标准，然而，鼓励根据本标准达成协议的各方研究是否可使用这些文件的最新版本。凡是不注日期的引用文件，其最新版本适用于本标准。

QX/T 50—2007 地面气象观测规范 第6部分：空气温度和湿度观测

3 术语和定义

下列术语和定义适用于本标准。

3.1

寒潮 cold wave

高纬度的冷空气大规模地向中、低纬度侵袭，造成剧烈降温的天气活动。

3.2

寒潮过程 cold wave process

寒潮发生、发展、结束的天气过程。

3.3

日最低气温 daily minimum temperature

一天中气温的最低值。

注1：按 QX/T 50—2007 规定：观测前一日 14:00（北京时，下同）至当日 14:00 之间的气温最低值。

3.4

日最低气温降温幅度 the drop of daily minimum temperature

某固定时段内日最低气温连续下降，该时段内日最低气温的最低值与最高值之差。

3.5

日平均气温 mean daily temperature

一日内各次定时观测的气温平均值。

注2：按 QX/T 50—2007 规定：日平均气温为一日内4次（2:00,8:00,14:00,20:00）定时观测的气温平均值。

3.6

日平均气温降温幅度 the drop of daily mean temperature

某固定时段内日平均气温连续下降，该时段内日平均气温的最低值与最高值之差。

4 单站寒潮强度等级

4.1 划分原则

采用受寒潮影响的某地，在一定时段内日最低气温的下降幅度或日平均气温的下降幅度和日最低气温值两组指标来具体划分寒潮等级。

4.2 强度等级

寒潮划分为三个等级：寒潮、强寒潮、特强寒潮。

4.3 寒潮

使某地的日最低(或日平均)气温 24 h 内降温幅度≥8℃，或 48 h 内降温幅度≥10℃，或 72 h 内降温幅度≥12℃，而且使该地日最低气温≤4℃的冷空气活动。

4.4 强寒潮

使某地的日最低(或日平均)气温 24 h 内降温幅度≥10℃，或 48 h 内降温幅度≥12℃，或 72 h 内降温幅度≥14℃，而且使该地日最低气温≤2℃的冷空气活动。

4.5 特强寒潮

使某地的日最低(或日平均)气温 24 h 内降温幅度≥12℃，或 48 h 内降温幅度≥14℃，或 72 h 内降温幅度≥16℃，而且使该地日最低气温≤0℃的冷空气活动。

5 区域寒潮强度等级

5.1 划分原则

采用受影响区域内达到单站寒潮强度标准的气象站点数与该区域内所有气象站点总数的百分比和该区域所在的气象地理位置来具体划分。

5.2 强度等级

区域寒潮划分为三个等级：区域寒潮、区域强寒潮、区域特强寒潮。

5.2.1 淮河—秦岭以北地区(北方)寒潮的判识条件

5.2.1.1 区域寒潮：一次寒潮过程中，该区域内有≥40％的气象站满足 4.3 寒潮标准。

5.2.1.2 区域强寒潮：一次寒潮过程中，该区域内有≥50％的气象站满足 4.3 寒潮标准，其中满足 4.4 强寒潮标准的≥40％。

5.2.1.3 区域特强寒潮：一次寒潮过程中，该区域内有≥60％的气象站满足 4.3 寒潮标准，或有≥50％的气象站满足 4.4 强寒潮标准，其中，满足 4.5 特强寒潮标准的≥30％。

5.2.2 淮河—秦岭以南地区(南方)寒潮的判识条件

5.2.2.1 区域寒潮：一次寒潮过程中，该区域内≥30％的气象站满足 4.3 寒潮标准。

5.2.2.2 区域强寒潮：一次寒潮过程中，该区域内≥40％的气象站满足 4.3 寒潮标准，其中满足 4.4 强寒潮标准的≥30％，或满足 4.5 的≥20％。

6 全国寒潮强度等级

6.1 划分原则

采用受影响区域内达到单站寒潮强度标准的气象站点数与该区域内所有气象站点总数的百分比以及南、北方地区满足寒潮标准的百分比来具体划分。

6.2 强度等级

全国寒潮划分为二个等级：全国寒潮、全国强寒潮。

6.2.1 全国寒潮：一次寒潮过程中，全国范围内≥35％的气象站满足 4.3 寒潮标准，其中南、北方满足 4.3 寒潮标准的均≥20％；

6.2.2 全国强寒潮：一次寒潮过程中，全国范围内≥45％的气象站满足 4.3 寒潮标准，其中南、北方满足 4.4 强寒潮标准的均≥20％。

参 考 文 献

[1] 中央气象台.天气预报室业务规范手册.
[2] 各省(市、区)气象台. 天气预报手册.
[3] 大气科学辞典编委会.大气科学辞典.北京:气象出版社,1994:270.
[4] 中国气象局监测网络司. 地面气象电码手册.北京: 气象出版社,1999:29.
[5] 中国气象局. 地面气象观测规范.北京:气象出版社,2003:35-40.
[6] GB/T 20484—2006 冷空气等级.
[7] QX/T 50—2007 地面气象观测规范.
[8] 王遵亚,丁一汇等. 近53年中国寒潮的变化特征及其可能原因.大气科学,2006,6.
[9] 国家气象中心气候应用室. 寒潮年鉴.北京:气象出版社.
[10] 王建林,吕厚荃,张国平,宋英波. 农业气象预报.北京:气象出版社,2003:143-150.
[11] 朱乾根,林锦瑞,寿绍文.天气学原理和方法. 北京:气象出版社,1983:168-212,401-406.
[12] 董向红. 2004年3月16日到18日寒潮天气过程分析.浙江气象,2004,26(2).
[13] 许爱华、乔林等.2005年3月一次寒潮天气过程的诊断分析.气象,32(2).
[14] 曾琮等.广东省寒潮强冷空气的气候特征及与ENSO的关系.广东气象,2003,1.
[15] 况雪源等.广西寒潮天气统计特征及环流形势分析.广西气象,2003,12.

ICS 83.080.20
G 32

GB

中华人民共和国国家标准

GB/T 21988—2008
代替 GB/T 13453.1—1992

塑料　氯乙烯均聚和共聚树脂 水中筛分析

Plastics—Vinyl chloride homopolymer and copolymer resins—Sieve analysis in water

(ISO 1624:2001,MOD)

2008-06-04 发布　　　　2008-12-01 实施

中华人民共和国国家质量监督检验检疫总局
中国国家标准化管理委员会　发布

前　言

本标准修改采用ISO 1624:2001《塑料　氯乙烯均聚和共聚树脂　水中筛分析》(英文版)(2007年2月27日确认)。

本标准根据ISO 1624:2001(E)重新起草,与其主要技术性差异如下:

——增加了湿润剂的种类(ISO 1624:2001第5章,本标准第5章);

——修改了称量精确度的要求(ISO 1624:2001第7章,本标准第7章);

——增加了过滤漏斗或过滤坩埚的干燥时间(本标准7.3.1);

——修改了筛余物的计算公式(ISO 1624:2001第8章,本标准第8章)。

为便于使用,本标准作了下列编辑性修改:

a) "本国际标准"一词改为"本标准";

b) 用小数点"."代替作为小数点的逗号",";

c) 删除了国际标准的前言。

本标准代替GB/T 13453.1—1992《氯乙烯均聚物和共聚物树脂　水中筛析方法》。

本标准与前版标准主要技术差异:

——修改了标准的中英文名称;

——修改了范围的规定(1992年版第1章,本版第1章);

——增加了"规范性引用文件"一章(本版第2章);

——增加了"术语和定义"一章(本版第3章);

——修改了天平的要求(1992年版4.2,本版6.2);

——修改了烘箱的要求(1992年版4.3,本版6.3);

——修改了干燥温度的要求(1992年版第5章,本版第7章);

——增加了"精密度"一章(本版第9章)。

本标准由中国石油和化学工业协会提出。

本标准由全国塑料标准化技术委员会聚氯乙烯树脂产品分会(SAC/TC 15/SC 7)归口。

本标准起草单位:锦西化工研究院。

本标准主要起草人:孙丽娟、陈沛云、郝晶。

本标准于1992年首次发布。

请注意本标准的某些内容有可能涉及专利。本标准的发布机构不应承担识别这些专利的责任。

塑料 氯乙烯均聚和共聚树脂 水中筛分析

1 范围

本标准规定了用水中筛分析测定氯乙烯均聚和共聚树脂筛余物的方法。控制这些特性有助于确保供料与预测的加工性能一致。

本标准适用于氯乙烯均聚和共聚树脂、特别是乳液法和微悬浮法聚氯乙烯树脂筛余物的测定。

2 规范性引用文件

下列文件中的条款通过本标准的引用而成为本标准的条款。凡是注日期的引用文件,其随后所有的修改单(不包括勘误的内容)或修订版均不适用于本标准,然而,鼓励根据本标准达成协议的各方研究是否可使用这些文件的最新版本。凡是不注日期的引用文件,其最新版本适用于本标准。

GB/T 6005 试验筛 金属丝编织网、穿孔板和电成型薄板筛孔的基本尺寸(GB/T 6005—1997,ISO 565:1990,NEQ)

3 术语和定义

3.1

筛余物 **sieve retention**

筛分试验后存留在筛上的树脂,以质量百分数表示。

4 原理

使用标准孔径筛,使试料在水流下过筛。

注:由于干筛方法存在静电干扰,所以在水流下过筛比干筛得到的结果更真实。本方法特别适用于乳液法树脂。

5 试剂

湿润剂,例如(5～10)%的烷基磺酸钠溶液、1%的十二烷基硫酸钠溶液等。

6 仪器

6.1 双筛组,直径(200～300)mm,高(30～50)mm,筛孔径 0.063 mm 及 0.250 mm,并装有导流片以避免试料喷溅损失(见图 1)。

注:如满足下列条件,则其他孔径筛也可使用:

——已使用上述规定的筛子;

——新筛组自 GB/T 6005 所提供的系列中选取。

6.2 天平,精确至 0.01 g,范围及尺寸应满足筛组及所筛分树脂的要求(见 7.1b)。

6.3 烘箱,可控制在(110±2)℃。

6.4 过滤器,置于水龙头及仪器之间,用于除去供水中的杂质。

6.5 喷水装置,为一个或最好为多个筛子设计,以便:

——彻底喷淋筛子的筛孔和内壁的整个表面;

——以射流搅动树脂,如使喷射孔以一定角度倾斜于筛网;

——水流的斜射应防止在树脂中形成流道。例如,使射流的方向相互交叉;

——喷洒的水要立即流过筛网,并在树脂的筛分过程中筛网上不应有大量的水聚集。

过筛的水最终流入深色盘中，以便检查水中树脂颗粒的存在。

图 1 给出了满足本标准要求的示意图，图中包括一个适用于几个筛子的转动喷水装置。

6.6 过滤漏斗或过滤坩埚，具真空吸滤瓶，直径 40 mm，平均孔径(20～40)μm。

7 步骤

7.1 通则

本标准允许几点变化，即：

a) 以下情况是可接受的：

1) 只要喷水装置为每个筛子提供了喷水器，可使用两个筛子重叠进行一次单独试验(推荐方法)；

2) 或每次采用不同的筛子，用两个单独试料分别进行两次试验。

b) 按以下方法干燥残余物是可接受的：

1) 在过滤漏斗或过滤坩埚中(推荐方法)；

2) 或直接在筛子上。

后一种方法要求筛子能耐受重复加热及冷却(如，其由不锈钢制成)。

7.2 筛分

如果操作结束需要在筛上称量树脂，则应将筛子在(110±2)℃烘箱中干燥 1 h，并在干燥器中冷却后，称量筛子，精确至 0.01 g。

将筛子或筛组置于喷水装置下，在筛子下面放置一个底部带孔的容器，其下安装一个深色盘，将水导入排水口，如果使用几个重叠的筛子，则筛子按照从上到下，筛孔尺寸依次减小的顺序排布。

在 400 mL 烧杯中称量约 25 g 树脂，精确至 0.01 g。加入适量的湿润剂(5.1)，随后分两次，每次加水约 50 mL，每次加入后要仔细混合。

注：湿润剂的加入量依赖于被测树脂的类型。对有些含有非常细粒子的树脂，可逐渐加入湿润剂溶液，用玻璃棒混合得到糊，然后，在倒入上层筛之前，逐步稀释，这样树脂就不会聚集或结块。

开动喷水系统，仔细地把网眼充分润湿。把制备的悬浮液一次或几次倒入上层的筛中并仔细冲洗烧杯几次，每次的洗液也倒入上层筛中。

采用能避免溢出或溅出的最快的水流速度。

至排入深色盘中的液体中没有树脂颗粒时即完成筛分。

把每个筛子提起，用水流将黏附在筛子下面的所有粒子冲洗到紧邻其下的筛中。

7.3 干燥和称量

7.3.1 在过滤床中干燥

清洗过滤漏斗或过滤坩埚，在(110±2)℃干燥 1 h，在干燥器中冷却后称量，精确至 0.01 g。

用水流将每个筛上的残余物冲入配有真空吸滤瓶的漏斗或坩埚中。

把漏斗或坩埚及一个筛上的残余物在(110±2)℃的烘箱中干燥，取出放在干燥器中冷却后称量，精确至 0.01 g，直至恒重。

从漏斗或坩埚与残余物的总质量中减去漏斗或坩埚质量，计算出残余物质量。

7.3.2 在筛中干燥

将每个筛子及其上面的残余物在(110±2)℃烘箱中干燥，取出放在干燥器中冷却后称量，精确至 0.01 g，直至恒重。

从筛子与残余物的总质量中减去按 7.2 所述测定的筛子质量，计算残余物的质量。

8 结果表示

8.1 筛余物的计算

8.1.1 对于采用两个重叠筛子的情况

筛余物按式(1)及式(2)计算，以百分数表示：

$$0.250\ \text{mm 筛余物}(R\ 250)=\frac{m_1}{m}\times 100 \quad\cdots\cdots(1)$$

$$0.063\ \text{mm 筛余物}(R\ 63)=\frac{m_1+m_2}{m}\times 100 \quad\cdots\cdots(2)$$

式中：

m_1——0.250 mm 筛上残余物的质量的数值，单位为克(g)；

m_2——0.063 mm 筛上残余物的质量的数值，单位为克(g)；

m——试样的质量的数值，单位为克(g)。

8.1.2 两个筛子分别进行单独试验的情况

筛余物按式(3)计算，以百分数表示：

$$\text{筛余物}(R\ 250\ \text{或}\ R\ 63)=\frac{m_0}{m}\times 100 \quad\cdots\cdots(3)$$

式中：

m_0——0.250 mm 或 0.063 mm 筛上残余物的质量的数值，单位为克(g)。

8.2 测试次数

每一测定应进行平行试验，满足下列条件方能确认为结果：

a) 筛余物大于或等于 5%：

两次单独测定结果之差小于或等于 2%则结果为可以接受；

b) 筛余物小于 5%：

两次单独测定结果之差小于或等于 1%则结果为可以接受。

如果不能满足以上条件，需再次进行平行测定。

8.3 以 *R* 250 及 *R* 63 表示结果

8.3.1 对筛余物大于或等于 5%：

结果以百分数表示，修约至整数。

8.3.2 对筛余物小于 5%：

结果以百分数表示，修约至第一位小数。

8.3.3 以平行试验的两个结果的算术平均值作为报告结果。

9 精密度

采用 3 个树脂在 4 个实验室进行室间试验，其结果(见表 1)显示重复性偏差 S_r(室内)和再现性偏差 S_R(室间)依赖于筛孔的尺寸。

表 1 精密度数据

偏 差	孔 径		
	>63 μm	>106 μm	>250 μm
	筛余物(%)		
S_r	0.06	0.04	0.01
S_R	0.17	0.05	0.03

10 试验报告

试验报告至少应包括以下信息：

a) 采用本标准；

b) 完整鉴别被测树脂的所有必要细节；

c) 试验用样品的质量，以克(g)表示；

d） 每个筛上的筛余物及对应筛孔径；

e） 试验日期。

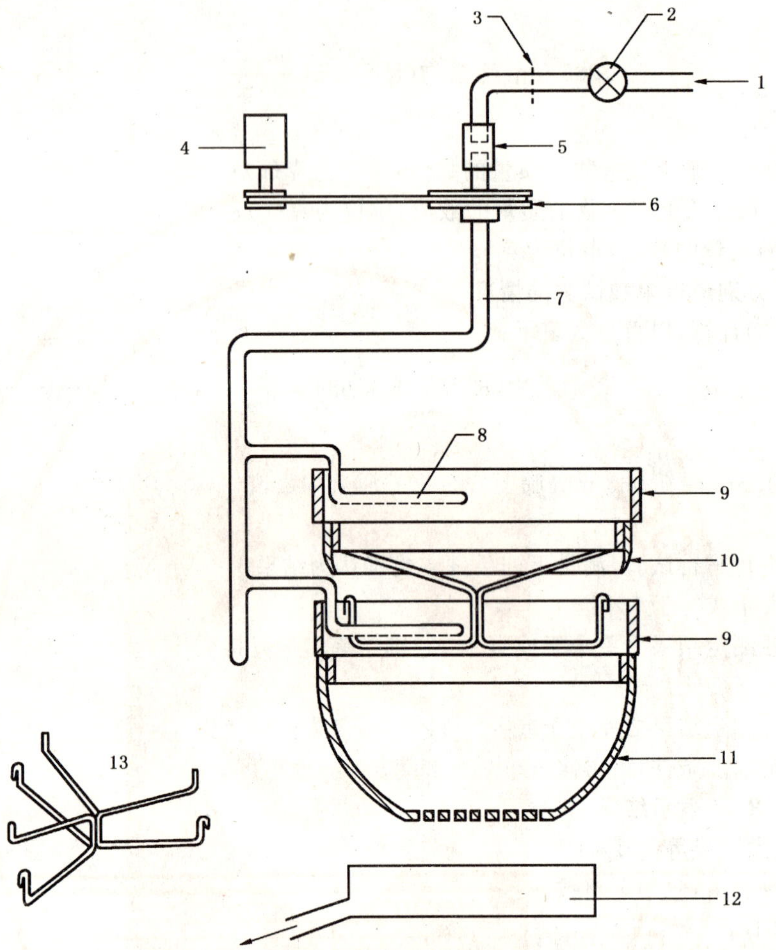

1——水；
2——流量调节阀；
3——过滤器；
4——电机；
5——旋转接头；
6——皮带调节喷射盘；
7——内径(3～10)mm；
8——1 mm厚开孔喷射盘(内径3 mm～4 mm)；
9——筛子；
10——导流片；
11——底部开孔的容器；
12——深色盘；
13——不锈钢筛支架。

图1 多筛喷射装置示意图

ICS 83.080.20
G 32

中华人民共和国国家标准

GB/T 21989—2008/ISO 4575:2007
代替 GB/T 12004.3—1989

塑料 聚氯乙烯糊 用 Severs 流变仪测定表观黏度

Plastics—Poly(vinyl chloride) pastes—Determination of apparent viscosity using the Severs rheometer

(ISO 4575:2007,IDT)

2008-06-04 发布 2008-12-01 实施

中华人民共和国国家质量监督检验检疫总局
中国国家标准化管理委员会 发布

前　言

本标准等同采用 ISO 4575:2007《塑料　聚氯乙烯糊　用 Severs 流变仪测定表观黏度》(英文版)。

为便于使用,本标准作了下列编辑性修改:

a) “本国际标准”一词改为“本标准”;

b) 用小数点“.”代替作为小数点的逗号“,”;

c) 删除了国际标准的前言。

本标准代替 GB/T 12004.3—1989《聚氯乙烯增塑糊表观黏度测定方法》。

本标准与 GB/T 12004.3—1989 主要技术差异如下:

——修改了标准的中英文名称;

——删除了“引用标准”一章(1989 年版的第 2 章);

——修改了“结果计算与表示”一章中的公式表示方法(1989 年版的第 6 章;本版的第 5 章和第 6 章);

——增加了“试验报告”一章(本版的第 7 章);

——增加了附录 A“非牛顿型流体的计算公式”。

本标准的附录 A 为资料性附录。

本标准由中国石油和化学工业协会提出。

本标准由全国塑料标准化技术委员会聚氯乙烯树脂产品分会(SAC/TC 15/SC 7)归口。

本标准起草单位:锦西化工研究院、武汉祥龙电业股份有限公司。

本标准主要起草人:孙丽娟、邹春华、郝晶、陈沛云。

本标准于 1989 年首次发布。

请注意本标准的某些内容有可能涉及专利。本标准的发布机构不应承担识别这些专利的责任。

塑料　聚氯乙烯糊　用 Severs 流变仪测定表观黏度

1　范围

本标准规定了采用 Severs 流变仪在高剪切速率下测定由聚氯乙烯(PVC)树脂和增塑剂制备的聚氯乙烯增塑糊的表观黏度的方法。

本标准特别适用于按 GB/T 21991《塑料　试验用聚氯乙烯(PVC)糊的制备　行星混合器法》或 GB/T 16613《试验用聚氯乙烯(PVC)糊的制备　分散器法》制备的"标准增塑糊"。

2　原理

将增塑糊试料放进 Severs 流变仪,并将夹套调节到规定温度。

测量不同压力下增塑糊流经校正过的模头的流速。

计算在各施用压力所对应的各流速下的剪切速率和表观黏度。

也可作出表观黏度对相应剪切速率的函数图。

3　设备

3.1　Severs 流变仪,容量为(500～1 000)mL。为图 1 所示两种基本结构之一。主要由以下几部分组成:

3.1.1　测量筒,例如,用不锈钢或青铜制的内壁经抛光的圆筒。它不但能装上一个带孔的底座,在孔中可以放置一个模头而且还能装上一个可以与压力源或大气相连的盖子。整个装置应是气密的。

3.1.2　夹套,与温度控制系统连接,可使测量筒内容物的温度保持在(23±0.5)℃。

3.1.3　不变形的模头,例如由不锈钢或聚四氟乙烯(PTFE)制成,由一个能紧密安装在测量筒底部的圆管构成。管的内壁和外壁均应抛光。模头由管的高度和直径确定。用本标准试验时,规定使用 A、B 两种模头,模头尺寸在表 1 中给出。

表 1　模头尺寸

单位为毫米

尺　寸	模头 A	模头 B
管半径	1.5±0.05	1.5±0.05
高	45±0.5	22.5±0.5

3.1.4　活塞(如果需要),由硬质塑料制成,其直径略小于测量筒,用来防止在糊产生空穴的情况下,气流在压力下直接穿过模头(使用它还可使设备清洗简单化)。图 2 给出了活塞的简图。

3.1.5　加压装置,由压缩氮气钢瓶、带压力表的缓冲罐和若干个阀组成,图 3 给出了示意图。

3.2　烧杯,容量约 50 mL。

3.3　秒表,精确至 0.1 s。

3.4　天平,精确至 0.5 g。

3.5　温度计,用于测(23±0.5)℃的温度。

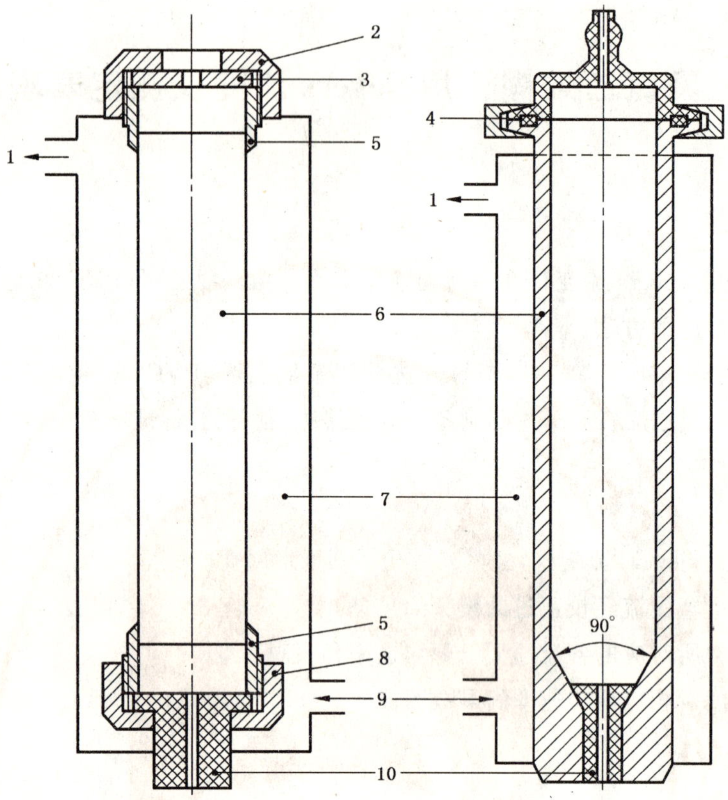

1——控温液体出口；

2——盖子；

3——PTFE 垫圈；

4——卡箍连接；

5——螺纹连接；

6——测量筒；

7——夹套；

8——模头卡箍；

9——控温液体入口；

10——模头。

图 1 两种类型流变仪基本结构示意图

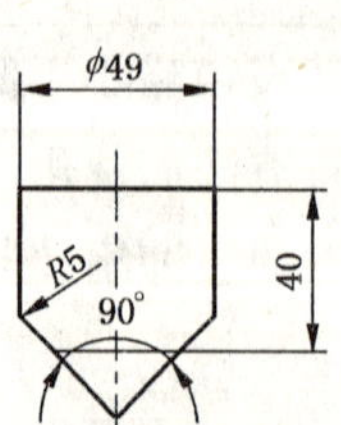

图 2 活塞

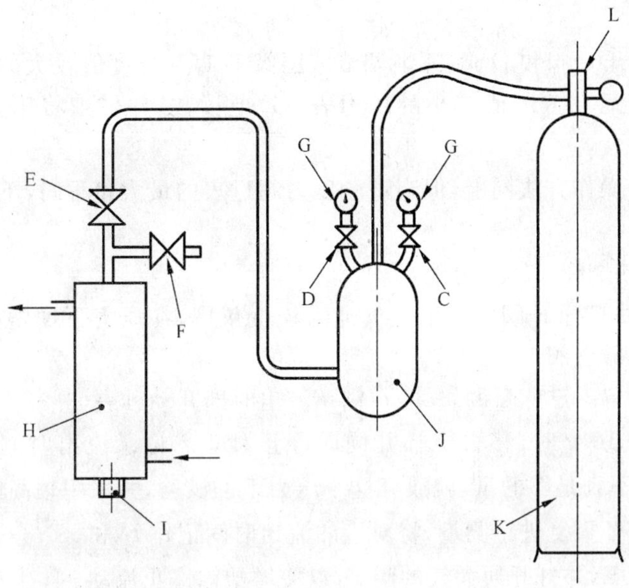

C——阀；

D——阀；

E——压缩氮气输入阀；

F——放空阀；

G——压力表(分度值不同)；

H——Severs 流变仪；

I——模头；

J——缓冲罐；

K——氮气钢瓶；

L——减压阀。

图 3 加压装置示意图

4 操作步骤

4.1 试验压力和模头的选择

根据测试糊及其用途从下列推荐压力中最少选四个：

(100,160,250,400,630,1 000,1 600,2 500)kPa[1)]。

用模头 A 在 2 500 kPa 压力下进行预试验；由测得的流速 q_m(见 5.1)按照 5.2 计算对应的剪切速率：

——如果剪切速率大于 1 000 s^{-1},应采用模头 A 进行试验；

——如果剪切速率小于或等于 1 000 s^{-1},应采用模头 B 进行试验。

4.2 增塑糊的加入和温度的控制

装上底座和适宜的模头(3.1.3),将待测糊加到测量筒(3.1.1)中。如果需要,在增塑糊上放上活塞(3.1.4)。

向夹套(3.1.2)通入循环水,使糊温达到(23±0.5)℃(通常 5 min 即可)。

拧紧盖子,并与加压装置连接(3.1.5)。

4.3 试验压力的调节

从最小压力开始试验。根据所用装置将压力调节至所需压力值的±10 kPa。在图 3 所示加压装置

1) 1 kPa=1 kN/m^2

的情况下，操作如下：

关闭E阀和F阀，打开C阀和D阀，逐渐调节减压阀L直至分度值较大的压力表(G)上的读数与所需压力值相同为止。然后在分度值较小的压力表(G)上读数，并仔细将压力调节到所需压力值的±10 kPa；

调节其他试验压力的操作方法同上，但当试验压力超过表的最大量程时，不要打开D阀。

4.4 测定

4.4.1 称量3个50 ml的烧杯(3.2)，精确至0.5 g。

清洗模头的出口孔，并打开E阀使压缩氮气通入流变仪中，在压力下增塑糊流过模头。要保证压力不变，如果需要，可操纵减压阀L来调节。

在流出的糊的下面放置一已称量的烧杯，在糊一流出时即开动秒表(3.3)。

当所得增塑糊不少于10 g时，移去烧杯并同时停止秒表。记录流出时间 t_1，以秒(s)计，精确至0.1 s(如果经2 min仍得不到足够的量，就放弃这个压力下的试验，并采用较高的压力进行试验)。

用另外两个称过的烧杯重复进行测量，将对应的流出时间记作 t_2 和 t_3。

关闭压缩氮气进口阀E，并打开通大气的阀F，以使增塑糊停止流动。

称量内容物，确定增塑糊的质量 m_1、m_2、m_3，以克(g)计，精确至0.5 g。

4.4.2 关闭通大气的阀F，将压力调节到新的数值。按4.4.1规定的条件重复试验。

4.4.3 试验后清洗流变仪，不要使用带毛的材料。

5 计算

5.1 流速的计算

对每一试验压力，用下列各式计算对应于每次测量的流速 q_{m_1}、q_{m_2} 和 q_{m_3}，以克每秒(g/s)计：

$$q_{m_1}=\frac{m_1}{t_1}\qquad q_{m_2}=\frac{m_2}{t_2}\qquad q_{m_3}=\frac{m_3}{t_3}$$

式中：m_1、m_2 和 m_3 及 t_1、t_2 和 t_3 的意义与4.4.1中相同。

算出三个值的算术平均值，即为该试验压力下的流速，记作 q_m，以克每秒(g/s)计。

5.2 剪切速率和表观黏度的计算

对于每一个流速值 q_m(按5.1计算所得的)用下表中的公式计算剪切速率及表观黏度(见注1和注2)：

表2 剪切速率及表观黏度公式

物 理 量	任一模头	模头A	模头B
剪切速率，$\epsilon(s^{-1})$	$\frac{4q_m}{\pi r^3\rho}$	$377\frac{q_m}{\rho}$	
表观黏度，η_{app}(Pa·s)	$10^3\frac{\pi r^4 p\rho}{8hq_m}$	$44\times10^{-3}\frac{p\rho}{q_m}$	$88\times10^{-3}\frac{p\rho}{q_m}$

式中：

r——模头圆管的半径的数值，单位为厘米(cm)；

h——模头圆管的高度的数值，单位为厘米(cm)；

p——试验压力的数值，单位为千帕(kPa)；

q_m——在试验压力 p 下增塑糊的流速的数值，单位为克每秒(g/s)(按5.1计算而得)；

ρ——23℃时糊的密度的数值，单位为克每立方厘米(g/cm³)。

注1：严格来说，这些公式只适用于牛顿型流体，然而由于其易用性并且所测得的数值对于其用途来说已足够精确，所以仍可应用于PVC糊。准确的公式，参见附录A。

注 2：剪切力 $\sigma=\eta\varepsilon$，并可在每一试验压力下用公式 $\sigma=Pr/2h$ 计算。

6 结果表示

以表格形式表示出对应每一剪切速率的表观黏度（见图 4）。

作出表观黏度（纵坐标）对剪切速率（横坐标）的曲线图，图 4 给出了例图。

采用 Severs 流变仪试验

PVC 糊配比：100∶50

$\rho_{23}=1.22\ g/cm^3$

模头 A

制糊后立即测试

P/kPa	100	400	630	1 000
q_m/g/m	0.32	1.40	2.38	4.44
ε/s^{-1}	98	430	730	1 360
η_{app}/(Pa·s)	16.9	15.4	14.3	12.2

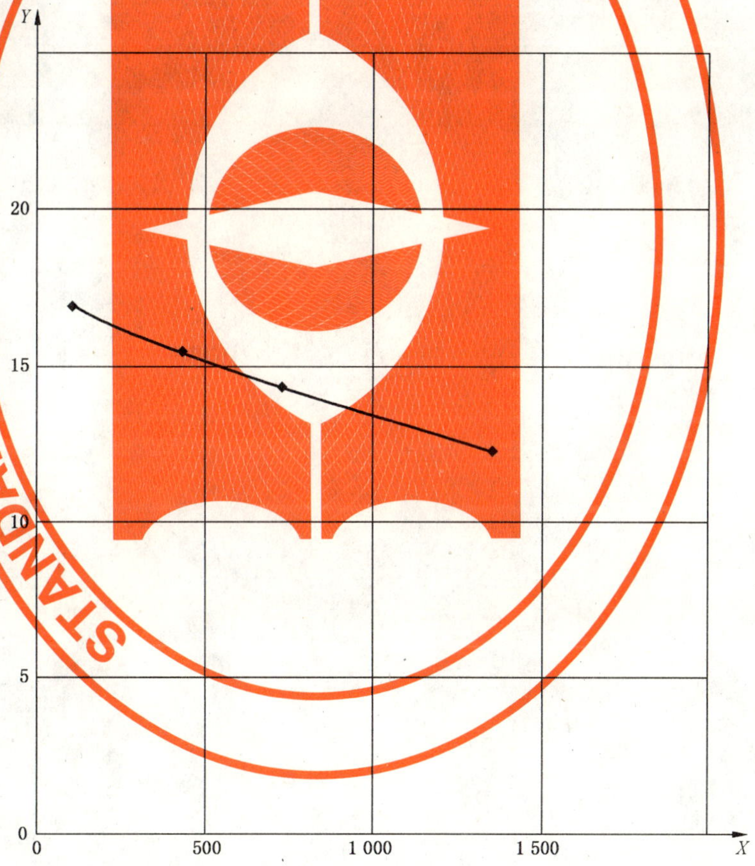

X——剪切速率，$\varepsilon/(s^{-1})$；

Y——表观黏度，η_{app}/(Pa·s)。

图 4 采用表格及坐标图形式表示 Severs 流变仪测试结果的示例

7 试验报告

试验报告至少应包括以下部分：

a) 参照本标准；

b） 完整鉴别聚氯乙烯糊用树脂及增塑剂的所有必要标识；

c） 糊的配比；

d） 糊的制备方法，即行星混合器或分散器法；

e） 糊的密度；

f） 所使用的模头；

g） 测试前在23℃调整的时间；

h） 在不同的剪切速率下表观黏度的表格；

i） 给出表观黏度对剪切速率的坐标图(可选)。

附　录　A
（资料性附录）
非牛顿型流体的计算公式

非牛顿型流体的精确计算公式如下，其中包括 m，代表非牛顿指数 n 的倒数，除 m 以外的其他符号的涵义与5.2中的表述相同。

表 A.1　非牛顿型流体的精确计算公式

物　理　量	任　一　模　头
剪切速率 $\varepsilon/(\mathrm{s}^{-1})$	$\dfrac{(m+3)q_m}{\pi r^3 \rho}$
表观黏度 $\eta_{app}/(\mathrm{Pa\cdot s})$	$10^3\,\dfrac{\pi r^4 p\rho}{2h(m+3)q_m}$

参考文献

[1] GB/T 21991 塑料 试验用聚氯乙烯(PVC)糊的制备 行星混合器法(GB/T 21991—2008,ISO 4612:1999,IDT)

[2] GB/T 16613 试验用聚氯乙烯(PVC)糊的制备 分散器法(GB/T 16613—2008,ISO 11468:1997,IDT)

ICS 83.080.20
G 32

中华人民共和国国家标准

GB/T 21990—2008
代替 GB/T 12004.5—1992

聚氯乙烯(PVC)糊 刮板细度的测定

Polyvinyl chloride(PVC)pastes—Determination of fineness of grind

2008-06-04 发布　　　　2008-12-01 实施

中华人民共和国国家质量监督检验检疫总局
中国国家标准化管理委员会　发布

前　言

本标准代替 GB/T 12004.5—1992《聚氯乙烯增塑糊刮板细度的测定》。

本标准与 GB/T 12004.5—1992 的主要技术性差异如下：

——修改了标准名称；

——增加了“术语和定义”一章(本版第 3 章)；

——删除了刮板细度计的具体规定(1992 年版的 3.1 和 3.2)。

本标准由中国石油和化学工业协会提出。

本标准由全国塑料标准化技术委员会聚氯乙烯树脂产品分会(SAC/TC 15/SC 7)归口。

本标准起草单位:锦西化工研究院。

本标准主要起草人:孙丽娟、谭琛、郝晶、陈沛云。

本标准于 1992 年首次发布。

请注意本标准的某些内容有可能涉及专利,本标准的发布机构不应承担识别这些专利的责任。

聚氯乙烯(PVC)糊　刮板细度的测定

1　范围

本标准规定了用刮板细度计测定PVC糊中粗粒粒径的方法。

本标准适用于PVC糊粗粒粒径的测定。

2　原理

把PVC糊置于测定器上,通过刮刀移动出现的刮痕,检测PVC糊中的粗粒粒径。

3　术语和定义

下列术语和定义适用于本标准。

3.1

糊　paste

树脂在有机液体中的均匀分散体系。

4　仪器

4.1　刮板细度计,由测定器和刮刀组成(见图1)。应根据所测树脂的粒径及范围进行选择。

单位为毫米

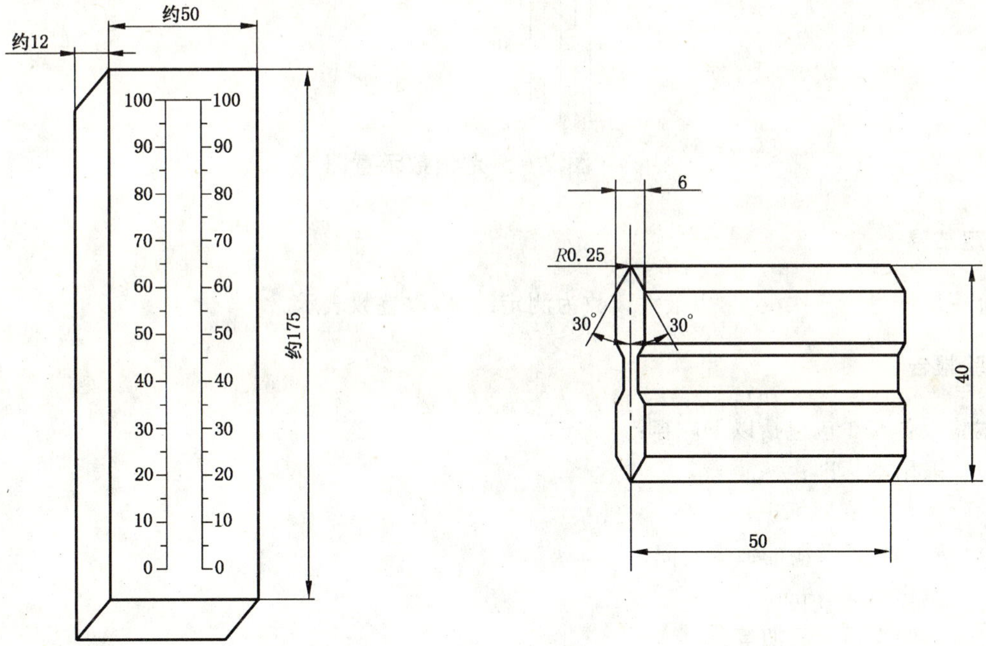

a) 测定器　　b) 刮刀

图1　刮板细度计示意图

5　测定步骤

5.1　用绸布将测定器擦干净,置于水平台面上。

5.2　将足够量的PVC糊缓慢倾倒在测定器斜槽较深的一端,使其稍微溢出斜槽。

5.3　双手握紧刮刀,垂直置于测定器斜槽深端的试料边缘处,刮刀刃与测定器的宽向平行,保证刮刀与测定器严密接触，快速刮至另一端。此过程中，测定器不能滑动。

5.4 试料刮好后，迅速使视线与测定器表面成15°～30°，在能看清楚测定器表面线状刮痕的光线下，从数条连续至0 μm的刮痕中，取最长刮痕起点的读数作为测定值(见图2)。

5.5 每次测定后，立即用软纸将PVC糊擦去，再用绸布仔细擦拭测定器和刮刀。

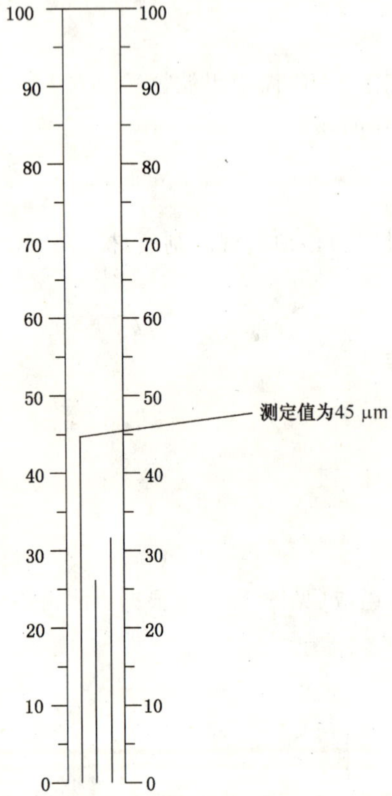

图2 测定读数示意图

6 测定结果

每一试样进行三次测定，以最大读数为测定结果，以整数表示。

7 试验报告

试验报告至少应包括以下内容：

a) 采用本标准；

b) 试料的完整标识；

c) 糊的配比及糊的放置时间；

d) 测定结果，μm；

e) 试验人员及日期等。

ICS 83.080.20
G 32

GB

中华人民共和国国家标准

GB/T 21991—2008/ISO 4612:1999
代替 GB/T 12004.2—1996

塑料 试验用聚氯乙烯(PVC)糊的制备 行星混合器法

Plastics—Preparation of PVC paste for test purpose—Planetary-mixer method

(ISO 4612:1999,IDT)

2008-06-04 发布

2008-12-01 实施

中华人民共和国国家质量监督检验检疫总局
中国国家标准化管理委员会 发布

前　言

本标准等同采用 ISO 4612:1999(E)《塑料　试验用聚氯乙烯(PVC)糊的制备　行星混合器法》(英文版)(2004年11月11日确认)。

为便于使用，本标准作了下列编辑性修改：

a) "本国际标准"一词改为"本标准"；

b) 用小数点"."代替作为小数点的"，"；

c) 删除了国际标准的前言。

本标准代替 GB/T 12004.2—1996《聚氯乙烯糊树脂　糊的制备》。

本标准与 GB/T 12004.2—1996 主要技术差异为：

——修改了标准中英文名称；

——增加了"术语及定义"一章(本版第3章)；

——删除了"试剂"一章(1996年版第3章)；

——"仪器"一章修改为"仪器与材料"(1996年版第4章，本版第5章)；

——删除了制糊配方(1996年版表1)；

——增加了一种制糊方法(1996年版第5章，本版第7章)；

——修改了所制备糊的温度要求(1996年版5.7，本版第7章)；

——修改了真空脱气的条件(1996年版5.8，本版第7章)；

——增加了糊的保存环境的要求(本版第7章)；

——增加了一种混合碗/搅拌器的结构图(1996年版图2，本版图2)。

本标准由中国石油和化学工业协会提出。

本标准由全国塑料标准化技术委员会聚氯乙烯树脂产品分会(SAC/TC 15/SC 7)归口。

本标准起草单位：锦西化工研究院、天津渤天化工有限责任公司。

本标准主要起草人：陈沛云、孙丽娟、胡玉莲、郝晶、邵毅敏。

本标准所代替标准的历次版本发布情况为：

GB 12004.2—1989，GB/T 12004.2—1996。

请注意本标准的某些内容有可能涉及专利。本标准的发布机构不应承担识别这些专利的责任。

塑料　试验用聚氯乙烯(PVC)糊的制备　行星混合器法

1　范围

本标准规定了将适宜的PVC树脂、增塑剂和其他组分经行星混合过程制备成糊(也称塑溶胶)的两种方法,即方法A和方法B。

方法A和方法B均可用于制备任意组分的糊。方法A(单速)特别适用于制糊过程中易积热的树脂,而方法B(双速)由于其混合时间短,更适于重复操作,如树脂生产的过程控制。

这种糊可用于多种试验目的,包括用于树脂的命名和规范中树脂流变性的测定。

2　规范性引用文件

下列文件中的条款通过本标准的引用而成为本标准的条款。凡是注日期的引用文件,其随后所有的修改单(不包括勘误的内容)或修订版均不适用于本标准,然而,鼓励根据本标准达成协议的各方研究是否可使用这些文件的最新版本。凡是不注日期的引用文件,其最新版本适用于本标准。

GB/T 2918—1998　塑料试样状态调节和试验的标准环境(ISO 291:1997,IDT)

3　术语和定义

下列术语和定义适用于本标准。

3.1

糊　paste

(增塑溶胶　plastisol)

PVC树脂在有机液体中的均匀分散体系。

3.2

行星混合器　planetary mixer

一种混合器,其搅拌器或搅拌叶不仅绕混合容器的轴线旋转,而且旋转轴自身也作圆周运动。

4　原理

将液体增塑剂、PVC树脂粉末及其他适宜组分以液态、糊状或粉末状在混合器内混合,剪切作用使粉末分散于液体中。

制糊过程包括增塑剂对树脂粉末的部分溶剂化,因而"分散体系"可长期保持液态,即粉末不会轻易沉降。

5　仪器和材料

5.1　行星混合器,至少具有如图1所示的关键特征,且所具有的混合碗/搅拌器的结构与图2所示其中之一相似。

混合碗应由不锈钢制成,可装配一个用于冷却水循环的夹套。混合碗应由其制造商规定一个推荐的装填量,应使由相应比例的树脂、增塑剂及任何其他组分组成的(700～1 200)g的量充分混合。

电机应具备足够的功率,当欲混合的糊最黏时,可保持搅拌器绕混合碗轴线的转速为

(60±5)r/min,若使用方法 B 则为(120±10)r/min。搅拌器绕混合碗轴线的转速与搅拌器绕自身轴线的转速应为固定比例,由其制造商设定,其比值近似为 3∶7,即当搅拌器绕混合碗轴线的转速设定为60 r/min时,围绕其自身轴线的转速应近似为 140 r/min。

混合器还可装配一个转动刮板,其叶片由耐制糊所用液体的材料制成,可刮拭混合碗的内壁。

混合器也可以装配真空装置,可在混合过程中或混合后对混合碗中内容物抽真空脱气。

5.2 环境可调的柜子或房间,可保持(23±2)℃,相对湿度(50±5)%。

5.3 天平,精确至 0.5 g。

5.4 计时器,能指示秒。

5.5 烧杯,不同容积,用于盛装糊试料,烧杯应足够大,以避免糊在真空脱气过程中溢出。

5.6 真空泵、干燥器等,能够保证糊在(2×10^3) Pa 的绝对压力下脱气。

5.7 刮刀。

5.8 增塑剂。

6 树脂样品和环境

用于制糊的树脂应无结块,在使用前应依据 GB/T 2918—1998 在(23±2)℃、相对湿度(50±5)%的环境中调节 24 h。

7 糊的制备

7.1 方法 A

于混合碗内称取计算量的树脂,随后加入计算量的增塑剂,增塑剂的加入量由糊配比和树脂、增塑剂及任何其他必要组分的总量所确定,其总量应达到混合碗"充分"混合的装填量(见 5.1)。任何其他粉末状组分可作为树脂体系的一部分加入,而其他液体组分应与增塑剂一起加入,糊状组分则可依据其量与粉末或液体一起加入。

用刮刀手动混合增塑剂和树脂,直至无可见增塑剂。用混合器的搅拌器刮净刮刀,以保证没有物料损失。将混合碗固定在混合器框架上,将搅拌器装在轴上,升高混合碗或降低混合器使搅拌器位于操作位置。

同时开启计时器和混合器,使搅拌器绕混合碗轴线的转速为(60±5) r/min。1 min±10 s 后,停止混合器和计时器,取出混合碗,用刮刀刮净碗壁及搅拌器,在搅拌器上刮净刮刀,放回混合碗重新开启混合器及计时器,再搅拌 5 min±15 s。重复前述的刮拭过程,然后继续混合直至总的实际混合时间达到30 min±30 s。

若混合器装有旋转刮板,则无需为刮拭混合碗壁而停止混合,可连续混合 30 min±30 s。但若观察到物料黏附在搅拌器上,则采用前述无旋转刮板的混合器操作。

停止混合器并立即检测糊的温度。若温度高于 35 ℃,则用更多的增塑剂或在混合碗装配有冷却水夹套的情况下在夹套中通入冷却水制备新糊。

将糊移入适宜的烧杯中,若有可见团块,需制备新糊。若无团块,在(2×10^3) Pa 的绝对压力下脱除糊中气体,观察到泡沫消失后,在此压力下保持 5 min。若混合器装有真空装置,脱气过程则可在混合碗中进行。

糊在(23±2)℃、相对湿度(50±5)%的环境保存,将烧杯盖上以避免意外污染。

在整个过程中应小心操作以避免糊溢出或喷溅。

7.2 方法 B

于混合碗内称取计算量的树脂,随后加入计算量的增塑剂,增塑剂的加入量由糊配比和树脂、增塑剂及任何其他必要组分的总量所确定,其总量应达到混合碗“充分”混合的装填量(见 5.1)。任何其他粉末状组分可作为树脂体系的一部分加入,而其他液体组分应与增塑剂一起加入,糊状组分则可依据其量与粉末或液体一起加入。

用刮刀手动混合增塑剂和树脂,直至无可见增塑剂。用混合器的搅拌器刮净刮刀,以保证没有物料损失。将混合碗固定在混合器框架上,将搅拌器装在轴上,升高混合碗或降低混合器使搅拌器位于操作位置。

同时开启计时器和混合器,使搅拌器绕混合碗轴线的转速为(60±5)r/min。2 min±10 s 后,停止混合器和计时器,取出混合碗,用刮刀刮净碗壁及搅拌器,在搅拌器上刮净刮刀,放回混合碗重新开启混合器及计时器,此时搅拌器转速为(120±10)r/min,继续混合直至总的实际混合时间达到 20 min±30 s。

若混合器装有旋转刮板,则无需为刮拭碗壁而停止混合,可连续混合 20 min±30 s。如有必要,可在 2 min±10 s 后短暂停止以使搅拌器转速由(60±5)r/min 增加至(120±10)r/min。但若观察到物料黏附在搅拌器上,则采用前述无旋转刮板的混合器操作。

停止混合器并立即检测糊的温度。若温度高于 35℃,则用更多的增塑剂或在混合碗装配有冷却水夹套的情况下在夹套中通入冷却水制备新糊。

将糊移入适宜的烧杯中,若有可见团块,需制备新糊。若无团块,在(2×10^3)Pa 的绝对压力下脱除糊中气体,观察到泡沫消失后,在此压力下保持 5 min。若混合器装有真空装置,脱气过程则可在混合碗中进行。

糊在(23±2)℃、相对湿度(50±5)%的环境保存,将烧杯盖上以避免意外污染。

在整个过程中应小心操作以避免糊溢出或喷溅。

8 试验报告

试验报告至少应包含下列内容:

a) 参照本标准;

b) 糊配比;

c) 混合结束后的糊温;

d) 制糊日期;

e) 与本标准的任何差异。

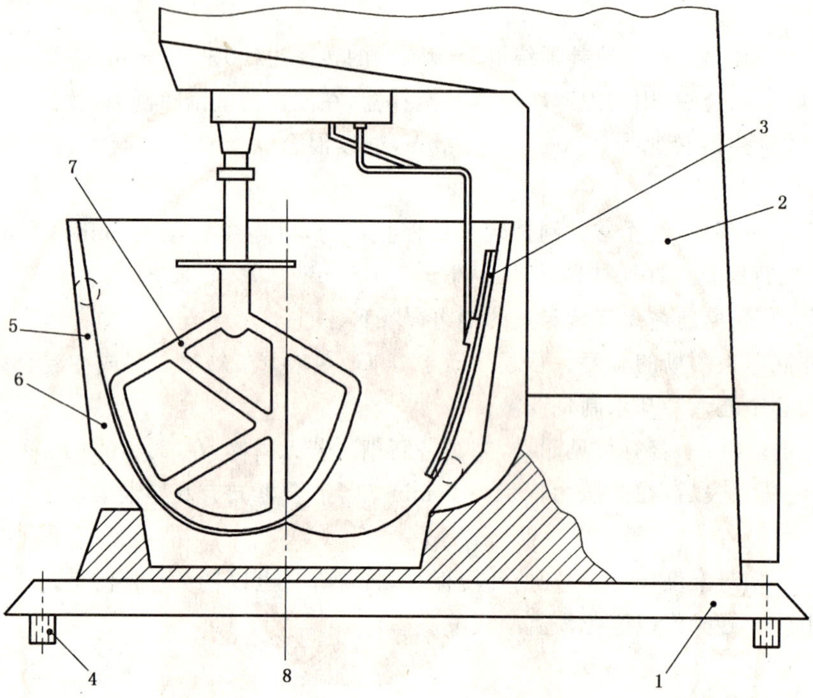

1——基座;
2——混合器;
3——可选刮板或刮片,旋转以清洁碗壁;
4——座脚;
5——不锈钢混合碗;
6——可选用于冷却水循环的夹套;
7——搅拌器;
8——旋转主轴。

图 1 行星混合器

单位为毫米

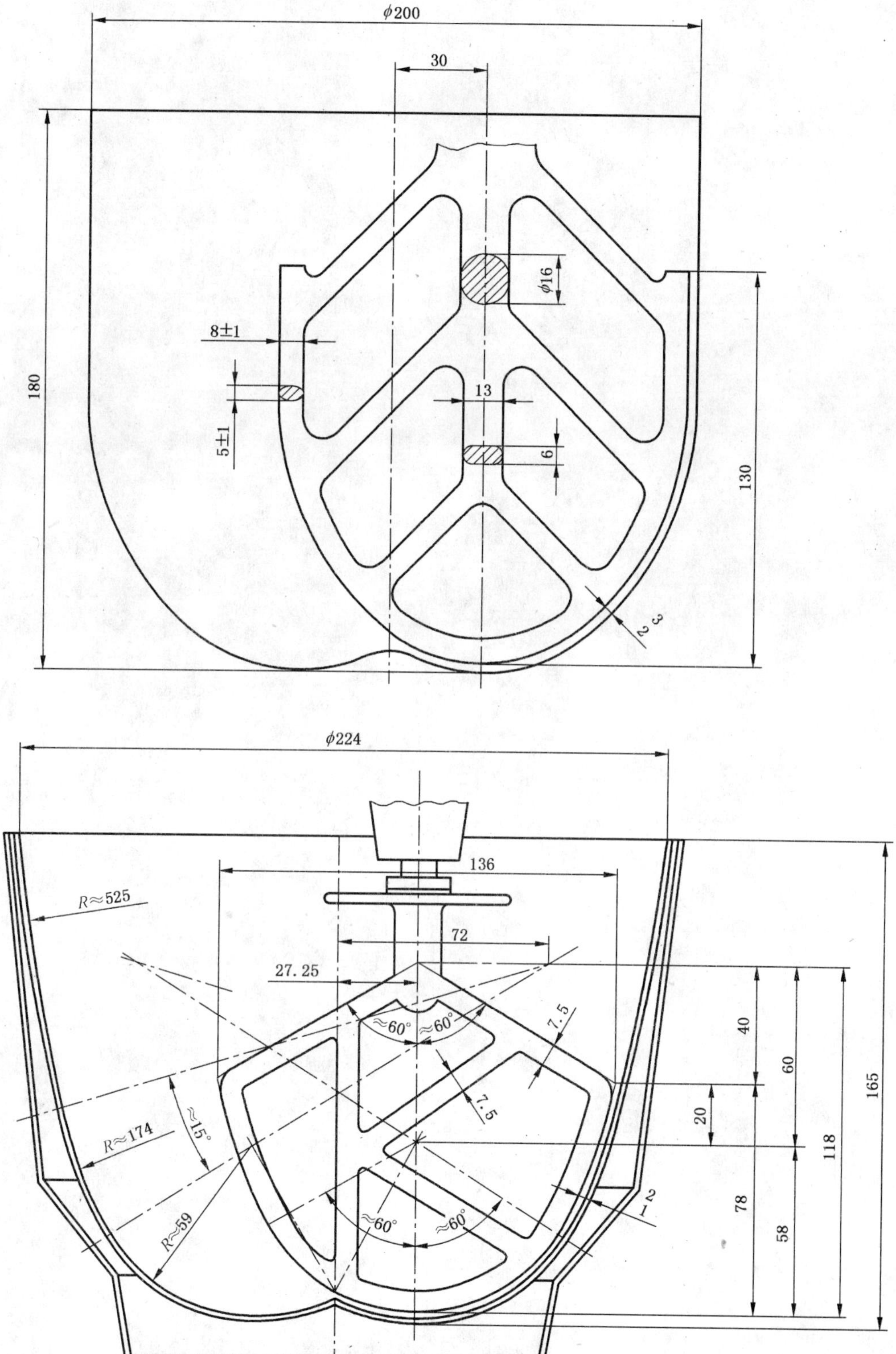

图 2 典型的行星混合器的碗和搅拌器结构

ICS 83.080.20
G 32

中华人民共和国国家标准

GB/T 21992—2008
代替 GB/T 12004.1—1989

糊用聚氯乙烯树脂
杂质与外来粒子数的测定

Polyvinyl chloride resins for paste—Determination of number of impurities particles and foreign particles

2008-06-04 发布　　　　2008-12-01 实施

中华人民共和国国家质量监督检验检疫总局
中国国家标准化管理委员会　发布

前　言

本标准对应于 ГОСТ 14039—1978(RU)(1984 年确认)《乳液法聚氯乙烯树脂》中 3.4,与 ГОСТ 14039—1978的一致性程度为非等效。

本标准代替 GB/T 12004.1—1989《聚氯乙烯糊树脂中杂质粒子数的测定》。

本标准与 GB/T 12004.1—1989 主要差异如下:

——修改了标准名称;

——删除了邻苯二甲酸二辛酯用绸布过滤的要求(1989 年版 4.1);

——增加了邻苯二甲酸二辛酯的质量要求(本版 3.6)。

本标准由中国石油和化学工业协会提出。

本标准由全国塑料标准化技术委员会聚氯乙烯树脂产品分会(SAC/TC 15/SC 7)归口。

本标准起草单位:锦西化工研究院。

本标准主要起草人:孙丽娟、郝晶、陈沛云、谭琛。

本标准于 1989 年首次发布。

请注意本标准的某些内容有可能涉及专利,本标准的发布机构不应承担识别这些专利的责任。

糊用聚氯乙烯树脂
杂质与外来粒子数的测定

1 范围

本标准规定了糊用聚氯乙烯树脂中杂质与外来粒子数的测定原理、所用仪器和材料、操作步骤及结果表示等内容。

本标准适用于糊用聚氯乙烯树脂中杂质与外来粒子数的测定。

2 原理

糊用聚氯乙烯树脂与邻苯二甲酸二辛酯按规定比例搅拌成均匀的糊，流涎于一定面积的玻璃模板上，加热成膜后，在检测箱上计数 240 mm×240 mm 膜中可见的杂质与外来粒子数。

3 仪器和材料

3.1 玻璃模板，板面 260 mm×260 mm，模板中心为 240 mm×240 mm×(0.4～0.5)mm 的模槽，无色、透明、无气泡和色点之类的缺陷[1)]。

3.2 检测箱，260 mm×260 mm×260 mm，上口无盖，与玻璃模板吻合，距玻璃模板下方 200 mm 处装有一只 60 W 的白炽灯泡。

3.3 烘箱，能控制在(130±2)℃，具自然通风或低速循环风扇。

3.4 研钵。

3.5 刮刀。

3.6 天平，准确至 0.1 g。

3.7 邻苯二甲酸二辛酯，GB/T 11406—2001，一等品。

4 操作步骤

4.1 称取邻苯二甲酸二辛酯(25±2)g 于干燥洁净的研钵中，加(25±0.1)g 试样，搅拌成均匀的糊，静置(10～15)min。

4.2 称取该糊(40±1)g 于玻璃模板上，倾斜或借助刮刀使其均匀地分布于模槽，水平静置(10～15)min 后，将该模板置于(130±2)℃的烘箱中，加热 15 min。

4.3 取出模板冷却后放在检测箱上，在箱内灯光照射下，以目视计数 240 mm×240 mm 膜中可见的杂质与外来粒子数。

注：训练操作者在最长 2 min 内完成计数以避免操作者的眼睛疲劳。

5 结果表示

5.1 每一试样进行两次测定，杂质与外来粒子数 P 以两次测定值的算术平均值表示，如遇小数进为整数，按式(1)计算。

1） 如有上述缺陷，则在检测计数时给予考虑。

$$P = \frac{n_1 + n_2}{2} \qquad \cdots\cdots(1)$$

式中：

n_1、n_2——分别为第一次和第二次的测定值。

5.2 如果对测定结果有异议，可重复测定(5～10)次，取其算术平均值。

6 试验报告

试验报告至少应包括以下内容：

a) 采用本标准；

b) 试样的完整标识；

c) 测定结果；

d) 测定过程中观察到的异常情况；

e) 试验人员及日期等。

ICS 83.080.20
G 32

中华人民共和国国家标准

GB/T 21993—2008
代替 GB/T 13453.2—1992

聚氯乙烯树脂
甲醇或乙醇萃取物含量的测定

Polyvinyl chloride resins—Determination of the content of methanol or ethanol extract

2008-06-04 发布　　　　2008-12-01 实施

中华人民共和国国家质量监督检验检疫总局
中国国家标准化管理委员会　发布

前　言

本标准对应于 ASTM D 2222—1994(2004 年确认)《氯乙烯树脂甲醇萃取物的标准试验方法》,与 ASTM D 2222—1994 的一致性程度为非等效。

本标准与 ASTM D 2222—1994 的主要技术性差异为:

——甲醇对人身健康危害较大,因此萃取剂增加了无水乙醇;

——删除了“引用标准”一章;

——删除了“术语”一章。

本标准代替 GB/T 13453.2—1992《聚氯乙烯树脂甲醇或乙醇萃取物含量的测定方法》。

本标准与 GB/T 13453.2—1992 主要差异如下:

——标准格式及结构按 GB/T 1.1—2000 要求编写。

本标准由中国石油和化学工业协会提出。

本标准由全国塑料标准化技术委员会聚氯乙烯树脂产品分会(SAC/TC 15/SC 7)归口。

本标准起草单位:锦西化工研究院。

本标准主要起草人:郝晶、孙丽娟、谭琛。

本标准于 1992 年首次发布。

请注意本标准的某些内容有可能涉及专利,本标准的发布机构不应承担识别这些专利的责任。

聚氯乙烯树脂
甲醇或乙醇萃取物含量的测定

1 范围

本标准规定了用索格利特萃取器测定聚氯乙烯树脂的甲醇或乙醇萃取物含量的方法。

本标准适用于聚氯乙烯树脂中甲醇或乙醇萃取物的测定。

2 原理

在索格利特萃取器中，可溶于甲醇或乙醇的物质被从树脂中萃取出来，将甲醇或乙醇蒸干后，称量剩余物质量计算甲醇或乙醇萃取物的质量百分数。

3 试剂

除非另有说明，在分析中仅使用确认为分析纯的试剂。

3.1 甲醇

3.2 乙醇(无水)

警告——甲醇和乙醇(无水)为危险化学试剂，使用者有责任采取适当的安全和健康措施。

4 仪器

4.1 索格利特萃取器，容量 100 mL 并具 250 mL 单颈烧瓶。

4.2 萃取筒，ϕ33 mm×94 mm 的底部带孔的玻璃筒或不使试样流失的滤纸筒。

4.3 烘箱，可控制在(105±3)℃。

4.4 电加热套或电热丝式加热器，可控制加热速率。

4.5 天平，准确至 0.001 g。

5 操作步骤

5.1 称量约 12 g 试样至一空萃取筒中，精确至 0.001 g。用脱脂棉(或玻璃棉)团将萃取筒中试样盖住，将其置于萃取器中。

5.2 在清洗过的烧瓶中加两粒洁净的碎瓷片，经干燥后称量，精确至 0.001 g。

5.3 在烧瓶中加入 200 mL 甲醇(3.1)或乙醇(3.2)，并将烧瓶连接萃取器后置于电加热器上加热。

5.4 开始萃取并调整回流速度使萃取筒中收集的甲醇或乙醇每小时至少排出六次。

5.5 自萃取器中萃取液第一次排出后开始计时，萃取至 6 h±10 min(或另有商定)。

5.6 将萃取器中的甲醇或乙醇倾入烧瓶中，将烧瓶与蒸馏装置连接进行蒸馏，蒸至烧瓶中剩余约 5 mL 甲醇或乙醇。

5.7 将烧瓶在(105±3)℃的烘箱中加热约 2 h 后，移出置于干燥器中冷却至室温，称量，精确至 0.001 g。再次加热，直至在 30 min 间隔内得到的两个质量值相差不超过 0.001 g 即为恒重，用这个值计算甲醇或乙醇萃取物的质量百分数。

5.8 不加试样，按相同操作进行空白试验。

6 计算

6.1 甲醇或乙醇萃取物的质量分数 ω，数值以%表示，按式(1)计算：

$$\omega = \frac{(m_1 - m_2 - m_3)}{m_0} \times 100 \quad \cdots\cdots(1)$$

式中：

m_0——试样的质量的数值，单位为克(g)；

m_1——烧瓶、瓷片及萃取物的质量的数值，单位为克(g)；

m_2——烧瓶及瓷片的质量的数值，单位为克(g)；

m_3——空白试验中烧瓶及瓷片增加的质量的数值，单位为克(g)。

取两次测定值的算术平均值为试验结果，如果两次测定值之差的绝对值大于0.2 %时，需重新测定。

7 试验报告

试验报告至少应包括以下内容：

a) 采用本国家标准；

b) 试样的完整标识；

c) 萃取所用时间；

d) 测定结果；

e) 可能影响测定结果的各种情况；

f) 试验人员及日期等。

ICS 77.040.30
H 12

中华人民共和国国家标准

GB/T 21994.1—2008

氟化镁化学分析方法
第1部分：试样的制备和贮存

Chemical analysis of magnesium fluoride—
Part 1: Preparation and storage of test samples

2008-06-09 发布　　2008-12-01 实施

中华人民共和国国家质量监督检验检疫总局
中国国家标准化管理委员会　发布

前　言

GB/T 21994《氟化镁化学分析方法》分为8个部分：

——第1部分：试样的制备和贮存；

——第2部分：湿存水含量的测定　重量法；

——第3部分：氟含量的测定　蒸馏-硝酸钍容量法；

——第4部分：镁含量的测定　EDTA容量法；

——第5部分：钙含量的测定　火焰原子吸收光谱法；

——第6部分：二氧化硅含量的测定　钼蓝分光光度法；

——第7部分：三氧化二铁含量的测定　邻二氮杂菲分光光度法；

——第8部分：硫酸根含量的测定　硫酸钡重量法。

本部分为第1部分。

本部分由中国有色金属工业协会提出。

本部分由全国有色金属标准化技术委员会归口。

本部分由湖南有色氟化学有限责任公司、中国有色金属工业标准计量质量研究所负责起草。

本部分起草单位：湖南有色氟化学有限责任公司。

本部分参加起草单位：多氟多化工股份有限公司、白银氟化盐有限责任公司。

本部分主要起草人：黎志坚、廖志辉、陈湘渝、朱亮、薛旭金、王建萍、郭贤慧、王波、李冶。

氟化镁化学分析方法
第1部分：试样的制备和贮存

1 范围

本部分规定了氟化镁的原始试样和干燥试样的制备和贮存。

本部分适用于氟化镁的原始试样和干燥试样的制备和贮存。

2 规范性引用文件

下列文件中的条款，通过本部分的引用而成为本部分的条款。凡是注日期的引用文件，其随后所有的修改单(不包括勘误的内容)或修订版均不适用于本部分，然而，鼓励根据本部分达成协议的各方研究是否可使用这些文件的最新版本。凡是不注日期的引用文件，其最新版本适应于本部分。

GB/T 6679 固体化工产品采样通则

3 试样的制备和贮存

3.1 实验室试样

采用GB/T 6679中规定的方法制备和贮存实验室试样。

3.2 原始试样的制备

供某些几何特性测定，供某些物理和物理化学性质的试验，以及供湿存水分的测定。取约300 g实验室试样(3.1)，将其放入密封容器中贮存，该容器以几乎被试样所充满为宜。

3.3 干燥试样的制备

供化学试验、某些几何特性的测定以及某些物理和物理化学试验。

3.3.1 试样研磨

将试样研磨过筛，直到全部通过孔径为0.125 mm的筛子为止。充分混合过筛后的试样，在110℃±5℃烘干2 h。

3.3.2 设备

3.3.2.1 试验筛：其筛眼孔径为0.125 mm。用不引入待测杂质元素的材料制成，根据氟化镁和待测杂质元素的性质选择试验筛。

3.3.2.2 研钵：用钢玉或玛瑙制成。

3.3.2.3 电烘箱：自然对流通风，能控制温度110℃±5℃。

3.3.3 操作步骤

3.3.3.1 将约100 g实验室试样(3.1)通过试验筛(3.3.2.1)，将筛上残留的颗粒放在研钵(3.3.2.2)中研磨，并再次过筛，过筛的料加在前面所筛得的料中仔细混合。反复研磨，过筛，混合，直至所有样品全部通过筛子为止。

3.3.3.2 将试料(3.3.3.1)放入铂皿中，置于电烘箱(3.3.2.3)中，控制温度110℃±5℃干燥2 h。而后从电烘箱中取出铂皿，置于干燥器中冷却至常温。

3.3.3.3 将试料(3.3.3.2)贮存在密闭的容器内贮存，要求该容器的容积以几乎完全被试料所充满为宜。

4 容器标记

容器必须贴有标签，标明下列内容：

a） 样品名称；
b） 样品来源；
c） 试样的性质(原始或干燥的)；
d） 所用筛子的型号；
e） 制备日期。

ICS 77.040.30
H 12

中华人民共和国国家标准

GB/T 21994.2—2008

氟化镁化学分析方法 第2部分：湿存水含量的测定 重量法

Chemical analysis of magnesium fluoride—
Part 2: Determination of moisture content—
Gravimetric method

2008-06-09 发布　　2008-12-01 实施

中华人民共和国国家质量监督检验检疫总局
中国国家标准化管理委员会　发布

前　言

GB/T 21994《氟化镁化学分析方法》分为8个部分：

——第1部分：试样的制备和贮存；

——第2部分：湿存水含量的测定　重量法；

——第3部分：氟含量的测定　蒸馏-硝酸钍容量法；

——第4部分：镁含量的测定　EDTA容量法；

——第5部分：钙含量的测定　火焰原子吸收光谱法；

——第6部分：二氧化硅含量的测定　钼蓝分光光度法；

——第7部分：三氧化二铁含量的测定　邻二氮杂菲分光光度法；

——第8部分：硫酸根含量的测定　硫酸钡重量法。

本部分为第2部分。

本部分由中国有色金属工业协会提出。

本部分由全国有色金属标准化技术委员会归口。

本部分由湖南有色氟化学有限责任公司、中国有色金属工业标准计量质量研究所负责起草。

本部分起草单位：湖南有色氟化学有限责任公司。

本部分参加起草单位：多氟多化工股份有限公司、白银氟化盐有限责任公司。

本部分主要起草人：黎志坚、廖志辉、陈湘渝、朱亮、薛旭金、王建萍、郭贤慧、王波、李治。

氟化镁化学分析方法 第2部分:湿存水含量的测定 重量法

1 范围

本部分规定了氟化镁中湿存水量的测定方法。

本部分适用于氟化镁中湿存水量的测定。测定范围:≤1.5%。

2 规范性引用文件

下列文件中的条款,通过本部分的引用而成为本部分的条款。凡是注日期的引用文件,其随后所有的修改单(不包括勘误的内容)或修订版均不适用于本部分,然而,鼓励根据本部分达成协议的各方研究是否可使用这些文件的最新版本。凡是不注日期的引用文件,其最新版本适应于本部分。

GB/T 21994.1—2008 氟化镁化学分析方法 第1部分:试样的制备和贮存

3 方法提要

试料于110℃干燥并测定损失量。

4 仪器

4.1 称量瓶:直径45 mm,扁型。

4.2 电烘箱:能控制温度110℃±5℃。

5 试样

试样应符合GB/T 21994.1—2008中3.2的要求。

6 分析步骤

6.1 试料

称取2.5 g原始试样(5),精确至0.001 g。

6.2 测定次数

独立的进行两次测定,取其平均值。

6.3 测定

6.3.1 将试料(6.1)置于预先在110℃±5℃的电烘箱(4.2)内烘2 h,并于干燥器中冷却的称量瓶(4.1)中,带盖称量(精确至0.001 g)。

6.3.2 将放入试料的称量瓶(6.3.1)置于温度调节到110℃±5℃的电烘箱中,将盖架在瓶顶上勿盖严。同时在烘箱中放入一个直径略大于称量瓶盖的表皿,烘2 h后,取下瓶盖换上表皿,并全部置于干燥器中。冷却后,取下表皿,盖紧瓶盖,并称量(精确至0.001 g)。

7 分析结果的计算

按公式(1)计算湿存水的质量分数(%):

$$w(\text{湿存水}) = \frac{m_2 - m_1}{m_0} \times 100 \qquad \cdots\cdots(1)$$

式中：

m_2——烘干前盛有试料的称量瓶及其盖的质量，单位为克(g)；

m_1——烘干后盛有试料的称量瓶及其盖的质量，单位为克(g)；

m_0——试料的质量，单位为克(g)。

8 精密度

8.1 重复性

在重复性条件下获得的两次独立测试结果的测定值，在以下给出的平均值范围内，这两个测试结果的绝对差值不超过重复性限(r)，超过重复性限(r)情况不超过5%。重复性限(r)按以下数据采用线性内插法求得：

湿存水的质量分数(%)：　0.13　0.50　0.87

重复性限 r(%)：　0.036　0.042　0.056

8.2 允许差

实验室之间分析结果的差值应不大于表1所列允许差：

表 1

湿存水的质量分数/%	允许差/%
≤0.5	0.08
>0.5～1.5	0.12

9 质量保证与控制

应用标准样品，至少半年校核一次本部分的有效性。当过程失控时，应找出原因。纠正错误后，重新进行校核。

ICS 77.040.30
H 12

中华人民共和国国家标准

GB/T 21994.3—2008

氟化镁化学分析方法 第3部分：氟含量的测定 蒸馏-硝酸钍容量法

Chemical analysis of magnesium fluoride—Part 3: Determination of fluoride content—Distillation-thorium nitrate titration volumetric method

2008-06-09 发布　　2008-12-01 实施

中华人民共和国国家质量监督检验检疫总局
中国国家标准化管理委员会　发布

前　言

GB/T 21994《氟化镁化学分析方法》分为 8 个部分：

——第 1 部分：试样的制备和贮存；

——第 2 部分：湿存水含量的测定　重量法；

——第 3 部分：氟含量的测定　蒸馏-硝酸钍容量法；

——第 4 部分：镁含量的测定　EDTA 容量法；

——第 5 部分：钙含量的测定　火焰原子吸收光谱法；

——第 6 部分：二氧化硅含量的测定　钼蓝分光光度法；

——第 7 部分：三氧化二铁含量的测定　邻二氮杂菲分光光度法；

——第 8 部分：硫酸根含量的测定　硫酸钡重量法。

本部分为第 3 部分。

本部分由中国有色金属工业协会提出。

本部分由全国有色金属标准化技术委员会归口。

本部分由湖南有色氟化学有限责任公司、中国有色金属工业标准计量质量研究所负责起草。

本部分起草单位：湖南有色氟化学有限责任公司。

本部分参加起草单位：多氟多化工股份有限公司、白银氟化盐有限责任公司。

本部分主要起草人：黎志坚、廖志辉、陈湘渝、朱亮、薛旭金、王建萍、郭贤慧、王波、李冶。

氟化镁化学分析方法
第3部分:氟含量的测定
蒸馏-硝酸钍容量法

1 范围

本部分规定了氟化镁中氟量的测定方法。

本部分适用于氟化镁中氟量的测定。测定范围:40%~62%。

2 规范性引用文件

下列文件中的条款,通过本部分的引用而成为本部分的条款。凡是注日期的引用文件,其随后所有的修改单(不包括勘误的内容)或修订版均不适用于本部分,然而,鼓励根据本部分达成协议的各方研究是否可使用这些文件的最新版本。凡是不注日期的引用文件,其最新版本适应于本部分。

GB/T 21994.1—2008 氟化镁化学分析方法 第1部分:试样的制备和贮存

3 方法提要

试料用碳酸钠熔解。经硫酸-水蒸汽蒸馏分离氟后,以茜素黄酸钠-次甲基蓝作指示剂,用硝酸钍溶液滴定。

4 试剂

4.1 无水碳酸钠。

4.2 硫酸(1+1)。

4.3 茜素红S指示剂(2.5 g/L)。

4.4 氢氧化钠溶液(20 g/L)。

4.5 盐酸溶液(1+99)。

4.6 醋酸(1 mol/L)。

4.7 次甲基兰指示剂(0.1 g/L)。

4.8 硝酸钍标准溶液

4.8.1 配制:称取1.8 g四水合硝酸钍[$Th(NO_3)_4 \cdot 4H_2O$],用水溶解后稀释至1 L,混匀静放,次日标定。

4.8.2 标定:称取0.130 0 g预先在600℃灼烧并置于干燥器中冷却的无水氟化钠(高纯)。用20 mL~30 mL水将氟化钠移入蒸馏烧瓶中。以下按分析步骤7.4.2~7.4.3进行。同时做空白实验。

硝酸钍标准溶液的实际质量浓度按公式(1)计算:

$$c = \frac{0.452\,5 \times m_1}{V_1 - V_2} \times 10^3 \qquad \cdots\cdots(1)$$

式中:

c——硝酸钍标准溶液的实际质量浓度,单位为毫克每毫升(mg/mL);

m_1——称取氟化钠的质量,单位为克(g);

V_1——标定时消耗硝酸钍标准溶液的体积,单位为毫升(mL);

V_2——空白实验时消耗硝酸钍标准溶液的体积,单位为毫升(mL);

0.452 5——氟化钠换算成氟的系数。

5 仪器及设备

5.1 铂坩埚：上部直径 30 mm，下部直径 15 mm，高 30 mm。

5.2 高温炉：能控制温度 800℃±20℃。

5.3 水蒸汽发生器：容积为 3 L 的烧瓶，塞子上插入三支内径为 6 mm 的玻璃管。

5.4 蒸馏器：用硼酸玻璃吹制，磨口接头，由以下部分组成。

5.4.1 蒸馏烧瓶：容积 250 mL，中心瓶颈直径 36 mm，侧面管径 20 mm，长 275 mm，两径距离 65 mm。

5.4.2 蒸馏柱：柱的第一个点组到最末一个点组距离 120 mm，共 11 点组，组距 12 mm。三个点在圆周上分布间隔为 120°。

5.4.3 温度计护套。

5.4.4 温度计：范围 0℃～200℃，长 250 mm。

5.4.5 滴液漏斗：容积 100 mL。

5.4.6 蛇形冷凝器：长 400 mm。仪器装配示意图见图 1：

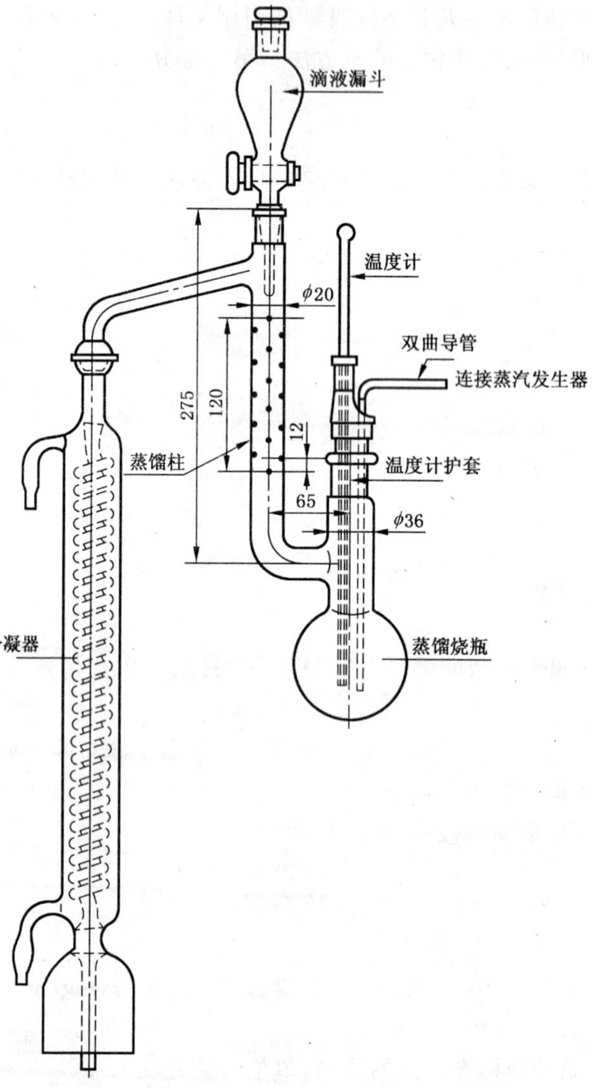

图 1 蒸馏装置示意图

5.5 电热器：能控制温度 145℃±5℃。

5.6 pH 计：配有玻璃电极。

5.7 硼硅玻璃锥形烧杯：容量 250 mL。

6 试样

试样应符合 GB/T 21994.1—2008 中 3.3 的要求。

7 分析步骤

7.1 试料

称取 0.1 g 干燥试样(6)，精确至 0.000 1 g。

7.2 测定次数

独立的进行两次测定，取其平均值。

7.3 空白试验

随同试料做空白试验。

7.4 测定

7.4.1 称取 2 g 无水碳酸钠(4.1)，置于铂坩埚(5.1)中，加入试料(7.1)，小心地混匀，盖上铂盖子。将铂坩埚放入预先加热到 200℃的高温炉(5.2)中，然后升温到 800℃，熔融 20 min，取出，冷却，将熔融物直接移入已装有几颗玻璃球(直径 2 mm～3 mm)的蒸馏烧瓶(5.4.1)中，用热水洗涤粘附在坩埚上的熔块，并入蒸馏烧瓶中。

7.4.2 将 500 mL 容量瓶置于蛇形冷凝管(5.4.6)下收集蒸馏液，连接蒸馏烧瓶(5.4.1)和蛇形冷凝管(5.4.6)并开始通冷却水。盖上蒸馏烧瓶，经滴液漏斗(5.4.5)加入 20 mL 硫酸(4.2)，连接蒸汽发生瓶(5.3)，待蒸馏烧瓶(5.4.1)的温度达到 150℃，通入蒸汽，维持蒸馏烧瓶(5.4.1)内溶液的温度在 145℃±5℃，待收集的蒸馏液达到 400 mL，停止蒸馏，以水洗涤冷凝管，将洗液收集，用水将 500 mL 容量瓶稀释到刻度，摇匀备用。

7.4.3 从 500 mL 容量瓶中移取 50.00 mL 溶液，置于锥形瓶中，加 5 滴茜素红 S 指示剂(4.3)，用氢氧化钠溶液(4.4)调到红色，再用盐酸溶液(4.5)调到黄色，加 3 mL 醋酸(4.6)，摇匀，加 2 滴次甲基兰指示剂(4.7)，用硝酸钍标准溶液(4.8)滴定，滴定到溶液呈淡紫红色为终点。

8 分析结果的计算

按公式(2)计算氟的质量分数(%)：

$$w(\mathrm{F})=\frac{c\times(V_3-V_4)\times10^{-3}}{m_0}\times100 \qquad\cdots\cdots(2)$$

式中：

m_0——试料量，单位为克(g)；

c——硝酸钍标准滴定溶液的实际质量浓度，单位为毫克每毫升(mg/mL)；

V_3——滴定样品溶液时消耗硝酸钍标准的体积，单位为毫升(mL)；

V_4——滴定空白试验溶液时消耗硝酸钍标准溶液的体积，单位为毫升(mL)。

9 精密度

9.1 重复性

在重复性条件下获得的两次独立测试结果的测定值，在以下给出的平均值范围内，这两个测试结果的绝对差值不超过重复性限(r)，超过重复性限(r)情况不超过 5%。重复性限(r)按以下数据采用线性内插法求得：

氟的质量分数(%)：　51.63　55.53　60.09

重复性限 r(%)：　0.48　0.53　0.62

9.2 允许差

实验室之间分析结果的差值应不大于表1所列允许差：

表1

氟的质量分数/%	允许差/%
40～55	0.7
>55～62	0.8

10 质量保证与控制

应用标准样品，至少半年校核一次本部分的有效性。当过程失控时，应找出原因。纠正错误后，重新进行校核。

ICS 77.040.30
H 12

中华人民共和国国家标准

GB/T 21994.4—2008

氟化镁化学分析方法 第4部分：镁含量的测定 EDTA容量法

Chemical analysis of magnesium fluoride—
Part 4: Determination of magnesium—
EDTA volumetric method

2008-06-09 发布　　2008-12-01 实施

中华人民共和国国家质量监督检验检疫总局
中国国家标准化管理委员会　发布

前　言

GB/T 21994《氟化镁化学分析方法》分为8个部分：

——第1部分：试样的制备和贮存；

——第2部分：湿存水含量的测定　重量法；

——第3部分：氟含量的测定　蒸馏-硝酸钍容量法；

——第4部分：镁含量的测定　EDTA容量法；

——第5部分：钙含量的测定　火焰原子吸收光谱法；

——第6部分：二氧化硅含量的测定　钼蓝分光光度法；

——第7部分：三氧化二铁含量的测定　邻二氮杂菲分光光度法；

——第8部分：硫酸根含量的测定　硫酸钡重量法。

本部分为第4部分。

本部分由中国有色金属工业协会提出。

本部分由全国有色金属标准化技术委员会归口。

本部分由湖南有色氟化学有限责任公司、中国有色金属工业标准计量质量研究所负责起草。

本部分起草单位：湖南有色氟化学有限责任公司。

本部分参加起草单位：多氟多化工股份有限公司、白银氟化盐有限责任公司。

本部分主要起草人：黎志坚、廖志辉、陈湘渝、朱亮、薛旭金、王建萍、郭贤慧、王波、李冶。

氟化镁化学分析方法
第4部分：镁含量的测定
EDTA容量法

1 范围

本部分规定了氟化镁中镁量的测定方法。

本部分适用于氟化镁中镁量的测定。测定范围：25%～40%。

2 规范性引用文件

下列文件中的条款，通过本部分的引用而成为本部分的条款。凡是注日期的引用文件，其随后所有的修改单(不包括勘误的内容)或修订版均不适用于本部分，然而，鼓励根据本部分达成协议的各方研究是否可使用这些文件的最新版本。凡是不注日期的引用文件，其最新版本适应于本部分。

GB/T 21994.1—2008 氟化镁化学分析方法 第1部分：试样的制备和贮存

3 方法提要

试料用氢氟酸、硫酸分解，以酸性铬蓝K-萘酚绿B作指示剂，用EDTA溶液滴定。

4 试剂

4.1 氢氟酸(40%)。

4.2 硫酸(1+1)。

4.3 盐酸(3 mol/L)。

4.4 甲基橙指示剂(1 g/L)。

4.5 氨水(1+1)。

4.6 氯化铵氨性洗涤液：称取1 g氯化铵溶解于500 mL水中，加甲基橙指示剂2滴，用氨水(1+1)和盐酸(3 mol/L)调至刚好呈黄色，并过量2滴。

4.7 硝酸(1+1)。

4.8 三乙醇胺(1+2)。

4.9 氨性缓冲溶液(pH=10)：称取67.5 g氯化铵溶解于200 mL水中，加入510 mL浓氨水，稀释到1 000 mL，混匀，密闭保存。

4.10 钙指示剂：称取1 g钙指示剂与10 g无水硫酸钠放玛瑙研钵里研磨均匀，放干燥器中保存。

4.11 镁指示剂：称取酸性铬蓝K 0.114 4 g，萘酚绿B 0.285 6 g，溶解于100 mL水中，在棕色瓶中贮存备用。

4.12 二甲酚橙指示剂(1 g/L)：称取0.100 0 g二甲酚橙指示剂直接溶解于100 mL水中，贮存于150 mL棕色滴瓶中备用。

4.13 盐酸(1+1)。

4.14 氢氧化钾。

4.15 氢氧化钾溶液(200 g/L)。

4.16 醋酸-醋酸钠缓冲溶液pH=(5.5～6)：称取120.5 g无水醋酸钠溶解于水中，加入10 mL冰醋酸，加水稀释到1 000 mL，混匀备用。

4.17 锌标准溶液(c=0.040 00 mol/L):称取高纯锌粒 2.615 2 g 置于 300 mL 烧杯中,加入 30 mL 盐酸(4.13),盖上表面皿,在电炉上加热溶解清亮,取下,冷却,用水洗入 1 000 mL 容量瓶中,用水稀释到刻度,摇匀备用。

4.18 EDTA 标准溶液(c=0.040 00 mol/L)。

4.18.1 配制:称取 15.6 g 分析纯乙二胺四乙酸二钠($C_{10}H_{14}N_2O_8Na_2 \cdot 2H_2O$),溶解于适量的水中,加入 1 g～2 g 氢氧化钾(4.14),调节溶液 pH 值为 5 左右,加热溶解,冷却后,稀释到 1 000 mL,混匀,静置过夜,待标定。

4.18.2 标定:移取 25.00 mL 锌标准溶液(4.17)于 250 mL 锥形瓶中,加入水 50 mL,加 5 滴二甲酚橙指示剂(4.12),用氨水(4.5)调至刚好呈红色,用盐酸(4.3)调至刚好呈黄色,加 10 mL 醋酸-醋酸钠缓冲溶液(4.16),用 EDTA 标准溶液(4.18.1)滴定,由红色变为黄色即到终点。EDTA 标准溶液浓度根据公式(1)进行计算:

$$c(\mathrm{EDTA}) = \frac{c_1 \times V_1}{V} \quad \cdots\cdots\cdots\cdots (1)$$

式中:

c_1——锌标准溶液的浓度,单位为摩尔每升(mol/L);

V_1——吸取锌标准溶液的体积,单位为毫升(mL);

c——EDTA 标准溶液的浓度,单位为摩尔每升(mol/L);

V——消耗 EDTA 标准溶液的体积,单位为毫升(mL)。

5 仪器及设备

铂皿:直径 50 mm。

6 试样

试样应符合 GB/T 21994.1—2008 中 3.3 的要求。

7 分析步骤

7.1 试料

称取 0.5 g 干燥试样(6),精确至 0.000 1 g。

7.2 测定次数

独立地进行两次测定,取其平均值。

7.3 空白试验

随同试料做空白试验。

7.4 测定

7.4.1 称取试料(7.1)置于铂皿中,加入 5 mL 氢氟酸(4.1)、10 mL 硫酸(4.2),摇匀,于电炉上加热,先低温冒烟,然后提升温度直到白烟冒尽,取下,冷却到室温,再加入 5 mL 氢氟酸(4.1)、10 mL 硫酸(4.2)重复一次。向冒尽烟的铂皿中加入 10 mL 盐酸(4.3)、30 mL 水,加热至溶液清亮后,移入 250 mL 烧杯内,搅拌溶液(杯底有不溶解残渣),往烧杯中加水到体积约 125 mL,盖上表皿,加热溶液到微沸,保持温度,蒸发溶液至约 70 mL,取下,搅拌(杯底无不溶解残渣),加入 2 滴甲基橙指示剂(4.4),慢慢滴加氨水(4.5)使溶液呈黄色后,过量 2 滴,加热煮沸,保温 5 min～10 min,过滤,滤液用 250 mL 容量瓶承接,用热的氯化铵氨性洗涤液(4.6)洗净烧杯并洗涤沉淀物 10 次,然后冷却溶液至室温,用水稀释至刻度,摇匀备用。

7.4.2 分取 50.00 mL 试液(7.4.1)于锥形瓶中,加入 1.0 mL 硝酸(4.7),加热煮沸,使溶液红色褪去,取下冷却到室温,加入 5 mL 三乙醇胺(4.8)、12 mL 氨性缓冲溶液(4.9)、4 滴镁指示剂(4.11),用

EDTA 标准溶液(4.18)滴定到蓝色为终点,记下体积消耗数 V_2。

7.4.3 另分取 50.00 mL 试液(7.4.1)于锥形瓶中,加入 1.0 mL 硝酸(4.7),加热煮沸,使溶液红色褪去,取下冷却到室温,加入 5 mL 三乙醇胺(4.8)、10 mL 氢氧化钾溶液(4.15)、少许钙指示剂(4.10),用 EDTA 标准溶液(4.18)滴定到蓝色为终点,记下体积消耗数 V_3。

8 分析结果的计算

按公式(2)计算镁的质量分数(%):

$$w(\mathrm{Mg})=\frac{c\times(V_2-V_3)\times 0.024\ 31}{m_0}\times 100 \qquad (2)$$

式中:

m_0——试料质量,单位为克(g);

c——EDTA 标准滴定溶液的实际浓度,单位为摩尔每升(mol/L);

V_2——用镁指示剂滴定分取溶液,消耗 EDTA 标准溶液的体积,单位为毫升(mL);

V_3——用钙指示剂滴定分取溶液,消耗 EDTA 标准溶液的体积,单位为毫升(mL);

0.024 31——1 mL1 mol/L 的 EDTA 标准溶液相当于镁的量。

9 精密度

9.1 重复性

在重复性条件下获得的两次独立测试结果的测定值,在以下给出的平均值范围内,这两个测试结果的绝对差值不超过重复性限(r),超过重复性限(r)情况不超过 5%。重复性限(r)按以下数据采用线性内插法求得:

镁的质量分数(%):34.30 34.74 37.91

重复性限 r(%): 0.25 0.26 0.28

9.2 允许差

实验室之间分析结果的差值应不大于表 1 所列允许差:

表 1

镁的质量分数/%	允许差/%
25～40	0.4

10 质量保证与控制

应用标准样品,至少半年校核一次本部分的有效性。当过程失控时,应找出原因。纠正错误后,重新进行校核。

ICS 77.040.30
H 12

中华人民共和国国家标准

GB/T 21994.5—2008

氟化镁化学分析方法 第5部分：钙含量的测定 火焰原子吸收光谱法

Chemical analysis of magnesium fluoride—
Part 5: Determiantion of calcium content—
Method of flame atomic absorption spectrometry

2008-06-09 发布

2008-12-01 实施

中华人民共和国国家质量监督检验检疫总局
中国国家标准化管理委员会 发布

前　　言

GB/T 21994《氟化镁化学分析方法》分为8个部分：

——第1部分：试样的制备和贮存；

——第2部分：湿存水含量的测定　重量法；

——第3部分：氟含量的测定　蒸馏-硝酸钍容量法；

——第4部分：镁含量的测定　EDTA容量法；

——第5部分：钙含量的测定　火焰原子吸收光谱法；

——第6部分：二氧化硅含量的测定　钼蓝分光光度法；

——第7部分：三氧化二铁含量的测定　邻二氮杂菲分光光度法；

——第8部分：硫酸根含量的测定　硫酸钡重量法。

本部分为第5部分。

本部分由中国有色金属工业协会提出。

本部分由全国有色金属标准化技术委员会归口。

本部分由湖南有色氟化学有限责任公司、中国有色金属工业标准计量质量研究所负责起草。

本部分起草单位：中国铝业股份有限公司郑州研究院。

本部分参加起草单位：湖南有色氟化学有限责任公司、白银氟化盐有限责任公司。

本部分主要起草人：冯敬东、王桂芳、石磊、黎志坚、朱亮、王波、李治。

氟化镁化学分析方法
第5部分：钙含量的测定
火焰原子吸收光谱法

1 范围

本部分规定了氟化镁中钙量的测定方法。

本部分适用于氟化镁中钙量的测定。测定范围：≤1.5%。

2 规范性引用文件

下列文件中的条款，通过本部分的引用而成为本部分的条款。凡是注日期的引用文件，其随后所有的修改单(不包括勘误的内容)或修订版均不适用于本部分，然而，鼓励根据本部分达成协议的各方研究是否可使用这些文件的最新版本。凡是不注日期的引用文件，其最新版本适用于本部分。

GB/T 21994.1—2008 氟化镁化学分析方法 第1部分：试样的制备和贮存

3 方法提要

试料用高氯酸、盐酸分解，用氯化镧溶液或氯化锶溶液作释放剂，采用火焰原子吸收光谱法测定钙含量。

4 试剂

4.1 高氯酸(GR，ρ1.67 g/cm^3)。

4.2 盐酸(1+1)。

4.3 氯化锶($SrCl_2$)溶液(100 g/L)。

4.4 氯化镧($LaCl_3 \cdot 7H_2O$)溶液(100 g/L)。

4.5 氟化镁(MgF_2)基体溶液：称取0.2000 g氟化镁(光谱纯)于铂皿中，加入少量水，5 mL高氯酸(4.1)，低温加热至冒尽白烟，再次加入少量水和5 mL高氯酸(4.1)，低温加热至冒尽白烟，取下冷至室温，加入5 mL盐酸(4.2)和30 mL水，加热溶解盐类，取下冷至室温，将溶液移入100 mL容量瓶中，用水稀至刻度，混匀。

4.6 钙标准贮存溶液：称取1.248 6 g碳酸钙($CaCO_3$，基准试剂于110℃烘干2 h，在干燥器中冷却至室温)于500 mL烧杯中，加入50 mL水，10 mL盐酸(4.2)，加微热溶解，继续加热除去CO_2，取下冷至室温，将溶液移入500 mL容量瓶中，用水稀释至刻度，混匀，此溶液1 mL含1.000 mg钙。

4.7 钙标准溶液：

移取20.00 mL钙标准贮存溶液(4.6)于200 mL容量瓶中，用水稀释至刻度，混匀，此溶液1 mL含0.100 0 mg钙。

5 仪器及设备

5.1 铂金皿。

5.2 火焰原子吸收光谱仪，配有钙空心阴极灯，使用瓶装乙炔气。

6 试样

试样应符合GB/T 21994.1—2008中3.3的要求。

7 分析步骤

7.1 试料

称取0.2 g干燥试样(6),精确至0.000 1 g。

7.2 测定次数

独立的进行两次测定,取其平均值。

7.3 空白试验

随同试料做空白试验。

7.4 测定

7.4.1 称取试料(7.1)于铂皿中,加入少量水,5 mL高氯酸(4.1),低温加热至冒尽白烟,再次加入少量水和5 mL高氯酸(4.1),低温加热至冒尽白烟,取下冷至室温,加入5 mL盐酸(4.2)和30 mL水,加热溶解盐类,取下冷至室温,将溶液移入100 mL容量瓶中,用水稀释至刻度,混匀。

7.4.2 移取20.00 mL试液(7.4.1)于50 mL容量瓶中,加入5 mL氯化锶溶液(4.3)或1 mL氯化镧溶液(4.4),用水稀释至刻度,混匀,于火焰原子吸收光谱仪上波长422.7 nm以空气-乙炔火焰测定其吸光度。

7.5 工作曲线的绘制

移取0、1.00、2.00、3.00、4.00、5.00、6.00 mL钙标准溶液(4.7),分别置于一组50 mL容量瓶中,加入20 mL氟化镁基体溶液(4.5),加入5 mL氯化锶溶液(4.3)或1 mL氯化镧溶液(4.4),用水稀释至刻度,混匀,与试液同时测量吸光度。

8 分析结果的表述

按公式(1)计算钙的质量分数(%):

$$w(\text{Ca}) = \frac{m_1 \times V_1}{m_0 \times V_0} \times 100 \qquad \cdots\cdots(1)$$

式中:

m_1——从工作曲线上查得的钙质量,单位为克(g);

V_1——分取试液的体积,单位为毫升(mL);

m_0——试料的质量,单位为克(g);

V_0——试液总体积,单位为毫升(mL)。

9 精密度

9.1 重复性

在重复性条件下获得的两次独立测试结果的测定值,在以下给出的平均值范围内,这两个测试结果的绝对差值不超过重复性限(r),超过重复性限(r)情况不超过5%。重复性限(r)按以下数据采用线性内插法求得:

钙的质量分数(%):	0.32	0.56	0.95
重复性限 r(%):	0.04	0.08	0.04

9.2 允许差

实验室之间分析结果的差值应不大于表1所列允许差:

表 1

钙的质量分数/%	允许差/%
≤0.50	0.15
>0.50～1.00	0.20
>1.00～1.50	0.25

10 质量保证与控制

应用标准样品，至少半年校核一次本部分的有效性。当过程失控时，应找出原因。纠正错误后，重新进行校核。

ICS 77.040.30
H 12

中华人民共和国国家标准

GB/T 21994.6—2008

氟化镁化学分析方法 第6部分：二氧化硅含量的测定 钼蓝分光光度法

Chemical analysis of magnesium fluoride—Part 6: Determination of silica content—Molybdenum blue photometric method

2008-06-09 发布

2008-12-01 实施

中华人民共和国国家质量监督检验检疫总局
中国国家标准化管理委员会
发布

前　言

GB/T 21994《氟化镁化学分析方法》分为 8 个部分：

——第 1 部分：试样的制备和贮存；

——第 2 部分：湿存水含量的测定　重量法；

——第 3 部分：氟含量的测定　蒸馏-硝酸钍容量法；

——第 4 部分：镁含量的测定　EDTA 容量法；

——第 5 部分：钙含量的测定　火焰原子吸收光谱法；

——第 6 部分：二氧化硅含量的测定　钼蓝分光光度法；

——第 7 部分：三氧化二铁含量的测定　邻二氮杂菲分光光度法；

——第 8 部分：硫酸根含量的测定　硫酸钡重量法。

本部分为第 6 部分。

本部分由中国有色金属工业协会提出。

本部分由全国有色金属标准化技术委员会归口。

本部分由湖南有色氟化学有限责任公司、中国有色金属工业标准计量质量研究所负责起草。

本部分起草单位：湖南有色氟化学有限责任公司。

本部分参加起草单位：多氟多化工股份有限公司、白银氟化盐有限责任公司。

本部分主要起草人：黎志坚、廖志辉、陈湘渝、朱亮、薛旭金、王建萍、郭贤慧、王波、李治。

氟化镁化学分析方法
第6部分：二氧化硅含量的测定
钼蓝分光光度法

1 范围

本部分规定了氟化镁中二氧化硅测定方法。

本部分适用于氟化镁中二氧化硅的测定。测定范围：≤1.00%。

2 规范性引用文件

下列文件中的条款，通过本部分的引用而成为本部分的条款。凡是注日期的引用文件，其随后所有的修改单(不包括勘误的内容)或修订版均不适用于本部分，然而，鼓励根据本部分达成协议的各方研究是否可使用这些文件的最新版本。凡是不注日期的引用文件，其最新版本适应于本部分。

GB/T 21994.1—2008 氟化镁化学分析方法 第1部分：试样的制备和贮存

3 方法提要

试料用碳酸钠和硼酸混合熔剂熔融，盐酸酸化。分取试液在pH0.85～pH0.90之间，使硅与钼酸盐形成黄色硅钼杂多酸。在高酸度硫酸介质中，经还原剂还原成硅钼蓝，于分光光度计波长620 nm处测量其吸光度。

4 试剂

4.1 无水碳酸钠。

4.2 硼酸。

4.3 盐酸(3 mol/L)。

4.4 钼酸铵溶液(100 g/L)。

4.5 硫酸(1+1)。

4.6 抗坏血酸溶液(25 g/L)：使用时配制。

4.7 二氧化硅标准贮存溶液：称取0.500 0 g研细的预先在1 000℃灼烧1 h，并在干燥器中冷却至室温的二氧化硅(99.9%以上)，置于铂坩埚中，向其内加入5 g无水碳酸钠(4.1)，用铂勺充分混匀，置高温炉内于950℃小心熔融(约10 min)，取出冷却，往坩埚中加入热水，慢慢加热至完全溶解。冷却溶液小心移入1 000 mL容量瓶中，稀释至刻度，混匀。立即倒入聚乙烯瓶中。此溶液1 mL含0.500 mg二氧化硅。

4.8 二氧化硅标准溶液：移取50.00 mL二氧化硅标准储存溶液(4.7)于500 mL容量瓶中，用水稀释至刻度，混匀。立即移入塑料瓶中。此溶液1 mL含0.050 0 mg二氧化硅。该溶液使用前现配制。

5 仪器及设备

5.1 铂皿：平底，直径70 mm，高35 mm，带铂盖。

5.2 电炉：能控制温度在550℃±25℃。

5.3 高温炉：能控制温度在850℃±25℃。

5.4 pH计：配有玻璃电极。

6 试样

试样应符合 GB/T 21994.1—2008 中 3.3 的要求。

7 分析步骤

7.1 试料

称取 0.25 g 干燥试样(6),精确至 0.000 1 g。

7.2 测定次数

独立地进行两次测定,取其平均值。

7.3 空白试验

随同试料做空白试验。

7.4 测定

7.4.1 称取试料(7.1)置于铂金皿中,加入 2.5 g 无水碳酸钠(4.1)、0.5 g 硼酸(4.2),拌匀,于电炉上烤干水份后,转移到 850℃高温炉中熔样 20 min,取出,冷却到室温,加入 30 mL 盐酸(4.3),待剧烈反应后,将铂皿放到电炉上加热至溶液清亮,取下,冷却到室温,将溶液洗入 100 mL 容量瓶中,稀至刻度,摇匀。

7.4.2 用移液管吸取 20.00 mL 试液(7.4.1)于另一 100 mL 容量瓶中,补加 3 mL 盐酸(4.3),用水稀释到 80 mL 左右,加入 2.5 mL 钼酸铵溶液(4.4),摇匀,发色 10 min,然后加入 5.0 mL 硫酸(4.5)、2.5 mL 抗坏血酸溶液(4.6),稀至刻度,摇匀,10 min 后,将部分溶液移入 1 cm 吸收池中,以水为参比,于分光光度计波长 620 nm 处测量其吸光度。测得吸光度减去空白值并查对曲线计算结果。

7.5 工作曲线的绘制

7.5.1 移取 0 mL、2.00 mL、4.00 mL、6.00 mL、8.00 mL、10.00 mL 二氧化硅标准溶液(4.8)于一组 100 mL 容量瓶中,加 3.5 mL 盐酸(4.3),以下按分析步骤 7.4.2 进行操作。

7.5.2 将部分溶液(7.5.1)移入 1 cm 吸收池中,以水为参比,于分光光度计波长 620 nm 处测量其吸光度。减去试剂空白吸光度后,以二氧化硅量为横坐标,相应吸光度为纵坐标,绘制工作曲线。

8 分析结果的计算

按公式(1)计算二氧化硅的质量分数(%):

$$w(SiO_2) = \frac{m_1}{m_0} \times 100 \qquad \cdots\cdots(1)$$

式中:

m_1——测得试液吸光度减去空白后从标准曲线上查得的二氧化硅的质量,单位为克(g);

m_0——分取试料的质量,单位为克(g)。

9 精密度

9.1 重复性

在重复性条件下获得的两次独立测试结果的测定值,在以下给出的平均值范围内,这两个测试结果的绝对差值不超过重复性限(r),超过重复性限(r)情况不超过 5%。重复性限(r)按以下数据采用线性内插法求得:

二氧化硅的质量分数(%):	0.14	0.50	0.80
重复性限 r(%):	0.034	0.050	0.053

9.2 允许差

实验室之间分析结果的差值不应大于表 1 所列允许差:

表 1

二氧化硅的质量分数/%	允许差/%
≤0.20	0.05
>0.20~≤0.50	0.08
>0.50~≤1.00	0.15

10 质量保证与控制

应用标准样品，至少半年校核一次本部分的有效性。当过程失控时，应找出原因。纠正错误后，重新进行校核。

ICS 77.040.30
H 12

中华人民共和国国家标准

GB/T 21994.7—2008

氟化镁化学分析方法 第7部分：三氧化二铁含量的测定 邻二氮杂菲分光光度法

Chemical analysis of magnesium fluoride—
Part 7: Determination of iron content—
Orthophenantholine photometric method

2008-06-09 发布　　2008-12-01 实施

中华人民共和国国家质量监督检验检疫总局
中国国家标准化管理委员会　发布

前言

GB/T 21994《氟化镁化学分析方法》分为 8 个部分：

——第 1 部分：试样的制备和贮存；

——第 2 部分：湿存水含量的测定　重量法；

——第 3 部分：氟含量的测定　蒸馏-硝酸钍容量法；

——第 4 部分：镁含量的测定　EDTA 容量法；

——第 5 部分：钙含量的测定　火焰原子吸收光谱法；

——第 6 部分：二氧化硅含量的测定　钼蓝分光光度法；

——第 7 部分：三氧化二铁含量的测定　邻二氮杂菲分光光度法；

——第 8 部分：硫酸根含量的测定　硫酸钡重量法。

本部分为第 7 部分。

本部分由中国有色金属工业协会提出。

本部分由全国有色金属标准化技术委员会归口。

本部分由湖南有色氟化学有限责任公司、中国有色金属工业标准计量质量研究所负责起草。

本部分起草单位：湖南有色氟化学有限责任公司。

本部分参加起草单位：多氟多化工股份有限公司、白银氟化盐有限责任公司。

本部分主要起草人：黎志坚、廖志辉、陈湘渝、朱亮、薛旭金、王建萍、郭贤慧、王波、李冶。

氟化镁化学分析方法
第7部分：三氧化二铁含量的测定
邻二氮杂菲分光光度法

1 范围

本部分规定了氟化镁中三氧化二铁量的测定方法。

本部分适用于氟化镁中三氧化二铁的测定。测定范围：≤1.20%。

2 规范性引用文件

下列文件中的条款通过本部分的引用而成为本部分的条款。凡是注日期的引用文件，其随后所有的修改单(不包括勘误的内容)或修订版均不适用于本部分，然而，鼓励根据本部分达成协议的各方研究是否可使用这些文件的最新版本。凡是不注日期的引用文件，其最新版本适应于本部分。

GB/T 21994.1—2008 氟化镁化学分析方法 第1部分：试样的制备和贮存

3 方法提要

试料用碱性熔剂或酸性熔剂熔融后，以盐酸羟胺将铁(Ⅲ)还原，在乙酸盐缓冲介质中pH(3.5～4.2)铁(Ⅱ)与邻二氮杂菲形成有色络合物，在波长510 nm处测量其吸光度。

4 试剂

4.1 无水碳酸钠。

4.2 硼酸。

4.3 盐酸(3 mol/L)。

4.4 邻二氮杂菲(2.5 g/L)-盐酸羟胺(10 g/L)混合溶液。

4.5 乙酸铵溶液(200 g/L)。

4.6 三氧化二铁标准贮存溶液(下面两种方法可任选一种)

4.6.1 称取2.455 g六水合硫酸亚铁铵[$Fe(NH_4)_2(SO_4)_2 \cdot 6H_2O$](分析纯)，置于200 mL烧杯中，加水溶解后，加入50 mL硫酸(ρ1.84 g/mL)，移入1 000 mL容量瓶中，用水稀释至刻度，混匀。此标准贮存溶液1 mL含0.500 mg三氧化二铁。

4.6.2 称取0.500 g预先在600℃灼烧并在干燥器中冷却的三氧化二铁(纯度99.90%以上)，置于200 mL烧杯中，加25 mL盐酸(ρ1.19 g/mL)，缓慢加热至完全溶解，冷却，移入1 000 mL容量瓶中，用水稀释至刻度，混匀。此标准贮存溶液1 mL含0.500 mg三氧化二铁。

4.7 三氧化二铁标准溶液：移取50.00 mL三氧化二铁标准贮存溶液(4.6)，置于500 mL容量瓶中，用水稀释至刻度，混匀。此标准溶液1 mL含0.050 0 mg三氧化二铁。使用时配制。

4.8 pH试纸：pH范围3.5～4.2，间隔0.2单位。

5 仪器及设备

5.1 铂皿：直径80 mm，高35 mm，配有皿盖。

5.2 电炉：能控制温度在550℃±25℃。

5.3 高温炉：能控制温度在850℃±25℃。

5.4 pH 计:配有玻璃电极。

6 试样

试样应符合 GB/T 21994.1—2008 中 3.3 的要求。

7 分析步骤

7.1 试料

称取 0.25 g 干燥试样(6),精确至 0.000 1 g。

7.2 测定次数

独立地进行两次测定,取其平均值。

7.3 空白试验

随同试料做空白试验。

7.4 测定

7.4.1 称取试样(7.1)置于铂皿中,加入 2.5 g 无水碳酸钠(4.1),0.5 g 硼酸(4.2),拌匀,于电炉上烤干水分后,转移到850℃高温炉中熔样 20 min,取出,冷却到室温,加入 30 mL 盐酸,待剧烈反应后,将铂皿放到电炉上加热至溶液清亮,取下,冷却到室温,将溶液洗入 100 mL 容量瓶中,稀至刻度,摇匀。

7.4.2 用移液管吸取 10.00 mL 试液(7.4.1)于另一 100 mL 容量瓶中,加 60 mL 水,加 5 mL 邻二氮杂菲-盐酸羟胺混合溶液(4.4),用乙酸铵溶液(4.5)稀释至刻度,10 min 后,将部分溶液移入 2 cm 吸收池中,以水为参比,于分光光度计波长 510 nm 处测量其吸光度。测得吸光度减去空白值并查对曲线计算结果。

7.5 工作曲线的绘制

7.5.1 移取 0 mL、2.00 mL、4.00 mL、6.00 mL、8.00 mL、10.00 mL 三氧化二铁标准溶液(4.7),置于一组 100 mL 容量瓶中,以下按分析步骤 7.4.2 进行。

7.5.2 将部分溶液(7.5.1)移入 2 cm 吸收池中,以水为参比,于分光光度计波长 510 nm 处测量其吸光度。减去试剂空白吸光度后,以三氧化二铁质量量为横坐标,相应的吸光度为纵坐标,绘制工作曲线。

8 分析结果的计算

按公式(1)计算三氧化二铁的质量分数(%):

$$w(Fe_2O_3)=\frac{m_1}{m_0}\times 100 \qquad \cdots\cdots(1)$$

式中:

m_1——测得试液吸光度减去空白后从标准曲线上查得的三氧化二铁的质量,单位为克(g);

m_0——试料的质量,单位为克(g)。

9 精密度

9.1 重复性

在重复性条件下获得的两次独立测试结果的测定值,在以下给出的平均值范围内,这两个测试结果的绝对差值不超过重复性限(r),超过重复性限(r)情况不超过 5%。重复性限(r)按以下数据采用线性内插法求得:

三氧化二铁的质量分数(%):	0.33	0.60	1.00
重复性限 r(%):	0.039	0.067	0.070

9.2 允许差

实验室之间分析结果的差值不应大于表 1 所列允许差:

表 1

三氧化二铁的质量分数/%	允许差/%
≤0.20	0.05
>0.20～≤0.50	0.08
>0.50～≤1.20	0.15

10 质量保证与控制

应用标准样品，至少半年校核一次本部分的有效性。当过程失控时，应找出原因。纠正错误后，重新进行校核。

ICS 77.040.30
H 12

中华人民共和国国家标准

GB/T 21994.8—2008

氟化镁化学分析方法 第8部分：硫酸根含量的测定 硫酸钡重量法

Chemical analysis of magnesium fluoride—
Part 8: Determination of sulphate content—
Barium sulphate gravimetric method

2008-06-09 发布 2008-12-01 实施

中华人民共和国国家质量监督检验检疫总局
中国国家标准化管理委员会 发布

前　言

GB/T 21994《氟化镁化学分析方法》分为8个部分：

——第1部分：试样的制备和贮存；

——第2部分：湿存水含量的测定　重量法；

——第3部分：氟含量的测定　蒸馏-硝酸钍容量法；

——第4部分：镁含量的测定　EDTA容量法；

——第5部分：钙含量的测定　火焰原子吸收光谱法；

——第6部分：二氧化硅含量的测定　钼蓝分光光度法；

——第7部分：三氧化二铁含量的测定　邻二氮杂菲分光光度法；

——第8部分：硫酸根含量的测定　硫酸钡重量法。

本部分为第8部分。

本部分由中国有色金属工业协会提出。

本部分由全国有色金属标准化技术委员会归口。

本部分由湖南有色氟化学有限责任公司、中国有色金属工业标准计量质量研究所负责起草。

本部分起草单位：湖南有色氟化学有限责任公司。

本部分参加起草单位：多氟多化工股份有限公司、白银氟化盐有限责任公司。

本部分主要起草人：黎志坚、廖志辉、陈湘渝、朱亮、薛旭金、王建萍、郭贤慧、王波、李冶。

氟化镁化学分析方法
第8部分：硫酸根含量的测定
硫酸钡重量法

1 范围

本部分规定了氟化镁中硫酸根含量的测定方法。

本部分适用于氟化镁中硫酸根含量的测定。测定范围：≤1.50%。

2 规范性引用文件

下列文件中的条款通过本部分的引用而成为本部分的条款。凡是注日期的引用文件，其随后所有的修改单(不包括勘误的内容)或修订版均不适用于本部分，然而，鼓励根据本部分达成协议的各方研究是否可使用这些文件的最新版本。凡是不注日期的引用文件，其最新版本适应于本部分。

GB/T 21994.1—2008 氟化镁化学分析方法 第1部分：试样的制备和贮存

3 方法提要

试料用碳酸钠和硼酸混合熔剂熔融，熔融物用高氯酸溶解，在酸性介质中，以氯化钡沉淀硫酸根离子，将硫酸钡在850℃灼烧后，称量。

4 试剂

4.1 无水碳酸钠。

4.2 硼酸。

4.3 高氯酸(ρ1.67 g/mL)。

4.4 硫酸(ρ1.84 g/mL)。

4.5 盐酸(6 mol/L)。

4.6 氯化钡溶液(122 g/L)：称取122 g结晶氯化钡($BaCl_2 \cdot 2H_2O$)，用水溶解后稀释至1 000 mL。

4.7 硝酸银-硝酸溶液(5 g/L)：溶解0.5 g硝酸银于少量水中，加入10 mL硝酸(ρ1.42 g/mL)，用水稀释至100 mL，混匀。

5 仪器及设备

5.1 铂皿：平底，直径75 mm，高30 mm。

5.2 铂坩埚：直径30 mm，高30 mm。

5.3 烘箱：能控制温度在110℃±5℃。

5.4 高温炉：能控制温度在850℃±20℃。

6 试样

试样应符合GB/T 21994.1—2008中3.3的要求。

7 分析步骤

7.1 试料

称取1 g干燥试样(6)，精确至0.001 g。

7.2 测定次数

独立地进行两次测定，取其平均值。

7.3 空白试验

随同试料做空白试验。

7.4 测定

7.4.1 称取 3.75 g 碳酸钠(4.1)和 1.25 g 硼酸(4.2)置于铂金皿中，加入试料(7.1)，小心混合，放入高温炉(5.4)中，控制温度 850℃，熔融 30 min，取出、冷却。

7.4.2 往铂皿中加入 15 mL 水，分次加入 25 mL 高氯酸(4.3)，加热至皿内熔融物完全溶解。在电炉上缓慢蒸发至干，冷却，再加入 10 mL 盐酸(4.5)，加热到残渣完全溶解，将铂皿中的溶液移入到500 mL 烧杯中，用热水洗涤至溶液体积约 300 mL。

注：进行高氯酸的蒸发必须在无氨或硝酸蒸气的良好通风橱内进行。

7.4.3 将溶液加热至沸，在搅拌下，缓慢加入 20 mL 热的氯化钡溶液(4.6)，用表皿盖上烧杯，在室温下静置 16 h。

7.4.4 将沉淀用定量慢速滤纸过滤，先用倾泻法洗涤，再将沉淀转入滤纸中，用沸水洗涤沉淀，直到在 10 mL 滤液中加入 10 mL 硝酸银-硝酸溶液(4.7)后，滤液在 5 min 内保持澄清为止。

7.4.5 将滤纸和沉淀置于预先在 850℃加热并于干燥器中冷却后称量的铂埚中，置于 110℃烘箱中干燥 1 h，移到电炉上，先低温干燥、灰化，然后放入 850℃马弗炉中灼烧 30 min(避免滤纸燃烧)，取出，置于干燥器中冷却到室温；如灼烧后沉淀为白色即可称量，如灼烧后沉淀显灰色表示有石墨状碳存在，用几滴硫酸(4.4)润湿，再置于 850℃马弗炉中灼烧 15 min，取出，置于干燥器中冷却至室温后称量。

8 分析结果的计算

按公式(1)计算硫酸根的质量分数(%)：

$$w(SO_4^{2-}) = \frac{(m_2 - m_1) \times 0.4116}{m_0} \times 100 \qquad \cdots\cdots(1)$$

式中：

m_2——试料测定时硫酸钡的质量，单位为克(g)；

m_1——空白测定时硫酸钡的质量，单位为克(g)；

m_0——试料的质量，单位为克(g)；

0.411 6——硫酸钡换算成硫酸根的系数。

9 精密度

9.1 重复性

在重复性条件下获得的两次独立测试结果的测定值，在以下给出的平均值范围内，这两次测试结果的绝对差值不超过重复性限(r)，超过重复性限(r)情况不超过 5%。重复性限(r)按以下数据采用线性内插法求得：

硫酸根的质量分数(%)：	0.23	0.91	0.93
重复性限 r(%)：	0.078	0.13	0.14

9.2 允许差

实验室之间分析结果的差值不应大于表 1 所列允许差：

表 1

硫酸根的质量分数/%	允许差/%
≤0.80	0.10
>0.80～1.50	0.15

10 质量保证与控制

应用标准样品，至少半年校核一次本部分的有效性。当过程失控时，应找出原因。纠正错误后，重新进行校核。

ICS 65.120
B 46

中华人民共和国国家标准

GB/T 21995—2008

饲料中硝基咪唑类药物的测定 液相色谱-串联质谱法

Determination of nitroimidazoles in feeds—Liquid chromatography-tandem mass spectrometry method

2008-06-17 发布 2008-10-01 实施

中华人民共和国国家质量监督检验检疫总局
中国国家标准化管理委员会 发布

前　言

本标准的附录A为资料性附录。

本标准由中华人民共和国农业部提出。

本标准由全国饲料工业标准化技术委员会归口。

本标准起草单位:中国农业大学动物医学院。

本标准主要起草人:沈建忠、张素霞、程林丽、肖希龙、李晓薇、曹兴元、王战辉。

饲料中硝基咪唑类药物的测定
液相色谱-串联质谱法

1 范围

本标准规定了饲料中硝基咪唑类药物含量的液相色谱-串联质谱测定方法。

本标准适用于配合饲料、浓缩饲料和预混合饲料中甲硝唑、洛硝哒唑、二甲硝唑和替硝唑含量的测定。

本标准的检测限：饲料中甲硝唑、洛硝哒唑、二甲硝唑和替硝唑均为 8 μg/kg。

本标准的定量限：饲料中甲硝唑、洛硝哒唑、二甲硝唑和替硝唑均为 25 μg/kg。

2 规范性引用文件

下列文件中的条款通过本标准的引用而成为本标准的条款。凡是注日期的引用文件，其随后所有的修改单(不包括勘误的内容)或修订版均不适用于本标准，然而，鼓励根据本标准达成协议的各方研究是否可使用这些文件的最新版本。凡是不注日期的引用文件，其最新版本适用于本标准。

GB/T 6682　分析实验室用水规格和试验方法(GB/T 6682—1992，neq ISO 3696：1987)

GB/T 14699.1　饲料　采样

GB/T 20195　动物饲料　试样的制备

3 方法原理

用乙酸乙酯提取试样中的硝基咪唑类药物，浓缩至近干后，溶解于 0.1 mol/L 磷酸中，经正己烷液液分配和 MCX 固相萃取柱净化，用液相色谱-串联质谱法测定，以色谱保留时间和质谱碎片离子共同定性，外标法定量。

4 试剂和材料

除非另有说明，在分析中仅使用确认为分析纯的试剂和 GB/T 6682 中规定的二级水。

4.1　甲醇：色谱纯。

4.2　乙腈：色谱纯。

4.3　乙酸乙酯。

4.4　磷酸。

4.5　正己烷。

4.6　甲酸：色谱纯。

4.7　MCX 固相萃取柱：规格为 60 mg。

4.8　微孔滤膜：规格为 0.2 μm。

4.9　甲硝唑(metronidazole)：纯度≥98%。

4.10　洛硝哒唑(ronidazole)：纯度≥98%。

4.11　二甲硝唑(dimetridazole)：纯度≥98%。

4.12　替硝唑(tinidazole)：纯度≥98%。

4.13　磷酸溶液(0.1 mol/L)：取 3.4 mL 磷酸于 1 L 容量瓶中，用水定容至刻度，混匀。

4.14　固相萃取柱淋洗液：氨水＋水＋甲醇＝0.2＋10＋0.2。

4.15 固相萃取柱洗脱液:氨水+水+甲醇=0.2+2+8。

4.16 硝基咪唑类药物混合标准贮备液(1 000 μg/mL):称取甲硝唑(4.9)、咯硝哒唑(4.10)、二甲硝唑(4.11)和替硝唑(4.12)各0.1 g(精确到0.000 1 g)于100 mL容量瓶中,用乙腈溶解定容。−20 ℃可保存3个月。

4.17 硝基咪唑类药物混合标准贮备液(200 μg/mL):移取1 000 μg/mL硝基咪唑类药物混合标准贮备液(4.16)10 mL于50 mL容量瓶中,用乙腈稀释定容。4 ℃可保存1个月。

4.18 标准工作液:移取适量200 μg/mL硝基咪唑类药物混合标准贮备液(4.17),用乙腈稀释定容,配制成0.01、0.05、0.1、0.5、1、5、10 μg/mL的标准工作液。4 ℃可保存1周。

5 仪器和设备

5.1 实验室常用仪器、设备。

5.2 液相色谱-串联质谱联用仪:配电喷雾离子源。

5.3 分析天平:感量为0.01 g和0.000 1 g。

5.4 旋涡混合器。

5.5 离心机。

5.6 振荡器。

5.7 旋转蒸发仪。

5.8 固相萃取装置。

6 采样与试样制备

按GB/T 14699.1规定采集试样后,按GB/T 20195规定,取有代表性的样品1 kg,四分法缩减,取约200 g,经粉碎,全部过0.45 mm孔筛,混匀装入磨口瓶中备用。

7 分析步骤

7.1 提取

称取2 g(精确到0.01 g)试样于50 mL离心管中,加15 mL乙酸乙酯,涡动1 min,300 r/min振荡30 min,3 800 r/min离心10 min。取上清液于100 mL鸡心瓶中,下层残渣用15 mL乙酸乙酯重复提取一次。合并两次上清液,为样品提取液。

7.2 净化

将样品提取液于35 ℃浓缩至近干。加300 μL乙酸乙酯,涡动10 s,再加4 mL正己烷,涡动30 s,全部转移至10 mL离心管中。往鸡心瓶中再加1.5 mL磷酸溶液(4.13),涡动1 min,全部转移至同一离心管中。加盖密闭,手摇混合,6 000 r/min离心10 min。吸取下层水相于5 mL试管,上层有机相用1.5 mL磷酸溶液(4.13)重复萃取一次,合并两次水相作为固相萃取上样液。

将MCX固相萃取柱安装于固相萃取装置上,依次用2 mL乙腈、2 mL磷酸溶液(4.13)活化。将固相萃取上样液加载到固相萃取柱上。依次用1 mL磷酸溶液(4.13)、2 mL固相萃取柱洗涤液(4.14)淋洗,抽真空1 min。用2 mL固相萃取柱洗脱液(4.15)洗脱。上样溶液和洗脱液的流速均控制在不超过1 mL/min。往洗脱液中加20 μL甲酸,混匀。50 ℃氮气吹干后,用2 mL乙腈复溶,过0.2 μm滤膜,供液相色谱-串联质谱仪测定。

7.3 测定

7.3.1 液相色谱条件

色谱柱:C_8柱,长150 mm,内径2.1 mm,粒径5 μm,或相当者。

流动相:甲醇+水,梯度洗脱,梯度洗脱条件见表1。

表 1 梯度洗脱条件

时间/min	水/%	甲醇/%
0.0	100	0
12	30	70
16	0	100
25	100	0

流速:0.2 mL/min。

柱温:室温。

进样量:10 μL。

7.3.2 **串联质谱条件**

离子化模式:电喷雾电离,正离子扫描(ESI+)。

离子源喷雾电压:4.5 kV。

离子源温度:80 ℃。

脱溶剂温度:300 ℃。

毛细管电压:3 V。

碰撞气:氩气。

监测模式:多反应监测。

4 种硝基咪唑类药物的定性离子对、定量离子对、锥孔电压和碰撞能量,见表2。

表 2 4 种硝基咪唑类药物的定性离子对、定量离子对、锥孔电压和碰撞能量

名称	定性离子对(m/z)	定量离子对(m/z)	锥孔电压/V	碰撞能量/eV
洛硝哒唑	201/140	201/140	18	11
	201/55			23
甲硝唑	172/128	172/128	22	14
	172/82			23
二甲硝唑	142/96	142/96	25	16
	142/81			25
替硝唑	248/120.7	248/120.7	20	17
	248/92.7			17

7.3.3 **液相色谱-串联质谱测定**

7.3.3.1 **定性测定**

根据试样溶液中药物的含量,选择峰面积相近的标准工作液和样品溶液等体积参插进样。通过液相色谱保留时间与质谱选择离子共同定性。样品中待测药物与标准物质的保留时间相对偏差不大于2.5%,而且其选择离子的相对丰度的差异不大于10%。4 种药物的标准溶液选择离子色谱图参见图A.1。

7.3.3.2 **定量测定**

分别取适量试样溶液和相应浓度的标准工作液,作单点校准或多点校准,以色谱峰面积积分值定量。标准工作液及试样液中药物的响应值均应在仪器检测的线性范围内,试样液进样过程中应参插标准工作液,以便准确定量。

8 结果计算

饲料中硝基咪唑类药物的含量 X，以质量分数计，数值以毫克每千克(mg/kg)表示，按式(1)计算：

$$X = \frac{c \times V \times n}{m} \qquad \cdots\cdots(1)$$

式中：

c——试样液中对应的硝基咪唑类药物的浓度，单位为微克每毫升(μg/mL)；

V——试样液总体积，单位为毫升(mL)；

n——稀释倍数；

m——试样质量，单位为克(g)。

测定结果用平行测定后的算术平均值表示，保留三位有效数字。

9 精密度

在重复性条件下完成的两个平行测定结果的相对偏差不大于20%。

附 录 A
（资料性附录）
标准溶液选择离子色谱图

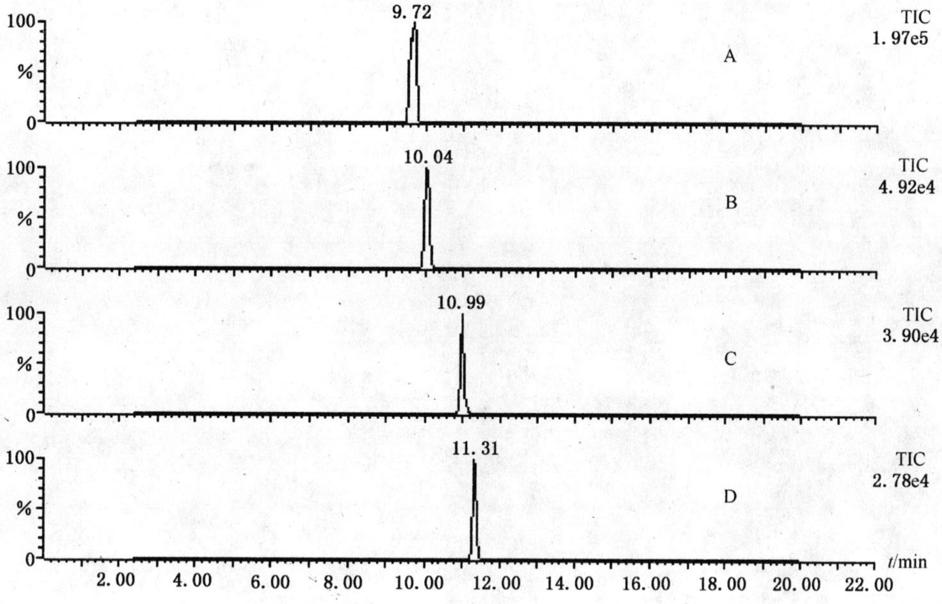

A——甲硝唑；
B——洛硝哒唑；
C——二甲硝唑；
D——替硝唑。

图 A.1　25 ng/mL 硝基咪唑类药物标准溶液选择离子色谱图

ICS 65.120
B 46

中华人民共和国国家标准

GB/T 21996—2008

饲料添加剂　甘氨酸铁络合物

Feed additive—Ferric glycine complex

2008-06-17 发布　　2008-10-01 实施

中华人民共和国国家质量监督检验检疫总局
中国国家标准化管理委员会　发布

前　言

本标准由中华人民共和国农业部提出。

本标准由全国饲料工业标准化技术委员会归口。

本标准起草单位：浙江维丰生物科技有限公司、中国农业科学院饲料研究所、国家饲料质量监督检验中心（武汉）。

本标准主要起草人：洪作鹏、于会民、杨林、占秀安、冯杰、王敏奇、汪以真、郑长峰、张玉红、张广民、李奎、裴华、乔云芳、孔随飞、孙爱玉。

饲料添加剂　甘氨酸铁络合物

1　范围

本标准规定了饲料添加剂甘氨酸铁络合物产品的技术要求、试验方法、检验规则以及标志、标签、包装、运输、贮存、保质期等要求。

本标准适用于以甘氨酸、硫酸亚铁为主要原料，经化学合成制得的、分子结构为链状的甘氨酸铁络合物。该产品在饲料中作为矿物质类添加剂。

分子式：$C_4H_{30}N_2O_{22}S_2Fe_2$

相对分子质量：634.10（按2005年国际相对原子质量）

结构式：

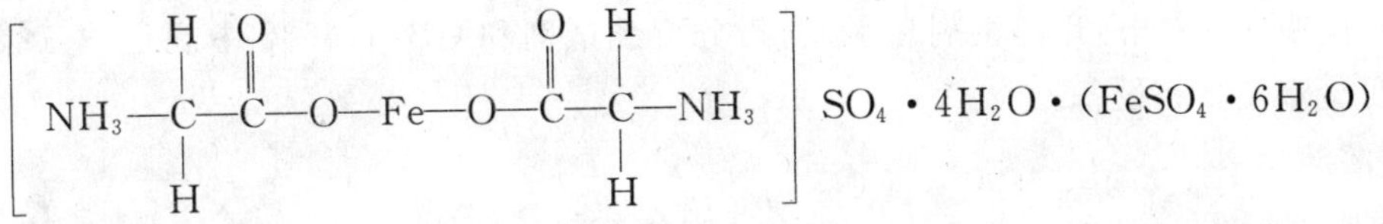

2　规范性引用文件

下列文件中的条款通过本标准的引用而成为本标准的条款。凡是注日期的引用文件，其随后所有的修改单（不包括勘误的内容）或修订版均不适用于本标准，然而，鼓励根据本标准达成协议的各方研究是否可使用这些文件的最新版本。凡是不注日期的引用文件，其最新版本适用于本标准。

GB/T 191　包装储运图示标志

GB/T 601　化学试剂　标准滴定溶液的制备

GB/T 603　化学试剂　试验方法中所用制剂及制品的制备

GB/T 5917　配合饲料粉碎粒度测定法

GB/T 6432　饲料中粗蛋白测定方法

GB/T 6682　分析实验室用水规格和试验方法（GB/T 6682—1992，neq ISO 3696:1987）

GB 10648　饲料标签

GB 13078　饲料卫生标准

GB/T 13079　饲料中总砷的测定

GB/T 13080　饲料中铅的测定　原子吸收光谱法

GB/T 14699.1　饲料　采样

3　要求

3.1　外观和性状

本品为淡黄色至棕黄色晶体或结晶性粉末，易溶于水。

3.2　技术指标

甘氨酸铁络合物产品技术指标应符合表1的要求。

表 1 技术指标

项 目	指 标
甘氨酸铁络合物($C_4H_{30}N_2O_{22}S_2Fe_2$)/%	≥90.0
铁(以 Fe^{2+} 计)/%	≥17.0
三价铁(以 Fe^{3+} 计)/%	≤0.50
总甘氨酸 /%	≥21.0
游离甘氨酸 /%	≤1.50
干燥失重 / %	≤10.0
铅含量 /%	≤0.002
总砷 /%	≤0.000 5
粒度(孔径 0.84 mm 试验筛通过率)/%	≥95.0

4 试验方法

除非另有说明,本标准所用的试剂和水,均指分析纯试剂和 GB/T 6682 中规定的三级用水;仪器、设备为一般实验室仪器和设备。

4.1 试剂和溶液

4.1.1 碘化钾。

4.1.2 硫酸溶液:5%,按 GB/T 603 配制。

4.1.3 磷酸溶液:10%,量取 72 mL 磷酸,缓缓注入 700 mL 水中,冷却,稀释至 1 000 mL。

4.1.4 二苯胺磺酸钠指示液:5 g/L,按 GB/T 603 配制。

4.1.5 硫酸铈标准滴定溶液:浓度 $c[Ce(SO_4)_2]=0.1$ mol/L,按 GB/T 601 配制与标定。

4.1.6 硫酸溶液:20%,按 GB/T 603 配制。

4.1.7 淀粉溶液:10 g/L,按 GB/T 603 配制。

4.1.8 硫代硫酸钠标准滴定溶液:浓度 $c(Na_2S_2O_3)=0.01$ mol/L,按 GB/T 601 配制与标定成 0.1 mol/L 的标准滴定溶液,然后稀释为 0.01 mol/L。

4.1.9 冰乙酸溶液:浓度 $c(CH_2COOH)=2$ mol/L,量取冰乙酸 11.3 mL,加水定容至 100 mL。

4.1.10 结晶紫指示剂溶液:5 g/L,按 GB/T 603 配制。

4.1.11 高氯酸标准滴定溶液:浓度 $c(HClO_4)=0.01$ mol/L,按 GB/T 601 配制与标定成 0.1 mol/L 的标准滴定溶液,然后稀释为 0.01 mol/L。

4.2 仪器和设备

4.2.1 分析天平:感量为 0.000 1 g。

4.2.2 定氮装置。

4.2.3 恒温干燥箱。

4.2.4 微量滴定管。

4.2.5 实验室常规仪器。

4.3 外观和性状的测定

4.3.1 外观

感官检测。

4.3.2 水溶解性

在 20 ℃±5 ℃下试样加入 10 mL 水中,每隔 5 min 搅拌一次,每次 30 s,共搅 6 次,完全溶解为棕黄色液体(棕黄色为试样中少量三价铁水解所致)。

4.4 二价铁(Fe^{2+})含量的测定

4.4.1 测定原理

试样用酸溶解后,其中的二价铁(Fe^{2+})用硫酸铈标准溶液滴定,二价铁被氧化成三价铁(Fe^{3+}),四价铈(Ce^{4+})被还原成三价铈(Ce^{3+}),用二苯胺磺酸钠作指示剂,由消耗硫酸铈标准滴定溶液的体积计算出二价铁的含量。

$$Fe^{2+} + [Ce(SO_4)_3]^{2-} = Ce^{3+} + Fe^{3+} + 3SO_4^{2-}$$

4.4.2 测定步骤

称取试样约 2 g(精确至 0.000 1 g),置于 100 mL 烧杯中,加入 5%硫酸溶液(4.1.2)60 mL,再加入 10% 磷酸溶液(4.1.3)20 mL,搅拌均匀,然后注入 100 mL 的棕色容量瓶中,用蒸馏水将烧杯冲洗并入容量瓶中,再用蒸馏水加至刻度,摇匀,用移液管吸取 25.00 mL 试样溶液于锥形瓶中,加 25 mL 蒸馏水及 4 滴二苯胺磺酸钠指示液(4.1.4),用硫酸铈标准滴定溶液(4.1.5)滴定至溶液由绿色变为紫红色为终点。记下消耗的硫酸铈的体积(V)。

4.4.3 计算和结果的表示

亚铁含量(X_1)以质量分数计,数值以%表示,按式(1)计算:

$$X_1 = \frac{c \times V \times 0.055\,85}{m_1 \times 25.00/100} \times 100 \qquad \cdots\cdots(1)$$

式中:

c——硫酸铈标准溶液的浓度,单位为摩尔每升(mol/L);

V——试样溶液消耗硫酸铈溶液的体积,单位为毫升(mL);

0.055 85——与 1.00 mL 硫酸铈标准溶液{$c[Ce(SO_4)_2]=1.000$ mol/L}相当的铁的质量,单位为克(g);

m_1——试样质量,单位为克(g)。

4.4.4 允许偏差

每个试样取两个平行样进行测定,以其算术平均值为结果,允许相对偏差不大于 2%。

4.5 三价铁(Fe^{3+})含量的测定(碘量法)

4.5.1 测定原理

在酸性溶液中加入碘化钾,利用碘(I^-)的还原作用,2 mol 碘(I^-)可以等量将 2 mol 三价铁还原为 2 mol 二价铁,同时析出 1 mol 碘,然后用硫代硫酸钠标准滴定溶液滴定析出的碘,从而间接地测定出试样中三价铁(Fe^{3+})的含量。

$$2Fe^{3+} + 2I^- = 2Fe^{2+} + I_2$$

$$I_2 + 2S_2O_3^{2-} = 2I^- + S_4O_6^{2-}$$

4.5.2 测定步骤

称取 0.5 g 试样(精确至 0.000 2 g),置于 250 mL 碘量瓶中,加 50 mL 水溶解,加 2 mL 20%硫酸溶液(4.1.6)、1 g 碘化钾(4.1.1),摇匀后,于暗处放置 30 min,用硫代硫酸钠标准滴定溶液(4.1.8)滴定至淡黄色,加 2 mL 淀粉溶液(4.1.7),继续滴定至蓝色刚刚消失即为终点。平行测定两次。

4.5.3 计算和结果的表示

三价铁(Fe^{3+})含量 X_2 以质量分数计,数值以%表示,按式(2)计算:

$$X_2 = \frac{c \times V \times 0.055\,85}{m_2} \times 100 \qquad \cdots\cdots(2)$$

式中:

c——硫代硫酸钠标准溶液的浓度,单位为摩尔每升(mol/L);

V——硫代硫酸钠标准溶液所消耗的体积,单位为毫升(mL);

0.055 85——与 1.00 mL 硫代硫酸钠标准溶液[$c(Na_2S_2O_3)=1.000$ mol/L]相当的铁的质量,单位为克(g);

m_2——试样的质量,单位为克(g)。

计算结果保留两位小数。

4.5.4 允许偏差

每个试样取两个平行样进行测定，以其算术平均值为结果，允许相对偏差不大于10%。

4.6 总甘氨酸(氨基乙酸)的测定

4.6.1 测定方法

按GB/T 6432规定测定试样中氮(D)的质量分数。

总甘氨酸含量X_3以质量分数计，数值以%表示，按式(3)计算：

$$X_3 = 5.3583D \quad \cdots\cdots(3)$$

式中：

5.358 3——甘氨酸相对分子质量与氮的相对原子质量比值；

D——试样中氮的质量分数，%。

计算结果保留两位小数。

4.6.2 允许偏差

每个试样取两个平行样进行测定，以其算术平均值为结果，允许相对偏差不大于2%。

4.7 游离甘氨酸(氨基乙酸)的测定

4.7.1 测定原理

以冰乙酸为溶剂，结晶紫为指示剂，高氯酸标准溶液为滴定剂，反应生成氨基乙酸的高氯酸盐。

4.7.2 测定步骤

称取约0.1 g试样(精准至0.000 2 g)，置于250 mL干燥的锥形瓶中，加入30 mL冰乙酸(4.1.9)溶解，加入2滴结晶紫指示剂(4.1.10)，用高氯酸标准滴定溶液(4.1.11)滴定至溶液由紫色变为蓝绿色为终点，同时做空白试验。

4.7.3 计算和结果的表示

游离甘氨酸含量X_4以质量分数计，数值以%表示，按式(4)计算：

$$X_4 = \frac{c \times (V_1 - V_0) \times 0.07507}{m_3} \times 100 \quad \cdots\cdots(4)$$

式中：

c——高氯酸标准溶液的浓度，单位为摩尔每升(mol/L)；

V_1——试样消耗高氯酸标准滴定溶液的体积，单位为毫升(mL)；

V_0——空白试验消耗高氯酸标准滴定溶液的体积，单位为毫升(mL)；

0.075 07——与1.00 mL高氯酸标准滴定溶液[$c(HClO_4)=1.000$ mol/L]相当的氨基乙酸的质量，单位为克(g)；

m_3——试样的质量，单位为克(g)。

计算结果保留两位小数。

4.7.4 允许偏差

每个试样取两个平行样进行测定，以其算术平均值为结果，允许相对偏差不大于10%。

4.8 甘氨酸铁络合物($C_4H_{30}N_2O_{22}S_2Fe_2$)含量的测定

根据络合甘氨酸含量以及其在甘氨酸铁络合物分子式结构中所占的比例可以折算出甘氨酸铁络合物($C_4H_{30}N_2O_{22}S_2Fe_2$)的含量。络合甘氨酸含量由上述总甘氨酸($X_3$)和游离甘氨酸($X_4$)之差求得。

甘氨酸铁络合物($C_4H_{30}N_2O_{22}S_2Fe_2$)含量$X_5$以质量分数计，数值以%表示，按式(5)计算：

$$X_5 = 4.2273(X_3 - X_4) \quad \cdots\cdots(5)$$

式中：

4.227 3——甘氨酸络合物的摩尔质量m(1/2甘氨酸铁)与氨基乙酸的摩尔质量m(氨基乙酸)的比值。

计算结果保留两位小数。

4.9 干燥失重的测定

4.9.1 测定步骤

洁净称样皿，在 80 ℃±2 ℃烘箱中烘 1 h，取出。在干燥器中冷却 30 min，称重准确至 0.000 2 g，重复烘干 30 min，冷却、称重直至两次质量之差小于 0.000 5 g 为恒重。

用已恒重称样皿称取 2 份平行试样，每份 2 g，准确至 0.000 2 g，称样皿盖敞开在 80 ℃±2 ℃烘箱中烘 2 h～4 h（以温度达到 80 ℃开始计时），取出后在干燥器中冷却 30 min，称重。

重复烘干 1 h，冷却、称重，直至两次称重的质量差小于 0.002 g。

4.9.2 计算和结果的表示

干燥失重 X_6 以质量分数计，数值以%表示，按式(6)计算：

$$X_6 = \frac{m_4 - m_5}{m_4 - m_0} \times 100 \qquad \cdots\cdots(6)$$

式中：

m_4——80 ℃烘干前试样及称样皿的质量，单位为克(g)；

m_5——80 ℃烘干后试样及称样皿的质量，单位为克(g)；

m_0——已恒重的称样皿的质量，单位为克(g)。

4.9.3 允许偏差

每个试样取两个平行样进行测定，以其算术平均值为结果，允许相对偏差不大于 5%。

4.10 铅含量的测定

按 GB/T 13080 执行。

4.11 总砷的测定

按 GB/T 13079 执行。

4.12 粒度检验

粒度 X_7 按式(7)计算：

$$X_7 = 1 - X_8 \qquad \cdots\cdots(7)$$

式中：

X_7——孔径 0.84 mm 试验筛通过率，%；

X_8——孔径 0.84 mm 试验筛留存率（按 GB/T 5917 执行），%。

5 检验规则

5.1 组批

在规定限度内具有同一性质和质量，并在同一连续生产周期中生产出来的一定数量的产品为一批。

5.2 取样方法

按 GB/T 14699.1 的规定进行取样。

5.3 出厂检验

饲料级甘氨酸铁络合物按本标准的规定对产品性状、甘氨酸铁络合物（$C_4H_{30}N_2O_{22}S_2Fe_2$）、二价铁（以 Fe^{2+} 计）、三价铁（以 Fe^{3+} 计）、总甘氨酸、游离甘氨酸、干燥失重、铅含量、总砷、粒度等进行检验。

5.4 型式检验

检验项目为本标准要求的全部项目及 GB 13078 的规定，有下列情况之一时应进行型式检验：

a) 新产品投产时；

b) 正常生产，每半年进行一次；

c) 停产或转产半年又继续生产时；

d) 更换主要设备、原料或生产工艺时；

e) 质量监督部门提出质量检验要求时。

5.5 判定规则

5.5.1 检验结果全部合格，判定该批产品合格。如果在检验中有一项指标不符合本标准要求时，应加倍抽样检验。复检仍不符合本标准要求时，则判定整批不合格。

5.5.2 使用单位或经销单位可按照本标准规定的检验规则和试验方法对所收到的产品进行质量检验，检查其是否符合本标准的要求。如果供需双方对产品质量发生异议时，由仲裁单位按本标准规定的试验方法和检验规则进行仲裁。

6 标志、标签

6.1 标志

包装标志应有厂址、厂名、净含量、产品名称、生产许可证号、批准文号、商标、防潮标识、防晒标识等，并符合 GB/T 191 的规定。

6.2 标签

按 GB 10648 执行。

7 包装、运输、贮存和保质期

7.1 包装

包装应符合运输和贮存的要求，包装完整，标签等资料齐全。

7.2 运输

本品在运输过程中应有遮盖物，防止日晒、雨淋、受潮，不得与有毒有害物品混运，防止污染。

7.3 贮存

本品应贮存在通风、干燥、避光、阴凉处，地面有防潮设施，堆放时应离墙 40 cm。不得与有毒有害物品混贮，防止污染。

7.4 保质期

在本标准规定的条件下，自生产之日起本产品保质期为 24 个月。

ICS 07.060
N 93

中华人民共和国国家标准

GB/T 21997.1—2008

土工试验仪器　液限仪
第1部分：碟式液限仪

Instrument for soil test—Liquid limit device—
Part 1：Casagrande liquid limit device

2008-06-17 发布　　2008-10-01 实施

中华人民共和国国家质量监督检验检疫总局
中国国家标准化管理委员会　发布

前　言

GB/T 21997《土工试验仪器　液限仪》分为两个部分：

——第1部分：碟式液限仪；

——第2部分：圆锥式液限仪。

本部分是GB/T 21997的第1部分。

本部分由中华人民共和国水利部提出并归口。

本部分主要起草单位：水利部水文仪器及岩土工程仪器质量监督检验测试中心、国家电力公司南京电力自动化设备总厂、南京土壤仪器厂有限公司、水利部南京水利水文自动化研究所。

本部分主要起草人：章一新、陈宇、徐晓乐、王长生、鲍良钝。

土工试验仪器　液限仪
第1部分：碟式液限仪

1　范围

GB/T 21997的本部分规定了土工试验仪器中碟式液限仪的术语和定义、分类及结构组成、技术要求、试验方法、检验规则、标志及使用说明书、包装、运输和贮存等。

本部分适用于土工试验仪器中测定粘性土液限的碟式液限仪。

2　规范性引用文件

下列文件中的条款通过GB/T 21997的本部分的引用而成为本部分的条款。凡是注日期的引用文件，其随后所有的修改单(不包括勘误的内容)或修订版均不适用于本部分，然而，鼓励根据本部分达成协议的各方研究是否可使用这些文件的最新版本。凡是不注日期的引用文件，其最新版本适用于本部分。

GB/T 191—2008　包装储运图示标志(ISO 780:1997,MOD)

GB 9969.1　工业产品使用说明书　总则

GB/T 15406　岩土工程仪器基本参数及通用技术条件

GB/T 15464　仪器仪表包装通用技术条件

GB/T 50279　岩土工程基本术语标准

3　术语和定义

GB/T 50279确立的以及下列术语和定义适用于GB/T 21997的本部分。

3.1

液限仪　liquid limit device

用于测定粘性土的液限的仪器。

3.2

碟式(卡氏)液限仪　casagrande liquid limit device

用装有土样的铜碟坠击橡胶底座的方式测量粘性土液限的仪器。

4　分类及结构组成

4.1　分类

按转轴驱动方式的不同分为手动式碟式液限仪和电动式碟式液限仪两种。

4.2　结构组成

碟式液限仪主要由底座、铜碟、连接块、支架、滑动板、转轴、凸轮、计数器、转轴驱动机构和划槽刀等组成，其结构形式如图1、图2、图3、图4所示。

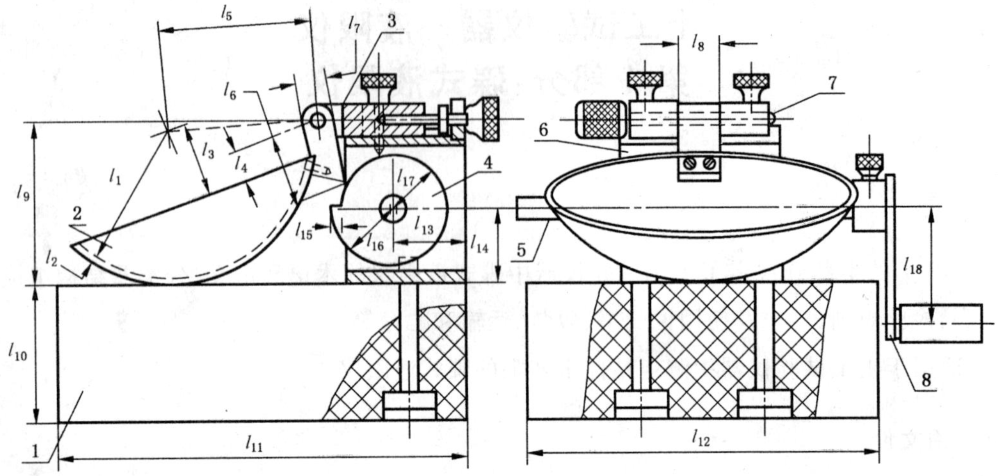

1——底座；

2——铜碟；

3——连接块；

4——凸轮；

5——转轴；

6——支架；

7——滑动板；

8——手摇柄。

图 1　手动碟式液限仪

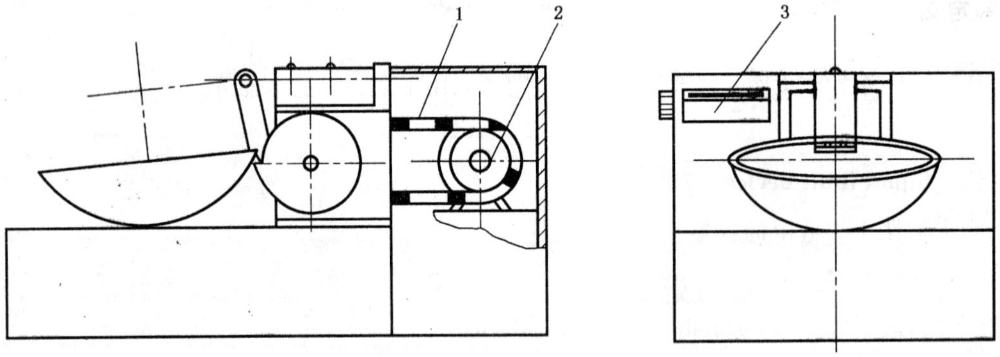

1——链条；

2——电动机；

3——计数器。

图 2　电动碟式液限仪

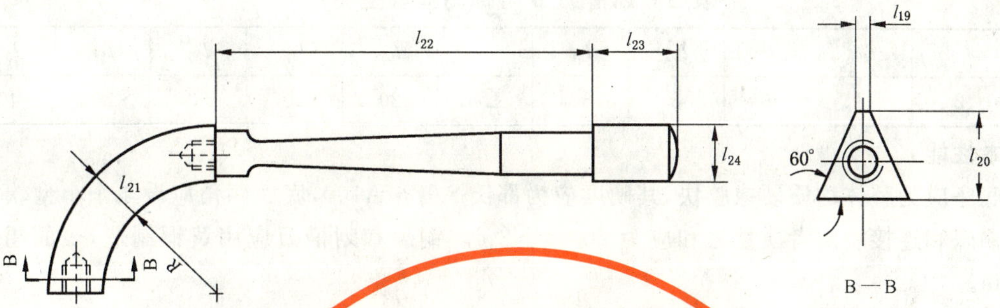

图 3 划槽刀 A

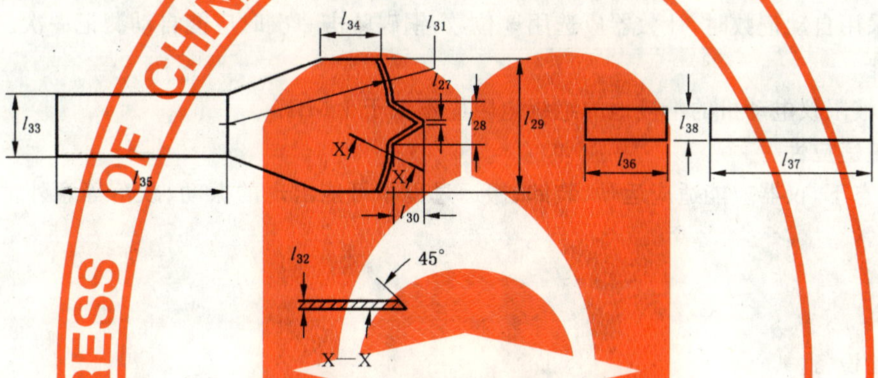

图 4 划槽刀 B 与标高样块

5 技术要求

5.1 工作环境

仪器应在下列环境范围内保证其能够正常工作：

a) 温度：5 ℃～35 ℃；

b) 相对湿度：不大于 85%（30 ℃时）。

5.2 外观

仪器铸件应无明显气孔和沙眼，漆层或镀层应平整、色泽均匀，无气泡、碰伤等现象。

5.3 碟式液限仪主要尺寸

5.3.1 碟式液限仪整机主要尺寸应符合表 1 的规定。

5.3.2 划槽刀 A（见图 3）主要尺寸应符合表 2 的规定。

5.3.3 划槽刀 B（见图 4）与标高样块主要尺寸应符合表 3 的规定。

表 1 碟式液限仪主要尺寸

单位为毫米

项目	l_1	l_2	l_3	l_4	l_5	l_6	l_7	l_8	l_9
尺寸	54	2	27	12.5	56	25	10	16	60
项目	l_{10}	l_{11}	l_{12}	l_{13}	l_{14}	l_{15}	l_{16}	l_{17}	l_{18}
尺寸	50	150	125	27	28	6	22	19	45

表 2 划槽刀 A 主要尺寸

单位为毫米

项目	l_{19}	l_{20}	l_{21}	R	l_{22}	l_{23}	l_{24}
尺寸	2	10	10	22	73	16	10

表 3 划槽刀 B 与标高样块主要尺寸

单位为毫米

项目	l_{27}	l_{28}	l_{29}	l_{30}	l_{31}	l_{32}	l_{33}	l_{34}	l_{35}	l_{36}	l_{37}	l_{38}
尺寸	2	11	40	8	50	1.5	20	20	50	20	40	10

5.4 基本性能

5.4.1 底座应为整体均质硬橡胶块，其硬度应为邵氏 A97～A100，底面四角应设 4 个小型软橡胶垫。

5.4.2 铜碟和连接块两者质量之和应为 200 g±2 g。铜碟和划槽刀应用黄铜制造，表面粗糙度应为 $Ra3.2\ \mu m$。

5.4.3 支架、滑动块、转轴、连接块、凸轮等均应用金属材料制造。滑动板移动时应能调整铜碟与底座之间落高至 10 mm；凸轮每转动一圈应能使铜碟举起后瞬时坠击一次底座。

5.4.4 铜碟采用电动驱动时，应按每秒坠击两次进行。

5.4.5 击数采用自动记数时，计数器应选用 3 位数，铜碟坠击一次时应能自动测记一次。

5.5 绝缘性能

电动碟式液限仪电动机的不接地的绝缘电阻应不低于 1 MΩ。

5.6 机械环境适应性

在包装状态下，仪器应能适应运输、装卸、搬运过程中可能出现的振动、跌落等意外情况，其各项性能及功能应正常。

6 试验方法

6.1 主要试验设备

碟式液限仪的主要试验设备包括：

a） 天平：量程为 500 g、分度值为 0.5 g；

b） 游标卡尺：分度值为 0.02 mm；

c） 兆欧表：500 V；

d） 秒表：准确度 0.1 s；

e） 表面粗糙度比较样块：四等一级；

f） 万能角度尺：准确度 0.2 度；

g） 橡胶硬度计；

h） 高低温湿热试验箱；

i） 机械环境适应性试验装置；

j） 专用标高样块。

6.2 工作环境

参照 GB/T 15406 的规定进行检测，结果应符合 5.1 要求。

6.3 外观、材料及运行情况

目测，结果应符合 5.2、5.4.2 和 5.4.3 的制造材料及铜碟运行情况的要求。

6.4 碟式液限仪主要尺寸

用游标卡尺和万能角度尺检测整机、划槽刀 A 和划槽刀 B 的尺寸及角度，结果应符合 5.3 和 4.2 的要求。

6.5 基本性能

6.5.1 用橡胶硬度计检测橡胶块的硬度，结果应符合 5.4.1 的要求。

6.5.2 用天平称量铜碟和连接块的质量；用表面粗糙度比较样块比测铜碟和划槽刀的表面粗糙度，结果应符合 5.4.2 的要求。

6.5.3 落高可用划槽刀刀柄端 10 mm 标高尺或专用标高样块进行检验，结果应符合 5.4.3 的要求。

6.5.4 用秒表计数进行铜碟坠击检测，结果应符合5.4.4的要求。

6.5.5 检测铜碟坠击的次数和计数器的记数显示，其结果应相同即符合5.4.5的要求。

6.6 绝缘性能

应用500 V兆欧表进行检测，结果应符合5.5的要求。

6.7 机械环境适应性

6.7.1 振动试验

在运输包装的状态下，设置振动系统的扫频振动频率为10 Hz～150 Hz～10 Hz、扫频速度为1倍频程/min、加速度为$2g$，对碟式液限仪进行3个周期/单轴的振动试验。试验后仪器工作正常，结果应符合5.6的要求。

6.7.2 自由跌落试验

在运输包装的状态下，设置自由跌落机的跌落高度为300 mm，将碟式液限仪自由跌落在平滑、坚硬的混凝土面或钢质面上，共进行3次跌落试验。试验后仪器工作正常，结果应符合5.6的要求。

7 检验规则

7.1 检验分类

产品检验分为出厂检验和型式检验。

7.2 出厂检验

7.2.1 产品应逐台进行出厂检验，出厂检验由制造厂的质量检验部门按5.2、5.4.2、5.5的规定进行。

7.2.2 产品经生产厂质量部门检验合格并附合格证后，方可出厂。

7.3 型式检验

7.3.1 凡遇下列情况之一，应进行型式检验：

a) 正常生产时，连续生产一年以上进行一次型式检验；

b) 正式生产后，因结构、材料、工艺有较大改变，可能影响产品性能时；

c) 产品停产三年以上，恢复生产时；

d) 出厂检验结果与上次型式检验结果有较大差异时；

e) 国家质量技术监督机构提出进行型式检验要求时；

f) 产品转厂生产的首批产品；

g) 合同规定进行型式检验时。

7.3.2 型式检验应按本部分技术要求规定的项目进行全性能检验。

7.3.3 型式检验的样品应从经出厂检验合格的产品中随机抽取，一般不少于3台，若产品总数不足3台，则应全检。

7.3.4 试验结果的评定：在型式检验中有两台或两台以上不合格时，则应判定该批产品不合格；有一台不合格时，应加倍抽取该产品进行不合格项目复检，若仍有不合格时，则应判该批产品为不合格；若全部检验合格，则应除去第一批抽样不合格的产品，该批产品应判为合格。

对该批不合格产品，应分析原因并采取措施，返工后进行第二次型式检验；若全部检验合格，则该批产品应判为合格；若仍有不合格则应判该批产品为不合格。

7.3.5 经过型式检验的产品，需要更换易损件，并经出厂检验合格后方能出厂。

8 标志、使用说明书

8.1 产品标志

在产品的显著位置应具有完整的铭牌标志，内容包括：

a) 产品型号及名称；

b) 生产单位名称及商标；

c) 生产日期及出厂编号等。

8.2 包装标志

在产品的包装箱的适当位置,应标有显著、牢固的包装标志,内容包括:

a) 产品型号及名称;

b) 产品数量;

c) 箱体尺寸(mm);

d) 净重或毛重(kg);

e) 运输作业安全标志;

f) 到站(港)及收货单位;

g) 发站(港)及发货单位;

h) 生产许可证获证产品标识和生产许可证编号。

8.3 包装储运标志

产品的包装储运标志应符合 GB/T 191—2008 的规定。

8.4 使用说明书

产品的使用说明书的内容应符合 GB 9969.1 的有关规定。

9 包装、运输、贮存

9.1 包装

9.1.1 仪器主机、零件与附件、备件应分箱包装。

9.1.2 产品包装时,周围环境及包装箱内应清洁、干燥,无有害气体、无异物。

9.1.3 产品包装后,其包装件重心应尽量靠下且居中,产品装在箱内必须予以支撑、垫平、卡紧。

9.1.4 附件箱、备件箱应尽量固定在主机箱内适当位置,装在箱内的附件、备件等也应采取相应的固定措施。

9.1.5 产品的防震、防潮、防尘等防护包装按 GB/T 15464 中的有关规定进行。

9.1.6 随机文件应齐全,文件清单如下:

a) 装箱单;

b) 产品合格证;

c) 产品使用说明书;

d) 出厂前的检验测试文件;

e) 产品技术条件规定的其他文件。

9.1.7 随机文件应装入塑料袋中,并放置在包装箱内,若产品分装数箱,则随机文件应放在主件箱内。

9.2 运输

按有关包装标准及本部分的规定进行包装的产品应能适应各种运输方式。

9.3 贮存

9.3.1 贮存场所应通风、干燥,附近应无腐蚀性物质。

9.3.2 包装好的产品应能在下列环境条件下贮存:

a) 温度:-40 ℃～60 ℃;

b) 相对湿度:不大于 85%(30 ℃时)。

ICS 07.060
N 93

中华人民共和国国家标准

GB/T 21997.2—2008

土工试验仪器　液限仪
第2部分：圆锥式液限仪

Instrument for soil test—Liquid limit device—
Part 2: Fall cone liquid limit device

2008-06-17 发布　　2008-10-01 实施

中华人民共和国国家质量监督检验检疫总局
中国国家标准化管理委员会　发布

前　言

GB/T 21997《土工试验仪器　液限仪》分为两个部分：

——第1部分：碟式液限仪；

——第2部分：圆锥式液限仪。

本部分是GB/T 21997的第2部分。

本部分由中华人民共和国水利部提出并归口。

本部分主要起草单位：水利部水文仪器及岩土工程仪器质量监督检验测试中心、国家电力公司南京电力自动化设备总厂、南京土壤仪器厂有限公司、水利部南京水利水文自动化研究所。

本部分主要起草人：章一新、陈宇、徐晓乐、王长生、鲍良钝。

土工试验仪器　液限仪
第2部分：圆锥式液限仪

1　范围

GB/T 21997的本部分规定了土工试验仪器中圆锥式液限仪的术语和定义、分类及结构组成、技术要求、试验方法、检验规则、标志及使用说明书、包装、运输、贮存等。

本部分适用于土工试验仪器中能测定粘性土液限的圆锥式液限仪。

2　规范性引用文件

下列文件中的条款通过GB/T 21997的本部分的引用而成为本部分的条款。凡是注日期的引用文件，其随后所有的修改单(不包括勘误的内容)或修订版均不适用于本部分，然而，鼓励根据本部分达成协议的各方研究是否可使用这些文件的最新版本。凡是不注日期的引用文件，其最新版本适用于本部分。

GB/T 191—2008　包装储运图示标志(ISO 780:1997,MOD)

GB 9969.1　工业产品使用说明书　总则

GB/T 15406　岩土工程仪器基本参数及通用技术条件

GB/T 15464　仪器仪表包装通用技术条件

GB/T 50279　岩土工程基本术语标准

3　术语和定义

GB/T 50279确立的以及下列术语和定义适用于GB/T 21997的本部分。

3.1

圆锥式液限仪　fall cone liquid limit device

利用锥体的自重在规定时间内下沉至规定的深度来测定粘性土的液限的试验仪器，一般指直读圆锥式液限仪。

3.2

光电圆锥式液塑限仪(光电式液塑限联合测定仪)　photoelectric fall cone liquid limit and plastic limit device

利用光电原理测读锥体在规定时间内下沉深度的圆锥式液塑限仪。

4　分类及结构组成

4.1　分类

圆锥式液限仪按读数显示方式分为直读圆锥式液限仪(以下简称液限仪)和光电圆锥式液塑限仪(以下简称光电式液塑限仪)。

4.2　结构组成

液限仪主要由锥体(包括手柄、圆锥、平衡锤)、试杯、底座等组成，其结构形式如图1所示。

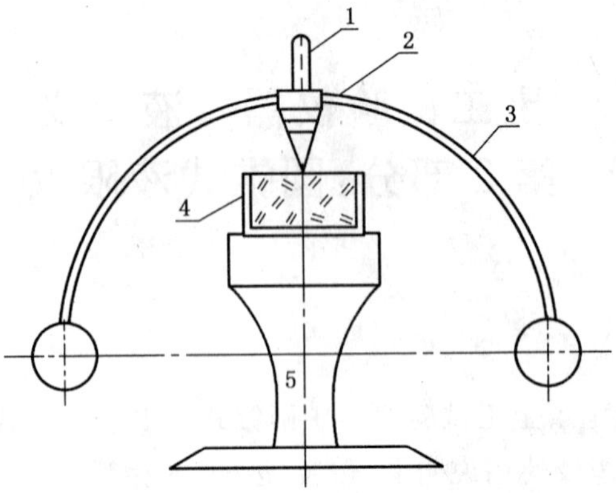

1——手柄；
2——圆锥；
3——平衡锤；
4——试杯；
5——底座。

图1　液限仪

光电式液塑限仪主要由显示屏、电磁铁、带标尺的锥体、试杯、升降座、控制开关等组成，其结构形式如图2所示。

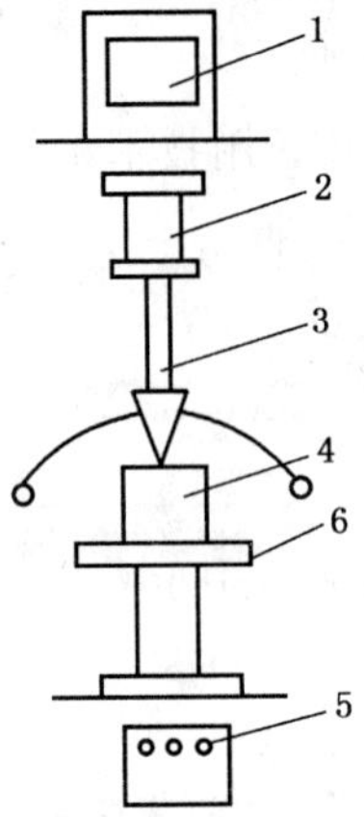

1——显示屏；
2——电磁铁；
3——带标尺的锥体；
4——试杯；
5——控制开关；
6——升降座。

图2　光电式液塑限仪

5　技术要求

5.1　工作环境

仪器应在下列环境范围内保证其能够正常工作：

a)　温度：5 ℃～35 ℃；

b)　相对湿度：不大于85%（30 ℃时）。

5.2　外观

仪器表面镀层和漆层鲜明，不得有斑点、剥落等缺陷，外形应平整光滑无缝隙。

5.3 液限仪基本要求

5.3.1 锥体基本参数见表1,材料为不锈钢和铜,表面粗糙度应为 $Ra3.2\ \mu m$。

表1 锥体基本参数

锥体锥角/(°)	锥体质量/g	刻线至锥尖距离/mm
30±0.2	76±0.2	10
		17
	100±0.2	20

5.3.2 试杯应采用耐腐蚀抗变形材料,内径为 40 mm,高度为 30 mm。

5.4 光电式液塑限仪材料、尺寸及性能

5.4.1 圆锥上无刻线,上端置有微分尺和电工铁块,锥体的其他基本要求同 5.3.1。

5.4.2 光学部件微分尺量程为 23 mm,分度值为 0.1 mm,允许示值误差为±0.1 mm。

5.4.3 锥体吸合后,两端应平稳,微分尺与显示屏零位线目测呈垂直状态,零位线可上下调节。

5.4.4 电磁铁吸力应不小于 1 N。

5.4.5 锥体在自重下沉入土样 5 s~5.5 s,控制电路应能发出提示信号。

5.4.6 光学部件各玻璃表面不得有灰尘、油污或影响透光特征的斑点存在。

5.5 绝缘性能

电气设备的不接地的绝缘电阻应不低于 1 MΩ。

5.6 机械环境适应性

在包装状态下,仪器应能适应运输、装卸、搬运过程中可能出现的振动、跌落等意外情况,其各项性能及功能应正常。

6 试验方法

6.1 主要试验设备

圆锥式液限仪的主要试验设备包括:

a) 天平:量程为 200 g、分度值为 0.01 g;

b) 游标卡尺:分度值为 0.02 mm;

c) 兆欧表:500 V;

d) 表面粗糙度比较样块:四等一级;

e) 工具显微镜;

f) 专用砝码:100 g±1.0 g;

g) 秒表:准确度 0.1 s;

h) 高低温湿热试验箱;

i) 机械环境适应性试验装置。

6.2 工作环境

参照 GB/T 15406 的规定进行试验,结果应符合 5.1 的要求。

6.3 外观

目测检查,结果应符合 5.2 和 5.4.6 的要求。

6.4 液限仪基本要求

6.4.1 锥体质量用天平检测;圆锥表面粗糙度用表面粗糙度比较样块比测;锥体锥角和刻线至锥尖距离用工具显微镜检测,结果应符合 5.3.1 的要求。

6.4.2 试杯尺寸用游标卡尺检测,结果应符合 5.3.2 的要求。

6.5　光电式液限仪

6.5.1　锥体质量用天平检测；圆锥表面粗糙度用表面粗糙度比较样块比测；锥体锥角和刻线至锥尖距离用工具显微镜检测，结果应符合 5.4.1 的要求。

6.5.2　光学部件微分尺用工具显微镜检测，结果应符合 5.4.2 的要求。

6.5.3　用目视和手动方法检查，结果应符合 5.4.3 的要求。

6.5.4　将专用砝码靠上电磁铁，应能平稳吸住，结果应符合 5.4.4 的要求。

6.5.5　将锥尖与试杯土样接触后，灯亮，操作按钮并启动秒表，测定锥体自由下落至发出提示信号时的时间，结果应符合 5.4.5 的要求。

6.6　绝缘性能

应用 500 V 兆欧表检测，结果应符合 5.5 的要求。

6.7　机械环境适应性

6.7.1　振动试验

在运输包装的状态下，设置振动系统的扫频振动频率为 10 Hz～150 Hz～10 Hz、扫频速度为 1 倍频程/min、加速度为 2g，对圆锥式液限仪进行 3 个周期/单轴的振动试验。试验后仪器工作正常，结果应符合 5.6 的要求。

6.7.2　自由跌落试验

在运输包装的状态下，设置自由跌落机的跌落高度为 300 mm，将圆锥式液限仪自由跌落在平滑、坚硬的混凝土面或钢质面上，共进行 3 次跌落试验。试验后仪器工作正常，结果应符合 5.6 的要求。

7　检验规则

7.1　检验分类

产品检验分为出厂检验和型式检验。

7.2　出厂检验

7.2.1　产品应逐台进行出厂检验，出厂检验由制造厂的质量检验部门按 5.2、5.3.1、5.4.1、5.4.2、5.4.5、5.4.6、5.5 的规定进行。

7.2.2　产品经生产厂质量部门检验合格并附合格证后，方可出厂。

7.3　型式检验

7.3.1　凡遇下列情况之一，应进行型式检验即全性能检测：

a)　正常生产时，连续生产一年以上进行一次型式检验；

b)　正式生产后，因结构、材料、工艺有较大改变，可能影响产品性能时；

c)　产品停产三年以上，恢复生产时；

d)　出厂检验结果与上次型式检验结果有较大差异时；

e)　国家质量技术监督机构提出进行型式检验要求时；

f)　产品转厂生产的首批产品；

g)　合同规定进行型式检验时。

7.3.2　型式检验应按本部分技术要求规定的项目进行全性能检验。

7.3.3　型式检验的样品应从经出厂检验合格的产品中随机抽取，一般不少于 3 台，若产品总数不足 3 台，则应全检。

7.3.4　试验结果的评定：在型式检验中有两台或两台以上不合格时，则应判定该批产品不合格；有一台不合格时，应加倍抽取该产品进行不合格项目复检，若仍有不合格时，则应判该批产品为不合格；若全部检验合格，则应除去第一批抽样不合格的产品，该批产品应判为合格。

对该批不合格产品，应分析原因并采取措施，返工后进行第二次型式检验；若全部检验合格，则该批产品应判为合格；若仍有不合格则应判该批产品为不合格。

7.3.5　经过型式检验的产品，需要更换易损件，并经出厂检验合格后方能出厂。

8　标志、使用说明书

8.1　产品标志

在产品的显著位置应具有完整的铭牌标志，内容包括：

a)　产品型号及名称；

b)　生产单位名称及商标；

c)　生产日期及出厂编号等。

8.2　包装标志

在产品的包装箱的适当位置，应标有显著、牢固的包装标志，内容包括：

a)　产品型号及名称；

b)　产品数量；

c)　箱体尺寸(mm)；

d)　净重或毛重(kg)；

e)　运输作业安全标志；

f)　到站(港)及收货单位；

g)　发站(港)及发货单位；

h)　生产许可证获证产品标识和生产许可证编号。

8.3　包装储运标志

产品的包装储运标志应符合 GB/T 191—2008 的规定。

8.4　使用说明书

产品的使用说明书的内容应符合 GB 9969.1 的有关规定。

9　包装、运输、贮存

9.1　包装

9.1.1　仪器主机、零件与附件、备件应分箱包装。

9.1.2　产品包装时，周围环境及包装箱内应清洁、干燥，无有害气体、无异物。

9.1.3　产品包装后，其包装件重心应尽量靠下且居中，产品装在箱内必须予以支撑、垫平、卡紧。

9.1.4　附件箱、备件箱应尽量固定在主机箱内适当位置，装在箱内的附件、备件等也应采取相应的固定措施。

9.1.5　产品的防震、防潮、防尘等防护包装按 GB/T 15464 中的有关规定进行。

9.1.6　随机文件应齐全，文件清单如下：

a)　装箱单；

b)　产品合格证；

c)　产品使用说明书；

d)　出厂前的检验测试文件；

e)　产品技术条件规定的其他文件。

9.1.7　随机文件应装入塑料袋中，并放置在包装箱内，若产品分装数箱，则随机文件应放在主件箱内。

9.2 运输

按有关包装标准及本部分的规定进行包装的产品应能适应各种运输方式。

9.3 贮存

9.3.1 贮存场所应通风、干燥，附近应无腐蚀性物质。

9.3.2 包装好的产品应能在下列环境条件下贮存：

a) 温度：－40 ℃～60 ℃；

b) 相对湿度：不大于85％(30 ℃时)。

ICS 81.060.20
Y 24

中华人民共和国国家标准

GB/T 21998—2008

地理标志产品　德化白瓷

Product of geographical indication—Dehua white porcelain

2008-08-28 发布　　2008-12-01 实施

中华人民共和国国家质量监督检验检疫总局
中国国家标准化管理委员会　发布

前　言

本标准根据《地理标志产品保护规定》与GB/T 17924《地理标志产品标准通用要求》制定。

本标准的附录A为规范性附录。

本标准由全国原产地域产品标准化工作组提出并归口。

本标准起草单位：福建省德化县标准计量所、福建省德化县科技局、福建冠福现代家用股份有限公司、福建省佳美集团公司、福建省德化协发光洋陶器有限公司、泉州市创意集团公司、德化县鑫发瓷土精制厂、福建省德化全丰瓷土有限公司、福建省泉州顺美集团有限公司、福建省泉州龙鹏集团有限公司。

本标准主要起草人：瞿凤珍、苏清河、杨剑民、许兴泽、柯宏荣、张宾、梁挺师、陈宝珠、赖育豪、甘志发、曾文昌、曾海波、陈期结、陈国典、张永盛、陈仁捷、赖呈裕、林秀珍。

地理标志产品 德化白瓷

1 范围

本标准规定了德化白瓷的术语和定义、地理标志产品保护范围、产品分类、要求、试验方法、检验规则、标志、包装、运输和贮存。

本标准适用于国家质量监督检验检疫行政主管部门根据《地理标志产品保护规定》批准保护的德化白瓷。

2 规范性引用文件

下列文件中的条款通过本标准的引用而成为本标准的条款。凡是注日期的引用文件，其随后所有的修改单(不包括勘误的内容)或修订版均不适用于本标准，然而，鼓励根据本标准达成协议的各方研究是否可使用这些文件的最新版本。凡是不注日期的引用文件，其最新版本适用于本标准。

GB/T 2828.1 计数抽样检验程序 第1部分:按接收质量限(AQL)检索的逐批检验抽样计划

GB/T 2829 周期检验计数抽样程序及表(适用于对过程稳定性的检验)

GB/T 3295 陶瓷制品45°镜向光泽度试验方法

GB/T 3298 日用陶瓷器热稳定性测定方法

GB/T 3299 日用陶瓷器吸水率测定方法

GB/T 3300 日用陶瓷器变形检验方法

GB/T 3301 日用陶瓷器的容积、口径误差、高度误差、重量误差、缺陷尺寸的测定方法

GB/T 3303 日用陶瓷器缺陷术语

GB/T 3534 日用陶瓷器铅、镉溶出量的测定方法

GB/T 5000 日用陶瓷名词术语

GB/T 11423 日用陶瓷纸箱包装技术条件

GB 12651 与食物接触的陶瓷制品铅、镉溶出量允许极限

QB/T 1503 日用陶瓷白度测定方法

3 术语和定义

GB/T 3303和GB/T 5000确立的以及下列术语和定义适用于本标准。

3.1

德化白瓷 Dehua white porcelain

在本标准第4章范围内，用产自德化县行政区域内的高硅、低铁、低钛优质高岭土为主要原料生产的具有洁白细腻、晶莹剔透特色的雕塑白瓷和日用白瓷产品。

3.2

合缝迹 seam mark

产品表面呈现的合缝痕迹。

3.3

皮子釉 browning mark

带有树节的刨皮烧后留在产品上的阴褐色釉面，又称刨皮花。

3.4

青花毛料　blur of blue and white pigment

青花料色模糊不清。

3.5

青花料刺　rough on blue and white pigment

青花色料有刺手感。

4　地理标志产品保护范围

德化白瓷的保护范围限于国家质量监督检验检疫行政主管部门根据《地理标志产品保护规定》批准保护的范围，即福建省德化县现辖行政区域，见附录A。

5　产品分类

5.1　按产品用途分为雕塑白瓷、日用白瓷。

5.1.1　雕塑白瓷分为人物类、禽兽类、花卉山水类、其他雕塑类。

5.1.2　日用白瓷分为盘碟类、碗类、壶类、杯类及其他器物类。

5.2　按产品的外观质量分为优等品、一等品、二等品、合格品。

5.3　按产品的规格分为：小型、中型、大型、特型，其规格范围见表1。

表1　规格

类别		规格			
		小型	中型	大型	特型
雕塑白瓷[a]	人物类/mm	50～<150	150～<350	350～<550	550～800
	禽兽类/mm 花卉山水类/mm 其他类/mm	50～<150	150～<250	250～<400	400～800
日用白瓷	盘碟类口径/mm	<128	128～<228	228～350	>350
	碗类口径/mm	<110	110～<175	175～250	>250
	壶类容量/mL	<250	250～<1 000	1 000～2 400	>2 400
	杯类口径/mm	<60	60～<100	≥100	—
	其他	视其外形相似情况，分别按上述各类定型			
[a] 按产品外形最大尺寸定型。					

6　要求

6.1　坯泥

6.1.1　高岭土

坯泥主要原料高岭土应为产自德化县行政区域范围内，具有高硅、低铁、低钛特性的优质高岭土，其化学组分含量范围见表2。

表2　高岭土的化学组分含量

化学组分	SiO_2	Al_2O_3	K_2O	Na_2O	CaO	MgO	Fe_2O_3	TiO_2
含量/%	≤68.0	≥18.0	≥1.5	≥0.5	≤0.4	≤0.2	≤0.5	≤0.1

6.1.2 加工工艺

主要原料高岭土经碓打、淘洗；其他配料瓷石、长石、石英经粉碎、球磨，然后再经过筛、除铁、陈腐，制成坯泥。

6.1.3 坯泥质量

6.1.3.1 外观质量：组织均匀，细腻，无可见杂质。

6.1.3.2 水分：≤26%。

6.1.3.3 细度：过250目筛余量<0.5%。

6.1.3.4 可塑性指标>2.5。

6.1.3.5 化学组分含量范围应符合表3的规定。

表3 坯泥的化学组分含量

化学组分	SiO_2	Al_2O_3	K_2O+Na_2O	$CaO+MgO$	Fe_2O_3	TiO_2	灼减
含量/%	≤73	≥18	≥3.5	≤0.8	≤0.3	≤0.1	≤4

6.2 生产工艺

6.2.1 工艺流程

德化白瓷生产应符合图1工艺流程。

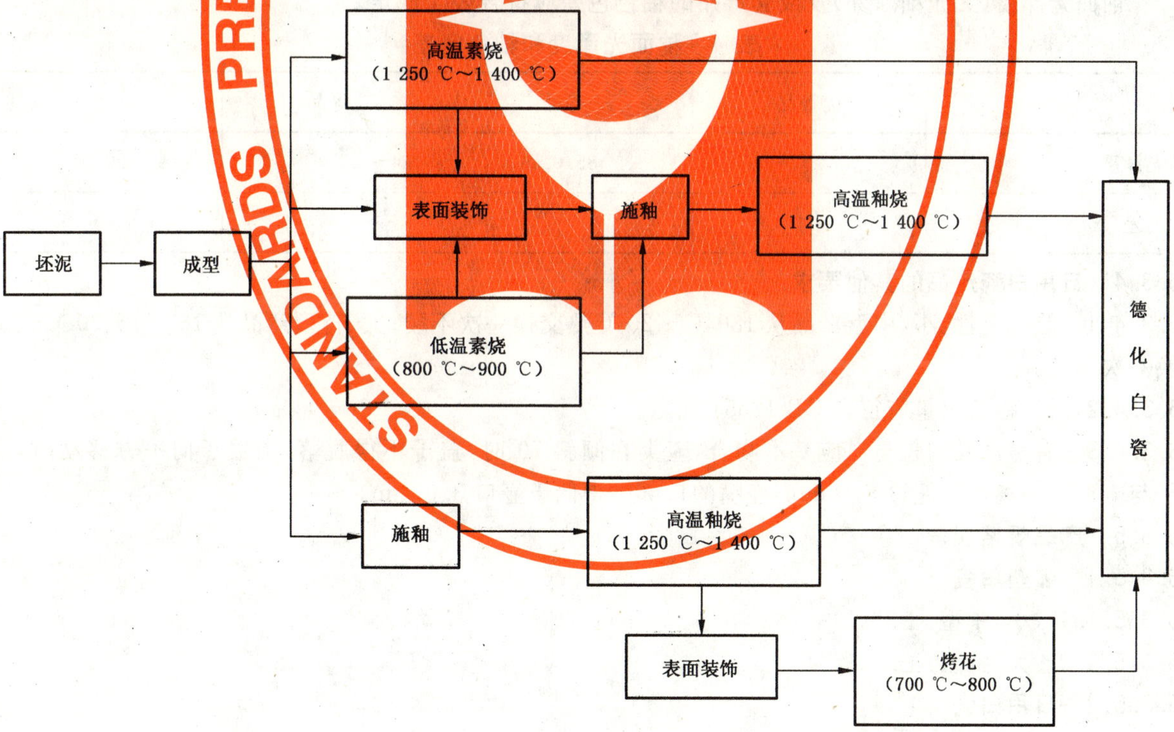

图1 工艺流程图

6.2.2 成型方法

6.2.2.1 雕塑白瓷：采用捏、塑、雕、刻、刮、削、接、贴手工成型或注浆成型等方法。

6.2.2.2 日用白瓷：根据不同产品器型分别选用手工成型、机械成型、注浆成型、等静压成型等方法。

6.2.3 表面装饰

表面装饰分为刻花、浮雕、彩绘，在选择装饰方法、图案、构图篇幅、意境营造以及用笔设色时均应突出德化白瓷的特色，使装饰和材质浑然一体，相得益彰。

6.2.4 施釉

6.2.4.1 雕塑白瓷：分为釉瓷和素瓷两种，釉瓷产品选用浸釉、浇釉、喷釉、涂釉等施釉方法，釉层厚薄得当。

6.2.4.2 日用白瓷：根据不同产品器型，分别选用荡釉、浸釉、浇釉、喷釉等施釉方法，釉层厚薄均匀。

6.2.5 烧成

6.2.5.1 一次烧成：1 250 ℃～1 400 ℃高温烧成。

6.2.5.2 二次烧成：800 ℃～900 ℃低温素烧或 1 250 ℃～1 400 ℃高温素烧；1 250 ℃～1 400 ℃高温釉烧。

6.2.5.3 烤花温度：700 ℃～800 ℃。

6.3 产品质量

6.3.1 吸水率

应≤0.5%。

6.3.2 白度

应≥80.0。

6.3.3 釉面光泽度和釉色色差

釉面光泽度（无光釉除外）及成套产品的釉色色差应符合表 4 规定。

表 4 釉面光泽度和釉色色差

项目	优等品	一等品	二等品	合格品
光泽度 ≥	85.0			80.0
色差（ΔE） ≤	1.0	2.0		3.0

6.3.4 日用白瓷产品的其他要求

6.3.4.1 热稳定性：小、中型产品从 180 ℃～20 ℃热交换一次不裂；大、特型产品从 160 ℃～20 ℃热交换一次不裂。

6.3.4.2 铅、镉溶出量应符合 GB 12651 规定。

6.3.4.3 有盖产品的盖与口应基本吻合，壶类在倾斜 70°时，盖子不得脱落，当盖子向一方移动时，盖子与壶口的距离不得超过 3.0 mm，壶嘴的口部不得低于壶口 3.0 mm。

6.3.5 产品规格误差

6.3.5.1 雕塑白瓷

6.3.5.1.1 小、中型：±3%。

6.3.5.1.2 大、特型：±2%。

6.3.5.2 日用白瓷

6.3.5.2.1 口径误差：口径＜60 mm 的为±2.0%，口径≥60 mm 的为±1.5%。

6.3.5.2.2 高度误差：±3.0%。

6.3.5.2.3 质量误差：±6.0%。

6.3.6 外观质量要求

6.3.6.1 外观特征

6.3.6.1.1 雕塑白瓷：洁白细腻典雅、晶莹剔透，线条清晰、修长流畅，深刻圆浑，衣袂转折经剔薄修饰，轻盈飘举。

6.3.6.1.2 日用白瓷：洁白细腻温润、晶莹剔透、釉水莹厚。

6.3.6.2 **平稳性**

优等品、一等品放在平面上应平稳；二等品、合格品放在平面上应基本平稳。

6.3.6.3 **底部标志**

底部标志（指商标和文字）应正确、清楚，不得明显歪斜与偏心。

6.3.6.4 **统一性**

成套产品的色泽应基本一致、规格尺寸应相称。成批雕塑产品刻纹深浅一致，手足大小一致，配件饰物尺寸统一。

6.3.6.5 **雕塑产品裸露部位外观缺陷要求**

6.3.6.5.1 人物头面正视部位不允许有缺陷。

6.3.6.5.2 头面非正视部位及人物的头顶、白须发、胸腹、四肢，禽兽的头、脚等裸露部位的斑点、落渣、溶洞、疙瘩、坯泡、泥渣、毛孔、缺泥、缺釉、石膏脏等缺陷按表5规定，测量单位按表6对应单位执行。

表5 头面非正视部位及头、脚等裸露部位的缺陷要求

缺陷部位	产品规格	优等品	一等品	二等品	合格品
人物头面	小、中型	不允许	不允许	不允许	不允许
	大、特型	不允许	不允许	不允许	不大于0.5限1处
人物头顶、白须发、胸、腹、四肢	小、中型	不允许	不允许	不大于0.5限1处	不大于0.5限2处
	大、特型	不大于0.5限1处	不大于0.5限1处	不大于0.5限2处	不大于1限1处
人物头部背面、躯干背部和禽兽头、脚	小、中型	不大于0.5限1处	不大于0.5限2处	不大于1限1处	不大于1限2处
	大、特型	不大于0.5限2处	不大于1限2处	不大于1.5限1处	不大于1.5限2处

6.3.6.5.3 罗汉、寿星及类似产品裸露头顶的斑点缺陷：

——小、中型产品：优等品与一等品不允许，二等品、合格品不大于0.5 mm限1处；

——大、特型产品：优等品、一等品不允许，二等品不大于0.5 mm限1处，合格品不大于0.5 mm限2处。

6.3.6.5.4 裸露部位裂纹：优等品与一等品不允许；二等品与合格品中小型产品阴裂不大于5 mm限1处，中型产品不大于10 mm限1处，大型产品不大于15 mm限1处，特型产品不大于20 mm限1处；显见面不允许有坯釉皆裂现象，非显见面裂纹应按表6规定幅度缩小50%。

6.3.6.6 **产品的其他外观缺陷**

应符合表6规定，并且：

a) 优等品每件产品不得超过2种缺陷；

b) 一等品每件产品不得超过3种缺陷；

c) 二等品每件产品不得超过4种缺陷；

d) 合格品每件产品不得超过5种缺陷。

表 6 其他外观缺陷要求

序号	缺陷名称	计量单位	产品规格	优等品	一等品	二等品	合格品
1	变形	高度/mm	雕塑类				
			各型	不允许	不明显	不明显	不严重
			盘碟类				
			小型	0.5	1.0	2.0	3.0
			中型	1.0	2.0	3.0	4.0
			大型	1.5	2.5	4.0	6.0
			特型	不超过口(长)径的0.7%	不超过口(长)径的1.0%	不超过口(长)径的2.0%	不超过口(长)径的2.5%
		口径/mm	碗类				
			小型	0.5	1.0	2.0	3.0
			中型	1.0	2.0	3.5	4.0
			大型	1.5	2.5	5.0	6.0
			特型	不超过口径的0.7%	不超过口径的1.5%	不超过口径的2.5%	不超过口径的3.5%
			壶类				
			小于60	1.0	1.5	2.0	2.5
			等于或大于60	1.5	2.0	2.5	3.0
			杯类				
			小于60	0.5	1.0	2.0	2.5
			60至小于100	0.5	1.5	2.5	3.0
			100或大于100	1.0	2.0	2.5	3.5
			① 多边变形优等品不允许，其他等级将规定的幅度减少50%。 ② 底部凹凸不平优等品很不明显，一等品不明显，二等品不太明显，合格品不严重。				
2	落渣	直径/mm	小、中型	不允许	显见面不大于0.5限1个，非显见面不大于1限2个	显见面不大于1.5限2个，非显见面不大于2.0限2个	显见面不大于1.5限4个，非显见面不大于2.0限4个
			大、特型	不允许	显见面不大于1.0限2个，非显见面不大于1.5限2个	显见面不大于1.5限3个，非显见面不大于2.0限3个	显见面不大于2.0限4个，非显见面不大于3.0限6个
			一等品口沿落渣不允许，二等品、合格品口沿落渣不大于0.5限1个，其余部位落渣应铲除尖锋				

表 6（续）

序号	缺陷名称	计量单位	产品规格	优等品	一等品	二等品	合格品
3	毛孔	直径/mm	小、中型	显见面不允许，非显见面不大于 0.5 限 4 个	不大于 0.5 限 5 个	不大于 1.0 限 8 个	不大于 1.0 限 11 个
			大、特型	显见面不允许，非显见面不大于 0.5 限 4 个	不大于 0.5 限 8 个	不大于 1.0 限 10 个	不大于 1.0 限 12 个
4	斑点	直径/mm	小型	不允许	不大于 0.5 限 1 个	不大于 1.0 限 1 个	不大于 2.0 限 3 个
			中型	不允许	不大于 0.5 限 2 个	不大于 1.0 限 2 个	不大于 2.5 限 3 个
			大型	不允许	不大于 0.5 限 3 个	不大于 1.5 限 2 个	不大于 3.0 限 4 个
			特型	不允许	不大于 1.0 限 3 个	不大于 1.5 限 3 个	不大于 3.5 限 5 个
5	色脏	面积/mm^2	各型	不允许	显见面不超过 3.0，非显见面不超过 10.0	显见面不超过 7.0，非显见面不超过 16.0	显见面不超过 12.0，非显见面不超过 24.0
			青花色脏 小、中型	不允许	不大于 10.0 限 3 处	不大于 25.0 限 4 处	不严重
			青花色脏 大、特型	不允许	不大于 20.0 限 3 处	不大于 35.0 限 4 处	不严重
			底足优等品不允许，一等品不明显，其他等级不严重				
6	粘疤	长度/mm	各型	不允许	粘足不超过底径的 5%，深度不超过 0.5	粘足不超过底径的 10%，深度不超过 1.0	粘足不超过底径的 20%，深度不超过 1.0
			① 其他粘疤不允许。 ② 底足应磨光。 ③ 鱼盘按足长径计算。				

表 6（续）

序号	缺陷名称	计量单位	产品规格	优等品	一等品	二等品	合格品
7	熔洞	直径/mm	小型	不允许	显见面不允许，非显见面不大于1.0限2个	不大于1.0限1个	不大于2.5限2个
			中型		显见面不允许，非显见面不大于1.5限2个	不大于1.5限2个	不大于3.0限2个
			大型		显见面不允许，非显见面不大于2.0限1个	不大于2.0限2个	不大于3.5限3个
			特型		显见面不允许，非显见面不大于2.0限2个	不大于2.0限3个	不大于4.0限4个
			① 一等品口沿熔洞不允许。 ② 1 mm以下的熔洞深度不超过0.5 mm按毛孔处理。				
8	石膏脏	面积/mm^2	小型	不允许	不超过2.0	不超过6.0	不超过24.0
			中型		不超过3.0	不超过9.0	不超过36.0
			大型		不超过6.0	不超过18.0	不超过72.0
			特型		不超过12.0	不超过24.0	不超过96.0
			呈凹形状按熔洞处理				
9	注浆纹	—	各型	不允许	不允许	不太明显	不太严重
10	合缝迹	—	各型	不明显	不明显	不严重	不太严重
11	疙瘩坯泡	直径/mm	小型	不允许	不大于1.0限1个	不大于2.0限3个	不大于3.5限5个
			中型		不大于1.5限2个	不大于2.5限4个	不大于4.5限5个
			大型		不大于2.0限2个	不大于3.0限4个	不大于5.0限6个
			特型		不大于2.0限4个	不大于3.0限4个	不大于5.0限6个
			一等品的疙瘩、坯泡高度不超过1 mm				

表 6（续）

序号	缺陷名称	计量单位	产品规格	优等品	一等品	二等品	合格品
12	泥渣	面积/mm^2	小型	显见面不允许，非显见面不大于 1.0	不大于 2.0	不大于 9.0	不大于 30.0
			中型	显见面不允许，非显见面不大于 2.0	不大于 3.0	不大于 18.0	不大于 45.0
			大型	显见面不允许，非显见面不大于 4.0	不大于 6.0	不大于 24.0	不大于 50.0
			特型	显见面不允许，非显见面不大于 8.0	不大于 12.0	不大于 32.0	不大于 60.0
			以上规定适合釉下较平者，凸出者按疙瘩处理				
13	釉泡	直径/mm	小型	不允许	不大于 0.5 限 1 个	不大于 0.5 限 5 个	不大于 1.0 限 2 个
			中型		不大于 0.5 限 2 个	不大于 1.0 限 4 个	不大于 1.5 限 3 个
			大型		不大于 0.5 限 3 个	不大于 1.0 限 5 个	不大于 2.0 限 4 个
			特型		不大于 0.5 限 4 个	不大于 1.0 限 6 个	不大于 2.0 限 5 个
			开口釉泡不允许				
14	缺釉（包括压釉、缩釉、滚釉）	长度（面积）/mm（mm^2）	各型	不允许	压釉长不超过 4.0，底内沿长不超过 10.0，其他缺釉不允许，底足缩釉中、小型不超过 30.0 mm^2，特大型不超过 40.0 mm^2	压釉长不超过 10.0，底内沿长不超过 40.0，其他缺釉不超过 30.0 mm^2，底足缩釉中、小型不超过 60.0 mm^2，特大型不超过 80.0 mm^2	压釉长不超过 10.0，底内沿不限，其他缺釉不超过 30.0 mm^2，底足缩釉长不超过底足面积的 40%
			底足缩釉宽度均不能超过 1 mm，小型嘴、耳、把处压釉一等品不超过 2.0 mm，其他不超过4.0 mm				

表 6（续）

<table>
<tr><th>序号</th><th>缺陷名称</th><th>计量单位</th><th>产品规格</th><th>优等品</th><th>一等品</th><th>二等品</th><th>合格品</th></tr>
<tr><td rowspan="4">15</td><td rowspan="4">皮子釉</td><td rowspan="4">面积/mm²</td><td>小型</td><td>不允许</td><td>不允许</td><td>不大于 10，限 1 处</td><td>不大于 20，限 1 处</td></tr>
<tr><td>中型</td><td>不允许</td><td>不大于 10 限 1 处</td><td>不大于 20，限 1 处</td><td>不大于 35，限 1 处</td></tr>
<tr><td>大型</td><td>显见面不允许，非显见面不大于 20，限 1 处</td><td>不大于 20，限 1 处</td><td>不大于 35，限 1 处</td><td>不大于 50，限 1 处</td></tr>
<tr><td>特型</td><td>显见面不允许，非显见面不大于 30，限 1 处</td><td>不大于 30，限 1 处</td><td>不大于 45，限 1 处</td><td>不大于 65，限 1 处</td></tr>
<tr><td rowspan="5">16</td><td rowspan="5">裂纹</td><td rowspan="5">长度/mm</td><td>小型</td><td rowspan="4">不允许</td><td>显见面不允许，非显见面阴裂不超过 3.0</td><td>阴裂不超过 6.0</td><td>阴裂不超过 10.0</td></tr>
<tr><td>中型</td><td>显见面不允许，非显见面阴裂不超过 4.0</td><td>阴裂不超过 8.0</td><td>阴裂不超过 12.0</td></tr>
<tr><td>大型</td><td>显见面不允许，非显见面阴裂不超过 5.0</td><td>阴裂不超过 10.0</td><td>阴裂不超过 14.0</td></tr>
<tr><td>特型</td><td>显见面不允许，非显见面阴裂不超过 6.0</td><td>阴裂不超过 12.0</td><td>阴裂不超过 16.0</td></tr>
<tr><td colspan="5">一、二等品耳、把和壶内扎眼处等隐蔽处坯釉皆裂（不透）不超过 2.0，合格品坯釉皆裂（不透）中、小型不超过 3.0，特大型不超过 5.0，耳、把和壶内扎眼处等隐蔽处坯釉皆裂不超过 2.0 限 2 处</td></tr>
<tr><td rowspan="2">17</td><td rowspan="2">底沿粘渣</td><td rowspan="2">长度/mm</td><td>各型</td><td>不允许</td><td>外沿不允许，内沿不超过底径的 20%，宽度不超过 1.0</td><td>外沿不超过底径的 50%，内沿不超过底径的 60%，宽度不超过 1.5</td><td>外沿不超过底径的 70%，内沿不超过底径的 80%</td></tr>
<tr><td colspan="5">① 粘渣需磨钝，表面无刺手感。
② 鱼盘按底足长径计算。</td></tr>
<tr><td rowspan="4">18</td><td rowspan="4">底板粘渣</td><td rowspan="4">面积/mm²</td><td>小型</td><td>不允许</td><td>不允许</td><td rowspan="2">不大于底面积 1/10</td><td rowspan="3">磨平允许</td></tr>
<tr><td>中型</td><td>不明显</td><td>不明显</td></tr>
<tr><td>大型
特型</td><td>不大于底面积 1/12</td><td>不大于底面积 1/10</td><td>不大于底面积 1/8</td></tr>
<tr><td colspan="5">① 磨平渣锋且不刺手。
② 多处粘渣面积可以相加计算。</td></tr>
</table>

表 6（续）

序号	缺陷名称	计量单位	产品规格	优等品	一等品	二等品	合格品
19	水泡边刺边	直径与长度/mm	小型	不允许	水泡边不允许，刺边长不超过10.0	不大于0.5，长不超过10.0	不大于1.0，长不超过40.0
			中型		水泡边不允许，刺边长不超过20.0	不大于0.5，长不超过20.0	不大于1.0，长不超过50.0
			大型		水泡边不允许，刺边长不超过30.0	不大于0.5，长不超过30.0	不大于1.0，长不超过60.0
			特型		水泡边不允许，刺边长不超过40.0	不大于0.5，长不超过40.0	不大于1.0，长不超过80.0
			水泡边不得破泡				
20	烤花粘釉	面积/mm^2	小型	不允许	口沿不允许，其他部位不超过3.0	口沿不允许，其他部位不超过5.0	口沿不允许，其他部位不超过10.0
			中型			口沿不允许，其他部位不超过10.0	口沿不允许，其他部位不超过15.0
			大型			口沿不允许，其他部位不超过15.0	口沿不允许，其他部位不超过20.0
			特型			口沿不允许，其他部位不超过20.0	口沿不允许，其他部位不超过25.0
21	缺泥	面积/mm^2	小型	显见面不允许，非显见面不超过10.0	不超过15.0(其中口沿不超过2.0)	不超过25.0(其中口沿不超过5.0)	不超过40.0
			中型	显见面不允许，非显见面不超过15.0	不超过20.0(其中口沿不超过2.0)	不超过30.0(其中口沿不超过5.0)	不超过60.0
			大型	显见面不允许，非显见面不超过20.0	不超过25.0(其中口沿不超过3.0)	不超过35.0(其中口沿不超过5.0)	不超过80.0
			特型	显见面不允许，非显见面不超过25.0	不超过30.0(其中口沿不超过3.0)	不超过40.0(其中口沿不超过5.0)	不超过100.0
			优等品、一等品缺泥深度不超过0.5 mm，二等品、合格品深度不超过1.0 mm				

表 6（续）

<table>
<tr><th>序号</th><th>缺陷名称</th><th>计量单位</th><th>产品规格</th><th>优等品</th><th>一等品</th><th>二等品</th><th>合格品</th></tr>
<tr><td rowspan="4">22</td><td rowspan="4">画线缺陷</td><td rowspan="4">长度/mm</td><td>小型</td><td rowspan="4">不允许</td><td>断口不超过 2.0</td><td>不超过 3.0 限 3 处</td><td rowspan="4">不太严重</td></tr>
<tr><td>中型</td><td>断口不超过 3.0</td><td>不超过 4.0 限 4 处</td></tr>
<tr><td>大型</td><td>断口不超过 4.0</td><td>不超过 5.0 限 5 处</td></tr>
<tr><td>特型</td><td>断口不超过 5.0</td><td>不超过 6.0 限 6 处</td></tr>
<tr><td>23</td><td>蓝金、彩色不正</td><td>—</td><td>各型</td><td>不明显</td><td>不明显</td><td>不太明显</td><td>不严重</td></tr>
<tr><td>24</td><td>青花料刺、青花毛料</td><td>—</td><td>各型</td><td>不明显</td><td>不明显</td><td>不太明显</td><td>不太严重</td></tr>
<tr><td rowspan="2">25</td><td rowspan="2">画面缺陷</td><td rowspan="2">面积/mm^2</td><td>各型</td><td>不超过 4.0 限 1 处</td><td>不超过 7.0 限 2 处，或不超过 10.0 限 1 处</td><td>不超过画面的 25%</td><td>不超过画面的 40%</td></tr>
<tr><td colspan="5">① 满花，小膜花各加 1 处。
② 料边迹、薄膜迹优等品很不明显，一等品不明显，二等品不太明显，合格品不严重。
③ 局部淡料按画面缺陷处理。
④ 人物、飞禽、走兽的头部、手、足、装饰中的文字符号优等品、一等品不允许残缺，二等品、合格品残缺歪斜不明显。
⑤ 寿星的桃子、观音的莲花瓣及类似画面的颜色起皱不允许。</td></tr>
<tr><td rowspan="4">26</td><td rowspan="4">火刺</td><td rowspan="4">面积/mm^2</td><td>小型</td><td rowspan="4">不允许</td><td rowspan="4">不允许</td><td rowspan="4">不允许</td><td>40.0</td></tr>
<tr><td>中型</td><td>50.0</td></tr>
<tr><td>大型</td><td>70.0</td></tr>
<tr><td>特型</td><td>90.0</td></tr>
<tr><td>27</td><td>烟熏阴黄</td><td>—</td><td>各型</td><td>不允许</td><td>不允许</td><td>很不明显</td><td>不严重</td></tr>
<tr><td>28</td><td>釉薄桔釉</td><td>—</td><td>各型</td><td>显见面不允许，非显见面很不明显</td><td>显见面不允许，非显见面不明显</td><td>显见面不允许，非显见面不太明显</td><td>显见面不允许，非显见面不严重</td></tr>
<tr><td>29</td><td>嘴、耳、把歪，接头泥色差</td><td>—</td><td>各型</td><td>很不明显</td><td>不明显</td><td>不太明显</td><td>不严重</td></tr>
</table>

表 6（续）

序号	缺陷名称	计量单位	产品规格	优等品	一等品	二等品	合格品
30	泥釉缕、波浪纹、滚头迹	—	各型	很不明显	不明显	不太明显	不严重
31	彩色不正，积料、毛刺、料刺	—	各型	很不明显	不明显	不太明显	不严重
32	釉面擦伤	—	各型	不允许	不明显	不严重	不太严重
33	缩料	—	各型	不允许	不允许	不允许	不严重
34	磕碰、炸釉、裂穿、渗漏	—	各型	不允许	不允许	不允许	不允许

注：本表缺陷折算规定：

——除已明确规定者外，表 6 规定的缺陷允许范围均指显见面，非显见面的缺陷均可按显见面规定尺寸加大 50%，毛孔尺寸按规定不变，数量以 2 个折算 1 个。

——凡遇直径小于规定幅度 50% 的缺陷，而其数量较规定的略多时，可以 2 个折算 1 个，但所增加的绝对个数不得超过原等级规定总数的 50%（如原规定总数为单数时，可将总数加 1，变成双数再折半）。

——凡未限定处数或个数者均可按尺寸相加计算。

——一等品、二等品、合格品中凡是直径不大于 0.3 mm，长度不超过 0.5 mm，面积不超过 1.0 mm^2，颜色清淡的微小缺陷及其他不明显的缺陷，可不作缺陷计。

——在 10 mm^2 内不得有超过 2 个以上的缺陷。

——雕塑产品免彩部位的缺陷，小、中、大型产品按表 6 缺陷规定幅度及处数或个数均缩小 50%，若遇单数时，可加 0.5 或加 1，使之变成双数再折半。非显见面既不扩大也不缩小，保持缺陷规定原数不变。

——以雕塑为主体的器皿内部空间能见部位和小玩具及实用小杂品类的二等品、合格品（不含优等品和一等品）外观质量分等，可按表 6 缺陷规定幅度扩大 50% 处理。

——本标准未能包括的缺陷，可按相似缺陷处理。

7 试验方法

7.1 吸水率测定按 GB/T 3299 执行。

7.2 白度、色差测定按 QB/T 1503 执行。

7.3 光泽度测定按 GB/T 3295 执行。

7.4 热稳定性测定按 GB/T 3298 执行。

7.5 铅、镉溶出量测定按 GB/T 3534 执行。

7.6 变形测定按 GB/T 3300 执行。

7.7 产品规格误差、缺陷尺寸的测定按 GB/T 3301 执行。

8 检验规则

8.1 检验分类

产品检验分交收检验和型式检验，采用每百单位不合格品数(计件法)检验。

8.2 交收检验

8.2.1 每件产品应经制造厂检验部门全数检验并经交收检验合格后方可出厂，出厂时应附有证明产品质量合格的文件或标识。

8.2.2 交收检验项目为本标准6.3.4.3、6.3.5和6.3.6规定的内容，也可以根据需要增加其他技术要求内容。

8.2.3 交收检验按GB/T 2828.1的各项规定执行。各检验项目的不合格分类、接收质量限、检查水平及抽样方案见表7。正常检查一次抽样合格判定按表8进行。

表7 交收检验抽样方案

检查项目	不合格分类	接收质量限 AQL	检查水平 IL	抽样方案
6.3.4.3	B	4.0	一般检查水平Ⅱ	一次抽样(从正常检查一次抽样开始，按转移规则进行)
6.3.5	B	4.0	特殊检查水平 S-3	
6.3.6	B	4.0	一般检查水平Ⅱ	

表8 交收检验合格判定

批量范围	一般检查水平Ⅱ						特殊检查水平 S-3		
	AQL=2.5			AQL=4.0			AQL=4.0		
	样本量	Ac	Re	样本量	Ac	Re	样本量	Ac	Re
2～8	5	0	1	3	0	1	3	0	1
9～15	5	0	1	3	0	1	3	0	1
16～25	5	0	1	3	0	1	3	0	1
26～50	5	0	1	13	1	2	3	0	1
51～90	20	1	2	13	1	2	3	0	1
91～150	20	1	2	20	2	3	3	0	1
151～280	32	2	3	32	3	4	13	1	2
281～500	50	3	4	50	5	6	13	1	2
501～1 200	80	5	6	80	7	8	13	1	2
1 201～3 200	125	7	8	125	10	11	13	1	2
3 201～10 000	200	10	11	200	14	15	20	2	3
10 001～35 000	315	14	15	315	21	22	20	2	3
35 001～150 000	500	21	22	315	21	22	32	3	4
150 001～500 000	500	21	22	315	21	22	32	3	4
≥500 001	500	21	22	315	21	22	50	5	6
注：如果样本量等于或超过批量，则执行100%检验。									

8.2.4 受检产品可按单件、成套、等级、花面、器形等形成批，必要时还可细分。

8.2.5 样本的抽取随机进行。单件产品按表7、表8的规定抽取样本量。成套产品折算成单件后再按表7、表8的规定抽取样本量。

8.2.6 交收检验项目中，如有一项不合格，则判定该产品为不合格。该批产品由交货方返工后，方可再次提交检验。

8.3 型式检验

8.3.1 型式检验项目为本标准技术要求的全部内容，其中，铅、镉溶出量及热稳定性每季度不少于一次，其他项目每半年不少于一次。遇有下列情况之一时亦应进行型式检验：

a) 产品原料改变时；

b) 生产工艺方法变更可能影响产品性能时；

c) 停产6个月以上再恢复生产时；

d) 生产工艺过程中发生意外事故；

e) 交收检验结果与上次型式检验结果有较大差异；

f) 上级质量监督机构提出型式检验要求时。

8.3.2 型式检验的样本应从规定周期内制造的，并经过批检查合格的某个批或若干个批中抽取。抽取样本的方法要保证所得到的样本能代表本周期的制造技术水平，最好从规定周期各个不同时间里分散抽取样本单位组成型式检验的样本。

8.3.3 型式检验按GB/T 2829的规定进行。各检验项目的不合格分类、不合格质量水平、判别水平、不合格判定数及抽样方案见表9。

表9 型式检验抽样方案及合格判定

检验项目	不合格分类	不合格质量水平 RQL	判别水平 DL	抽样方案	样本量	Ac	Re
6.3.1	B	40	Ⅰ	二次	$n_1=3$ $n_2=3$	0 1	2 2
6.3.2	B	40	Ⅰ	二次	$n_1=3$ $n_2=3$	0 1	2 2
6.3.3	C	40	Ⅰ	二次	$n_1=3$ $n_2=3$	0 1	2 2
6.3.4.1	B	25	Ⅰ	二次	$n_1=5$ $n_2=5$	0 1	2 2
6.3.4.2	A	15	Ⅰ	一次	6	0	1
6.3.4.3	B	20	Ⅲ	一次	32	3	4
6.3.5	C	40	Ⅰ	一次	8	2	3
6.3.6	B	20	Ⅲ	一次	32	3	4

8.3.4 检验的各个项目中，如有一项不合格，则判该产品型式检验不合格。

9 标志、包装、运输、贮存

9.1 标志

9.1.1 产品或包装物上应标注地理标志产品专用标志。

9.1.2 包装物上应标注产品名称、规格、配套件数、质量等级、制造企业名称、地址、产品标准号等内容，并标注有“易碎”及“防潮”的文字或符号。

9.2 包装、运输、贮存

按GB/T 11423规定执行。

附 录 A
（规范性附录）
德化白瓷地理标志产品保护范围图

德化白瓷地理标志产品保护范围见图 A.1。

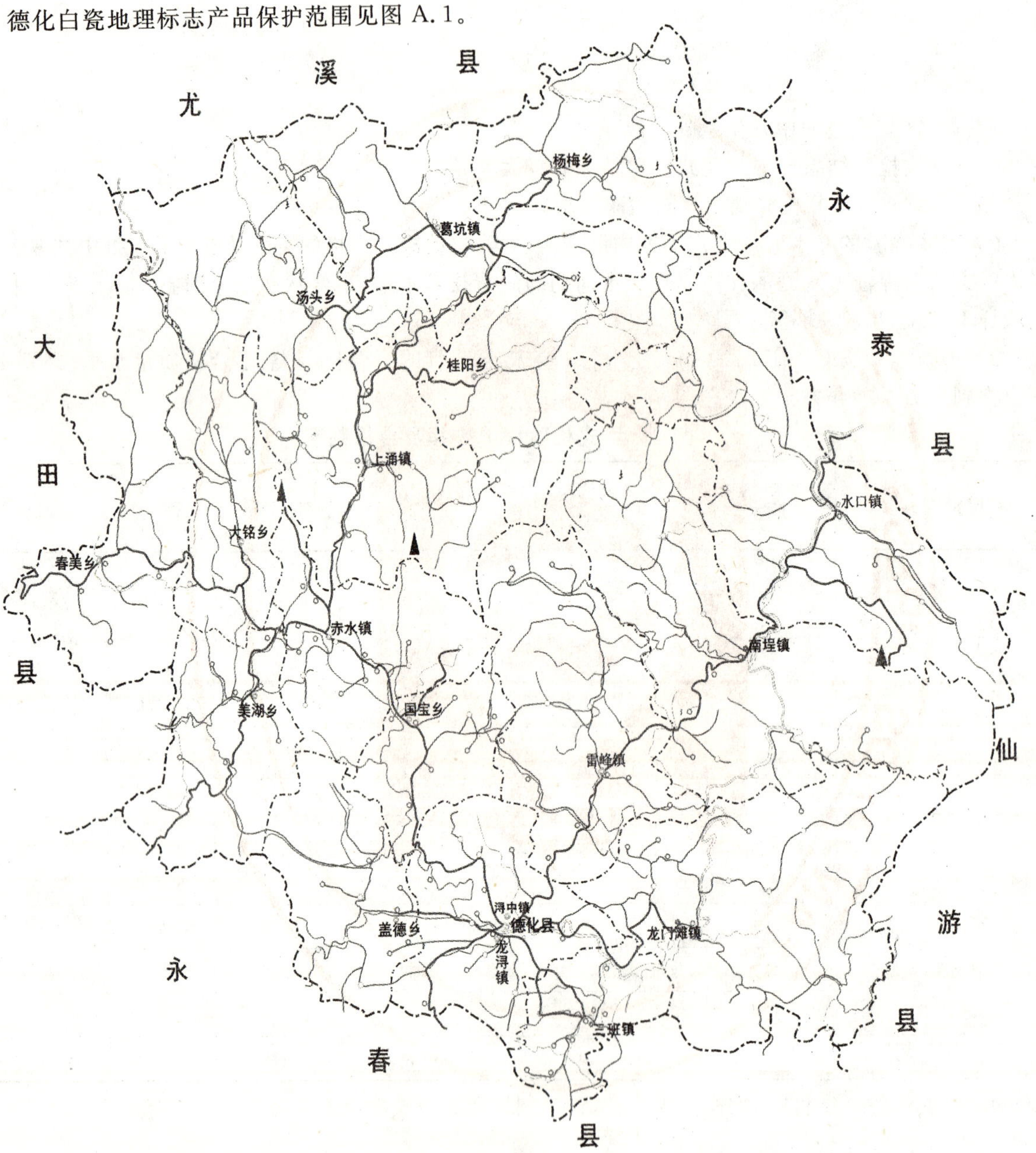

图 A.1 德化白瓷地理标志产品保护范围图

ICS 67.220.10
X 66

中华人民共和国国家标准

GB/T 21999—2008

蚝　　油

Oyster sauce

2008-08-28 发布　　2009-05-01 实施

中华人民共和国国家质量监督检验检疫总局
中国国家标准化管理委员会　发布

前　言

本标准由中华人民共和国商务部提出。

本标准由全国调味品标准化技术委员会归口。

本标准起草单位：佛山市海天调味食品有限公司、李锦记(新会)食品有限公司、广东美味鲜调味食品有限公司。

本标准主要起草人：黄文彪、邓嫣容、杨洁明、孙胜枚、杨明泉、贾爱娟。

蚝　　油

1　范围

本标准规定了蚝油的术语和定义、技术要求、试验方法、检验规则、标签、包装、运输、贮存。

本标准适用于3.1所定义的产品。

2　规范性引用文件

下列文件中的条款通过本标准的引用而成为本标准的条款。凡是注日期的引用文件，其随后所有的修改单(不包括勘误的内容)或修订版均不适用于本标准，然而，鼓励根据本标准达成协议的各方研究是否可使用这些文件的最新版本。凡是不注日期的引用文件，其最新版本适用于本标准。

GB 2733　鲜、冻动物性水产品卫生标准

GB 2760　食品添加剂使用卫生标准

GB/T 4789.22　食品卫生微生物学检验　调味品检验

GB/T 5009.11　食品中总砷及无机砷的测定

GB/T 5009.12　食品中铅的测定

GB/T 5009.17　食品中总汞及有机汞的测定

GB/T 5009.39—2003　酱油卫生标准的分析方法

GB/T 5009.44—2003　肉与肉制品卫生标准的分析方法

GB/T 5009.190　食品中指示性多氯联苯含量的测定

GB/T 5009.191　食品中氯丙醇含量的测定

GB 5461　食用盐

GB 5749　生活饮用水卫生标准

GB/T 6682　分析实验室用水规格和试验方法

GB 7718　预包装食品标签通则

GB 10133　水产调味品卫生标准

GB 13104　食糖卫生标准

SB/T 10228　淀粉通用技术条件

JJF 1070　定量包装商品净含量计量检验规则

定量包装商品计量监督管理办法　国家质量监督检验检疫总局[2005]第75号令

3　术语和定义

下列术语和定义适用于本标准。

3.1

蚝油　oyster sauce

利用牡蛎蒸、煮后的汁液进行浓缩或直接用牡蛎肉酶解，再加入食糖、食盐、淀粉或改性淀粉等原料，辅以其他配料和食品添加剂制成的调味品。

4　技术要求

4.1　主要原料和辅料

4.1.1　牡蛎

应符合GB 2733的规定。

4.1.2 **食糖**

应符合 GB 13104 的规定。

4.1.3 **食用盐**

应符合 GB 5461 规定。

4.1.4 **淀粉**

应符合 SB/T 10228 规定。

4.1.5 **水**

应符合 GB 5749 规定。

4.1.6 **食品添加剂**

食品添加剂的品种和使用量应符合 GB 2760 规定的品种,其质量应符合相应的标准和有关规定。

4.1.7 **其他辅料**

质量应符合相应的标准和有关规定。

4.2 **感官要求**

感官要求应符合表 1 的规定。

表 1 感官要求

项 目	要 求
色泽	红棕色至棕褐色,鲜亮有光泽
气味	有熟蚝香
滋味	味鲜美,咸淡适口或鲜甜,无异味
体态	粘稠适中,均匀,不分层,不结块,无异物

4.3 **理化指标**

理化指标应符合表 2 的规定。

表 2 理化指标

项 目		指 标
氨基酸态氮/(g/100 g)	≥	0.3
总酸(以乳酸计)/(g/100 g)	≤	1.2
食盐(以氯化钠计)/(g/100 g)	≤	14.0
总固形物/(g/100 g)	≥	21.0
挥发性盐基氮/(mg/100 g)	≤	50

4.4 **卫生指标**

卫生指标应符合 GB 10133 规定,同时应符合表 3 的要求。

表 3 卫生指标

项 目		指 标
铅(Pb)/(mg/kg)	≤	1.0
甲基汞/(mg/kg)	≤	0.5
3-氯-1,2-丙二醇/(mg/kg)	≤	0.02

4.5 **净含量**

应符合《定量包装商品计量监督管理办法》的规定。

5 试验方法

本试验方法中实验室用水,应符合 GB/T 6682 中三级以上(含三级)水的规格。所用试剂除另有注明外，均为分析纯。

5.1 感官要求

5.1.1 取瓶装蚝油样品，观察有无固液分层现象，然后充分摇动，开盖闻其气味。

5.1.2 将样品倒入白瓷碟中，观察其颜色、体态。

5.1.3 取样品于舌面品尝滋味。

5.2 氨基酸态氮

5.2.1 原理、试剂、仪器

同 GB/T 5009.39—2003 中 4.2。

5.2.2 分析步骤

称取 5 g(精确到±0.01 g)试样置于 100 mL 烧杯中，加 50 mL 水，充分搅拌溶解(必要时加热)，移入 100 mL 容量瓶中，用少量水分次洗涤烧杯，洗液并入容量瓶中，并加水至刻度，混匀。以下按 GB/T 5009.39—2003 中 4.2.1.4 自"混匀后吸取 20.0 mL……"起依法操作。

5.2.3 结果计算

试样中氨基酸态氮的含量(以氮计)按式(1)进行计算。

$$X = \frac{(V_1 - V_2) \times c \times 0.014}{m \times V_3/100} \times 100 \quad \cdots\cdots(1)$$

式中：

X——试样中氨基酸态氮的含量，单位为克每百克(g/100 g)；

V_1——测定用试样稀释液加入甲醛后消耗氢氧化钠标准滴定溶液的体积，单位为毫升(mL)；

V_2——试剂空白试验加入甲醛后消耗氢氧化钠标准滴定溶液的体积，单位为毫升(mL)；

V_3——试样稀释液取用量，单位为毫升(mL)；

m——试样取用量，单位为克(g)；

c——氢氧化钠标准滴定溶液的浓度，单位为摩尔每升(mol/L)；

0.014——与 1.00 mL 氢氧化钠标准滴定溶液[c(NaOH)=1.000 mol/L]相当的氮的质量，单位为克(g)。

计算结果保留两位有效数字。

5.2.4 精密度

同 GB/T 5009.39—2003 中 4.2.1.6。

5.3 总酸

5.3.1 原理、试剂、仪器

同 GB/T 5009.39—2003 中 4.4.1～4.4.3。

5.3.2 分析步骤

称取 5 g(精确到±0.01 g)试样置于 100 mL 烧杯中，加 50 mL 水，充分搅拌溶解(必要时加热)，移入 100 mL 容量瓶中，用少量水分次洗涤烧杯，洗液并入容量瓶中，并加水至刻度，混匀。混匀后吸取 20.0 mL，置于 200 mL 烧杯中，加 60 mL 水，开动磁力搅拌器，用氢氧化钠标准溶液[c(NaOH)=0.050 mol/L]滴定至酸度计指示 pH8.2，记下消耗的氢氧化钠标准滴定溶液(0.050 mol/L)的毫升数 V_1。

同时做试剂空白试验。取 80 mL 水，用氢氧化钠溶液(0.05 mol/L)调节至 pH 为 8.2，记下消耗的氢氧化钠标准滴定溶液(0.050 mol/L)的毫升数 V_2。

5.3.3 结果计算

试样中总酸的含量(以乳酸计)按式(2)进行计算。

$$X = \frac{(V_1 - V_2) \times c \times 0.090}{m \times V_3/100} \times 100 \quad \cdots\cdots(2)$$

式中：

X——试样中总酸的含量(以乳酸计)，单位为克每百克(g/100 g)；

V_1——测定用试样稀释液消耗氢氧化钠标准滴定溶液的体积，单位为毫升(mL)；

V_2——试剂空白消耗氢氧化钠标准滴定溶液的体积，单位为毫升(mL)；

V_3——试样稀释液取用量，单位为毫升(mL)；

m——试样取用量，单位为克(g)；

c——氢氧化钠标准滴定溶液的浓度，单位为摩尔每升(mol/L)；

0.090——与 1.00 mL 氢氧化钠标准滴定溶液[$c(NaOH)=1.000$ mol/L]相当的乳酸的质量，单位为克(g)。

计算结果保留三位有效数字。

5.3.4 精密度

同 GB/T 5009.39—2003 中 4.4.6。

5.4 食盐

5.4.1 原理、试剂、仪器

同 GB/T 5009.39—2003 中 4.3.1～4.3.3。

5.4.2 分析步骤

称取 5 g(精确到±0.01 g)试样置于 100 mL 烧杯中，加 50 mL 水，充分搅拌溶解(必要时加热)，移入 100 mL 容量瓶中，用少量水分次洗涤烧杯，洗液并入容量瓶中，并加水至刻度，混匀。吸取 2.0 mL 稀释液于 150 mL～200 mL 锥形瓶中，加 100 mL 水及 1 mL 铬酸钾溶液(50g/L)，混匀。以下按 GB/T 5009.39—2003 中 4.3.4 自"用硝酸银标准溶液(0.100 mol/L)……"起依法操作。

5.4.3 结果计算

试样中食盐的含量(以氯化钠计)按式(3)进行计算。

$$X=\frac{(V_1-V_2)\times c\times 0.0585}{m\times 2/100}\times 100 \quad\cdots\cdots(3)$$

式中：

X——试样中食盐的含量(以氯化钠计)，单位为克每百克(g/100 g)；

V_1——测定用试样稀释液消耗硝酸银标准滴定溶液的体积，单位为毫升(mL)；

V_2——试剂空白消耗硝酸银标准滴定溶液的体积，单位为毫升(mL)；

m——试样取用量，单位为克(g)；

c——硝酸银标准滴定溶液的浓度，单位为摩尔每升(mol/L)；

0.058 5——与 1.00 mL 硝酸银标准滴定溶液[$c(AgNO_3)=1.000$ mol/L]相当的氯化钠的质量，单位为克(g)。

计算结果保留三位有效数字。

5.4.4 精密度

同 GB/T 5009.39—2003 中 4.3.6。

5.5 总固形物

5.5.1 原理

用直接干燥法在 95 ℃～105 ℃温度下干燥样品，样品失去水分后剩下的物质含量。

5.5.2 试剂

海砂：取用水洗去泥土的海砂或河砂，先用 6 mol/L 盐酸煮沸 0.5 h，用水洗至中性，再用 6 mol/L 氢氧化钠溶液煮沸 0.5 h，用水洗至中性，经 105 ℃干燥备用。

5.5.3 仪器

a) 分析天平：感量 0.1 mg；

b) 电热恒温干燥箱；

c) 干燥器；

d) 蒸发皿。

5.5.4 操作方法

取洁净的蒸发皿，内加 10.0 g 海砂及一根小玻棒，置于 95 ℃～105 ℃干燥箱中，干燥 0.5 h～1.0 h 后取出，放在干燥器内冷却 0.5 h 后称量，并重复干燥至恒量。然后精密称取 1 g～2 g 试样，置于蒸发皿中，用小玻棒搅匀放在沸水浴中蒸干，并随时搅拌，擦去皿底的水滴，置 95 ℃～105 ℃干燥箱中干燥 4 h 后盖好取出，放在干燥器内冷却 0.5 h 后称量。

然后再放入 95 ℃～105 ℃干燥箱干燥 1 h 左右，取出，放于燥器内冷却 0.5 h 后再称量。至前后两次质量差不超过 2 mg，即为恒量。

5.5.5 结果计算

试样中总固形物含量按式(4)进行计算。

$$X = \frac{m_3 - m_1}{m_2 - m_1} \times 100 \quad \cdots\cdots(4)$$

式中：

X——总固形物，单位为克每百克(g/100 g)；

m_1——蒸发皿加海砂和玻棒的质量，单位为克(g)；

m_2——蒸发皿加海砂、玻棒和样品干燥前的质量，单位为克(g)；

m_3——蒸发皿加海砂、玻棒和样品干燥后的质量，单位为克(g)。

计算结果保留三位有效数字。

5.5.6 精密度

在重复性条件下获得的两次独立测定结果的绝对差值不得超过算术平均值的 5%。

5.6 挥发性盐基氮

称取 10 g(精确到±0.01 g)试样置于 100 mL 烧杯中，加 50 mL 水，充分搅拌溶解(必要时加热)，移入 100 mL 容量瓶中，用少量水分次洗涤烧杯，洗液并入容量瓶中，并加水至刻度，混匀。

以下按 GB/T 5009.44—2003 中 4.1 执行。

5.7 卫生指标

5.7.1 无机砷

按 GB/T 5009.11 规定的方法测定。

5.7.2 铅

按 GB/T 5009.12 规定的方法测定。

5.7.3 甲基汞

按 GB/T 5009.17 规定的方法测定。

5.7.4 多氯联苯

按 GB/T 5009.190 规定的方法测定。

5.7.5 3-氯-1,2-丙二醇

按 GB/T 5009.191 规定的方法测定。

5.7.6 微生物

按 GB/T 4789.22 规定的方法测定。

5.8 净含量

按 JJF 1070 的规定执行。

6 检验规则

6.1 检验分出厂检验和型式检验

6.1.1 出厂检验

6.1.1.1 每批产品应进行出厂检验。

6.1.1.2 出厂检验项目为:感官要求和净含量,理化指标中的食盐、总酸、氨基酸态氮、总固形物、挥发性盐基氮,卫生指标中的菌落总数、大肠菌群。

6.1.2 **型式检验**

型式检验项目包括本标准中规定的全部项目。型式检验每年一次,有下列情况之一,亦应进行型式检验:

a) 停产超过6个月,恢复生产时;

b) 正式生产后,原料产地变化或改变生产工艺,可能影响产品质量时;

c) 国家质量监督机构提出进行型式检验要求时;

d) 出厂检验结果与上次型式检验有较大差异时;

e) 对质量有争议,需要仲裁时。

6.2 **组批**

同一天生产的同一品种产品为一批。

6.3 **抽样**

从每批产品的不同部位随机抽取6瓶(袋),分别做感官、理化、卫生检验和留样。

6.4 **判定规则**

6.4.1 出厂检验项目或型式检验项目全部符合本标准规定时判为合格品。

6.4.2 出厂检验项目或型式检验项目如有一项不符合本标准,可以加倍抽样复检。复检后仍不符合本标准,判为不合格品。

7 标签

标签的标注内容应符合GB 7718的规定;产品名称应标为“蚝油”。

8 包装

包装材料和容器应符合相应的国家卫生标准和有关规定。

9 运输

产品在运输过程中应轻拿轻放,防止日晒、雨淋,运输工具应清洁卫生,不得与有毒、有害、有污染的物品混运。

10 贮存

产品应贮存在阴凉、干燥、通风的仓库。

ICS 03.120.20;67.020
X 00

中华人民共和国国家标准

GB/T 22003—2008/ISO/TS 22003:2007

食品安全管理体系 审核与认证机构要求

Food safety management systems—Requirements for bodies providing audit and certification of food safety management systems

(ISO/TS 22003:2007,IDT)

2008-12-28 发布

2009-06-01 实施

中华人民共和国国家质量监督检验检疫总局
中国国家标准化管理委员会
发布

前　言

本标准等同采用 ISO/TS 22003:2007《食品安全管理体系　审核与认证机构要求》。

本标准与 ISO/TS 22003:2007 相比,做了删除其中"ISO 前言"的编辑性修改。

本标准的附录 A 为规范性附录,附录 B 为资料性附录。

本标准由全国食品安全管理技术标准化技术委员会(SAC/TC 313)提出并归口。

本标准起草单位:中国合格评定国家认可中心、中国标准化研究院、中国认证认可协会、上海质量体系审核中心、方圆标志认证集团有限公司、杭州万泰认证有限公司、北京中大华远认证中心、国家认证认可监督管理委员会注册管理部。

本标准主要起草人:吴晶、刘文、梁晓文、奚勤峰、李风度、丁湘、史新波、马立田、余宗乔、张莉、刘先德、王菁。

引　言

对组织进行的食品安全管理体系认证是一种保证方式，保证该组织已经实施了与其方针一致的食品安全管理体系。

对食品安全管理体系的要求可能来源于多个方面。本标准的制定有助于按照GB/T 22000—2006《食品安全管理体系　食品链中各类组织的要求》(ISO 22000:2005,IDT)开展食品安全管理体系的认证，本标准的内容也有助于基于其他特定食品安全管理体系要求的认证。

本标准供实施食品安全管理体系审核与认证的机构使用，本标准对从事食品安全管理体系审核与认证的机构提出了通用要求。本标准将这类机构称为认证机构，此种表述并不限制那些具有其他名称但也从事本标准范围内各项活动的机构使用本标准。实际上，本标准适用于任何从事食品安全管理体系评价的机构。

认证活动包括对组织的食品安全管理体系的审核。通常以认证文件或证书的方式，证明组织的食品安全管理体系符合某个食品安全管理体系标准(例如GB/T 22000—2006)或其他特定的要求。

应由被认证的组织建立其自身的管理体系(包括GB/T 22000—2006食品安全管理体系、其他特定的食品安全管理体系、质量管理体系、环境管理体系或职业健康安全管理体系)；除非相关的法律法规另有规定，应由组织来确定如何安排这些体系的各个组成部分。管理体系各组成部分之间的整合程度因组织而异。因此，就客户在整个组织范围内整合其食品安全管理体系而言，依据本标准运作的认证机构要考虑其客户的文化和习惯。

食品安全管理体系　审核与认证机构要求

1　范围

本标准

——规定了对依据 GB/T 22000—2006(或其他特定食品安全管理体系)要求建立的食品安全管理体系实施审核和认证的规则；

——向顾客提供关于其供方获得认证的方式的必要信息和信任。

食品安全管理体系认证(本标准简称“认证”)是第三方合格评定活动(见 GB/T 27000—2006 的 5.5)。因此,实施这种活动的机构是第三方合格评定机构(本标准简称“认证机构”)。

注 1：食品安全管理体系认证有时也称为“注册”,认证机构有时也称为“注册机构”。

注 2：认证机构可以是非政府机构或政府机构(具有或不具有法定权力)。

注 3：本标准旨在作为认证机构认可或认证机构同行评审的准则文件,这些机构期望其按照 GB/T 22000—2006 进行食品安全管理体系认证的能力得到承认。本标准也可以作为监管部门或行业协会直接承认按照 GB/T 22000—2006进行食品安全管理体系认证的机构的准则文件。本标准的一些要求还适用于任何其他相关方对上述认证机构的符合性评审,以及对按照在 GB/T 22000—2006 基础上增加的或另外的要求进行食品安全管理体系认证的机构的评审。

食品安全管理体系认证并不证明食品链中组织的产品的安全性或适宜性。然而,GB/T 22000—2006 要求组织通过其管理体系的实施满足所有适用的与食品安全相关的法律法规要求。

需要强调的是,基于 GB/T 22000—2006 的食品安全管理体系认证是管理体系认证,而不是产品认证。

其他食品安全管理体系的使用者,在对本标准的要求进行必要调整的情况下可以使用本标准的概念和要求。

2　规范性引用文件

下列文件中的条款通过本标准的引用而成为本标准的条款。凡是注日期的引用文件,其随后所有的修改单(不包括勘误的内容)或修订版均不适用于本标准。然而,鼓励根据本标准达成协议的各方研究是否可使用这些文件的最新版本。凡是不注日期的引用文件,其最新版本适用于本标准。

GB/T 19011—2003　质量和(或)环境管理体系审核指南(ISO 19011:2002,IDT)

GB/T 22000—2006　食品安全管理体系　食品链中各类组织的要求(ISO 22000:2005,IDT)

GB/T 27000—2006　合格评定　词汇和通用原则(ISO/IEC 17000:2004,IDT)

GB/T 27021—2007　合格评定　管理体系审核认证机构的要求(ISO/IEC 17021:2006,IDT)

3　术语和定义

GB/T 22000—2006、GB/T 27000—2006 和 GB/T 27021—2007 中确立的以及下列术语和定义适用于本标准。

注：在本标准中术语“产品”和“服务”分别使用,这不同于 GB/T 27000—2006 中“产品”的定义。

3.1

危害分析和关键控制点　hazard analysis and critical control point;HACCP

对显著性食品安全危害进行识别、评价和控制的系统。

注：引自参考文献[8]。

3.2

食品安全管理体系　food safety management system;FSMS

在食品安全方面,用于指挥和控制组织建立方针和目标并实现这些目标的相互关联或相互作用的一组要素。

注:见 GB/T 19000—2008 中 3.2.1、3.2.2 和 3.2.3。

4　原则

GB/T 27021—2007 第 4 章确定的原则,是本标准后续特定绩效要求和说明性要求的基础。本标准未就所有可能发生的情况给出特定要求,出现未预料到的情况时,宜应用这些原则作为决策的指南。这些原则不是要求。

在本标准中,"食品安全管理体系"取代 GB/T 27021—2007 所使用的术语"管理体系"。

5　通用要求

5.1　总则

本条款应用 GB/T 27021—2007 第 5 章的所有要求。

5.2　公正性管理

认证机构和其同一法律实体的任何其他部分不应提供危害分析咨询、食品安全管理体系咨询或管理体系咨询。

使用已知两年内为特定组织提供过危害分析咨询、食品安全管理体系咨询或管理体系咨询的审核员,会被认为对公正性构成较大威胁。

在本标准中,"危害分析咨询、食品安全管理体系咨询或管理体系咨询"取代 GB/T 27021—2007 中 5.2 所使用的术语"管理体系咨询"。

6　结构要求

本章应用 GB/T 27021—2007 第 6 章的所有要求。

7　资源要求

7.1　管理层和人员的能力

本条款应用 GB/T 27021—2007 中 7.1 的所有要求。

认证机构还应开展相关的活动,确保其人员对其运作所涉及的相关食品行业类别(见附录 A)具有适宜的知识。

7.2　参与认证活动的人员

7.2.1　总则

7.2.1.1　本条款应用 GB/T 27021—2007 中 7.2 的所有要求。

7.2.1.2　认证机构应确保所有参与审核和认证活动的人员具备以下个人素质,他们应:

a)　有道德,即公正、可靠、忠诚、诚实和谨慎;

b)　思想开明,即愿意考虑不同意见或观点;

c)　善于交往,即灵活地与人交往;

d)　善于观察,即主动地认识周围环境和活动;

e)　有感知力,即能本能地了解和理解环境;

f)　适应力强,即容易适应不同情况;

g)　坚忍不拔,即对实现目的坚持不懈;

h)　明断,即根据逻辑推理和分析及时得出结论;

i) 自立,即在同其他人有效交往中独立工作并发挥作用。

7.2.2 合同评审人员

7.2.2.1 教育

认证机构应确保合同评审人员具有相应的中等教育知识。

7.2.2.2 食品安全培训

认证机构应确保合同评审人员成功地完成了以下方面的培训:

a) HACCP 原理、危害评估和危害分析;

b) 包含前提方案(PRPs)的食品安全管理原则;

c) 相关的食品安全管理体系标准(如 GB/T 22000—2006)。

7.2.2.3 审核培训

认证机构应确保合同评审人员成功地完成了基于 GB/T 19011—2003 所述审核过程的培训。

注:不强制要求合同评审人员具备或保持审核经历。

7.2.2.4 能力

认证机构应确保合同评审人员证实其应用以下知识和技能的能力:

a) 划分申请组织在食品链中所属的行业类别与种类;

b) 评价申请组织的产品、过程和操作;

c) 提出食品安全管理体系审核员的能力要求;

d) 确定审核时间(参见附录 B)和时段要求;

e) 认证机构与合同评审有关的方针和程序。

7.2.3 认证决定人员

7.2.3.1 总则

认证机构应确保认证决定人员具备与某一行业类别(见附录 A)审核员要求同样的教育、食品安全培训、审核培训和工作经历。

注:不强制要求认证决定人员具备或保持审核经历。

7.2.3.2 能力

认证机构应确保认证决定人员证实其具备应用以下知识和技能的能力:

a) 当前的 HACCP 原理;

b) 理解前提方案(PRPs);

c) 识别食品安全危害;

d) 实施和管理食品安全危害与关键控制点(CCPs),评价所选择的控制措施的有效性;

e) 针对食品安全问题的纠正和纠正措施;

f) 评估与食品供应链有关的潜在食品安全危害;

g) 与食品安全有关的法律法规,以能够对食品安全管理体系实施有效审核;

h) 产品、过程和操作;

i) 相关的食品安全管理体系要求;

j) 相关标准;

k) 评审审核报告的准确性和完整性;

l) 评审纠正措施的有效性;

m) 认证过程。

7.2.4 审核员

7.2.4.1 教育

认证机构应确保审核员具有包含普通微生物学和普通化学的相应高等教育知识。

认证机构还应确保审核员具有的高等教育知识包含与其审核的食品链行业类别相关的专业课程。

示例：

a) 食品行业(表 A.1 中的行业类别 C、D、E、F、G 和 H)：食品微生物学、食品加工基础和包含食品分析的食品化学；

b) 农业生产(植物类)(表 A.1 中的行业类别 B)：作物生产类课程；

c) 农业生产(动物类)(表 A.1 中的行业类别 A 和 F)：养殖类课程；

d) 包装和(或)食品机械(工程)行业(表 A.1 中的行业类别 I 至 M)：与该学科相关的理工科课程。

7.2.4.2 食品安全培训

认证机构应确保审核员成功地完成了以下培训：

a) HACCP 原理、危害评估和危害分析；

b) 包括前提方案(PRPs)的食品安全管理原则。

培训课程的适宜性和相关性宜得到行业(及其利益相关方)的认同。由具有相关专业知识的独立机构对培训课程进行批准或注册，能够为培训课程符合特定准则提供一定的保证。

7.2.4.3 审核培训

认证机构应确保审核员成功地完成了以下培训：

a) 基于 GB/T 19011—2003 的审核方法；

b) 相关的食品安全管理体系标准(如 GB/T 22000—2006)。

7.2.4.4 工作经历

对于审核员在某一或某些行业类别的初始资格，认证机构应确保审核员在食品链的相关行业具备至少 5 年的全职工作经历，其中包括在食品生产或制造、零售、检验或执法领域至少 2 年的质量保证或食品安全或其他等效的工作经历。

如果审核员完成了相应的高等教育，总工作年限可以减少 1 年。

7.2.4.5 审核经历

对于审核员的初始资格，认证机构应确保在最近 3 年内，审核员在具有资格的审核员指导下，参加了至少 4 个组织的不少于 12 天的食品安全管理体系审核。

注：食品安全管理体系审核天数包括食品行业 GB/T 19001 审核或其他食品安全管理体系审核的天数。

对于新行业类别的扩展，认证机构应证实审核员通过 7.2.4.1 所要求的相关教育、该行业类别的食品安全相关培训和以下方式具备所要求的能力：

——在该行业类别 6 个月的工作经历；或

——在有资格的审核员监督下，4 次该行业类别的食品安全管理体系审核。

对于审核员的资格保持，认证机构应确保审核员完成：

——每年至少 5 次外部审核，其中至少 2 次食品安全管理体系审核；或

——每年至少 4 次食品安全管理体系的外部现场审核或者每年至少 10 天食品安全管理体系审核。

7.2.4.6 能力

7.2.4.6.1 认证机构应记录[见 GB/T 19011—2003 中 5.5c)]审核员在每一行业类别与种类(见附录 A)的能力，应提供一次成功评价的证据。

7.2.4.6.2 认证机构应确保审核员证实其具备应用以下方面知识和技能的能力：

a) 审核原则、程序和技术：使审核员能恰当地将其应用于不同的审核，并确保审核实施的一致性和系统性。审核员应能够：

——运用审核原则、程序和技术；

——对工作进行有效地策划和组织；

——按商定的时间表进行审核；

——优先关注重要问题；

——通过有效的面谈、倾听、观察和对文件、记录和数据的评审来收集信息；

——理解审核中运用抽样技术的适宜性和对结果的影响；
——验证所收集信息的准确性；
——确认用以支持审核发现和审核结论的审核证据的充分性和适宜性；
——评价影响审核发现和结论可靠性的因素；
——使用工作文件记录审核活动；
——编制审核报告；
——维护信息的保密性和安全性；
——通过个人的语言技能或通过翻译人员有效地沟通。

b） 管理体系和引用文件：使审核员能理解审核范围并运用审核准则，这方面的知识和技能应包括：
——管理体系在不同组织中的应用；
——管理体系各组成部分之间的相互作用；
——食品安全管理体系标准、适用的程序或其他用作审核准则的管理体系文件；
——认识引用文件之间的区别及优先顺序；
——引用文件在不同审核情况下的应用；
——用于文件、数据和记录的授权、安全、发放、控制的信息系统和技术。

c） 组织状况：使审核员能理解组织的运作情况，这方面的知识和技能应包括：
——组织的规模、结构、职能和关系；
——总体运营过程和相关术语；
——受审核方的文化和社会习俗。

d） 适用的法律、法规和与其领域相关的其他要求：使审核员能够了解并在适用于受审核方的这些要求的范围内开展工作，这方面的知识和技能应包括：
——国家的、区域的和地方的法律法规和规章；
——合同和协议；
——国际条约和公约；
——组织遵守的其他要求。

7.2.4.6.3 认证机构应确保审核员证实其具备在以下特定食品安全领域应用术语、知识和技能的能力：

a） 当前的 HACCP 原理；
b） 相关行业类别（见附录 A）的前提方案（PRPs）；
c） 识别食品安全危害；
d） 确定、实施和管理控制措施[前提方案（PRPs）、操作性前提方案（operational PRPs）、关键控制点（CCPs）]的方法，评价所选择的控制措施的有效性；
e） 针对食品安全问题所采取的纠正和纠正措施；
f） 评估与食品供应链相关联的潜在食品安全危害；
g） 评价所采用前提方案（PRPs）的适宜性，包括对特定行业类别（见附录 A）的前提方案（PRPs）建立或选择适宜的评价方法或指南；
h） 为能够对食品安全管理体系进行有效审核所需的、与食品安全有关的法律法规；
i） 特定种类（见附录 A）的产品、过程和操作；
j） 相关的食品安全管理体系要求；
k） 相关的食品安全标准。

7.2.5 技术专家

7.2.5.1 教育

认证机构应确保技术专家具有与被审核的食品链行业种类、被审核过程或该种类的食品安全危害相应的高等教育知识。

7.2.5.2 工作经历

认证机构应确保技术专家具备其技术领域的工作经历。

7.2.5.3 能力

认证机构应确保技术专家证实其具备在相应技术领域提供专业支持的能力。

7.2.6 审核组的选择

认证机构应确保食品安全管理体系审核组具备对审核所要求的特定种类(见附录A)运用前提方案(PRPs)与危害分析和关键控制点(HACCP)的能力。

7.3 外部审核员和外部技术专家的使用

本条款应用GB/T 27021—2007中7.3的所有要求。

7.4 人员记录

本条款应用GB/T 27021—2007中7.4的所有要求。

7.5 外包

本条款应用GB/T 27021—2007中7.5的所有要求。

8 信息要求

本章应用GB/T 27021—2007第8章的所有要求。

参照种类(见附录A),认证文件应详细界定所认证的活动。

9 过程要求

9.1 基本要求

9.1.1 认证机构应依据食品链的不同阶段(例如:初级生产、食品加工过程、包装材料的制造)、附录A中的行业类别与种类准确地确定认证范围。认证机构不应在认证范围中将影响终产品食品安全的过程、区域、产品或服务排除在外。

9.1.2 认证机构应具有选择审核的日期、时间和季节的过程,以使审核组有机会针对审核范围内有代表性的生产线、行业类别与种类对组织的运行状况进行审核。

9.1.3 本条款应用GB/T 27021—2007中9.1.1至9.1.3的所有要求。

9.1.4 认证机构应有形成文件的确定审核时间的程序,并针对每个客户确定策划和完成对其食品安全管理体系的完整有效审核所需的时间。认证机构应记录所确定的时间及其合理性。在确定审核时间时,认证机构宜考虑附录B,并应考虑(但不限于)以下方面:

a) 相关食品安全管理体系标准的要求;
b) 组织的规模和复杂程度;
c) 技术和法规环境;
d) 食品安全管理体系范围内活动的外包情况;
e) 以往审核的结果;
f) 场所的数量和对多场所的考虑。

9.1.5 本标准9.1.5.1至9.1.5.3中的要求适用于多场所组织。

9.1.5.1 当认证机构为多场所组织颁发一张证书时,需要满足下列条件:

a) 所有场所位于同一国家并从事相同的活动;
b) 所有场所在一个统一控制和管理的食品安全管理体系下运行,该体系在GB/T 22000—2006第4章或其他等效的食品安全管理体系中规定;
c) 认证前三年内对每一场所都进行了内部审核;
d) 认证后应在认证周期内对每一场所都进行内部审核;

e) 所有场所的内部审核都应依据 GB/T 22000—2006 或其他等效要求进行；

f) 应将单一场所的审核发现视为整个体系的情况，并应实施相应的纠正。

9.1.5.2 多场所抽样仅适用于对超过 20 个场所的组织的初次认证和监督审核，且仅限于行业类别 A、B、G、H 和 J(见附录 A 中表 A.1)。

9.1.5.3 认证机构进行多场所认证应使用抽样程序，同时满足以下条件，以确保对食品安全管理体系进行有效的审核：

a) 对于超过 20 个场所的情况，应在 20 个场所之外的每 5 个场所中抽取 1 个，应对所有场所随机抽样。审核后，已抽样的场所不能不符合(即，不能够不满足依据 GB/T 22000—2006 认证的基本要求)；

b) 对抽样场所审核发现的评价应视为相当于对组织相同场所内部审核发现的评价；

c) 每年至少应对食品安全管理体系的核心职能进行一次审核；

d) 每年监督审核时至少应对抽样场所进行审核；

e) 应将抽样场所的审核发现视为整个体系的情况，并应实施相应的纠正。

表 1 给出了多场所审核抽样数量的示例。

表 1 多场所审核抽样数量的示例

	场所总数								
	X(1～20)	21	22	23	24	25	26	27	28
超出 20 个的场所数量	0	1	2	3	4	5	6	7	8
增加的审核场所数量	0	1	1	1	1	1	2	2	2
实际实施审核的场所数量	X	21	21	21	21	21	22	22	22

9.1.6 本条款应用 GB/T 27021—2007 中 9.1.6 至 9.1.9 的所有要求。

9.1.7 认证机构应提供每次审核的书面报告，报告应基于 GB/T 19011—2003 给出的相关指南。审核组可以指出改进的机会，但不应提供具体的解决办法。认证机构应保留审核报告的所有权。

审核报告应包括组织的前提方案(PRPs)、使用的 HACCP 方法、对 HACCP 小组的评定意见，以及食品安全管理体系相关的其他问题。

9.1.8 本条款应用 GB/T 27021—2007 中 9.1.11 至 9.1.15 的所有要求。

9.2 初次审核与认证

9.2.1 申请

本条款应用 GB/T 27021—2007 中 9.2.1 的所有要求。

认证机构应要求申请组织提供有关加工生产线、HACCP 项目和班次的详细信息。

9.2.2 申请评审

本条款应用 GB/T 27021—2007 中 9.2.2 的所有要求。

9.2.3 初次认证审核

食品安全管理体系的初次认证审核应分两个阶段实施：第一阶段和第二阶段。

9.2.3.1 第一阶段审核

9.2.3.1.1 本条款应用 GB/T 27021—2007 中 9.2.3.1.1 的所有要求。

当组织采用由外部开发的控制措施组合时，第一阶段审核应评审食品安全管理体系文件，确定控制措施组合是否适合于该组织，是否满足 GB/T 22000—2006 的要求，并且保持及时更新。

在收集遵守法规的信息时，宜对相关资质证明的有效性进行检查。

9.2.3.1.2 第一阶段审核的目标是确定第二阶段审核的关注点，通过了解组织的食品安全危害识别、分析、HACCP 计划和前提方案(PRPs)、方针和目标，理解组织的食品安全管理体系。特别是通过审查组织的以下方面，了解组织对审核的准备状态：

a) 组织的前提方案(PRPs)与组织业务活动的适宜性(例如:法律和法规要求);

b) 食品安全管理体系包括相应的过程和方法,以识别和评估组织的食品安全危害,以及后续对控制措施(组合)的选择和分类;

c) 组织的相关活动所涉及的食品安全法规;

d) 食品安全管理体系的设计是为了实现组织的食品安全方针;

e) 食品安全管理体系实施方案证实可以进行第二阶段的审核;

f) 确认、验证和改进的方案符合食品安全管理体系标准的要求;

g) 食品安全管理体系的文件和安排适合内部沟通和与相关供应商、顾客、利益相关方的沟通;

h) 需要评审的其他文件和(或)需要提前获取的知识。

9.2.3.1.3 食品安全管理体系第一阶段审核应在客户的场所实施,以达到上述目标。

9.2.3.1.4 本条款应用 GB/T 27021—2007 中 9.2.3.1.2 的所有要求。

应告知客户第一阶段审核的结果可能导致推迟或取消第二阶段的审核。

9.2.3.1.5 对于第一阶段审核过的食品安全管理体系的相应部分,被确定为实施充分、有效并符合要求的,第二阶段可以不再对其审核。然而,认证机构应确保食品安全管理体系已审核的部分持续符合认证要求。在这种情况下,第二阶段的审核报告应包含第一阶段审核中的审核发现,并且应清楚地表述第一阶段审核已经确立的符合性。

9.2.3.1.6 本条款应用 GB/T 27021—2007 中 9.2.3.1.3 的所有要求。

第一阶段审核和第二阶段审核的时间间隔通常不超过 6 个月。如果需要更长的时间间隔,宜重新实施第一阶段审核。

9.2.3.2 第二阶段审核

本条款应用 GB/T 27021—2007 中 9.2.3.2 的所有要求。

9.2.4 初次认证的审核结论

本条款应用 GB/T 27021—2007 中 9.2.4 的所有要求。

9.2.5 授予初次认证所需的信息

本条款应用 GB/T 27021—2007 中 9.2.5 的所有要求。

9.3 监督活动

本条款应用 GB/T 27021—2007 中 9.3 的所有要求。

9.4 再认证

本条款应用 GB/T 27021—2007 中 9.4 的所有要求。

9.5 特殊审核

本条款应用 GB/T 27021—2007 中 9.5 的所有要求。

9.6 暂停、撤销或缩小认证范围

本条款应用 GB/T 27021—2007 中 9.6 的所有要求。

9.7 申诉

本条款应用 GB/T 27021—2007 中 9.7 的所有要求。

9.8 投诉

本条款应用 GB/T 27021—2007 中 9.8 的所有要求。

9.9 申请组织和客户的记录

本条款应用 GB/T 27021—2007 中 9.9 的所有要求。

10 认证机构的管理体系要求

本章应用 GB/T 27021—2007 第 10 章的所有要求。

附　录　A
（规范性附录）
食品链分类

认证机构应使用表 A.1：

a）　确定机构开展认证的范围；

b）　针对特定的行业类别或种类，识别审核员所必需的技术资格；

c）　选择有适宜资格的审核组。

表 A.1 提供的示例仅是举例说明，并未覆盖全部。

某一特定客户组织可以覆盖一个以上的行业类别。

表 A.1　食品链分类

行业类别代码	行　业　类　别	种　类　示　例
A	农业生产 1（动物类）	动物；鱼类；蛋的生产；奶的生产；养蜂；捕鱼；狩猎；诱捕
B	农业生产 2（植物类）	水果；蔬菜；谷物；香辛料；园艺产品
C	加工 1（易腐烂的动物产品） 包括农业生产后的各种加工，如：屠宰	肉制品；禽制品；蛋制品；乳制品；鱼类制品
D	加工 2（易腐烂的植物产品）	新鲜水果和新鲜果汁；经过处理的水果；新鲜蔬菜；经过处理的蔬菜
E	加工 3（环境温度下保存期长的产品）	罐头；饼干；休闲食品；油；饮用水；饮料；面食；面粉；糖；盐
F	饲料生产	动物饲料；鱼饲料
G	餐饮业	旅馆；餐馆
H	销售	零售店；商店；批发商
I	服务	供水；清洗；污水处理；废物处理；产品、过程和设备的开发；兽医
J	运输和贮藏	运输和贮藏
K	设备制造	加工设备；销售用设备
L	（生物）化学品制造	添加剂；维生素；农药；药物；肥料；清洗剂；生物培养基
M	包装材料制造	包装材料

附　录　B
（资料性附录）
最少审核时间

B.1　总则

在确定每个场所需要的审核时间时，按照9.1.4的要求，认证机构宜考虑表B.1中列出的初次认证现场审核的最少时间。

最少审核时间包括初次认证（见9.2.3）的第一阶段和第二阶段的审核时间，但不包括审核准备和编制审核报告的时间。

最少审核时间的设立适用于仅包括单一HACCP项目的食品安全管理体系的审核。一个HACCP项目对应一种危害分析，针对的是具有相似的危害、相似的生产技术以及相似的贮藏技术（适当时）的一个系列产品和（或）服务。

监督审核的最少时间宜是初次认证审核时间的三分之一，至少为0.5审核天；再认证的最少时间宜是初次认证审核时间的三分之二，至少为0.5审核天。

如果组织未经过相关的管理体系认证，宜增加审核时间。相关是指认证的管理体系宜覆盖与食品安全相关的产品和（或）服务的范围。

员工人数宜折算为全日制员工的人数（FTEs）。

某些行业类别适用于多场所抽样（见9.1.5.2），在计算审核时间时，可以将此种情况考虑在内。

需要增加最少审核时间的还有其他因素，例如：产品类型的数量、生产线的数量、产品开发、关键控制点（CCPs）的数量、操作性前提方案（operational PRPs）的数量、建筑面积、基础设施、使用组织内部实验室检测、审核中使用翻译。

B.2　初次认证最少审核时间的计算

B.2.1　单一场所的最少审核时间 T_s：

$$T_s = (D + H + MS + FTE) \qquad \text{(B.1)}$$

式中：

D——现场审核的基本时间；

H——每增加一个HACCP项目需要增加的审核天数；

MS——无相关的管理体系认证需要增加的审核天数；

FTE——基于员工数量需要增加的审核天数。

B.2.2　每增加一个审核场所需要增加的最少审核时间为 T_m：

$$T_m = T_s \times 50/100 \qquad \text{(B.2)}$$

表 B.1 初次认证最少审核时间

<table>
<tr><th rowspan="2">行业类别
（见附录 A）</th><th rowspan="2">D
现场审核的
基本时间
（审核天数）</th><th rowspan="2">H
每增加一个
HACCP 项目需要
增加的审核天数</th><th rowspan="2">MS
无相关的管理体
系认证需要增加
的审核天数</th><th colspan="2">FTE
基于员工数量
需要增加的
审核天数</th><th rowspan="2">T_m
每增加一个审核
场所需要增加的
最少审核时间</th></tr>
<tr><th>员工数量</th><th>增加的
审核天数</th></tr>
<tr><td>A</td><td>0.75</td><td>0.25</td><td rowspan="13">0.25</td><td rowspan="13">1～19
20～49
50～79
80～199
200～499
500～899
900～1 299
1 300～1 699
1 700～2 999
3 000～5 000
>5 000</td><td rowspan="13">0
0.5
1.0
1.5
2.0
2.5
3.0
3.5
4.0
4.5
5.0</td><td rowspan="13">最少现场
审核时间的
50%</td></tr>
<tr><td>B</td><td>0.75</td><td>0.25</td></tr>
<tr><td>C</td><td>1.50</td><td>0.50</td></tr>
<tr><td>D</td><td>1.00</td><td>0.50</td></tr>
<tr><td>E</td><td>1.50</td><td>0.50</td></tr>
<tr><td>F</td><td>1.50</td><td>0.50</td></tr>
<tr><td>G</td><td>1.00</td><td>0.50</td></tr>
<tr><td>H</td><td>1.00</td><td>0.50</td></tr>
<tr><td>I</td><td>1.00</td><td>0.25</td></tr>
<tr><td>J</td><td>1.00</td><td>0.25</td></tr>
<tr><td>K</td><td>1.00</td><td>0.25</td></tr>
<tr><td>L</td><td>1.50</td><td>0.50</td></tr>
<tr><td>M</td><td>1.00</td><td>0.25</td></tr>
</table>

参 考 文 献

[1] GB/T 19000—2008/ISO 9000:2005 质量管理体系 基础和术语
[2] GB/T 19001—2008/ISO 9001:2008 质量管理体系 要求
[3] GB/T 19012—2008/ISO 10002:2004 质量管理 顾客满意 组织处理投诉指南
[4] GB/T 24001—2004/ISO 14001:2004 环境管理体系 要求及使用指南
[5] GB/T 27024—2004/ISO/IEC 17024:2003 合格评定 人员认证机构通用要求
[6] GB/T 27030—2006/ISO/IEC 17030:2003 合格评定 第三方符合性标志的通用要求
[7] 推荐的国际操作规程 食品卫生通则. CAC/RCP 1-1969,Rev. 4(2003)
[8] 食品法典 食品卫生基本原则.联合国粮农组织,世界卫生组织,罗马,2001

ICS 07.040
A 76

中华人民共和国国家标准

GB 22021—2008

国家大地测量基本技术规定

Basic specifications for national geodesy

2008-06-20 发布　　2008-12-01 实施

中华人民共和国国家质量监督检验检疫总局
中国国家标准化管理委员会　发布

前　言

本标准的全部技术内容为强制性。

本标准由国家测绘局提出。

本标准由全国地理信息标准化技术委员会归口。

本标准的附录A和附录B为规范性附录。

本标准起草单位：国家测绘局测绘标准化研究所，国家基础地理信息中心，国家测绘局第一大地测量队，中国测绘科学研究院。

本标准主要起草人：肖学年、章磊、岳建利、张燕平、章传银。

引　言

为了满足国家经济建设、国防建设和社会发展的需求，加强我国大地测量工作，规范大地测量行为，依据《中华人民共和国测绘法》，制定本标准。

本标准所称的大地测量是指为建立和维持测绘基准与测绘系统而进行的确定位置、地球形状、重力场及其随时间和空间变化的测绘活动。其任务是建立与维持大地基准、高程基准、深度基准和重力基准；确定与精化似大地水准面和地球重力场模型。

本标准明确了我国大地测量的基本技术规定，是制定与修订相关大地测量具体技术标准的主要依据。对于建立与维持我国大地控制网、高程控制网和重力控制网的具体技术方法与技术要求，将另行制定相应的技术标准，用于指导和规范测量工作。

国家大地测量基本技术规定

1 范围

本标准规定了建立与维持大地控制网、高程控制网和重力控制网，确定似大地水准面的基本技术指标和技术要求，以实现全国陆海统一的大地基准、高程基准以及与其相应的深度基准、重力基准。

本标准适用于在中华人民共和国领域和管辖的其他海域从事的大地测量活动。

2 术语和定义

以下术语和定义适用于本标准。

2.1

大地坐标系统　geodetic coordinate reference system

用于表述地球上任意点位置的一种坐标系统，它通过地心、尺度、坐标轴指向、地球旋转速度以及参考椭球常数(椭球几何参数和物理参数)等定义。

2.2

大地坐标框架　geodetic coordinate reference frame

大地坐标系统的具体实现，它通过固定在地球表面上的一组特定的测量标记及其在参考系统下的坐标和其他参数体现。

2.3

大地基准　geodetic datum

由大地坐标系统和大地坐标框架构成。

2.4

卫星定位连续运行基准站　continuously operating reference stations

由卫星定位系统接收机(含天线)、计算机、气象设备、通讯设备及电源设备、观测墩等构成的观测系统。它长期连续跟踪观测卫星信号，通过数据通信网络定时、实时或按数据中心的要求将观测数据传输到数据中心。它可独立或组网提供实时、快速或事后的数据服务。

2.5

加密重力测量　dense gravity measurement

为各种科学目的对有关区域在各级重力控制点的基础上加密一定的重力点所进行的重力测量。

3 总则

3.1　在遵循本标准的前提下，从事大地测量和相应的测量活动，作业过程应以国家规定的大地测量技术规范和指导性技术文件作为统一的作业依据。

3.2　采用边角测量、天文测量等方式进行控制测量，其技术要求和作业过程应以国家规定的大地测量技术规范和指导性技术文件作为统一的作业依据。

3.3　大地测量采用中误差作为精度的技术指标，以2倍中误差作为极限误差。

3.4　大地测量使用的仪器应经过法定计量检定合格后，方可使用。

3.5　大地测量控制点均应埋设固定的标石或标志，其结构和埋设方法应以稳固和适于永久保存为原则。

4 大地基准与大地控制网

4.1 大地基准

4.1.1 大地基准由大地坐标系统和大地坐标框架组成。国家采用地心坐标系统作为全国统一的大地坐标系统。大地坐标框架由实现大地坐标系统的大地控制网具体体现。

4.1.2 国家采用2000国家大地坐标系统，其定义和参考椭球常数见附录A。过渡期内，可采用1954年北京坐标系和1980西安坐标系。

4.1.3 大地控制点坐标应以大地坐标（大地经度 B、大地纬度 L 和大地高 H）或空间直角坐标（X、Y、Z）表示。

4.2 大地控制网

4.2.1 一般规定

4.2.1.1 大地控制网按照精度和用途分为一、二、三、四等大地控制网。

4.2.1.2 大地控制网在保证精度、密度等技术要求时可跨级布设。

4.2.1.3 天文大地控制网成果被正式废止前，在保证精度的前提下，可根据需要继续使用。

4.2.1.4 陆地困难地区和远离大陆岛（礁）的大地控制网布测，确因条件限制无法满足本标准规定时，经省级以上测绘行政主管部门批准，其技术指标可根据实际情况适当放宽。

4.2.2 大地控制网

4.2.2.1 国家一等大地控制网

4.2.2.1.1 国家一等大地控制网由卫星定位连续运行基准站构成，它是国家大地基准的骨干和主要支撑，以实现和维持我国三维、动态地心坐标系统，保证大地控制网点位三维地心坐标的精度和现势性。

4.2.2.1.2 国家一等大地控制网的卫星定位连续运行基准站地心坐标各分量年平均中误差应不大于 ± 0.5 mm，相对精度应不低于 1×10^{-8}，坐标年变化率中误差水平方向应不大于 ± 2 mm，垂直方向应不大于 ± 3 mm。

4.2.2.1.3 国家一等大地控制网点应均匀分布，覆盖我国国土。在满足条件的情况下，宜布设在国家一等水准路线附近和国家一等水准网的结点处。

4.2.2.1.4 地方或部门建立的卫星定位连续运行基准站，符合国家统一建站技术标准和本标准所规定的技术指标的，经认证后，可纳入国家一等大地控制网。

4.2.2.2 国家二等大地控制网

4.2.2.2.1 国家二等大地控制网布测目的是实现对国家一、二等水准网的大尺度稳定性监测；结合精密水准测量、重力测量等技术，精化我国似大地水准面；为三、四等大地控制网和地方大地控制网的建立提供起始数据。

4.2.2.2.2 国家二等大地控制网相邻点间基线水平分量的中误差应不大于 ± 5 mm，垂直分量的中误差应不大于 ± 10 mm；各控制点的相对精度应不低于 1×10^{-7}，其点间平均距离应不超过50 km。

4.2.2.2.3 国家二等大地控制网点应在均匀布设的基础上，综合考虑应用服务和对国家一、二等水准网的大尺度稳定性监测等因素。

4.2.2.2.4 国家二等大地控制网复测周期为5年，每次复测执行时间应不超过2年。

4.2.2.3 三等大地控制网

4.2.2.3.1 三等大地控制网布测目的是建立和维持省级（或区域）大地控制网，满足国家基本比例尺测图的基本需求。结合水准测量、重力测量技术，精化省级（或区域）似大地水准面。

4.2.2.3.2 三等大地控制网相邻点间基线水平分量的中误差应不大于 ± 10 mm，垂直分量的中误差应不大于 ± 20 mm；各控制点的相对精度应不低于 1×10^{-6}，其点间平均距离应不超过20 km。

4.2.2.3.3 三等大地控制网点的布设应与省级基础测绘服务、现有技术状况、应用水平及似大地水准面精化等目标相一致，并应尽可能布设在三、四等水准线路上。

4.2.2.3.4 三等大地控制网应根据需要进行复测或更新。

4.2.2.4 四等大地控制网

4.2.2.4.1 四等大地控制网是三等大地控制网的加密。

4.2.2.4.2 四等大地控制网相邻点间基线水平分量的中误差应不大于±20 mm，垂直分量的中误差应不大于±40 mm；各控制点的相对精度应不低于 1×10^{-5}，其点间平均距离应不超过 5 km。

4.2.2.4.3 四等大地控制网应根据需要进行复测或更新。

5 高程基准与高程控制网

5.1 高程基准

国家高程系统采用正常高系统。国家采用 1985 国家高程基准定义的黄海平均海水面作为全国统一的高程起算面。国家高程基准由高程控制网和似大地水准面具体体现。1985 国家高程基准的定义和参数见附录 B。

5.2 高程控制网

5.2.1 一般规定

5.2.1.1 水准测量按照精度分为一、二、三、四等。高程控制网主要采用水准测量方式布设，按逐级控制的原则，分为一、二、三、四等水准网。水准点的点间距离为 4 km～8 km，在通行困难地区经批准可适当放宽。

5.2.1.2 远离大陆的岛(礁)的国家高程基准传递和高程控制网布设，确因条件限制无法满足本标准规定时，其技术指标经批准可适当放宽。

5.2.2 国家一等水准网

5.2.2.1 国家一等水准网是国家高程控制网的骨干，其主要目的是实现国家高程基准的高精度传递。

5.2.2.2 国家一等水准网的布设应充分顾及地质构造背景，选择最适当的路线。国家一等水准路线应闭合成环形，并构成网状。环的周长在我国东部地区应不超过 1 600 km，西部地区不超过 2 000 km。

5.2.2.3 国家一等水准测量用往返测量不符值计算的每千米偶然中误差应不大于±0.45 mm，用环闭合差计算的每千米全中误差应不大于±1.0 mm。

5.2.2.4 国家一等水准网每 15 年复测一次，每次复测执行时间不超过 5 年。

5.2.3 国家二等水准网

5.2.3.1 国家二等水准网是国家一等水准网的加密，在国家一等水准网内布设成附合路线或环形。国家二等水准环线的周长，在平原和丘陵地区应不大于 750 km，山区和困难地区经批准可适当放宽。

5.2.3.2 国家二等水准测量用往返测量不符值计算的每千米偶然中误差应不大于±1.0 mm，用环闭合差计算的每千米全中误差应不大于±2.0 mm。

5.2.3.3 国家二等水准网应根据需要进行复测，复测周期最长不超过 20 年。

5.2.4 三等、四等水准网

5.2.4.1 三、四等水准网是国家一、二等水准网的进一步加密。三等水准路线一般应构成环形，或闭合于高等级水准路线间。四等水准路线应闭合于高等级水准路线间或形成支线。

5.2.4.2 三、四等水准测量用往返测量不符值计算的每千米偶然中误差应分别不大于±3.0 mm 和±5.0 mm，用环闭合差计算的每千米全中误差应分别不大于±6.0 mm 和±10.0 mm。

5.2.4.3 三、四等水准测量应根据需要进行布测、复测或更新。

5.3 似大地水准面

5.3.1 一般规定

5.3.1.1 在满足应用要求的条件下，似大地水准面模型与卫星定位技术相结合，可以作为确定高程的一种方式。

5.3.1.2 似大地水准面以一定分辨率的格网平均高程异常来表示，其精度和分辨率由格网平均高程异常相对于本区域内各高程异常控制点的高程异常平均中误差及其格网间距表示。

5.3.1.3 似大地水准面的精度应采用相应精度的外业测量方法进行检核和评定。

5.3.1.4 我国似大地水准面按范围、精度和用途的不同，分为国家似大地水准面、省级似大地水准面和城市似大地水准面。

5.3.2 国家似大地水准面

5.3.2.1 国家似大地水准面的分辨率应不低于15′×15′，其精度：平地、丘陵地应不低于±0.3 m，山地及高山地应不低于±0.6 m。

5.3.2.2 国家似大地水准面的高程异常控制点，其坐标和高程精度应不低于国家二等大地控制网点和国家二等水准网点的精度。

5.3.3 省级似大地水准面

5.3.3.1 省级似大地水准面的分辨率应不低于5′×5′，其精度：平地、丘陵地应不低于±0.1 m，山地、高山地应不低于±0.3 m。

5.3.3.2 省级似大地水准面的相邻高程异常控制点，其高程异常差的精度在平地、丘陵地不低于±0.1 m，在山地、高山地不低于±0.3 m。

5.3.4 城市似大地水准面

5.3.4.1 城市似大地水准面的分辨率应不低于2.5′×2.5′，其精度应不低于±0.05 m。

5.3.4.2 城市似大地水准面的相邻高程异常控制点，其高程异常差的精度不低于±0.05 m。

6 重力基准与重力测量控制网

6.1 重力基准

6.1.1 国家重力基准由2000国家重力基本网体现。

6.1.2 各种加密重力测量均应与国家重力基准中的重力点进行重力联测以获得测点的重力值。

6.2 重力测量控制网

6.2.1 国家重力测量控制网的目的是建立和维持国家重力基准，为各类重力测量提供统一的重力起算值。遵循逐级控制原则布设，分为重力基本网、一等重力网和二等重力点。

6.2.2 重力基本网由重力基准点、基本点及其引点组成，并包括一定数量的重力仪格值标定基线。其密度应有效覆盖国土范围，以满足控制一等重力点相对联测的精度要求和国民经济及国防建设的需要。基准点绝对重力值的测定中误差应不大于$\pm5\times10^{-8}$ m·s^{-2}。在重力基准点与基本点及其引点之间进行相对重力测量，相对重力测量重力段差联测中误差应不大于$\pm10\times10^{-8}$ m·s^{-2}。

6.2.3 一等重力网是重力基本网的扩展，应布设成闭合环线。一等重力点与重力基本网点的重力段差联测中误差应不大于$\pm25\times10^{-8}$ m·s^{-2}。

6.2.4 二等重力点是一等重力网的加密。二等重力点根据不同时期不同地区加密重力测量的实际需要布设，其联测中误差应不大于$\pm250\times10^{-8}$ m·s^{-2}。

6.2.5 重力仪格值标定基线用于建立国家相对重力测量尺度基准，包括长基线和短基线。长基线沿南北方向布设，基线两端重力值之差应大于2 000$\times10^{-5}$ m·s^{-2}，每个基线点应为重力基准点；短基线可按区域布设，短基线两端点重力值之差应大于 $150\times10^{-5}\ \mathrm{m\cdot s^{-2}}$，重力段差相对误差应小于 5×10^{-5}。

6.2.6 重力基本网应每 15 年复测一次，每次复测执行时间不超过 2 年。

6.3 加密重力测量

6.3.1 加密重力测量通过测定地球重力场的精细结构，为建立国家基本格网平均重力异常模型、确定大地水准面、内插大地控制点的天文大地垂线偏差以及精密水准测量正常高系统改正等提供地球重力场数据。加密重力点的布设密度可根据工程需要、地理状况、似大地水准面精度等因素而定。

6.3.2 加密重力点相对于起算点的重力联测中误差不得超过 $\pm0.60\times10^{-5}\ \mathrm{m\cdot s^{-2}}$，困难地区可放宽到 $1.00\times10^{-5}\ \mathrm{m\cdot s^{-2}}$；当需要联测二等重力点（包括引点）时，二等重力点相对于起算点的重力联测中误差不得超过 $\pm0.30\times10^{-5}\ \mathrm{m\cdot s^{-2}}$。

6.3.3 对于 $5'\times5'$ 国家基本格网的平均空间重力异常中误差一般不应超过 $\pm5.0\times10^{-5}\ \mathrm{m\cdot s^{-2}}$，困难地区可放宽至 $\pm10\times10^{-5}\ \mathrm{m\cdot s^{-2}}$，对于 $30'\times30'$ 格网的平均空间重力异常中误差一般不应超过 $\pm3.0\times10^{-5}\ \mathrm{m\cdot s^{-2}}$。

7 深度基准

7.1 深度基准在沿岸海域采用理论最低潮位，在内陆水域采用设计水位。

7.2 深度基准与国家高程基准之间通过验潮站的水准联测建立联系。

附　录　A
（规范性附录）
2000 国家大地坐标系统定义和参考椭球常数

2000 国家大地坐标系（英文名称 China Geodetic Coordinate System 2000，简称 CGCS2000）的定义和常数是：

2000 国家大地坐标系是右手地固直角坐标系。原点在地心；Z 轴为国际地球自转局（IERS）定义的参考极方向，X 轴为国际地球自转局定义的参考子午面与垂直于 Z 轴的赤道面的交线，Y 轴与 Z 轴和 X 轴构成右手正交坐标系。

地心：整个地球（包括陆地、海洋和大气）的质量中心。

尺度单位：广义相对论意义下局部地球框架中的米。

Z 轴定向：定向的初始值是由国际时间局（BIH）给出的 1984.0 的方向，其时间变化是在整个地球板块水平运动无净旋转条件下所确定的值。

2000 国家大地坐标系的参考历元为 2000.0。

大地测量基本常数采用无潮汐系统，具体数值如下：

长半轴：$a = 6\ 378\ 137$ m

地心引力常数：$GM = 3.986\ 004\ 418 \times 10^{14}\ \mathrm{m^3 \cdot s^{-2}}$

地球动力形状因子：$J_2 = 0.001\ 082\ 629\ 832\ 258$

地球旋转速度：$\omega = 7.292\ 115 \times 10^{-5}\ \mathrm{rad \cdot s^{-1}}$

附 录 B
（规范性附录）
1985 国家高程基准的定义和参数

1985 国家高程基准定义为利用青岛大港验潮站 1952 年至 1979 年的观测资料所计算的黄海平均海平面(高程起算面)。中华人民共和国水准原点位于青岛市观象山,高程为 72.260 m。

ICS 07.040
A 75

中华人民共和国国家标准

GB/T 22022—2008/ISO 19108:2002

地理信息　时间模式

Geographic information—Temporal schema

(ISO 19108:2002,IDT)

2008-06-20 发布　　　　2008-12-01 实施

中华人民共和国国家质量监督检验检疫总局
中国国家标准化管理委员会　发布

前　言

本标准等同采用 ISO 19108:2002《地理信息　时间模式》(英文版)。

为便于使用,本标准作了下列编辑性修改:

a) 本标准的编写格式执行 GB/T 1.1—2000《标准化工作导则　第1部分:标准的结构和编写规则》的要求。

b) 将"本国际标准"一词改为"本标准"。

c) 删除了原国际标准的前言。

d) 为适应我国国情,在资料性附录 D 中增加了条文 D.3.2。

e) 为便于理解,增加了资料性附录 E。

f) 5.2.3.5 中增加了注释;5.2.3.7 示例中增加了注释"译者注:7×10^{-3} s"。

g) 由于 ISO 19107、ISO 19111 和 ISO 19115 国际标准已经出版,在本标准规范性引用文件中删去了原国际标准中标识即将出版的角标。

本标准的附录 A 和附录 C 是规范性附录,附录 B、附录 D 和附录 E 是资料性附录。

本标准由全国地理信息标准化技术委员会提出。

本标准由全国地理信息标准化技术委员会归口。

本标准起草单位:中国测绘科学研究院、国家基础地理信息中心、中国地质调查局发展研究中心。

本标准主要起草人:苏山舞、姜作勤、李莉、殷红梅。

引　言

本标准定义描述从现实世界中抽象出来的地理信息的时间特性所需要的标准概念。地理信息的时间特性包括要素属性、要素操作、要素关联以及在时间域中取值的元数据元素。

计算机和地理信息系统的广泛应用增强了多学科地理空间数据的分析能力。地理空间数据不再限定在三维空间域，许多地理信息系统需要时间特性的数据。时间特性的标准概念模式将增强地理信息适应特定类型应用的能力，如：仿真和预测模拟。

作为一个基本的自然存在，时间与所有科学技术领域有关。本标准所描述的许多概念也适用于地理信息之外的领域。国际标准化组织地理信息标准化技术委员会(ISO/TC 211)无意制定独立的描述时间标准，但ISO/TC 211认为需要制定一个描述地理数据集和要素时间特性的标准。地理信息系统和地理信息软件开发者及用户将使用这个模式，提供一致的可理解的时间数据结构。

过去，要素的时间特性已经被作为专题要素的属性。例如，要素“建筑物”可以有属性“建筑日期”。然而，将要素的行为作为时间函数进行描述的需求越来越大。当将时间独立于空间处理时，这种需求可以得到有限程度的支持。例如，一个移动目标的运动路径可以用一个称为“路径点”的要素集来描述，被当作点描述的每一个路径点有一个属性，该属性提供该目标在相应空间位置的时间。如果时间维与空间维相结合，时间行为的描述可能更容易，因此，一个要素可以用一个时空对象来表示。例如：一个移动目标的路径可以表示为用一条 x、y、t 坐标描述的曲线。本标准是为使要素的时间属性的应用标准化而制定的。在本标准中虽然没有采用空间和时间坐标的组合来描述要素几何特性，但是已经为在ISO 19100系列中制定相应标准奠定了基础。

地理信息　时间模式

1　范围

本标准定义了描述地理信息时间特性的概念。本标准以现有的时间信息交换的信息技术标准为依据，提供用于定义时间要素属性、要素操作、要素关联和定义地理信息时间特性的元数据的基础。本标准主要考虑从现实世界抽象出来的地理信息时间特性，它强调有效时间，而不是事务处理时间。

2　一致性

2.1　一致性类和要求

本标准根据测试项的特点定义 5 种类别一致性。

2.2　数据传输应用模式

为与本标准保持一致，数据传输应用模式应满足附录 A 中 A.1 的要求。

2.3　带操作的数据应用模式

为与本标准保持一致，支持数据操作的应用模式应满足附录 A 中 A.2 的要求。

2.4　要素目录

为与本标准保持一致，要素目录应满足附录 A 中 A.3 的要求。

2.5　元数据元素规范

为与本标准保持一致，元数据规范应满足附录 A 中 A.4 的要求。

2.6　数据集元数据

为与本标准保持一致，数据集元数据应满足附录 A 中 A.5 的要求。

3　规范性引用文件

下列文件中的条款通过本标准的引用而成为本标准的条款。凡是注日期的引用文件，其随后所有的修改单(不包括勘误的内容)或修订版均不适用于本标准，然而，鼓励根据本标准达成协议的各方研究是否可使用这些文件的最新版本。凡是不注日期的引用文件，其最新版本适用于本标准。

GB/T 18221—2000　信息技术　程序设计语言、环境与系统软件接口　独立于语言的数据类型(idt ISO/IEC 11404:1996)

GB 3102.1—1993　空间和时间的量和单位 (eqv ISO 31-1:1992)

GB 3100—1993　国际单位制及其应用(eqv ISO 1000:1992)

GB/T 7408—2005　数据元和交换格式　信息交换　日期和时间表示法(ISO 8601:2000,IDT)

GB/T 19710—2005　地理信息　元数据(ISO 19115:2003,MOD)

ISO/TS 19103　地理信息　概念模式语言(Geographic information—Conceptual schema language)

ISO 19107　地理信息　空间模式(Geographic information—Spatial schema)

ISO 19109　地理信息　应用模式规则(Geographic information—Rules for application schema)

ISO 19110　地理信息　要素编目方法(Geographic information—Feature cataloguing methodology)

ISO 19111　地理信息　基于坐标的空间参照(Geographic information—Spatial referencing by coordinates)

4 术语、定义和缩略语

4.1 术语和定义

本标准采用以下术语与定义。

4.1.1

日历 calendar

不连续的时间参照系，为定义分辨率为一日的时间位置提供基础。

4.1.2

日历时代 calendar era

从特定事件起算的，日历中使用的一类时段序列。

4.1.3

协调世界时 UTC; Coordinated Universal Time

由国际计量局与国际地球自转服务局(IERS)维护的时标，它构成协调发布标准频率和时间信号的基础。[ITU-R Rec. TF. 686-1 (1997)]

4.1.4

日 day

相当于地球自转周期的持续时间的时段。

4.1.5

边 edge

一维拓扑单形。[ISO 19107]

注：边的几何实现是曲线。在一个拓扑复形中一条边的边界是关联到该边的一个或两个节点的集合。

4.1.6

事件 event

在某时刻发生的活动。

4.1.7

要素 feature

现实世界现象的抽象。[ISO 19101]

注：要素可以作为类型或实例出现。具体应用时只能使用其中一种含义。

4.1.8

要素关联 feature association

连接一种要素类型的实例与相同或不同要素类型实例的关系。[ISO 19110]

注1：要素关联可以作为类型或实例出现，具体应用时只能使用其中一种含义。

注2：要素关联包括要素聚集。

4.1.9

要素属性 feature attribute

要素的特性。[ISO 19101]

注：要素属性有名称、数据类型和与之相关的值域等。

4.1.10

要素分割 feature division

一个先前存在的要素被两个或多个相同要素类型的不同要素实例取代时的要素更替。

示例：要素类型为“地块”的一个实例，在该地块被合法细分后，被更替为两个同类实例。

4.1.11

要素融合　feature fusion

两个或多个先前存在的属于同一要素类型的实例被另一个相同要素类型的实例所取代的要素更替。

示例：要素类型为“牧场”的两个实例，当牧场间的栅栏被移开时，被更替为一个同要素类型的实例。

4.1.12

要素操作　feature operation

要素类型的每个实例可以执行的操作。[ISO 19110]

示例：对“水坝”进行升高水坝的操作，其结果是该“水坝”的高度和“水库”水位的上升。

注：要素操作是提供要素类型定义的一种依据。

4.1.13

要素置换　feature substitution

一个要素实例被另一个相同或不同要素类型的要素实例所取代的一种要素更替。

示例：要素类型为“建筑物”的一个实例，在其被拆除后，被更替为要素类型为“停车场”的实例。

4.1.14

要素更替　feature succession

一个或多个要素实例被其他要素实例取代，被取代的要素实例不再存在。

4.1.15

几何单形　geometric primitive

表示空间上单一的、连通的、同质元素的几何对象。[ISO 19107]

注：几何单形是描述几何结构信息不能再分解的对象。它们包括点、曲线、面和体。

4.1.16

公历　Gregorian calendar

1582年引入的通用日历，所定义的年比儒略历的更接近回归年。[改编自 ISO 8601:2000]

注：公历的引入消除了儒略年的累积误差。在公历中，历年或为平年，或为闰年，均分为12个顺序月。

4.1.17

时刻　instant

表示时间位置的0维几何单形。

注：时间几何在5.2阐述。

4.1.18

间隔标度　interval scale

具有任意原点的标度，它既用于描述值的顺序，又用于描述值之间的距离。

注：在间隔标度上度量值的比率没有意义。

4.1.19

儒略日期　Julian date

儒略日数加上从前一个平正午起已经消逝的该日的十进制小数。

4.1.20

儒略日数　Julian day number

约定儒略历从公元前4713年1月1日格林尼治平正午起算的时间消逝的日数。

4.1.21

生存期　life span

某事物存在的时段。

注：有效时间生存期是在现实模型中对象存在的时段。事务处理时间生存期是数据库对象在数据库中处在当前状态的时段。

4.1.22

月 month

约等于月亮朔望周期时间所持续的时段。

注：一个月持续时间是整日数。一个月中的日数由特定的日历规则确定。

4.1.23

结点 node

0 维拓扑单形。[ISO 19107]

注：结点的边界是空集。

4.1.24

顺序时代 ordinal era

按时间排序命名的时段集合中的一个时段。

4.1.25

顺序标度 ordinal scale

仅为度量对象相对位置提供基础的标度。

4.1.26

顺序时间参照系 ordinal temporal reference system

由顺序时代构成的时间参照系。

4.1.27

时段 period

表示时间范围的一维几何单形。

注：时段以两个不同的时间位置为边界。

4.1.28

时段时间 periodic time

一个周期的持续时间。[改编自 ISO 31-2:1992]

4.1.29

点 point

表示位置的 0 维几何单形。[ISO 19107]

注：点的边界是空集。

4.1.30

时间坐标 temporal coordinate

到作为时间坐标系基础的间隔标度原点的距离。

4.1.31

时间坐标系 temporal coordinate system

基于间隔标度的时间参照系，在间隔标度上的距离是以 1 个时间单位的倍数度量的。

4.1.32

时间要素关联 temporal feature association

与时间或时间约束有关的要素关联。

4.1.33

时间要素操作 temporal feature operation

以时间函数定义的要素操作。

4.1.34

时间位置 temporal position

相对于时间参照系的位置。

4.1.35

时间参照系 temporal reference system

度量时间的参照系。

4.1.36

拓扑复形 topological complex

在边界操作中闭合的拓扑单形的组合。[ISO 19107]

注：在边界操作中闭合，意味着如果一个拓扑单形在该拓扑复形中，则它的边界对象也在该拓扑复形中。

4.1.37

拓扑单形 topological primitive

单一的、不可分解的拓扑对象。[ISO 19107]

注：在几何实现中一个拓扑单形对应于一个同维的几何单形的内部。

4.1.38

事务处理时间 transaction time

事项在数据库中处于被处理并可能被查询的时间。[Jensen et al. (1994)]

4.1.39

有效时间 valid time

在抽象世界中，事项为“真”的时间。[Jensen et al. (1994)]

4.2 缩略语

下列缩略语适用于本标准。

AD 公元后(Anno Domini)

BC 公元前 (Before Christ)

GPS 全球定位系统 (Global Positioning System)

TOW 周时间 (Time of Week)

UML 统一建模语言 (Unified Modelling Language)

UTC 协调世界时 (Coordinated Universal Time)

WN 周数 (Week Number)

5 地理信息时间概念模式

5.1 地理信息时间概念模式结构

本条提出描述地理信息时间特性的概念模式，它是用统一建模语言(UML)定义的[Object Management Group (1999)]。ISO/TS 19103 描述了在 ISO 19100 系列标准中使用 UML 的方法。一个 UML 类的三项基本内容是属性、操作和关联，本模式使用了全部三者。本模式是一个抽象模型。为与本标准一致，实现应提供由本抽象模型所描述的能力，但是并不需要以同样方式实现。

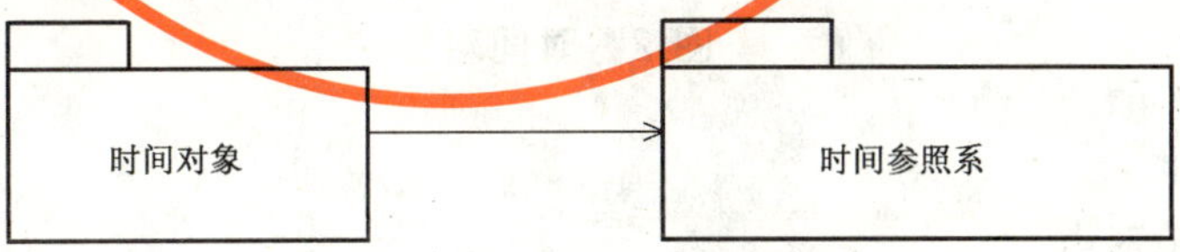

图 1 时间模式的结构

模式由两个包构成(图 1)。时间对象包(见 5.2)定义时间的几何和拓扑对象，应被用作要素和数据集时间特性的值。对象的时间位置应相对于时间参照系确定。时间参照系包(5.3，5.4)提供描述时间参照系的元素。5.5 阐述 5.2～5.4 描述的概念如何在地理信息的相关环境中应用。

在 ISO 19100 系列标准中定义的 UML 类的名称都冠以前缀，它以两个字符开头并紧接一个下划线，以便标识按这些类定义的特定标准或包。TM_用于标识本标准定义的类。

5.2 时间几何

5.2.1 时间维

时间是一个类似于空间维的维。像空间一样,时间也有几何特征和拓扑特征。时间的一个点占据一个位置,这个位置可以基于时间坐标系确定。时间的距离可以度量。但是,与空间不同,时间具有单一维。时间参照系类似于一些应用中用于描述空间位置的线性参照系。虽然时间具有一个绝对的方向,即时间的运动总是向前,但是时间却可以从两个方向度量。

注:虽然在概念层面上时间总是具有几何特征和拓扑特征,但有时可能或需要仅描述几何特征或仅描述拓扑特征。

度量时间可采用顺序标度和间隔标度两种类型的标度。顺序标度仅提供关于时间相对位置的信息,间隔标度提供度量持续时间的基础。

5.2.2 时间对象

时间的几何和拓扑对象应被用作时间要素和数据集时间特性的值。解释和示例见 5.5 和附录 B。TM_Object(TM_对象)(图 2)是一个抽象类,它有两个子类。TM_Primitive(TM_单形)是抽象类,它表示不可再分的时间几何或拓扑元素。TM_Primitive 有两个子类。TM_GeometricPrimitive(TM_几何单形)(5.2.3)提供关于时间位置的信息。TM_TopologicalPrimitive(TM_拓扑单形)(5.2.4.2)提供关于时间连通性的信息。TM_Complex(TM_复形)是 TM_Primitive 的聚集。TM_TopologicalComplex(TM_拓扑复形)(5.2.4.5)是在本标准中定义的 TM_Complex 的唯一子类,它是相连的 TM_TopologicalPrimitive 的聚集。

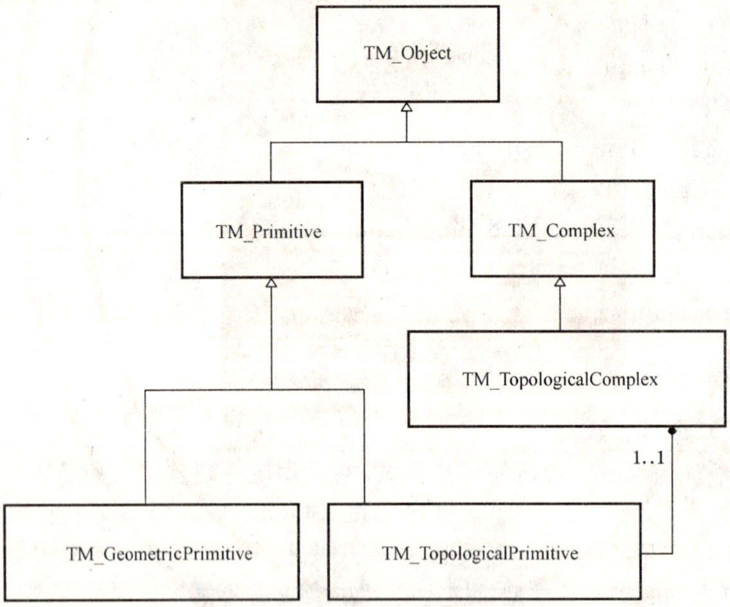

图 2 时间对象

5.2.3 时间几何单形

5.2.3.1 时间几何单形类

时间维有两个几何单形,分别是时刻和时段。其定义与度量时间的方法有关,当用时间的间隔标度度量时间时,采用解析方法定义;当用时间的顺序标度度量时间时,采用类推法定义。TM_GeometricPrimitive 是一个有两个子类 TM_Instant(TM_时刻)和 TM_Period(TM_时段)的抽象类(图 3)。TM_GeometricPrimitive 从 TM_Primitive 继承了 TM_Order(TM_顺序)接口上的依赖关系,并且有一个在 TM_Separation(TM_间隔)接口上的依赖关系。依赖关系的<<uses>>构造型意指该类可以支持为接口定义的任一操作,但不需要支持全部操作。

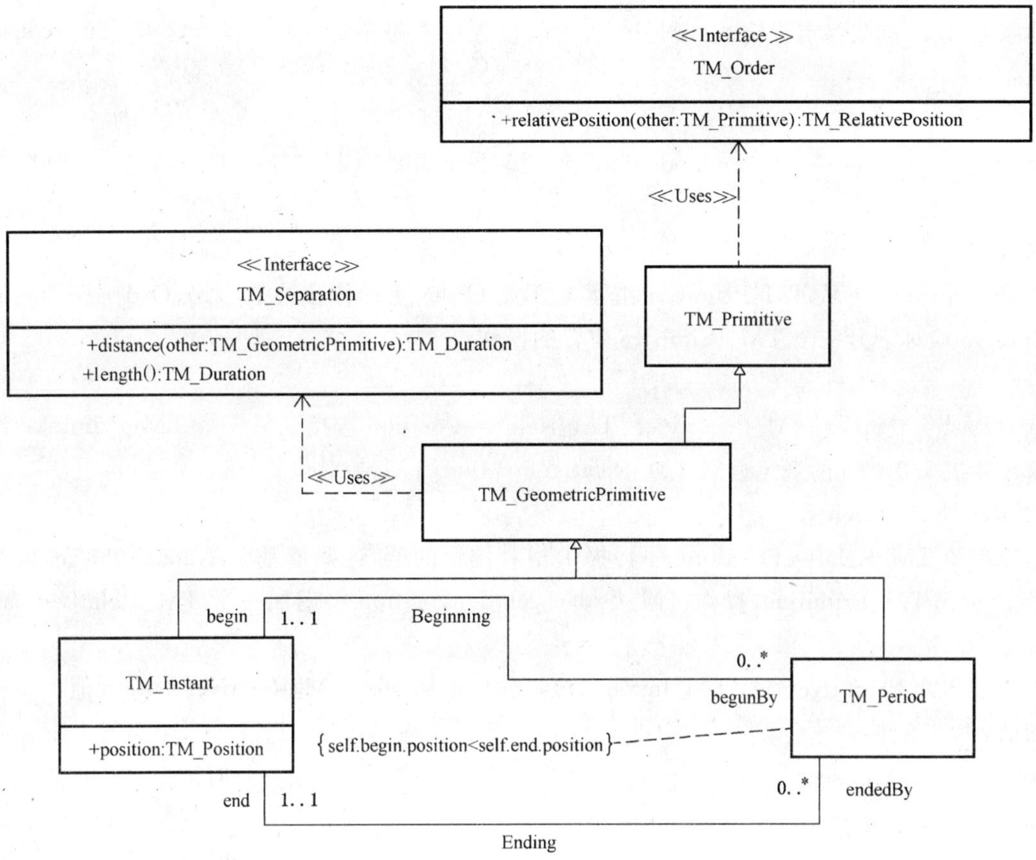

图 3　时间几何单形

5.2.3.2　TM_Instant

时刻是表示时间位置的 0 维几何单形。它相当于空间的点。实际上，时刻是持续时间小于时间标度分辨率的时间间隔。

属性：

TM_Instant 有一个属性。

a)　position：TM_TemporalPosition（TM_时间位置）应提供该 TM_Instant 的位置。TM_TemporalPosition 应与一个时间参照系关联，详见 5.3。TM_Instant 的实例是可标识的对象，而 TM_TemporalPosition 的实例是数据值。一个给定的 TM_Instant 的 TM_Position（TM_位置）可以被与不同时间参照系关联的一个等效 TM_TemporalPosition 更替。

5.2.3.3　TM_Period

时段是表示时间长度的一维几何单形。时段等效于空间的一条曲线。像曲线一样，它是由起点和终点（时刻）为界的开区间并且具有长度（持续时间）。在时间上它的位置由起点和终点时刻的时间位置描述，它的长度等于这两个时间位置之间的时间距离。

由于在一个顺序标度上持续时间是无法度量的，因此无法在时段中区分时刻。实际上以顺序标度度量时间时，单一事件发生的时间可以看作时刻。一系列顺序事件一定占据一个时间间隔，即时段。“时段”通常用于区分具有共同特性的事件的顺序。

关联：

a) Beginning 将 TM_Period 连接到开始时的 TM_Instant。

b) Ending 将 TM_Period 连接到结束时的 TM_Instant。

由于多种原因，以起点或终点规定的 TM_Instant 的位置可能是不确定的。有关不确定的时间位置的讨论见 5.4.3。

约束：

a) {self. begin. position < self. end. position} 说明时段的开始时刻位置小于（即早于）该时段结束的时间位置。

5.2.3.4 TM_Order

TM_GeometricPrimitive 从 TM_Primitive 继承了 TM_Order 上的依赖关系，TM_Order 提供确定这个 TM_Primitive 相对于另一个 TM_Primitive 位置的操作。

操作：

a) relativePosition(other:TM_Primitive):TM_RelativePosition 应接受另一个 TM_Primitive 作为输入并按 5.2.3.5 的规定返回 TM_RelativePosition（TM_相对位置）值。

5.2.3.5 TM_RelativePosition

枚举数据类型的 TM_RelativePosition（图 4）提供相对位置的值，这些值基于 Allen（1983）确定的 13 种时间关系。对于 TM_Primitive，操作 TM_Order. relativePosition 将返回一个 TM_RelativePosition 值，如下：

a) 如果两个 TM_Primitive 都是 TM_Instant，该操作应返回如下 TM_RelativePosition 值：

返回值：	条件：	注释：
Before	self. position<other. position	该时刻早于另一时刻
Equals	self. position=other. position	该时刻等于另一时刻
After	self. position>other. position	该时刻晚于另一时刻

b) 如果该 TM_Primitive 是 TM_Period，而另一 TM_Primitive 是 TM_Instant，该操作应返回如下 TM_RelativePosition 值：

返回值：	条件：	注释：
Before	self. end. position < other. position	该时段结束时刻早于另一时刻
EndedBy	self. end. position=other. position	该时段结束时刻等于另一时刻
Contains	self. begin. position <other. position AND self. end > other. position	该时段开始时刻早于另一时刻并且 该时段结束时刻晚于另一时刻
BegunBy	self. begin. position=other. position	该时段开始时刻等于另一时刻
After	self. begin. position > other. position	该时段开始时刻晚于另一时刻

c) 如果该 TM_Primitive 是 TM_Instant 而另一 TM_Primitive 是 TM_Period，该操作应返回如下 TM_RelativePosition 值：

返回值：	条件：	注释：
Before	self. position<other. begin. position	该时刻早于另一时段开始时刻
Begins	self. position=other. begin. position	该时刻等于另一时段开始时刻
During	self. position> other. begin. position AND self. position<other. end. position	该时刻在另一时段开始时刻与结束时刻之间
Ends	self. position=other. end. position	该时刻等于另一时段结束时刻
After	self. position> other. end. position	该时刻晚于另一时段结束时刻

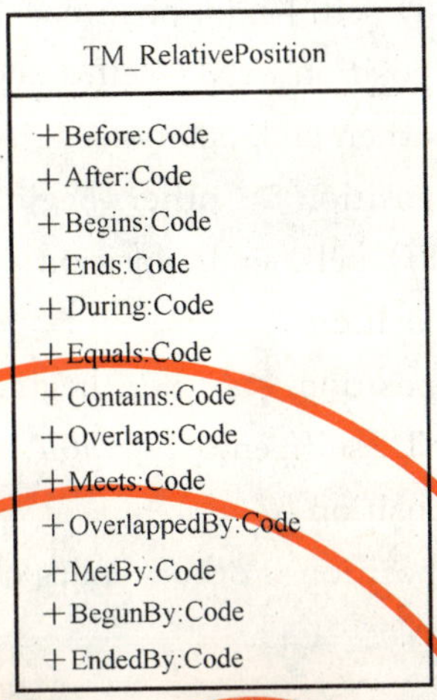

图 4 TM_RelativePosition

d) 如果两个 TM_Primitive 都是 TM_Period，这个操作应返回如下 TM_RelativePosition 值：

返回值：	条件：	注释：
Before	self. end. position<other. begin. position	该时段结束时刻早于另一时段开始时刻
Meets	self. end. position = other. begin. position	该时段结束时刻等于另一时段开始时刻
Overlaps	self. begin. position < other. begin. position AND self. end. position > other. begin. position AND self. end. position<other. end. position	该时段开始时刻早于另一时段开始时刻，并且该时段结束时刻在另一时段开始与结束时刻之间
Begins	self. begin. position = other. begin. position AND self. end. position < other. end. position	该时段开始时刻等于另一时段开始时刻，并且该时段结束时刻早于另一时段结束时刻
BegunBy	self. begin. position = other. begin. position AND self. end. position > other. end. position	该时段开始时刻等于另一时段开始时刻，并且该时段结束时刻晚于另一时段结束时刻
During	self. begin. position > other. begin. position AND self. end. position < other. end. position	该时段开始时刻晚于另一时段开始时刻，并且该时段结束时刻早于另一时段结束时刻
Contains	self. begin. position < other. begin. position AND self. end. position > other. end. position	该时段开始时刻早于另一时段开始时刻，并且该时段结束时刻晚于另一时段结束时刻
Equals	self. begin. position = other. begin. position AND self. end = other. end. position	该时段开始时刻等于另一时段开始时刻，并且该时段结束时刻等于另一时段结束时刻

OverlappedBy	self. begin. position ＞ other. begin. position AND self. begin. position ＜ other. end. position AND self. end. position ＞ other. end. position	该时段开始时刻在另一时段开始与结束时刻之间，并且该时段结束时刻晚于另一时段结束时刻
Ends	self. begin. position ＞ other. begin. position AND self. end. position = other. end. position	该时段开始时刻晚于另一时段开始时刻，并且该时段结束时刻等于另一时段结束时刻
EndedBy	self. begin. position ＜ other. begin. position AND self. end. position = other. end. position	该时段开始时刻早于另一时段开始时刻，并且该时段结束时刻等于另一时段结束时刻
MetBy	self. begin. position = other. end. position	该时段开始时刻等于另一时段结束时刻
After	self. begin. position ＞ other. end. position	该时段开始时刻晚于另一时段结束时刻

如果任一 TM_Position 输入值是不确定的，操作将导致例外。

5.2.3.6 **TM_Separation**

TM_GeometricPrimitive 有一个在接口 TM_Separation 上的依赖关系，它提供计算长度和距离的操作。TM_Duration（TM_持续时间）（图 5）是一个包括那些操作返回值的数据类型。

a) length()：TM_Duration 应返回该 TM_GeometricPrimitive 的持续时间。TM_Instant 的长度定义为 0。当 TM_GeometricPrimitive 是 TM_Period 时，该操作应返回由 TM_Period. begin 和 TM_Period. end 确定的时间位置之间的距离。如果任一个 TM_TemporalPosition 值是不确定的或者 TM_TemporalPosition 与一个 TM_OrdinalReferenceSystem（TM_顺序参照系）相关联，操作将导致例外。

b) distance(other：TM_GeometricPrimitive)：TM_Duration 应返回从一个 TM_GeometricPrimitive 到另一个 TM_GeometricPrimitive 的距离，例如：它们时间的位置差的绝对值。距离是两个 TM_GeometricPrimitive 的两个 TM_TemporalPosition 之间最近的距离。如果任一个 TM_GeometricPrimitive 与另一个连接、相交或被包含到另一个 TM_GeometricPrimitive 中，操作返回值为 0。下列情况操作将导致例外（1）两个 TM_Position 之任一个是不确定的，（2）两个 TM_Position 不是基于同一 TM_ReferenceSystem（TM_参照系），或（3）任一 TM_Position 是基于 TM_OrdinalReferenceSystem。

5.2.3.7 **TM_Duration**

TM_Duration（图 5）是用于描述时间维长度或距离的数据类型。它有两个子类型。

TM_PeriodDuration（TM_时段持续时间）使用由 GB/T 7408—2005 规定的时段持续时间的信息交换格式。它允许用多个时间单位，确切地说是用年、月、日、时、分、秒等表示持续时间。尽管个体值是可选的，但一个值至少应提供一个单位。

属性：

a) designator：CharacterString=P 为必选元素，指明下列字符表示时段的持续时间。

b) years[0..1]：CharacterString 为正整数，后接字符“Y”，指明时段的年数。

c) months[0..1]：CharacterString 为正整数，后接字符“M”，指明时段的月数。

d) days[0..1]：CharacterString 为正整数，后接字符“D”，指明时段的日数。

e) timeIndicator[0..1]：CharacterString=“T”当时间序列包括小于一日的单位值时，则应包括该属性。

f) hours[0..1]:CharacterString 为正整数,后接字符“H”,指明时段的小时数。

g) minutes[0..1]:CharacterString 为正整数,后接字符“M”,指明时段的分钟数。

h) seconds[0..1]:CharacterString 为正整数,后接字符“S”,指明时段的秒数。

最末位时间单位的值也可以采用非正整数的十进制小数值。

示例:持续时间 5 日 4 小时 30.7 分钟被表示为 P5DT4H30.7M。

注:尽管在 GB/T 7408—2005 中定义的这种格式用于公历的日期和 UTC 的时间,TM_PeriodDuration 也可以作为描述长度与距离的数据类型,只要时间位置是基于年、月、日描述日期的日历和用时、分、秒描述时间的时钟。

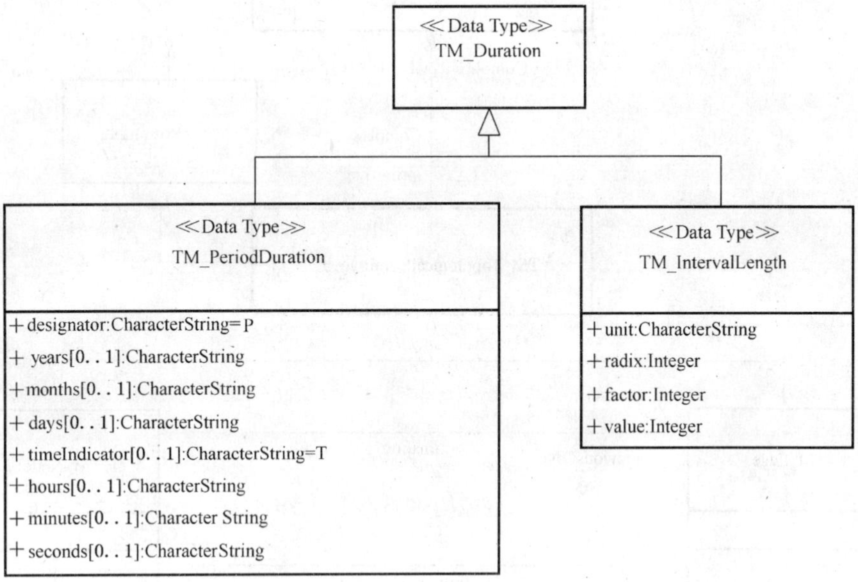

图 5 TM_Duration

此处在 UML 中表示的 TM_IntervalLength(TM_间隔长度)是由 GB/T 18221—2000 规定用于表示时间间隔的数据类型。它用一个时间单位的倍数表示持续时间。

属性:

a) unite:CharacterString 是表示间隔长度度量单位的名称。

b) radix:Integer 是一个正整数,是单位因数的底数。

c) factor:Integer 是一个整数,是底数的指数。

d) value:Integer 是时间间隔的长度,是指定 $radix^{(-factor)}$ 的整倍数。

示例:unite=“秒”,radix=10,factor=3,value=7,表示 7 ms 的时间间隔长度(译者注:7×10^{-3} s)。

5.2.4 时间拓扑对象

5.2.4.1 概述

拓扑提供有关对象之间在时间域中连通性的信息,有时也提供关于对象在时间域中的顺序信息。它不提供关于时间位置的信息。拓扑关系通常源于几何信息,然而时间位置的数据有时不能充分表示拓扑关系,因此,需要拓扑显式地表示。拓扑关系可以派生,但是拓扑仍可在要求显式描述拓扑关系的应用中使用。

示例:在一个顺序时代中,观测几个事件或状态的顺序是可能的,但是顺序时间参照系不支持为这些事件或状态赋予不同的时间位置。可以用拓扑单形建立这些事件或状态的模型来描述顺序。

5.2.4.2 TM_TopologicalPrimitive

拓扑单形表示单一的不可分割的拓扑元素以及与在拓扑复形中的其他拓扑单形的关系。与时间信息相关的两类拓扑单形是 0 维的结点和 1 维的边。在本时间模式中，TM_TopologicalPrimitive（图 6）有两个子类：TM_Node(TM_结点)和 TM_Edge(TM_边)。当一个应用包括时间位置以及连通信息时，一个 TM_TopologicalPrimitive 可以与一个同维的 TM_GeometricPrimitive 关联。由于拓扑单形用于提供连通信息，它们最显著的特性是它们彼此连接的关联。另外要求每个 TM_TopologicalPrimitive 是且仅是一个 TM_TopologicalComplex 的成员。

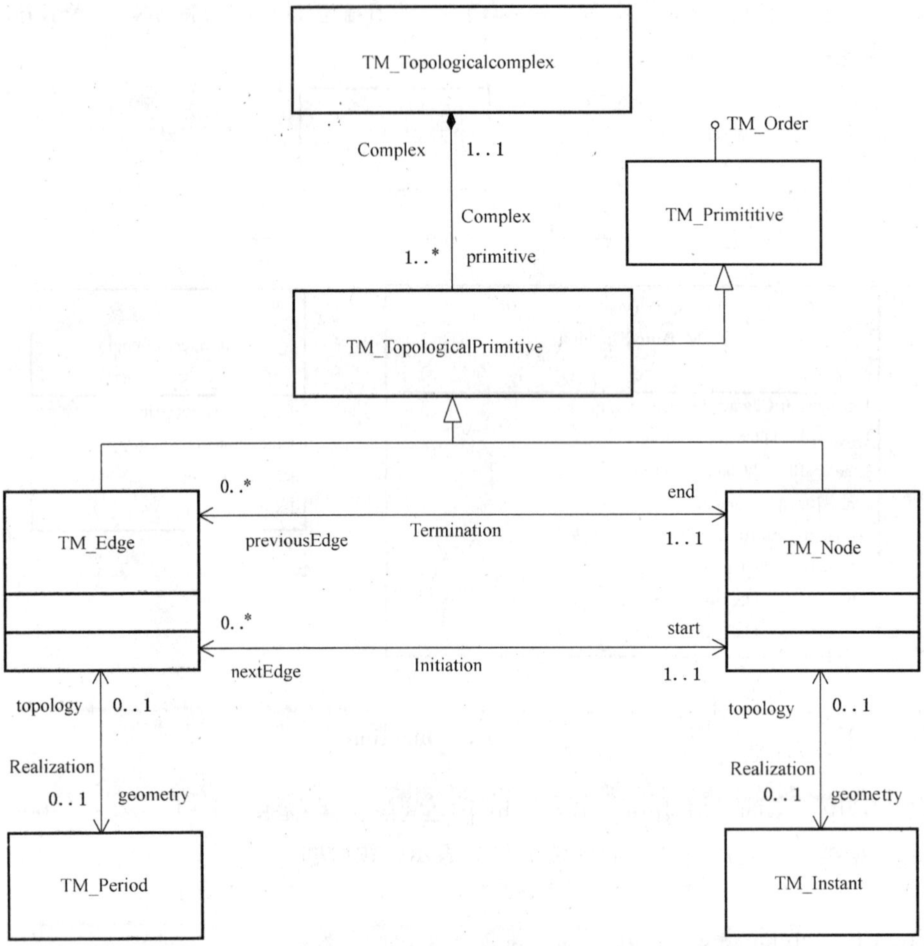

图 6　时间拓扑

5.2.4.3　TM_Node

TM_Node 是 0 维时间拓扑单形。它的几何实现是 TM_Instant。

关联：

TM_Node 应支持 3 种关联：

a）Initiation 应连接作为 TM_Edge 起点的 TM_Node 到该边。

b）Termination 应连接作为 TM_Edge 终点的 TM_Node 到该边。

c）Realization 是一个可选关联，它可连接 TM_Node 到与之相应的 TM_Instant。只有一个 TM_Node 可以同一个 TM_Instant 关联，只有一个 TM_Instant 可以同一个 TM_Node 关联。

5.2.4.4　TM_Edge

TM_Edge 是一维时间拓扑单形。它对应于一个 TM_Period。

关联：

TM_Edge 应支持 3 种关联：

a) Initiation 应连接 TM_Edge 到作为其起点的 TM_Node。一个 TM_Edge 可有且仅有一个起结点。

b) Termination 应连接 TM_Edge 到作为其终点的 TM_Node。一个 TM_Edge 可有且仅有一个终结点。

c) Realization 是一个可选关联，它应连接 TM_Edge 到与之相应的 TM_Period。只有一个 TM_Edge 可以与一个 TM_Period 关联，只有一个 TM_Period 可以与一个 TM_Edge 关联。

5.2.4.5 **TM_TopologicalComplex**

拓扑复形是一组相连的拓扑单形。某个拓扑单形总是与一个或多个其他的拓扑单形相连，因此，它总是拓扑复形的组分。在本模式中时间拓扑复形用 TM_TopologicalComplex 类表示。

关联：

a) Composition 应将 TM_TopologicalComplex 与它所包含的 TM_TopologicalPrimitive 集相连。由于在 TM_TopologicalComplex 中每个 TM_Edge 连接两个 TM_Node，在复形中 TM_Node 的最小数是 2。

5.2.4.6 **线性和非线性图**

5.2.4.6.1 **非线性图**

在 Initiation 和 Termination 关联(图 6)的 TM_Edge 端点的多重性允许非线性拓扑。一个 TM_Node 可以是多于一个 TM_Edge 的 startNode 或 endNode。由于表示不同要素的时间特性或表示相同要素的不同时间特性，共享 startNode 或 endNode 的 TM_Edges 将以某种方式被分开。

注：时间非线性拓扑类似于空间的非平面情况。在这种情况下，以为相交或重叠的拓扑单形在不可测量的附加维上实际是分开的。

5.2.4.6.2 **线性图**

由于时间是单一维，时间拓扑应表示为线性图。在线性拓扑中，TM_TopologicalComplex 是 TM_Node 与 TM_Edge 交替排列的 TM_Primitive 的序列。这个序列的第一个元素是该序列中第一个 TM_Edge 的起结点，这个序列的最后一个元素是该序列最后一个 TM_Edge 的终结点。为了将应用模式限制为线性拓扑，Initiation 和 Termination 关联的 TM_Edge 端点多重性应被限制为 0..1，使得除第一个和最后一个TM_Node 外，每个 TM_Node 应且仅连接两个 TM_Edge，一条是 previousEdge，另一条是 nextEdge。

5.2.4.7 **TM_Order**

TM_TopologicalPrimitive 从 TM_Primitive 继承了接口 TM_Order。TM_Order 提供一个用于定义该 TM_Primitive 相对于另一 TM_Primitive 位置的操作。

操作：

a) RelativePosition (other:TM_Primitive) :TM_RelativePosition 应接受一个 TM_Primitive 作为输入并返回以下规定的 TM_RelativePosition 值。

两个 TM_TopologicalPrimitive 之间的相对位置依赖于构成一个 TM_TopologicalComplex 的TM_TopologicalPrimitive 在序列中占据的位置。对于 TM_TopologicalPrimitive，这个操作应返回一个枚举数据类型 TM_RelativePosition(图 4)的下列值：

返回值：	条件：
Before	在该序列中，该 TM_TopologicalPrimitive 在 other 之前，并且在 Initiation 或 Termination 关联上不被连接到 other。
Meets	两个 TM_TopologicalPrimitive 都是 TM_Edge，它们与同一个 TM_Node 相关联，并且在 Termination 关联中连接到该 TM_Node 的 TM_Edge 是 previousEdge，在 Initiation 关联中连接到该 TM_Node 的 other TM_Edge 是 nextEdge。

Begins	该 TM_TopologicalPrimitive 是 TM_Node，other TM_TopologicalPrimitive 是 TM_Edge，两个 TM_Primitive 连接在一个 Initiation 关联中。
BegunBy	该 TM_TopologicalPrimitive 是 TM_Edge，other TM_TopologicalPrimitive 是 TM_Node，两个 TM_Primitive 连接在一个 Initiation 关联中。
Equals	该 TM_TopologicalPrimitive 与 other 相同。
Ends	该 TM_TopologicalPrimitive 是 TM_Node，other TM_TopologicalPrimitive 是 TM_Edge，两个 TM_Primitive 连接在一个 Termination 关联中。
EndedBy	该 TM_TopologicalPrimitive 是 TM_Edge，other TM_TopologicalPrimitive 是 TM_Node，两个 TM_Primitive 连接在一个 Termination 关联中。
MetBy	两个 TM_TopologicalPrimitive 是连接到同一个 TM_Node 的 TM_Edge，在 Initiation 关联中连接到 TM_Node 的该 TM_Edge 是 nextEdge，在 Termination 关联连接到 TM_Node 的 other TM_Edge 是 previousEdge。
After	在该序列中，该 TM_TopologicalPrimitive 在 other 之后，并且在 Initiation 或 Termination 关联上不被连接到 other。

如果两个 TM_TopologicalPrimitive 不在同一个 TM_TopologicalComplex 之中，操作将导致例外。

5.3 时间参照系

5.3.1 时间参照系类型

时间域中的值是相对于时间参照系度量的时间位置。GB/T 7408—2005 规定使用公历、当地时间和 UTC 进行信息交换，这应是用于地理信息的主要时间参照系。对于一些地理信息应用，需要不同的时间参照系。在这种情况，与一个应用模式或数据集相关的要素目录或元数据应包括对于描述时间参照系的文件的引用，或者描述该时间参照系。当一个单独的要素目录、应用模式或数据集中使用了多于一个时间参照系时，每一个时间特性的定义应标识被使用的时间参照系。本条描述应作为上述描述基础的概念模式。附录 C 定义应在上述描述中使用的元数据元素，它们是由本模式派生的。

时间参照系包括三种公共时间参照系类型：日历（在高分辨率时与时钟一起使用）、时间坐标系和顺序时间参照系（见图 7）。

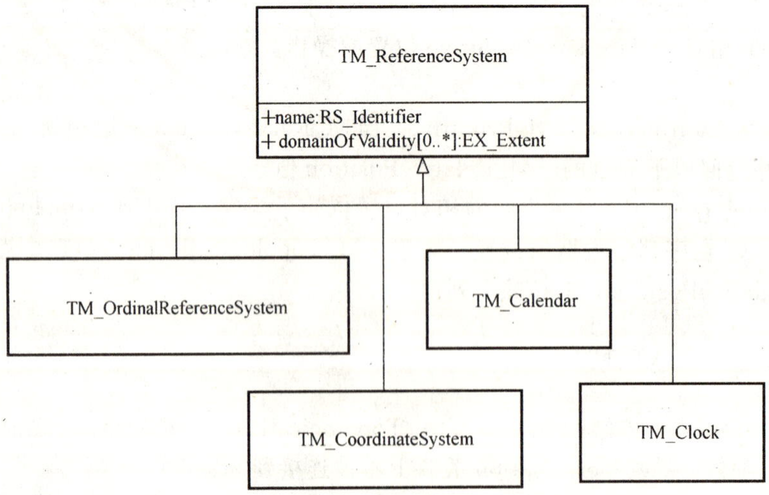

图 7 时间参照系

TM_ReferenceSystem 类应提供下列属性：

a) name:RS_Identifier 应提供一个唯一标识该时间参照系的名称。数据类型 RS_Identifier 在 ISO 19111 中定义。

b) DomainOfValidity:EX_Extent 应标识应用该 TM_ReferenceSystem 的空间和时间。数据类型 EX_Extent 在 ISO/TS 19103 中定义。它允许描述空间和时间两者的范围。当应用模式包括基于一个 TM_ReferenceSystem 的 TM_TemporalPosition，且 TM_ReferenceSystem 的有效范围小于数据集包括的时间和空间值的范围时应使用该属性。

5.3.2～5.3.4 描述三种参照系类型的模式。

5.3.2 日历与时钟

5.3.2.1 概述

日历和时钟两者均基于间隔标度。日历是一个不连续的时间参照系，它提供了分辨率为一日的定义时间位置的基础。时钟提供定义 1 日内的时间位置基础。为对特定日内的时间位置提供完整的描述，时钟必须与日历一同使用。图 8 提供 TM_Calendar(TM_日历)与 TM_Clock(TM_时钟)类的详细描述。

日历有各种复杂的内部结构。本模式定义一个简单的外部日历接口。附录 D 提供日历内部结构的详细描述。

每种日历提供依据一系列元素，如：年、月、日构成日历日期的一系列规则。每种日历中，年的记数相对于定义一个日历时代参考事件的日期。一个日历可能参考一个以上日历时代(见 D.3.1 和 D.3.2 的示例)。

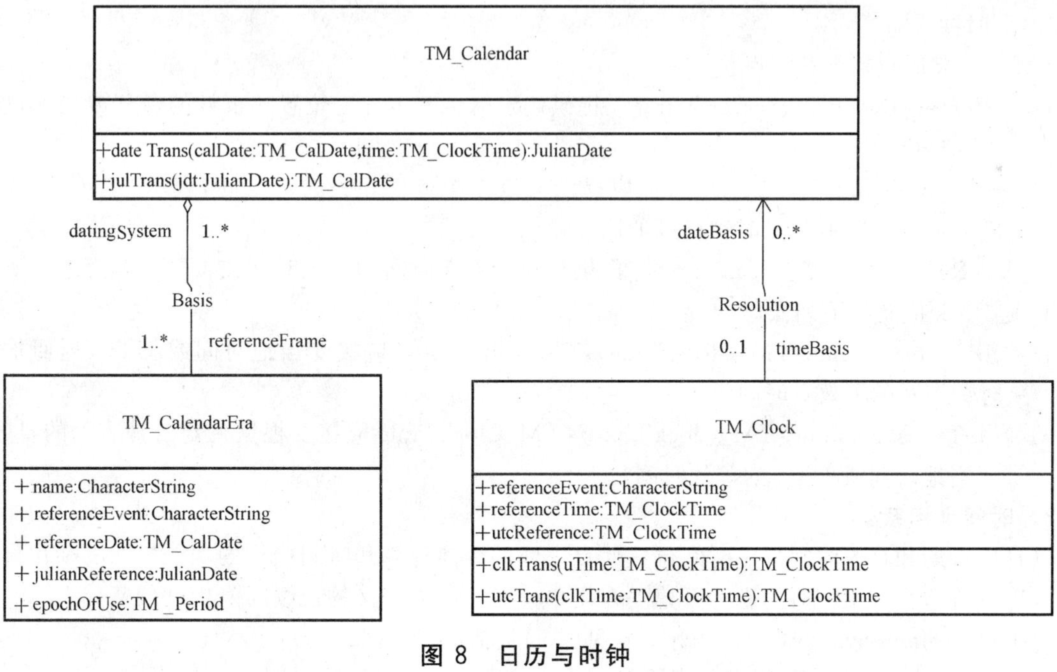

图 8 日历与时钟

5.3.2.2 日历时代

TM_CalendarEra(TM_日历时代)类应包括下列属性：

a) name:CharacterString 应唯一标识该日历中的日历时代。

b) referenceEvent:CharacterString 应提供历史的或神话的事件的名称或描述，该事件固定了该日历时代的基础标度的位置。

c) referenceDate:TM_CalDate(TM_日历日期)应提供该参考事件的日期，该日期在给定的日历中被表示为日期。在大多数日历中，该日期是标度的原点(例如：第一日)，但并不总是如此。

d) julianReference:JulianDate 应提供相对于参考日期的儒略日期。

e) epochOfUse:TM_Period 应标识日历时代被用作的日记数基础的 TM_Period。用于 TM_Period. begin 和 TM_Period. end 的数据类型应是 JulianDate (5.4.5.2)。

关联:

a) Basis 应将这个 TM_CalendarEra 与用这个 TM_CalendarEra 作为日记数参照的那些 TM_Calendar 相连。

5.3.2.3 日历

TM_Calendar 应支持下列操作:

a) dateTrans (calDate:TM_CalDate,time:TM_ClockTime):JulianDate 应接受一个特定日历的日期和一个特定时钟的时间作为输入,并返回一个儒略日期。

b) julTrans (jdt:JulianDate):TM_CalDate 应接受一个儒略日期作为输入,并返回一个该日历日期。

注:儒略日记数系统是一个时间坐标系统,它具有早于任何已知日历的原点。日历日期与儒略日期的相互转换,为从一个日历日期转换为另一个日历日期提供了一个相对简单的基础。

一个特定日历的内部结构的任何描述应包括使用户可以实现这些操作的充分信息。它应包括与该日历相关的每一个日历时代描述,还应提供使该日历日期映射到等效的儒略日期的足够信息。

关联:

a) Basis 应将这个 TM_Calendar 连接到作为日记数参考的 TM_CalendarEra。

b) Resolution 应将这个 TM_Calendar 连接到用于指定在最小日历间隔内的时间位置的 TM_Clock。

5.3.2.4 时钟

TM_Clock 应包括下列属性:

a) referenceEvent:CharacterString 应提供确定时钟基本标度位置的事件的名称或描述,例如:正午或日出。

b) referenceTime:TM_ClockTime 应提供与该参考事件相关的日时间,表示为给定时钟的日时间。参考时间通常是时钟标度的原点。

c) utcReference:TM_ClockTime 应提供相对于参考时间的当地时间或 UTC。

TM_Clock 应支持下列操作:

a) clkTrans(UTime:TM_ClockTime):TM_ClockTime 应接受当地时间或 UTC,返回根据特定时钟表示的等效日时间。

b) utcTrans(clkTime:TM_ClockTime):TM_ClockTime 应接受根据特定时钟表示的日时间,返回当地时间或 UTC 的等效时间。

5.3.3 时间坐标系

以日历日期和日内时间规定时间位置使点之间的距离计算和时间操作的功能描述复杂化。时间坐标系可以支持这类应用。时间坐标系建立在用单一时间间隔定义的连续间隔标度的基础上。

TM_CoordinateSystem(TM_坐标系)(见图 9)包括两个属性:

a) origin:DateTime 应提供标度原点。原点应用带有 UTC 日时间的公历规定。DateTime 在适当的分辨率级别上可以截短。

b) interval:CharacterString 应返回一个作为标度基础的时间间隔度量单位名称。根据应用可以选择适当的时间间隔,但是它应是由 GB 3102.1-1993 规定的各种时间度量单位之一,或是由 GB 3100-1993 描述的是上述单位之一的倍数。

TM_CoordinateSystem 应支持下列两个操作:

a) transformCoord(c_value :TM_Coordinate):DateTime 应接受这个时间坐标系内的一个坐标值,并返回在公历和 UTC 中的等效 DateTime。

b) transformDateTime (dateTime:DateTime):TM_Coordinate 接受公历和 UTC 的日期时间，并返回一个等效的 TM_Coordinate。

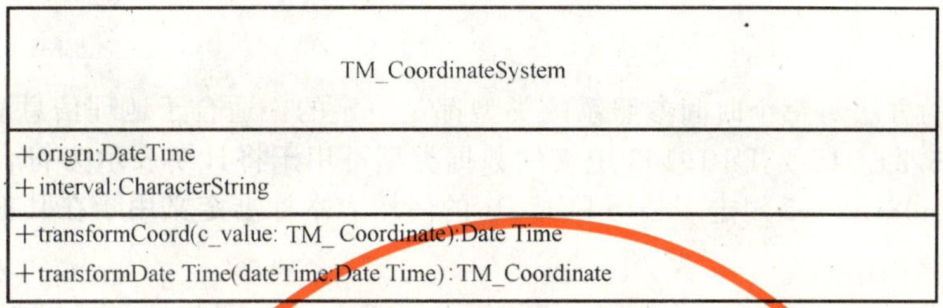

图 9 时间坐标系

5.3.4 顺序时间参照系

在大量的地理信息的应用中，例如：地质和考古，认为时间的相对位置比持续时间更准确。事件时间的相对位置可以充分确定，但是事件之间时间间隔的量不易准确确定。这种情况应采用顺序时间参照系。

顺序时间参照系基于顺序标度。在最简单的情况下，顺序时间参照系是事件的一个顺序序列。通常，事件的一个特定序列与一个位置相关联。不同位置之间的时间关系只能描述到一定程度，即基于事件的非时间特性将一个位置的事件与另一个位置的事件对比。在类似的已经发生的事件中就时段的定义而言，这种对比可以用于形成更广基础的时间参照系。在本标准使用的术语"顺序时代"就属于时段。

顺序时间参照系由一系列顺序时代构成(图 10)。顺序参照系通常具有层次结构，在给定的层级中顺序时代包括一个相连的较短的顺序时代的序列。

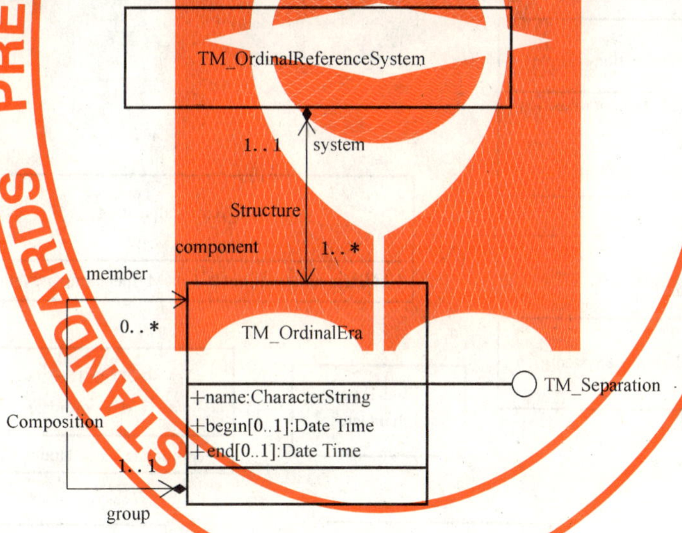

图 10 顺序时间参照系

TM_OrdinalReferenceSystem 仅提供从 TM_ReferenceSystem 继承来的属性。关联的结构指向 TM_OrdinalEras(TM_顺序时代)序列，它构成继承的最高级。

TM_OrdinalEras 包括 3 个属性：

a) name:CharacterString 在 TM_OrdinalReferenceSystem 中唯一标识顺序时代。

b) begin:DateTime 可提供在顺序时代开始时的时间位置，如果该时间位置是已知的。TM_TemporalPosition 在以公历和世界协调时日时间中应被指定为 DateTime。该 DateTime 可被截短为由 GB/T 7408—2005 规定的适当的分辨率级。

c) end:DateTime 可提供在顺序时代结束时的时间位置，如果该时间位置是已知的。TM_TemporalPosition 在以公历和世界协调时日时间中应被指定为 Datetime。该 DateTime 可以被截短为由 GB/T 7408—2005 规定的适当的分辨率级。

TM_OrdinalEras 可支持 TM_Separation 接口(见 5.2.3.5)。

TM_OrdinalEras 可由关联组成标识的更短的 TM_OrdinalEras 序列构成。

5.4 时间位置

5.4.1 概述

标识时间位置的方法对每个时间参照系的类型都是特定的。适合于地理信息应用的参照系由公历和 UTC 结合而成(5.3)。ISO/TS 19103 定义的数据类型可用于将日期表示为符合 GB/T 7408—2005 的字符串。GB/T 7408—2005 规定了公历和 UTC 的使用。本标准定义用于在其他时间参照系中规定时间位置的数据类型。

5.4.2 TM_Position

TM_Position 是一个联合类,由列为其属性的数据类型之一构成。Date、Time 和 DateTime 是在 ISO/TS 19103 中定义的基本数据类型。它们遵照 GB/T 7408—2005 将日期和时间编码为字符串。这些数据类型可以用于描述基于公历和 UTC 的时间位置。TM_TemporalPosition 及其子类应用于描述基于其他时间参照系的时间位置。5.4.4 定义的数据类型规定日期和时间的数值,它们可用于参照任何日历和时钟的时间位置,包括公历和 UTC。

5.4.3 TM_TemporalPosition

TM_TemporalPosition 有 4 个子类(图 11),一个同 TM_ReferenceSystem 的关联和一个属性。

属性:

a) indeterminatePosition:TM_IndeterminateValue(TM_不确定值)是一个可选属性。除非 TM_TemporalPosition 的子类型被用做数据类型,该属性只提供 TM_TemporalPosition 值。当该属性同一个 TM_Position 子类型一起使用时,它为该子类型所提供的时间位置特定值提供一个限定词。

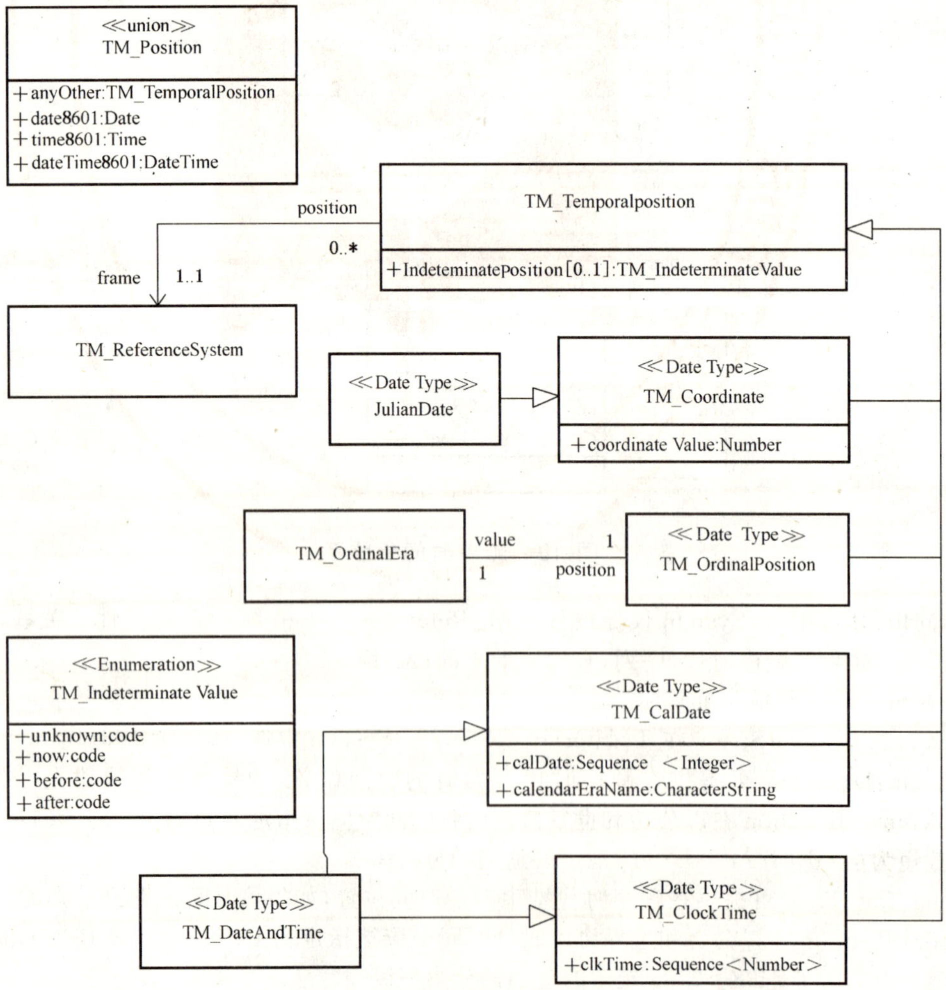

图 11 时间位置的数据类型

枚举数据类型 TM_IndeterminateValue 提供 4 个不确定位置的值：

a） “unknown”应同父类 TM_TemporalPosition 一起使用，表明没有为时间位置提供特定的值。

b） “now”应同 TM_TemporalPosition 的任一子类型一起使用，表明每当该值被存取时特定的值应被当前时间位置所更替。

c） “before”应同 TM_TemporalPosition 的任一子类型一起使用，表明实际的时间位置是未知的，但是知道是在特定时间之前。

d） “after”应同 TM_TemporalPosition 的任一子类型一起使用，表明实际的时间位置是未知的，但是知道是在特定时间之后。

关联：

a） 关联 Reference 将 TM_TemporalPosition 连接到 TM_ReferenceSystem。每一个 TM_TemporalPosition 都应与一个 TM_ReferenceSystem 关联。该关联在实例级不必明确。如果不说明，则是指同公历和 UTC 的关联(见 5.3.1)。它也可以在要素目录的属性类型定义中或在数据集的元数据中标识。

5.4.4 基于日历和时钟的位置

5.4.4.1 日历日期

TM_CalDate 是数据类型，用于标识日历中的时间位置。TM_CalDate 有 2 个属性：

a） CalendarEraName：CharacterString 提供该日期参照的日历时代的名称。

b） calDate：Sequence<Integer>提供一个正整数序列，在该序列中第一个整数标识日历最高层次使用的单位的特定实例，第二个整数指明日历次高级层次上使用的单位的特定实例，依次类推。GB/T 7408—2005 中定义的公历日期格式可以用于以年、月、日构成的任何日期。

示例：在公历中序列 1999，09，03 表明 1999 年第 9 个月第 3 日的时间位置。按 GB/T 7408—2005 格式可表示为 19990903。

5.4.4.2 时钟时间

TM_ClockTime 是用于标识一日内时间位置的数据类型。由于 TM_TemporalPosition 本身不能完整地标识单一时间位置，因此它应同 TM_CalDate 一起使用。它也可以标识每日重复发生的事件出现的时间。TM_ClockTime 有 1 个属性：

a） clkTime：Sequence<Number>提供一个类似于 calDate 结构的正数序列。第一个整数表明时钟最高层次上使用的单位的特定实例，第二个数表明时钟次高层次上使用的单位的特定实例，依次类推。在序列中除最后一个数外所有数都应是整数，最后一个数可以是整数或者是实数。

示例：在近代 24 小时时间序列中，22，15，30.5 定义的是第 22 点第 15 分开始后 30.5 秒的时间位置。在 GB/T 7408—2005 格式中可表示为 221530.5。

5.4.4.3 日历日期和时钟时间

TM_DateAndTime(TM_日期和时间)是 TM_CalDate 和 TM_ClockTime 两者的子类型。为提供用于识别小于一日分辨率的时间位置的单一数据类型，它继承两者的属性。

5.4.5 基于时间坐标系的位置

5.4.5.1 TM_Coordinate

TM_Coordinate 是一个在时间坐标系中表示时间位置的数据类型。TM_Coordinate 有一个属性：

a） CoordinateValue：Number 保存距标度原点的距离，表示为与该时间坐标系相关联的标准时间间隔的倍数。

5.4.5.2 儒略日期

儒略日记数系统是一个时间坐标系，约定儒略历起算点为公元前 4713 年 1 月 1 日格林尼治平正午。儒略日数是一个整数值，儒略日期是一个允许更高分辨率的小数值。

5.4.6 基于顺序时间参照系的位置

在顺序时间参照系中，时刻的时间位置是它发生在最短的顺序时代（在最低层）的位置。TM_OrdinalPosition（TM_时间顺序位置）是应用于表明在顺序时间参照系中时间位置的数据类型。TM_OrdinalPosition 有 1 个属性：

a） ordinalPosition：Reference＜TM_OrdinalEras＞提供时刻发生的顺序时代的参照。

示例：表 1 是地质年代表的一部分，它是一个顺序时间参照系。在新生代中某个时刻的时间位置应用该时刻所在的世标识；而在中生代某一时刻的时间位置应用它所在的纪标识。

表 1 地质年代表部分

代	纪	世
新生代	第四纪	全新世
		更新世
	第三纪	上新世
		中新世
		渐新世
		始新世
		古新世
中生代	白垩纪	
	侏罗纪	
	三叠纪	

5.5 时间和地理信息组分

5.5.1 地理信息组分的时间内容

ISO 19109 描述的通用要素模型提供了地理信息元模型。它标识显示在图 12 中的要素属性、要素操作和要素关联的元类。每一组分都可包括时间内容。ISO 19109 提供了在应用模式中将这些元类的实例化的规则。5.5.2～ 5.5.4 描述在通用要素模型中某些元类的时间子类。当这些组分涉及到时间信息时，它们也提供使用的扩充规则。附录 B 提供了在应用模式中使用这些类和规则的方法示例。

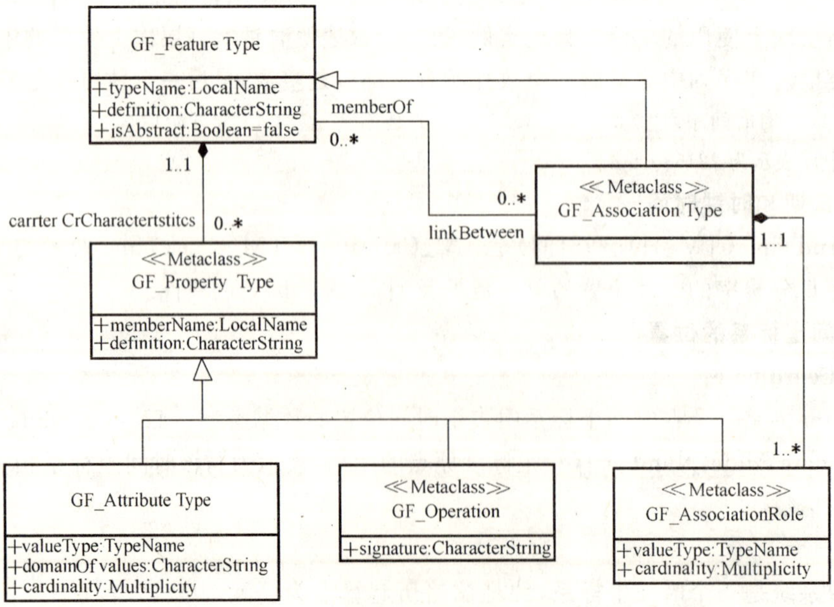

图 12 通用要素模型的元类

ISO 19110 规定用于要素编目的规则，包括要素类型、要素属性、要素操作和要素关联的定义。5.5.2～5.5.4 规定了定义组分中含有时间内容时的要求。

GB/T 19710—2005 规定用于地理信息的元数据元素的标准集，并提供一个用于定义适合于特定的应用或专用标准的增加元数据元素的机制。本标准的 5.5.5 提出用于定义包括时间内容的元数据元素的要求。

5.5.2 时间要素属性

时间要素属性描述与时间位置有关的要素特性。与 ISO 19109 中定义的应用模式相协调，GF_TemporalAttributeType（GF_时间属性类型）通常应在应用模式中实例化为一个类的属性，该属性本身是 GF_FeatureType（GF_要素类型）元类的一个实例。在 ISO 19109 说明的条件下，它可以实例化为一个 UML 类，该类与其作为属性的要素类型类相关联。

静态时间特性有两类：事件和状态（图 13）。

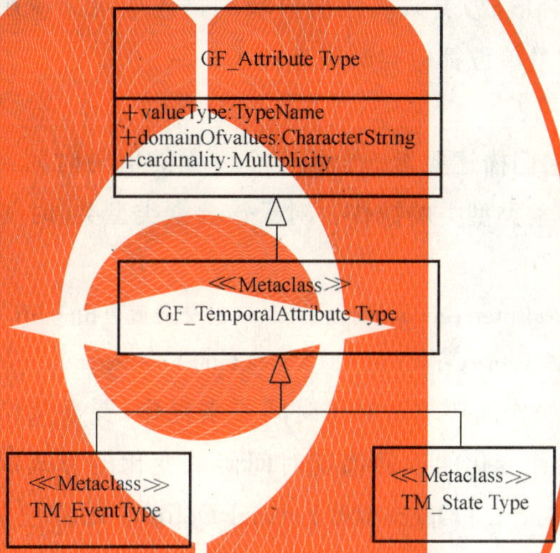

图 13 时间要素属性类型

a) 事件是发生在某一时刻的行为。事实上，几乎每一个事件都占有一个短暂的时间间隔，但是，当间隔小于度量标度的分辨率时，可表示为时刻。一个事件的 GF_AttributeType. valueType 或是 TM_Instant、TM_Node 或是 TM_TemporalPosition。

b) 状态是一个条件——持续一个时段的要素或数据集的一种特性。该特性可以由要素属性或元数据元素表示。描述状态的 GF_TemporalAttributeType 可以用两种方式实例化。在简单情况下，GF_AttributeType 应实例化为表示要素类型的类的属性，其 GF_AttributeType. valueType 应是 TM_Period 或 TM_Edge。当需要更多信息时，表示状态的 GF_TemporalAttributeType 应被实例化为另一个 UML 类。该类应是 TM_Period 的子类型，它继承 Beginning 和 Ending 的关联，或者它是 TM_Edge 的子类型，继承 Initiation 和 Termination 的关联。该状态的特性应由该类的一个或多个属性描述。该类的重现应由与之关联的要素类型类的属性端的多重性表示。通常，状态的变化与启动或终止该状态的事件有关。该事件应由表示该状态的类的属性标识。

事件可以在多个时刻重现,状态也可以在多个时间重现。FeatureAttributeType. Cardinality 应规定应用模式允许重现的次数。

事件或状态通常基于规则的时间基础重现。两个连续发生的事件或状态之间的间隔持续时间是它的周期时间。当时间要素属性描述重复发生的现象时,在应用模式中应被描述为一个 UML 类,该类与要素类型类相关联。该类至少应有两个属性:一个标识事件发生的特定时刻或属性专题值存在的持续时段,另一个标识事件或状态出现之间的时段时间。数据类型 TM_Duration (见 5.2.3.7)用于表示时段时间的值。

ISO 19110 规定应包括在要素目录的要素属性描述中的元素。当 GF_TemporalAttributeType 是一个事件时,该属性的要素属性定义(Feature Attribute Definition)应标识其行为和说明其时间位置的分辨率。当 GF_TemporalAttributeType 是一个状态时,该属性的要素属性定义将标识该状态的特性。对于时间要素属性,要素属性值域类型是“不能枚举的”的。要素属性值的值域、要素属性值数据类型和要素属性值度量单位由时间参照系定义,该参照系是描述时刻和时段的时间位置的基础。如果时间参照系不是由公历和 UTC 的结合形成,要素属性值值域的描述应定义使用的时间参照系。要素属性值的数据类型和要素属性值的度量单位都应与时间参照系一致。

5.5.3 时间要素操作

时间要素操作是动态的,它们描述要素一个或多个方面的值随时间函数变化的方式。时间要素操作在应用模式中应实例化为要素类型类的操作。对于该要素类型类,时间是作为 GF_Operation. signature 的一个输入参数。

示例 :给出一个要素类型类 RoadIntersection,通过该交叉口的交通流可由 UML 操作描述为:

TrafficFlow (tMin:Integer, tMax:Integer,time:TM_ClockTime) :Integer

ISO 19110 规定定义要素操作的要求。对于时间要素操作,要素操作文本描述(Feature Operation Textual Description)应描述操作变化的返回值随时间函数变化的方式以及它是如何受时间特性影响的。要素操作的形式化定义(Feature Operation Formal Definition)应包括作为独立变量之一的时间。

5.5.4 时间和要素的关联

5.5.4.1 要素关联的时间方面

要素关联有两种方式涉及时间。一些要素关联存在是由于有关要素实例的时间特性。另一些可能由于多种原因而存在的要素关联,拥有它们自己的作为关联的时间特性。

示例 :同一时间存在的两个要素之间的关联说明了第一种情况。该时间关联没有其他特性,并不依赖所涉及的要素类型。第二种情况的示例是在同一时段内属同一所有者的两片土地之间的关联。在这种情况,关系的主导元素是共同所有者,时间元素是该关联的次要特性。

时间要素关联是第一种类型的相关——即为要素实例的时间特性而存在的关联。

5.5.4.2 时间要素关联

5.5.4.2.1 概述

时间要素关联是由该关联连接的要素生存期之间的关联的显式描述。如果每个要素都有描述其生存期的属性,则有可能用 TM_Order. relativePosition 操作比较两个要素的生存期导出时间要素关联。如果在应用中时间要素关联是重要的,该应用模式应为每一个它规定的要素类型指定一 lifeSpan 属性。当时间位置基于日历与时钟或时间坐标参照系时可使用属性 lifeSpan:TM_Period。当时间位置基于顺序时间参照系时,应使用属性 lifeSpan:TM_Edge,应用模式应将 TM_TopologicalComplex 实例化为非线性图,该图包括表示生存期的所有 TM_Edge。对于不支持 TM_Order 接口的应用应规定显式时间要素关联。

本标准规定时间要素关系的两个子类型:简单时间要素关联和继承(见图14)。

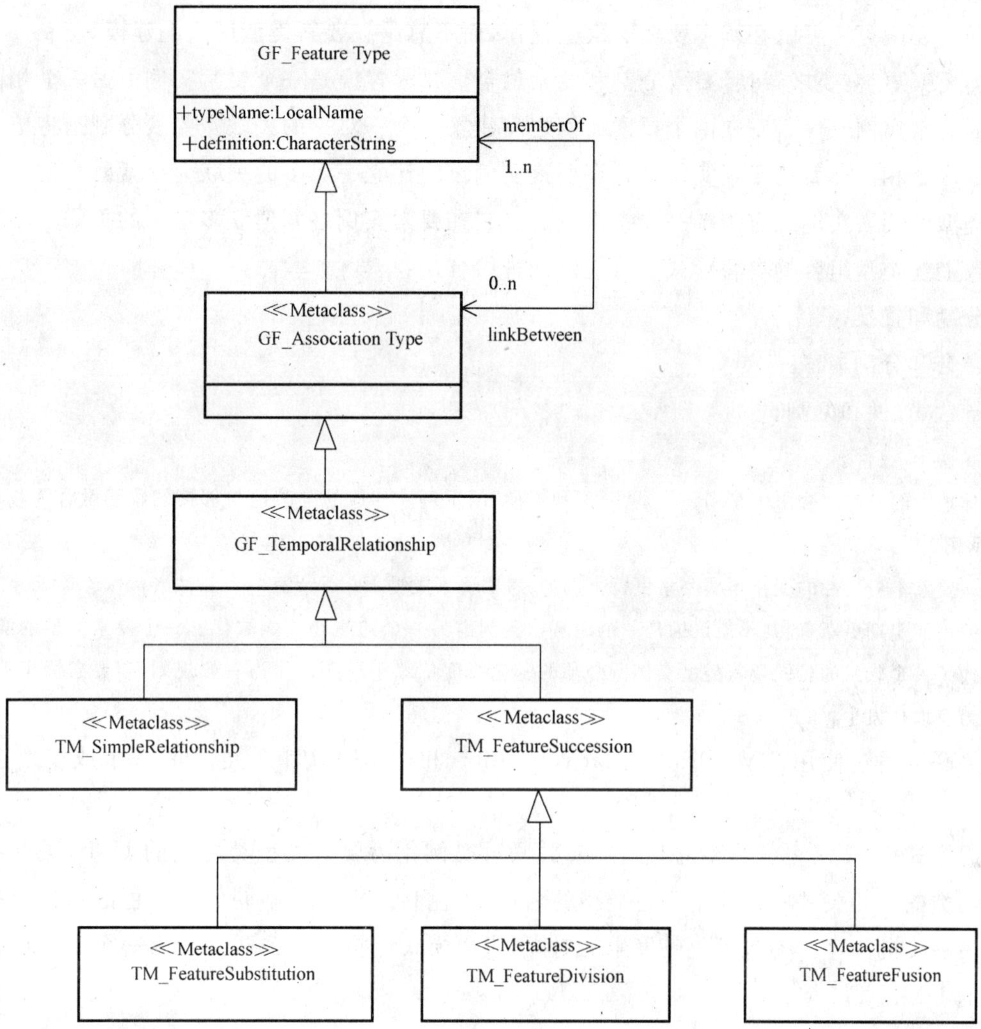

图14 时间要素关联分类

5.5.4.2.2 简单时间要素关联

简单时间要素关联标识两个或多个要素的时间相对位置。原则上,在所有要素实例之间存在这种关联类型,但是,不能断定所有特定要素之间都存在这种关联类型。

根据ISO 19109定义的应用模式规则,要素关联通常应实例化为表现要素类型的UML类之间的关联。但是,纯粹的时间要素关联通常独立于要素类型。如果应用只涉及某些要素类型之间的时间要素关联,则可将其实例化为要素类型类之间的关联。对于要求保持所有要素类型实例之间的某种时间关联类型的应用模式是低效率的,比较好的情况是应用模式支持5.5.4.2.1描述的那些关联的派生。一个可供选择的办法是将本模式中所有要素类型类的超类的要素类实例化,并将该层次上的要素关联实例化为自相关的关联。

5.5.4.2.3 要素更替

要素更替是一个要素实例集由另一个要素实例集取代。取代意味着第一个要素实例集的生存期在第二个要素实例集生存期开始的这个时刻结束。要素更替有空间和时间 2 个方面的内容，在该关联中，要素实例在不同的时间以特定的顺序占据相同空间位置。

要素更替不总是类型依赖的，这就是说，被更替的要素实例的类型并不总能从那个更替它的要素实例类型预知。要素更替可以在基本要素层次上建模，而不总是在要素类型层次上建模。

有三类要素更替：要素置换，要素分割和要素融合。要素置换是一个要素实例由另一个相同或不同要素类型的要素实例取代。它在两个要素实例之间建立一个一对一的关联。要素分割指将单一要素分离为两个或多个相同类型的要素实例。它在要素实例之间建立一对多的关联。要素融合发生在两个或多个相同类型的要素实例融合为单一要素实例时。它在要素实例之间建立多对一的关联。一个单一事件可以导致上述类型组合的更替形式。可能的四种组合是：

——分割和置换；

——融合和分割；

——融合、置换和分割；

——置换和融合。

示例：林地中的空旷部分由停车场替代是“分割和置换”的示例。林地的空旷地与邻接的牧场融合为牧场是“置换和融合”的示例。

注：单一要素本身特性的变化不属要素更替。例如：考虑要素类型 Building 有一个属性 numberOfOccupants。该属性值可能定期更新，但并不能认为是一个建筑物实例由另一个建筑物实例取代。一个要素类型的实例被认为取代了一个较早的相同要素类型实例所必须的变化程度依赖于应用。作为一般规则，当要素标识符改变时可认为有取代发生。

更替关联可通过使用 TM_Order. relativePosition 和由 ISO 19107 定义的一个或多个空间操作导出。

在应用模式中，要素更替类型的时间要素关联可实例化为要素类型类之间的 UML 关联或作为一个基本要素类的自相关关联。每个更替类型的名称、角色和多重性是不同的。角色的名称应指明一个要素更替另一个的顺序。为包括更替发生的时间，应用模式应将更替关联表示为一个带有标识其出现时间属性的 UML 关联类。

5.5.4.3 要素关联的时间特性

要素关联的时间特性通常提供关联开始和结束的时刻或其持续时段的信息。像时间要素属性或时间元数据元素一样，它们描述事件或状态。具有时间特性的要素关联应实例化为 UML 关联类。时间特性应表示为实例化 TM_Event(TM_事件)或 TM_State(TM_状态)元类(5.5.2)的属性。

5.5.5 时间元数据元素

GB/T 19710—2005 定义了地理信息的标准元数据元素集。它也规定了在应用模式(图 15)中定义附加元数据元素的方法。时间元数据元素与时间要素属性类似，两者都描述同时间位置关联的事件或状态的静态特性。其不同之处在于要素属性描述一个现实世界对象要素实例中被抽象的特性，而元数据元素描述数据的特性。一个元数据元素描述的数据范围可从数据集集合到要素的单一特性。

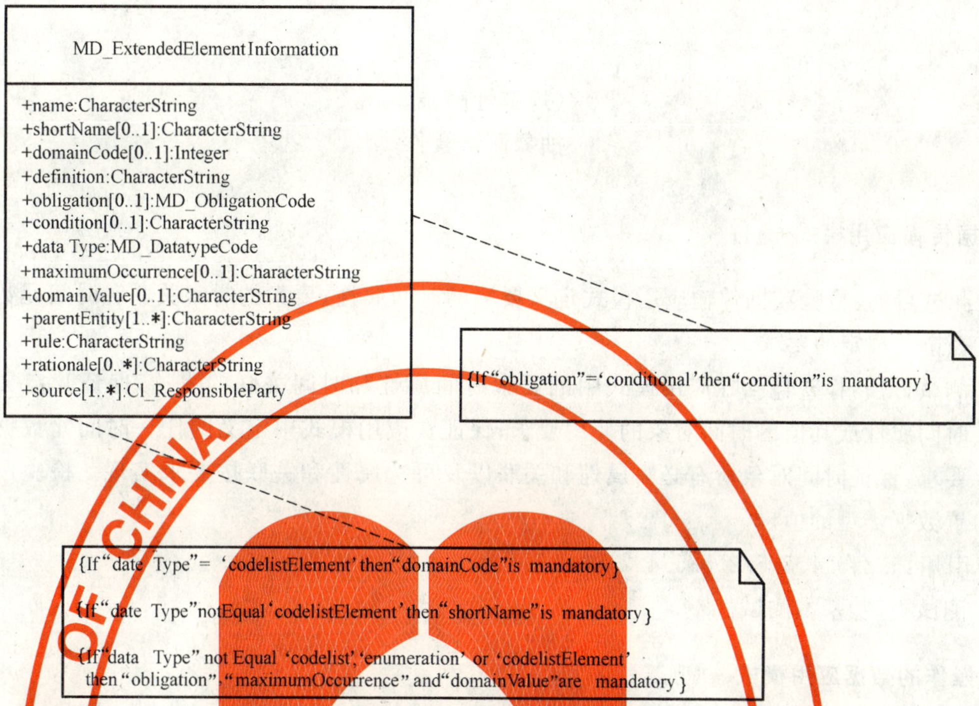

图 15 扩展的元数据元素

当一个时间元数据元素描述一个事件时，其名称和定义应标识行为和被规定的时间位置的分辨率。元数据元素的值是 TM_TemporalPosition 的 TM_Instant 的实例，或 TM_TemporalPosition 的子类型之一。

当时间元数据元素描述状态时，名称和定义应描述状态的特性。元数据元素的值应是 TM_Period。

如果元数据元素不是基于公历和 UTC 的组合，定义应标识所使用的时间参照系。

附　录　A
（规范性附录）
抽象测试套件

A.1　数据传输应用模式

a） 测试目的：检验数据传输应用模式定义要素的时间属性、要素的时间关联和时间元数据元素是否遵守规定的要求。
b） 测试方法：检查包括在应用模式中的要素时间属性和时间关联的表达，保证其定义满足表示时间属性或其值的时间对象的使用要求；保证在应用模式中定义的任一时间元数据元素满足要求；保证时间对象所有必需属性和关联以及可选属性和关联按要求实现。检验用于时间位置数据类型的值。
c） 引用：5.2、5.4、5.5.2、5.5.4.2 和 5.5.5。
d） 测试类型：基本测试。

A.2　带操作的数据应用模式

a） 测试目的：检验支持对数据操作的应用模式是否满足 A.1 的要求，并按规定和要求，定义时间要素操作，实现时间对象操作。
b） 测试方法：检查包括在应用模式中的时间要素操作的表示，保证它们满足要求。检查包括在应用模式中的要素时间属性的表示，保证用于表示时间属性及其值的时间对象的任何操作按要求实现。
c） 引用：A.1、5.2、5.5.3 和 5.5。
d） 测试类型：基本测试。

A.3　要素目录

a） 测试目的：检验要素目录是否按规定的要求定义时间特性。
b） 测试方法：检查目录。核实时间要素属性、时间要素操作或时间要素关联的定义符合要求。保证满足标识和描述时间参照系的要求。
c） 引用：5.3、5.5.2、5.5.3 和 5.5.4.2。
d） 测试类型：基本测试。

A.4　元数据元素规范

a） 测试目的：检验时间元数据元素的定义是否满足规定的要求。
b） 测试方法：检查元数据规范中的元数据元素定义，保证定义满足事件和状态的要求。
c） 引用：5.5.5。
d） 测试类型：基本测试。

A.5　数据集元数据

a） 测试目的：检验数据集的元数据是否提供有关时间参照系的必要信息。
b） 测试方法：检查元数据集。如果元数据没有表明包括在它描述的数据中的所有时间位置都基于公历和UTC,检查看它是否提供了数据采用的每一个时间参照系的说明或其出处,核实每项描述保证它包括所有需要的元素。

c) 引用:5.3。

d) 测试类型:基本测试。

附 录 B

(资料性附录)

应用模式中时间的使用

B.1 时间要素属性

B.1.1 TM_GeometricPrimitive 作为数据类型

图B.1说明在应用模式中TM_GeometricPrimitive的使用。要素类型Building被表示为UML类。它有一个dateOfConstruction的属性,该属性有一个数据类型为TM_Instant的值;其第二个属性称为periodOfOccupancy,有一个数据类型为TM_Period的值。在本模式中,TM_GeometricPrimitive不执行在TM_Order和TM_Separation接口定义的操作。由于TM_Instant仅有一个属性TM_Instant.position:TM_TemporalPosition,它取数据类型TM_TemporalPosition的值,TM_Position数据类型或它的子类,例如DateTime,都可以作为Building.dateOfConstruction的数据类型。

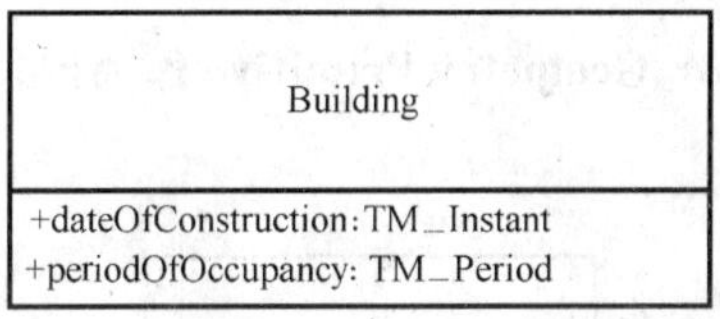

图B.1 TM_GeometricPrimitive 作为数据类型

B.1.2 TM_GeometricPrimitive 作为时间属性

图B.2说明用于时间要素属性的TM_GeometricPrimitive的一个可供选择的使用方式。在这种情况下,要素属性periodOfOccupancy表示为一个UML类,该类由一个UML关联连接到Building。PeriodOfOccupancy是TM_Period的子类型。它从TM_Period继承关联角色开始和结束,但是它将每种情况的数据类型都限制为DateTime。[在TM_Period级,这些属性的数据类型是TM_Position]。它还继承了TM_Order接口和TM_Separation接口。通过前者使用操作relativePosition(other:TM_Primitive):TM_RelativePosition,通过后者使用操作Length():TM_Duration和distance(other:TM_GeometricPrimitive):TM_Duration。

B.1.3 TM_TopologicalComplex 作为属性

图B.3说明TM_TopologicalComplex作为时间要素属性时的使用。一个考古遗址的历史通常用某文化团体的一些成员占据或不占据该遗址的一系列时段描述。这些时段的顺序是已知的,但是时间位置是未知的。该历史可描述为TM_TopologicalComplex。ArchaeologicalSite表示为UML类,同表示要素属性 SiteHistory 的另一个 UML 类相关联。SiteHistory 是 TM_TopologicalComplex 的子类型。它是 OccupancyIntervals 的聚集，其中每个 OccupancyIntervals 是 TM_Edge 的子类型。

B.1.4 属性值的循环重现

图 B.4 提供要素属性具有循环重现值的示例。要素类型 Field 有一个属性 CropRotation，它被表示为多重性为 0 对 n 的 UML 类。在该田地种植的每类作物的该属性类型都有一个实例。农作物复种有三个属性：

cropType 表示作物的一种类型；

firstPlanting 表示在该田地该作物首次种植时间；

rotationInterval 表示该作物不同种植之间的周期。

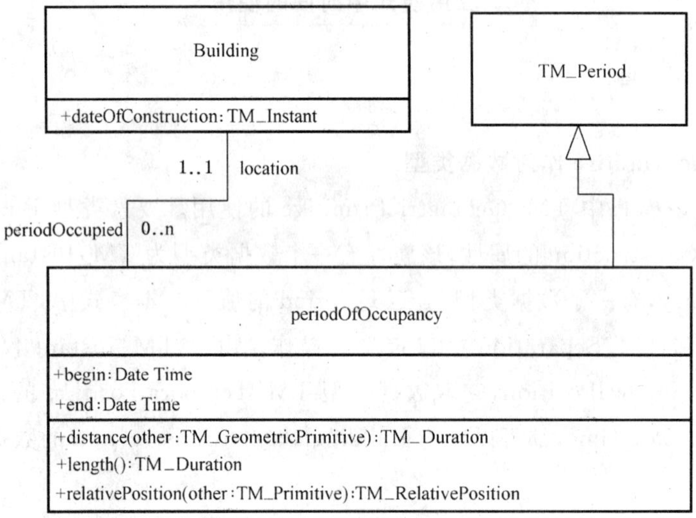

图 B.2 TM_GeometricPrimitive 作为时间要素属性

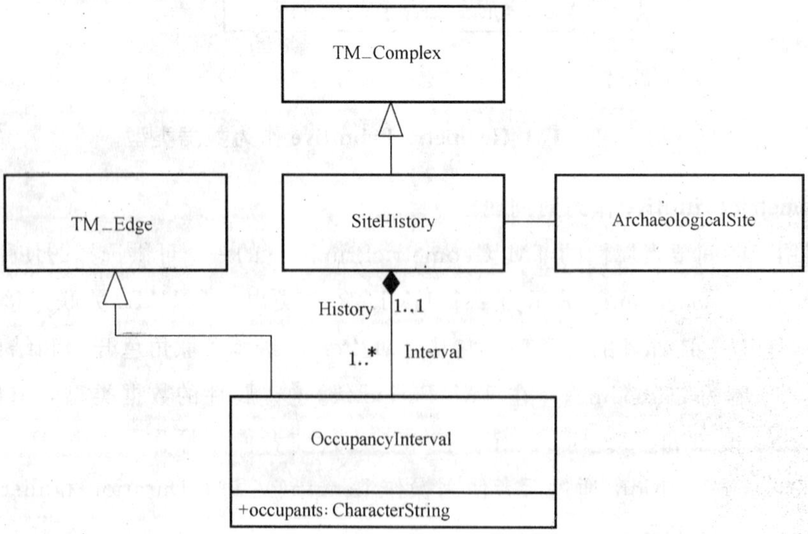

图 B.3 TM_TopologicalComplex 作为时间要素属性

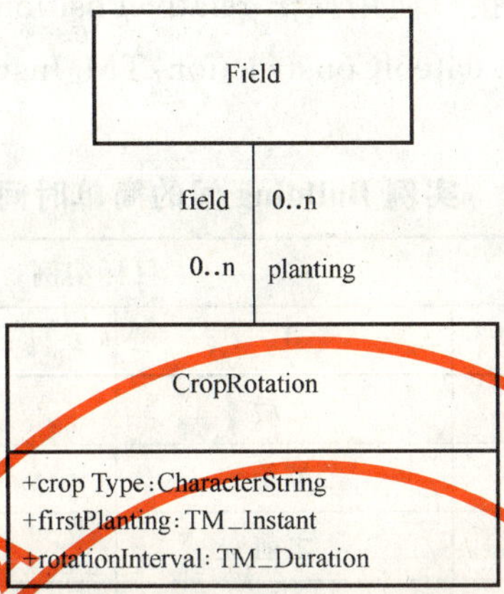

图 B.4 循环属性值

B.2 时间要素关联

B.2.1 简单时间关联

图 B.5 是作为 UML 关联实现的简单要素关联的示例。该模式指明道路在服务站存在之前存在。

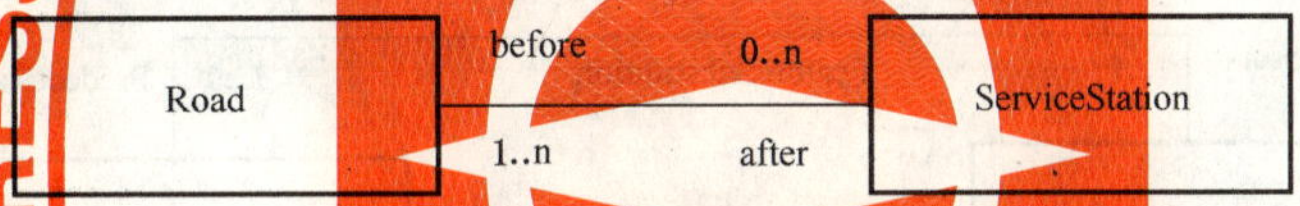

图 B.5 简单时间关联显式表示

图 B.6 表示建筑物的简单模式，它提供要求通过使用操作 TM_Order. relativePosition 派生简单要素关联的数据实例。

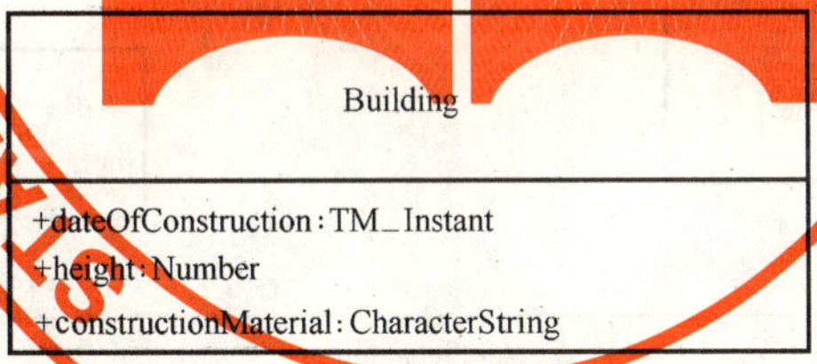

图 B.6 建筑物模式

假定根据该模式建立的一个数据集包括 4 个具有表 B.1 所示属性值的 Building 实例。

表 B.1 建筑物模式数据集

Building	constructionMaterial	height	dateOfConstruction:TM_Instant. position [date]
A	砖	45 m	1982
B	钢铁	4 m	1967
C	木	8 m	1941
D	砖	30 m	1967

TM_Instant 可通过 TM_Order 接口使用操作 relativePosition(other:TM_Primitive):TM_RelativePosition。如果以每一个 Building. dateofConstruction:TM_Instant 作源、每个其他实例作目标执行该操作,将返回表 B.2 所列的值。

表 B.2 实例 Building 间的简单时间关联

	目标实例			
源实例	A	B	C	D
A	等于	之后	之后	之后
B	之前	等于	之后	等于
C	之前	之前	等于	之前
D	之前	等于	之后	等于

B.2.2 要素更替

图 B.7 是在要素类型类之间建模为关系的要素更替的示例。这是一个在美国东部普遍的、被称为古老田地更替的生态更替类型的示例。这些类型发生在所示顺序的一个点,条件是该点不受干扰。这说明与在要素类型级的要素更替建模有关的问题。在任何时候,火灾、暴风雨或人类的干预可中断这种更替或将它移至早期阶段或以不可预知的要素类型取代存在的要素类型。

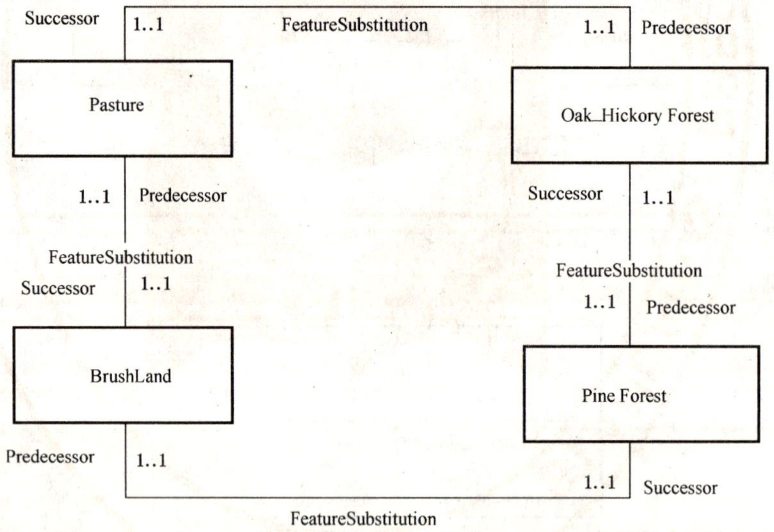

图 B.7 要素类型之间的要素更替

图 B.8 是建模为 UML 类的自相关关联的要素更替的示例,该 UML 类是可能涉及更替关联的多种要素类型的超类。由于没有办法预知这些要素类型实例彼此更替的顺序,因此以这种方式建模是必要的。在此例中,每个关联被表示为关联类,因此,更替发生的时间可以描述为该关联的属性。

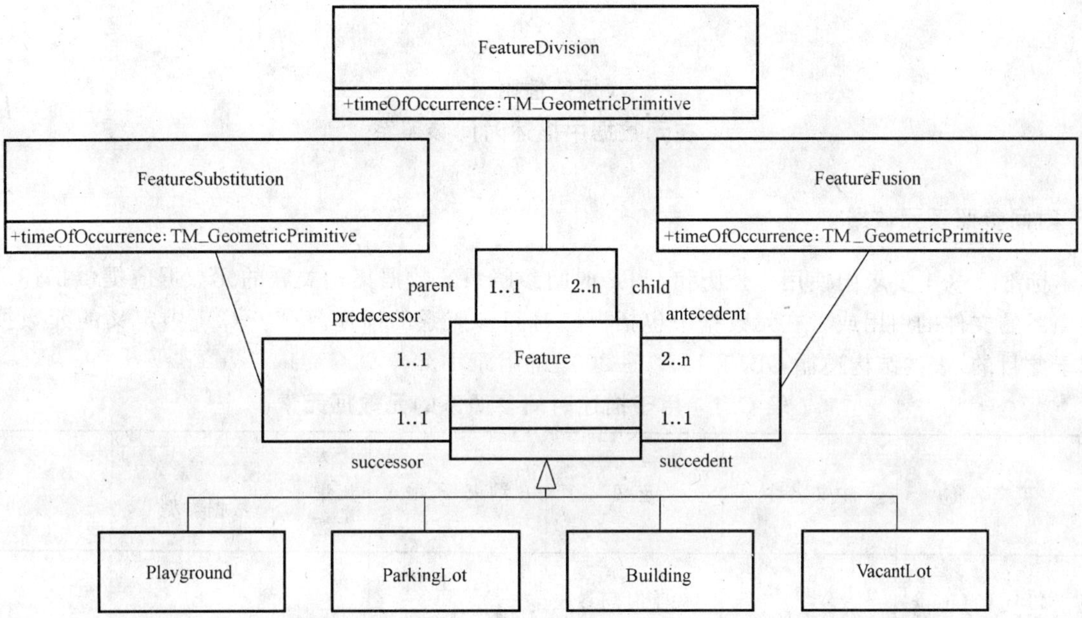

图 B.8 基本要素级的要素更替

B.3 具时间特性的要素关联

图 B.9 是牧场总部与其管理的出租牧场之间关联的应用模式。RangelandTract 通过租约 Lease 关联到 RanchHeadquarters。租约是一个不能认为是时间关联的要素关联的实例，因为时间并不是这个关联的主要方面。但是，租约只在时间的给定时段内有效。Lease 在该模型中被表示为允许给关联指定属性的 UML 关联类。此时，它有一个属性 leasePeriod 标识该租约的有效时段。它也可有其他属性，例如一个标识出租费用的属性。

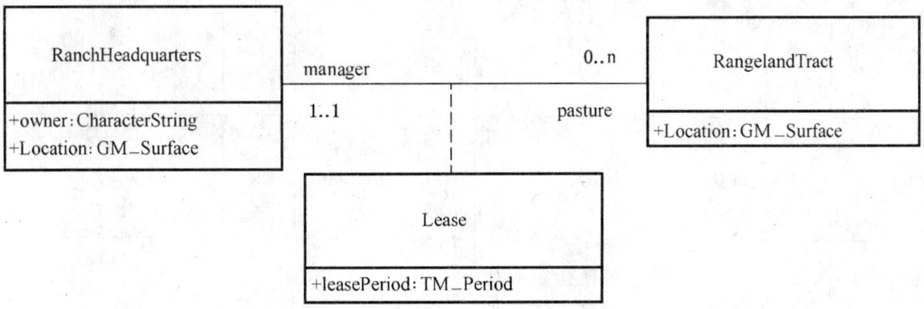

图 B.9 牧场租约

附 录 C
(规范性附录)
在元数据中描述时间参照系

C.1 时间参照系元数据

本标准5.3.1要求同使用非公历和UTC时间参照系的数据集相关联的元数据应提供描述那些时间参照系的文件的引用或者在元数据中包括那些时间参照系的描述。在表C.1中定义的元数据元素可用于此目的,表的结构遵循GB/T 19710—2005的附录B。

表 C.1 用于描述时间参照系的元数据元素

	英文名称	中文名称	定义	约束/条件	最大出现次数	模型元素或数据类型	域
1	TM_ReferenceSystem	TM_参照系	关于时间参照系的信息	C/数据集的时间信息不基于公历吗?	N	类	2~33行
2	name	名称	已知时间参照系的名称	M	1	RS_标识符	ISO 19111
3	domainOfValidity	有效性范围	使用该时间参照系的空间和时间范围	C/数据集中使用的范围小于该时间参照系的范围吗?	N	EX_范围	ISO/TS 19103
4	Subtype	子类型	被描述的时间参照系子类型	M	1	特化(Specialization)	"TM_Calendar" "TM_Clock" "TM_CoordinateSystem" "TM_OrdinalReferenceSystem"
5	TM_Calendar	TM_日历	日历的描述	C/是子类型"TM_Calendar"吗?	1	类	6~15行
6	dateTrans	日期转换	转换指定日历日期到儒略日期的操作描述	M	1	字符串	自由文本
7	julTrans	儒略日期转换	转换儒略日期到指定日历日期的操作描述	M	1	字符串	自由文本
8	referenceFrame	参照框架	与被描述的日历关联的日历时代	M	N	角色名称	TM_CalendarEra

表 C.1(续)

	英文名称	中文名称	定义	约束/条件	最大出现次数	模型元素或数据类型	域
9	timeBasis	时间基础	与该日历一起用于定义一个日历日之内的时间位置的时钟	O	1	角色名称	TM_Clock
10	TM_CalendarEra	TM_日历时代	每个日历时代的特性	M	N	类	11～15 行
11	name	名称	该日历时代为已知名称	M	1	字符串	自由文本
12	referenceEvent	参考事件	用作这个日历时代基准的事件	M	1	字符串	自由文本
13	referenceDate	参考日期	所描述日历的参考事件日期	M	1	TM_CalDate	所描述日历中的日期
14	julianReference	儒略参考日期	参考事件的儒略日期	M	1	儒略日期	数字
15	epochOfUse	日历时代纪日基础的时段	该时代被用作日记数基础的时段	M	1	TM_Period	GB/T 7408
16	TM_Clock	TM_时钟	时钟的描述	C/Subtype "TM_Clock 或分辨率不为空吗?"	1	类	17～21 行
17	referenceEvent	参考事件	用作该时钟基准的事件	M	1	字符串	自由文本
18	referenceTime	参考时间	用作该时钟参考事件的时间	M	1	TM_ClockTime	所描述的时钟内的时间
19	utcReference	utc 参考	参考事件的UTC 时间	M	1	TM_ClockTime	GB/T 7408
20	utcTrans	utc 转换	该时钟时间转换到 UTC 时间的操作描述	M	1	字符串	自由文本
21	clkTrans	时钟转换	UTC 时间转换到该时钟时间的操作描述	M	1	字符串	自由文本
22	TM_CoordinateSystem	TM_坐标系	时间坐标系的描述	C/是子类型"TM_CoordinateSystem"吗?	1	类	23～26 行

表 C.1(续)

	英文名称	中文名称	定义	约束/条件	最大出现次数	模型元素或数据类型	域
23	origin	原点	该时标原点位置，它是时间坐标系的基础被表示为公历的日期和 UTC 日内时间	M	1	日期时间	GB/T 7408
24	interval	时间间隔	用于在该坐标系的坐标轴上度量持续时间的标准时间单位	M	1	字符串	GB 3102.1, GB 3100
25	transformCo-ord	转换坐标	将该时间坐标系坐标转换到公历日期和 UTC 时间的操作描述	M	1	字符串	自由文本
26	transformDate-Time	转换日期时间	将公历日期和 UTC 时间转换到该时间坐标系坐标的操作描述	M	1	字符串	自由文本
27	TM _ Ordinal-ReferenceSystem	TM _ 顺序参照系	顺序时间参照系的描述	C/是子类型"TM _ CoordinateSystem"吗?	1	类	28～33 行
28	component	组分	构成该顺序参照系的最高层级的顺序时代	M	1	角色名称	TM _ Ordinal-Era
29	TM _ Ordinal-Era	TM _ 顺序时代	顺序时代的描述	M	N	类	30～33 行
30	name	名称	标识特定顺序时代的名称	M	1	字符串	自由文本
31	begin	开始	该顺序时代开始的日期	O	1	日期时间	GB/T 7408
32	end	结束	该顺序时代结束的日期	O	1	日期时间	GB/T 7408
33	member	成员	细分该顺序时代的顺序时代	M	1	角色名称	TM _ Ordinal-Era

注：对应 UML 操作的元数据元素是该操作的文字描述。

附 录 D
(资料性附录)
历法描述

D.1 历法的内部结构

日历是一个不连续的时间参照系,它提供定义一日分辨率时间位置的基础。公历是事实上的国际标准。它是地理信息应用的首选。但是,公历以外还有各种传统或历史的日历,可能适于某些地理信息的应用。例如,在所涉及的文化的日历中,考古物质可能更精确地测定日期。本标准 5.3.1 要求使用非公历的数据集元数据应包括所使用日历的描述或描述的引用。本附录说明在这样的描述中应考虑的日历的内容。

日历具有层次结构(图 D.1),在该结构中每一层次使用一个特定的时间间隔。典型情况下,在结构中的一个层次的时间间隔实例以周期为基础命名或记数。该周期长度等于下一个较高层次使用的时间间隔。虽然大多数日历包括作为标准时间间隔的年和日,但有一些日历在中层次上没有使用月作为时间间隔。有些日历在层次结构中还包括其他层次,或甚至包括一个使用其他时间间隔的平行层次。日历日标识该层次结构中每一层次的一个时间间隔的实例。

示例:公历中的一日标识为一个特定的年份,该年的特定月和该月的特定日。

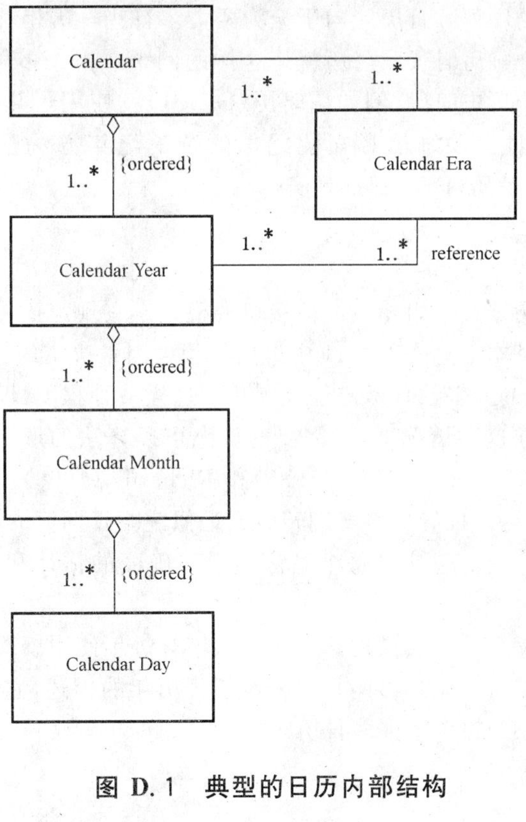

图 D.1 典型的日历内部结构

由于在名义上是基于天文周期,而天文周期的时段彼此之间不为整倍数,因此,日历是复杂的。为了维护日历周期和天文周期之间的相位关系,在低层次时间间隔置闰。

注:置闰是在日历中插入一个额外像日或月那样的时间间隔。例如,在公历中,每个闰年的 2 月底插入一个额外的日。

a) 每一种日历的基本时间间隔是日,名义上日对应地球自转时段,在日历中使用的其他时间间隔长度是日的整倍数。在许多日历中,具体日由其在月中的顺序数确定。某些日历用其他方法。

b) 名义上一个日历年相当于地球围绕太阳公转的周期。由于该时段的持续时间不是整日数，大多数日历设计为允许改变日历年的长度，使跨越长时段的平均长度与地球公转周期相等。日历能够达到的精度不同。在大多数日历中，在基本循环中用额外的月或日置闰。在许多古老日历中，置闰是没有规则的，每当政府或宗教权威认为需要时就设置。

c) 典型的年是由变长的顺序月构成的。有置闰规则时，年的内部结构遵循有限数量模式之一。每种模式用一个模版描述，该模版列出与其一致的年中月份的名称和长度。置闰规则提供将一个时代中的特定年的序号与其所遵循模板相联系的机制。

月名义上对应月亮周期的时段或是月相周期或是月亮绕地球公转的周期。在许多古老日历中，月的长度由天文观测而不是由计算确定。月亮周期的时段不等于日长度的整数倍，天文年的时段也不等于任何月亮周期的整数倍。某些日历通过限定日历月长度变化的方式维护日历月与月亮朔望周期的关系。在该方式中日历月的平均长度等于月亮朔望周期。在这种情况下，采用在特定年增加一个月的置闰方法将日历年调整到同地球围绕太阳公转的周期基本吻合。其他的日历，例如公历其设计并不与月亮朔望周期保持协调关系：日历年简单地分为整数月。

d) 许多日历包括短于一个月的若干日的时间间隔。例如：公历和其他西方日历用一种七日星期作为标准间隔。虽然星期中的日是日期的文化意义元素，它没有增加日的时间位置信息。由于某节日落在某星期的指定日以及特殊日子的需要，置闰规则是复杂的。

e) 每个日历与一个或多个日历时代相关联。一个日历时代是基于与某些神话或历史事件对应的参考日期起算的年的序列。日历趋向于分为两类。有些日历相对于一个参考事件纪年，因此，年只落入一个或两个日历时代。公历就是这样的例子。由于多种原因，参考事件可能从一个历史时段变到另一个历史时段，例如儒略历(D.3.1)就使用了几个不同的参考事件。其他日历使用多个参考事件。以统治者在位纪年的帝王纪年方法是相当普遍的。现代日本历(D.3.2)和古代巴比伦历(D.3.3)都是实例。

D.2 历法描述

本标准5.3.2描述为日历定义一组相对简单接口的模式。它规定描述日历时代的详细要求。支持日历日期到儒略日期转换的基本信息是由D.1中讨论的相关因素决定的。

有些日历，包括正在使用的大多数日历已经规则化到这样一种程度，即已经设计出将一个日期精确地转换到儒略日期的算法。在这种情况下，所需要的信息可以算法的形式提供。Dershowitz 和 Reingold (1997)，Doggett (1992)，Hatcher (1984，1985)和 Richards (1998)提供了大量这类算法。

许多日历几乎是规则的，可以推导出将日期转换成近似儒略日期值的算法。在这种情况下，所需要的信息可以算法的形式提供。它应包括对每个算法结果准确度的估计和可获得这种准确度的时段的陈述。

非常不规则的日历不能完全用算法描述。有时提供带有每年使用模式对照表的年度模式的描述是可能的。最可行的是提供对带有一系列参照日期的典型日历年的描述，它允许通过内插将日期转换成近似的儒略日期。Parise (1982)提供了许多日历转换表。

D.3 示例

D.3.1 儒略历

儒略历是规则日历的一个实例。它从公元前45年开始记日，当恺撒(Julius Caesar)为了使日历回到与回归年同步，进行古代罗马历法改革的时候。儒略历平年有365天，每4年插入一个闰日，该年被作为闰年。恺撒死后，罗马大祭司曲解了该规则，每3年增加一个闰日。在公元前9年，奥古斯都(Augustus)命令改正了由于疏忽置闰导致的错误，成功置闰直至公元8年。

儒略历系统已经被用于大量的日历时代。详见 Parise (1982) 和 Richards (1998)。在经过罗马帝国年代的后来共和时期，纪年从推测的建立该城的日期即相当于公元前 753 年起算。在公元 525 年，Dionysius Exiguus 提议纪年从所谓的耶稣诞辰日起算。可是这种基督时代在西欧直到公元 11 世纪才被广泛应用，在希腊直到 15 世纪才被采用。

表 D.1　儒略年各月

月　　名	平年长度	闰年长度
1 月	31	31
2 月	28	29
3 月	31	31
4 月	30	30
5 月	31	31
6 月	30	30
7 月	31	31
8 月	31	31
9 月	30	30
10 月	31	31
11 月	30	30
12 月	31	31

自奥古斯都以来，儒略年由 12 个月构成，如表 D.1 所示。在罗马帝国 1 月 1 日是该年的第一日。后来，使用其他日期。详见 Parise (1982)。

表 D.2 是满足 5.3 要求的儒略历描述的实例。该实例描述了与基督时代(约公元 1000 年 1 月 1 日至公元 1582 年 10 月 4 日，用 1 月 1 日作为该年第一天)一起使用的儒略历。

表 D.2　具有基督时代的儒略历的描述

元　　素	值
TM_ReferenceSystem	
TM_ReferenceSystem. name	儒略历
TM_ReferenceSystem. domainOfValidity	西欧
TM_CalendardateTrans 儒略历日期($Y/M/D$)转换到儒略日(J)的算法	$Y'=Y+4\,716-(14-M)/12$ $M'=\mathrm{MOD}(M+9,\ 12)$ $D'=D-1$ $c=(1\,461Y')/4$ $d=(153M'+2)/5$ $J=c+d+D'-1\,401$
TM_Calendar. julTrans 儒略日(J)转换到儒略历日期($Y/M/D$)的算法	$J'=J+1\,401$ $Y'=(4J'+3)/1\,461$ $T'=\mathrm{MOD}(4J'+3,\ 1\,461)\ /\ 4$ $M'=(5T'+2)/153$ $D'=\mathrm{MOD}(5T'+2,153)/5$ $D=D'+1$ $M=\mathrm{MOD}(M'+2,12)+1$ $Y=Y'-4\,716+(14-M)/12$

表 D.2（续）

元　　素	值
基础	
TM_CalendarEra. name	基督时代
TM_CalendarEra. referenceEvent	耶稣基督诞辰日
TM_CalendarEra. referenceDate	01，01，01
TM_CalendarEra. julianReference	1 721 423.25
TM_CalendarEra. epochOfUse. begin	2 087 769
TM_CalendarEra. epochOfUse. end	2 299 160

在表 D.2 的算法已经被 Richards (1998)改编。它们需要被更改是为了支持儒略历日期关联其他日历时代或不是以 1 月 1 日为 1 年的第一天的儒略历日期的转换。详见 Richards (1998)。所有的计算是整数算法的。

D.3.2　中国农历

中国采用的一种传统历法，这种历法安排一年中的年、月、日历日以及二十四节气等要素，供民众日常生活使用，特别用以指导农事活动，称为农历，又名夏历、旧历、中历，民间也有称阴历的。它用月亮的朔望[1]周期来定月份的长度，又用设置闰月的方法使年的平均长度与回归年长度（约 365.2422 日）相近，兼有阴历月和阳历年的性质，因此在实质上是一种阴阳合历。农历把日月合朔（太阳和月亮的黄经相等）的日期作为月首，即初一。朔望月约长 29.530 59 日，有的月份是 30 日，称大月；有的月份是 29 日，称小月。基本上取大、小月相间，有时加进连大月或连小月。月首所在的日期，要根据太阳和月球的位置推算确定，并非人为安排。农历以 12 个月为一年，共 354 或 355 日，与回归年相差 11 日左右，所以大约隔三年就要安插一个闰月，再过两年又安插一个闰月，平均约 19 年有 7 个闰月。安插闰月，和太阳在黄道上的位置有密切关系的 24 节气相关。在 24 节气中，冬至、大寒、雨水、立春等又称为 12 中气，而农历月份的名称同中气有密切的关系，如含"雨水"的月份叫正月，含"春分"的月份叫二月等等。如果某一月份不含中气，该月份就定为闰月，并用上个月的月份名，称闰某月。用这种办法置闰月可以使历月份与节气大致匹配，较好地调节了朔望月与回归年的关系。中国农历还采用干支法来纪年与纪日。

中国已于公元 1912 年开始采用公历，表 D.3 解释了公元 1990 年至 2009 年中国农历春节，用于描述由本标准规定的日历时代元素的应用。

表 D.3　近 20 年中国农历描述

名称	参考事件	参考日期	公历	儒略参考日期	时代使用时段	
					开始	结束
2009 年	春节	正月初一辛未	1 月 26 日	2 454 857.333	2 454 857.333	2 455 241.333
2008 年	春节	正月初一丁丑	2 月 07 日	2 454 503.333	2 454 503.333	2 454 857.333
2007 年	春节	正月初一癸未	2 月 18 日	2 454 149.333	2 454 149.333	2 454 503.333
2006 年	春节	正月初一戊午	1 月 19 日	2 453 764.333	2 453 764.333	2 454 149.333
2005 年	春节	正月初一甲子	2 月 09 日	2 453 410.333	2 453 410.333	2 453 764.333
2004 年	春节	正月初一庚子	1 月 22 日	2 453 026.333	2 453 026.333	2 453 410.333

1)　朔望：朔是指月球与太阳的地心黄经相同的时刻。这时月球处于太阳与地球之间，几乎和太阳同起同落，朝向地球的一面因为照不到太阳光，所以从地球上看不见。望是指月球与太阳的地心黄经相差 180°的时刻。这时地球处于太阳与月球之间。月球朝向地球的一面照满太阳光，所以从地球上看来，月球呈光亮的圆形，称为满月或望月。

表 D.3（续）

名称	参考事件	参考日期	公历	儒略参考日期	时代使用时段	
					开始	结束
2003年	春节	正月初一乙巳	2月01日	2 452 671.333	2 452 671.333	2 453 026.333
2002年	春节	正月初一辛亥	2月12日	2 452 317.333	2 452 317.333	2 452 671.333
2001年	春节	正月初一丁亥	1月24日	2 451 933.333	2 451 933.333	2 452 317.333
2000年	春节	正月初一癸巳	2月05日	2 451 579.333	2 451 579.333	2 451 933.333
1999年	春节	正月初一己亥	2月16日	2 451 225.333	2 451 225.333	2 451 579.333
1998年	春节	正月初一乙亥	1月28日	2 450 841.333	2 450 841.333	2 451 225.333
1997年	春节	正月初一庚辰	2月07日	2 450 486.333	2 450 486.333	2 450 841.333
1996年	春节	正月初一丙戌	2月19日	2 450 132.333	2 450 132.333	2 450 486.333
1995年	春节	正月初一壬戌	1月31日	2 449 748.333	2 449 748.333	2 450 132.333
1994年	春节	正月初一丁卯	2月10日	2 449 393.333	2 449 393.333	2 449 748.333
1993年	春节	正月初一甲辰	1月23日	2 449 010.333	2 449 010.333	2 449 393.333
1992年	春节	正月初一庚戌	2月04日	2 448 656.333	2 448 656.333	2 449 010.333
1991年	春节	正月初一丙辰	2月15日	2 448 302.333	2 448 302.333	2 448 656.333
1990年	春节	正月初一壬辰	1月27日	2 447 918.333	2 447 918.333	2 448 302.333

D.3.3 近代日本历

自1873年以来，除被维持的根据天皇时代纪年系统外，日本已经使用公历。表D.4解释了用于描述日历时代的由本标准规定的元素的应用。

表 D.4 日本日历时代

名称	参考事件	参考日期	儒略参考日期	时代使用时段	
				开始	结束
明治 Meiji	采用公历	明治 6.1.1	2 405 160	2 405 160	2 419 614
大正 Taisho	新天皇登基	大正 1.7.31	2 419 615	2 419 615	2 424 875
昭和 Showa	新天皇登基	昭和 1.12.26	2 424 876	2 424 876	2 447 534
平成 Heisei	新天皇登基	平成 1.1.8	2 447 535	2 447 535	至今

D.3.4 古代巴比伦历

古代巴比伦历是非常不规则日历的示例。它是在典型年中有12个月的月亮历（表D.5）。为保持日历与季节的协调，置闰月为第13月。最初（约公元前2400年）是为了保证大麦收获季节发生在前1年的第1月的需要。到公元前1000年，根据月亮接近于昴星团为该年的第1天设计置闰。到公元前500年，置闰为19年一个循环，在第3、6、8、11、14和19年置闰12月（Adaru Ⅱ）在第17年置闰6月（Ululu Ⅱ）。

表 D.5 巴比伦年的月

月数	名称	月数	名称
1	Nisanu	7	Tashritu
2	Ayaru	8	Arakhsamnu
3	Simanu	9	Kislimu
4	Du'uzu	10	Tebetu
5	Abu	11	Shabatu
6	Ululu	12	Adaru
(6)	Ululu Ⅱ	(12)	Adaru Ⅱ

一天从日落开始，通常，月开始于最初看到新月时，因此月的长度是 29 日与 30 日不规则地交替。但是，如果新月未被观测到，该月仍结束于第 30 日。

注 1：在大多数古代日历中，一日开始于日出或日落，因为它们是在每日循环中仅有的不用特殊设备帮助就可以观测的事件。

注 2：原则上，用现代天文数据计算朔望月的长度是可能的，但是，由于历日月的长度是基于观测，它们可能不能与天文月相完全协调。

纪年的基础是帝王年代。年代开始于帝王登基后的第一年。在公元 2 世纪，托勒密提出了回溯到公元前 747 年的帝王及他们日期的列表。该列表被用作关联巴比伦年和更近代时代年的基础。还有其他的古代列表，该表可以将日期回溯到大约公元前 2000 年，虽然在早期的年精度较低。表 D.6 提供了巴比伦日历 10 年的示例。

表 D.6 巴比伦 Nebuchadnezzar Ⅱ在位首 10 年

年	儒略日期	月数	日数	闰月
Nebuchadnezzar 1	1500163.25	13	384	Adaru Ⅱ
Nebuchadnezzar 2	1500547.25	12	355	
Nebuchadnezzar 3	1500902.25	12	356	
Nebuchadnezzar 4	1501258.25	13	382	Ululu Ⅱ
Nebuchadnezzar 5	1501640.25	12	355	
Nebuchadnezzar 6	1501995.25	12	354	
Nebuchadnezzar 7	1502349.25	13	383	Adaru Ⅱ
Nebuchadnezzar 8	1502732.25	12	355	
Nebuchadnezzar 9	1503085.25	13	383	Adaru Ⅱ
Nebuchadnezzar 10	1503470.25	12	355	

由于特定的月的长度是未知的，执行这个日历日期与儒略日期的精确转换是不可能的。然而，一个基于任一给定年的月平均长度的算法可返回一个正确的儒略日期的接近值。表 D.7 是由本标准规定的用于描述古巴比伦历的元素使用的示例。

表 D.7　Nebuchadnezzar Ⅱ时间巴比伦历的描述

元　　素	值
TM_ReferenceSystem	
TM_ReferenceSystem. name	巴比伦历
TM_ReferenceSystem. domainOfValidity	西南亚
TM_Calendar. dateTrans 从巴比伦历日期(Y/M/D)转换到儒略日(J)的算法	$J=J_Y+\mathrm{INT}((M-1)(L/N))+D-1$ 其中: J_Y——Y 年尼撒月第一天的儒略日数(表中); M——月份数; L——该年的天数(表中); N——该年的月数(表中); D——该天是该月中的第几天数。
TM_Calendar. julTrans 从儒略日(J)转换到巴比伦历日期的算法	Y=表中尼撒月第一天的儒略日数(J_Y)小于 J 的最大值对应的年 $M=\mathrm{INT}((J-J_Y+1)/(L/N))$ $D=J-J_Y+1-\mathrm{INT}(M*(L/M))$
基础	
TM_CalendarEra. name	尼布甲尼撒二世
TM_CalendarEra. referenceEvent	尼布甲尼撒二世登上巴比伦王国王位
TM_CalendarEra. referenceDate	01,01,01
TM_CalendarEra. JulianReference	1721423.25
TM_CalendarEra. epochOfUse. begin	2087769
TM_CalendarEra. epochOfUse. end	2299160

D.3.5　全球定位系统历

全球定位系统(GPS)使用特殊的用于描述 GPS 有关数据的时间位置的日历和时钟。日期由周数(WN)确定,以开始于 1980 年 1 月 6 日午夜(00:00:00 UTC)的日历时代计算,日由在周中的顺序日数(DN)确定。两种情况(周数和日数)记数都从 0 开始。表 D.8 是由本标准规定的用于描述 GPS 历的元素的使用示例。

表 D.8　GPS 历描述

元　　素	值
TM_ReferenceSystem	
TM_ReferenceSystem. name	全球定位系统历
TM_ReferenceSystem. domainOfValidity	全球
TM_Calendar. dateTrans 转换日历日期(WN, DN)到儒略日期(J)的算法	$J=2\,444\,244.5+(7*WN)+DN$
TM_Calendar. julTrans 转换儒略日期(J)到日历日期(WN, DN)的算法	$DL=J-2\,444\,244.5$ $WN=\mathrm{INT}(DL/7)$ $DN=\mathrm{MOD}(DL,7)$
基础	
TM_CalendarEra. name	GPS 时代
TM_CalendarEra. referenceEvent	
TM_CalendarEra. referenceDate	0001,01
TM_CalendarEra. julianReference	244 424 4.5
TM_CalendarEra. epochOfUse. begin	244 424 4.5
TM_CalendarEra. epochOfUse. end	当前时刻

GPS时间系统是与众不同的，它以周的时间(TOW)而不是以日的时间规定表示秒的时钟时间。GPS一周包括604 800s。GPS时间与UTC不同有两个理由：GPS时间是连续标度的，而UTC是用增加闰秒与地球自转时间进行周期性调整的；相对于UTC，GPS时间是以一微秒级变化的。因此，GPS时间和UTC之间的转换算法是相当复杂的，且未被包括在本例中。

附 录 E
（资料性附录）
本标准中的类名中英文对照表

表 E.1 类名中英文对照表

英文名称	中文名称
TM_Object	TM_对象
TM_Primitive	TM_单形
TM_GeometricPrimitive	TM_几何单形
TM_TopologicalPrimitive	TM_拓扑单形
TM_Complex	TM_复形
TM_TopologicalComplex	TM_拓扑复形
TM_Instant	TM_时刻
TM_Period	TM_时段
TM_Order	TM_顺序
TM_Separation	TM_间隔
TM_TemporalPosition	TM_时间位置
TM_Position	TM_位置
TM_RelativePosition	TM_相对位置
TM_Duration	TM_持续时间
TM_OrdinalReferenceSystem	TM_顺序参照系
TM_ReferenceSystem	TM_参照系
TM_PeriodDuration	TM_时段持续时间
TM_IntervalLength	TM_间隔长度
TM_Node	TM_结点
TM_Edge	TM_边
TM_Calendar	TM_日历
TM_Clock	TM_时钟
TM_CalendarEra	TM_日历时代
TM_CalDate	TM_日历日期
TM_CoordinateSystem	TM_坐标系
TM_OrdinalEras	TM_顺序时代
TM_IndeterminateValue	TM_不确定值
TM_DateAndTime	TM_日期和时间
TM_OrdinalPosition	TM_时间顺序位置
GF_TemporalAttributeType	GF_时间属性类型
GF_FeatureType	GF_要素类型
TM_Event	TM_事件
TM_State	TM_状态

参考文献

[1] ALLEN J F. *Maintaining Knowledge about Temporal Intervals*. Communications of the ACM,1983,26:832-843.

[2] N DERSHOWITZ, E M REINGOLD. *Calendrical calculations*. Cambridge University Press,1997.

[3] L E DOGGETT. *Calendars* in P. K. SEIDELMANN(editor). Explanatory supplement to the astronomical almanac and the American ephemeris and nautical almanac, University Science Books, Sausalito,CA,USA,1992:575-608.

[4] D A HATCHER. *Simple formulae for Julian day numbers and calendar dates*. Journal of the Royal Astronomical Society,1984,25:53.

[5] D A HATCHER. *Generalized equations for Julian day numbers and calendar dates*. Journal of the Royal Astronomical Society,1985,26:151.

[6] International Telecommunications Union, ITU -R Recommendation TF. 686-1 (10/97), Glossary 1997.

[7] International Telecommunications Union, ITU-R Recommendation TF. 460-5 (10/97), Standard-frequency and time-signal emissions,1997.

[8] ISO 31-2:1992 Quantities and units—Part 2:Periodic and related phenomena.

[9] ISO 19104[2] Geographic information—Terminology.

[10] C. S. JENSEN, et al. *A consensus glossary of temporal data base concepts*, ACM SIGMOD Records 1994, Vol. 23 Also available as consGlos. ps from ftp://ftp. cs. arizona. edu/tsql/doc/.

[11] Object Management Group. *OMG Unified Modeling Language Specification. version* 1. 3,1999, Available from World Wide Web at http://www. omg. org/cgi-bin/doc? ad/99-06-08.

[12] F PARISE. *The book of calendars*. Facts on file. New York 1982.

[13] J P PARISOT. *Additif to the paper of H. A. Hatcher*. Journal of the Royal Astronomical Society,1986,27:506.

[14] E G RICHARDS. *Mapping Time: The calendar and its history*. Oxford University Press,1998.

[15] 中国大百科全书出版社编辑部,中国大百科全书总编辑委员会《天文学》编辑委员会. 中国大百科全书:天文学[M/CD]. 1.1版. 中国大百科全书出版社.

2) 即将出版。

ICS 67.260
X 99

GB

中华人民共和国国家标准

GB/T 22023—2008

液体食品超高温瞬时灭菌(UHT)设备验收规范

Acceptance specification of ultra high temperature sterilizing equipment for liquid food

2008-06-03 发布　　2008-11-01 实施

中华人民共和国国家质量监督检验检疫总局
中国国家标准化管理委员会　发布

前　言

本标准的主要技术指标参考了美国食品药品管理局(FDA)标准、巴氏细菌手册以及国际乳品联合会(IDF/FIL)相关技术文件。

本标准的附录A为规范性附录。

本标准由中国标准化协会提出并归口。

本标准主要起草单位:温州天宇轻工机械有限公司、江苏新美星包装机械有限公司、中国标准化协会、利乐(中国)有限公司、南京乐惠轻工装备制造有限公司。

本标准主要起草人:李世元、项建胜、徐艳秋、何德平、罗昉、黄东宁、张国宏、李书良、蔡林昌。

本标准为首次发布。

引　言

随着液体食品市场需求量的不断增长，企业只有不断扩大生产规模，才能满足市场需求。增加购置液体食品包装设备的数量是其措施之一。

超高温瞬时灭菌(UHT)设备是液体食品无菌包装系统中必不可少的配套设备，也是控制和保障生产过程质量的关键设备。

为了维护企业和消费者双方的利益，保证液体食品的质量和安全制定本标准。

液体食品超高温瞬时灭菌(UHT)设备验收规范

1 范围

本标准规定了低酸性液体食品超高温瞬时灭菌(UHT)设备的分类、组成、验收准备、验收要求、检测方法和质量判定及处理。

本标准适用于与液体食品的无菌包装以及其他灌装设备配套使用的超高温瞬时灭菌(UHT)设备。本标准也适用于适当调整灭菌温度和保温时间后酸性食品的灭菌。

2 规范性引用文件

下列文件中的条款通过本标准的引用而成为本标准的条款。凡是注日期的引用文件,其随后所有的修改单(不包括勘误的内容)或修订版均不适用于本标准,然而,鼓励根据本标准达成协议的各方研究是否可使用这些文件的最新版本。凡是不注日期的引用文件,其最新版本适用于本标准。

GB 150 钢制压力容器

GB/T 3768 声学 声压法测定噪声源声功率级 反射面上方采用包络测量表面的简易法(GB/T 3768—1996,eqv ISO 3746:1995)

GB/T 4789.4 食品卫生微生物学检验 沙门氏菌检验

GB/T 4789.5 食品卫生微生物学检验 志贺氏菌检验

GB/T 4789.10 食品卫生微生物学检验 金黄色葡萄球菌检验

GB/T 4789.11 食品卫生微生物学检验 溶血性链球菌检验

GB/T 4789.26 食品卫生微生物学检验 罐头食品商业无菌的检验

GB 4806.1 食品用橡胶制品卫生标准

GB 5226.1 机械安全 机械电气设备 第1部分:通用技术条件(GB 5226.1—2002,IEC 60204-1:2000,IDT)

GB/T 14253 轻工机械通用技术条件

GB 14930.1 食品工具、设备用洗涤剂卫生标准

GB 14930.2 食品工具、设备用洗涤消毒剂卫生标准

GB/T 19063—2003 液体食品包装设备验收规范

3 术语和定义

GB/T 19063—2003 中第3章确立的以及下列术语和定义适用于本标准。

3.1

超高温瞬时灭菌 ultra high temperature sterilization;UHT

采用高温、短时间,使液体食品中的有害微生物致死的灭菌方法。该法不仅能最大程度的保持食品风味和营养成分,还能将具有耐热芽孢的形成菌及孢子等有害微生物杀死。灭菌温度一般为130 ℃~150 ℃。灭菌时间一般为3 s~5 s。

3.2

液体食品 liquid food

液体、带颗粒液体、浆体等可以在管道中流动的食品。

[GB/T 19063—2003,定义3.1]

3.3

无菌包装　aseptic package

将经过灭菌的液体食品在无菌条件下包装、密封在经过灭菌的容器中，使食品在保质期内能在常温下运输和存放。

［GB/T 19063—2003，定义3.3］

3.4

故障停机　breakdown

因设备的机械、电器故障或由其引起的包装材料，包装容器的破裂、堵塞等原因引起的停机。

［GB/T 19063—2003，定义3.5］

3.5

商业无菌　commereial sterilization

在被包装的液体食品中不含致病菌、不含常温下能增殖的微生物。

［GB/T 19063—2003，定义3.6］

3.6

低酸性液体食品　low acid liquid food

除酒精饮料以外，杀灭菌后平衡pH大于4.6的液体食品。

［GB/T 19063—2003，定义3.7］

3.7

酸性液体食品　acid liquid food

灭菌后平衡pH小于等于4.6的液体食品。

［GB/T 19063—2003，定义3.8］

3.8

原位清洗　clean in place；CIP

不拆卸设备或元件，在密闭的条件下，用一定温度和浓度的清洗液对被清洗装置加以强力作用，使与食品接触的表面洗净的方法，也称为就地清洗。

3.9

原位杀菌　sterilization in place；SIP

不拆卸设备或元件，在密闭的条件下，用一定温度和浓度的杀菌介质，或用蒸汽、热水、过热水对被杀菌表面进行强力作用而达到杀菌要求。

4　UHT设备分类

按液体食品加热方式和热源的分类见表1。

表1　UHT设备分类

加热方式		热源
直接加热	间接加热	
蒸汽喷射法 蒸汽混合法	板式、直管式 盘管式、刮板式	蒸汽加热、过热水加热、 电加热、远红外加热、 微波加热、欧姆加热等

5　UHT设备组成

5.1　直接加热方式

5.1.1　蒸汽喷射法

主要由物料储存罐、预热器、蒸汽喷射器和闪蒸罐组成；系统实现自动程序控制。

5.1.2 蒸汽混合法

主要由物料储存罐、预热器、蒸汽灭菌器和闪蒸罐组成;系统实现自动程序控制。

5.2 间接加热方式

主要由物料储存罐、换热器、保温管、过热水制备装置和管路组成;系统实现自动程序控制。

6 验收准备

6.1 UHT 设备供货方

6.1.1 在含有压力容器的 UHT 设备系统出厂时,供货方应向用户提供符合 GB 150 中规定的受压元件竣工图、产品质量证明书和产品安全质量监察检验证书。

6.1.2 完成 UHT 设备的安装,调试和试运转。

6.1.3 培训 UHT 设备用户方人员,使其了解 UHT 设备的工作原理、设备构造、工作程序、参数设定和调节,达到能独立进行设备的操作和一般故障排除。

6.1.4 UHT 设备单独验收时提供附录 A 规定的无菌储存罐及取样装置。

6.1.5 会同 UHT 设备用户方商定是否具备验收条件。

6.2 UHT 设备用户方

6.2.1 含有压力容器的 UHT 设备系统,使用单位应建立《压力容器技术档案》,UHT 设备投入使用前应向当地相关安全管理部门登记。

6.2.2 完成与 UHT 设备配套的水、电、气和蒸汽的供应。

6.2.3 生产场地应符合国家相应的卫生规范。

6.2.4 按表 2 规定,提供验收用的被包装液体食品原料。

表 2 低酸性液体食品原料的卫生要求

细 菌 种 类		无 菌 包 装
细菌总数/(CFU/mL)	≤	5×10^5
芽孢菌/(CFU/mL)	≤	5×10^2

6.2.5 会同 UHT 设备供应方商定是否具备验收条件。

7 验收要求

UHT 设备验收应符合 GB/T 14253 中的基本要求,并满足以下诸项。

7.1 UHT 设备配置验收

7.1.1 UHT 设备的组成应符合第 5 章中的规定。

7.1.2 UHT 设备自动控制装置的最低要求应具备:配置 PLC 程序逻辑控制系统,对影响液体食品安全的关键温度检测点应具有双仪表检测功能,即具备一次温度指示计和温度记录仪,温度记录仪的录入时间间隔≤200 ms。检测和记录的温度是过热水的温度、保温管末端温度、UHT 出口温度和产品回流温度。保温管末端温度计的最小计量刻度为 0.5 ℃。

7.1.3 管式 UHT 设备的管子应朝着液体食品流动方向呈 1/100 倾斜。管子与管子之间的连接件应采用细菌性密封。

7.1.4 UHT 设备主机和管道密封垫质量应符合 GB 4806.1 中的规定。

7.1.5 UHT 设备应具有自动 SIP 和 CIP 程序。

7.1.6 物料储存罐和脱气罐的液体食品输出泵应具有变频调速功能,于物料泵后的管道上设置流量计。

7.2 外观验收

7.2.1 UHT 设备外表面应光滑、无棱角,不应有油污等不清洁黏附物,不应有划痕、凹陷、毛刺、锈斑等缺陷。与液体食品接触的不锈钢板和管,其表面粗糙度 Ra 值不得大于 1.6 μm,非液体食品接触表面的粗糙度 Ra 值不得大于 3.2 μm。

7.2.2 焊缝处不应有变色、针孔、残渣，焊缝表面应平整、光滑、完好。

7.2.3 UHT 设备充满物料时各个连接部位和处于关闭状态的阀门不应有渗漏。

7.2.4 UHT 设备的连接件部分应密封并卫生，不应存在凹陷、突起、缺口、裂缝及死角。

7.2.5 螺钉、铆钉等紧固件应尽量避免。如果技术条件或功能上不可避免，则应为可清洗和可以消毒的。

7.3 安全性验收

7.3.1 UHT 设备的电气系统应符合 GB 5226.1 有关电气系统安全的规定。

7.3.2 电压波动(指 UHT 设备用户方提供的电网电压与设备规定电压的差别)，在 UHT 设备规定电压的＋5%～－10% 范围内设备能正常工作。

7.3.3 各个强电接点对地或对电源 0 点和开关断开时相互间的绝缘电阻应≥1 MΩ。

7.3.4 控制柜的门未关闭时不能开机，调试开机时应有声、光等警示。

7.3.5 UHT 设备的外露运动部件应有安全防护装置。

7.3.6 UHT 设备的操作、调节部位距离地面高度超过 1.8 m 时，应设立架空通道。架空通道的高度超过 1.2 m 时、两侧应有护拦，护拦高度不低于 1 050 mm。

7.3.7 UHT 设备工作时，表面温度超过 80 ℃的部位应加以防护，或有明显的警示标志。

7.3.8 UHT 设备工作时，产生的有毒、刺激性、强氧化性气体或挥发物应排到工作厂房以外，并实施无害化处理。

7.3.9 UHT 设备运行时，其噪声不应超过 80 dB(A)。

7.3.10 UHT 设备用洗涤剂应符合 GB 14930.1 中规定的卫生标准。

7.3.11 UHT 设备用洗涤消毒剂应符合 GB 14930.2 中规定的卫生标准。

7.4 连续工作稳定性验收

7.4.1 稳定性验收时，除去允许用软水代替被包装液体食品外，其他所有条件都按正常生产条件进行。水中氯离子的含量应＜25 mg/L。

7.4.2 连续开机 8 h(不包括 UHT 设备清洗、预灭菌所需时间)，故障停机次数不应超过 1 次，因排除故障而造成的停机时间不应超过 5 min。

7.4.3 测试产品在最大负荷条件下运转的稳定性和可靠性。

7.4.4 检验在不同生产能力下 UHT 设备的工作质量。检查电动机的温升、检查运行程序的可靠性，检查水、电、蒸汽的消耗量应达到合同规定的指标。

7.4.5 连续运行中，随时观察物料保温段末端温度计的显示，其数值应与温度记录仪所显示的温度一致，并与设定的灭菌温度之偏差≤0.5 ℃。

7.4.6 所有接头、阀门不应出现破裂、渗漏，所有管道不应出现变形。

7.5 生产性验收

7.5.1 生产稳定性检验

将 UHT 设备与灌装机连接，按正常生产条件进行试验。

7.5.1.1 连续开机 8 h(不包括设备清洗、预灭菌所需时间)，因 UHT 设备故障而导致的故障停机次数不得超过 1 次，因排除故障而造成的停机时间不得超过 5 min。

7.5.1.2 连续运行中，随时观察物料保温段末端温度的显示，其数值应与温度记录仪所显示的温度一致，并与设定的灭菌温度之偏差≤0.5 ℃。

7.5.2 灭菌效果检验

7.5.2.1 UHT 设备单独验收

按附录 A 中规定进行。

7.5.2.2 UHT 设备和灌装设备联合验收

UHT 设备与灌装机连接，所有条件都按正常生产条件进行。按 GB/T 19063—2003 中 6.4.4 的规定进行验收。

8 检测方法

8.1 噪声检测

按 GB/T 3768 中的规定进行噪声级检测。

8.2 电气系统安全性检测

按 GB 5226.1 中的规定进行相关检测。

8.3 液体食品卫生微生物检测

8.3.1 按 GB/T 4789.4 中的规定进行沙门氏菌检测。

8.3.2 按 GB/T 4789.5 中的规定进行志贺氏菌检测。

8.3.3 按 GB/T 4789.10 中的规定进行金黄色葡萄球菌检测。

8.3.4 按 GB/T 4789.11 中的规定进行溶血性链球菌检测。

8.4 UHT 设备检测

8.4.1 按附录 A 中的规定进行 UHT 设备试验检测。

8.4.2 按 GB/T 4789.26 中的规定进行 UHT 设备所包装的液体食品的微生物增殖检测。

9 设备质量判定及处理

9.1 UHT 设备单独验收:所有检验项目全部合格时,则 UHT 设备判定为合格。

9.2 UHT 设备和灌装设备联合验收:所有检验项目全部合格时,则 UHT 设备和灌装设备同时判定为合格。

9.3 低酸性液体食品用 UHT 设备单独验收:如若 8.3 中有一项以上(含一项)达不到要求,则 UHT 设备判定为不合格。

9.4 酸性液体食品用 UHT 设备单独验收:如若 8.3 中仅有一项芽胞菌数量达不到要求,则 UHT 设备判定为合格。

9.5 部分检验项目不合格时,由设备提供方对设备调整后,进行再次检验,检验合格后,设备通过验收。

9.6 经过三次补充验收如若仍不能达到所有检验项目全部合格时,则设备不能通过验收。

附 录 A
（规范性附录）
超高温瞬时灭菌(UHT)设备单独验收

A.1 设备配置

UHT设备制造厂商自备无菌储罐和取样装置一套，无菌储罐的有效容积为100 L。无菌储罐和取样装置的所有权属制造厂商。

无菌储罐和取样装置应符合如下基本要求：

a) 能随UHT设备进行清洗和杀菌。

b) 能进行多次取样，并不会造成UHT系统中物料和所取样品的二次污染。

c) 能自行保温或移至有保温条件的场所进行保温。

A.2 取样方法

A.2.1 UHT设备和灌装机连接，将UHT出口温度调整到该产品灌装的温度，连续开机1 h，设备开停机及开机后每隔20 min为取样时间，取样总量为100 L。

A.2.2 按照无菌取样法，从经过保温后的无菌罐中，提取500 mL样品作为一个样本。

A.2.3 从液体食品原料中提取500 mL进行－18 ℃冷藏以作对照。

A.3 样品保温

样品按表A.1规定的时间和温度进行保温。

表 A.1 样品保温时间和温度

液体食品种类	温度/℃	时间/天
低酸性液体食品	36±1	10
酸性液体食品	30±1	10

A.4 检测方法

A.4.1 用于致病菌检验的样品直接送交检测。

A.4.2 用于细菌增殖检验的样品，按照食品卫生微生物检测方法逐一进行检测。

A.5 微生物指标

A.5.1 无菌包装时致病菌检测取两个样本，其合格判定数 $Ac=0$，不合格判定数 $Re=1$。

A.5.2 细菌增殖指标要达到商业无菌要求。

A.5.3 致病菌和细菌增殖指标检测样品中有一项不合格，即判定为不合格。

ICS 71.100.20
G 86

中华人民共和国国家标准

GB/T 22024—2008

气雾剂级正丁烷(A-17)

Aerosol grade n-butane(A-17)

2008-06-19 发布　　　　2009-02-01 实施

中华人民共和国国家质量监督检验检疫总局
中国国家标准化管理委员会　发布

前言

本标准的附录 A 为规范性附录，附录 B 为资料性附录。

本标准由中国标准化协会提出并归口。

本标准主要起草单位：浙江蓝天环保高科技股份有限公司、上海艾洛索化工技术研究所、深圳彩虹精细化工股份有限公司、上海西西爱尔气雾推进剂制造与罐装有限公司、广东莱雅化工有限公司、中国标准化协会、上海大造气雾剂有限公司。

本标准主要起草人：史婉君、李宏、李世元。

本标准参加起草人：陆汝秀、方小青、蒋巾、吴友年、李企真、杨箭、金国文、楼月瑛。

本标准首次发布。

气雾剂级正丁烷(A-17)

1 范围

本标准规定了气雾剂级正丁烷的要求、试验方法、检验规则以及标志、包装、运输、贮存和安全的要求。

本标准适用于以含正丁烷的原料,经过一定工艺处理得到的正丁烷,该产品主要用作气雾推进剂。

分子式:$CH_3(CH_2)_2CH_3$

相对分子质量:58.12(按2001年国际相对原子质量)

2 规范性引用文件

下列文件中的条款通过本标准的引用而成为本标准的条款。凡是注日期的引用文件,其随后所有的修改单(不包括勘误的内容)或修订版均不适用于本标准,然而,鼓励根据本标准达成协议的各方研究是否可使用这些文件的最新版本。凡是不注日期的引用文件,其最新版本适用于本标准。

GB 190 危险货物包装标志

GB/T 601 化学试剂 标准滴定溶液的制备

GB/T 603 化学试剂 试验方法中所用制剂及制品的制备

GB/T 1250 极限数值的表示方法和判定方法

GB/T 6681—2003 气体化工产品采样通则

GB/T 6682 分析实验室用水规格和试验方法(GB/T 6682—2008,ISO 3696:1987,MOD)

GB/T 10670 工业用氟代甲烷中微量水分的测定 电解法

GB/T 11141 轻质烯烃中微量硫的测定 氧化微库仑法

GB 14193 液化气体气瓶充装规定

SY/T 7509 液化石油气残留物测定法

3 要求

3.1 性状

无色透明液体,不混浊和无异臭。

3.2 质量

应符合表1中规定。

表1 气雾剂级正丁烷质量

项目		指标
正丁烷的质量分数/%	≥	95.0
乙烷的质量分数/%	≤	0.1
丙烷的质量分数/%	≤	1.0
异丁烷的质量分数/%	≤	4.0
总不饱和烃的质量分数/%	≤	0.01
水的质量分数/%	≤	0.005
硫含量/(μg/mL)	≤	3
残留物(38 ℃)/(mL/100 mL)	≤	0.05
蒸气压(21.1 ℃)/MPa		0.11~0.13

4 试验方法

所用试剂和水在没有注明其他要求时，均指确认为分析纯的试剂和 GB/T 6682 中规定的三级水。

所用标准溶液、制剂及制品，在没有注明其他要求时，均按 GB/T 601 和 GB/T 603 规定制备。

4.1 性状

取未沸腾的冷却试样 10 mL 于内径 15 mm 的试管内，用干燥的布擦干试管外壁附着的霜或湿气，横向透视观察试样颜色及有无混浊。然后将试样稍稍加温，使其稍有沸腾，检查蒸气有无异臭。

4.2 各烷烃的含量和总不饱和烃的含量测定

4.2.1 方法提要

用气相色谱法，在选定的色谱条件下，试样经气化通过色谱柱，使其中的各组分分离，用火焰离子化检测器检测，面积归一化法计算各烷烃的含量和总不饱和烃的含量。

4.2.2 试剂

4.2.2.1 氮气：体积分数大于 99.995%；

4.2.2.2 氢气：体积分数大于 99.995%；

4.2.2.3 空气：经硅胶或分子筛干燥、净化；

4.2.2.4 丙酮；

4.2.2.5 β,β′-氧二丙腈，色谱纯；

4.2.2.6 白色硅胶担体，粒径(180～250)μm。

4.2.3 仪器

4.2.3.1 气相色谱仪：配有火焰离子化检测器(FID)。以苯为试样，整机灵敏度要求检出限 $D \leqslant 1\times10^{-11}$ g/s。

4.2.3.2 色谱柱

4.2.3.2.1 填充柱：3m×3mm(内径)不锈钢或其他适宜材料的柱，固定液为β,β′-氧二丙腈，载体为白色硅胶担体。

4.2.3.2.1.1 固定相制备：称取β,β′-氧二丙腈 1 g 置于烧杯中，用丙酮溶解，然后加入色谱硅胶 20 g，搅匀，置红外灯下，在经常搅拌中烘干备用；

4.2.3.2.1.2 色谱柱的装填及装入量：将色谱柱管的一端用少许玻璃棉或铜网堵塞，并将该端与抽气系统连接，在轻轻的振动下，将固定相从另一端通过漏斗装入色谱柱(装填量约 4 g/m)；

4.2.3.2.1.3 色谱柱的老化：在通入载气(氮气，流量 15 mL/min)下升温至 95 ℃，老化 8 h。

4.2.3.2.2 毛细管柱：PLOT-Al_2O_3，50 m×0.53 mm(内径)×15.0 μm。

4.2.3.3 记录仪：色谱工作站或色谱数据处理机。

4.2.3.4 取样钢瓶：单阀或双阀型小钢瓶，工作压力大于 3.0 MPa。

4.2.3.5 采样导管：干燥的铜管，长约 50 cm，内径约 4 mm。

4.2.3.6 进样器：1.0 mL 气密型注射器或自动进样阀、微量液体进样阀。

4.2.4 色谱分析条件

推荐的色谱操作条件见表 2。各烷烃含量、总不饱和烃含量典型色谱图和相对保留值见附录 A、正丁烷和各组分的相对校正因子参见附录 B。其他能达到同等分离程度(填充柱难分离物质对异丁烷和正丁烷 $R \geqslant 1.5$)的色谱柱和色谱条件均可使用。

4.2.5 分析步骤

启动气相色谱仪，按表 2 中所列色谱操作条件调试仪器，稳定后准备进样分析。

倒置取样钢瓶，打开液相口阀门，调节合适的流量，用进样器从取样钢瓶液相口中抽取试样数次或连续吹扫进样器并排空，取液相汽化样进样分析；或用微量液体进样阀进样分析。以面积归一化法定量。

表 2 推荐的色谱柱和色谱的操作条件

项目	填充柱 β,β'-氧二丙腈	毛细管柱 PLOT-Al_2O_3
柱温/℃	25～40	初始温度 80 ℃保持 2 min,以 5 ℃/min 升温到 150 ℃保持 5 min
汽化室温度/℃	120	250
检测室温度/℃	150	250
进样量/mL	0.5	0.2～0.6
载气(N_2)平均线速/(cm/s)	—	39
载气(N_2)流量/(mL/min)	17	—
氢气流量/(mL/min)	28	30
空气流量/(mL/min)	400	300
分流比	—	1∶40

4.2.6 结果计算

4.2.6.1 正丁烷的质量分数 w_1,数值以%表示,按式(1)计算:

$$w_1 = \frac{A_1}{\sum A_i} \qquad (1)$$

式中:

A_1——正丁烷的峰面积;

$\sum A_i$——各组分的峰面积之总和。

取两次平行测定结果的算术平均值为测定结果。

4.2.6.2 乙烷的质量分数 w_2,数值以%表示,按式(2)计算:

$$w_2 = \frac{A_2}{\sum A_i} \qquad (2)$$

式中:

A_2——乙烷的峰面积;

$\sum A_i$——各组分的峰面积之总和。

取两次平行测定结果的算术平均值为测定结果,两次平行测定结果的相对偏差不大于 20%。

4.2.6.3 丙烷的质量分数 w_3,数值以%表示,按式(3)计算:

$$w_3 = \frac{A_3}{\sum A_i} \qquad (3)$$

式中:

A_3——丙烷的峰面积;

$\sum A_i$——各组分的峰面积之总和。

取两次平行测定结果的算术平均值为测定结果,两次平行测定结果的绝对差值不大于 0.1%。

4.2.6.4 异丁烷的质量分数 w_4,数值以%表示,按式(4)计算:

$$w_4 = \frac{A_4}{\sum A_i} \qquad (4)$$

式中:

A_4——异丁烷的峰面积;

$\sum A_i$——各组分的峰面积之总和。

取两次平行测定结果的算术平均值为测定结果,两次平行测定结果的绝对差值不大于 0.1%。

4.2.6.5 总不饱和烃的质量分数 w_5，数值以%表示，按式(5)计算：

$$w_5 = \frac{\sum A_5}{\sum A_i} \qquad (5)$$

式中：

$\sum A_5$ ——不饱和烃的峰面积之和；

$\sum A_i$ ——各组分的峰面积之和。

取两次平行测定结果的算术平均值为测定结果。

当总不饱和烃的质量分数≤0.01%时，两次平行测定结果的相对偏差不得大于20%。

当总不饱和烃的质量分数>0.01%时，两次平行测定结果的相对偏差不得大于15%。

4.2.7 正丁烷质量分数的重复性

在同一实验室，由同一操作者使用相同设备，按相同的测试方法对同一被测试样相互独立进行测试获得的两次独立测试结果的绝对差值不大于0.10%，以大于0.10%的情况不超过5%为前提。

4.2.8 以毛细管柱色谱法作为仲裁法。

4.3 水分的测定

4.3.1 卡尔-费休库仑电量法

4.3.1.1 方法提要

试样中的水分与电解液中的碘、二氧化硫发生如下定量反应：

$H_2O + I_2 + SO_2 \longrightarrow SO_3 + 2HI$

$2I^- \longrightarrow I_2 + 2e$

参加反应的碘分子数等于水的分子数，而电解生成的碘与所消耗的电量成正比，根据法拉第定律，用测量消耗的电量得出水的量。

4.3.1.2 仪器

4.3.1.2.1 库仑电量水分测定仪：配有阳极室、阴极室、电解电极、双铂检测电极等，其他能满足分析要求的微量水分测定仪也可使用；

4.3.1.2.2 取样钢瓶：同4.2.3.4；

4.3.1.2.3 采样导管：同4.2.3.5；

4.3.1.2.4 进样器：干燥的不锈钢管，长约50 cm，内径约0.5 mm；或进样针头，针长(150～200)mm，内径(0.5～0.7)mm；

4.3.1.2.5 电子天平：最大称样量不小于3 000 g，感量为0.01 g。

4.3.1.3 试剂

与库仑电量水分测定仪配套的电解液(市售试剂)。

4.3.1.4 分析步骤

加入电解液，调节库仑电量水分测定仪，进行预滴定，使电解池内达到无水状态准备进样。

称量盛有试样的带进样器的取样钢瓶，精确至0.01 g，并将进样器插到阳极室底部，打开取样钢瓶液相出口阀，进样速率以进样器附近不结露水为宜[保持速率在(2～3)g/min]，进样总量约10 g左右，进样完毕后，关闭阀门拔出进样器，再次称量带进样器的取样钢瓶质量，精确至0.01 g。进样结束后，立即进行电量滴定，在库仑电量水分测定仪数字显示屏上直接读取水的质量或水分。

4.3.1.5 结果计算

水分以质量分数 w_6 计，数值以%表示，按式(6)计算：

$$w_6 = \frac{m_0}{m_1 - m_2} \qquad (6)$$

式中：

m_0——试样中水的质量的数值，单位为克(g)；

m_1——进样前取样钢瓶和试样的质量的数值，单位为克(g)；

m_2——进样后取样钢瓶和试样的质量的数值，单位为克(g)。

取两次平行测定结果的算术平均值为测定结果，两次平行测定结果之差不得大于0.000 3%。

4.3.2 电解法

按GB/T 10670的规定进行。

4.3.3 以卡尔-费休库仑电量法作为仲裁法。

4.4 硫含量的测定

4.4.1 分析步骤

按GB/T 11141规定的方法进行。

以丁基硫为标准物质配制有机硫标准溶液，硫含量约为5 μg/mL。或相当的市售标准溶液。

4.4.2 结果计算

硫的质量分数 w_7 数值以微克每毫升(μg/mL)表示，按式(7)计算：

$$w_7 = \frac{X}{VF} \quad \cdots\cdots(7)$$

式中：

X——微库仑计滴定出的硫含量的数值，单位为微克(μg)；

F——硫回收率的数值，以%表示；

V——试样的体积的数值，单位为毫升(mL)。

取两次平行测定结果的算术平均值为测定结果，两次平行测定结果相对偏差不得大于40%。

4.5 残留物的测定

按SY/T 7509的规定进行。量取试样100 mL，在38 ℃的水浴温度下测试。

警告——正丁烷是易燃物质，进行该试验时要求在通风柜内操作，附近禁止有明火源；为防止可能产生的静电，应适当控制进样速度。

4.6 蒸气压的测定

4.6.1 仪器

4.6.1.1 蒸气压测试仪

带有压力表，下室，上室，排出阀，排出接头(与上室相连)，进口阀(与下室相连)，直通阀(上下气室间的切断阀)，压力表接头。

4.6.1.1.1 静压试验要求

蒸气压测试仪出厂时静压试验要求应达到在7 000 kPa静表压下无永久性的变形。

4.6.1.1.2 无渗漏要求

新仪器在使用前应充入空气进行无渗漏检验，也可用天然气、氮气或其他类似气体至表压3 500 kPa，然后完全浸入水浴中，检验是否渗漏。以后在必要时也应如此检验。只有经检验无渗漏的仪器方可使用。

4.6.1.1.3 压力表

推荐的压力表规格见表3。所用的压力表应准确，当压力表校正误差超过刻度范围2%时，则不能使用。

表3 推荐的压力表规格

试样蒸气压/kPa	压力表规格/kPa		
	刻度范围	最大数字间隔	最大分刻度
≤655	0～700	70	3.5
620～1 730	0～2 000	175	7
1 660～3 460	0～3 500	350	35

4.6.1.1.4 压力表:0.4 级标准压力表,直径为 150 mm,具有 6 mm 阳螺纹连接头;对于进口压力表要求为试验级,直径 114 mm～140 mm,压力表的范围和刻度应按试样的蒸气压大小来选择使用。所用的压力表必须准确。当压力表校正误差超过刻度范围 2%时,则不能使用。

4.6.1.2 采样导管:同 4.2.3.5。

4.6.1.3 恒温水浴

恒温水浴应带有自动搅拌和温度自动调节系统,能满足试验温度在 50 ℃或低于 50 ℃时维持±0.1 ℃;试验温度高于 50 ℃时维持±0.3 ℃的要求。其尺寸大小应满足当蒸气压测试仪垂直浸入水浴时,水应浸过排出阀。

4.6.2 分析步骤

4.6.2.1 取样

用采样导管连接取样口和测试仪进口阀接口,上下气室间的切断阀保持开启状态。打开取样阀和测试仪进口阀。缓慢打开测试仪排出阀,观察到有液相样品排出后,关闭测试仪样品进出口阀。倒置测试仪,打开排出阀,排尽全部样品后关闭排出阀并加上帽盖。重新打开进口阀,使液相样品充满测试仪,倒置测试仪,关闭测试仪进口阀,同时关闭取样口阀门,断开取样管与测试仪的连接。在倒置状态下关闭上下气室间的切断阀,恢复正置状态并打开测试仪进口阀,排出下气室内的全部液相样品,关闭进口阀并加上帽盖。打开上下气室间的切断阀,完成样品取样。

4.6.2.2 压力测试

将取完样的测试仪倒转剧烈振摇,再使测试仪回到原来的垂直位置,把测试仪浸入温度为 21.1 ℃的恒温水浴中,除压力表外,其他部位都应浸入水浴液面以下,每隔 5 min 读取压力值,并取出轻轻摇动测试仪,重新放入测试仪,直至压力值稳定,该稳定值即为样品在设定温度下的压力测量值(表压)。

在整个测试过程中,如发现测试仪有渗漏现象(有连续的气泡),应停止测试,放掉试样,测试仪修理后重新取样测试。

测试结束后,及时放掉测试仪中试样,以免腐蚀设备。

4.6.3 计算

4.6.3.1 校正"未校正试样蒸气压"的压力表误差。

4.6.3.2 将 4.6.3.1 校正后的试样蒸气压换算到标准大气压 101.3 kPa 时的试样蒸气压 P(kPa),按式(8)计算:

$$P = P_1 - (101.3 - P_2) \qquad \cdots\cdots(8)$$

式中:

P_1——压力表校正后的试样蒸气压(由 4.6.3.1 得到),单位为千帕(kPa);

P_2——环境大气压,单位为千帕(kPa)。

5 检验规则

5.1 本标准规定的所有项目均为型式检验项目。各烷烃含量、水分、总不饱和烃含量、蒸气压(21.1 ℃)作为出厂检验项目。在正常生产情况下,每月至少进行一次型式检验。

5.2 气雾剂级正丁烷应由生产厂质量检验部门进行检验,生产厂应保证每批出厂产品符合本标准要求。每批出厂的产品都应附有一定格式的质量证明书,内容包括:产品名称、产品型号、生产厂名和厂址、生产日期或批号、本标准编号。

5.3 使用单位可按本标准的规定对收到的气雾剂级正丁烷在一个月内完成质量验收。

5.4 气雾剂级正丁烷贮槽装产品以一贮槽产品量为一批,钢瓶装产品以不大于 45 t 为一批。

5.5 气雾剂级正丁烷的采样

取样钢瓶为双阀型,符合 GB/T 6681—2003 中 7.10 的要求,取样钢瓶工作压力大于 3.0 MPa。

采样方法按 GB/T 6681—2003 中 7.10 的规定进行。取样钢瓶和取样导管应经真空干燥,样品应以液相进入取样钢瓶。

钢瓶包装的产品的采样单元数见表 4。采样总量不少于 800 g。取样钢瓶贴上标签，注明产品名称、产品型号、批号、取样日期及取样人的姓名，供检验用。

允许生产厂在使用非重复性或一次性包装出厂产品时，在产品包装前采样。

表 4　钢瓶包装气雾剂级正丁烷的采样单元数

产品包装单元数/瓶				抽样数量/瓶
400 kg 以上包装规格	(400～100)kg 包装规格	(100～1)kg 包装规格	1 kg 以下包装规格	
3 以下	5 以下			1
4～10	6～20	100 以下	500 以下	2
11～20	21～50	101～500	501～1 000	3
20 以上	51～100	501～1 000	1 001～5 000	5
	100 以上	1 001～5 000	5 001～10 000	10
		5 000 以上	10 001 以上	20

5.6　检验结果的判定按 GB/T 1250 中修约值比较法进行。检验结果如有一项指标不符合本标准要求时，钢瓶装产品应重新自两倍的包装单元中采样进行检验，贮槽装产品应重新多点采样进行检验。重新检验的结果即使只有一项指标不符合本标准要求，则整批产品为不合格。

6　标志、包装、运输、贮存

6.1　气雾剂级正丁烷包装容器上应有牢固清晰的标志，内容包括产品名称、商标、产品型号、生产厂名、厂址、净含量、批号、本标准代号和 GB 190 规定的“易燃”标志。

6.2　气雾剂级正丁烷应用专用的正丁烷包装钢瓶包装，重复使用的钢瓶外涂棕色油漆，字体为白色，打上钢印号、钢瓶皮重；非重复使用的钢瓶外涂橙色油漆。

6.3　钢瓶充装时应符合 GB 14193 的规定，正丁烷充装系数不大于 0.51 kg/L。

6.4　首次使用的钢瓶必须确保钢瓶内干燥与清洁；对重复使用的钢瓶，在产品使用后钢瓶内应保持正压。

6.5　装有气雾剂级正丁烷的钢瓶为带压容器，在装卸运输过程中要保持通风，必须扣好安全帽，严禁撞击、拖拉、摔落和直接曝晒，远离明火。钢瓶运输应符合中华人民共和国铁路、公路对危险货物运输的有关规定。

6.6　气雾剂级正丁烷的贮存

气雾剂级正丁烷应贮存在通风、阴凉、干燥的地方，仓贮温度不宜超过 30 ℃；应与氧气、压缩空气、氧化剂等分开存放；不得靠近热源，严禁日晒雨淋。

贮存间内的照明、通风等设施应采用防爆型，开关设在仓外；贮存间必须有严禁烟、火的警示牌；有防火防爆技术措施，禁止使用易产生火花的机械设备和工具，配备相应品种和数量的消防器材。

7　安全

7.1　气雾剂级正丁烷属易燃气体。与空气混合能形成爆炸性混合物，遇明火、高热能引起燃烧爆炸。

7.2　气雾剂级正丁烷属低毒类化学品。健康危害主要表现为麻醉和弱刺激。急性中毒主要表现为头痛、头晕、嗜睡、恶心、酒醉状态，严重者可出现昏迷；慢性影响出现头痛、头晕、睡眠不佳、易疲倦等症状；当出现上述症状时，应及时从现场撤离。

7.3　当环境中气雾剂级正丁烷浓度较高时，现场人员应采取必要的防护措施，佩带防护器具。

附　录　A
（规范性附录）
气雾剂级正丁烷含量测定的典型色谱图及相对保留值

A.1　典型色谱图

见图 A.1 和图 A.2。

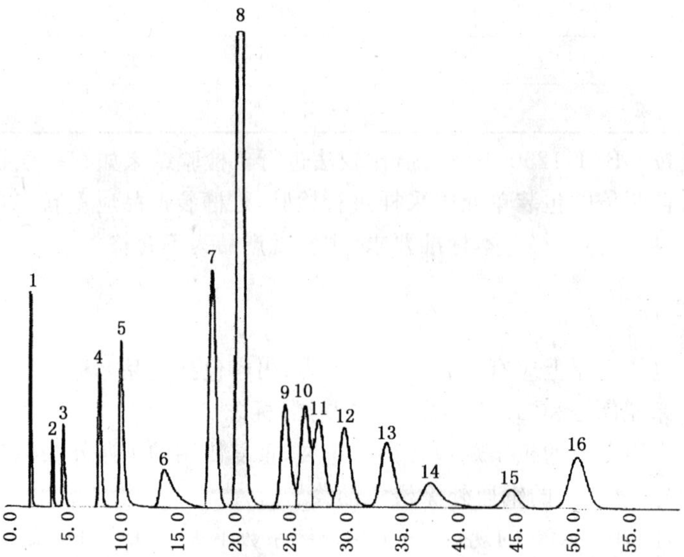

1——甲烷；
2——乙烷；
3——乙烯；
4——丙烷 ；
5——丙烯；
6——丙二烯；
7——异丁烷；
8——正丁烷；
9——1-丁烯；
10——异丁烯；
11——反-2-丁烯；
12——顺-2-丁烯；
13——1,3-丁二烯；
14——1,2-丁二烯；
15——异戊烷；
16——正戊烷。

图 A.1　气雾剂级正丁烷含量测定填充柱气相色谱法典型色谱图

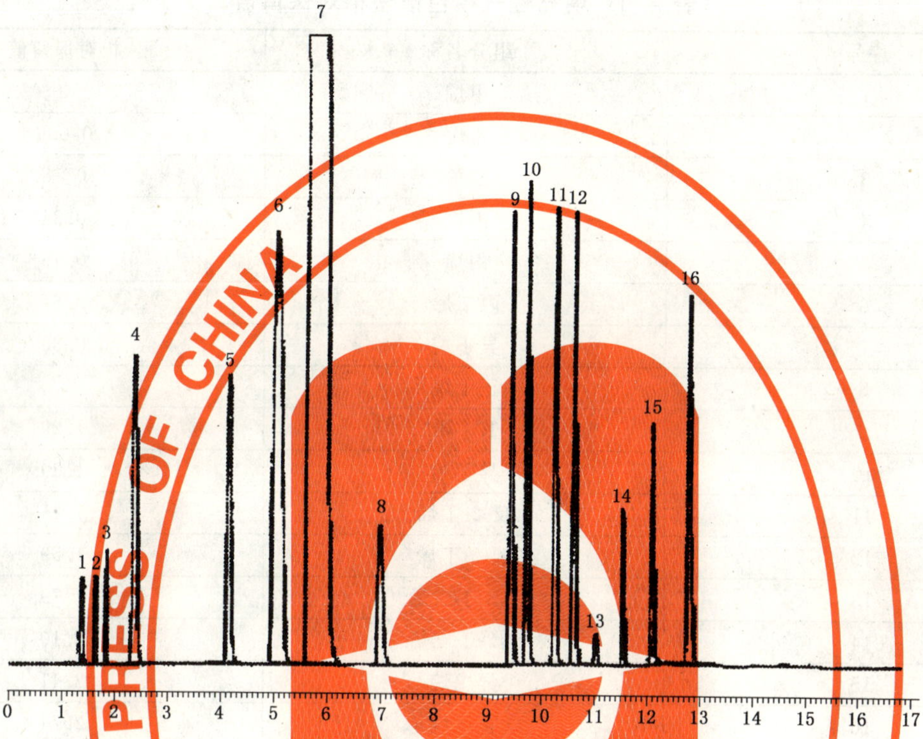

1——甲烷；

2——乙烷；

3——乙烯；

4——丙烷；

5——丙烯；

6——异丁烷；

7——正丁烷；

8——丙二烯；

9——反-2-丁烯；

10——1-丁烯；

11——异丁烯；

12——顺-2-丁烯；

13——异戊烷；

14——正戊烷；

15——1,2-丁二烯；

16——1,3-丁二烯。

图 A.2　气雾剂级正丁烷含量测定毛细管柱(PLOT-Al_2O_3)气相色谱法典型色谱图

A.2 相对保留值

见表A.1和表A.2。

表 A.1 填充柱气相色谱法相对保留值

序号	组分名称	相对保留值
1	甲烷	0
2	乙烷	0.099
3	乙烯	0.18
4	丙烷	0.34
5	丙烯	0.46
6	丙二烯	0.67
7	异丁烷	0.86
8	正丁烷	1
9	1-丁烯	1.29
10	异丁烯	1.39
11	反-2-丁烯	1.45
12	顺-2-丁烯	1.59
13	1,3-丁二烯	1.79
14	1,2-丁二烯	2.10
15	异戊烷	2.41
16	正戊烷	2.74

表 A.2 毛细管柱(PLOT-Al_2O_3)气相色谱法相对保留值

序号	组分名称	相对保留值
1	甲烷	0
2	乙烷	0.036
3	乙烯	0.096
4	丙烷	0.21
5	丙烯	0.63
6	异丁烷	0.80
7	正丁烷	1
8	丙二烯	1.31
9	反-2-丁烯	1.89
10	1-丁烯	1.97
11	异丁烯	2.09
12	顺-2-丁烯	2.18
13	异戊烷	2.29
14	正戊烷	2.41
15	1,2-丁二烯	2.54
16	1,3-丁二烯	2.71

附　录　B
（资料性附录）
正丁烷和各组分的相对校正因子

ISO 7941:1988《商品丙烷和丁烷——气相色谱分析法》中 FID 上峰面积相对质量校正因子，见表 B.1。

表 B.1　峰面积相对质量校正因子

组分名称	峰面积相对质量校正因子
甲烷	1.11
乙烷	1.03
乙烯	0.97
丙烷	1.01
丙烯	0.97
异丁烷	1.00
丁烷	1.00
1-丁烯	0.97
异丁烯	0.97
反-2-丁烯	0.97
顺-2-丁烯	0.97
异戊烷	0.99
戊烷	0.99
新戊烷	0.99

ICS 71.100.20
G 86

中华人民共和国国家标准

GB/T 22025—2008

气雾剂级异丁烷(A-31)

Aerosol grade isobutane(A-31)

2008-06-19 发布　　　　2009-02-01 实施

中华人民共和国国家质量监督检验检疫总局
中国国家标准化管理委员会　发布

前　言

本标准的附录 A 为规范性附录，附录 B 为资料性附录。

本标准由中国标准化协会提出并归口。

本标准主要起草单位：浙江蓝天环保高科技股份有限公司、上海西西爱尔气雾推进剂制造与罐装有限公司、广东莱雅化工有限公司、中国标准化协会、上海大造气雾剂有限公司。

本标准主要起草人：史婉君、李世元、戚宗华、李宏、陈晓丹。

本标准参加起草人：陆汝秀、蒋巾、吴友年、方小青、李企真、楼月瑛、王晨茜。

本标准首次发布。

气雾剂级异丁烷(A-31)

1 范围

本标准规定了气雾剂级异丁烷的要求、试验方法、检验规则以及标志、包装、运输、贮存和安全的要求。

本标准适用于以含异丁烷的原料,经过一定工艺处理得到的异丁烷,该产品主要用作气雾推进剂。

分子式:$CH_3(CH_3)CHCH_3$

相对分子质量:58.12(按2001年国际相对原子质量)

2 规范性引用文件

下列文件中的条款通过本标准的引用而成为本标准的条款。凡是注日期的引用文件,其随后所有的修改单(不包括勘误的内容)或修订版均不适用于本标准,然而,鼓励根据本标准达成协议的各方研究是否可使用这些文件的最新版本。凡是不注日期的引用文件,其最新版本适用于本标准。

GB 190 危险货物包装标志

GB/T 601 化学试剂 标准滴定溶液的制备

GB/T 603 化学试剂 试验方法中所用制剂及制品的制备

GB/T 1250 极限数值的表示方法和判定方法

GB/T 6681—2003 气体化工产品采样通则

GB/T 6682 分析实验室用水规格和试验方法(GB/T 6682—2008,ISO 3696:1987,MOD)

GB/T 10670 工业用氟代甲烷中微量水分的测定 电解法

GB/T 11141 轻质烯烃中微量硫的测定 氧化微库仑法

GB 14193 液化气体气瓶充装规定

SY/T 7509 液化石油气残留物测定法

3 要求

3.1 性状

无色透明液体,不混浊和无异臭。

3.2 质量

应符合表1中规定。

表1 气雾剂级异丁烷质量

项 目		指 标
异丁烷的质量分数/%	≥	95.0
乙烷的质量分数/%	≤	0.1
丙烷的质量分数/%	≤	2.5
正丁烷的质量分数/%	≤	2.5
总不饱和烃的质量分数/%	≤	0.01
水的质量分数/%	≤	0.005
硫含量/(μg/mL)	≤	3
残留物(38 ℃)/(mL/100 mL)	≤	0.05
蒸气压(21.1 ℃)/MPa		0.21～0.23

4 试验方法

所用试剂和水在没有注明其他要求时，均指确认为分析纯的试剂和GB/T 6682中规定的三级水。

所用标准溶液、制剂及制品，在没有注明其他要求时，均按GB/T 601和GB/T 603中规定制备。

4.1 性状

取未沸腾的冷却试样10 mL于内径15 mm的试管内，用干燥的布擦干试管外壁附着的霜或湿气，横向透视观察试样颜色及有无混浊。然后将试样稍稍加温，使其稍有沸腾，检查蒸气有无异臭。

4.2 各烷烃的含量和总不饱和烃的含量测定

4.2.1 方法提要

用气相色谱法，在选定的色谱条件下，试样经气化通过色谱柱，使其中的各组分分离，用火焰离子化检测器检测，面积归一化法计算各烷烃的含量和总不饱和烃的含量。

4.2.2 试剂

4.2.2.1 氮气：体积分数大于99.995%；

4.2.2.2 氢气：体积分数大于99.995%；

4.2.2.3 空气：经硅胶或分子筛干燥、净化；

4.2.2.4 丙酮；

4.2.2.5 β,β′-氧二丙腈，色谱纯；

4.2.2.6 白色硅胶担体，粒径(180～250)μm。

4.2.3 仪器

4.2.3.1 气相色谱仪：配有火焰离子化检测器(FID)。以苯为试样，整机灵敏度要求检出限$D \leqslant 1 \times 10^{-11}$ g/s。

4.2.3.2 色谱柱

4.2.3.2.1 填充柱：3 m×3 mm(内径)不锈钢或其他适宜材料的柱，固定液为β,β′-氧二丙腈，载体为白色硅胶担体；

4.2.3.2.1.1 固定相制备：称取β,β′-氧二丙腈1 g置于烧杯中，用丙酮溶解，然后加入色谱硅胶20 g，搅匀，置红外灯下，在经常搅拌中烘干备用；

4.2.3.2.1.2 色谱柱的装填及装入量：将色谱柱管的一端用少许玻璃棉或铜网堵塞，并将该端与抽气系统连接，在轻轻地振动下，将固定相从另一端通过漏斗装入色谱柱(装填量约4 g/m)；

4.2.3.2.1.3 色谱柱的老化：在通入载气(氮气，流量15 mL/min)下升温至95 ℃，老化8 h。

4.2.3.2.2 毛细管柱：PLOT-Al_2O_3，50 m×0.53 mm(内径)×15.0 μm。

4.2.3.3 记录仪：色谱工作站或色谱数据处理机。

4.2.3.4 取样钢瓶：单阀或双阀型小钢瓶，工作压力大于3.0 MPa。

4.2.3.5 采样导管：干燥的铜管，长约50 cm，内径约4 mm。

4.2.3.6 进样器：1.0 mL气密型注射器或自动进样阀、微量液体进样阀。

4.2.4 色谱分析条件

推荐的色谱操作条件见表2。各烷烃含量、总不饱和烃含量典型色谱图和相对保留值见附录A、异丁烷和各组分的相对校正因子参见附录B。其他能达到同等分离程度(填充柱难分离物质对异丁烷和正丁烷$R \geqslant 1.5$)的色谱柱和色谱条件均可使用。

4.2.5 分析步骤

启动气相色谱仪，按表2中所列色谱操作条件调试仪器，稳定后准备进样分析。

倒置取样钢瓶，打开液相口阀门，调节合适的流量，用进样器从取样钢瓶液相口中抽取试样数次或连续吹扫进样器并排空，取液相汽化样进样分析；或用微量液体进样阀进样分析。以面积归一化法定量。

表 2 推荐的色谱柱和色谱的操作条件

项　　目	填充柱 β,β'-氧二丙腈	毛细管柱 PLOT-Al_2O_3
柱温/℃	25～40	初始温度 80 ℃保持 2 min,以 5 ℃/min 升温到 150 ℃保持 5 min
汽化室温度/℃	120	250
检测室温度/℃	150	250
进样量/mL	0.5	0.2～0.6
载气(N_2)平均线速/(cm/s)	—	39
载气(N_2)流量/(mL/min)	17	—
氢气流量/(mL/min)	28	30
空气流量/(mL/min)	400	300
分流比	—	1∶40

4.2.6 结果计算

4.2.6.1 异丁烷的质量分数 w_1,数值以%表示,按式(1)计算:

$$w_1 = \frac{A_1}{\sum A_i} \qquad (1)$$

式中:

A_1——异丁烷的峰面积;

$\sum A_i$——各组分的峰面积之总和。

取两次平行测定结果的算术平均值为测定结果。

4.2.6.2 乙烷的质量分数 w_2,数值以%表示,按式(2)计算:

$$w_2 = \frac{A_2}{\sum A_i} \qquad (2)$$

式中:

A_2——乙烷的峰面积;

$\sum A_i$——各组分的峰面积之总和。

取两次平行测定结果的算术平均值为测定结果,两次平行测定结果的相对偏差不大于20%。

4.2.6.3 丙烷的质量分数 w_3,数值以%表示,按式(3)计算:

$$w_3 = \frac{A_3}{\sum A_i} \qquad (3)$$

式中:

A_3——丙烷的峰面积;

$\sum A_i$——各组分的峰面积之总和。

取两次平行测定结果的算术平均值为测定结果,两次平行测定结果的绝对差值不大于0.1%。

4.2.6.4 正丁烷的质量分数 w_4,数值以%表示,按式(4)计算:

$$w_4 = \frac{A_4}{\sum A_i} \qquad (4)$$

式中:

A_4——正丁烷的峰面积;

$\sum A_i$——各组分的峰面积之总和。

取两次平行测定结果的算术平均值为测定结果,两次平行测定结果的绝对差值不大于0.1%。

4.2.6.5 总不饱和烃的质量分数 w_5,数值以%表示,按式(5)计算:

$$w_5 = \frac{\sum A_5}{\sum A_i} \quad \cdots\cdots(5)$$

式中：

$\sum A_5$——不饱和烃的峰面积之和；

$\sum A_i$——各组分的峰面积之和。

取两次平行测定结果的算术平均值为测定结果。

当总不饱和烃的质量分数≤0.01%时，两次平行测定结果的相对偏差不得大于20%。

当总不饱和烃的质量分数>0.01%时，两次平行测定结果的相对偏差不得大于15%。

4.2.7 异丁烷的质量分数的重复性

在同一实验室，由同一操作者使用相同设备，按相同的测试方法对同一被测试样相互独立进行测试获得的两次独立测试结果的绝对差值不大于0.10%，以大于0.10%的情况不超过5%为前提。

4.2.8 以毛细管柱色谱法作为仲裁法。

4.3 水分的测定

4.3.1 卡尔-费休库仑电量法

4.3.1.1 方法提要

试样中的水分与电解液中的碘、二氧化硫发生如下定量反应：

$$H_2O + I_2 + SO_2 \longrightarrow SO_3 + 2HI$$

$$2I^- \longrightarrow I_2 + 2e$$

参加反应的碘分子数等于水的分子数，而电解生成的碘与所消耗的电量成正比，根据法拉第定律，用测量消耗的电量得出水的量。

4.3.1.2 仪器

4.3.1.2.1 库仑电量水分测定仪：配有阳极室、阴极室、电解电极、双铂检测电极等，其他能满足分析要求的微量水分测定仪也可使用；

4.3.1.2.2 取样钢瓶：同4.2.3.4；

4.3.1.2.3 采样导管：同4.2.3.5；

4.3.1.2.4 进样器：干燥的不锈钢管，长约50 cm，内径约0.5 mm；或进样针头，针长150 mm～200 mm，内径0.5 mm～0.7 mm；

4.3.1.2.5 电子天平：最大称样量不小于3 000 g，感量为0.01 g。

4.3.1.3 试剂

与库仑电量水分测定仪配套的电解液(市售试剂)。

4.3.1.4 分析步骤

加入电解液，调节库仑电量水分测定仪，进行预滴定，使电解池内达到无水状态准备进样。

称量盛有试样的带进样器的取样钢瓶，精确至0.01 g，并将进样器插到阳极室底部，打开取样钢瓶液相出口阀，进样速率以进样器附近不结露水为宜[保持速率在(2～3)g/min]，进样总量约10 g左右，进样完毕后，关闭阀门拔出进样器，再次称量带进样器的取样钢瓶质量，精确至0.01 g。进样结束后，立即进行电量滴定，在库仑电量水分测定仪数字显示屏上直接读取水的质量或水分。

4.3.1.5 结果计算

水分以质量分数 w_6 计，数值以%表示，按式(6)计算：

$$w_6 = \frac{m_0}{m_1 - m_2} \quad \cdots\cdots(6)$$

式中：

m_0——试样中水的质量的数值，单位为克(g)；

m_1——进样前取样钢瓶和试样的质量的数值，单位为克(g)；

m_2——进样后取样钢瓶和试样的质量的数值,单位为克(g)。

取两次平行测定结果的算术平均值为测定结果,两次平行测定结果之差不得大于 0.000 3%。

4.3.2 电解法

按 GB/T 10670 规定进行。

4.3.3 以卡尔-费休库仑电量法作为仲裁法

4.4 硫含量的测定

4.4.1 分析步骤

按 GB/T 11141 规定的方法进行。

以丁基硫为标准物质配制有机硫标准溶液,硫含量约为 5 μg /mL。或相当的市售标准溶液。

4.4.2 结果计算

硫的质量分数 w_7,数值以微克每毫升(μg/mL)表示,按式(7)计算:

$$w_7 = \frac{X}{VF} \qquad (7)$$

式中:

X——微库仑计滴定出的硫含量的数值,单位为微克(μg);

F——硫回收率的数值,以%表示;

V——试样的体积的数值,单位为毫升(mL)。

取两次平行测定结果的算术平均值为测定结果,两次平行测定结果相对偏差不得大于 40%。

4.5 残留物的测定

按 SY/T 7509 的规定进行。量取试样 100 mL,在 38 ℃的水浴温度下测试。

警告——异丁烷是易燃物质,进行该试验时要求在通风柜内操作,附近禁止有明火源;为防止可能产生的静电,应适当控制进样速度。

4.6 蒸气压的测定

4.6.1 仪器

4.6.1.1 蒸气压测试仪

蒸气压测试仪应带有压力表,下室,上室,排出阀,排出接头(与上室相连),进口阀(与下室相连),直通阀(上下气室间的切断阀),压力表接头。

4.6.1.1.1 静压试验要求

蒸气压测试仪出厂时静压试验要求应达到在 7 000 kPa 静表压下无永久性的变形。

4.6.1.1.2 无渗漏要求

新仪器在使用前应充入空气进行无渗漏检验,也可用天然气、氮气或其他类似气体至表压 3 500 kPa,然后完全浸入水浴中,检验是否渗漏。以后在必要时也应如此检验。只有经检验无渗漏的仪器方可使用。

4.6.1.1.3 压力表

推荐的压力表规格见表 3。所用的压力表应准确,当压力表校正误差超过刻度范围 2%时,则不能使用。

表 3 推荐的压力表规格

试样蒸气压/kPa	压力表规格/kPa		
	刻度范围	最大数字间隔	最大分刻度
≤655	0～700	70	3.5
620～1 730	0～2 000	175	7
1 660～3 460	0～3 500	350	35

4.6.1.1.4 压力表:0.4级标准压力表,直径为150 mm,具有6 mm阳螺纹连接头;对于进口压力表要求为试验级,直径114 mm～140 mm,压力表的范围和刻度应按试样的蒸气压大小来选择使用。所用的压力表必须准确。当压力表校正误差超过刻度范围2%时,则不能使用。

4.6.1.2 采样导管:同4.2.3.5。

4.6.1.3 恒温水浴

恒温水浴应带有自动搅拌和温度自动调节系统,能满足试验温度在50 ℃或低于50 ℃时维持±0.1 ℃;试验温度高于50 ℃时维持±0.3 ℃的要求。其尺寸大小应满足当蒸气压测试仪垂直浸入水浴时,水应浸过排出阀。

4.6.2 分析步骤

4.6.2.1 取样

用采样导管连接取样口和测试仪进口阀接口,上下气室间的切断阀保持开启状态。打开取样阀和测试仪进口阀。缓慢打开测试仪排出阀,观察到有液相样品排出后,关闭测试仪样品进出口阀。倒置测试仪,打开排出阀,排尽全部样品后关闭排出阀并加上帽盖。重新打开进口阀,使液相样品充满测试仪,倒置测试仪,关闭测试仪进口阀,同时关闭取样口阀门,断开取样管与测试仪的连接。在倒置状态下关闭上下气室间的切断阀,恢复正置状态并打开测试仪进口阀,排出下气室内的全部液相样品,关闭进口阀并加上帽盖。打开上下气室间的切断阀,完成样品取样。

4.6.2.2 压力测试

将取完样的测试仪倒转剧烈振摇,再使测试仪回到原来的垂直位置,把测试仪浸入温度为21.1 ℃的恒温水浴中,除压力表外,其他部位都应浸入水浴液面以下,每隔5 min读取压力值,并取出轻轻摇动测试仪,重新放入测试仪,直至压力值稳定,该稳定值即为样品在设定温度下的压力测量值(表压)。

在整个测试过程中,如发现测试仪有渗漏现象(有连续的气泡),应停止测试,放掉试样,测试仪修理后重新取样测试。

测试结束后,及时放掉测试仪中试样,以免腐蚀设备。

4.6.3 计算

4.6.3.1 校正"未校正试样蒸气压"的压力表误差。

4.6.3.2 将4.6.3.1校正后的试样蒸气压换算到标准大气压101.3 kPa时的试样蒸气压P(kPa),按式(8)计算:

$$P = P_1 - (101.3 - P_2) \qquad \cdots\cdots(8)$$

式中:

P_1——压力表校正后的试样蒸气压(由4.6.3.1得到),单位为千帕(kPa);

P_2——环境大气压,单位为千帕(kPa)。

5 检验规则

5.1 本标准规定的所有项目均为型式检验项目。各烷烃含量、水分、总不饱和烃含量、蒸气压(21.1 ℃)作为出厂检验项目。在正常生产情况下,每月至少进行一次型式检验。

5.2 气雾剂级异丁烷应由生产厂质量检验部门进行检验,生产厂应保证每批出厂产品符合本标准要求。每批出厂的产品都应附有一定格式的质量证明书,内容包括:产品名称、产品型号、生产厂名和厂址、生产日期或批号、本标准编号。

5.3 使用单位可按本标准的规定对收到的气雾剂级异丁烷在一个月内完成质量验收。

5.4 气雾剂级异丁烷贮槽装产品以一贮槽产品量为一批,钢瓶装产品以不大于45 t为一批。

5.5 气雾剂级异丁烷的采样

取样钢瓶为双阀型,符合GB/T 6681—2003中7.10的要求,取样钢瓶工作压力大于3.0 MPa。

采样方法按GB/T 6681—2003中7.10的规定进行。取样钢瓶和取样导管应经真空干燥,样品应以液相进入取样钢瓶。

钢瓶包装的产品的采样单元数见表4。采样总量不少于800 g。取样钢瓶贴上标签,注明产品名称、产品型号、批号、取样日期及取样人的姓名,供检验用。

允许生产厂在使用非重复性或一次性包装出厂产品时,在产品包装前采样。

表4 钢瓶包装气雾剂级异丁烷的采样单元数

产品包装单元数/瓶				抽样数量/瓶
400 kg以上包装规格	(400～100)kg包装规格	(100～1)kg包装规格	1 kg以下包装规格	
3以下	5以下			1
4～10	6～20	100以下	500以下	2
11～20	21～50	101～500	501～1 000	3
20以上	51～100	501～1 000	1 001～5 000	5
	100以上	1 001～5 000	5 001～10 000	10
		5 000以上	10 001以上	20

5.6 检验结果的判定按GB/T 1250中修约值比较法进行。检验结果如有一项指标不符合本标准要求时,钢瓶装产品应重新自两倍的包装单元中采样进行检验,贮槽装产品应重新多点采样进行检验。重新检验的结果即使只有一项指标不符合本标准要求,则整批产品为不合格。

6 标志、包装、运输、贮存

6.1 气雾剂级异丁烷包装容器上应有牢固清晰的标志,内容包括产品名称、商标、产品型号、生产厂名、厂址、净含量、批号、本标准代号和GB 190规定的"易燃"标志。

6.2 气雾剂级异丁烷应用专用的异丁烷包装钢瓶包装,重复使用的钢瓶外涂棕色油漆,字体为白色,打上钢印号、钢瓶皮重;非重复使用的钢瓶外涂橙色油漆。

6.3 钢瓶充装时应符合GB 14193的规定,异丁烷充装系数不大于0.49 kg/L。

6.4 首次使用的钢瓶必须确保钢瓶内干燥与清洁;对重复使用的钢瓶,在产品使用后钢瓶内应保持正压。

6.5 装有气雾剂级异丁烷的钢瓶为带压容器,在装卸运输过程中要保持通风,必须扣好安全帽,严禁撞击、拖拉、摔落和直接曝晒,远离明火。钢瓶运输应符合中华人民共和国铁路、公路对危险货物运输的有关规定。

6.6 气雾剂级异丁烷的贮存

气雾剂级异丁烷应贮存在通风、阴凉、干燥的地方,仓贮温度不宜超过30 ℃;应与氧气、压缩空气、氧化剂等分开存放;不得靠近热源,严禁日晒雨淋。

贮存间内的照明、通风等设施应采用防爆型,开关设在仓外;贮存间必须有严禁烟、火的警示牌;有防火防爆技术措施,禁止使用易产生火花的机械设备和工具,配备相应品种和数量的消防器材。

7 安全

7.1 气雾剂级异丁烷属易燃气体。与空气混合能形成爆炸性混合物,遇明火、高热能引起燃烧爆炸。

7.2 气雾剂级异丁烷属低毒类化学品。健康危害主要表现为麻醉和弱刺激。急性中毒主要表现为头痛、头晕、嗜睡、恶心、酒醉状态,严重者可出现昏迷;慢性影响出现头痛、头晕、睡眠不佳、易疲倦等症状;当出现上述症状时,应及时从现场撤离。

7.3 当环境中气雾剂级异丁烷浓度较高时,现场人员应采取必要的防护措施,佩带防护器具。

附 录 A
（规范性附录）
气雾剂级异丁烷含量测定的典型色谱图及相对保留值

A.1 典型色谱图

见图 A.1 和图 A.2。

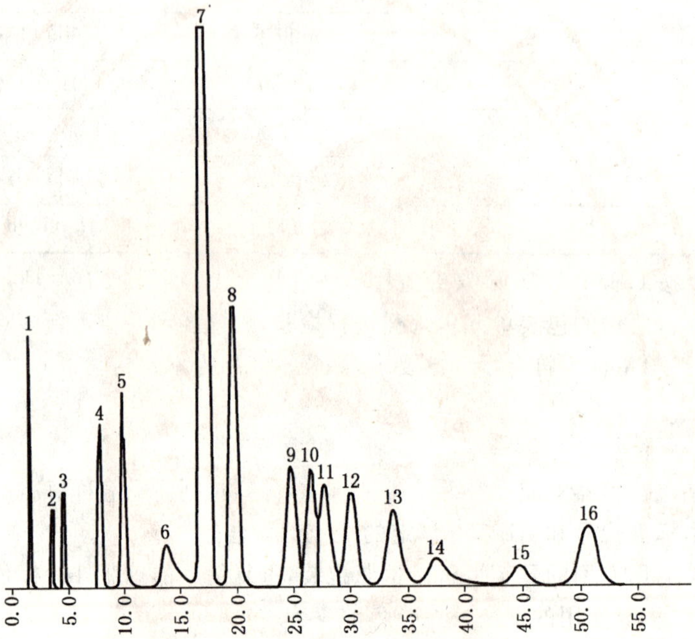

1——甲烷；
2——乙烷；
3——乙烯；
4——丙烷；
5——丙烯；
6——丙二烯；
7——异丁烷；
8——正丁烷；
9——1-丁烯；
10——异丁烯；
11——反-2-丁烯；
12——顺-2-丁烯；
13——1,3-丁二烯；
14——1,2-丁二烯；
15——异戊烷；
16——正戊烷。

图 A.1 气雾剂级异丁烷含量测定填充柱气相色谱法典型色谱图

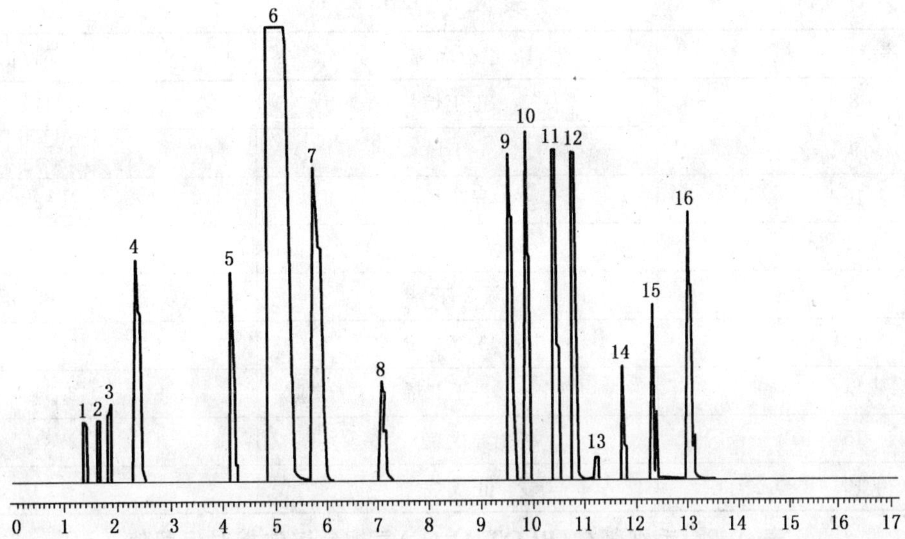

1——甲烷；

2——乙烷；

3——乙烯；

4——丙烷；

5——丙烯；

6——异丁烷；

7——正丁烷；

8——丙二烯；

9——反-2-丁烯；

10——1-丁烯；

11——异丁烯；

12——顺-2-丁烯；

13——异戊烷；

14——正戊烷；

15——1,2-丁二烯；

16——1,3-丁二烯。

图 A.2 气雾剂级异丁烷含量测定毛细管柱(PLOT-Al_2O_3)气相色谱法典型色谱图

A.2 相对保留值

见表 A.1 和表 A.2。

表 A.1 填充柱气相色谱法相对保留值

序　　号	组分名称	相对保留值
1	甲烷	0
2	乙烷	0.12
3	乙烯	0.21
4	丙烷	0.40
5	丙烯	0.53
6	丙二烯	0.78
7	异丁烷	1

表 A.1（续）

序　　号	组分名称	相对保留值
8	正丁烷	1.17
9	1-丁烯	1.50
10	异丁烯	1.62
11	反-2-丁烯	1.70
12	顺-2-丁烯	1.85
13	1,3-丁二烯	2.09
14	1,2-丁二烯	2.34
15	异戊烷	2.81
16	正戊烷	3.20

表 A.2　毛细管柱（PLOT-Al_2O_3）气相色谱法相对保留值

序　　号	组分名称	相对保留值
1	甲烷	0
2	乙烷	0.045
3	乙烯	0.12
4	丙烷	0.26
5	丙烯	0.79
6	异丁烷	1
7	正丁烷	1.25
8	丙二烯	1.63
9	反-2-丁烯	2.36
10	1-丁烯	2.46
11	异丁烯	2.61
12	顺-2-丁烯	2.72
13	异戊烷	2.86
14	正戊烷	3.01
15	1,2-丁二烯	3.17
16	1,3-丁二烯	3.38

附 录 B
（资料性附录）
异丁烷和各组分的相对校正因子

ISO 7941:1988《商品丙烷和丁烷——气相色谱分析法》中 FID 上峰面积相对质量校正因子，见表 B.1。

表 B.1 峰面积相对质量校正因子

组分名称	峰面积相对质量校正因子
甲烷	1.11
乙烷	1.03
乙烯	0.97
丙烷	1.01
丙烯	0.97
异丁烷	1.00
丁烷	1.00
1-丁烯	0.97
异丁烯	0.97
反-2-丁烯	0.97
顺-2-丁烯	0.97
异戊烷	0.99
戊烷	0.99
新戊烷	0.99

ICS 71.100.20
G 86

中华人民共和国国家标准

GB/T 22026—2008

气雾剂级丙烷(A-108)

Aerosol grade propane(A-108)

2008-06-19 发布 2009-02-01 实施

中华人民共和国国家质量监督检验检疫总局
中国国家标准化管理委员会 发布

前　言

本标准的附录 A 为规范性附录，附录 B 为资料性附录。

本标准由中国标准化协会提出并归口。

本标准主要起草单位：上海西西爱尔气雾推进剂制造与罐装有限公司、浙江蓝天环保高科技股份有限公司、深圳彩虹精细化工股份有限公司、中国标准化协会、上海大造气雾剂有限公司。

本标准主要起草人：史婉君、李宏、李世元。

本标准参加起草人：陆汝秀、蒋巾、吴友年、方小青、李企真、王晨茜、金国文、杨箭。

本标准首次发布。

气雾剂级丙烷(A-108)

1 范围

本标准规定了气雾剂级丙烷的要求、试验方法、检验规则以及标志、包装、运输、贮存和安全的要求。

本标准适用于以含丙烷的原料,经过一定工艺处理得到的丙烷,该产品主要用作气雾推进剂。

分子式:$CH_3CH_2CH_3$

相对分子质量:44.09(按2001年国际相对原子质量)

2 规范性引用文件

下列文件中的条款通过本标准的引用而成为本标准的条款。凡是注日期的引用文件,其随后所有的修改单(不包括勘误的内容)或修订版均不适用于本标准,然而,鼓励根据本标准达成协议的各方研究是否可使用这些文件的最新版本。凡是不注日期的引用文件,其最新版本适用于本标准。

GB 190 危险货物包装标志

GB/T 601 化学试剂 标准滴定溶液的制备

GB/T 603 化学试剂 试验方法中所用制剂及制品的制备

GB/T 1250 极限数值的表示方法和判定方法

GB/T 6681—2003 气体化工产品采样通则

GB/T 6682 分析实验室用水规格和试验方法(GB/T 6682—2008,ISO 3696:1987,MOD)

GB/T 10670 工业用氟代甲烷中微量水分的测定 电解法

GB/T 11141 轻质烯烃中微量硫的测定 氧化微库仑法

GB 14193 液化气体气瓶充装规定

SY/T 7509 液化石油气残留物测定法

3 要求

3.1 性状

无色透明液体,不混浊和无异臭。

3.2 质量

应符合表1中规定。

表1 气雾剂级丙烷质量

项目		指标
丙烷的质量分数/%	≥	95.0
乙烷及以下的质量分数/%	≤	0.5
(丁烷+异丁烷)质量分数/%	≤	4.5
总不饱和烃的质量分数/%	≤	0.01
水的质量分数/%	≤	0.005
硫含量/(μg/mL)	≤	3
残留物(38 ℃)/(mL/100 mL)	≤	0.05
蒸气压(21.1 ℃)/MPa		0.72~0.77

4 试验方法

所用试剂和水在没有注明其他要求时,均指确认为分析纯的试剂和 GB/T 6682 中规定的三级水。

所用标准溶液、制剂及制品,在没有注明其他要求时,均按 GB/T 601 和 GB/T 603 规定制备。

4.1 性状

取未沸腾的冷却试样 10 mL 于内径 15 mm 的试管内,用干燥的布擦干试管外壁附着的霜或湿气,横向透视观察试样颜色及有无混浊。然后将试样稍稍加温,使其稍有沸腾,检查蒸气有无异臭。

4.2 各烷烃含量和总不饱和烃含量测定

4.2.1 方法提要

用气相色谱法,在选定的色谱条件下,试样经气化通过色谱柱,使其中的各组分分离,用火焰离子化检测器检测,面积归一化法计算各烷烃含量和总不饱和烃含量。

4.2.2 试剂

4.2.2.1 氮气:体积分数大于 99.995%;

4.2.2.2 氢气:体积分数大于 99.995%;

4.2.2.3 空气:经硅胶或分子筛干燥、净化;

4.2.2.4 丙酮;

4.2.2.5 β,β′-氧二丙腈,色谱纯;

4.2.2.6 白色硅胶担体,粒径(180～250)μm。

4.2.3 仪器

4.2.3.1 气相色谱仪:配有火焰离子化检测器(FID)。以苯为试样,整机灵敏度要求检出限 $D \leqslant 1\times10^{-11}$ g/s。

4.2.3.2 色谱柱

4.2.3.2.1 填充柱:3 m×3 mm(内径)不锈钢或其他适宜材料的柱,固定液为 β,β′-氧二丙腈,载体为白色硅胶担体。

4.2.3.2.1.1 固定相制备:称取 β,β′-氧二丙腈 1 g 置于烧杯中,用丙酮溶解,然后加入色谱硅胶 20 g,搅匀,置红外灯下,在经常搅拌中烘干备用;

4.2.3.2.1.2 色谱柱的装填及装入量:将色谱柱管的一端用少许玻璃棉或铜网堵塞,并将该端与抽气系统连接,在轻轻的振动下,将固定相从另一端通过漏斗装入色谱柱,装填量约 4 g/m;

4.2.3.2.1.3 色谱柱的老化:在通入载气(氮气,流量 15 mL/min)下升温至 95 ℃,老化 8 h。

4.2.3.2.2 毛细管柱:PLOT-Al_2O_3,50 m×0.53 mm(内径)×15.0 μm。

4.2.3.3 记录仪:色谱工作站或色谱数据处理机。

4.2.3.4 取样钢瓶:单阀或双阀型小钢瓶,工作压力大于 3.0 MPa。

4.2.3.5 采样导管:干燥的铜管,长约 50 cm,内径约 4 mm。

4.2.3.6 进样器:1.0 mL 气密型注射器或自动进样阀、微量液体进样阀。

4.2.4 色谱分析条件

推荐的色谱操作条件见表 2。各烷烃含量和总不饱和烃含量的典型色谱图和相对保留值见附录 A、丙烷和各组分的相对校正因子参见附录 B。其他能达到同等分离程度(填充柱难分离物质对异丁烷和正丁烷 $R \geqslant 1.5$)的色谱柱和色谱条件均可使用。

表 2　推荐的色谱柱和色谱的操作条件

项　目	填充柱 β,β'-氧二丙腈	毛细管柱 PLOT-Al_2O_3
柱温/℃	25～40	初始温度 80 ℃保持 2 min, 以 5 ℃/min 升温到 150 ℃保持 5 min
汽化室温度/℃	120	250
检测室温度/℃	150	250
进样量/mL	0.5	0.2～0.6
载气(N_2)平均线速/(cm/s)	—	39
载气(N_2)流量/(mL/min)	17	—
氢气流量/(mL/min)	28	30
空气流量/(mL/min)	400	300
分流比	—	1∶40

4.2.5　分析步骤

启动气相色谱仪,按表 2 中所列色谱操作条件调试仪器,稳定后准备进样分析。

倒置取样钢瓶,打开液相口阀门,调节合适的流量,用进样器从取样钢瓶液相口中抽取试样数次或连续吹扫进样器并排空,取液相汽化样进样分析;或用微量液体进样阀进样分析。以面积归一化法定量。

4.2.6　结果计算

4.2.6.1　丙烷的质量分数 w_1,数值以%表示,按式(1)计算:

$$w_1 = \frac{A_1}{\sum A_i} \qquad \cdots\cdots(1)$$

式中:

A_1——丙烷的峰面积;

$\sum A_i$——各组分的峰面积之总和。

取两次平行测定结果的算术平均值为测定结果。

4.2.6.2　乙烷及以下的质量分数 w_2,数值以%表示,按式(2)计算:

$$w_2 = \frac{\sum A_2}{\sum A_i} \qquad \cdots\cdots(2)$$

式中:

$\sum A_2$——乙烷及以下的峰面积之和;

$\sum A_i$——各组分的峰面积之总和。

取两次平行测定结果的算术平均值为测定结果,两次平行测定结果的相对偏差不大于 10%。

4.2.6.3　(正丁烷+异丁烷)的质量分数 w_3,数值以%表示,按式(3)计算:

$$w_3 = \frac{\sum A_3}{\sum A_i} \qquad \cdots\cdots(3)$$

式中:

$\sum A_3$——(正丁烷+异丁烷)的峰面积之和;

$\sum A_i$——各组分的峰面积之总和。

取两次平行测定结果的算术平均值为测定结果,两次平行测定结果的绝对差值不大于 0.1%。

4.2.6.4 总不饱和烃的质量分数 w_4，数值以%表示，按式(4)计算：

$$w_4 = \frac{\sum A_4}{\sum A_i} \qquad \cdots\cdots(4)$$

式中：

$\sum A_4$——不饱和烃的峰面积之和；

$\sum A_i$——各组分的峰面积之和。

取两次平行测定结果的算术平均值为测定结果。

当总不饱和烃的质量分数≤0.01%时，两次平行测定结果的相对偏差不得大于20%。

当总不饱和烃的质量分数>0.01%时，两次平行测定结果的相对偏差不得大于15%。

4.2.7 丙烷的质量分数的重复性

在同一实验室，由同一操作者使用相同设备，按相同的测试方法对同一被测试样相互独立进行测试获得的两次独立测试结果的绝对差值不大于0.10%，以大于0.10%的情况不超过5%为前提。

4.2.8 以毛细管柱色谱法作为仲裁法。

4.3 水分的测定

4.3.1 卡尔-费休库仑电量法

4.3.1.1 方法提要

试样中的水分与电解液中的碘、二氧化硫发生如下定量反应：

$$H_2O + I_2 + SO_2 \rightarrow SO_3 + 2HI$$

$$2I^- \rightarrow I_2 + 2e$$

参加反应的碘分子数等于水的分子数，而电解生成的碘与所消耗的电量成正比，根据法拉第定律，用测量消耗的电量得出水的量。

4.3.1.2 仪器

4.3.1.2.1 库仑电量水分测定仪：配有阳极室、阴极室、电解电极、双铂检测电极等，其他能满足分析要求的微量水分测定仪也可使用；

4.3.1.2.2 取样钢瓶：同4.2.3.4；

4.3.1.2.3 采样导管：同4.2.3.5；

4.3.1.2.4 进样器：干燥的不锈钢管，长约50 cm，内径约0.5 mm；或进样针头，针长(150～200)mm，内径(0.5～0.7)mm；

4.3.1.2.5 电子天平：最大称样量不小于3 000 g，感量为0.01 g。

4.3.1.3 试剂

与库仑电量水分测定仪配套的电解液(市售试剂)。

4.3.1.4 分析步骤

加入电解液，调节库仑电量水分测定仪，进行预滴定，使电解池内达到无水状态准备进样。

称量盛有试样的带进样器的取样钢瓶，精确至0.01 g，并将进样器插到阳极室底部，打开取样钢瓶液相出口阀，进样速率以进样器附近不结露水为宜[保持速率在(2～3)g/min]，进样总量约10 g左右，进样完毕后，关闭阀门拔出进样器，再次称量带进样器的取样钢瓶质量，精确至0.01 g。进样结束后，立即进行电量滴定，在库仑电量水分测定仪数字显示屏上直接读取水的质量或水分。

4.3.1.5 结果计算

水分以质量分数 w_5 计，数值以%表示，按式(5)计算：

$$w_5 = \frac{m_0}{m_1 - m_2} \qquad \cdots\cdots(5)$$

式中：

m_0——试样中水的质量的数值，单位为克(g)；

m_1——进样前取样钢瓶和试样的质量的数值，单位为克(g)；

m_2——进样后取样钢瓶和试样的质量的数值,单位为克(g)。

取两次平行测定结果的算术平均值为测定结果,两次平行测定结果之差不得大于0.000 3%。

4.3.2 电解法

按GB/T 10670规定进行。

4.3.3 以卡尔-费休库仑电量法作为仲裁法。

4.4 硫含量的测定

4.4.1 分析步骤

按GB/T 11141规定的方法进行。

以丁基硫为标准物质配制有机硫标准溶液,硫含量约为5 μg/mL。或相当的市售标准溶液。

4.4.2 结果计算

硫含量 w_6,以微克每毫升(μg/mL)表示,按式(6)计算:

$$w_6 = \frac{X}{VF} \quad \cdots\cdots(6)$$

式中:

X——微库仑计滴定出的硫含量的数值,单位为微克(μg);

F——硫回收率的数值,以%表示;

V——试样的体积的数值,单位为毫升(mL)。

取两次平行测定结果的算术平均值为测定结果,两次平行测定结果相对偏差不得大于40%。

4.5 残留物的测定

按SY/T 7509的规定进行。量取试样100 mL,在38 ℃的水浴温度下测试。

警告——丙烷是易燃物质,进行该试验时要求在通风柜内操作,附近禁止有明火源;为防止可能产生的静电,应适当控制进样速度。

4.6 蒸气压的测定

4.6.1 仪器

4.6.1.1 蒸气压测试仪

蒸气压测试仪应带有压力表,下室,上室,排出阀,排出接头(与上室相连),进口阀(与下室相连),直通阀(上下气室间的切断阀),压力表接头。

4.6.1.1.1 静压试验要求

蒸气压测试仪出厂时静压试验要求应达到在7 000 kPa静表压下无永久性的变形。

4.6.1.1.2 无渗漏要求

新仪器在使用前应充入空气进行无渗漏检验,也可用天然气、氮气或其他类似气体至表压3 500 kPa,然后完全浸入水浴中,检验是否渗漏。以后在必要时也应如此检验。只有经检验无渗漏的仪器方可使用。

4.6.1.1.3 压力表

推荐的压力表规格见表3。所用的压力表应准确,当压力表校正误差超过刻度范围2%时,则不能使用。

表3 推荐的压力表规格

试样蒸气压/kPa	压力表规格/kPa		
	刻度范围	最大数字间隔	最大分刻度
≤655	0~700	70	3.5
620~1 730	0~2 000	175	7
1 660~3 460	0~3 500	350	35

4.6.1.1.4 压力表：0.4 级标准压力表，直径为 150 mm，具有 6 mm 阳螺纹连接头；对于进口压力表要求为试验级，直径 114 mm～140 mm，压力表的范围和刻度应按试样的蒸气压大小来选择使用。所用的压力表必须准确。当压力表校正误差超过刻度范围 2%时，则不能使用。

4.6.1.2 采样导管：同 4.2.3.5。

4.6.1.3 恒温水浴

恒温水浴应带有自动搅拌和温度自动调节系统，能满足试验温度在 50 ℃或低于 50 ℃时维持±0.1 ℃；试验温度高于 50 ℃时维持±0.3 ℃的要求。其尺寸大小应满足当蒸气压测试仪垂直浸入水浴时，水应浸过排出阀。

4.6.2 分析步骤

4.6.2.1 取样

用采样导管连接取样口和测试仪样品进样阀接口，上下气室间的切断阀保持开启状态。打开取样阀和测试仪进口阀。缓慢打开测试仪排出阀，观察到有液相样品排出后，关闭测试仪样品进出口阀。倒置测试仪，打开排出阀，排尽全部样品后关闭排出阀并加上帽盖。重新打开进口阀，使液相样品充满测试仪，倒置测试仪，关闭测试仪进口阀，同时关闭取样口阀门，断开取样管与测试仪的连接。在倒置状态下关闭上下气室间的切断阀，恢复正置状态并打开测试仪进口阀，排出下气室内的全部液相样品，关闭进口样阀并加上帽盖。打开上下气室间的切断阀，完成样品取样。

4.6.2.2 压力测试

将取完样的测试仪倒转剧烈振摇，再使测试仪回到原来的垂直位置，把测试仪浸入温度为 21.1 ℃的恒温水浴中，除压力表外，其他部位都应浸入水浴液面以下，每隔 5 min 读取压力值，并取出轻轻摇动测试仪，重新放入测试仪，直至压力值稳定，该稳定值即为样品在设定温度下的压力测量值(表压)。

在整个测试过程中，如发现测试仪有渗漏现象(有连续的气泡)，应停止测试，放掉试样，测试仪修理后重新取样测试。

测试结束后，及时放掉测试仪中试样，以免腐蚀设备。

4.6.3 计算

4.6.3.1 校正“未校正试样蒸气压”的压力表误差。

4.6.3.2 将 4.6.3.1 校正后的试样蒸气压换算到标准大气压 101.3 kPa 时的试样蒸气压 P(kPa)，按式(7)计算：

$$P = P_1 - (101.3 - P_2) \qquad \cdots\cdots(7)$$

式中：

P_1——压力表校正后的试样蒸气压(由 4.6.3.1 得到)，单位为千帕(kPa)；

P_2——环境大气压，单位为千帕(kPa)。

5 检验规则

5.1 本标准规定的所有项目均为型式检验项目。各烷烃含量、水分、蒸气压(21.1 ℃)作为出厂检验项目。在正常生产情况下，每月至少进行一次型式检验。

5.2 气雾剂级丙烷应由生产厂质量检验部门进行检验，生产厂应保证每批出厂产品符合本标准要求。每批出厂的产品都应附有一定格式的质量证明书，内容包括：产品名称、产品型号、生产厂名和厂址、生产日期或批号、本标准编号。

5.3 使用单位可按本标准的规定对收到的气雾剂级丙烷在一个月内完成质量验收。

5.4 气雾剂级丙烷贮槽装产品以一贮槽产品量为一批，钢瓶装产品以不大于 45t 为一批。

5.5 气雾剂级丙烷的采样

取样钢瓶为双阀型，符合 GB/T 6681—2003 中 7.10 的要求，取样钢瓶工作压力大于 3.0 MPa。

采样方法按 GB/T 6681—2003 中 7.10 的规定进行。取样钢瓶和取样导管应经真空干燥，样品应以液相进入取样钢瓶。

钢瓶包装的产品的采样单元数见表 4。采样总量不少于 800 g。取样钢瓶贴上标签，注明产品名称、产品型号、批号、取样日期及取样人的姓名，供检验用。

允许生产厂在使用非重复性或一次性包装出厂产品时，在产品包装前采样。

表 4 钢瓶包装气雾剂级丙烷的采样单元数

产品包装单元数/瓶				抽样数量/瓶
400 kg 以上包装规格	(400～100)kg 包装规格	(100～1)kg 包装规格	1 kg 以下包装规格	
3 以下	5 以下			1
4～10	6～20	100 以下	500 以下	2
11～20	21～50	101～500	501～1 000	3
20 以上	51～100	501～1 000	1 001～5 000	5
	100 以上	1 001～5 000	5 001～10 000	10
		5 000 以上	10 001 以上	20

5.6 检验结果的判定按 GB/T 1250 中修约值比较法进行。检验结果如有一项指标不符合本标准要求时，钢瓶装产品应重新自两倍的包装单元中采样进行检验，贮槽装产品应重新多点采样进行检验。重新检验的结果即使只有一项指标不符合本标准要求，则整批产品为不合格。

6 标志、包装、运输、贮存

6.1 气雾剂级丙烷包装容器上应有牢固清晰的标志，内容包括产品名称、商标、产品型号、生产厂名、厂址、净含量、批号、本标准代号和 GB 190 规定的“易燃”标志。

6.2 气雾剂级丙烷产品应用专用的丙烷包装钢瓶包装，重复使用的钢瓶外涂棕色油漆，字体为白色，打上钢印号、钢瓶皮重。

6.3 钢瓶充装时应符合 GB 14193 的规定，丙烷充装系数不大于 0.41kg/L。

6.4 首次使用的钢瓶必须确保钢瓶内干燥与清洁；对重复使用的钢瓶，在产品使用后钢瓶内应保持正压。

6.5 装有气雾剂级丙烷的钢瓶为带压容器，在装卸运输过程中要保持通风，必须扣好安全帽，严禁撞击、拖拉、摔落和直接曝晒，远离明火。钢瓶运输应符合中华人民共和国铁路、公路对危险货物运输的有关规定。

6.6 气雾剂级丙烷的贮存

气雾剂级丙烷应贮存在通风、阴凉、干燥的地方，仓贮温度不宜超过 30 ℃；应与氧气、压缩空气、氧化剂等分开存放；不得靠近热源，严禁日晒雨淋。

贮存间内的照明、通风等设施应采用防爆型，开关设在仓外；贮存间必须有严禁烟、火的警示牌；有防火防爆技术措施，禁止使用易产生火花的机械设备和工具，配备相应品种和数量的消防器材。

7 安全

7.1 气雾剂级丙烷属易燃气体。与空气混合能形成爆炸性混合物，遇明火、高热能引起燃烧爆炸。

7.2 气雾剂级丙烷属低毒类化学品。健康危害主要表现为麻醉和弱刺激。急性中毒主要表现为头痛、头晕、嗜睡、恶心、酒醉状态，严重者可出现昏迷；慢性影响出现头痛、头晕、睡眠不佳、易疲倦等症状；当出现上述症状时，应及时从现场撤离。

7.3 当环境中气雾剂级丙烷浓度较高时，现场人员应采取必要的防护措施，佩带防护器具。

附 录 A
（规范性附录）
气雾剂级丙烷含量测定的典型色谱图及相对保留值

A.1 典型色谱图

见图 A.1 和图 A.2。

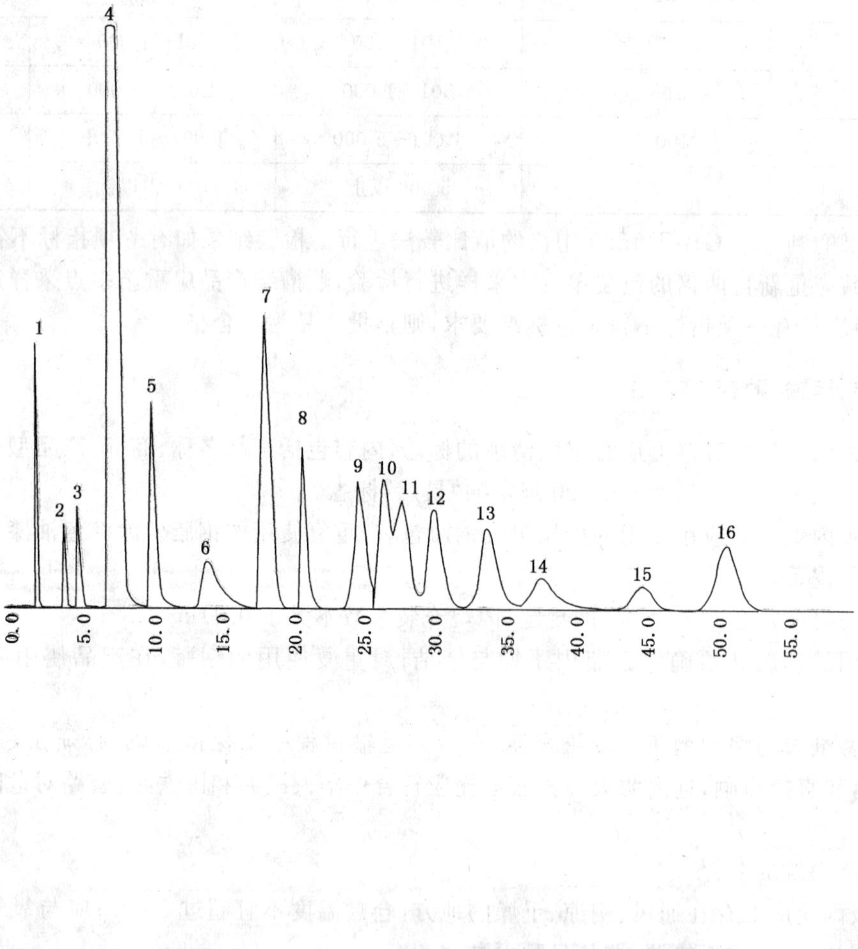

1——甲烷；
2——乙烷；
3——乙烯；
4——丙烷；
5——丙烯；
6——丙二烯；
7——异丁烷；
8——正丁烷；
9——1-丁烯；
10——异丁烯；
11——反-2-丁烯；
12——顺-2-丁烯；
13——1,3-丁二烯；
14——1,2-丁二烯；
15——异戊烷；
16——正戊烷。

图 A.1 气雾剂级丙烷含量测定填充柱气相色谱法典型色谱图

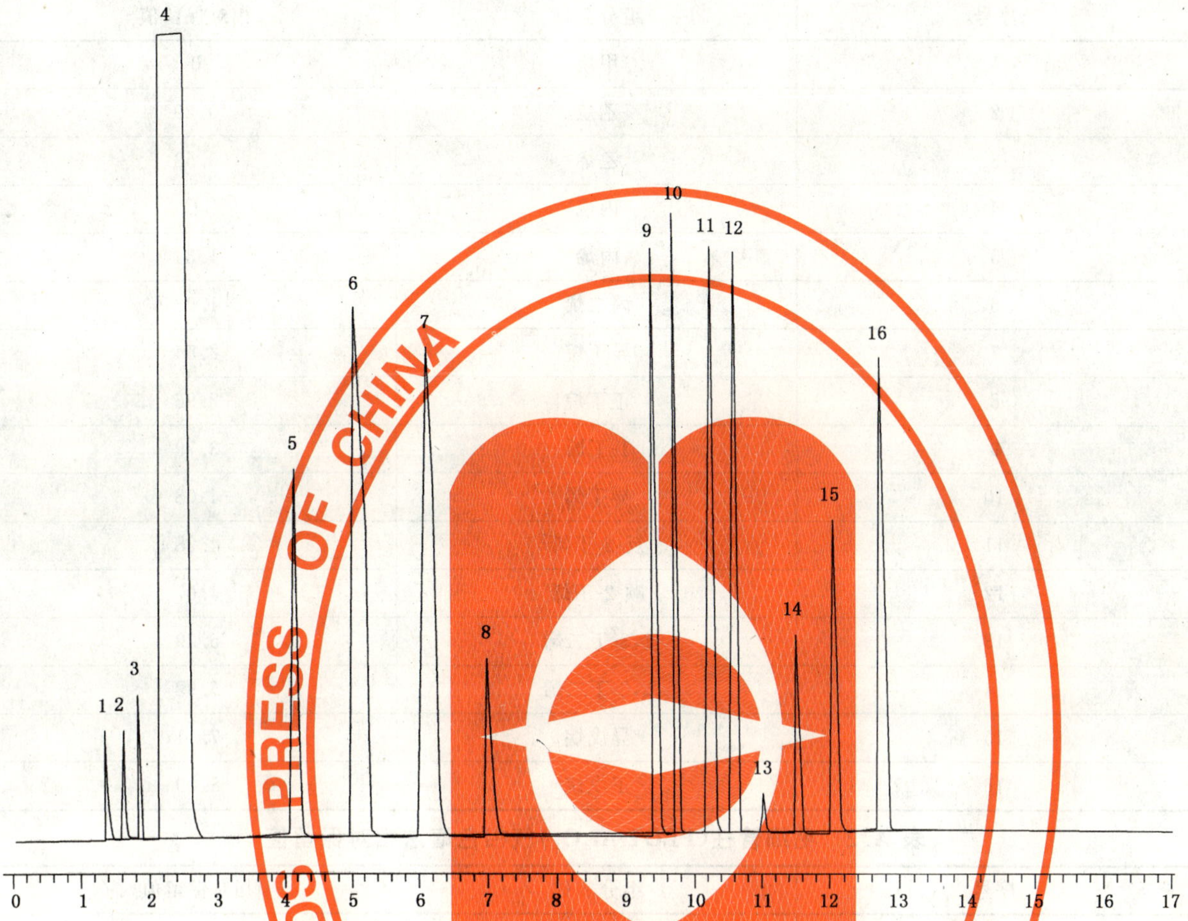

1——甲烷；
2——乙烷；
3——乙烯；
4——丙烷；
5——丙烯；
6——异丁烷；
7——正丁烷；
8——丙二烯；
9——反-2-丁烯；
10——1-丁烯；
11——异丁烯；
12——顺-2-丁烯；
13——异戊烷；
14——正戊烷；
15——1,2-丁二烯；
16——1,3-丁二烯。

图 A.2 气雾剂级丙烷含量测定毛细管柱(PLOT-Al_2O_3)气相色谱法典型色谱图

A.2 相对保留值

见表 A.1 和表 A.2。

表 A.1 填充柱气相色谱法相对保留值

序号	组分名称	相对保留值
1	甲烷	0
2	乙烷	0.29
3	乙烯	0.53
4	丙烷	1
5	丙烯	1.34
6	丙二烯	1.98
7	异丁烷	2.54
8	正丁烷	2.96
9	1-丁烯	3.79
10	异丁烯	4.08
11	反-2-丁烯	4.28
12	顺-2-丁烯	4.67
13	1,3-丁二烯	5.29
14	1,2-丁二烯	5.92
15	异戊烷	7.11
16	正戊烷	8.09

表 A.2 毛细管柱(PLOT-Al_2O_3)气相色谱法相对保留值

序号	组分名称	相对保留值
1	甲烷	0
2	乙烷	0.18
3	乙烯	0.47
4	丙烷	1
5	丙烯	3.06
6	异丁烷	3.89
7	正丁烷	4.86
8	丙二烯	6.34
9	反-2-丁烯	9.19
10	1-丁烯	9.55
11	异丁烯	10.15
12	顺-2-丁烯	10.57
13	异戊烷	11.10
14	正戊烷	11.69
15	1,2-丁二烯	12.34
16	1,3-丁二烯	13.13

附 录 B
（资料性附录）
丙烷和各组分的相对校正因子

ISO 7941:1988《商品丙烷和丁烷——气相色谱分析法》中 FID 上峰面积相对质量校正因子，见表 B.1。

表 B.1 峰面积相对质量校正因子

组分名称	峰面积相对质量校正因子
甲烷	1.10
乙烷	1.02
乙烯	0.96
丙烷	1.00
丙烯	0.96
异丁烷	0.99
丁烷	0.99
1-丁烯	0.96
异丁烯	0.96
反-2-丁烯	0.96
顺-2-丁烯	0.96
异戊烷	0.98
戊烷	0.98
新戊烷	0.98

ICS 83.060
G 34

中华人民共和国国家标准

GB/T 22027—2008/ISO 18064:2003

热塑性弹性体 命名和缩略语

Thermoplastic elastomers—Nomenclature and abbreviated terms

(ISO 18064:2003,IDT)

2008-06-19 发布 2008-12-01 实施

中华人民共和国国家质量监督检验检疫总局
中国国家标准化管理委员会 发布

前　言

本标准等同采用 ISO 18064:2003《热塑性弹性体——命名和缩略语》(英文版)。

本标准作了下列编辑性修改:

——删除国际标准的前言;

——“国际标准”改为“国家标准”。

本标准的附录 A 为资料性附录。

本标准由中国石油化工集团公司提出。

本标准由全国橡胶与橡胶制品标准化技术委员会合成橡胶分技术委员会归口(SAC/TC 35/SC 6)。

本标准起草单位:中国石油天然气股份有限公司兰州化工研究中心。

本标准主要起草人:王进、吴毅、徐天昊。

引　言

热塑性弹性体兼有硫化热固性橡胶和热塑性材料的多种特性和性能。因此，橡胶和塑料工业对当今快速发展的聚合物的分类和命名体系的认可是很重要的。现行橡胶命名与缩略语标准(ISO 1629)和塑料缩略语标准(ISO 1043-1)均不能适合目前聚合物的分类和命名体系。建立本标准是为避免利益冲突或定义不明确，允许在热塑性弹性体的缩略语解释中使用现存缩略语，也允许将来发展和扩充。

本标准使用已规定的缩略语。其目的是避免对已规定的热塑性弹性体有多个术语的情况发生，也可以避免对已有的缩略语给出多种解释的情况发生。因此，本标准将合理使用ISO 1043-1和ISO 1629中列出的术语和符号。

热塑性弹性体　命名和缩略语

1　范围

本标准建立了以聚合物和相关聚合物的化学组成为基础的热塑性弹性体的命名体系。规定了工业、商业和政府用于识别热塑性弹性体的符号和缩略语。本标准的建立并不与现存的贸易名称和商标相冲突,而是对它们的补充。

注1:本标准规定的弹性体缩略语名称应在技术文件和文献中使用。

注2:附录A给出了过去在材料标准、技术公告、教科书、专利和贸易文献中使用的热塑性弹性体缩略语。

2　规范性引用文件

下列文件中的条款通过本标准的引用而成为本标准的条款。凡是注日期的引用文件,其随后所有的修改单(不包括勘误的内容)或修订版均不适用于本标准,然而,鼓励根据本标准达成协议的各方研究是否可使用这些文件的最新版本。凡是不注日期的引用文件,其最新版本适用于本标准。

GB/T 5576—1997　橡胶与胶乳　命名法(idt ISO 1629:1995)

ISO 1043-1　塑料——符号和缩略语——第一部分:基础聚合物及其特性

3　术语和定义

下列术语和定义适用于本标准。

3.1

热塑性弹性体　thermoplastic elastomer(TPE)

TPE

热塑性弹性体包含聚合物或聚合物混合物,其使用温度下的性能与硫化橡胶相似,同时也可像热塑性塑料一样通过提高温度进行加工和再加工。

注:通常热塑性橡胶被当作热塑性弹性体术语使用。

3.2

热塑性的　thermoplastic(TP)

TP

TP用于表示热塑性弹性体缩略语的前缀。

4　命名体系

4.1　在前缀TP后应再加上表征热塑性弹性体类别的字母,详见第5章。

4.2　每种热塑性弹性体的缩略语应在连字号后再加上描述每种类别的专有部分的符号,详见第6章。

5　热塑性弹性体分类

5.1　TPA

聚酰胺类热塑性弹性体(polyamide thermoplastic elastomer),由硬链段和软链段的交互嵌段共聚物组成,硬链段为酰胺化学链,软链段为醚和(或)酯链。

5.2　TPC

共聚多酯类热塑性弹性体(copolyester thermoplastic elastomer),由硬链段和软链段的交互嵌段共聚物组成,主链上是酯和(或)醚。

5.3 **TPO**

烯烃类热塑性弹性体(olefinic thermoplastic elastomers),由聚烯烃和通用橡胶混合物组成,混合物中橡胶互不交联或有少量交联。

5.4 **TPS**

苯乙烯类热塑性弹性体(styrenic thermoplastic elastomers),至少由苯乙烯和特定二烯的三段嵌段共聚物组成,两个嵌段末端(硬嵌段)是聚苯乙烯,内嵌段(软嵌段或嵌段)是聚二烯或加氢聚二烯。

5.5 **TPU**

氨基甲酸乙酯类热塑性弹性体(urethane thermoplastic elastomers),由硬链段和软链段的交互嵌段共聚物组成,硬嵌段是氨基甲酸乙酯化学链,软嵌段是醚、酯或碳酸酯或其混合物。

5.6 **TPV**

热塑性硫化胶 (thermoplastic rubber vulcanizate),是由热塑性材料和通用橡胶的混合物组成,橡胶在混合和掺混过程中通过动态硫化完成交联。

5.7 **TPZ**

未分类的其他热塑性弹性体,由除 TPA、TPC、TPO、TPS、TPU 和 TPV 以外的其他组分或结构组成。

6 热塑性弹性体细目

6.1 聚酰胺类 TPEs(TPAs)

根据软链段 TPA 可分为不同的子类,用下列缩略语表示:

TPA-EE 软链段为酯和醚链段;

TPA-ES 聚酯软链段;

TPA-ET 聚醚软链段。

6.2 共聚酯类 TPEs (TPCs)

根据软嵌段 TPC 可分为不同的子类,用下列缩略语表示:

TPC-EE 软链段为酯和醚链段;

TPC-ES 聚酯软链段;

TPC-ET 聚醚软链段。

6.3 烯烃类 TPEs (TPOs)

根据所使用的热塑性聚烯烃的特性和橡胶类型的不同 TPO 的子类也不相同。

专用 TPO 可通过橡胶标准缩略语(见 GB/T 5576),后跟"+"和热塑性塑料类标准缩略语(见 ISO 1043-1)识别,并按照热塑性体和橡胶含量递减的顺序进行排列。

示例如下:

TPO-(EPDM+PP) 乙烯-丙烯-二烯三元共聚物和聚丙烯的混合物,EPDM 互不交联或少量交联,EPDM 含量大于 PP 含量。

6.4 苯乙烯类 TPEs(TPSs)

TPS 子类使用下列缩略语:

TPS-SBS 苯乙烯和丁二烯的嵌段共聚物;

TPS-SEBS 聚苯乙烯-聚(乙烯-丁烯)-聚苯乙烯;

TPS-SEPS 聚苯乙烯-聚(乙烯-丙烯)-聚苯乙烯;

TPS-SIS 苯乙烯和异戊二烯嵌段共聚物。

注:TPS-SEBS 是苯乙烯和丁二烯的嵌段共聚物,软嵌段为氢化顺式-1,4 聚丁二烯和 1,2 聚丁二烯单元的混合物组成。TPS-SEPS 是苯乙烯和异戊二烯的嵌段共聚物,其中聚异戊二烯已氢化。

6.5 聚氨酯类 TPEs（TPUs）

根据硬嵌段上聚氨酯链段之间的烃类(芳烃或脂肪烃)特性和软嵌段上的化学链段(醚、酯、碳酸酯)的不同 TPU 可分为以下子类：

TPU-ARES 芳烃硬链段，聚酯软链段；

TPU-ARET 芳烃硬链段，聚醚软链段；

TPU-AREE 芳烃硬链段，醚和酯软链段；

TPU-ARCE 芳烃硬链段，聚碳酸酯软链段；

TPU-ARCL 芳烃硬链段，聚己酸内酯软链段；

TPU-ALES 脂肪烃硬链段，聚酯软链段；

TPU-ALET 脂肪烃硬链段，聚醚软链段。

6.6 动态硫化类 TPEs（TPVs）

TPV 的子类取决于的热塑性材料的特性和橡胶类型。

专用 TPV 可通过橡胶缩略语(见 GB/T 5576—1997)，后跟"+"和热塑性塑料类缩略语(见 ISO 1043-1)识别。橡胶缩略语置于热塑性体缩略语之前。

示例如下：

TPV-(EPDM+PP) 三元乙丙橡胶和聚丙烯混合，其中三元乙丙橡胶高度交联，并均匀分散于连续聚丙烯相。

TPV-(NBR+PP) 丙烯腈-丁二烯橡胶和聚丙烯混合，其中丙烯腈-丁二烯橡胶高度交联，并均匀分散于连续聚丙烯相。

TPV-(NR+PP) 天然橡胶和聚丙烯混合，其中天然橡胶高度交联，并均匀分散于连续聚丙烯相。

TPV-(ENR+PP) 环氧天然橡胶和聚丙烯混合，其中环氧天然橡胶高度交联，并均匀分散于连续聚丙烯相。

TPV-(IIR+PP) 丁基橡胶和聚丙烯相混合，其中丁基橡胶高度交联，并均匀分散于连续聚丙烯相。

6.7 其他类材料(TPZ)

这类热塑性弹性体不适用于任何专用分类，可用前缀 TPZ 表示。现有 TPZ 类如下：

TPZ-(NBR+PVC) 丙烯腈-丁二烯橡胶和聚氯乙烯混合物

注：许多 NBR+PVC 混合物是热固性硫化橡胶，此时不能使用前缀 TPZ。

附 录 A
（资料性附录）
已使用的缩略语

多年来，开发出了不同类型的热塑性材料，并且部分已经工业化。最初，使用不同的方法描述这些材料不同类别的特征，目前对材料描述的一些术语已经用于文献和专利中。因此就出现了同种材料却有不同术语的状况。为便于与制定的描述热塑性材料的缩略语比较，并与现有文献保持连续，将原来使用的一部分术语和缩略语在下文中给出：

以前使用的缩略语	新缩略语	描述
FCEA	TPV	完全交联弹性合金
HCTPV	TPV	高度交联热塑性硫化物
NPV	TPZ-(NBR＋PVC)	NBR 和 PVC 的共混物(缩略语主要用于印度)
PEBA	TPA	热塑性弹性体，聚醚嵌段胺
SBS	TPS-SBS	苯乙烯-丁二烯-苯乙烯嵌段共聚物
SEBS	TPS-SEBS	苯乙烯-乙烯/丁烯-苯乙烯嵌段共聚物
SEPS	TPS-SEPS	苯乙烯-乙烯/丙烯-苯乙烯嵌段共聚物
SIS	TPS-SIS	苯乙烯-异戊二烯-苯乙烯嵌段共聚物
TECEA	TPZ-(NBR＋PVC)	热塑性弹性体，聚氯乙烯合金
TEEE	TPC	热塑性弹性体，醚-酯
TEO	TPO	热塑性弹性体，烯烃类
TES	TPS	热塑性弹性体，苯乙烯类

ICS 21.040.10
J 04

中华人民共和国国家标准

GB/T 22028—2008

热浸镀锌螺纹 在内螺纹上容纳镀锌层

Hot-dip galvanized screw threads—On internal screw threads there is the clearance for accommodating the hot-dip galvanized coat

(ISO 965-5:1998, ISO general purpose metric screw threads—Tolerances—Part 5: Limits of sizes for internal screw threads to mate with hot-dip galvanized external screw threads with maximum size of tolerance position h before galvanizing, MOD)

2008-06-19 发布 2009-01-01 实施

中华人民共和国国家质量监督检验检疫总局
中国国家标准化管理委员会 发布

前　言

本标准修改采用ISO 965-5:1998《ISO一般用途米制螺纹　公差　第5部分:内螺纹的极限尺寸,与其相配合热镀锌外螺纹在镀前的最大尺寸公差带位置为h》(英文版)。两者间主要差异为标准的编排顺序。本标准按照牙型、直径与螺距系列、基本尺寸、公差和极限尺寸等几个螺纹参数的基本构成和顺序,完整地规定了热浸镀锌螺纹的各项技术内容。本标准的章条段编排与ISO标准的对应关系为:

本标准的章、条、段	ISO标准的章、条、段
第1章、第2章、第3章	第1章、第2章、第3章
第4章	第1章第2段、第6段、第7段
第5章	第1章第1段(ISO 68-1)
第6章	第1章第1段(ISO 262)
第7章	—
第8.1条的第1段	第1章第3段(ISO 965-1)
第8.1条的第2段和表1	第5章和表1中的两列(EI)
第8.1条的第3段	第1章最后的两段注
第8.2条	第1章第3段(ISO 965-1)
第9章	表2和表3中的两列
第10章	第4章
第11章第1段及表2和表3	第6章及表2和表3
第11章第2段	第1章第3段(ISO 965-1)

本标准为在内螺纹上容纳镀锌层的热浸镀锌螺纹。热浸镀锌螺纹标准有两个:

——GB/T 22028—2008　热浸镀锌螺纹　在内螺纹上容纳镀锌层;

——GB/T 22029—2008　热浸镀锌螺纹　在外螺纹上容纳镀锌层。

使用时,只能选用其中一个标准内的螺纹。不能用一个标准的螺纹与另一个标准的螺纹组成配合。

本标准由全国螺纹标准化技术委员会(SAC/TC 108)提出并归口。

本标准负责起草单位:中机生产力促进中心。

本标准参加起草单位:浙江海力集团有限公司、宁波九龙紧固件制造有限公司、宁波市鄞州计氏金属表面处理厂。

本标准主要起草人:李晓滨、王正寅、徐勇、计文明。

热浸镀锌螺纹 在内螺纹上容纳镀锌层

1 范围

本标准规定了在内螺纹上容纳镀锌层螺纹的牙型、直径与螺距系列、基本尺寸、公差、标记和极限尺寸。

本标准适用于热浸镀锌螺纹紧固件。外螺纹表面上有热镀锌层,内螺纹为镀后攻丝。

2 规范性引用文件

下列文件中的条款通过本标准的引用而成为本标准的条款。凡是注日期的引用文件,其随后所有的修改单(不包括勘误的内容)或修订版均不适用于本标准,然而,鼓励根据本标准达成协议的各方研究是否可使用这些文件的最新版本。凡是不注日期的引用文件,其最新版本适用于本标准。

GB/T 192 普通螺纹 基本牙型(GB/T 192—2003,ISO 68-1:1998,ISO general purpose screw threads—Basic profile —Part 1: Metric screw threads,MOD)

GB/T 196 普通螺纹 基本尺寸(GB/T 196—2003 ,ISO 724:1993, ISO general purpose metric screw threads — Basic dimensions,MOD)

GB/T 197 普通螺纹 公差(GB/T 197—2003 ,ISO 965-1:1998,ISO general purpose metric screw threads — Tolerances —Part 1: Principles and basic data,MOD)

GB/T 9144 普通螺纹 优选系列(GB/T 9144—2003,ISO 262:1998,ISO general purpose metric screw threads —Selected sizes for screws, bolts and nuts,MOD)

GB/T 14791 螺纹术语(GB/T 14791—1993 ,neq ISO 5408:1983)

GB/T 15756 普通螺纹 极限尺寸

GB/T 22029 热浸镀锌螺纹 在外螺纹上容纳镀锌层(GB/T 22029—2008,ISO 965-4:1998,ISO general purpose metric screw threads—Tolerances — Part 4: Limits of sizes for hot-dip galvanized external screw threads to mate with internal screw threads tapped with tolerance position H or G after galvanizing,MOD)

3 术语和定义

GB/T 14791 所规定的术语和定义适用于本标准。

4 使用通则

内螺纹镀后攻丝所留大间隙(AZ 或 AX 基本偏差)用于容纳外螺纹表面上的热浸镀锌镀层;外螺纹镀前采用普通螺纹标准(GB/T 197)所规定的标准公差带位置和标准公差等级。

采用本标准规定内螺纹工件的抗剪切强度允许低于标准普通螺纹所具有的抗剪切强度。

GB/T 22029 规定了在外螺纹上容纳镀锌层的热浸镀锌螺纹。使用时要注意区分本标准规定的大间隙内螺纹与 GB/T 22029 规定的大间隙外螺纹。

本标准规定的大间隙内螺纹不能与 GB/T 22029 规定的大间隙外螺纹形成配合连接。这种配合对螺纹的抗剪切强度削弱过多。

5 牙型

螺纹基本牙型应符合 GB/T 192 的规定。

6 直径与螺距系列

螺纹直径与螺距系列应符合 GB/T 9144 所规定的、公称直径大于和等于 10mm 的粗牙系列。

7 基本尺寸

螺纹基本尺寸应符合 GB/T 196 的规定。

8 公差

8.1 公差带位置

外螺纹：h、g、e 和 f，其基本偏差(es)应符合 GB/T 197 的规定；

内螺纹：AZ 和 AX，其基本偏差(EI)为正值，基本偏差值见表 1。

推荐采用 AZ 基本偏差的内螺纹与镀后经过离心处理的热浸镀锌外螺纹组成配合，采用 AX 基本偏差的内螺纹与镀后没有经过离心处理的热浸镀锌外螺纹(厚镀层)组成配合。

表 1 内螺纹的基本偏差

螺距 P/mm	AZ EI/μm	AX EI/μm	螺距 P/mm	AZ EI/μm	AX EI/μm
1.5	+330	+310	4	+380	+860
1.75	+335	+365	4.5	+390	+970
2	+340	+420	5	+400	+1 080
2.5	+350	+530	5.5	+410	+1 190
3	+360	+640	6	+420	+1 300
3.5	+370	+750	—	—	—

注：内螺纹基本偏差计算式为：$EI_{AZ} = +(300 + 20P)$；$EI_{AX} = +(220P - 20)$。其中：EI 的单位为微米，P 的单位为毫米。

8.2 公差等级

螺纹中径和顶径的公差等级为 6 级。其公差值应符合 GB/T 197 的规定。

9 旋合长度

螺纹采用中等旋合长度组(N)。其旋合长度范围见表 2 或表 3。

10 螺纹标记

螺纹标记应符合 GB/T 197 的规定。

示例：公称直径为 12 mm、中径和顶径公差带为 6AZ、中等旋合长度、右旋、单线的粗牙内螺纹：

M12-6AZ

公称直径为 12 mm、中径和顶径公差带为 6AX、中等旋合长度、右旋、单线的粗牙内螺纹：

M12-6AX

11 极限尺寸

公差带为6AZ和6AX的内螺纹极限尺寸分别见表2和表3。

公差带为6 h、6 g、6 e和6f的外螺纹极限尺寸应符合GB/T 15756的规定。

表2 6AZ内螺纹的极限尺寸

单位为毫米

螺纹（粗牙）	旋合长度 N		中径 D_2		小径 D_1		大径 D
	>	≤	max	min	max	min	min
M10	5	15	9.536	9.356	9.006	8.706	10.330
M12	6	18	11.398	11.198	10.776	10.441	12.335
M14	8	24	13.253	13.041	12.550	12.175	14.340
M16	8	24	15.253	15.041	14.550	14.175	16.340
M18	10	30	16.950	16.726	16.094	15.644	18.350
M20	10	30	18.950	18.726	18.094	17.644	20.350
M22	10	30	20.950	20.726	20.094	19.644	22.350
M24	12	36	22.676	22.411	21.612	21.112	24.360
M27	12	36	25.676	25.411	24.612	24.112	27.360
M30	15	45	28.377	28.097	27.141	26.581	30.370
M33	15	45	31.377	31.097	30.141	29.581	33.370
M36	18	53	34.082	33.782	32.650	32.050	36.380
M39	18	53	37.082	36.782	35.650	35.050	39.380
M42	21	63	39.782	39.467	38.189	37.519	42.390
M45	21	63	42.782	42.467	41.189	40.519	45.390
M48	24	71	45.487	45.152	43.697	42.987	48.400
M52	24	71	49.487	49.152	47.697	46.987	52.400
M56	28	85	53.193	52.838	51.206	50.456	56.410
M60	28	85	57.193	56.838	55.206	54.456	60.410
M64	32	95	60.898	60.523	58.725	57.925	64.420

表3 6AX内螺纹的极限尺寸

单位为毫米

螺纹（粗牙）	旋合长度 N		中径 D_2		小径 D_1		大径 D
	>	≤	max	min	max	min	min
M10	5	15	9.516	9.336	8.986	8.686	10.310
M12	6	18	11.428	11.228	10.806	10.471	12.365
M14	8	24	13.333	13.121	12.630	12.255	14.420
M16	8	24	15.333	15.121	14.630	14.255	16.420
M18	10	30	17.130	16.906	16.274	15.824	18.530
M20	10	30	19.130	18.906	18.274	17.824	20.530

表 3（续）

单位为毫米

螺纹（粗牙）	旋合长度 N		中径 D_2		小径 D_1		大径 D
	>	≤	max	min	max	min	min
M22	10	30	21.130	20.906	20.274	19.824	22.530
M24	12	36	22.956	22.691	21.892	21.392	24.640
M27	12	36	25.956	25.691	24.892	24.392	27.640
M30	15	45	28.757	28.477	27.521	26.961	30.750
M33	15	45	31.757	31.477	30.521	29.961	33.750
M36	18	53	34.562	34.262	33.130	32.530	36.860
M39	18	53	37.562	37.262	36.130	35.530	39.860
M42	21	63	40.362	40.047	38.769	38.099	42.970
M45	21	63	43.362	43.047	41.769	41.099	45.970
M48	24	71	46.167	45.832	44.377	43.667	49.080
M52	24	71	50.167	49.832	48.377	47.667	53.080
M56	28	85	53.973	53.618	51.986	51.236	57.190
M60	28	85	57.973	57.618	55.986	55.236	61.190
M64	32	95	61.778	61.403	59.605	58.805	65.300

ICS 21.040.10
J 04

中华人民共和国国家标准

GB/T 22029—2008

热浸镀锌螺纹 在外螺纹上容纳镀锌层

Hot-dip galvanized screw threads—On external screw threads there is the clearance for accommodating the hot-dip galvanized coat

(ISO 965-4:1998, ISO general purpose metric screw threads—Tolerances—Part 4: Limits of sizes for hot-dip galvanized external screw threads to mate with internal screw threads tapped with tolerance position H or G after galvanizing, MOD)

2008-06-19 发布 2009-01-01 实施

中华人民共和国国家质量监督检验检疫总局
中国国家标准化管理委员会 发布

前言

本标准修改采用ISO 965-4:1998《ISO一般用途米制螺纹　公差　第4部分:热镀锌外螺纹的极限尺寸,与其相配合内螺纹的镀后攻丝公差带位置为H或G》(英文版)。两者间主要差异为标准的编排顺序。本标准按照牙型、直径与螺距系列、基本尺寸、公差和极限尺寸等几个螺纹参数的基本构成和顺序,完整地规定了热浸镀锌螺纹的各项技术内容。本标准的章条段编排与ISO标准的对应关系为:

本标准的章、条、段	ISO标准的章、条、段
第1章、第2章、第3章	第1章、第2章、第3章
第4章	第1章第2段、第4段、第5段
第5章第1段	第1章第1段(ISO 68-1)
第5章第2段和表1	表2中的一个列
第6章	第1章第1段(ISO 262)
第7章	—
第8.1条的第1段	第1章第3段(ISO 965-1)
第8.1条的第2段和表2	第5章和表1中的两个列(es)
第8.2条	第1章第3段(ISO 965-1)
第9章	表2中的两个列
第10章	第6章的第5段
第11章	第4章
第12章第1段和表3	第6章和表2
第12章第2段	第1章第3段(ISO 965-1)
第13章	表2中的一个列

本标准为在外螺纹上容纳镀锌层的热浸镀锌螺纹。热浸镀锌螺纹标准有两个:

——GB/T 22028—2008　热浸镀锌螺纹　在内螺纹上容纳镀锌层;

——GB/T 22029—2008　热浸镀锌螺纹　在外螺纹上容纳镀锌层。

使用时,只能选用其中一个标准内的螺纹。不能用一个标准的螺纹与另一个标准的螺纹组成配合。

本标准由全国螺纹标准化技术委员会(SAC/TC 108)提出并归口。

本标准负责起草单位:中机生产力促进中心。

本标准参加起草单位:浙江海力集团有限公司、宁波九龙紧固件制造有限公司、宁波市鄞州计氏金属表面处理厂。

本标准主要起草人:李晓滨、王正寅、徐勇、计文明。

热浸镀锌螺纹 在外螺纹上容纳镀锌层

1 范围

本标准规定了在外螺纹上容纳镀锌层螺纹的牙型、直径与螺距系列、基本尺寸、公差、标记和极限尺寸。

本标准适用于热浸镀锌螺纹紧固件。外螺纹表面上有热镀锌层,内螺纹为镀后攻丝。

2 规范性引用文件

下列文件中的条款通过本标准的引用而成为本标准的条款。凡是注日期的引用文件,其随后所有的修改单(不包括勘误的内容)或修订版均不适用于本标准,然而,鼓励根据本标准达成协议的各方研究是否可使用这些文件的最新版本。凡是不注日期的引用文件,其最新版本适用于本标准。

GB/T 192 普通螺纹 基本牙型(GB/T 192—2003,ISO 68-1:1998,ISO general purpose screw threads—Basic profile—Part 1: Metric screw threads,MOD)

GB/T 196 普通螺纹 基本尺寸(GB/T 196—2003,ISO 724:1993,ISO general purpose metric screw threads—Basic dimensions,MOD)

GB/T 197 普通螺纹 公差(GB/T 197—2003,ISO 965-1:1998,ISO general purpose metric screw threads—Tolerances—Part 1: Principles and basic data,MOD)

GB/T 3098.1 紧固件机械性能 螺栓、螺钉和螺柱(GB/T 3098.1—2000,idt ISO 898-1:1999)

GB/T 9144 普通螺纹 优选系列(GB/T 9144—2003,ISO 262:1998,ISO general purpose metric screw threads—Selected sizes for screws, bolts and nuts,MOD)

GB/T 14791 螺纹术语(GB/T 14791—1993,neq ISO 5408:1983)

GB/T 15756 普通螺纹 极限尺寸

GB/T 22028 热浸镀锌螺纹 在内螺纹上容纳镀锌层(GB/T 22028—2008,ISO 965-5:1998,ISO generalpurpose metric screw threads—Tolerances—Part 5: Limits of sizes for internal screw threads to mate with hot-dip galvanized external screw threads with maximum size of tolerance position h before galvanizing,MOD)

3 术语和定义

GB/T 14791 所规定的术语和定义适用于本标准。

4 使用通则

外螺纹镀前所留大间隙(az 基本偏差)用于容纳外螺纹表面上的热浸镀锌镀层;内螺纹镀后攻丝采用普通螺纹标准(GB/T 197)所规定的标准公差带位置和标准公差等级。

由于应力面积减少,采用本标准的外螺纹工件的抗拉强度允许低于标准普通螺纹工件所具有的抗拉强度。

GB/T 22028 规定了在内螺纹上容纳镀锌层的热浸镀锌螺纹。使用时要注意区分本标准规定的大间隙外螺纹与 GB/T 22028 规定的大间隙内螺纹。

本标准规定的大间隙外螺纹不能与 GB/T 22028 规定的大间隙内螺纹形成配合连接。这种配合对螺纹的抗剪切强度削弱过多。

5 牙型

螺纹基本牙型应符合 GB/T 192 的规定。

对机械性能高于和等于 8.8 级的紧固件(机械性能见 GB/T 3098.1),其外螺纹设计牙型的牙底轮廓应没有反向圆弧,并且牙底各处的圆弧半径应不小于 0.125P。最小牙底圆弧半径值(R_{min})见表 1。

表 1 外螺纹的最小牙底圆弧半径

单位为毫米

螺距 P	最小牙底圆弧半径 R_{min}	螺距 P	最小牙底圆弧半径 R_{min}
1.5	0.188	4	0.500
1.75	0.219	4.5	0.563
2	0.250	5	0.625
2.5	0.313	5.5	0.688
3	0.375	6	0.750
3.5	0.438	—	—

6 直径与螺距系列

螺纹直径与螺距系列应符合 GB/T 9144 所规定的、公称直径大于和等于 10 mm 的粗牙系列。

7 基本尺寸

螺纹基本尺寸应符合 GB/T 196 的规定。

8 公差

8.1 公差带位置

内螺纹:H 或 G,其基本偏差(EI)值应符合 GB/T 197 的规定;

外螺纹:az,其基本偏差(es)为负值,基本偏差值见表 2。

表 2 外螺纹的基本偏差

螺距 P/mm	az es/μm	螺距 P/mm	az es/μm
1.5	−330	4	−380
1.75	−335	4.5	−390
2	−340	5	−400
2.5	−350	5.5	−410
3	−360	6	−420
3.5	−370	—	—

注:外螺纹基本偏差计算式为:$es_{az} = -(300 + 20P)$。其中:es 的单位为微米,P 的单位为毫米。

8.2 公差等级

螺纹中径和顶径的公差等级为 6 级。其公差值应符合 GB/T 197 的规定。

9 旋合长度

螺纹采用中等旋合长度组(N)。其旋合长度范围见表 3。

10 镀前和镀后的螺纹尺寸

如无其他特殊说明，本标准规定的螺纹公差带适用于镀前螺纹。镀后，外螺纹实际轮廓上的任何点不应超越按公差位置 h 所确定的最大实体牙型。

11 螺纹标记

螺纹标记应符合 GB/T 197 的规定。

示例：公称直径为 12 mm、中径和顶径公差带为 6az、中等旋合长度、右旋、单线的粗牙外螺纹：

M12-6az

12 极限尺寸

公差带为 6az 的外螺纹极限尺寸见表 3。

公差带为 6H 和 6G 的内螺纹极限尺寸应符合 GB/T 15756 的规定。

表 3 外螺纹大径和中径的极限尺寸以及抗拉面积小径 单位为毫米

螺纹（粗牙）	旋合长度 N		大径 d		中径 d_2		小径[a]
	>	≤	max	min	max	min	max
M10	5	15	9.670	9.434	8.696	8.564	7.829
M12	6	18	11.665	11.400	10.528	10.378	9.518
M14	8	24	13.660	13.380	12.361	12.201	11.206
M16	8	24	15.660	15.380	14.361	14.201	13.206
M18	10	30	17.650	17.315	16.026	15.856	14.583
M20	10	30	19.650	19.315	18.026	17.856	16.583
M22	10	30	21.650	21.315	20.026	19.856	18.583
M24	12	36	23.640	23.265	21.691	21.491	19.959
M27	12	36	26.640	26.265	24.691	24.491	22.959
M30	15	45	29.630	29.205	27.357	27.145	25.336
M33	15	45	32.630	32.205	30.357	30.145	28.336
M36	18	53	35.620	35.145	33.022	32.798	30.713
M39	18	53	38.620	38.145	36.022	35.798	33.713
M42	21	63	41.610	41.110	38.687	38.451	36.089
M45	21	63	44.610	44.110	41.687	41.451	39.089
M48	24	71	47.600	47.070	44.352	44.102	41.465
M52	24	71	51.600	51.070	48.352	48.102	45.465
M56	28	85	55.590	55.030	52.018	51.753	48.842
M60	28	85	59.590	59.030	56.018	55.753	52.842
M64	32	95	63.580	62.980	59.683	59.403	56.219

[a] 用于计算抗拉应力面积。

13 外螺纹抗拉应力面积计算的依据

以 $H/6$ 削平高度所对应的外螺纹小径(其基本偏差为 $es_{az} = -H/6$)作为计算外螺纹抗拉应力面积的依据。外螺纹抗拉应力面积的小径值见表 3。

ICS 75.160.20
E 31

中华人民共和国国家标准

GB/T 22030—2008

车用乙醇汽油调合组分油

Blendstocks of ethanol gasoline for motor vehicles

2008-06-23 发布

2008-12-01 实施

中华人民共和国国家质量监督检验检疫总局
中国国家标准化管理委员会 发布

前言

本标准自实施之日起执行,表2规定的技术要求过渡期到2009年12月31日。

本标准由全国石油产品和润滑剂标准化技术委员会提出。

本标准由全国石油产品和润滑剂标准化技术委员会(SAC/TC 280)归口。

本标准负责起草单位:中国石油化工股份有限公司石油化工科学研究院,中国石油天然气股份有限公司。

本标准主要起草人:倪蓓、顾惠明。

本标准为首次发布。

车用乙醇汽油调合组分油

1 范围

本标准规定了车用乙醇汽油调合组分油的术语和定义、分类和命名、要求和试验方法、取样及标志、包装、运输和贮存。

本标准所属产品适用于作为调合GB 18351车用乙醇汽油的组分油。

符合本标准技术要求表1的产品适用于调配满足我国第Ⅱ阶段机动车排放要求的车用乙醇汽油，符合本标准技术要求表2的产品适用于调配满足我国第Ⅲ阶段机动车排放要求的车用乙醇汽油。

2 规范性引用文件

下列文件中的条款通过本标准的引用而成为本标准的条款。凡是注日期的引用文件，其随后所有的修改单(不包括勘误的内容)或修订版均不适用于本标准，然而，鼓励根据本标准达成协议的各方研究是否可使用这些文件的最新版本。凡是不注日期的引用文件，其最新版本适用于本标准。

GB/T 259 石油产品水溶性酸及碱测定法

GB/T 260 石油产品水分测定法

GB/T 380 石油产品硫含量测定法(燃灯法)

GB/T 503 汽油辛烷值测定法(马达法)

GB/T 511 石油产品和添加剂机械杂质测定法(重量法)

GB/T 1792 馏分燃料中硫醇硫测定法(电位滴定法)

GB/T 4756 石油液体手工取样法(GB/T 4756—1998，eqv ISO 3170:1988)

GB/T 5096 石油产品铜片腐蚀试验法

GB/T 5487 汽油辛烷值测定法(研究法)

GB/T 6536 石油产品蒸馏测定法

GB/T 8017 石油产品蒸气压测定法(雷德法)

GB/T 8018 汽油氧化安定性测定法(诱导期法)

GB/T 8019 车用汽油和航空燃料实际胶质测定法(喷射蒸发法)(GB/T 8019—1987，eqv ISO 6246:1981)

GB/T 8020 汽油铅含量测定法(原子吸收光谱法)

GB/T 11132 液体石油产品烃类测定法(荧光指示剂吸附法)

GB/T 11140 石油产品硫含量测定法(X射线光谱法)

GB/T 17040 石油产品硫含量测定法(能量色散X射线荧光光谱法)

GB 18351 车用乙醇汽油

SH 0164 石油产品包装、贮运及交货验收规则

SH/T 0174 芳烃和轻质石油产品硫醇定性试验法(博士试验法)(SH/T 0174—1992，eqv ISO 5275:1979)

SH/T 0253 轻质石油产品中总硫含量测定法(电量法)

SH/T 0663 汽油中某些醇类和醚类测定法(气相色谱法)

SH/T 0689 轻质烃及发动机燃料和其他油品的总硫含量测定法(紫外荧光法)

SH/T 0693 汽油中芳烃含量测定法(气相色谱法)

SH/T 0711 汽油中锰含量测定法(原子吸收光谱法)

SH/T 0712　汽油中铁含量测定法(原子吸收光谱法)

SH/T 0713　车用汽油和航空汽油中苯和甲苯含量的测定(气相色谱法)

SH/T 0720　汽油中含氧化合物测定法(气相色谱及氧选择性火焰离子化检测器法)

SH/T 0741　汽油中烃族组成测定法(多维气相色谱法)

SH/T 0742　汽油中硫含量测定法(能量色散X射线荧光光谱法)

3　术语和定义

下列术语和定义适用于本标准。

3.1

抗爆指数　antiknock index

研究法辛烷值(RON)和马达法辛烷值(MON)之和的二分之一。

4　分类和命名

4.1　产品分类

车用乙醇汽油调合组分油按车用乙醇汽油的研究法辛烷值分为90号、93号、97号三个牌号。

4.2　产品命名

符合本标准要求的产品名称分别为:90号车用乙醇汽油调合组分油(Ⅱ)、93号车用乙醇汽油调合组分油(Ⅱ)、97号车用乙醇汽油调合组分油(Ⅱ)、90号车用乙醇汽油调合组分油(Ⅲ)、93号车用乙醇汽油调合组分油(Ⅲ)、97号车用乙醇汽油调合组分油(Ⅲ)。

5　要求和试验方法

车用乙醇汽油调合组分油(Ⅱ)和车用乙醇汽油调合组分油(Ⅲ)的技术要求和试验方法分别见表1、表2。

表1　车用乙醇汽油调合组分油(Ⅱ)的技术要求和试验方法

项　目		质量指标			试验方法
		90	93	97	
抗爆性:					
研究法辛烷值(RON)	不小于	88.0	91.0	95.5	GB/T 5487
抗爆指数[(RON+MON)/2]	不小于	83.5	86.5	报告	GB/T 503、GB/T 5487
铅含量[a]/(g/L)	不大于	0.005			GB/T 8020
馏程:					GB/T 6536
10%蒸发温度/℃	不高于	70			
50%蒸发温度/℃	不高于	120			
90%蒸发温度/℃	不高于	190			
终馏点/℃	不高于	205			
残留量(体积分数)/%	不大于	2			
蒸气压/kPa					GB/T 8017
11月1日～4月30日	不大于	81			
5月1日～10月31日	不大于	67			

表 1（续）

项　　目		质量指标			试验方法
		90	93	97	
实际胶质/(mg/100 mL)	不大于	5			GB/T 8019
诱导期/min	不小于	540			GB/T 8018
硫含量[b](质量分数)/%	不大于	0.05			GB/T 380 GB/T 11140 GB/T 17040 SH/T 0253 SH/T 0689 SH/T 0742
硫醇(需要满足下列要求之一)： 博士试验 硫醇硫含量(质量分数)/%	 不大于	 通过 0.001			 SH/T 0174 GB/T 1792
铜片腐蚀 (50 ℃,3 h)/级	不大于	1			GB/T 5096
水溶性酸或碱		无			GB/T 259
机械杂质及水分[c]		无			目测[c]
有机含氧化合物[d](质量分数)/%	不大于	0.5			SH/T 0663 SH/T 0720
苯含量[e](体积分数)/%	不大于	2.5			SH/T 0693 SH/T 0713
芳烃含量[f](体积分数)/%	不大于	44			GB/T 11132 SH/T 0741
烯烃含量[f](体积分数)/%	不大于	38			GB/T 11132 SH/T 0741
锰含量[g]/(g/L)	不大于	0.018			SH/T 0711
铁含量[a]/(g/L)	不大于	0.010			SH/T 0712

a 不得人为加入含铅和含铁的添加剂。

b 在有异议时，以 GB/T 380 方法测定结果为准。

c 将试样注入 100 mL 玻璃量筒中观察，应当透明，没有悬浮和沉降的机械杂质和水分。在有异议时，以 GB/T 511和 GB/T 260 方法测定结果为准。

d 不得人为加入。在有异议时，以 SH/T 0663 方法测定结果为准。

e 在有异议时，以 SH/T 0693 方法测定结果为准。

f 在有异议时，以 GB/T 11132 方法测定结果为准。对于 97 号车用乙醇汽油调合组分油，在烯烃、芳烃总含量控制不变的前提下，可允许芳烃含量(体积分数)的最大值为 46%。

g 锰含量是指在车用乙醇汽油调合组分油中以甲基环戊二烯三羰基锰形式存在的总锰含量。不得加入其他类型的含锰添加剂。

表 2　车用乙醇汽油调合组分油(Ⅲ)的技术要求和试验方法

项　　目		质量指标			试验方法
		90	93	97	
抗爆性： 研究法辛烷值(RON) 抗爆指数[(RON+MON)/2]	 不小于 不小于	 88.0 83.5	 91.0 86.5	 95.5 报告	 GB/T 5487 GB/T 503
铅含量[a]/(g/L)	不大于	0.005			GB/T 8020
馏程： 10%蒸发温度/℃ 50%蒸发温度/℃ 90%蒸发温度/℃ 终馏点/℃ 残留量(体积分数)/%	 不高于 不高于 不高于 不高于 不大于	 70 120 190 205 2			GB/T 6536
蒸气压/kPa 11月1日～4月30日 5月1日～10月31日	 不大于 不大于	 81 65			GB/T 8017
实际胶质/(mg/100 mL)	不大于	5			GB/T 8019
诱导期/min	不小于	540			GB/T 8018
硫含量[b](质量分数)/%	不大于	0.016			GB/T 11140 SH/T 0253 SH/T 0689 SH/T 0742
硫醇(需要满足下列要求之一)： 博士试验 硫醇硫含量(质量分数)/%	 不大于	 通过 0.001			 SH/T 0174 GB/T 1792
铜片腐蚀(50 ℃,3 h)/级	不大于	1			GB/T 5096
水溶性酸或碱		无			GB/T 259
机械杂质及水分[c]		无			目测[c]
有机含氧化合物[d](质量分数)/%	不大于	0.5			SH/T 0663 SH/T 0720
苯含量[e](体积分数)/%	不大于	1.0			SH/T 0693 SH/T 0713
芳烃含量[f](体积分数)/%	不大于	44			GB/T 11132 SH/T 0741
烯烃含量[f](体积分数)/%	不大于	33			GB/T 11132 SH/T 0741

表 2（续）

项目		质量指标			试验方法
		90	93	97	
锰含量[g]/(g/L)	不大于	0.016			SH/T 0711
铁含量[a]/(g/L)	不大于	0.010			SH/T 0712

a 不得人为加入。

b 在有异议时，以 SH/T 0689 方法测定结果为准。

c 将试样注入 100 mL 玻璃量筒中观察，应当透明，没有悬浮和沉降的机械杂质和水分。在有异议时，以 GB/T 511 和 GB/T 260 方法测定结果为准。

d 不得人为加入。在有异议时，以 SH/T 0663 方法测定结果为准。

e 在有异议时，以 SH/T 0693 方法测定结果为准。

f 在有异议时，以 GB/T 11132 方法测定结果为准。对于 97 号车用乙醇汽油调合组分油，在烯烃、芳烃总含量控制不变的前提下，可允许芳烃含量（体积分数）的最大值为 46%。

g 锰含量是指在车用乙醇汽油调合组分油中以甲基环戊二烯三羰基锰形式存在的总锰含量。不得加入其他类型的含锰添加剂。

6 取样

取样按 GB/T 4756 进行，取 4 L 作为出厂检验和留样用。如车用乙醇汽油调合组分油中含锰，取样时应避光。

7 标志、包装、运输和贮存

标志、包装、运输和贮存及交货验收按 SH 0164 进行。如车用乙醇汽油调合组分油中含锰，运输和贮存时应避光。

符合本标准的车用乙醇汽油调合组分油在储存、运输过程中，要求整个系统洁净且不含水。对水含量的监控要引起足够的重视。

ICS 67.100.30
C 53

中华人民共和国国家标准

GB/T 22031—2008

干酪及加工干酪制品中添加的柠檬酸盐含量的测定 酶-比色法

Determination of added citrate content in cheese and processed cheese products—Enzyme-colorimetric method

(ISO 12082:1997 Processed cheese and processed cheese products—Calculation of the content of added citrate emulsifying agents and acidifiers/pH-controlling agents, expressed as citric acid, MOD)

2008-06-17 发布　　2008-10-01 实施

中华人民共和国国家质量监督检验检疫总局
中国国家标准化管理委员会　发布

前　言

本标准修改采用国际标准 ISO 12082:1997《加工干酪及其制品　添加的柠檬酸盐乳化剂和酸度调节剂含量(以柠檬酸计)的测定》(英文版)。

考虑到我国国情,本标准与 ISO 12082:1997 的主要差异如下:

——分析步骤中增加标准曲线的绘制,由试液吸光度测定与标准系列比较定量,不采用国际标准中摩尔吸光系数计算定量;

——乳糖含量的测定以试剂空白和试液空白扣除干扰组分和葡萄糖本底值,不采用国际标准中吸光度减量计算;

——免去国际标准中预试验和试验报告章条;

——编写格式、用语遵照我国标准 GB/T 1.1—2000《标准化工作导则　第1部分:标准的结构和编写规则》和 GB/T 20001.4—2001《标准编写规则　第4部分:化学分析方法》。

本标准的附录 A、附录 B 为规范性附录。

本标准由中华人民共和国农业部提出。

本标准由全国畜牧业标准化技术委员会归口。

本标准负责起草单位:农业部食品质量监督检验测试中心(上海)。

本标准主要起草人:孟瑾、韩奕奕、吴榕。

干酪及加工干酪制品中添加的柠檬酸盐含量的测定 酶-比色法

1 范围

本标准规定了干酪及加工干酪制品中添加的柠檬酸盐含量(以柠檬酸计)的测定方法。

本标准适用于干酪及加工干酪制品中添加的柠檬酸盐含量的测定。

2 规范性引用文件

下列文件中的条款通过本标准的引用而成为本标准的条款。凡是注日期的引用文件,其随后所有的修改单(不包括勘误的内容)或修订版均不适用于本标准,然而,鼓励根据本标准达成协议的各方研究是否可使用这些文件的最新版本。凡是不注日期的引用文件,其最新版本适用于本标准。

GB/T 6682 分析实验室用水规格和试验方法(GB/T 6682—1992,neq ISO 3696:1987)

3 原理

测定样品中总柠檬酸盐的含量,扣除原料带入样品中的柠檬酸盐的量(以 0.04 倍乳糖换算),即为样品中添加的柠檬酸盐含量。柠檬酸盐以柠檬酸计。

4 分析步骤

样品中总柠檬酸盐的测定和含量计算按附录 A 的规定执行。

样品中乳糖的测定和含量计算按附录 B 的规定执行。

5 结果计算

样品中添加的柠檬酸盐含量 w_a 以柠檬酸计,数值以质量分数(%)表示,按式(1)计算:

$$w_a = w_c - rw_i \quad \cdots\cdots(1)$$

式中:

w_c——样品中总柠檬酸含量,%;

r——原料乳清粉或乳粉中柠檬酸含量与乳糖含量的比率(柠檬酸/乳糖)(r=0.04);

w_i——样品中乳糖含量,%。

计算结果表示到小数点后两位。

6 精密度

在重复性条件下获得的两次独立测试结果的绝对差值不大于这两个测定值的算术平均值的10%。

附 录 A
（规范性附录）
干酪及加工干酪制品中柠檬酸盐含量的酶法测定

A.1 范围

本附录规定了酶法测定干酪及加工干酪制品中柠檬酸盐含量的方法。

本附录适用于干酪及加工干酪制品中柠檬酸盐含量的酶法测定。

A.2 原理

柠檬酸盐裂解酶(CL)将柠檬酸盐转化为草酰乙酸盐和乙酸盐，苹果酸脱氢酶(MDH)和乳酸脱氢酶(LDH)在还原型烟酰胺腺嘌呤二核苷酸(NADH)的存在下催化脱羧草酰乙酸盐以及脱羧产物丙酮酸盐，分别转化成L-苹果酸和L-乳酸。NADH在反应中被氧化成了NAD^+。在340 nm处测定样品溶液中NADH的吸光度差值，计算样品中柠檬酸盐的含量。

A.3 试剂

所有的试剂如未注明规格，均为分析纯；实验用水如未注明，均应符合GB/T 6682的规定。

A.3.1 三氯乙酸溶液(200 g/L)：称取20 g三氯乙酸(CCl_3COOH)溶于水中，混匀，并定容至100 mL。

A.3.2 氢氧化钠溶液(200 g/L)：称取20 g氢氧化钠(NaOH)，用水溶解后转移至100 mL容量瓶中，定容。充分混合。

A.3.3 氢氧化钠溶液(40 g/L)：称取4 g氢氧化钠(NaOH)，用水溶解后转移至100 mL容量瓶中，定容。充分混合。

A.3.4 氢氧化钠溶液(4 g/L)：称取0.4 g氢氧化钠(NaOH)，用水溶解后转移至100 mL容量瓶中，定容。充分混合。

A.3.5 氯化锌溶液(0.8 g/L)：称取0.8 g氯化锌($ZnCl_2$)，用水溶解后转移至1 000 mL容量瓶中，定容。充分混合。

A.3.6 缓冲液(pH 7.8)：称取7.13 g双甘氨肽($H_2NCH_2CONHCH_2CO_2H$)，溶解于70 mL水中，转移至100 mL容量瓶中。用氢氧化钠溶液(A.3.2)调节pH至7.8，加入10 mL氯化锌溶液(A.3.5)并定容至100 mL。充分混合。储存在0 ℃～4 ℃的冰箱中，此溶液可以保存四周。

A.3.7 碳酸氢钠溶液(4.0 g/L)：称取4.0 g碳酸氢钠($NaHCO_3$)，用水溶解后转移至1 000 mL容量瓶中，定容。充分混合。

A.3.8 烟酰胺腺嘌呤二核苷酸(NADH)溶液：称取50 mg烟酰胺腺嘌呤二核苷酸二钠盐($C_{21}H_{27}N_7O_{14}P_2Na_2$)和100 mg碳酸氢钠($NaHCO_3$)，溶解于10 mL水中。

A.3.9 硫酸铵溶液(422 g/L)：称取42.2 g硫酸铵[$(NH_4)_2SO_4$]，用水溶解后转移至100 mL容量瓶中，定容。充分混合。

A.3.10 苹果酸脱氢酶(MDH)和乳酸脱氢酶(LDH)悬浊液：用硫酸铵溶液(A.3.9)分别溶解苹果酸脱氢酶(猪心，EC 1.1.1.37)和乳酸脱氢酶(兔肉，EC 1.1.1.27)，使苹果酸脱氢酶(MDH)的活性不低于600 IU/mL、乳酸脱氢酶的活性不低于1 400 IU/mL。缓慢搅匀成悬浊液后，储存在0 ℃～4 ℃冰箱中，此溶液可以保存一年。

A.3.11 柠檬酸盐裂解酶(CL)溶液：用0 ℃水溶解柠檬酸盐裂解酶(产气肠杆菌，EC 4.1.3.6)，使柠檬酸盐裂解酶的活性不低于40 IU/mL。缓慢搅匀成悬浊液后，储存在0 ℃～4 ℃冰箱中，此溶液可以保存一周；在－20 ℃冰箱中，可以保存四周。

A.3.12 柠檬酸标准溶液(160 μg/mL):称取175 mg一水柠檬酸($C_6H_8O_7 \cdot H_2O$),用水溶解后转移至1 000 mL容量瓶中,定容。充分混合。

A.4 仪器

常用实验室仪器及以下各项。

A.4.1 分析天平:感量0.1 mg。

A.4.2 pH计:精确至±0.1。

A.4.3 粉碎机。

A.4.4 具塞刻度比色管:10 mL,分度值0.1 mL。

A.4.5 中速滤纸。

A.4.6 紫外可见分光光度计:340 nm,1 cm比色皿。

A.4.7 水浴锅。

A.5 试样制备

A.5.1 干酪

除去干酪的外壳或发霉的表层,使试样具代表性。用粉碎机(A.4.3)将试样粉碎,混匀。

A.5.2 干酪制品

选择具有代表性的试样,用粉碎机(A.4.3)粉碎,混匀。

A.6 分析步骤

A.6.1 试液制备

称取1 g试样(A.5),精确至0.1 mg,溶于50 mL的温水(40 ℃~50 ℃)中,全部转移入100 mL容量瓶中,冷却至20 ℃。再加入10 mL三氯乙酸溶液(A.3.1),用水定容,混合均匀后静置30 min。用滤纸(A.4.5)过滤,弃去初滤液约10 mL。吸取25 mL滤液于烧杯中,用氢氧化钠溶液(A.3.3)调节滤液pH至4后,再用氢氧化钠溶液(A.3.4)调节pH至8。将烧杯中的溶液转移入100 mL容量瓶中,用水定容。同时做空白试验。

A.6.2 测定

A.6.2.1 标准曲线的绘制

试剂在使用前恢复至室温。准确吸取0,0.50,1.00,1.50,2.00 mL两组柠檬酸标准溶液(A.3.12),分别置于10 mL比色管(A.4.4)中,各加入1.00 mL缓冲液(A.3.6)、0.10 mL NADH溶液(A.3.8)、0.02 mL苹果酸脱氢酶(MDH)和乳酸脱氢酶(LDH)悬浊液(A.3.10),摇匀。在20 ℃~25 ℃水浴锅(A.4.7)中保持5 min,用水定容至5.00 mL。其中一组用1 cm比色皿(A.4.6),以空气作参比,在波长340 nm处测定各比色管内溶液的吸光度A_0。另一组各加入0.02 mL的柠檬酸盐裂解酶(A.3.11),混匀,在20 ℃~25 ℃水浴锅(A.4.7)中保持10 min,用1 cm比色皿(A.4.6),以空气作参比,在波长340 nm处测定各比色管内溶液的吸光度A_{10}。根据式(A.1)计算吸光度A,以柠檬酸含量为纵坐标,吸光度A为横坐标,绘制标准曲线。

$$A = A_0 - A_{10} \qquad \cdots\cdots\cdots\cdots (A.1)$$

式中:

A_0——柠檬酸盐裂解酶添加前的吸光度;

A_{10}——柠檬酸盐裂解酶添加后水浴10 min的吸光度。

注:如果吸光度降低超过0.800,用水溶液稀释样品和空白试样,重复A.6.2.1步骤。

A.6.2.2 试液吸光度的测定

用移液管吸取两份2.00 mL试液(A.6.1),置于10 mL比色管(A.4.4)中。以下步骤同A.6.2.1

中“各加入 1.00 mL 缓冲液(A.3.6)……根据式(A.1)计算吸光度 A”操作，在标准曲线上查出对应的柠檬酸含量。同时做空白试验。

A.7 结果计算

样品中柠檬酸的含量 X，以克每百克(g/100 g)表示，按式(A.2)计算：

$$X = \frac{c \times V_1 \times V_3}{10\,000\, m \times V_2 \times V_4} \quad \cdots\cdots\cdots\cdots (A.2)$$

式中：

c——标准曲线上查出的试液中柠檬酸的含量，单位为微克(μg)；

V_1——试样经脱蛋白处理后的定容体积，100 mL；

V_3——滤液定容体积，100 mL；

m——试样的质量，单位为克(g)；

V_2——吸取滤液体积，25.00 mL；

V_4——吸取试液体积，2.00 mL。

计算结果应扣除空白，保留三位有效数字。

A.8 精密度

在重复性条件下获得的两次独立测试结果的绝对差值不大于这两次测定值的算术平均值的 10%。

附 录 B
（规范性附录）
干酪及加工干酪中乳糖含量的酶法测定

B.1 范围

本附录规定了酶法测定干酪及加工干酪制品中乳糖含量的方法。

本附录适用于干酪及加工干酪制品中乳糖含量的酶法测定。

B.2 原理

在β-半乳糖苷酶(β-GLS)催化下，乳糖被酶解为D-葡萄糖(G)和D-半乳糖(GL)。己糖激酶(HK)将D-葡萄糖磷酸化生成6-磷酸葡萄糖(G6P)，同时将三磷酸腺苷(ATP)转化为二磷酸腺苷(ADP)。受6-磷酸葡萄糖脱氢酶(G6PDH)催化，6-磷酸葡萄糖氧化为6-磷酸葡萄糖酸(GA6P)，同时烟酰胺腺嘌呤二核苷酸磷酸($NADP^+$)被还原成还原型烟酰胺腺嘌呤二核苷酸磷酸(NADPH)。在波长340 nm处NADPH的吸光度值与乳糖含量成正比，与标准系列比较定量。

$$C_{12}H_{22}O_{11}(L) + H_2O \xrightarrow{\beta\text{-GLS}} D\text{-}C_6H_{12}O_6(G) + D\text{-}C_6H_{12}O_6(GL)$$

$$D\text{-}C_6H_{12}O_6(G) + ATP \xrightarrow{HK} G6P + ADP$$

$$G6P + NADP^+ + H_2O \xrightarrow{G6PDH} GA6P + NADPH + H^+$$

B.3 试剂和材料

所有的试剂如未注明规格，均为分析纯；实验用水如未注明，均应符合GB/T 6682的规定。

B.3.1 乳糖标准物质($C_{12}H_{22}O_{11} \cdot H_2O$)：纯度≥99%。

B.3.2 亚铁氰化钾溶液(36 g/L)：称取3.6 g亚铁氰化钾{$K_4[Fe(CN)_6] \cdot 3H_2O$}，用水溶解，定容至100 mL，混匀。

B.3.3 硫酸锌溶液(72 g/L)：称取7.2 g硫酸锌($ZnSO_4 \cdot 7H_2O$)，用水溶解，定容至100 mL，混匀。

B.3.4 硫酸溶液(2 mol/L)：用水稀释浓硫酸，浓硫酸∶水为1∶8(体积比)。

警告：稀释浓硫酸时应当将硫酸缓慢加入水中，且不断搅动。否则会引起爆炸。

B.3.5 氢氧化钠溶液(200 g/L)：称取20.0 g氢氧化钠(NaOH)，用水溶解，定容至100 mL，混匀。

B.3.6 氢氧化钠溶液(4 g/L)：称取4.0 g氢氧化钠(NaOH)，用水溶解，定容至1 000 mL，混匀。

B.3.7 硫酸铵溶液(422 g/L)：称取42.2 g硫酸铵[$(NH_4)_2SO_4$]，用水溶解，定容至100 mL，混匀。

B.3.8 柠檬酸盐缓冲液(pH 6.6)：分别称取2.8 g柠檬酸钠($C_6H_5O_7Na_3 \cdot 2H_2O$)、0.042 g柠檬酸($C_6H_8O_7 \cdot H_2O$)和0.635 g七水硫酸镁($MgSO_4 \cdot 7H_2O$)溶于40 mL水中，用硫酸溶液(B.3.4)或者氢氧化钠溶液(B.3.6)调节pH至6.6±0.1后，用水定容至50 mL，混匀后放置0 ℃～4 ℃冰箱中贮藏，可保存三个月，使用前放置至室温。

B.3.9 三乙醇胺(TEA)缓冲液(pH7.6)：分别称取14.0 g盐酸三乙醇胺($C_6H_{15}NO_3 \cdot HCl$)和0.25 g七水硫酸镁($MgSO_4 \cdot 7H_2O$)，用80 mL水溶解，用氢氧化钠溶液(B.3.5)调节pH至7.6±0.1后，定容至100 mL，混匀后放置0 ℃～4 ℃冰箱中贮藏，可保存两个月。

B.3.10 $NADP^+$-ATP-TEA缓冲悬浊液：分别准确称取65 mg烟酰胺腺嘌呤二核苷酸磷酸二钠($C_{21}H_{26}N_7O_{17}P_3Na_2$)和170 mg 5-三磷酸腺苷二钠盐($C_{10}H_{14}N_5O_{13}P_3Na_2$)，溶于30 mL的三乙醇胺缓冲液(B.3.9)中，混匀后放置0 ℃～4 ℃冰箱中贮藏，可保持两周，使用前放置至室温。

B.3.11 β-半乳糖苷酶-硫酸铵[β-GLS-$(NH_4)_2SO_4$]悬浊液(pH约7.6)：将β-半乳糖苷酶(β-GLS，

埃希氏大肠杆菌,EC 3.2.1.23)溶于硫酸铵溶液(B.3.7)中,使β-半乳糖苷酶的活性不低于60 IU/mL。缓慢搅匀成悬浊液后放置0 ℃～4 ℃冰箱中,可保存12个月。使用时该悬浊液的容器应浸入冰水中。

B.3.12 己糖激酶-6-磷酸葡萄糖脱氢酶-硫酸铵[HK-G6PDH-$(NH_4)_2SO_4$]悬浊液:将己糖激酶(HK,酵母,EC 2.7.1.1)和6-磷酸葡萄糖脱氢酶(G6PDH,酵母,EC 1.1.1.49)溶于硫酸铵溶液(B.3.7)中,使己糖激酶活性不低于280 IU/mL(25 ℃),6-磷酸葡萄糖脱氢酶活性不低于140 IU/mL(25 ℃)。缓慢搅匀成悬浊液后放置0 ℃～4 ℃冰箱中,可保存12个月。使用时该悬浊液的容器应浸入冰水中。

B.3.13 乳糖标准溶液[$c(C_{12}H_{22}O_{11}\cdot H_2O)=80\ \mu g/mL$]:精确称取经87 ℃烘烤2 h至恒重的乳糖标准物质(B.3.1)0.842 g,溶于水中,定容至100 mL,摇匀。准确吸取1.00 mL上述溶液,用水稀释到100 mL,即得浓度为80 μg/mL的乳糖标准工作溶液。该溶液放置0 ℃～4 ℃冰箱中,现用现配。

B.4 仪器和设备

实验室常规仪器及以下各项。

B.4.1 分析天平:感量0.1 mg。

B.4.2 定量滤纸:中速,直径15 cm。

B.4.3 比色管:10 mL,带盖。

B.4.4 分光光度计:340 nm,1 cm比色皿。

B.4.5 水浴锅:能在20 ℃～36 ℃保温。

B.5 试样制备

取有代表性的样品至少200 g,充分混匀,置于密闭的玻璃容器内。

B.6 分析步骤

B.6.1 试液的制备

准确称取1 g样品于烧杯中,用温水(40 ℃～50 ℃)溶解,玻璃棒搅拌,将烧杯中样品完全转移至100 mL容量瓶,用水定容,混匀。加入5 mL亚铁氰化钾溶液(B.3.2)、5 mL硫酸锌溶液(B.3.3)和10 mL氢氧化钠溶液(B.3.6),每次添加后充分混合溶液,用水定容至100 mL,混合均匀后静置30 min。过滤,弃去开始的部分滤液。吸取5.00 mL滤液于100 mL容量瓶中,用水定容至100 mL,即为试液。

B.6.2 标准曲线的绘制

用微量移液管吸取0,0.20,0.40,0.60,0.80,1.00 mL乳糖标准工作溶液(B.3.13),分别置于比色管(B.4.3)中,各加入0.20 mL柠檬酸盐缓冲溶液(B.3.8)、0.05 mL β-半乳糖苷酶-硫酸铵悬浊液(B.3.11),摇匀,于水浴锅(B.4.5)中恒温15 min。取出后加入1.00 mL $NADP^+$-ATP-TEA缓冲溶液(B.3.10)、0.05 mL己糖激酶-6-磷酸葡萄糖脱氢酶-硫酸铵悬浊液(B.3.12),摇匀,于水浴锅(B.4.5)中恒温60 min。取出后,冷却至室温,用水定容至5.00 mL,摇匀,放置5 min。用1 cm比色皿(B.4.4),以乳糖标准溶液含量为0的试剂溶液作参比,在波长340 nm处测定各比色管内溶液的吸光度。以乳糖含量为纵坐标,吸光度为横坐标,绘制标准曲线。

B.6.3 试液吸光度的测定

准确吸取1.00 mL试液(B.6.1)于比色管(B.4.3)中,加入0.20 mL柠檬酸盐缓冲溶液(B.3.8)、1.00 mL $NADP^+$-ATP-TEA缓冲溶液(B.3.10)、0.05 mL己糖激酶-6-磷酸葡萄糖脱氢酶-硫酸铵悬浊液(B.3.12),摇匀,于水浴锅(B.4.5)中恒温60 min。取出后,冷却至室温,用水定容至5.00 mL,摇匀,放置5 min,作为试液参比溶液。

准确吸取1.00 mL试液(B.6.1)于比色管(B.4.3)中。以下按B.6.2"各加入0.20 mL柠檬酸盐缓冲溶液(B.3.8)……放置5 min"操作,用1 cm比色皿(B.4.4),在波长340 nm处测定各比色管内溶液的吸光度，在标准曲线上查出对应的乳糖含量。

B.7 结果计算

试样中乳糖的含量 X，以克每百克（g/100 g）表示，按式（B.1）计算：

$$X=\frac{c\times V_1\times V_3}{10\ 000\ m\times V_2\times V_4} \qquad\qquad \text{(B.1)}$$

式中：

c——标准曲线上查出的试液中乳糖的含量，单位为微克（μg）；

V_1——试样经脱蛋白处理后的定容体积，250 mL；

V_3——滤液定容体积，100 mL；

m——试样的质量，单位为克（g）；

V_2——吸取滤液体积，5.00 mL；

V_4——吸取试液体积，1.00 mL。

用平行测定的算术平均值表示，保留三位有效数字。

B.8 精密度

在重复性条件下获得的两次独立测定结果的绝对差值不得超过算术平均值的 10%。

ICS 35.080
L 77

中华人民共和国国家标准

GB/T 22032—2008/ISO/IEC 15288:2002

系统工程　系统生存周期过程

Systems engineering—System life cycle processes

(ISO/IEC 15288:2002,IDT)

2008-06-17 发布　　2008-11-01 实施

中华人民共和国国家质量监督检验检疫总局
中国国家标准化管理委员会　发布

前　言

本标准等同采用国际标准 ISO/IEC 15288:2002《系统工程　系统生存周期过程》(英文版)。

本标准的附录 A 是规范性附录,附录 B、附录 C 和附录 D 是资料性附录。

本标准由中华人民共和国信息产业部提出。

本标准由全国信息技术标准化技术委员会归口。

本标准起草单位:中国电子技术标准化研究所。

本标准主要起草人:周平、高林、王宝艾、王立福、刘超。

引　言

人造系统的复杂性已经增长到一个史无前例的水平。这带来了新的机遇，但也给生产和使用系统的组织带来了新的挑战。这些挑战存在于系统生存周期的全过程和各个层次，来源于：

——构建系统的硬件、软件和人力因素之间存在固有的差异。

——几乎每一种现有的系统都包含基于计算机的技术，并(或)由基于计算机的技术建模和支持。

——系统涉及的学科(包括科学、工程、管理和财务)之间协调与集成的缺乏。

基于上述挑战，需要给出一个公共框架，改善各方在创建、使用和管理现代系统中的沟通与合作，以便使他们能以一种集成、紧凑的方式工作。

本标准提供了一个覆盖人造系统整个生存周期的公共过程框架。该生存周期从系统的概念形成到其退役。该框架提供了人造系统的获取和供应过程，并可用来评估和改进这些过程。

本标准中的过程是一个广泛的集合，一个组织可以据此构建适合其产品和服务的系统生存周期模型。一个组织可以根据其目的选择和应用合适的子集达到目的。

本标准可以按下列一种或多种模式使用：

——组织使用——帮助建立过程期望的环境。这些过程可以由方法、规程、技术、设备及受训人员等基础设施予以支持。因此，组织可以使用该环境来实施和管理它的项目，推进系统生存周期的各个阶段。在这种模式下，本标准用于评价某个已声明、建立的环境与其条款的一致性。

——项目使用——帮助选择、结构化和使用已建立的环境的各项元素，以提供产品和服务。在这种模式下，本标准用于评价项目与已声明的、已建立的环境的一致性。

——需方和供方使用——帮助制定一个关于过程和活动的协议。通过该协议，选择、磋商、同意本标准中的过程和活动并执行。在这种模式下，本标准用于制定协议的指南。

本标准在第5章中定义了系统生存周期过程的要求，在第6章中定义了生存周期阶段的要求，在附录A中提供了剪裁本标准的要求。本标准中还包含资料性附录：附录B提供了一个使用生存周期阶段的实例；附录C说明了本标准与ISO/IEC 12207:1995/AMD.1:2002《信息技术　软件生存周期过程》的关系；附录D描述了本标准用到的关键概念。建议本标准的读者参考附录D，进一步了解这些概念。

系统工程　系统生存周期过程

1　范围

1.1　目的

本标准为描述人造系统的生存周期建立了一个公共框架。定义了一组过程及相关的术语。这些过程可以应用于系统结构的各个层次上。在整个生存周期中，所选过程的集合可用于管理和实施系统生存周期的各个阶段。这是通过所有与系统有关的各方的参与、实现客户满意的最终目标来完成的。

本标准还提供一些过程，支持用于组织或项目中生存周期过程的定义、控制和改进。在系统的获取和供应时，组织和项目可以使用这些生存周期过程。

本标准涉及人造的和可由以下元素配置的系统：硬件、软件、人员、过程（如评审过程）、规程（如操作者指导）、设备和自然存在的实体（如水、有机物和矿物质）。

1.2　应用领域

无论是在组织内部还是在外部实施，本标准均适用于系统的全部生存周期，包括系统概念、开发、生产、使用、支持和退役等阶段，以及系统的获取和供应。本标准的生存周期过程可以并发地、迭代地、递归地用于一个系统及其各个组成元素。

在系统的目的、应用领域、复杂性、规模、新颖性、适应性、数量、位置、生存时间与演变等方面，系统是千差万别的。本标准描述了那些构成任何人造系统的生存周期的过程。因此，它既可应用于单件生产的系统，也可用于批量生产的或客户化定制的系统。

本标准适用于作为需方和供方的组织。它既可由单方作为自我改进工作采用，也可用于多方的情况。各方可以来自于同一个组织，也可来自于不同的组织，各方之间的关系情况可以是非正式协议到正式的合同。

本标准的过程可以作为建立业务环境（例如方法、技术、工具和受培训的人员）的一个基础。本标准提供了一个过程参考模型，该模型是通过过程的目的和过程成功执行所产生的结果予以表征的。因此，本标准可以作为一个参考模型，支持 ISO/IEC TR 15504-2 中表述的过程评估。

1.3　限制

本标准没有用方法或规程来细化生存周期过程，而方法或规程是为了满足过程的需求和输出所需要的。

本标准不涉及文档的名称、格式、明确的内容和介质。

不期望本标准与任何组织的方针、规程和标准或国家的法律法规发生冲突。应在使用本标准前解决任何此类冲突。

2　符合性

2.1　预期用法

本标准中要求包含在第 5 章、第 6 章和附录 A 中。本标准为系统生存周期期间使用的大量过程提出了要求。应该认识到：特定项目或组织可能不需要使用本标准中给出的所有过程。因此，本标准的实现通常包括选择一个适合组织或项目的过程子集。为了使一个实现与该标准的条款一致，可以使用以下两种方法（见 2.2、2.3）。任何符合性声明只能是以下两种形式之一。

2.2　完全符合

完全符合的声明给出了符合本标准的过程集合。说其达到完全符合，应通过使用已给出的过程集的输出作为证据，论证该过程集的所有要求都得以满足。

2.3 剪裁符合

当以该标准作为基础，建立一个并非完全达到完全符合的过程集时，可根据附录A所规定的剪裁过程，选择或修改本标准的章条内容。对于剪裁符合，应声明相应的剪裁文本。说明其达到剪裁符合，应通过使用已剪裁的过程集的输出作为证据，论证该过程集的所有要求都得以满足。

注：当本标准用于帮助开发供需双方之间的协议时，其章节可在修改或未修改的情况下有选择地与协议相结合。在这种情况下，供需双方更应宣布遵从该协议，而不是符合本标准。

3 规范性引用文件

下列文件中的条款，通过本标准的引用而构成本标准的条款。凡是注日期的引用文件，其随后所有的修改单（不包括勘误的内容）或修订版均不适用于本标准，然而，鼓励根据本标准达成协议的各方研究是否可使用这些文件的最新版本。凡是不注日期的引用文件，其最新版本适用于本标准。

GB/T 8566—2007 信息技术 软件生存周期过程（ISO/IEC 12207:1995，MOD）

4 术语和定义

本标准采用下列术语和定义。

4.1

需方 acquirer

从供方获得或获取产品或服务的共利益者。

注：需方可以是买主、顾客、获取者。需方可能同时也是拥有者、用户或运行的组织。

4.2

活动 activity

花费时间与资源的一组行动，它的执行对于实现一个或多个输出是必要的，或有帮助的。

4.3

协议 agreement

对于执行工作关系的条款与条件的相互认可。

4.4

基线 baseline

已经过正式评审和同意的一个规范或产品，它将作为进一步开发的基础，并只能通过正式的变更控制规程进行更改。

4.5

使能系统 enabling system

在一个所关心的系统的生存周期各阶段中作为补充的系统，但并不必在运行时直接有助于实现所关心的系统的功能。

注1：例如，当一个所关心的系统进入生产阶段时，需要一个使能生产系统。

注2：每一个使能系统有它自己的生存周期。当依照其权利把使能系统本身当成所关心的系统时，本标准适用于每一个使能系统。

4.6

企业 enterprise

一个组织中负责根据协议获取和供应产品和（或）服务的部分。

注：一个组织可能涉及几个企业，同时一个企业可能涉及一个或多个组织。

4.7

设施 facility

用于促进行动的执行的物质手段或装备，如建筑物、器械和工具。

4.8

生存周期模型　life cycle model

与生存周期有关的过程和活动的一个框架，也作为沟通和理解的通用参考。

4.9

操作者　operator

对系统功能有贡献和利用知识、技能和规程来发挥作用的个人或组织。

注 1：操作者和用户的角色可能同时或依次属于同一个个人或组织。

注 2：与知识、技能和规程相结合的每个操作者都可以认为是系统的一个元素。

4.10

组织　organization

职责、权限和相互关系得到安排的一组人员及设施。

[GB/T 19000—2000，定义 3.3.1]

4.11

过程　process

一组将输入转化为输出的相互关联或相互作用的活动。

[GB/T 19000—2000，定义 3.4.1]

4.12

项目　project

具有预定的起始与结束时间、根据规定的资源和需求承诺创建产品或服务的一个行动。

注 1：摘自 GB/T 19000—2000 和 PMBOK 指南（2000）。

注 2：一个项目可看作是由协作和受控的活动组成的独特的过程，同时可由本标准中定义的项目过程和技术过程的活动组成。

4.13

资源　resource

过程执行期间使用或消耗的资产。

注 1：资源可以包括不同的实体（如人员、设施、关键设备、工具）和公共物品（如电、水、燃料和通信基础设施）。

注 2：资源可以是可重用的、可补充的或可消耗的。

4.14

阶段　stage

在一个系统的生存周期中与系统描述或系统自身的状态有关的一段时期。

注 1：阶段与系统在其生存周期中的进展和成果里程碑相关。

注 2：阶段可以是重叠的。

4.15

共利益者　stakeholder

在一个系统或系统的特征范围中有权力、份额或要求以满足其需要及期望的一方。

4.16

供方 supplier

与需方签订协议，并按协议规定提供产品或服务的组织或个人。

4.17

系统　system

为达到一个或多个规定目的而组织起来的、相互作用的元素的组合体。

注 1：一个系统可被认为是一个产品或它提供的服务。

注 2：实际上，对系统含义的解释通常通过使用一个联合名词来阐明，如飞行器系统。或者，单词“系统”可简单地由上下文相关的同义词来替代，如飞行器，虽然这可能使系统的观点不太明显。

4.18

系统元素　system element

组成系统的一组元素中的一个成员。

注：一个系统元素是一个系统中离散的部分，通过实现它可以完成规定的需求。

4.19

所关心的系统　system-of-interest

在本标准中其生存周期在考虑范围的系统。

4.20

系统生存周期　system life cycle

所关心的系统从概念到退役随时间的进化。

4.21

权衡　trade-off

基于共利益者的净利益，从各种需求和候选解决方案中选择的决策行动。

4.22

用户　user

从系统的使用过程中受益的个人或小组。

注：用户和操作者的角色可能同时或依次属于同一个个人或组织。

4.23

确认　validation

通过提供客观证据对特定的预期用途或应用要求已得到满足的认定。

[GB/T 19000—2000，定义 3.8.5]

注：系统生存周期中的"确认"是指确保并获得系统确实能够实现其预期用途、目的和目标的可信度的一组活动。

4.24

验证　verification

通过提供客观证据对规定要求已得到满足的认定。

[GB/T 19000—2000，定义 3.8.4]

注：系统生存周期中的"验证"是把系统生存周期中的产品与该产品必备的特性进行对比的一组活动。这可能包括（但不限于）特定的要求、设计描述和系统本身。

5　系统生存周期过程

5.1　导引

本章描述了生存周期过程的要求。定义了过程的目的和输出，以及完成过程所必需的活动。一个组织有选择地实施生存周期过程，以实现生存周期各阶段的目的和输出。

生存周期过程按以下四个过程组进行描述：

协议过程；

企业过程；

项目过程；

技术过程。

注：每一个生存周期过程都可以按需要在生存周期中的任何时刻被调用，而且它们的使用没有规定的顺序。任何生存周期过程都可以与其他生存周期过程并发地执行。任何生存周期过程都可应用于系统结构的层次划分的任何级别上。在下面对系统生存周期过程的描述中，各个过程出现的顺序和使用的过程组并不意味着一个系统的生存周期中的各过程具有优先级或应用的顺序。但是，过程组确实反映了本标准中使用的潜在的概念。这些在附录中进行了描述。

5.2 协议过程

5.2.1 导引

本条规定了与组织内部或外部的组织性实体建立协议的要求。

协议过程包括：

a) 获取过程——用于获取产品或服务；

b) 供应过程——用于供应产品或服务。

这些过程定义了两个组织间建立协议所必需的活动。若调用获取过程，则提供了与供方进行业务活动的方法。这个供方既可以提供作为一个运行系统的产品，也可提供支持运行系统的服务，或者提供一个项目所开发的产品的元素。若调用供应过程，则为实施一个项目提供方法，该项目的输出是将一个产品或一项服务交付给需方。

5.2.2 获取过程

5.2.2.1 获取过程的目的

获取过程的目的是根据需方的要求获得产品或服务。

5.2.2.2 获取过程的输出

成功实现获取过程的结果为：

a) 制定了获取策略；

b) 选择了供方；

c) 保持与供方的沟通；

d) 公布选择的理由；

e) 根据已定义的验收准则制定获取产品或服务的协议；

f) 验收符合协议的产品或服务；

g) 支付款项或其他报酬。

5.2.2.3 获取过程的活动

需方应根据有关获取过程的适宜组织方针和规程，开展下列活动：

a) 制定一个如何实施获取的计划。

注：如果供方是需方的外部组织，那么该计划应包括生存周期模型的参考、里程碑的进度安排和选择准则。

b) 准备产品或服务的供应要求。

注：向一个或多个供方提供需求的定义。如果供方是需方的外部组织，那么该要求可能包括期望供方遵守的商业惯例和选择供方的准则。

c) 与已确定的供方沟通对产品或服务的供应要求。

注：这可能包括与有关的供方和需方交换信息的供应链管理合伙，以便获得某种对于常见的技术和商业问题来说是协调的或者整套的方法。

d) 选择一个供方。

注：为了得到有竞争力的投标书，应根据选择准则对提供的招标书进行评价和对比。若招标书中包括没有被准则覆盖的内容，则应将招标书互相比较，以便决定它们的合适顺序，并因此决定优选的供方。宣布评定每一项招标书的理由，并通知供方为什么选择(或不选择)它们。

e) 与供方达成协议。

注：该协议可以是从正式的书面合同到口头相互理解的各种形式。根据不同的正式程度，该协议建立需求、开发和交付的里程碑，验证、确认和验收条件，异常处理规程，变更控制规程和付款进度，以便协议的各方都理解执行协议的基础。在协议中注明与技术数据和知识产权相关的权力和约束。当需方接受供方提供的协议的各项条款时谈判结束。

f) 评估协议的执行。

注：这包括确认协议双方均根据协议履行自己的职责。计划成本、性能和进度风险均得到监控，同时定期地评价不期望的输出对组织的影响。如有必要，应对协议条款的变化进行磋商。

g) 确认交付的产品或服务与协议相符。

注：根据协议中确定的规程解决协议执行期间或者交付产品或服务期间所产生的意外。

h) 为交付的产品或服务向供方付款或提供其他双方同意的报酬。

注：当供应的产品或服务已经满足合同的条件时，需方通过付款或提供其他双方同意的报酬来终止协议。

5.2.3 供应过程

5.2.3.1 供应过程的目的

供应过程的目的是向需方提供满足双方同意的需求的产品或服务。

5.2.3.2 供应过程的输出

成功实现供应过程的结果为：

a) 识别产品或服务的需方；

b) 对需方的要求做出响应；

c) 根据已定义的验收准则制定供应产品或服务的协议；

d) 保持与需方的沟通；

e) 根据双方同意的交付规程和条件供应符合协议的产品或服务；

f) 根据协议的指示，转移对所获取的产品或服务的责任；

g) 收到付款或其他双方同意的报酬。

5.2.3.3 供应过程的活动

供方应根据有关供应过程的适宜组织方针和规程，开展下列活动：

a) 决定对产品或服务有需要的、或代表某个团体或很多团体的需方的存在性并确定其身份。

注：对于针对消费者开发的产品或服务，某个代理(如供方组织内的某个市场功能部门)可能就代表需方。

b) 评价对产品或服务的供应要求，以便决定可行性和如何响应。

c) 准备满足投标的一个响应。

d) 与需方达成协议。

注：该协议可以是从正式的书面合同到口头相互理解的各种形式。合适时，对获取要求(或者任务说明)和响应过程中表现的能力之间的差别进行磋商。供方确认需求、交付的里程碑和验收条件是可以达到的，异常处理和变更控制规程以及付款进度是可接受的，它在考虑适当风险的情况下建立执行协议的基础。

e) 根据供方制定的项目计划和协议的规定执行协议。

注：供方可以采纳或同意使用需方的过程。

f) 评估协议的执行。

注：计划成本、性能和进度风险得到监控，并适当地与需方沟通。评估不期望的输出对组织的影响。

g) 根据协议准则交付产品或服务。

h) 接收付款或其他双方同意的报酬，并答谢。

i) 根据协议的指示，将对产品或服务的责任转移给需方或其他方。

5.3 企业过程

5.3.1 导引

企业过程通过项目的启动、支持和控制来管理组织获取和供应产品或服务的能力。它们提供支持项目和确保组织的目标以及已确定的协议得到满足所必需的资源和基础设施。它们并不打算成为某个确保组织的业务战略管理的业务过程的全面集合。

企业过程包括：

a) 企业环境管理过程；

b) 投资管理过程；

c) 系统生存周期过程管理过程；

d) 资源管理过程；

e) 质量管理过程。

5.3.2 企业环境管理过程

5.3.2.1 企业环境管理过程的目的

企业环境管理过程的目的是定义和维护本标准范围内有关组织业务活动所需的方针和规程。

5.3.2.2 企业环境管理过程的输出

成功实现企业环境管理过程的结果为：

a) 提供了系统生存周期的战略管理的方针和规程；

b) 定义了系统生存周期管理的责任和权力；

c) 提供了改进系统生存周期过程的方针。

5.3.2.3 企业环境管理过程的活动

组织应根据有关企业环境管理过程的适宜组织方针和规程，开展下列活动：

a) 制定每一项业务领域的计划。

注：识别短期目标，这些短期目标有助于实现战略目标以及将承担的、以达到战略目标的项目。

b) 准备实现本标准要求的、同时与企业战略和业务领域的计划相一致的系统生存周期方针和规程。

注：一个项目中实现的系统生存周期的实际范围和详细程度将依赖于工作的复杂度、使用的方法以及开展工作过程中涉及的人员的技能和培训。项目根据自身的需求和需要裁减方针和规程。相关的方针和规程包括风险管理，质量管理和资源管理。

c) 定义、集成和通报角色、责任和权力，以促进系统生存周期过程和系统生存周期的战略管理的实现。

d) 定义在系统生存周期中控制进度的业务准则。

注：建立有关进入和退出对每一个生存周期阶段、同时适合于其他关键里程碑的决策准则。根据业务成果表达这些内容。

e) 对项目使用的系统生存周期模型进行定期评审。

注：确认每个项目所使用的生存周期模型一直是合适的、足够的和有效的，并可做适当的改进。这包括阶段、过程和生存周期中控制进度的实现准则。

f) 为实现本标准的要求，与项目组沟通企业采纳的方针和规程。

5.3.3 投资管理过程

5.3.3.1 投资管理过程的目的

投资管理过程的目的是启动和维持足够的和合适的项目，以满足组织的目标。

该过程承诺将充足的组织基金和资源进行投资，并批准为建立所选项目所需的权力。它对项目实行连续的资格审查，以确保连续的投资是合理的，或使之合理。

5.3.3.2 投资管理过程的输出

成功实现投资管理实现的结果是：

a) 对投资机会或必要性进行了资格审查和选择；

b) 对资源和预算进行了识别和分配；

c) 对项目管理责任和权力进行了定义；

d) 维护了满足协议、共利益者和组织需求的项目；

e) 不满足协议、共利益者和组织需求的项目被转向或终止。

5.3.3.3 投资管理过程的活动

组织应根据有关投资管理过程的适宜组织方针和规程，开展下列活动：

a) 确定新的商业机会、风险或与商业战略和组织的行动计划一致的事业。

注：排列即将开始的项目的优先顺序，并设定一个阈值以确定哪个项目将被执行。

b) 确定项目、责任和授权。

c) 标识项目的期望结果。

d) 为项目目标的实现分配资源。

e) 识别必须由项目管理或支持的任何一个多项目接口。这包括对多个项目使用的使能系统的使用,以及多个项目使用的通用系统元素的使用。

f) 规定项目报告需求和支配项目执行的评审里程碑。

g) 授权项目着手已批准的项目计划的执行,包括技术方案。

h) 评估正在执行的项目,以确保:

1) 项目正在朝着实现预定目标的方向进展;

2) 项目遵循项目导则;

3) 项目正按系统生存周期计划和规程进行;

4) 项目依然是可行的——由几个方面来表征,如对服务的持续需要、实际的产品实现、可接受的投资利润。

i) 采取行动以继续或调整那些进展满意的、或期望通过适当的调整后能进展满意的项目。

j) 在协议允许的情况下,采取行动取消或暂停那些对组织造成的损失或风险比继续投资的收益还要大的项目。

5.3.4 系统生存周期过程管理过程

5.3.4.1 系统生存周期过程管理过程的目的

系统生存周期过程管理过程的目的是保证组织使用有效的生存周期过程。

该过程提供了与组织的目标和方针一致的系统生存周期过程,对这些过程以一种一致的方式进行定义、调整和维护,以满足各个项目的特性,同时使用有效的、已被验证的方法和工具来采用它们。

5.3.4.2 系统生存周期过程管理过程的输出

成功实现系统生存周期过程管理过程的结果为:

a) 定义了组织使用的系统生存周期过程;

b) 定义了应用系统生存周期过程的方针;

c) 定义了调整系统生存周期过程以满足各个项目的需要的方针;

d) 定义了评价系统生存周期过程应用情况的测度;

e) 承担了对系统生存周期过程定义和应用的改进。

5.3.4.3 系统生存周期过程管理过程的活动

组织应根据有关系统生存周期过程管理过程的适宜组织方针和规程,开展下列活动:

a) 针对适宜的系统生存周期阶段建立系统生存周期过程的标准集合。

b) 根据正式批准的需求建立可接受的剪裁以及应用方针和规程。

c) 识别支持系统生存周期过程执行的方法和工具。

d) 在任何可能的情况下,建立决定已实施的标准过程的性能的测度。

e) 监控过程的执行,存储和分析过程的测度,并识别有关企业准则方面的趋势。

f) 识别标准系统生存周期过程实现的改进机会。

g) 根据决定改进过程、方法和工具。

5.3.5 资源管理过程

5.3.5.1 资源管理过程的目的

资源管理过程的目的是为项目提供资源。

在整个生存周期中该过程为项目提供资源、材料和服务,以支持组织和项目目标。这包括提供经过教育的、有技能和经验的、有资格执行生存周期过程的人员。该过程保证了资源、信息与技术的有效协作和共享。

5.3.5.2 资源管理过程的输出

成功实现资源管理过程的结果为:

a) 为项目提供了必要的资源、材料和服务；

b) 维持或者提高了人员的技能；

c) 解决了多个项目对资源需求的冲突。

5.3.5.3 资源管理过程的活动

组织应根据有关资源管理过程的适宜组织方针和规程，开展下列活动：

a) 决定并提供在组织内实现本标准的要求所需的资源基础设施支持，并提供项目支持。

注：项目计划和未来的业务需要有助于理解所要求的资源基础设施。物质因素（如设备）和人力因素（如工作环境周围的噪音水平）都要定义。

b) 获取为实施和支持项目所需的除人员外的资源。

c) 维护和管理为正在进行的项目提供人员所必须的人力资源库。

注：这包括具有合适的团队项目所必需的经验等级和技能的人员的补充、培训和保留；为了实施生存周期过程对人员资格的管理；为了提高人员的技能水平并支持他们的职业道路，培训和教育的供给；团队评估和评审，例如他们熟练程度、动机、在团队环境中工作的能力，也包括再教育、再分配和重新划拨的需要。

d) 激励员工，如通过职业发展和奖励机制。

e) 控制多个项目的管理接口，以解决进度冲突：

1) 组织的基础设施和对正在进行的项目的支持服务和资源方面的能力冲突；

2) 项目人员被过多地指派任务。

5.3.6 质量管理过程

5.3.6.1 质量管理过程的目的

质量管理过程的目的是保证产品、服务和生存周期过程的实现满足企业质量目标，并达到客户满意。

5.3.6.2 质量管理过程的输出

成功实现质量管理过程的结果为：

a) 定义了组织的质量管理方针和规程；

b) 定义了组织质量目的和目标；

c) 定义了质量管理的责任和权力；

d) 监控了客户满意度状态；

e) 当质量目标没有实现时采取了适当的措施。

5.3.6.3 质量管理过程的活动

组织应根据有关质量管理过程的适宜组织方针和规程，开展下列活动：

a) 建立质量管理方针、标准和规程。

注：在 GB/T 19001—2000 中可以发现针对质量管理系统需求的一个过程模型，GB/T 19004—2000 中有进一步的指南。

b) 基于针对客户满意的业务策略，建立组织质量管理目的和目标。

c) 定义实现质量管理的责任和权力。

d) 评估客户满意度并报告。

注：标准的实施为组织提供了一种实现客户满意的方法。

e) 对项目的质量计划进行定期评审。

注：保证对每个项目都建立了基于共利益者需求的质量目标。

f) 对产品和服务的质量改进状态进行监控。

5.4 项目过程

5.4.1 导引

项目过程用于制定和发展项目计划，以便根据计划评估实际的完成情况和进展，并控制项目的执行直到完成。由于是项目计划或者无法预料的事件要求的，因此，在生存周期的任何时刻和项目的任何层次水平上都可能涉及个别的项目过程。所采用的项目过程的严格和正式程度依赖于项目的风险和复杂度。

项目过程包括：

a) 项目策划过程；

b) 项目评估过程；

c) 项目控制过程；

d) 决策过程；

e) 风险管理过程；

f) 配置管理过程；

g) 信息管理过程。

注：策划、评估和控制对所有管理实践都很关键。它们对大到一个完整的企业，小到一个单一的生存周期过程及其活动的所有事务的管理都很显著。本标准选择项目作为描述策划、评估及控制相关过程的上下文。与这些过程相关的原则可用于一个组织管理的任何领域。

5.4.2 项目策划过程

5.4.2.1 项目策划过程的目的

项目策划过程的目的是产生和通报有效且可行的项目计划。

该过程决定项目管理和技术活动的范围，识别过程输出、项目任务和交付产品，制定项目任务执行的进度计划，这包括完成准则和完成项目任务所需的资源。

5.4.2.2 项目策划过程的输出

成功实现项目策划过程的结果为：

a) 项目计划可用；

b) 定义了角色、责任和权力；

c) 正式申请了完成项目所需的资源和服务；

d) 定义了项目性能的测度；

e) 根据项目计划指导项目成员。

5.4.2.3 项目策划过程的活动

项目应根据有关项目策划过程的适宜组织方针和规程，开展下列活动：

a) 识别项目目标和约束条件。

注：目标和约束条件包括性能和质量的其他方面、成本、时间及共利益者的满意度。每个目标的识别均详细到允许对适当的过程和活动的选择、裁减和实现的程度。

b) 根据协议定义项目范围。

注：项目包括满足业务决策准则和成功实施项目所必需的所有相关活动。在整个系统生存周期中，一个项目能负责一个或多个阶段。策划包括为维护项目计划、执行评估和控制项目而采取的适当措施。

c) 基于不断完善的系统体系结构建立工作分解结构。

注：对系统体系结构的每个元素及适当的过程和活动的描述的详细程度，均与识别的风险相一致。根据组织的责任，工作分解结构中的相关任务都被分组形成项目任务。项目任务标识每个被开发或产生的工作项及它的相关任务。

d) 基于项目进度计划和工作估计定义并维护一个项目进度计划。

注：这包括项目活动的持续时间、关系、依赖性和顺序的定义，成果里程碑，所用的资源和为按时完成项目所必需的评审。

e) 针对生存周期阶段决策方向、交付日期和对外部输入输出的主要依赖性定义项目实现准则。

注：根据组织关于业务与系统临界状态、进度安排与技术风险等问题的方针，定义内部项目评审的时间间隔。

f) 定义项目成本，并策划出一个预算。

注：成本基于多个因素，如项目进度计划、人力估计、基础设施成本、获取项、获得的服务和使能系统估计、用于风险

管理的预算储备。

g） 为项目工作建立权力和职责结构。

注：这包括定义项目组织、人员获取、人员技能的开发和小组协同工作的方法。它们包括对人力资源的有效使用，以及对系统生存周期所有阶段有贡献的组织功能。指明权力的结构，适当地包括法定负责的角色和个人，例如设计授权、安全授权及认证和合格评定的奖励。

h） 定义项目所需的基础设施和服务。

注：这包括定义所需的能力、它的可用性及在各个项目任务中的分配。也包括设备、工具、通信和信息技术资产。同时也指定在项目范围内的每一生存周期阶段对使能系统的需求。

i） 策划项目外部供应的材料、物品和使能系统服务的请求。

注：如有必要，这包括获取计划、供方选择、验收、合同监督管理和合同终止。协议过程用于有计划的获取。

j） 产生和通报项目的技术管理计划，包括评审。

k） 定义将产生的项目测度以及要采集、确认和分析的相关数据。

注：这包括识别项目数据源、接收者和时间选择。

l） 生成一个项目质量计划。

注：这包括定义和文档化项目质量目标，该目标保证了企业质量目的和目标、质量管理方针和规程得以实现。根据 GB/T 19001—2000 或其他质量标准策划。

5.4.3 项目评估过程

5.4.3.1 项目评估过程的目的

项目评估过程的目的是决定项目的状态。

该过程依据需求、计划和整体业务目标，周期性地和在重大事件时对进度与成果进行评价。当检测到重大的偏差时，要通报以便采取管理措施。

5.4.3.2 项目评估过程的输出

成功实现项目评估过程的结果为：

a） 项目性能测度或评估结果是可用的；

b） 评估了角色、责任和权力的合适性；

c） 评估了完成项目所必须的资源和服务的合适性；

d） 分析了项目性能指标上的偏差；

e） 项目的状态已通知了相关各方。

5.4.3.3 项目评估过程的活动

项目应根据有关项目评估过程的适宜组织方针和规程，开展下列活动：

a） 依据正确的项目计划评估项目状态，以决定实际的和计划的成本、进度和质量变化。

b） 根据项目计划实施质量保证。

c） 评估项目组结构、角色和职责的有效性。

注：这包括团队成员执行项目角色和完成项目任务是否足够胜任的评估。尽可能使用客观的测度，如资源使用率、项目成果。

d） 评估支持项目的基础设施是否足够且可用。

注：这包括确认组织间的承诺已得到满足。

e） 使用已测量的成果和里程碑的完成来评估项目的进度。

注：在计划的时间采集和评价实际的或估计的人力、材料和服务成本。与已定义的项目成果测度进行对比。这包括进行有效性评估，以便决定正在进行中的系统是否足够满足需求。也包括使能系统准备就绪，以便在需要时交付它们的服务。

f） 进行必要的管理和技术评审、审核和检查，以决定是否准备就绪进行系统生存周期或项目里程碑的下一阶段。

g） 监视关键的过程和新技术。

注：这包括根据项目计划识别和评价技术引入。

h） 分析数据和测度，以识别它们与计划值或状态的偏离和变化，并为改正做出适当的建议。

注：在适当的地方，这包括表明趋势的测度的统计分析，如表示输出结果质量的过错密度、表示过程可重复性的已测量参数的分布。

i） 根据协议、方针和规程中所标明的内容提供定期的状态报告和必需的偏差报告。

5.4.4 项目控制过程

5.4.4.1 项目控制过程的目的

项目控制过程的目的是指导项目计划的执行，以及确保项目在计划的预算内根据计划和进度执行，并满足技术目标。

该过程包括对项目活动进行适当的调整，以纠正从其他项目管理或技术过程识别的偏离和变化。如果合适的话，调整可以包含重新计划。

5.4.4.2 项目控制过程的输出

成功实现项目控制过程的结果为：

a） 当项目成果不满足计划的目标时，定义和指导纠正措施；

b） 当项目目标或约束已经改变，或预计的假设已表明是无效的，启动对项目的重新计划；

c） 项目行动从一个预定的里程碑或事件进展（或者没有进展）到下一个要获得授权；

d） 达到了项目目标。

5.4.4.3 项目控制过程的活动

项目应根据有关项目控制过程的适宜组织方针和规程，开展下列活动：

a） 根据项目计划管理项目需求和对需求的变更。

b） 对于已偏离可接受的或预定的限制的项目任务，启动为达到其目的和输出结果所需的纠正措施。

注：当发现人员、工具和项目基础设施财产不足或不可用时，纠正措施可能包括对它们的重新配置和重新分配。

c） 如果合适的话，启动预防措施，以保证项目目标和输出结果的实现。

d） 启动解决问题的措施，以纠正不符合项。

注：这包括当跟踪到生存周期过程的不符合项时，对它们的实现和执行采取纠正措施。文档化并评审这些纠正措施，以便确认它们的合适性和及时性。

e） 随着时间的推移，不断完善由项目实施的工作的范围、定义以及相关的工作分解，以适应采取纠正措施的决策以及它们引起的预期变更。

f） 当由于一个需方或供方要求的影响而对成本、时间或质量有合同变更时，采取变更措施。

g） 通过与供方进行建设性的交互，采取行动纠正获取的产品和服务中有缺陷的供应品。

注：这可能包括考虑修改供应的条目和条件，或开始新的供方选择。

h） 如果证明合理，则授权项目开始进行下一个里程碑或事件。

5.4.5 决策过程

5.4.5.1 决策过程的目的

决策过程的目的是在存在可选项时，从中选择最有利的项目行动路线。

该过程对系统生存周期中遇到的一个决策要求进行回应，而不论它的种类和来源，其目的是为了达到规定的、期望的或优化的输出。分析可选措施，从中选择一个行动路线并进行指导。为了支持以后的决策，决策及做出决策的根本原因要记录在案。

5.4.5.2 决策过程的输出

成功实现决策过程的结果为：

a） 定义了决策策略；

b） 定义了可选的行动路线；

c) 选择了更好的行动路线；

d) 获取和报告解决方案、决策原则和假设。

5.4.5.3 决策过程的活动

项目应根据有关决策过程的适宜组织方针和规程，开展下列活动：

a) 定义一个决策策略。

注：这包括识别决策种类和一个决定优先级的方案，以及识别各负责方。识别决策者，并赋予其做决策的责任和权力。有效性评估、技术权衡、需要解决的问题、为响应风险超过可接收阈值所需的措施、一个新的机遇或批准项目进入下一生存周期阶段，都可能出现决策。决策策略包括识别与分配决策的责任和决策的权力。

b) 为了在决策过程中吸取经验和知识，使相关各方参与进来。

c) 识别决策的环境和需要。

注：记录、分类并迅速和客观地报告问题或机遇，以及达到其输出的可选行动路线。

d) 针对每一个决策情况，选择并宣布决策策略。识别期望的输出和可测量的成功准则。

e) 使用已定义的决策策略评价各项候选措施的因果关系的平衡，以达到对已识别的决策环境的优化，或在这个环境中进行改进。

f) 记录、跟踪、评价和报告决策结果，以确保问题已得到有效的解决，不利趋势已得到扭转，机会得到了有效利用。

g) 按协议或组织规程中的规定，以一种允许审核和从经验中学习的方式维护对问题和机会及其部署的记录。

5.4.6 风险管理过程

5.4.6.1 风险管理过程的目的

风险管理过程的目的是减少可能改变质量、成本、进度或其他技术特征的不确定事件的影响。

该过程识别、评估、处理和监视整个生存周期中的风险，按照适当的处理或接受方式对每个风险做出响应。

5.4.6.2 风险管理过程的输出

成功实现风险管理过程的结果为：

a) 对风险进行了识别和分类；

b) 确定了风险的机率和后果；

c) 指定了处理每个风险的策略；

d) 风险的状态是可用的且得到了沟通；

e) 针对变得不可接受的风险采取了行动。

5.4.6.3 风险管理过程的活动

项目应根据有关风险管理过程的适宜组织方针和规程，开展下列活动：

a) 为识别、评估和处理风险，建立一个系统性的方法。

注：这包括决定将对系统、项目或组织造成负面影响的事件。这也可以包括建立风险种类。在质量、成本、进度或技术特征的范围内，以合适的术语定义表达风险的方法，包括尽可能多的测度。

b) 识别和定义风险。

注：这包括识别每一个风险种类中与每一个风险相关的启动事件，以及定义风险源之间的相互关系。在此范围内，以合适的术语表达风险的方法（包括尽可能多的测度）得到定义。

c) 使用已建立的风险准则，确定风险发生的概率。

注：准则可以包含相关的成本、法律法规的要求、社会经济与环境方面、共利益者的利害关系、评估的优先级及其他输入。

d) 利用已建立的准则，根据风险可能产生的后果对它们进行评价。

e) 根据风险的发生概率和后果，区分其优先顺序。

f) 决定风险处理策略。

注：这包括：

1) 做出不涉及风险情况的决定或采取行动排除风险情况，以规避风险；

2) 风险优化(包括缓解风险)，以减少负面结果和发生的概率。风险优化依赖于风险准则，包括成本和法律需求；

3) 针对损失的负担，通过与其他方共同分担责任，以转移风险；

4) 风险保持力，即来源于某个特定风险的损失负担的可接受程度。

g) 针对每个已识别的风险定义接受阈值。

h) 识别如果超出接受阈值则遵循的风险处理措施。

注：对于具有严重后果的风险，若缓解措施不成功，则建立即将启动的意外事故计划。

i) 根据协议、策略和规程通报风险处理措施及其状态。

j) 在整个生存周期中维护风险记录。

注：记录包括对当前风险的感知及风险处理措施与预算的关系的定义。该记录为辅助决策而维护风险的历史，并可能为将来相关系统的不断完善的设计提供一个参考。

5.4.7 配置管理过程

5.4.7.1 配置管理过程的目的

配置管理过程的目的是建立与维护一个项目或过程的全部已标识的输出结果的完整性，并使它们对相关的各方均是可用的。

5.4.7.2 配置管理过程的输出

成功实现配置管理过程的结果为：

a) 定义了配置管理策略；

b) 定义了需要配置管理的项；

c) 建立了配置基线；

d) 控制了配置管理下的项的变更；

e) 控制了已发布项的配置；

f) 整个生存周期中配置管理下的项的状态已成为可用的。

5.4.7.3 配置管理过程的活动

项目应根据有关配置管理过程的适宜组织方针和规程，开展下列活动：

a) 定义配置管理策略。

注：这包括定义对配置项的解除、访问、发布和变更控制的权力；根据指定的完整性、安全性和安全保密性的级别，定义存储的位置和条件、它们的环境以及针对信息的存储媒体；定义针对启动配置控制和维护演变的配置的基线的准则或事件，以及定义审核策略和保证配置定义信息的持续完整性和安全性的责任。配置管理活动应与GB/T 19017提供的指南相兼容。

b) 识别配置控制的项。

注：在适当的情况下，项由唯一的、持久的标识符或标记进行区别。标识符要与相关的标准和生产地区习俗相一致，以便配置控制下的项可明显地跟踪到它们的规格说明书或等同的文档化描述。

c) 以适当的完整性和安全性级别维护有关配置的信息。

注：这包括考虑配置控制下的项的特征。在可能的情况下，配置描述要与产品或技术标准一致。确保配置信息允许对其他基线化的配置状态的向前和向后可追踪性。合并配置项不断演变的配置状态，以便在指定的时间或给定的情况下形成文档化的基线。在配置基线数据中记录对基线及相关授权的解释。在系统生存周期中维护配置记录，并根据协议、相关的法律规定或最好的业界实践经验实现它们。

d) 确保正确地识别、记录、评价、批准、合并以及验证对配置基线的变更。

注：合并配置项演变中的配置状态，以便在指定的时间或给定的情况下形成文档化的基线。记录配置的步骤、配置基线数据中对基线及相关授权的解释。在系统生存周期中维护配置记录，并根据协议、相关的法律规定或最好的业界实践经验实现它们。管理当前及以前全部状态的记录、提取和合并，以保证信息的正确性、时间性、完整

性和安全性。实施审核以验证基线与图纸、接口控制文档以及其他协议需求的符合性。

5.4.8 信息管理过程

5.4.8.1 信息管理过程的目的

信息管理过程的目的是在系统生存周期中和之后合适的情况下，向指定的各方提供相关的、及时的、完整的、正确的以及机密的信息。

该过程产生、收集、转化、保留、发布和处理信息。它管理指定的信息，包括技术的、项目的、企业的、协议的和用户的信息。

5.4.8.2 信息管理过程的输出

成功实现信息管理过程的结果为：

a) 识别了被管理的信息；

b) 定义了信息表示形式；

c) 根据需要转化和处理了信息；

d) 记录了信息的状态；

e) 信息是最新的、完整的和正确的；

f) 对指定的各方信息是可用的。

5.4.8.3 信息管理过程的活动

项目应根据有关信息管理过程的适宜组织方针和规程，开展下列活动：

a) 定义系统生存周期中将要管理的、并根据组织的方针或法律规定要维护一定时期以上的信息项。

b) 指定关于信息项的起源、产生、获取、归档和处理的权利和责任。

c) 定义关于信息项的保持、传输和存储的权力、责任和义务。

注：需要注意的是信息和数据立法、安全和保密，如所有权、协议限制、访问权、知识产权和专利。在限制或约束使用的地方，要相应地识别信息。对了解这些信息项的员工，要告知他们的责任和义务。

d) 定义表示、保留、传输和恢复信息的内容、语义、格式和媒体。

注：信息可以以任意形式产生或终止(如口头的、文本的、图形的或数字的)，也可以使用任意媒体存储、处理、复制和传输(如电子的、打印的、磁的、光的)。应该注意组织的约束，如基础设施、组织内部沟通、分布式的项目工作。要根据方针、协议和法定的约束使用相关的信息存储、转化、传输和表示的标准和习惯。

e) 获得已识别的信息项。

注：这可能包括生成或者从适当的来源采集信息。

f) 根据完整性、安全性和保密需求，维护信息项及其存储记录。

注：记录信息项的状态，如版本描述、发布记录、安全分类。信息应是清晰的，并以一种易于恢复的方式存储和保留在提供一个适当的环境的设备中，以防止信息受到损害、退化和丢失。

g) 定义信息维护措施。

注：这包括针对完整性、正确性、可用性以及任何复制或转化到备选媒体的需要，评审已存储的信息的状态。考虑由于技术的变更是否需要保留基础设施，以便存档的媒体能被读取，或者用新的技术对存档媒体重新录制。

h) 按照协议的进度安排或在预定的情况下，恢复并向指定的各方发布信息。

注：信息以一种适当的形式提供给指定的各方。

i) 按要求提供正式的文档。

注：正式文档的例子有认证、合格评定、试点许可和评估等级。

j) 根据审核和知识保留的目的，归档指定的信息。

注：根据特定的存储和恢复周期及组织的方针、协议和法规，选择信息的媒体、位置和保护。

k) 根据组织的方针和安全保密需求，处理不希望的、无效的或无法验证的信息。

5.5 技术过程

5.5.1 导引

技术过程用于定义系统的需求，把需求转化成有效的产品，必要时允许对产品进行一致的再生产，使用产品提供必需的服务，维持对服务的提供，并当产品从服务中退役时对其进行处置。

技术过程定义了使企业和项目起作用的活动，以便使利益最大化并减少由技术决策和行动所引起的风险。这些活动使产品和服务具有适时性和可用性、成本有效性、功能性、可靠性、可维护性、生产率、可使用性以及其他供需组织所需的质量特性。他们也使产品和服务遵从社会的期望或法律要求，如健康、安全、安全保密和环境因素。

技术过程包括：

a) 共利益者需求定义过程；

b) 需求分析过程；

c) 体系结构设计过程；

d) 实现过程；

e) 集成过程；

f) 验证过程；

g) 移交过程；

h) 确认过程；

i) 运行过程；

j) 维护过程；

k) 处置过程。

5.5.2 共利益者需求定义过程

5.5.2.1 共利益者需求定义过程的目的

共利益者需求定义过程的目的是为一个系统定义需求，该系统能在一个给定的环境中提供用户和其他共利益者所需的服务。

该过程识别系统生存周期中与系统有关的共利益者或共利益者类别，以及它们的需要和期望。它分析并把这些需要和期望转化为一个共利益者需求通用集合，该集合表示系统将与它的运行环境进行的预期交互，同时为了证实系统满足需要，该集合也是确认每一个作为结果的运行服务的参考。

5.5.2.2 共利益者需求定义过程的输出

成功实现共利益者需求定义过程的结果为：

a) 确定了所必需的特性和使用服务的背景；

b) 定义了一个系统解决方案的约束；

c) 实现了共利益者需求针对共利益者及其需要的可追踪性；

d) 描述了定义系统需求的基础；

e) 定义了确认服务符合性的基础；

f) 提供了供应服务或产品的谈判和达成共识的基础。

5.5.2.3 共利益者需求定义过程的活动

项目应根据有关共利益者需求定义过程的适宜组织方针和规程，开展下列活动：

a) 识别在系统生存周期中对系统有合法利益的个别共利益者或共利益者类别。

注：这包括(但不限于)用户、支持者、开发者、生产者、培训者、维护者、处置者、需方和供方组织及社会的调控主体和成员。当直接的沟通不太实际的情况下(如客户产品和服务)就要选择代表或指定的代理共利益者，如销售。

b) 引出共利益者需求。

注：根据已识别的共利益者的需要、希望、愿望、期望和感知到的约束来表达共利益者需求。根据某个模型来表达这些需求，该模型可以是文本的或正式的，集中于系统的目的和行为，并在运行环境和条件下得到描述。一个产品质量模型(如 GB/T 16260 中的)对辅助进行这一活动是有用的。共利益者需求包括来自社会的需要和需求、来自于获取组织的约束以及操作者全体成员的能力和受限特征。排除对解决方案的不正当约束。引用原始资料(包括请求文档或协议)，并在可能的情况下引用共利益者的理由和基本原理、共利益者的假设及他们为满足他们的需求所付出的代价等都是有用的。对于关键的共利益者需求，定义有效性测度，以便能测量和评估

运行的性能。

c) 定义对系统解决方案的约束。这些约束是现存的协议、管理决策和技术决策不可避免的结果。

注：这些约束可能来源于1)共利益者定义的解决方案的情况或领域；2)实现在系统层次结构的较高水平上所做的决策；3)已定义的使能系统、资源和人员的必要使用。

d) 定义一个活动顺序的表示集，以识别对应于预计的运行和支持场景和环境所必需的服务。

注：使用场景来分析系统在其预期的环境中的运行，以及识别没有被任何共利益者正式说明的需求，如法律法规和社会的义务。识别并分析使用系统的背景。包括在这个背景下分析用户为达到系统目标而开展的活动，系统终端用户的相关特征（如期望的培训、疲劳程度）、物理环境（如可用的照明、温度）和即将使用的任何设备（如保护或通信设备）。在合适的情况下，分析社会或组织对可能影响系统使用或约束其设计的使用者的影响。

e) 识别用户和系统之间的交互。

注：决定可用性需求，建立（作为最小值）最有效的、高效的以及可靠的人的绩效和人与系统交互。在可能的情况下，使用合适的标准（如GB/T 18978）和已被接受的专业实践，以定义：

1) 物质的、精神的和学术上的能力；

2) 工作地点，环境和设备，包括在使用情况下的其他设备；

3) 正常的、罕见的和紧急的条件；

4) 操作者和用户招聘、训练和练习。

f) 确定健康、安全、安全保密、环境以及其他共利益者需求以及与关键质量相关的功能。

注：识别安全风险，如果得到担保，确定需求和功能以便提供安全。这包括与运行和支持方式相关的风险、健康与安全、对财产的威胁和环境的影响。使用合适的标准（如GB/T 20438）和已被接受的专业实践。识别安全保密风险，如果得到担保，确定所有系统安全的适用领域，包括物理的、程序上的、通信、计算机、程序、数据和传播。识别对系统安全有影响的功能，包括访问和损害受保护的人员、财产和信息、危及敏感信息的安全，以及拒绝对财产和信息的批准访问。确定必需的安全功能，包括缓减和遏制，在必要和相关的地方参考合适的标准和已被接受的专业实践。

g) 分析已引出的需求的完整集合。

注：分析包括识别冲突的、缺少的、不完整的、模糊的、不一致的、不适宜的和未验证的需求，并确定优先级。

h) 解决需求问题。

注：这包括不能实现或完成起来不太实际的需求。

i) 将已分析的需求反馈给合适的共利益者，以确保需要和期望已被充分地获取并表达。

注：对建议书进行解释，并达成共识，以解决冲突的、不实际的和不可实现的共利益者需求。

j) 与共利益者确定他们的需求得到正确地表达。

注：这包括确认共利益者需求对发起者来说是可理解的，并且解决需求中的冲突没有破坏或危及共利益者的意图。

k) 在生存周期之中和之外，以一种适合需求管理的方式记录共利益者需求。

注：这些记录建立了共利益者需求基线，在系统生存周期中保留了需求的变更及其起源。它们是系统需求可追踪性的基础，并为后继的系统实体形成了一个有关需求的知识源。

l) 维护共利益者需求对共利益者需要的起源的可追踪性。

注：在生存周期的关键决策时刻评审共利益者需求，以确保对任何需要的变更都进行了考虑。

5.5.3 需求分析过程

5.5.3.1 需求分析过程的目的

需求分析过程的目的是把共利益者对所期望的服务的、以需求为驱动的视图转化为可以交付那些服务的产品的技术视图。

该过程建立了未来将满足共利益者需求的系统的表示，即使是约束，并不意味着任何特定的实现。从开发者的角度来说，它将产生可测量的系统需求，这些需求确定为了满足共利益者的需求它将具备哪些特征和范围。

5.5.3.2 需求分析过程的输出

成功实现需求分析过程的结果为：

a) 确定了一个产品解决方案所需的特征、属性以及功能和性能需求；

b) 确定了将影响系统架构设计和实现方式的约束；

c) 实现了系统需求对共利益者需求的完整性和可追踪性；

d) 定义了验证系统需求得到满足的基础。

5.5.3.3 需求分析过程的活动

项目应根据有关需求分析过程的适宜组织方针和规程，实施下列活动：

a) 根据将要提供的行为和属性定义系统的功能边界。

注：这包括系统的激励及其对用户和环境行为的响应、根据接口约束对系统及其环境之间必需的交互进行分析和描述(如机械的、电气的、体积的、热学的、数据和程序上的流程)。在系统边界上，这就建立了用定量术语表示期望的系统行为。

b) 定义系统必须执行的每个功能，如何要求系统充分地(包括其操作者)执行这个功能，在何种条件下系统有能力执行这个功能，在何种条件下系统开始执行这个功能以及在何种条件下系统停止执行这个功能。

注：功能的执行条件可能与系统的运行状态及必需的运行模式的参考相合并。系统需求很大程度上依赖于建议的系统特征的抽象表示，并可能需要使用多个建模技术和视图，以给出对期望的系统需求的足够完整的描述。

c) 定义由共利益者需求或不可避免的解决方案局限性带来的、必须实现的约束。

注：这包括在系统结构的较高水平的设计所分配的实现决策。

d) 定义确保技术成果评估的测度中使用的技术和质量。

注：这包括定义与共利益者需求中识别的每个有效性测度相关的关键性能参数。分析和评审关键性能测度，以保证共利益者需求得到满足，并保证项目成本、进度或与任何不一致性相关的性能风险得到了识别。ISO/IEC 15939 提供了识别、定义和使用适当的测度的过程。GB/T 16260 可提供相关的质量测度。

e) 根据风险标识或系统关键程度，确定与关键质量(如健康、安全、安全保密、可靠性、可用性和可支持性)相关的系统需求和功能。

注：这包括安全注意事项(包括那些与运行和维护方法、环境影响和人员伤害等相关的)的分析和定义。也包括每个安全相关的功能及其相应的安全完整性(根据必要的风险缓减表示)得到确定并分配给指定的安全相关的系统。关于功能安全的(例如 IEC 61508)和环境保护的(例如 GB/T 24001)适用的标准得到使用。分析安全注意事项(包括那些与威胁和保护敏感信息、数据和材料相关的)。在合适的情况下，使用适用的安全标准来定义与安全相关的风险，包括(但不限于)管理的、人员的、物理的、计算机、通信、网络、传播和环境因素。

f) 分析系统需求的完整性，以确保每个需求、每对需求对或每组需求具有全部完整性。

注：检查每个系统需求声明，以确定它是唯一的、完整的、清晰的、与其他需求一致的、可实现的并是可验证的。在系统需求的完整集合内识别解决不足、冲突和缺点。分析作为结果的系统需求，以确认它们是完整的、一致的、可实现的(在当前已有的技术或对技术进步的认识基础上)，并表达到适当的详细程度。确认它们在特殊的体系结构设计中是对共利益者需求的必要且充分的响应，也是对其他过程的必要且充分的输入。

g) 证明系统需求和共利益者需求之间的可追踪性。

注：维护系统需求和共利益者需求之间相互的可追踪性，如所有可实现的共利益者需求由一个或多个系统需求满足，而所有系统需求满足或有助于满足至少一个共利益者需求。系统需求保留在一个合适的数据仓库中，该仓库允许对共利益者需求和体系结构设计的可追踪性。

h) 在系统生存周期中维护系统需求集和相关的原理的解释、决策和假设。

5.5.4 体系结构设计过程

5.5.4.1 体系结构设计过程的目的

体系结构设计过程的目的是综合一个满足系统需求的解决方案。

该过程封装和定义解决方案的各个领域，该解决方案表示为一个可管理的、概念上的且最终可实现的各部分不同问题的集合。它在与系统的技术和商业要求和风险相一致的详细程度上识别和探索一个或多个实现的策略。从这个角度来说，根据针对配置系统的系统元素集的需求定义体系结构设计解决方案。该过程产生的特定需求是验证已实现的系统和设计装配与验证策略的基础。

5.5.4.2 体系结构设计过程的输出

成功实现体系结构设计过程的结果为：

a) 建立了体系结构设计基线；

b) 确定了满足系统需求的系统元素描述的可实现集合；

c) 将接口需求合并到体系结构设计解决方案中；

d) 建立了体系结构设计对系统需求的可追踪性；

e) 定义了验证系统元素的基础；

f) 建立了系统元素集成的基础。

5.5.4.3 体系结构设计过程的活动

项目应根据有关体系结构设计过程的适宜组织方针和规程，开展下列活动：

a) 定义适当的逻辑体系结构设计。

注：这包括识别和定义那些描述功能及性能需求、服务及属性、时间线需求、数据流需求等适合于逻辑体系结构的派生需求。在把逻辑体系结构划分成物理元素之前，要解决各种逻辑描述之中和之间的冲突，并通过与已定义的系统需求作相互的可追踪性检查来表明每个逻辑体系结构是完整的和一致的。

b) 划分需求分析中识别的系统功能，并将它们分配到系统体系结构的各元素中。根据分配的需要生成派生需求。

c) 分析作为结果的体系结构设计，以便为每个元素制定设计准则。

注：设计准则包括物质的、性能的、行为的、耐久性和可维持的服务特性。典型情况下，共利益者需求定义、需求分析和体系结构设计过程被迭代地应用于系统体系结构中相连的细节上，直至元素能购买到、重用或用一个开发标准构造，如针对软件的 ISO/IEC 12207:1995/AMD.1:2002。

d) 决定将哪个系统需求分配给操作者。

注：为了实现最有效的、高效的和可靠的人机交互，这项决定要考虑使用因素的前后关系，并且至少要考虑以下因素：

1) 人的能力的局限性；

2) 对安全很关键的人的行动及如何处理错误的后果；

3) 人的能力与系统及其运行的集成。

GB/T 18976 给出了以用户为中心的设计指南。

e) 决定是否满足设计和接口准则的硬件及软件元素有现货可用。

注：这包括对没有准备好的设计元素的评价，以决定是否对其进行开发，或是否现有的系统元素能被重用或改写。确定与这些制造、修改、购买决定相关的成本、进度和技术风险。

f) 评价候选的设计解决方案，将它们模拟到一定的详细程度，允许按照系统需求中表达的规格说明和共利益者需求中表达的性能、成本、时间范围和风险进行比较。

注：这包括：

1) 评估和通报由候选系统元素的交互或系统元素的变更产生的不利的系统属性的出现情况；

2) 确保在设计中考虑了使能系统的约束；

3) 实施有效性评估、权衡分析和风险分析，这将引导向实现一个可行、有效、稳定且最优化的设计。

g) 定义系统元素间的及系统与外部系统的边界处的接口并文档化。

注：在一定的详细程度上，根据适合于系统实体的创建、使用和评价的控制，以及来源于负责外部接口实体的机构的接口文档来做出定义。人机及人与人之间的交互也要定义并控制。接口的定义要遵从已被认可的产品部分或现有的国家标准，如针对人机接口的有 GB/T 18978，或 GB/T 9387 中针对数据通信的开放系统互连七层模型。

h) 根据功能、性能、行为、接口和不可避免的实现约束，把所选的物理设计解决方案确定为一个体系结构设计基线。

注：这些规格说明是系统解决方案的基础，也是系统元素获取协议(包括验收准则)的一个来源。它们可以是以草图、制图或适合于开发工作成熟度的其他描述形式，如可行性设计、概念设计、预制作设计。它们是决定是否生

产、重用或获取系统元素的基础，也是验证系统元素和定义系统集成策略的基础。

i) 记录体系结构设计信息。

注：这里要记录结构和功能划分、接口和控制定义、设计决策和结论，以及对需求基线的可追踪性。体系结构设计基线使生存周期中任何变更发生时能够进行评审，也为以后对体系结构的重用提供了信息。它也为定义集成过程中的测试提供了信息源。

j) 维护体系结构设计和系统需求之间的可追踪性。

5.5.5 实现过程

5.5.5.1 实现过程的目的

实现过程的目的是生产一个指定的系统元素。

该过程根据所选的实现技术的实践，将指定的行为、接口和实现约束转化为创建一个系统元素的制作行动。系统元素的建造或采用是通过处理适合于所选的实现技术的材料和(或)信息，并使用适当的技术专业或学科。该过程的结果是产生一个通过验证满足体系结构设计需求和通过确认满足共利益者需求的系统元素。

5.5.5.2 实现过程的输出

成功实现实现过程的结果为：

a) 制定了一个实现策略；

b) 识别了实现技术对设计的约束；

c) 实现了一个系统元素；

d) 根据供应协议，打包并存储了一个系统元素。

5.5.5.3 实现过程的活动

项目应根据有关实现过程的适宜组织方针和规程，开展下列活动：

a) 生成一个实现策略。

注：这包括实现规程、制作过程、工具和设备、实现容错性和验证不确定性。在重复的系统元素实现情况下，如大量生产、替代系统元素，定义实现规程和制作过程以实现一致的和可重复的生产。

b) 识别实现策略和实现技术对设计方案的约束。

注：这包括所选择的实现技术现有的或预计的局限性，需方提供针对必需实现的使能系统的使用所造成的修改和局限性的材料或系统元素。

c) 了解或改编系统元素，这些系统元素根据已定义的硬件制造、软件创作和(或)操作者培训的实现规程，使用实现使能系统和指定的材料。

注：改编包括重用或获取的硬件或软件元素的配置。根据支配适用的安全、安全保密、保密性以及环境指南或立法的标准，以及相关的实现技术的实践引导实现或改编。

1) 硬件制造

用与物理实现技术和所选的材料相关的修整、成型和制作技术制作硬件元素。适当地测试硬件元素以确认指定的产品质量特点。

2) 软件生成

对软件元素进行编码，并适当地编译、检查和测试，以保证它们与设计准则的符合性。ISO/IEC 12207:1995/AMD.1:2002 可用于软件中实现的系统元素。

3) 操作者培训

发布适当的培训，让操作者准备根据所需的性能标准和操作规程执行任务，并适当地确认他们已在特定范围内和程度上能够胜任。这可能包括对操作环境的认知、适当的故障检测和隔离指导。

d) 记录系统元素满足供方协议、法规和组织方针的证据。

注：这为来自体系结构设计的需求已被已实现的系统元素完成提供了客观证据。根据供方协议、法规和组织方针提供证据。

e) 对系统元素打包并适当地贮存。

注：包容系统元素以便实现其特性的持续性。运输与存储介质及其持续时间都影响指定的遏制方针。

5.5.6 集成过程

5.5.6.1 集成过程的目的

集成过程的目的是装配一个与体系结构设计一致的系统。

为了创建一个系统需求中规定的产品，该过程合并各系统元素，以形成完整的或部分的系统配置。

5.5.6.2 集成过程的输出

成功实现集成过程的结果为：

a) 定义了一个系统集成策略；

b) 定义了影响需求的不可避免的集成约束；

c) 装配并集成了一个可以依据由系结构设计产生的规定需求进行验证的系统；

d) 记录由集成行动产生的不符合项。

5.5.6.3 集成过程的活动

项目应根据有关集成过程的适宜组织方针和规程，开展下列活动：

a) 定义一个可以最小化系统集成风险的装配顺序和策略。

注：该策略可能允许按某个越来越完整的系统元素配置的顺序进行验证。它依赖于系统元素可用性，并与故障隔离和诊断策略相一致。集成配置要尽可能包含人员操作者。集成过程和验证过程的连续应用(以及需要确认过程时)在连续的水平上重复用于系统，直到所关心的系统得到了实现。

b) 识别由集成策略所产生的对设计的约束。

注：这包括可存取性、集成使能系统以及必需的、与中间的装配配置的接口/互连。

c) 根据已定义的集成规程，获得集成使能系统和确定的材料。

注：集成使能系统可能包括集成设备、组装架、调整设备和装配设备。要定义集成使能系统的需求、约束以及其他限制。

d) 根据已同意的进度安排，获得各系统元素。

注：系统各元素可能从供方接受，或从存储中取得。要根据相关的健康、安全、安全保密和保密性等处理系统元素。

e) 保证已按协议中确定的验收准则对系统元素进行了验证。

注：没有通过验证的系统元素同样要识别，并且要根据已定义的规程进行处理。

f) 根据适用的接口控制描述和已定义的装配规程，使用指定的集成设备集成系统元素。

g) 在合适的数据库中记录集成信息。

注：这包括对集成策略、集成使能系统或手工装配错误引起的问题的解决。对数据进行分析，以使得对集成策略及其执行的纠正或改进措施成为可能。

5.5.7 验证过程

5.5.7.1 验证过程的目的

验证过程的目的是确认系统实现了确定的设计需求。

该过程提供实施补救措施所需的信息。这些补救措施纠正已实现的系统中的不符合项或对其起作用的过程。

5.5.7.2 验证过程的输出

成功实现验证过程的结果为：

a) 定义了一个验证策略；

b) 提供了验证约束，作为需求的输入；

c) 报告了为修正措施提供信息的数据；

d) 提供了证明已实现的产品满足系统需求和体系结构设计的客观证据。

5.5.7.3 验证过程的活动

项目应根据有关验证过程的适宜组织方针和规程，开展下列活动：

a) 定义在生存周期中验证系统的策略。

注：该策略应用于系统及其描述，如需求、设计定义。它包括验证动作的每个实例的前后关系和目的，如验证设计、

正确建立设计的能力、再生系统的能力、修正出现的故障的能力、预测故障的能力。通过对产品的评估，验证证明系统的制造是正确的，如与已实现的产品相对照，完成了规定的设计。在验证过程中，只要有可能，系统要包括人员操作者。验证动作的性质和范围，如评审、检查、审核、对比、静态测试、动态测试、演示（或它们的组合），依赖于被验证的是一个模型、原型还是实际的产品，也依赖于察觉到的风险，如安全、商业危险程度。

b) 基于系统需求定义一个验证计划。

注：这些计划说明集成策略中定义的配置的顺序，同时，在合适的地方考虑针对故障诊断的拆卸策略。典型地，进度表定义风险管理的验证步骤，这些步骤逐步地建立对遵循完全配置的产品的信任。

c) 识别并通报在设计决策方面潜在的约束。

注：这包括准确度、不确定性、重复性的实际限制，这些都受验证使能系统、相关的测量方法、系统集成的要求以及使能系统的可用性、可存取性和互连的影响。

d) 确保用于验证的使能系统是可用的，并且相关的设施、设备和操作者已准备好执行验证。

e) 执行验证以证明与确定的设计需求的兼容性。

注：不兼容性标识随机故障和（或）设计错误的存在，而且要适当地启动纠正措施。要以一种与组织约束的一致的方式进行验证，以便最小化对验证动作、条件和输出结果的复制的不确定性。制作验证动作和输出结果的批准记录。

f) 获得可用的系统验证数据。

注：这是根据协议以及法律的、调整的或者产品部分需求来执行的。

g) 分析、记录并报告验证、差异和纠正措施信息。

注：根据协议条款或组织目标执行验证，以隔离系统中产生不符合项的部分。故障诊断要执行到与经济合算的补救措施相一致的、解决问题的程度，包括遵循缺陷纠正和（或）组织的质量改进措施所进行的重新验证。根据验证策略中定义的准则收集、分类和对比验证数据。这将根据起源、纠正措施及所有者分类不符合项。分析验证数据以发现实质性特征（如故障的趋势和模式）、设计错误的证据、正在出现的对服务的威胁。

5.5.8 移交过程

5.5.8.1 移交过程的目的

移交过程的目的是在运行环境中建立提供由共利益者需求规定的服务的能力。

该过程按协议中的定义，安装一个验证系统，加上相关的使能系统，如操作系统、支持系统、操作者培训系统、用户培训系统。

5.5.8.2 移交过程的输出

成功实现移交过程的结果为：

a) 定义了一个系统移交策略；

b) 将一个系统安装在其运行环境中；

c) 一个系统运行时，能交付服务；

d) 记录了已安装的配置；

e) 记录了纠正措施报告；

f) 由使能系统维护某个服务。

5.5.8.3 移交过程的活动

项目应根据有关移交过程的适宜组织方针和规程，开展下列活动：

a) 准备一个移交策略。

注：移交策略包括与协议相一致的系统的安装和试运行。这应尽可能包括人工操作者。

b) 根据安装要求准备运行的地点。

注：地点要根据适宜的健康、安全、安全保密和环境方面的规章制度准备。

c) 为在正确的位置和时间安装而交付系统。

注：可能有必要考虑在交付前的中间存储。

d) 根据系统规格说明书在其运行位置安装系统以及与环境的接口。

注：用必需的运行数据配置系统。

e) 证明系统正确安装。

注：协议中定义的对交付的验收测试能够证明满意的安装。当准确的位置或运行环境不可用时，选择一个有代表性的实例。

f) 激活系统。

g) 证明已安装的系统能交付必需的服务。

注：协议中所规定的验收测试能够定义准则，证明当安装在其运行位置和配以操作人员时，系统实体具有交付必需的服务的能力。

h) 记录安装数据，包括运行配置、检测到的异常、采取的措施和学到的教训。

注：实现后的报告包括系统需求及技术特性中的缺陷。当系统间的接口、其确定的运行环境和任何确保使用的系统间存在不一致性时，这种偏离导致纠正措施和(或)需求变更。

5.5.9 确认过程

5.5.9.1 确认过程的目的

确认过程的目的是提供客观的证据，以证明系统在使用中提供的服务满足共利益者需求。

该过程执行一个比较评估，并确认共利益者的需求得到了正确的定义。如果识别出差异，要记录这些差异，并指出纠正措施。系统确认得到共利益者认可。

5.5.9.2 确认过程的输出

成功实现确认过程的结果为：

a) 定义了一个确认策略；

b) 确认了共利益者要求的服务的可用性；

c) 提供确认数据；

d) 报告了能为纠正措施提供信息的数据。

5.5.9.3 确认过程的活动

项目应根据有关确认过程的适宜组织方针和规程，开展下列活动：

a) 定义用于在运行环境中确认服务并实现共利益者满意的策略。

注：通过对呈现给共利益者的服务的评估，确认证明已创建了“正确”的系统实体，例如适合其目的以及使客户满意。确认发生在生存周期的早期阶段。例如在概念阶段，开发中的系统在相应的环境表现中的纸面原型、仿真或仿制品都可用做确认。确认行动的性质和范围依赖于要确认的是一个模型、原型还是真实的系统，也依赖于风险(如新颖性、安全、技术及商业危险问题)、协议和组织的约束，以及共利益者的需求。供方、需方或需方代理都可对已实现的产品进行确认。协议中明确了责任。

b) 制定一个确认计划。

注：确认是基于共利益者需求的。如果合适，定义确认步骤，如各种运行状态、场景和任务，以逐步建立对已安装系统的符合性的信任，并帮助诊断所有缺陷。确定实现确认策略所需的方法和技术及其目的、条件和符合性准则。当共利益者需求不能全面地确定或经常变更，可以对系统演变中的(经常是快速演变的)增量进行重复确认，以提炼共利益者需求，降低在需求的正确识别过程中的风险，如GB/T 18976描述了一个涉及用户的迭代生存周期。

c) 确保任何操作者、用于确认的使能系统和相关的设备已准备好以便执行确认。

d) 执行确认以证明服务对共利益者需求的符合性。

注：确认是以一种与组织的约束一致的方式进行的，以便将确认行动、条件和输出结果的复制中的不确定性最小化。客观地记录和批准确认行动和结果。确认也用于确定系统不仅满足所有运行、功能和可用性需求，也满足那些经常不太正式表达但有时被忽略的、由客户满意度组成的态度、经验和主观测试。

e) 根据法律、规章或产品部分需求，获得有关系统的、可用的确认数据。

f) 在适合协议条款或组织目标的情况下进行确认，以隔离系统中产生不符合项的内容。

注：故障诊断要执行到与经济合算的补救措施相一致的、解决问题的程度，包括遵循缺陷纠正和(或)组织的质量改进措施所进行的重新验证。

g) 根据确认策略中定义的准则，分析、记录并报告确认数据。

注：该活动根据不符合项的起源及纠正措施所有者对其进行分类。分析确认数据以发现实质性特征(如故障的趋势和模式)、设计错误的证据、正在出现的对服务的威胁。

5.5.10 运行过程

5.5.10.1 运行过程的目的

运行过程的目的是使用系统以便交付其服务。

该过程指派人员操作系统，并监视服务和操作者系统的性能。为了维持服务，该过程识别并分析有关协议、共利益者需求和组织约束的运行问题。

5.5.10.2 运行过程的输出

成功实现运行过程的结果为：

a) 定义了一个运行策略；

b) 交付了满足共利益者需求的服务；

c) 满意地完成了已获准的纠正措施请求；

d) 维护了共利益者满意度。

5.5.10.3 运行过程的活动

项目应根据有关运行过程的适宜组织方针和规程，开展下列活动：

a) 制定一个运行策略。

注：这定义了：1)当各服务被引进、照常运行以及从服务中撤回时的可用性。在适当的情况下，包括与提供相同或相似服务的其他系统提供的已存在的、并发或连续的服务的协调。2)安置职工的策略和操作者的进度安排。3)在合适的情况下，为维持现存的或增强的服务，允许修改系统的发布、重新验收准则以及进度安排。

b) 获得与系统运行相关的其他服务。

c) 指派培训过的、有资格的人员作为操作者。

注：这可能包括了解系统的运行环境和熟悉已定义的程序，以及适当的故障检测和隔离指导。操作者知识、技能和经验要求指导对人员的选择准则，而且在相关的情况下，确认它们的操作授权。教员的选择和培训是为了实施对运行的系统进行使用的培训，这可能是安置职工的一个方面。运行系统的培训模式可能影响到服务的可用性。

d) 在系统预定的运行环境中激活系统，以便根据其预定的目的交付服务或连续服务的实例。

注：在得到同意的情况下，当系统替换一个现有的正退役的系统时，维持持续服务的能力和质量。在转换或并发运行的指定阶段，管理服务的转移，以便实现对持久的共利益者需要的持续符合性。

e) 按照要求消费材料，以维持服务。

注：这包括硬件资源和操作者供应品。

f) 监视运行，以确保系统根据运行计划、以安全的方式运行，并与职业安全和环境保护方面的法定指南相符。

g) 监视系统的运行，以确认服务性能是在可接受的参数内。

注：当硬件中实现的系统元素已超出其有用期或系统运行环境影响到运行和维护人员(包括人员调整、操作者压力和疲劳)，系统可能会表现出不可接受的性能。

h) 当已交付的服务中产生了不一致性时实施故障识别措施。

i) 当由于变更的需要要求采取纠正措施时，决定合适的行动路线。

注：合适的行动路线可能包括(但不限于)引入次要的硬件或软件修改、调整或修改操作者行动，变更共利益者需求、变更系统的设计和(或)实现、或容忍减少了的服务。

j) 当由于人为差错导致失败时，适当地对操作规程、运行者环境、人机接口和操作者培训进行补救性的变更。

k) 连续或常规地与用户沟通，以决定提供的服务满足他们的需要的程度。

注：分析结果，并识别为了恢复或修订服务、以便提供持续的共利益者满意度所要求的措施。在任何可能的时候，

这种行动的好处要得到共利益者或其代理人的同意。

5.5.11　维护过程

5.5.11.1　维护过程的目的

维护过程的目的是维持系统提供服务的能力。

该过程监视系统提供服务的能力，记录问题以便分析，采取纠正的、适应的、完善的和预防性的措施，并确认已经恢复的能力。

5.5.11.2　维护过程的输出

成功实现维护过程的结果为：

a)　制定了一个维护策略；

b)　提供了维护约束，作为需求的输入；

c)　使系统元素的替代品可用；

d)　维持了满足共利益者需求的服务；

e)　报告了针对纠正的设计变更的需要；

f)　记录了过失和生存期数据。

5.5.11.3　维护过程的活动

项目应根据有关维护过程的适宜组织方针和规程，开展下列活动：

a)　制定一个维护策略。

注：根据运行的可用性需求，这定义了进度表和实施纠正性和预防性的维护所需的资源。包括：

1)　为了达到客户满意，在运行环境中维持服务所需的纠正性和预防性的维护策略；

2)　在不带来过度的服务损失情况下，已调度的预防性维护行动减少系统故障的可能性，例如服务的中止或限制；

3)　将被存储的替代系统元素的数量和类型，它们的存储位置和条件、它们的预计的更换率，它们的存储期限和更新频率；

4)　为了有效的维修和更换所要求的技能和人员水平，解释说明维护团队的要求以及任何与健康、安全、安全保密和环境方面的相关的立法。这些规程包括拆卸策略、故障诊断技术、重新组装和测试顺序。

b)　定义对系统需求的约束，这些约束是维护策略不可避免的结果。

注：它们可以来自以下需求：1)重用现存的维护使能系统，2)重用现存的可替换系统元素，及供应再补给限制，3)在特定的位置或环境下进行维护。

c)　获得系统维护时使用的使能系统、系统元素和服务。

d)　实现问题报告和事件记录，以引导个别事件的诊断，并为支持将来进行纠正性、适应性、完善性和预防性的维护提供历史记录。

e)　实现修正随机故障的和(或)系统元素按调度替换的规程。

注：对于随机系统故障，将故障隔离至系统元素更换的预计水平，对系统元素进行更换，并验证正确的系统性能。记录行动，以估计可降解的系统元素的有用生存期。

f)　采用纠正措施，以补救先前未察觉的设计错误。

注：记录开发(如软件缺陷)和(或)生产行动对潜在的纠正措施的需要，并与相关各方沟通。这可能影响到相关的使能系统。

g)　确认后勤措施满足所需的补给水平，以便存储的系统元素满足修复率和计划的进度表。

注：监视备用品的质量和可用性及它们的运输和他们在存储过程中的延续完整性。根据需要，获取、培训并授权人员来维持操作者数量和技能。

h)　实施预防性维护，根据进度表和维护规程，在故障发生前对系统元素进行替换或维修。

i)　当系统中出现不兼容时，实施故障识别措施。

j)　维护一个问题报告、修正措施和趋势的历史记录，以便告知操作和维护人员及其他正在创建或使用类似系统实体的项目。

5.5.12 处置过程

5.5.12.1 处置过程的目的

处置过程的目的是结束一个系统实体的存在。

该过程使系统无效、拆卸并撤除系统及废弃的产品，把系统交付为终结状态，并把环境恢复到它的初始状态或一个可接受的状态。该过程以一种对环境合理的方式，根据法律、协议、组织的约束和共利益者需求，销毁、存储或回收系统实体和废弃产品。在需要的情况下，它也维护记录，以便操作者的健康、环境的安全可得到监控。

5.5.12.2 处置过程的输出

成功实现处置过程的结果为：

a) 制定了一个处置策略；

b) 提供了处置约束，作为需求的输入；

c) 销毁、恢复、回收或重复利用系统元素；

d) 将环境恢复到其初始状态或某个得到认可的状态；

e) 有记录可用，这些记录允许对处置行动的知识进行保留，并对长期危险进行分析。

5.5.12.3 处置过程的活动

项目应根据有关处置过程的适宜组织方针和规程，开展下列活动：

a) 制定针对系统的处置策略，包括每个系统元素和任何因此而产生的废弃产品。

注：这定义了进度安排、行动和资源：1)永久终止系统对服务的交付；2)将系统转化为或维持在一个社会上和物质上可接受的状态，从而避免后继的对共利益者、社会和环境的负面影响；3)考虑适用于处置行动和因而产生的物质材料和信息的长期健康、安全、安全保密和保密性。

b) 通报处置策略产生的对系统设计不可避免的约束。

注：它包括拆卸问题，包括与其相关的使能系统、对存储位置的访问和可用性以及可用的技能水平。

c) 获取系统处置中将用到的使能系统或服务。

d) 使系统无效，以准备终止其运行。

注：考虑与其他系统的接口，如电力、燃料。它们要根据拆卸指令和相关的健康、安全、安全保密及保密性方面的立法进行分离。

e) 从系统中撤回操作人员，并记录相关的操作知识。

注：这要根据相关的安全、安全保密、保密性及环境的标准、导则和法律进行。

f) 将系统拆卸成可管理的元素，以便于它的拆除并重用、回收、复原、检查、存档或销毁。

g) 将系统从运行环境中撤除，用于重用、回收、复原、检查或销毁。

注：这要根据相关的安全、安全保密、保密性及环境方面的标准、导则和法律进行。对于不论是当前状态下还是进行检查后，还剩有有用的生命期的系统元素，要移交到其他关心的系统或组织。在适当的情况下，修理系统元素以延长其使用寿命。重新分配、配置操作者或使其退役。

h) 如果系统将被存储，确定容纳设备、存储位置、检查准则和存储期限。

i) 如果必要，对系统进行销毁，以减少废品处理量或使废品处理更容易。

注：该活动包括获取所需的销毁服务，以便根据熔化、压碎、焚毁或毁坏系统或它的元素。采取行动对操作者拥有的知识进行保护和保密。

j) 确认处置后没有有害健康、安全、安全保密和环境的因素存在。

k) 对系统生存期中收集的信息进行存档，以允许在有对健康、安全、安全保密和环境的长期危险时进行审核和评审，并允许将来的系统生成者和用户从过去的经验中建立一个知识库。

6 系统生存周期阶段

6.1 导引

本章描述系统生存周期中对阶段的要求。生存周期阶段为使用第5章中描述的系统生存周期过程对系统生存周期进行详细的建模提供了一个框架。

6.2 生存周期模型

应建立一个由多阶段组成的生存周期模型。

注：根据需要，生存周期模型由一个或多个阶段模型组成。它被组合成一个阶段序列。为适合所关心的系统的范围、大小、复杂性、变更需要和时机，这些阶段可能重叠和(或)迭代。本标准中用一个常见的生存周期阶段的例子阐明各阶段。这在附录B中描述。

6.3 生存周期阶段

应为生存周期的每一阶段定义目的和输出结果。

注：适当地选择、剪裁生存周期过程和活动，并使用于一个阶段以便达到该阶段的目的和输出结果。在生存周期中不同的组织可能采用不同的阶段。然而，每一阶段是由负责该阶段的组织执行，并适当考虑有关以前各阶段中制定的生存周期计划和决策的可用信息。类似地，负责那个阶段的组织记录所做的决策，并记录有关生存周期中后继阶段的假设。

附　录　A
（规范性附录）
剪　裁　过　程

A.1　导引

本附录提供剪裁本标准的要求。

A.2　剪裁过程

A.2.1　剪裁过程的目的

剪裁过程的目的是调整本标准的过程以满足特殊的环境或因素，即：

a）　按照某个协议采用本标准的组织；

b）　影响一个项目，该项目要求满足参考本标准的一个协议；

c）　反映组织的需要，以便供应产品或服务。

A.2.2　剪裁过程的输出

成功实现剪裁过程的结果为：

a）　根据阶段及其对系统的贡献来定义一个生存周期模型；

b）　描述了影响完成供应产品或服务的协议的个别生存周期阶段；

c）　定义了经修改的或新的系统生存周期过程。

A.2.3　剪裁过程的活动

如果本标准被剪裁，组织或项目应根据剪裁过程方面的适宜组织方针和规程，开展下列活动：

a）　识别影响剪裁的环境并文档化。这些影响包括（但不限于）：

　1）　运行环境的稳定性和多样性；

　2）　利益相关各方关心的商业或性能风险；

　3）　新颖性、规模和复杂性；

　4）　开始日期和使用期限；

　5）　完整性问题，如安全、安全保密、保密性、可用性、有效性；

　6）　新兴的技术时机；

　7）　预算概况和可用的组织资源；

　8）　使能系统服务的可用性。

b）　在属性对系统很关键的情况下，适当考虑与危险度相关的标准所推荐或要求的生存周期结构。

c）　从受剪裁影响的各方获得输入。这包括（但不限于）：

　1）　系统共利益者；

　2）　与组织做出的协议有关的利益相关各方；

　3）　起作用的组织功能。

d）　根据决策过程做出裁剪决定。

e）　定义一个合适的系统生存周期模型，该模型允许以一种符合所需的服务或指定的产品的方式创作和使用所关心的系统。

f）　根据阶段、阶段的特性、目的以及它们在每个阶段中应用生存周期过程所达到的结果，识别一个生存周期模型：

　1）　本标准中描述的范例阶段可以个别地选择和用于定义性质、目的和组成所选生存周期模型一部分的各阶段的输出结果。

2) 本标准中描述的生存周期阶段可以个别地选择、识别和修改，或者如果有必要，可不应用于实现变更的目的和输出结果。为所做的变更建立文档。

3) 根据其特性、目的和输出结果选择性地定义任何新的阶段。评估每个新阶段，以确认它对一个完整一致的生存周期的作用。

g) 选择需要剪裁的生存周期过程，以满足生存周期阶段的输出结果。

1) 本标准描述的生存周期过程可以个别地选择和识别，如果有必要，也可修改以实现变更的目的和输出结果。为所做的变更建立文档；

2) 根据其特性、目的和输出结果，有选择地定义任何新的生存周期过程并文档化。针对对系统的作用，评价每个新的生存周期过程。

附　录　B
（资料性附录）
生存周期阶段

B.1　导引

阶段可用于构造框架，在此框架中系统生存周期过程用于模拟生存周期。在所列阶段中过程应用的范围和严格程度以及这些阶段的持续时间将由定义与使用生存周期的项目的不断变化的技术和业务需要决定。

本附录描述以下 6 个实例阶段：

a）　概念阶段；

b）　开发阶段；

c）　生产阶段；

d）　使用阶段；

e）　支持阶段；

f）　退役阶段。

在后面每一个阶段的描述中，将定义这些实例阶段的目的和输出。

B.2　概念阶段

B.2.1　综述

概念阶段开始于对某种需要或概念（这种概念或需要是针对新的所关心的系统或对现有的所关心的系统的修改的）的原始认识。这是一个原始勘察、发现事实和策划阶段，这时，通过需方/市场调查、可行性分析和权衡研究对经济的、技术的、策略的和市场的基础进行评估。获得需方/用户对概念的反馈。

通过分析、可行性评价、估计（如成本、进度、市场情报和后勤）、权衡研究以及实验的或原型的开发与演示，开发一个或多个候选解决方案以满足所识别的需要或概念。要识别在所关心的系统的开发、生产、使用、支持和退役中对一个或多个使能系统的要求，并且候选解决方案包含在备选方案的评价中，以便达到一个平衡的生存周期解决方案。典型的输出是共利益者需求、运行的概念、可行性评估、初步的系统需求、图画、模型、原型等形式的概要设计解决方案，以及使能系统的概念计划，包括整个生存成本和人力资源需求估计以及初步的项目进度安排。要决策是否在开发阶段继续一个解决方案的实现，还是取消未来的工作。

假定组织有可用的方法、技术、工具和胜任的人力资源进行市场/经济分析和预测、可行性分析、权衡分析、技术分析、整个生存成本估计、建模、仿真和建立原型。

B.2.2　概念阶段的目的

实施概念阶段是为了评估新的商业机会和开发初步的系统需求以及一个可行的设计解决方案。

B.2.3　概念阶段的输出

概念阶段的输出如下：

a）　对新概念的识别，这些新概念能在系统生存周期中提供新的能力、提高整体性能或降低共利益者总体拥有成本；

b）　可行的所关心的系统概念和解决方案（包括生存周期中的各个使能系统）的评估，以结束与技术和商业上的共利益者目标的对立；

c）　共利益者需求和初步的系统需求（针对选择的所关心的系统的技术规格说明书和针对想象的人机接口的可用性规格说明书）的准备和基线化；

d) 针对系统生存周期模型各阶段的输出结果的精炼；

e) 针对系统生存周期模型各阶段的风险识别、评价和缓减计划；

f) 系统生存期中使能系统所需服务的识别和初始规格说明；

g) 所有随后的阶段执行的概念；

h) 针对开发阶段的计划和退出准则；

i) 针对本阶段及系统生存周期模型的后序阶段的风险识别、评估和缓减计划；

j) 阶段退出准则的满足；

k) 批准进入开发阶段。

B.3 开发阶段

B.3.1 综述

开发阶段开始于对系统需求及设计解决方案十分详细的技术精炼，把它们转化为一个或多个可行的、能在使用阶段提供服务的产品。在本阶段中，所关心的系统可以是一个原型。在可行的情况下，要对硬件、软件和操作者接口进行确定、分析、设计、制作、集成、测试和评估，定义对生产、培训和支持设备的需求。通过所有利益相关的各方的介入，本阶段也确保未来各阶段(生产、使用、支持和退役)的各方面及其使能系统的需求和能力得到了考虑，并合并到设计中。从共利益者和那些即将生产、操作、使用、支持和退役所关心的系统的各方获得反馈。输出是一个所关心的系统或最终所关心的系统的一个原型、已精炼的使能系统或使能系统本身、所有的文档和将来各阶段的成本估计。

本阶段的策划始于前一阶段，以确保组织有一个可用的开发使能系统的基础设施，或者可以建立一个。该基础设施由方法、技术、工具和有能力的人力资源组成，以便进行分析、建模与仿真、建立原型、设计、集成、测试和建立文档。这些项被开发或获取，以便在需要支持开发时是可用的。

B.3.2 开发阶段的目的

实施开发阶段是为了开发一个满足需方需求的、能生产、测试、评价、运行、支持和退役的所关心的系统。

B.3.3 开发阶段的输出

开发阶段的输出如下：

a) 评价过的和提炼过的系统需求、项目预算、进度基线和生存周期所有权成本估计；

b) 由硬件元素、软件元素和人员及其接口(内部和外部的)组成的一个所关心的系统的体系结构；

c) 验证和确认文档；

d) 确认所关心的系统满足所有共利益者和系统需求，并且是可生产的、可运行的、可支持的、可退役的，以及对共利益者来说是经济合算的；

e) 针对使能系统的提炼过的、已建立基线的需求；

f) 技术信息，适当地包括：

  1) 硬件原理图、制图和模型；

  2) 软件设计文档；

  3) 接口规格说明书；

  4) 生产计划；

  5) 操作指令；

  6) 操作者培训手册；

  7) 维护规程；

  8) 退役注意事项；

g) 建立了一个原型或最终所关心的系统；

h) 针对生产、使用、支持和退役阶段提炼过的输出和成本估计；
i) 在后继的生存周期阶段中所需的使能系统服务的定义；
j) 生产阶段的计划和退出准则；
k) 已标识的当前风险和已决定的缓减措施；
l) 阶段退出准则的满足；
m) 对进入生产阶段的批准。

B.4 生产阶段

B.4.1 综述

生产阶段始于批准生产所关心的系统。如果合适的话，所关心的系统可以个别地生产、安装、集成和测试，或者可以批量生产。本阶段的策划始于前一阶段。生产可以在系统生存周期的其余阶段中一直继续进行。在本阶段中，产品可以得到增强或重新设计，使能系统可能需要重新配置，生产人员要重新培训，以便从共利益者的角度继续开发一个经济合算的服务。

假设组织有可用的生产基础设施，包括预算、生产设备、工具、规程以及有竞争力的人力资源。需要开发或者获取这些项，以便需要进行生产时是可用的。

本阶段可能与开发阶段、使用阶段和支持阶段有重叠。

B.4.2 生产阶段的目的

实施生产阶段是为了生产或制造产品、测试产品，并根据需要产生相关的支持和使能系统。

B.4.3 生产阶段的输出

生产阶段的输出如下：

a) 生产能力的资质；
b) 资源、材料、服务和系统元素的获取，以支持想达到的生产数量目标；
c) 根据批准的和合格的生产信息生产的产品；
d) 已包装的产品移交给发布渠道或需方；
e) 使用阶段和支持阶段的计划和退出准则；
f) 针对所有后序阶段执行的已更新概念；
g) 已识别的当前风险和缓减措施；
h) 质量确定的所关心的系统得到需方的接受；
i) 阶段退出准则的满足；
j) 批准进入使用阶段。

B.5 使用阶段

B.5.1 综述

使用阶段在系统安装并移交使用后开始。执行使用阶段是为了在预期的运行地点运行产品，以连续运行和经济合算的方式提供服务。当所关心的系统被结束了服务，本阶段就结束。

本阶段的策划始于先前的各阶段。本阶段包括那些与提供服务的产品的使用相关的过程，也包括监视性能和反常、缺陷及故障的识别、分类、报告。对所识别的问题的响应包括不采取行动；维护以及次要的(低成本/临时的)修改(参考支持过程)；主要的(永久的)修改和所关心的系统的生命期延长(参考开发和生产阶段)和生命期结束的退役(参考退役阶段)。

在这个阶段中，产品或服务可以演变，产生不同的配置。用户运行不同的配置，负责的产品供方管理状态和不同版本的描述以及使用中的产品或服务的配置。

假定组织有可用的运行基础设施，包括设备、装置、培训过的人员和指导手册以及规程。需要开发或者获取这些项，以便在需要支持使用时是可用的。

B.5.2 使用阶段的目的

实施使用阶段是为了运行产品，在预期的环境中提供服务，保证连续运行有效。

B.5.3 使用阶段的输出

使用阶段的输出如下：

a) 有经验的人员，能在所关心的系统中胜任操作者并提供运行的服务；

b) 一个安装完的所关心的系统，此系统能被运行并且提供可以接受的运行服务；

c) 性能和成本监视与评估，以确认与服务目标的符合性；

d) 问题或缺陷的识别，将纠正措施的需要通知适当的组织(用户、开发、生产或支持)；

e) 通过共利益者反馈得到的对所关心的系统进行增强的新机遇；

f) 退出退役阶段的计划和退出准则；

g) 阶段退出准则的满足；

h) 批准进入退役阶段。

B.6 支持阶段

B.6.1 综述

支持阶段始于提供维护、后勤和对所关心的系统的运行和使用的其他支持。本阶段的策划始于先前的阶段。支持阶段随着所关心的系统的退役和支持服务的终止而完成。

本阶段包括那些与操作支持系统以及向所关心的系统的用户提供支持服务相关的过程。本阶段也包括对支持系统和服务的性能监视，以及识别、分类并报告支持系统和服务的反常、缺陷和故障。作为已识别的问题的结果，即将采取的措施包括维护和对支持系统和服务的次要修改、对支持系统和服务的主要修改(参考开发和生产阶段)，以及对支持系统和服务的生命期结束的退役(参考退役阶段)。

在本阶段中，支持系统和服务可以在不同的版本或配置下演变。支持组织运行不同的版本或配置，负责的产品组织管理不同版本的状态和描述以及使用中的支持产品和服务的配置。

假定组织有可用的支持，包括支持地点、设备、装置和工具、培训过的支持人员以及维护手册和规程。开发和获取补充支持基础设施的这些项，以便在需要支持所关心的系统时是可用的。

B.6.2 支持阶段的目的

实施支持阶段是为了提供后勤、维护和使所关心的系统持续运行的服务，以及可以接受的服务。

B.6.3 支持阶段的输出

支持阶段的输出如下：

a) 即将维护和提供支持服务的、经过培训的人员；

b) 确保问题解决方案和纠正措施的操作和生产组织的组织接口；

c) 得到维护的产品和服务以及所有对运行地点的相关支持服务的供给(包括后勤)；

d) 产品和服务的维护，以及纠正的设计缺陷；

e) 所有要求的后勤支持，包括足以满足运行可用性目标的多余的部分存货；

f) 已识别的当前风险及其缓减措施；

g) 阶段退出准则的满足；

h) 批准进入退役阶段。

B.7 退役阶段

B.7.1 综述

退役阶段提供对一个所关心的系统及相关的运行和支持服务的撤除。退役阶段的策划始于先前的阶段。当所关心的系统被结束服务，本阶段开始。

本阶段包括那些与操作退役系统相关的过程，也包括对退役系统的性能监视以及退役系统的反常、缺陷和故障的识别、分类和报告。作为已识别的问题的结果，即将采取的措施包括退役系统的维护和次要修改(参考支持阶段)、退役系统的主要修改(参考开发和生产阶段)，以及退役系统本身生命期结束的退役(参考退役阶段)。

假定组织可访问一个支持退役的基础设施，包括退役设备、工具和装置、在退役行动中培训过的人员、退役规程，以及适当地对回收、处置或包容设备的访问。开发或获取组成退役基础设施的项，以便在需要执行退役功能时是可用的。

只要一个所关心的系统达到了其终止服务的生命期，就可以应用本阶段。这样的终止服务的生命期可能是被一个新系统替换、不可修复的折旧、灾难性的故障、用户不再使用或继续运行和支持所关心的系统的结果。

B.7.2 退役阶段的目的

实施退役阶段是为了提供对一个所关心的系统及相关的运行和支持服务的撤除，并运行和操作退役系统本身。

B.7.3 退役阶段的输出

退役阶段的输出如下：

a) 能提供退役服务的有经验人员；
b) 所要求的所关心的系统退役，包括根据可用的健康、安全、安全保密、隐私和环境方面的法律和制度进行处置、重新装备或回收；
c) 如果可行，将服务的供应转移到新的所关心的系统中的计划和规程；
d) 废品的撤除；
e) 环境恢复到初始的或得到认可的状态；
f) 存档的元素；
g) 操作人员被重新分派、重新部署或退役；
h) 阶段退出准则的满足。

附 录 C
（资料性附录）
本标准与 ISO/IEC 12207:1995/AMD.1:2002 的关系

C.1 图示

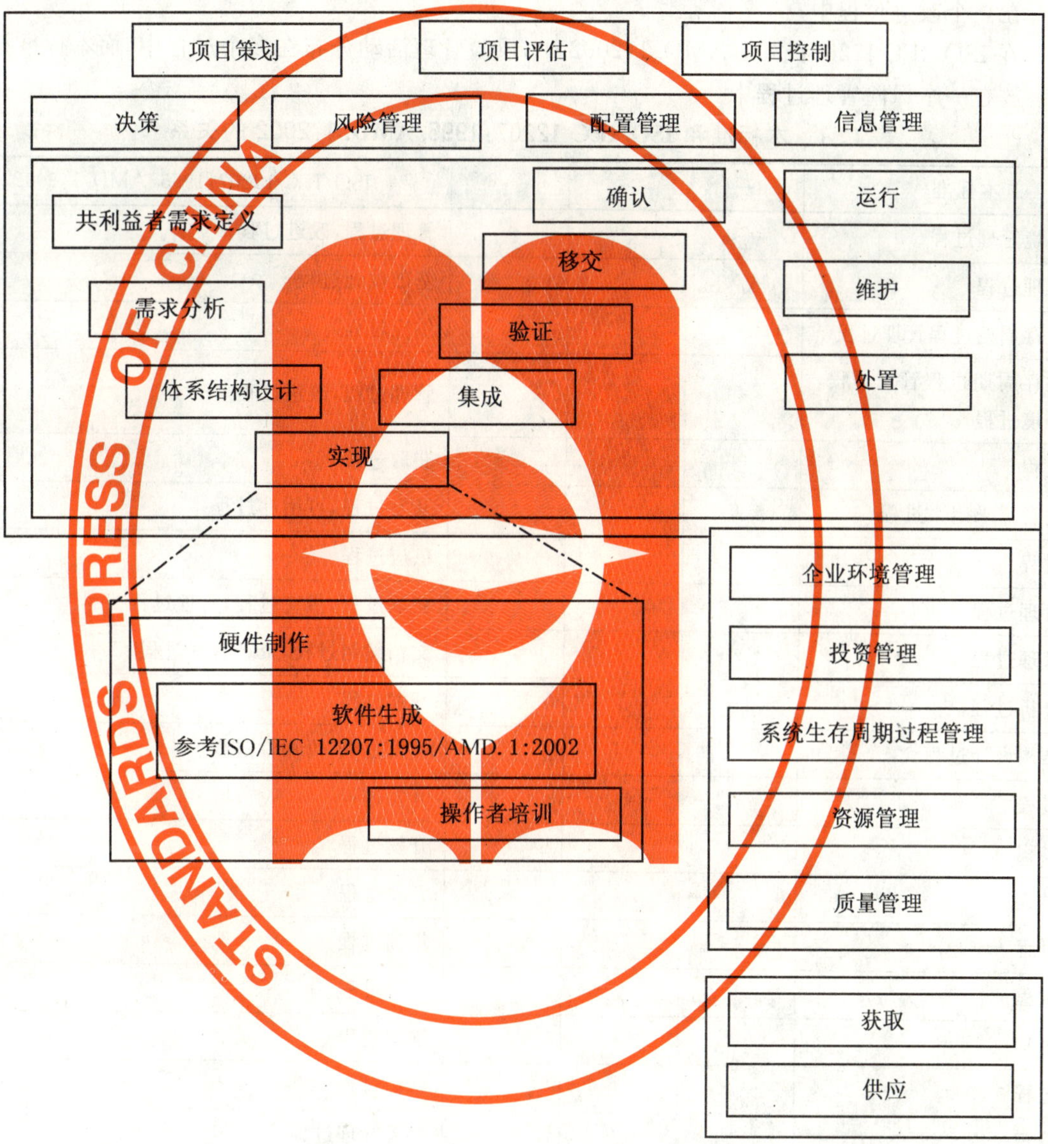

图 C.1 本标准和 ISO/IEC 12207:1995/AMD.1:2002 的关系

图 C.1 表明了本标准中的过程是从系统生存周期的角度来建立的。当开发一个系统元素时，要对应于系统元素的性质应用适当的标准。对于以软件实现的系统元素，应用 ISO/IEC 12207:1995/AMD.1:2002 中的过程。

C.2 列表表示

表 C.1 提供了一个本标准中的各个过程与 ISO/IEC 12207:1995/AMD.1:2002 中的各个过程的主要映射关系，以表明两个标准之间的关系。两个标准的范围、重点、结构和细节都有不同，但是系统原则得到类似的应用，而且在用来建立生存周期模型的各过程方面，它们的描述也是类似的。

表中的中间三列指出哪个标准有更重要的强调：

a) 左列中的记号表示本标准有更多的强调；

b) 中间列中的记号表示在两个标准中的过程有相似的处理水平；

c) 右列中的记号表示 ISO/IEC 12207:1995/AMD. 1:2002 有更多的强调。

两个标准处理某些过程的方式上也有不同：

a) 在本标准中，改进活动被分布在多个过程中，而 ISO/IEC 12207:1995/AMD. 1:2002 把它们放在一个改进过程中；

b) 在 ISO/IEC 12207:1995/AMD. 1:2002 中，风险管理活动分布在多个过程中，而本标准把它们放在一个风险管理过程中。

表 C.1 本标准和 ISO/IEC 12207:1995/AMD. 1:2002 的关系

本标准	←	—	→	ISO/IEC 12207:1995/AMD. 1:2002
企业环境管理过程		√		管理过程，改进过程
投资管理过程	√			基础设施过程
系统生存周期过程管理过程	√			供应过程
系统生存周期过程管理过程，企业环境过程			√	管理过程，改进过程
获取过程		√		获取过程
共利益者需求定义过程	√			开发过程，可用性过程
供应过程		√		供应过程
风险管理过程	√			获取过程，供应过程，管理过程
信息管理过程		√		文档编制过程，资产管理过程
需求分析过程		√		开发过程
体系结构设计过程		√		开发过程，可用性过程
实现过程		√		开发过程
集成过程		√		开发过程
移交过程	√			开发过程
移交过程		√		培训过程
运行过程		√		运行过程
维护过程		√		维护过程
处置过程	√			维护过程
配置管理过程		√		配置管理过程
项目评估过程		√		质量保证过程
质量管理过程		√		管理过程
验证过程		√		验证过程
确认过程		√		确认过程，易用性过程
项目评估过程			√	联合评审过程
企业环境管理过程			√	审核过程

表 C.1（续）

本标准	←	—	→	ISO/IEC 12207:1995/AMD.1:2002
项目评估过程			√	审核过程
决策过程		√		问题解决过程，开发过程，重用程序管理过程
项目评估过程			√	项目评估过程
项目计划过程		√		管理过程，供应过程，开发过程
项目评估过程		√		管理过程
项目控制过程		√		管理过程，问题解决过程
资源管理过程		√		基础设施过程
资源管理过程		√		人力资源管理过程
实现			√	领域工程
剪裁过程		√		剪裁过程

附 录 D
（资料性附录）
概 念

D.1 系统概念

D.1.1 导引

本附录是为了强调并帮助解释本标准用到的一些基本概念。

D.1.2 系统

本标准中考虑的系统是人造的、为了用户或其他共利益者的利益而创建并使用的，以便在指定的环境中提供服务。这些系统可以用下列一个或多个部分配置而成：硬件、软件、人员、过程（如评审过程）、规程（如操作者指令）、设备和自然存在的实体（如水、有机物、矿石）。实际上，它们都被认为是产品或服务。

特定系统的感知和定义、它的体系结构及其系统元素均依赖于观察者的兴趣和职责。某人所关心的系统可以被视为是另一个人所关心的系统的一个系统元素。相反，它也可被视为是另一个人的所关心的系统的运行环境的一部分。

图 D.1 举例说明了在一个飞行器及其运行环境中可感知的所关心的系统的多样性。该图表明：

a) 已定义的、封装有意义的需要和实际解决方案的边界的重要性；

b) 系统物理结构的层次性理解；

c) 一个层次结构中任何层次的实体都可以看作一个系统；

d) 一个系统由完全集成的、已定义的下级系统集合组成；

e) 在系统边界的特征属性来源于系统元素之间的交互；

f) 人（如机组人员和导航系统）可以被看作系统外部的用户，或者可看作系统内的系统元素（如机组人员和飞机）；

g) 可以将系统孤立地看作一个实体（即产品），或者看作一个有序的功能集合（即服务集），该功能集合可以与其周围环境进行交互。

无论选择什么边界定义系统，本标准中的概念和模型均是通用的，并且允许参与者将生存周期的个别实例与它的系统原理相关联或根据系统原理进行调整。

本标准中，人被认为是用户或一个系统的元素。在第一种情况下，人类用户是系统运行的受益者。在第二种情况下，人是执行特定系统功能的操作者。一个个体可以同时地或顺序地作为用户和系统的一个元素。

有许多原因使人对许多系统的性能和特征作出贡献，例如，他们的特殊技能、对灵活性的需求，法律的原因。无论他们是用户还是操作者，人是高度复杂的，具有经常难以预测的行为，而且需要得到保护以免受到伤害。这要求系统生存周期过程在几个领域要关注人类元素的因素：人类因素工程、系统安全、健康危险评估、人力、人事和培训。这些问题由生存周期中特殊的活动和迭代提出，并在 GB/T 18976和 ISO/TR 18529 中进行了更详细的描述。

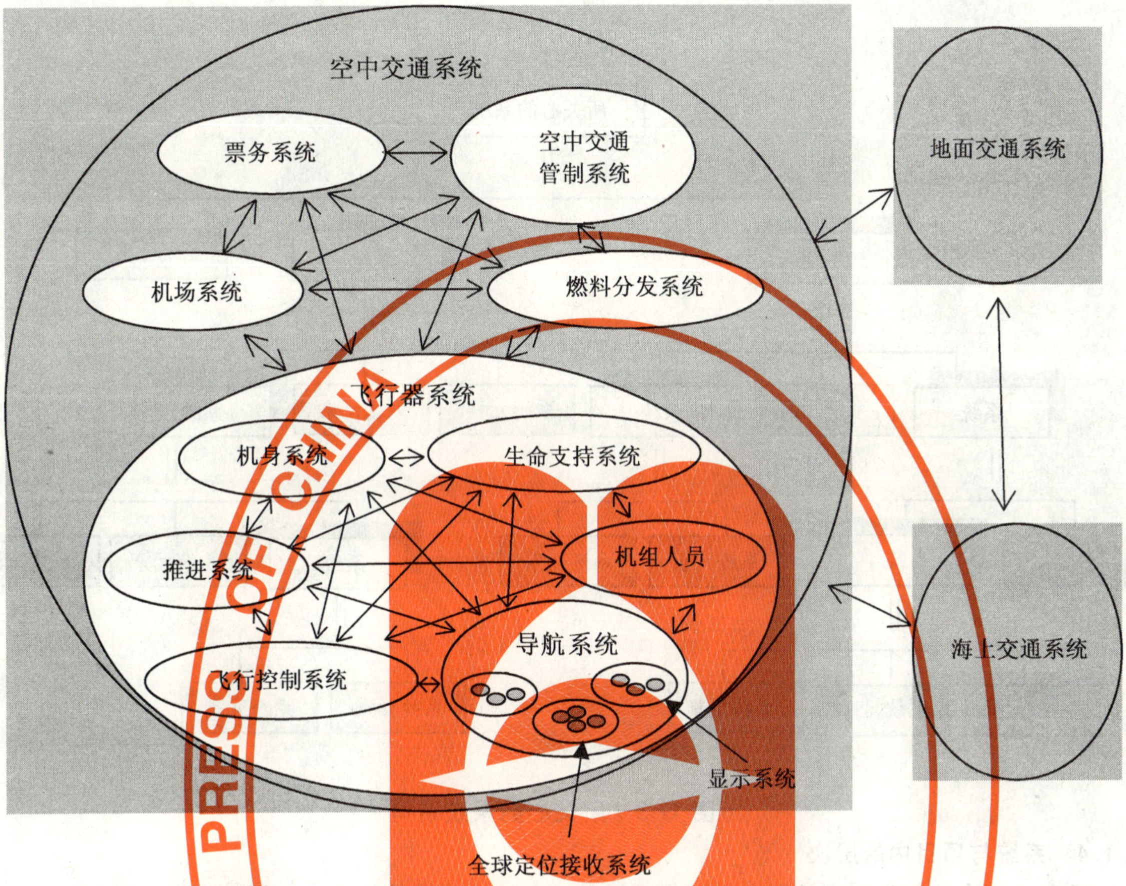

图 D.1　一个飞机在它的使用环境中的典型系统视图

D.1.3　系统结构

本标准中的系统生存周期过程根据系统进行描述，见图 D.2。系统由相互作用的系统元素集组成。每个系统元素能被实现以完成各自规定的需求。因此可以通过一个协议将实现任何系统元素的责任委托给另一方。

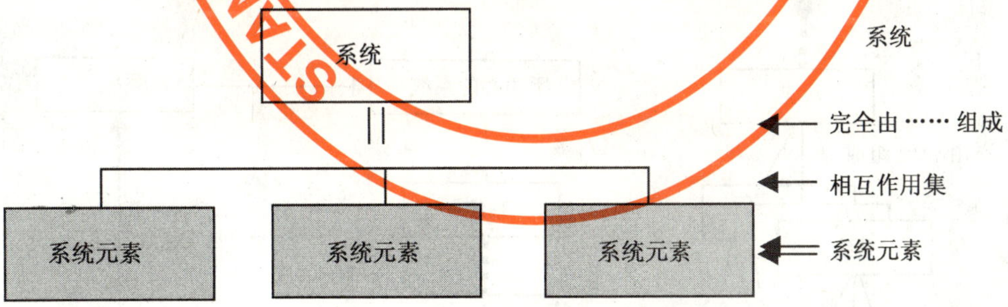

图 D.2　系统和系统元素的关系

对于最简单的系统，系统及其元素的完整集合之间的关系通常只用一步就可以分解。对于更复杂的所关心的系统，在有把握定义系统元素的完整集合之前，一个预期的系统元素本身可能需要考虑成一个系统(依次也是由系统元素组成)，见图 D.3。以这种方式，可以将系统生存周期过程递归地应用于所关心的系统，以分解它的结构，直到可理解和可管理的系统元素可以实现或重用，或者可以从其他方获取。

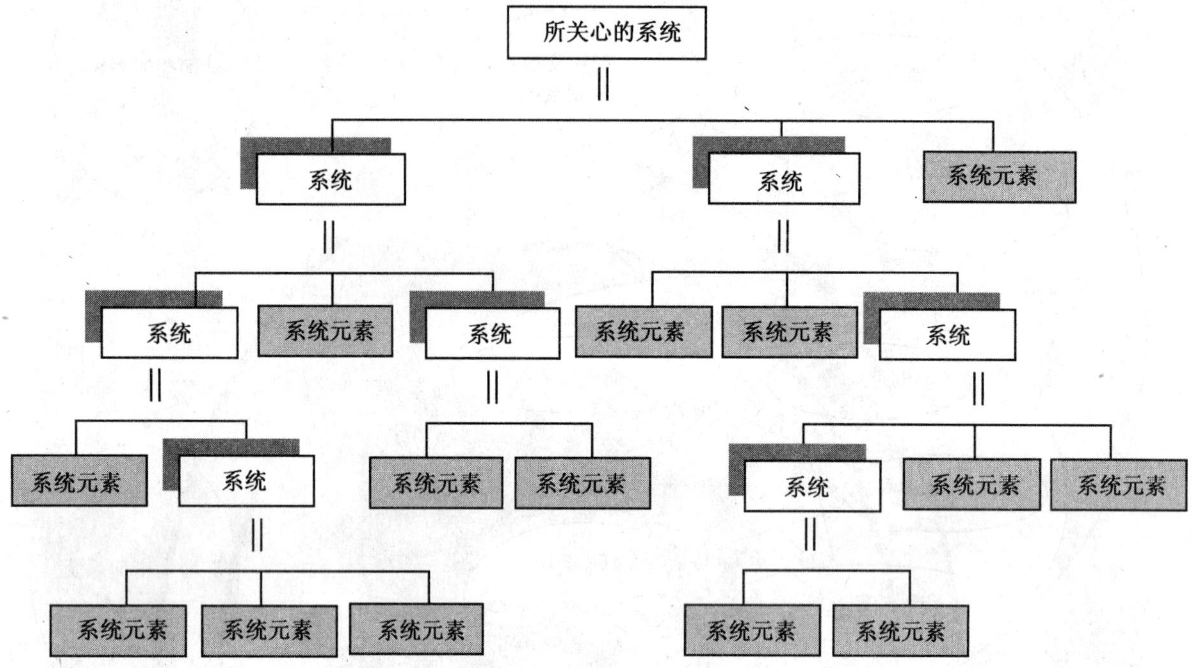

图 D.3　所关心的系统结构

D.1.4　系统与项目中的层次

图 D.1 中表示的层次中的每个系统都可以是一个独立项目的任务。一般情况下，这样体系结构中的详细程度与项目层次中的任务之间有很强的相关性。每个项目负责获取和使用它下面各个层次上的系统成分，并生成和支持其上层系统。

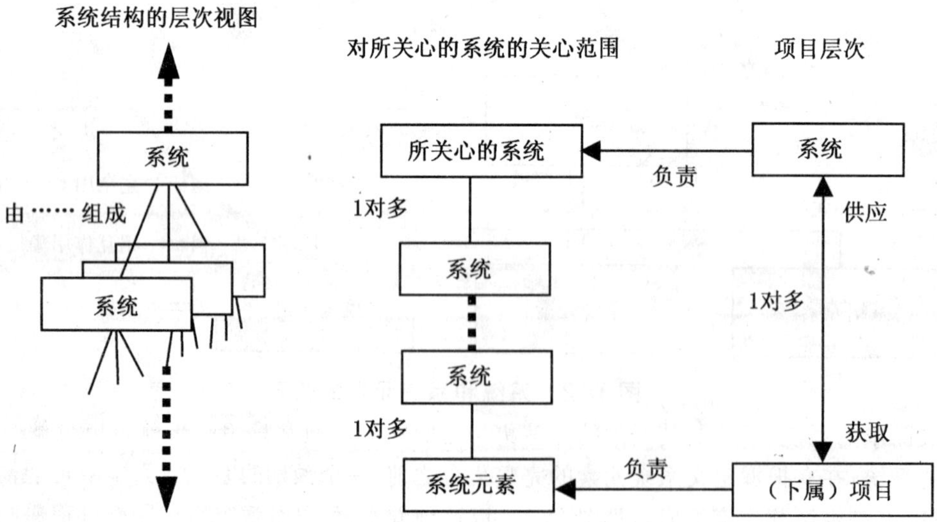

图 D.4　系统和项目层次

任何具体的项目通常将其系统看作是所关心的系统，同时它也能影响到它不负责的较高系统层次。但是，它确实对组成其所关心的系统元素负有责任，从而对所有其下各个层次的项目的输出结果负有责任，见图 D.4。

实际上,实现一个完全满足特定需求的系统的风险通常随着所关心的系统结构中的细节层次的下降而减少,而且最终不用再对具体的项目有不适当的关注。在该层次上(在对所关心的系统分解的不同路径上不必是层次相同),能在可接受的风险范围内获取一个系统元素,并且它的构成细节可以保持隐藏。从所关心的系统的角度看,系统元素可能出现在代表专家学科或特殊的实现技术实践的地方。

D.1.5 使能系统

在所关心的系统的生存周期中,一些实质性的服务是要求从不直接作为运行环境一部分的系统得到,如大批量生产系统、培训系统、维护系统。这些系统中的每一个都能使所关心的系统的生存周期的一部分(例如一个阶段)得到执行。称为"使能系统",是因为在其生存周期中促进了所关心的系统的进展。

所关心的系统为运行环境提供的服务与使能系统为所关心的系统提供的服务的关系如图 D.5 所示。可以看到使能系统间接地对所关心的系统提供的服务起作用。

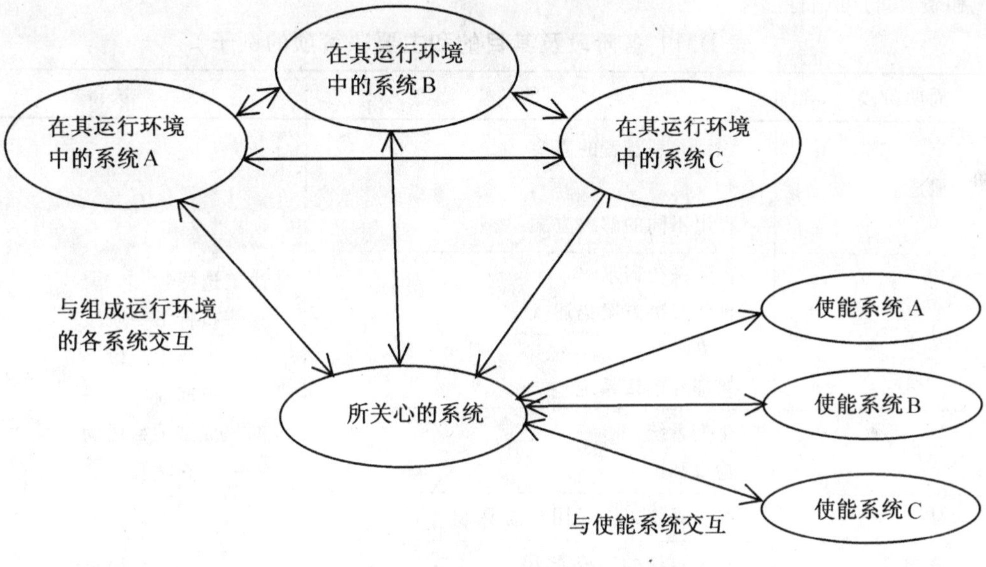

图 D.5 所关心的系统、它的运行环境和使能系统

在系统生存周期的某个阶段中,同时考虑相关的使能系统和所关心的系统。由于它们是相互依赖的,因此它们也可看作是一个系统。这样,对所关心的系统的生存周期中某个阶段的项目责任扩展到从相关的使能系统获取服务。当一个适当的使能系统确实已经不存在时,负责所关心的系统的项目也能够直接负责创建和使用该使能系统。

D.2 生存周期概念

D.2.1 系统生存周期模型

每个系统有一个生存周期,一个生存周期可以用一个抽象的功能模型描述,这个模型代表针对系统、系统的实现、使用、演变和处置的需求的概念化。

组织中的人员使用过程来实施和管理行动,作为行动的结果,系统在其生存周期中向前推进。生存周期模型的详细内容就是根据这些过程、过程的输出、关系和发生的事情来表达的。本标准定义了一个过程集合,即生存周期过程,用来模拟一个系统生存周期。

D.2.2 系统生存周期阶段

生存周期随系统的性质、目的、用途以及主流环境的变化而变化。然而,尽管系统生存周期中明显存在无限的变化,存在于任何系统的完整生存周期仍有一个基本的、实质的典型生存周期阶段集合。每个阶段都有一个明确的目的，并对整个生存周期有贡献，而且在策划和执行系统生存周期时要进行考虑。

这些阶段代表了与系统有关的主要生存周期的周期，它们也与系统描述及系统本身的状态有关。这些阶段描述了系统在其生存周期中的主要进展和成果里程碑。它们给出了生存周期的基本决策项。当创建或使用系统时，组织用这些决策项来控制与成本、进度和功能相关的不确性和风险。这些阶段为组织提供了一个框架，在这个框架下，企业管理对项目和技术过程具有高层次的可视性和控制。

表D.1展示了一个常见的生存周期各阶段的实例。同时也展示了这些阶段中每一个阶段的主要目的和可能的决策选择，这些决策选择是用来管理成果及与生存周期中的进度相关的风险的。

组织以不同方式使用这些阶段，以满足不同的业务及风险缓减策略。并发和以不同顺序使用各阶段可以产生具有明显不同特征的生存周期形式。经常使用顺序的、增量式的或演化式的生存周期形式，或者开发与这些生存周期形式相配的混合体。组织对这种生存周期形式的选择和开发依赖于几个因素，包括业务背景、系统的性质和复杂度、需求的稳定性、技术机遇、在不同时间对不同系统能力的需要，以及预算和资源的可用性。

表D.1　各阶段及其目的和主要决策项的例子

生存周期阶段	目的	决策项
概念	识别共利益者的需要 开发概念 提出不同的解决方案	决策选择： ——执行下一阶段 ——继续本阶段 ——返回前一阶段 ——冻结项目活动 ——终止项目
开发	提炼系统需求 创建解决方案描述 建立系统 验证和确认系统	
生产	生产系统 检查和测试	
使用	运行系统以满足用户需要	
支持	提供持续的系统能力	
退役	存储、存档或处置系统	

正如一个系统的所有系统元素作为一个整体对系统有贡献一样，生存周期的每个阶段需要在生存周期的任何其他阶段给予考虑。结果，有贡献的各方需要在生存周期中相互协调与合作。生存周期阶段与功能的贡献者的合作对成功的项目行动是必要的。与负责其他生存周期阶段的不同的功能和组织进行密切的沟通，合适时，项目组的成员可来自于那些功能和组织，这样才能带来生存周期的一致性。

D.2.3　所关心的系统及其使能系统中的阶段

与其他任何系统一样，每个使能系统也有自己的生存周期。将每个生存周期与所关心的系统的生存周期连接并同步，如，当使能系统的需求(在它已经不存在的情况下)在所关心的系统的概念阶段定义(或者如果时间允许则在以后阶段)时，当使用使能系统被用来为所关心的系统提供其特殊的服务时(见图D.6)。

一个使能系统可以存在于所关心的系统之前，如，它是负责所关心的系统的组织的基础设施的一个存在部分，或者是在一个服务供方的组织内。预先存在的使能系统向所关心的系统带来了额外的约束。

每个使能系统本身可以被看作是一个所关心的系统，从而有它自己的使能系统。因此，本标准也可应用于使能系统。

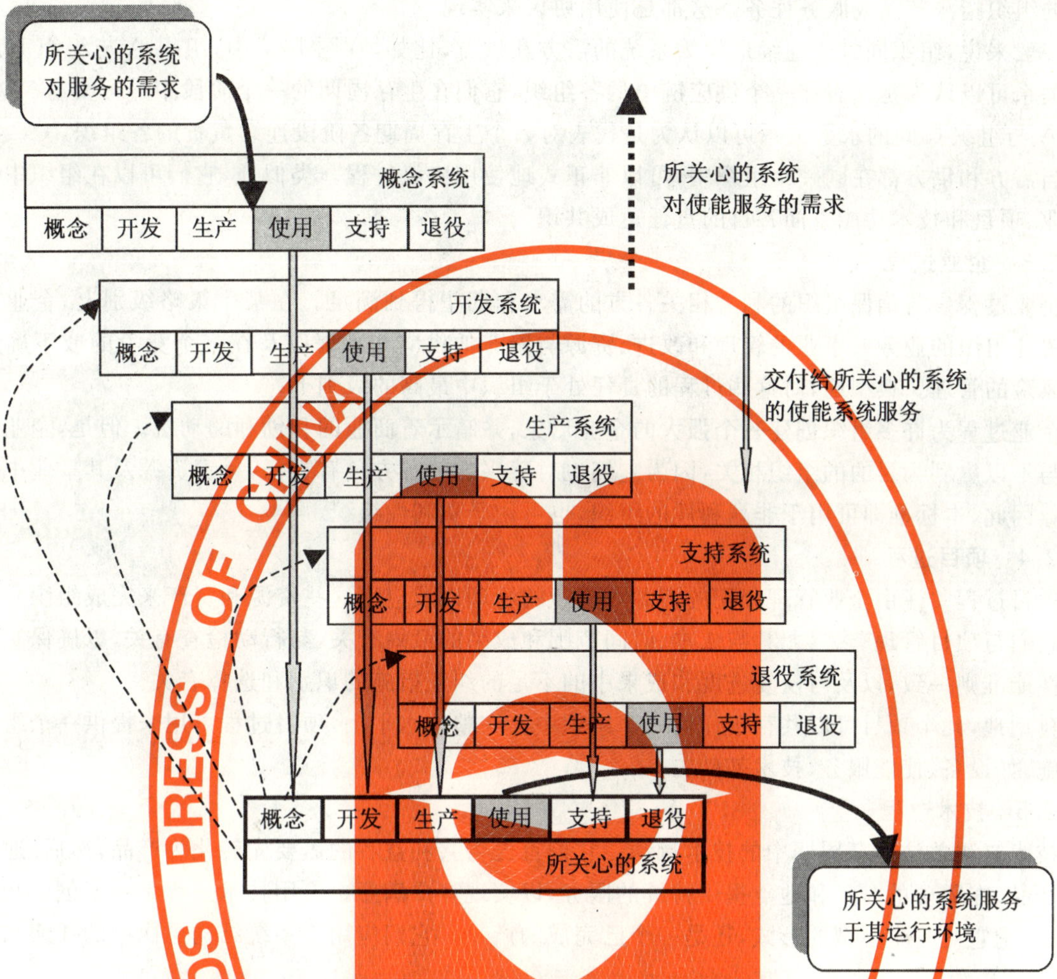

图 D.6 系统与典型的使能系统的交互

D.3 过程概念

D.3.1 生存周期过程

本标准中定义的系统生存周期过程可由任何组织用于获取和使用或创建和供应系统。它们可用于系统结构的任何层次/级别或生存周期的任何阶段。

生存周期过程是基于模块化(过程的功能最大内聚性和各过程间的最小耦合性)和所有权(过程和责任相关联)的原理。这些过程执行的功能是根据特定的目的、输出和对过程起作用的活动集定义的。

本标准中描述的过程并不有意排除和阻碍使用其他组织发现有用的过程。

D.3.2 组织内和组织间的责任和协议

D.3.2.1 过程责任

典型地,组织区分管理责任和行动的不同区域(见图 D.7);这些区域共同对组织的整体业务能力做出贡献。本标准使用一个基于三个基本的组织责任区域(或层次)的过程模型:企业、项目和技术。在每个组织中,企业、项目和技术过程的一个协同集合对系统的有效创建和使用起作用,并因此达到组织的目标。

不同的组织和组织中不同的责任区域相互建立它们的工作关系,并通过签订协议来承担它们各自的责任。这些协议统一并协调不同责任区域的作用,以便它们能满足一个通用的商业目的。

D.3.2.2 协议过程

组织是系统的生产者和消费者,比如,它们交易产品和服务。一个组织可以作为需方向另一个作为供方的组织指派产品或服务任务。这都是使用协议来实现。

一般来说，组织同时或连续地作为系统的需方和供方，比如，在图 D.7 中，组织 A 与组织 B 之间的垂直关系可以认为是代表在一个供应链中的各组织，它们在生存周期的一个阶段中进行交易。类似地，组织 A 与组织 C 间的水平关系可以认为是代表对一个生存周期各阶段连续负责的各组织。

当需方和供方都在同一个组织中，可以非正式地使用协议过程。类似地，它们可以在组织中使用以对企业、项目和技术功能方面各自的责任达成共识。

D.3.2.3 企业过程

企业过程参与确保组织的利益相关各方的需求和期望得到满足。在某个策略级别上，企业过程典型地关注组织的业务或事业的管理和改进、资源与资产的供应和部署以及在一个竞争的或不确定的情况下风险的管理。典型地，对这些过程的责任处于组织中最高的级别上。

企业过程为许多组织创建一个强大的企业形象，并暗示着商业的和创利的动机。但是，企业过程也同样与不以赢利为目的的组织相关，因为它们也对感兴趣的各方负有责任，负责资源及其事业中遭遇的风险。因此，本标准即可用于非赢利性的组织，也可用于赢利性组织。

D.3.2.4 项目过程

项目过程关注由企业管理分配的资源和资产的管理以及应用这些资源和资产来完成组织介入的协议。它们与项目管理有关，尤其与成本、时间范围和成果的策划有关，与行动检查有关，以确保它们与计划和性能准则一致，以及与恢复进度和成果中的不足的纠正措施的识别和选择有关。

典型地，几个项目可以共存于任何一个组织中。在整体水平上，项目过程可用来提供一个组织的基础设施，如设备、使能服务、技术基础。

D.3.2.5 技术过程

技术过程关注生存周期中的技术行动。它们首先将共利益者的需要先转化为产品，然后，通过应用这个产品，在需要的时间和地点提供持续的服务，以实现客户满意。应用技术过程是为了创建和使用系统，而不论它是一个模型的形式，还是一个已完成的产品。它们应用于系统结构层次中的任何水平。

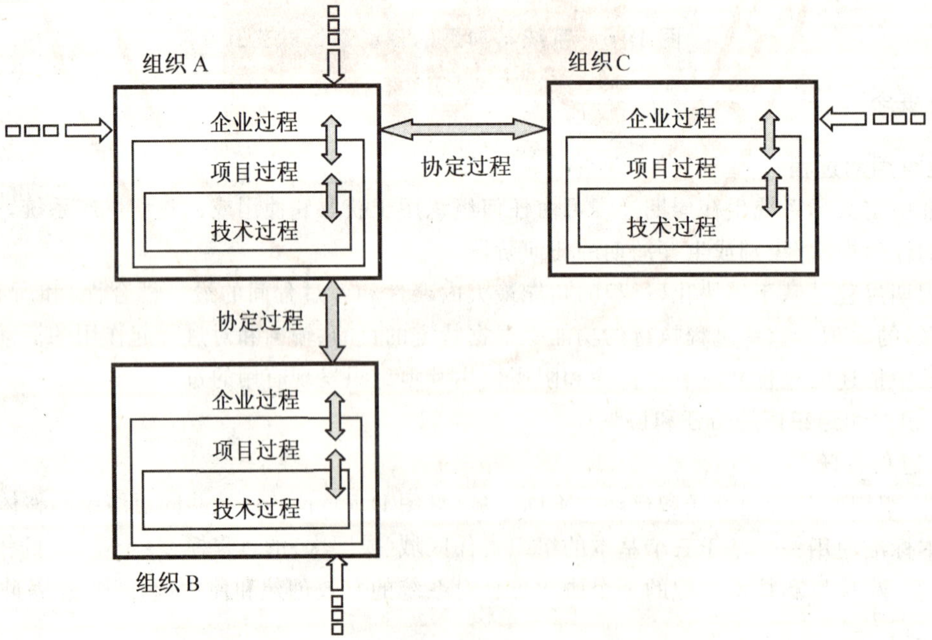

图 D.7 相互协作的企业中的协议、企业、项目和技术过程

D.3.3 过程应用

图 D.8 中的每个生存周期过程可以在生存周期的任何时候按需要调用，并且在使用过程中没有确定的顺序。在生存周期中使用这些过程的详细目的和时间受多个因素的影响，包括社会的、贸易的、组织的和技术的考虑。它们中的每一个在系统的生存期中都会变化。因此，单个系统生存周期是过程的一个复杂系统。该系统通常拥有并发、迭代、递归和时间依赖的特征。

对过程的并发使用可能存在于某个项目中（例如，当建立系统的设计行动和准备行动同时执行时）以及项目之间（例如，当在不同的项目任务下同时设计系统元素）。

对过程的迭代使用（如在结构的同一层次水平上对一个过程或过程集的重复使用）对于过程输出结果的不断完善的提炼很重要，例如，连续的验证行动与集成行动之间的交互可以逐步地建立对产品符合性的信心。

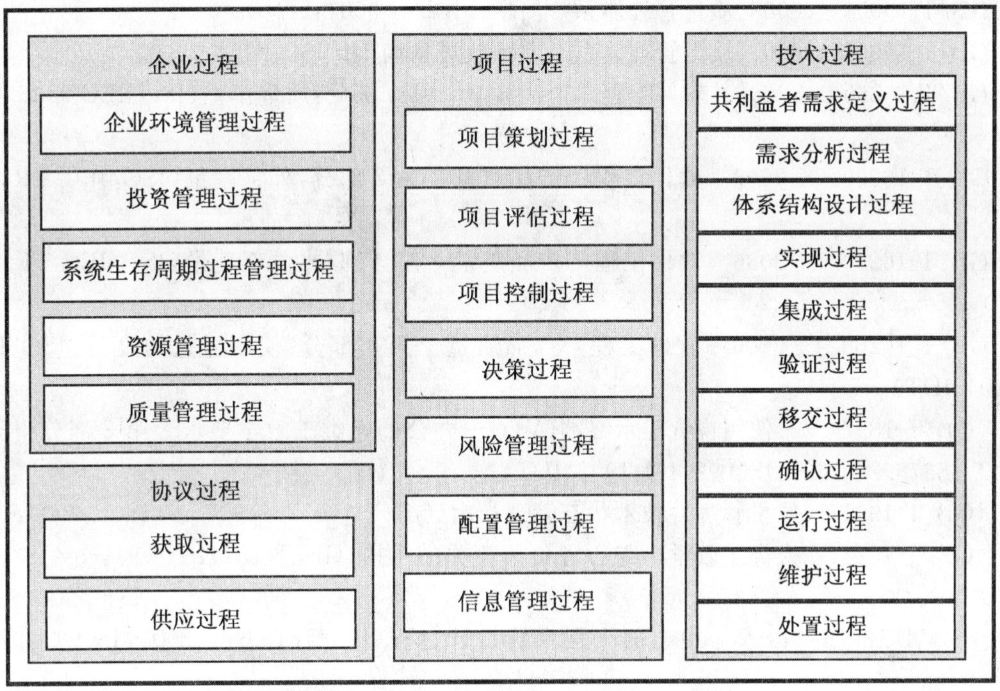

图 D.8　系统生存周期过程

对过程的递归使用（如在系统层次结构中相连的层次上对相同的过程或过程集的重复使用）是应用本标准的一个关键方面。在任何水平上的过程的输出结果，无论是信息、人造物品还是服务，都是在其上或其下的水平上使用的同一过程的输入。这产生一个响应、信息、人造物品或服务，而它们再修改原来的输出。这样，在系统体系结构的所有水平上的输出都可以分解，并一致地实现，例如，形成一致的体系结构的系统元素描述。

对系统的影响不断变化的特性（例如，运行环境的变化、系统元素实现的新机遇、组织中修改了的结构和责任），这要求对使用过程的选择和时间进行连续的评审。因此，生存周期中的过程使用是根据许多对系统的外部影响而动态变化的。

面对生存周期中的这种复杂性，生存周期阶段通过提供综合的、可认识的高水平目的和结构，帮助对生存周期过程的策划、执行和管理。优先权可以帮助进行阶段选择和生存周期过程的应用，尤其在相似的市场和产品部分的情况下，以便为任何系统建立一个适当的和有效的生存周期模型。

参 考 文 献

[1] GB/T 16251—1996 工作系统设计的人类工效学原则(eqv ISO 6385:1981)

[2] GB/T 9387.1—1998 信息技术 开放系统互连 基本参考模型 第1部分:基本模型(idt ISO/IEC 7498-1:1994)

[3] GB/T 19000—2000 质量管理体系 基础和术语(idt ISO 9000:2000)

[4] GB/T 19001—2000 质量管理体系 要求(idt ISO 9001:2000)

[5] GB/T 19004—2000 质量管理体系 业绩改进指南(idt ISO 9004:2000)

[6] GB/T 16260.1—2006 软件工程 产品质量 第1部分:质量模型(ISO/IEC 9126-1:2001,IDT)

[7] GB/T 16260.2—2006 软件工程 产品质量 第2部分:外部度量(ISO/IEC TR 9126-2:2003,IDT)

[8] GB/T 16260.3—2006 软件工程 产品质量 第3部分:内部度量(ISO/IEC TR 9126-3:2003,IDT)

[9] GB/T 16260.4—2006 软件工程 产品质量 第4部分:使用质量的度量(ISO/IEC TR 9126-4:2004,IDT)

[10] GB/T 18978.2 使用视觉显示终端(VDTs)办公的人类工效学要求 第2部分:任务要求指南(GB/T 18978.2—2004,ISO 9241-2:1992,IDT)

[11] GB/T 19017 质量管理 技术状态管理指南(GB/T 19017—1997,idt ISO 10007:1995)

[12] GB/T 15241 人类工效学 与心理负荷相关的术语(GB/T 15241—1994,eqv ISO 10075:1991)

[13] GB/T 18976 以人为中心的交互系统设计过程(GB/T 18976—2003,ISO 13407:1999,IDT)

[14] GB/T 24001:2004 环境管理体系 规范及使用指南(ISO 14001:2004,IDT)

[15] GB/T 18492—2001 信息技术 系统及软件完整性级别(idt ISO/IEC 15026:1998)

[16] GB/Z 18493 信息技术 软件生存周期过程 指南(GB/Z 18493—2001,idt ISO/IEC TR 15271:1998)

[17] ISO/IEC TR 15504 (all parts), Information technology—Software process assessment

[18] ISO/TR 18529, Ergonomics—Ergonomics of human-system interaction—Human-centred lifecycle process descriptions

[19] GB/T 20438 电气/电子/可编程电子安全相关系统的功能安全(GB/T 20438—2006,IEC 61508:1998,IDT)

[20] A Guide to the Project Management Body of Knowledge (PMBOK Guide): 2000 Project Management Institute, Inc, Newtown Square, PA 19073-3299 USA

ICS 35.20
L 70

中华人民共和国国家标准

GB/T 22033—2008

信息技术 嵌入式系统术语

Information technology—Terminology for embedded systems

2008-06-17 发布 2008-11-01 实施

中华人民共和国国家质量监督检验检疫总局
中国国家标准化管理委员会 发布

前　言

本标准由中华人民共和国信息产业部提出。

本标准由中国电子技术标准化研究所(CESI)归口。

本标准起草单位：湖州师范学院。

本标准主要起草人：刘利民、侯向华、闫萍。

信息技术　嵌入式系统术语

1　范围

本标准界定了嵌入式系统常用的术语及其定义。

本标准适用于嵌入式系统的应用、开发、教学、出版和信息交流。

2　术语和定义

2.1

嵌入式系统　embedded system

置入应用对象内部起信息处理和控制作用的专用计算(机)系统。嵌入式系统以应用为中心,以计算技术为基础,软件硬件可剪裁,其硬件至少包含一个微控制器、微处理器或数字信号处理器单元。该系统能够满足应用系统对功能、可靠性、成本、体积、功耗等严格综合性的要求。

2.2

嵌入式软件　embedded software

运行于嵌入式系统的软件。包括嵌入式应用软件和系统软件。

2.3

嵌入式操作系统　embedded operating system

支持嵌入式系统运行的操作系统软件。

2.4

实时操作系统　real-time operating system

RTOS

面向实时运行对象,并为其服务的操作系统。嵌入式操作系统多采用多任务实时操作系统。

2.5

微控制器　microcontroller (unit)

MCU

在一个芯片上构成的以实现控制目的为主的嵌入式系统功能单元。其包括中央处理器、存储器、寄存器、接口等。

2.6

单片机　single-chip computer

与微控制器同义。

注:单片机的英语描述原为 single-chip computer,现多用 microcontroller。

2.7

多单片机系统　multi-microcontroller system

由多个单片机构成的系统。

2.8

数字信号处理　digital signal processing

DSP

对数字化信号进行的处理。是信号处理的一种方法。

2.9

数字信号处理器　digital signal processor

DSP

以微处理器为核心的数字信号处理器件。是嵌入式系统的硬件实现之一。

2.10

单片系统　system on a chip

片上系统

SoC

在一个芯片上实现的嵌入式系统。

注 1：SoC 可用 SiP System-in-Package 工艺实现。

注 2：SiP 是一种将多个硅管芯封装在一起的嵌入式系统。如将规则逻辑的大容量 SRAM/Flash、不规则逻辑的微处理器及功率半导体器件等混合封装在一个芯片中。

2.11

可编程单片系统　system on a programmable chip

可编程片上系统

SoPC

在一个可编程器件芯片上实现的嵌入式系统。

2.12

专用集成电路　application specific integrated circuit

ASIC

为特定应用所设计的集成电路。

2.13

现场可编程门阵列　field programmable gate array

FPGA

一种可通过软件设计实现硬件应用电路的器件。通常把基于查找表技术的可编程器件称为FPGA。

2.14

复杂可编程逻辑器件　complex programmable logic device

CPLD

一种可通过软件设计实现硬件应用电路的器件。通常把基于乘积项技术的可编程器件称为CPLD。

2.15

知识产权核　intellectual property（core）

IP

具有知识产权的功能应用模块。单片系统的重要部分和设计基础。在嵌入式系统中，一般是指可交易的硅知识产权核。

2.16

固件　firmware

被写入嵌入式系统非易失程序存储器内的专用软件。

2.17

硬件描述语言　hardware description language

HDL

一种进行硬件设计的软件语言。主要用于可编程逻辑器件设计。

注 1：VHDL 符合 IEEE 1076 规范的较常用的硬件描述语言。

注 2：Verilog HDL 符合 IEEE 1364 规范的较常用的硬件描述语言。

2.18

哈佛结构　Harvard architecture

一种计算机体系结构。其特点是,程序和数据使用不同的存储器。

2.19

多核结构　multi-core

在一个芯片上集成多个微处理器核。如,在一个半导体芯片集成有多个单片机核,或集成有单片机和数字信号处理器等多个不同用途的微处理器核。

2.20

寻址方式　addressing mode

计算机指令系统查找操作数地址的方式。有立即寻址、直接寻址、间接寻址、变址寻址等多种方式。

2.21

寻址范围　addressing range

计算机指令系统所能查找的地址范围。由地址线的位数和寻址方式决定。

2.22

缓冲区　buffer

程序运行时,暂时存储交换数据的区域。

2.23

数据格式　data format

数据处理过程中对数据结构形式的要求。

2.24

实时数据交换　real-time data exchange

RTDX

面向实时系统的数据交换。

2.25

百万条指令每秒　million instructions per second

MIPS

每秒钟运行1百万条指令的次数,嵌入式系统内中央处理器的运行指标之一。

2.26

百万次运算每秒　million operations per second

MOPS

每秒钟完成1百万次基本运算的数目,嵌入式系统内中央处理器的运行指标之一。

2.27

引导方式　boot mode

计算机运行的程序引导方式。

2.28

单一引导方式　single boot

启动时,只具备一种程序引导的方式。

2.29

工作方式　operating mode

计算机数据处理的方式。可根据用户需要设定。

2.30

运行方式　operation mode

计算机运行的方式。如高速方式、省电方式。

2.31

后备运行方式　standby mode

单片机的一种运行方式。其比正常运行方式功能少,但较省电。

2.32

低功耗运行方式　low power mode

单片机的一种运行方式。一种省电运行方式,多采用低频时钟维持运行。

2.33

掉电运行方式　power-down mode

单片机的一种运行方式。一种省电方式,一般只提供对信息保持的电源支持,运行功能暂停。

2.34

实时时钟　real-time clock

RTC

可为系统提供连续时间支持的时钟。其特点是在系统关闭时也可保持时间的连续性。

2.35

片内振荡器　on-chip oscillator

设置在单片机芯片内的振荡器。

2.36

时钟脉冲发生器　clock pulse generator

CPG

单片机内产生时钟脉冲的功能单元。

2.37

可编程脉冲发生器　programmable pulse generator

PPG

单片机内通过编程产生脉冲的功能单元。

2.38

时序分析　timing analysis

对电路中的数字逻辑信号按时间顺序进行特性分析。

2.39

虚拟状态周期　state dummy cycle

为某种需要设定的非实际的状态周期。

2.40

通用寄存器　general register

单片机内作为通用数据交换用途的寄存器。

2.41

特殊功能寄存器　special function register

专用寄存器

SFR

单片机内作为专门用途设计的寄存器。如各种状态和控制寄存器。

2.42

数据缓冲寄存器　data buffer register

DBR

单片机内作为数据交换暂存用途的寄存器。

2.43

寄存器体　register bank

单片机内设计的寄存器组。通常一组包括两个以上的寄存器。

2.44

存储(器分配)图　memory map

存储空间分配图。一般包括程序存储和数据存储空间。

2.45

存储(器)映射　memory mapping

存储(器分配)图的表达方法。

2.46

栈指针　stack pointer

SP

表示当前栈顶的位置的地址指针。

2.47

一次性编程的　one time programming;one time programmable

OTP

只能由用户进行一次编程的特性。

2.48

掩膜(型)只读存储器　masked read only memory

MROM

由集成电路生产厂家通过掩膜工艺固化程序,用户不能更改编程的只读存储器。

2.49

闪速存储器　flash memory

闪存

一种(介质)可重复进行电擦除和内容改写、且断电后内容不消失的半导体存储器。

2.50

内置只读存储器　built-in read only memory

Built-in ROM

设置在单片机芯片内部的只读存储器,常用来存放程序和数据初始值。

2.51

内置随机存储器　built-in random access memory

Built-in RAM

设置在单片机芯片内部的随机存储器。

2.52

在系统编程　in-system programming

ISP

通过单片机的专用或复用的接口对片内程序进行编程的方法。其特点是,不需要将单片机从安装位置拆出。

2.53

在应用编程　in-application programming

IAP

通过单片机的专用或复用的接口对片内某段程序进行编程的方法。其特点是,不需要将单片机系统停机,可在运行状态改写程序。

2.54

数据传送控制器　data transfer controller

DTC

控制数据传输的功能单元。

2.55

等待状态控制器　wait controller

对单片机进入等待状态进行控制的功能单元。

2.56

中断控制器　interrupt controller

INTC

进行中断运行控制的功能单元。

2.57

中断服务例程　interrupt service routine

中断服务程序

ISR

中央处理器响应中断后，打断原运行程序执行的子程序。执行完成后返回原程序。

2.58

定时器脉冲单元　timer pulse unit

TPU

依靠定时器产生脉冲的功能单元。

2.59

可编程计数器阵列　programmable counter array

PCA

可用程序修改参数的一组计数器。

2.60

可编程重装定时器　programmable reload timer

PRT

可编程重新装入参数的定时器。

2.61

看门狗(定时器)　watchdog (timer)

监视定时器

WDT

为计算机设计的，用于异常状态下重新启动系统的定时器功能单元。

2.62

脉宽调制器　pulse-width modulator

PWM

可产生不同周期和占空比脉冲序列的功能单元。

2.63

直接存储器存取控制器　direct memory access controller

DMAC

控制存储器数据不经中央处理器管理而直接存取的功能单元。

2.64

通用输入输出口　general-purpose input/output port

GPIO

作为通用目的输入输出端口。其特点是可以通过软件控制的双向接口。

2.65

串行通信接口　serial communication interface

SCI

为数据串行传输提供的接口。

2.66

串行外设接口　serial peripheral interface

SPI

一种为外部设备提供的串行数据接口。

2.67

串行总线接口　serial bus interface

SBI

一种为串行总线提供的接口。常用的串行总线,如RS232和RS485。

2.68

串行扩充接口　serial expansion interface

SEI

一种通道扩展的串行接口。

2.69

通用异步收发器　universal asynchronous receiver/transmitter

UART

一种进行异步串行通信的通用功能单元。

2.70

集成电路互连总线　inter-integrated-circuit bus

I^2C

一种常用的串行总线。物理实现包括时钟线和命令—数据线。

2.71

红外数据存取　infrared data association

IrDA

以红外线作为传输介质的数据通信方法。是单片机常用的串行通信模式之一。

注:该数据通信协议是由红外数据协会(Infrared Data Association)制定的。

2.72

异步通信接口适配器　asynchronous communication interface adapter

ACIA

进行异步通信的接口连接的功能单元。

2.73

全双工通用异步收发器　full duplex universal asynchronous receiver/transmitter

Full Duplex UART

可同时进行双向通信的异步通信通用功能单元。

2.74

边界扫描测试接口　Joint Test Action Group

JTAG

一种单片机或其他电子器件的仿真调试接口,符合IEEE 1149.1标准,主要用于芯片内部测试。

注:该测试标准是由IEEE下属的联合测试行动组(Joint Test Action Group)制定的。

2.75

通用串行总线　universal serial bus

USB

一种常用的串行通信总线。其总线包括有两条数据线和两条电源线。

2.76

动态总线可变宽　dynamic bus sizing

一种总线宽度可以动态调整的特性。

2.77

现场总线　field bus

适用于工业控制现场的总线型网络。

2.78

控制器区域网　controller area network

CAN

一种工业现场网络协议。该协议普遍用于汽车和工业现场网络，其中总线为拓扑结构，并且其重要的特征是具有支配位和退让位。

注：某些单片机内置了此协议功能单元。

2.79

评价模块　evaluation module

EVM

进行性能评价和设计参考的模块。

2.80

系统集成模块　system integration module

SIM

具备某种系统功能的模块。

2.81

印制(电路)板装配　printed circuit board assembly

PCBA

把相应器件组装在印刷电路板上的工艺过程。

2.82

电子设计自动化　electronic design automation

EDA

通过使用软硬件开发工具设计和验证电子电路应用设计的方法。一般由软件工具实现。

2.83

集成开发环境　integrated-development environment

IDE

开发嵌入式系统的工具。一般也被称为嵌入式开发平台。

2.84

嵌入式中间件　embedded middleware

一种嵌入式系统开发的软件平台。它通过提供简单、一致、集成的分布编程环境，简化分布应用的设计、编程和管理。

注：从广义的角度看，嵌入式中间件可以理解为中间层软件，通常是指处于传统系统软件和应用软件之间的中间层次的软件，其主要目的是对应用软件的开发和运行提供更为直接和有效的支撑。

2.85

编程工具 programmer

固化程序到嵌入式系统存储器内的工具。

2.86

仿真器 emulator

对目标电路或设计应用进行仿真与模拟的程序或设备，是嵌入式软硬件调试的重要工具。

2.87

在线仿真器 in-circuit emulator

在电路仿真器

ICE

嵌入式系统进行在线仿真的一种方法和工具。

2.88

个人智能通信器 personal intelligent communicator

PIC

具有程序调整功能的民用通信功能单元。

2.89

小形集成电路 small outline integrated circuit

小引出线集成电路

SOIC

外形尺寸和引脚较小、适应较小应用对象的集成电路。

2.90

双列直插 dual-in-line package

DIP

集成电路的一种标准封装形式。其引脚为两排竖直的管脚，可在配套基座上进行插拔。

2.91

芯片载体塑封 plastic leaded chip carrier

PLCC

集成电路的一种标准塑封形式。其特点是四边有弹性平面引脚，可在配套载体上进行压入和拔起。

2.92

扁方封装 quad flat pack

四方扁平封装

QFP

集成电路的一种标准封装形式。其特点是方形，四边布有可焊接引脚。

2.93

薄方封装 plastic low profile quad flat package

LQFP

集成电路的一种标准封装形式。其特点是方形，四边布有可焊接引脚，且厚度较薄。

2.94

小形封装 small outline package

小引出线封装

SOP

集成电路的一种标准封装形式。其特点是方形，四边布有可焊接引脚，且外形较小。

2.95

紧缩小形封装　shrink small outline package

紧缩小引出线封装

SSOP

集成电路的一种标准封装形式。其特点是方形,四边布有可焊接引脚,且外形较 SOP 更小。

2.96

球栅阵列封装　ball-grid-array package

BGA

集成电路的一种标准封装形式。其特点是球状引脚网格状排布在芯片底部,一般用于引脚较多的集成电路产品。

中 文 索 引

英 文 索 引

A

B

C

D

J

L

M

O

P

Q

R

S

ICS 35.040
L 71

中华人民共和国国家标准

GB/T 22034—2008

信息技术　藏文编码字符集键盘字母数字区的布局

Information technology—Keyboard layout of the alphanumeric zone for Tibetan coded character set

2008-06-17 发布　　2008-11-01 实施

中华人民共和国国家质量监督检验检疫总局
中国国家标准化管理委员会　发布

前　言

本标准的附录 A、附录 B、附录 C 是规范性附录，附录 D 是资料性附录。

本标准由中华人民共和国信息产业部提出。

本标准由中国电子技术标准化研究所(CESI)归口。

本标准起草单位：西藏自治区藏语言工作委员会办公室、西藏大学、中国电子技术标准化研究所、青海师范大学、西北民族大学、北京北大方正电子有限公司、潍坊北大青鸟华光科技股份有限公司、中国科学院软件研究所、北京民族出版社、国家民委文宣司语文室、中国标准化研究院、中国藏学研究中心。

本标准起草人：欧珠，何正安，洛桑土美，王立建，大罗桑朗杰，拉巴泽仁，陈玉忠，益西桑布，赵晨星，江嘎，次仁罗布，索朗多吉，常福良，于洪志，尹江红，吴健，殷建民，张轴材。

信息技术　藏文编码字符集键盘字母数字区的布局

1　范围

本标准规定了面向藏文编码字符集键盘字母数字区的布局。

本标准适用于藏文信息系统和其他有关设备的键盘。

2　规范性引用文件

下列文件中的条款通过本标准的引用而成为本标准的条款。凡是注日期的引用文件，其随后所有的修改单(不包括勘误的内容)或修订版均不适用于本标准，然而，鼓励根据本标准达成协议的各方研究是否可使用这些文件的最新版本。凡是不注日期的引用文件，其最新版本适用于本标准。

GB/T 1988　信息处理　信息交换用七位编码字符集(GB/T 1988—1998，eqv ISO 646:1991)

GB/T 2787　信息处理交换用七位编码字符集键盘的字母数字区布局(GB/T 2787—1981，eqv ISO 2530:1975)

GB 16959—1997　信息技术　信息交换用藏文编码字符集　基本集

3　定义

下列术语和定义适用于本标准。

3.1

字母数字　alphanumeric

一个集合。主要包括字母和数字字符，也包含标点符号、特殊符号及间隔字符等。

3.2

组合用字符　combining character

编码字符集中一个已标识的子集的一种结构要素，用于与其前导的非组合用图形字符相组合，或者与一个以非组合用字符为前导的组合用字符序列相组合。

3.3

图形字符　graphic character

不同于控制功能的字符，通常具有书写、打印或显示的可视表示。

3.4

控制功能　control function

能对数据进行记录、处理、传送和译码的一种作用。

3.5

变形显示形式　presentation form

在某些文字的显现中，表示一个字符的某种图形符号形式，这种形式依赖于该字符相对于其他字符的位置。

3.6

扩充集 A　extension A

藏文编码字符集基本集的扩充。由基本字符纵向叠加而成的结构稳定的藏文字符和最常用梵音转写字符的集合。

3.7

扩充集 B　extension B

藏文编码字符集基本集和扩充集 A 的扩充。由基本字符纵向叠加而成的梵音转写字符的集合。

3.8

藏文字母　Tibetan alphabet

用于拼写一个藏文字符或音节的辅音和元音所对应的图形符号。

3.9

藏文字符　Tibetan character

由藏文字母纵向叠加而成的结构稳定的符号。

3.10

梵音转写字符　Tibetanized Sanskrit

由基本字符纵向叠加而成的梵音转写藏文字符。

3.11

功能键　function key

表示一种控制功能的键。

3.12

图形键　graphic key

输入一个图形符号、图形字符的键。

3.13

字元　element of character

构成藏文字符的藏文字母符号。

3.14

组　group

键盘的一种逻辑状态。在此状态下，可以输入同一组图形字符或字元中的任一符号。通常，逻辑上属于同一范围的字符和字元可组成一个组。一个组内还可以分为几个级。

3.15

级　level

键盘的一种逻辑状态。在此状态下，可以输入同一级图形字符或字元中的任一符号。

4　键的编号、分组和分级

4.1　键位编号系统

键位编号系统以栅格的形式表示，键位的指定和键号的分配见附录 A。

4.2　键盘上的组和级的划分与定位

为了在一个键上可以放置和选择几个图形字符或者控制功能，在逻辑上可将这些字符安排到各个组和级中。传统的换挡功能只能选择上下挡对应的级，现已扩展为允许选取不同的组和不同的级。在有用的组和级中，用户可以使用一种或几种控制状态的方法，选择相应的组和级(见表 1)。

表 1　组和级的逻辑分配

组选择	级选择	激活的组和级
不用组选择 (缺省＝组 1)	不用级选择	组 1,级 1
	级 2 选择	组 1,级 2
	级 3 选择	组 1,级 3
用组选择 (选择 n 组)	不用级选择	组 n,级 1
	级 2 选择	组 n,级 2
	级 3 选择	组 n,级 3

选择的方法有两种类型：

a) 组选择：能在各组中选择要激活的组。

b) 级选择：能在各级中选择要激活的级。

这两种机制和功能可以同时采用，在层次的意义上说，组高于级；在组内，可以定义若干个级。组和级对应的字符在键上标记位置的规定，见附录B。

4.3 通用键盘的排列

通用键盘的字母数字区键的排列和定位，见附录C。

5 键盘上的字母数字区的布局

5.1 GB/T 1988 字符的键盘布局

通用的信息交换用七位编码字符集的字符及其键盘上的布局，应符合GB/T 1988和GB/T 2787的规定，它们被分配在图1至图5的键盘中。

5.2 藏文编码字符的分配

藏文编码字符集(基本集)(参见附录D)的字符，分配在键盘的第1组(主键盘)、第2组(辅助键盘一)、第3组(辅助键盘二)、第4组(辅助键盘三)和第5组(辅助键盘四)。

藏文编码字符的键盘分级和键位配置如表2所示。

5.3 主键盘上键与字符的位置

GB/T 1988和GB 16959—1997中的部分字符在键盘各键上的分配和排列，以及它们和附录D中藏文图形字符的字母和数字相对应的关系，分配在键盘的第1组(主键盘)，如图1所示。

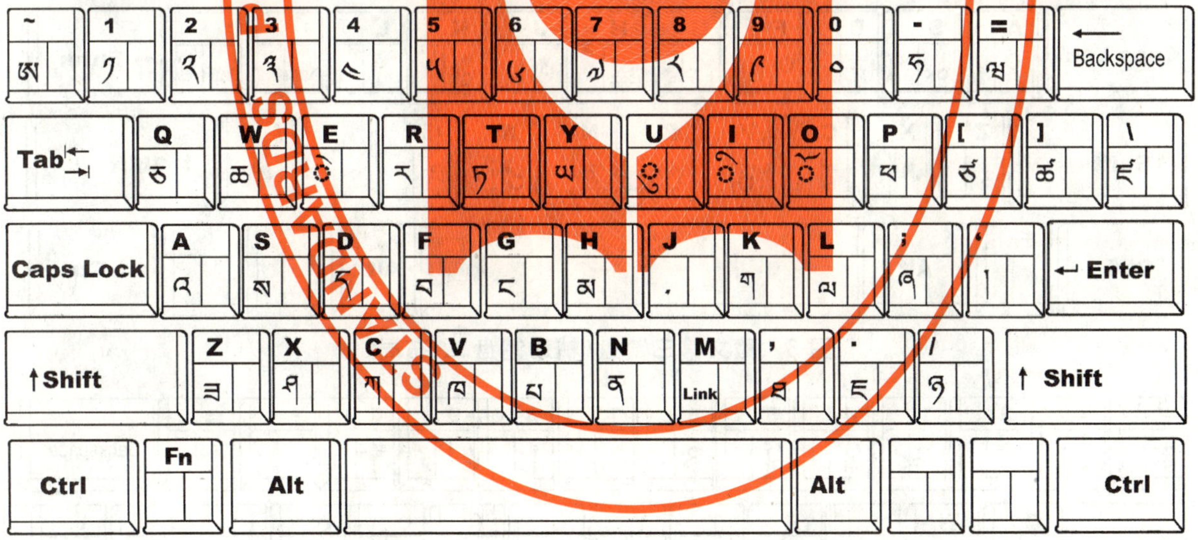

图1 藏文第一键盘(主键盘)布局

5.4 辅助键盘一上的键与字符的位置

GB/T 1988和GB 16959—1997中的部分字符在键盘各键上的分配和排列，以及它们和附录D中藏文图形字符的字母和数字相对应的关系，分配在键盘的第2组(辅助键盘一)，如图2所示。

5.5 辅助键盘二上的键与字符的位置

GB/T 1988和GB 16959—1997中的部分字符在键盘各键上的分配和排列，以及它们和附录D中藏文图形字符的字母和数字相对应的关系，分配在键盘的第3组(辅助键盘二)，如图3所示。

5.6 辅助键盘三上的键与字符的位置

GB/T 1988和GB 16959—1997中的部分字符在键盘各键上的分配和排列，以及它们和附录D中藏文图形字符的字母和数字相对应的关系，分配在键盘的第4组(辅助键盘三)，如图4所示。

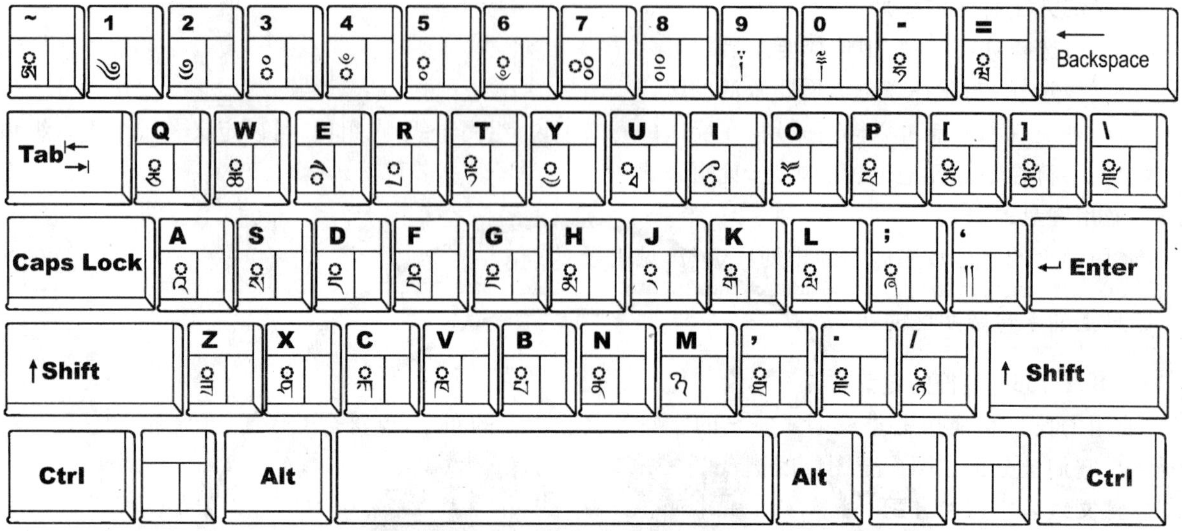

图 2　藏文第二键盘(辅助键盘一)布局

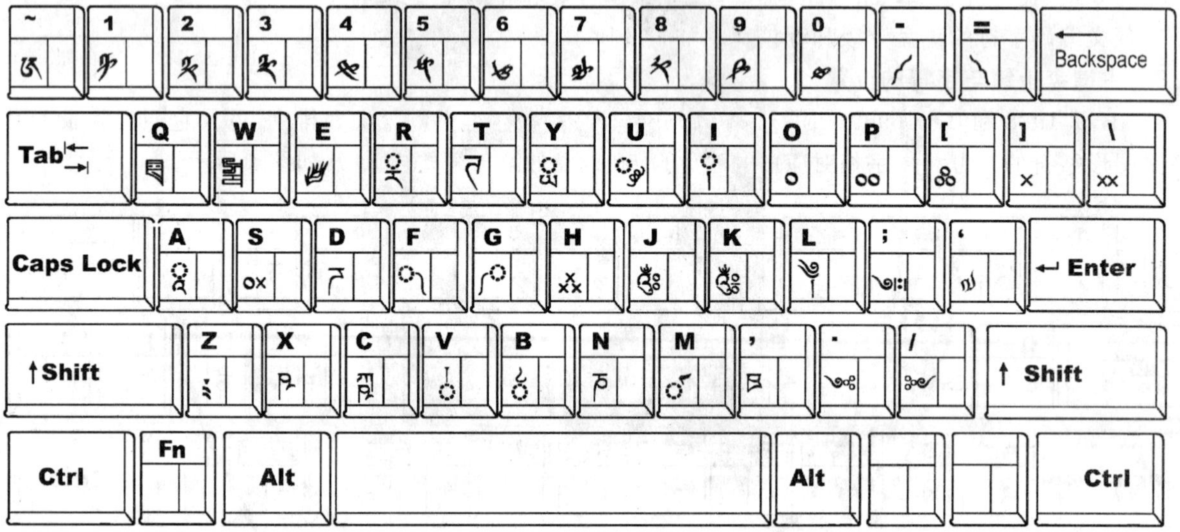

图 3　藏文第三键盘(辅助键盘二)布局

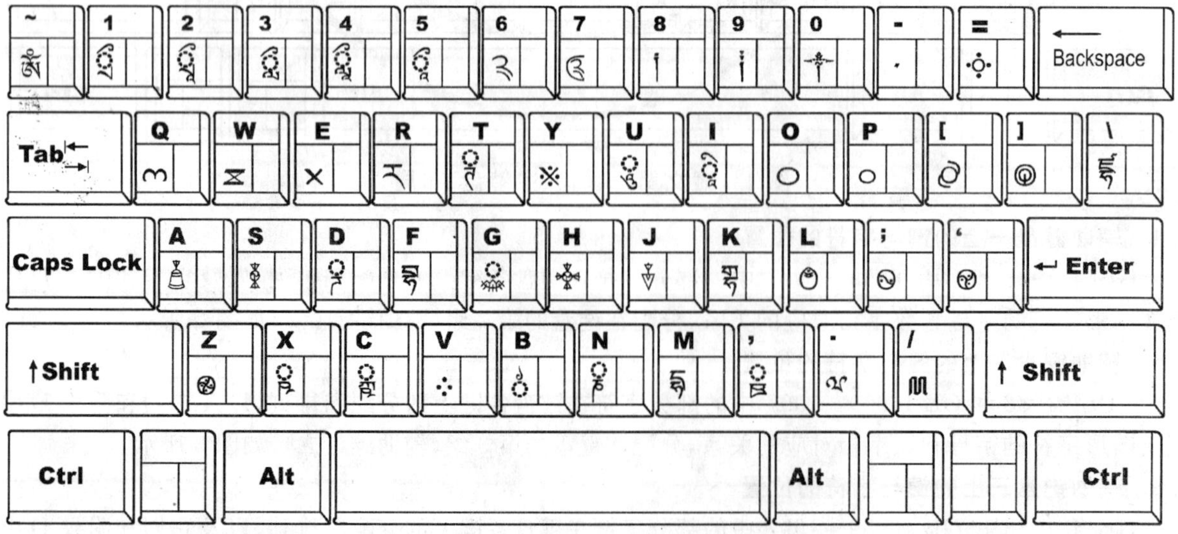

图 4　藏文第四键盘(辅助键盘三)布局

5.7 辅助键盘四上的键与字符的位置

GB/T 1988—1998 和 GB 16959—1997 中的部分字符在键盘各键上的分配和排列，以及它们和附录 D 中藏文图形字符的字母和数字相对应的关系，分配在键盘的第 5 组（辅助键盘四），如图 5 所示。

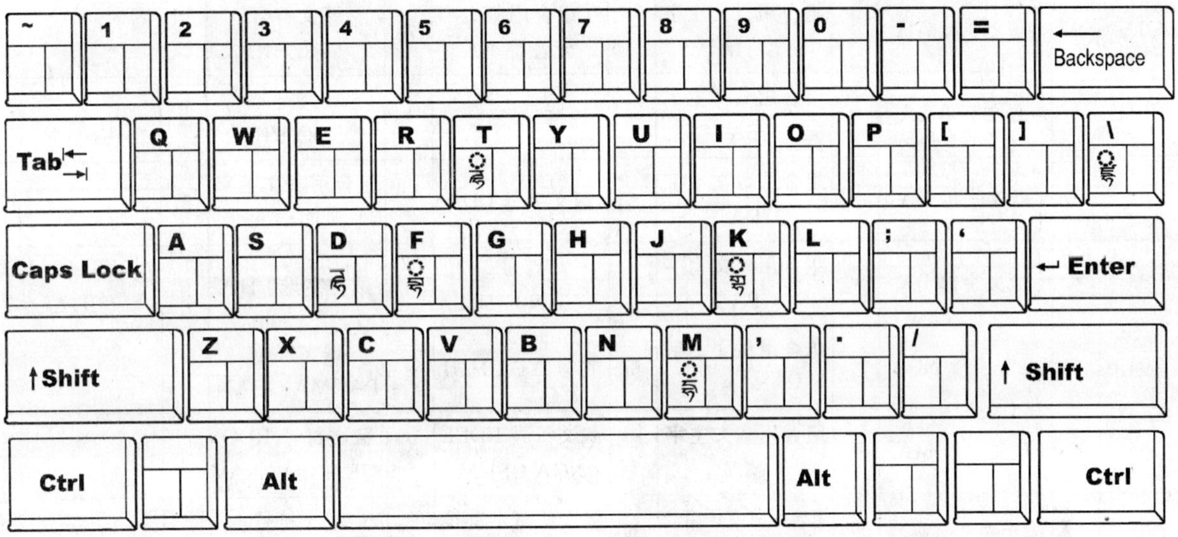

图 5 藏文第五键盘（辅助键盘四）布局

表 2 藏文编码字符的键盘分组的键位分配表

键位号	组 1（主键盘）		组 2（辅助键盘一）		组 3（辅助键盘二）		组 4（辅助键盘三）		组 5（辅助键盘四）	
	符号	名称	符号	名称	符号	名称	符号	名称	符号	名称
B00	ཟ	藏文字母 ZA	ྫ	组合用藏文主字 ZA	༔	藏文省略符	࿌	藏文符号 NOR BU BZHI-KHYIL		
B01	ཤ	藏文字母 SHA	ྴ	组合用藏文主字 SHA	ཥ	藏文字母 SSA	ྵ	组合用藏文主字 SSA		
B02	ཀ	藏文字母 KA	ྐ	组合用藏文主字 KA	ཀྵ	藏文字母 KSSA	ྐྵ	组合用藏文主字 KSSA		
B03	ཁ	藏文字母 KHA	ྑ	组合用藏文主字 KHA	༹	组合用藏文语音符 YANG DA	⁘	藏文“四点”插入符		
B04	པ	藏文字母 PA	ྤ	组合用藏文主字 PA	༷	组合用藏文语音符 JI DA	༸	组合用藏文语音符 NYI DHAN UDA		
B05	ན	藏文字母 NA	ྣ	组合用藏文主字 NA	ཎ	藏文字母 NNA	ྞ	组合用藏文主字 KSSA		
B06	Link	控制用连接符 LINK	ྂ	藏文语音符 PA LU DA		组合用藏文字型区别符	དྷ	藏文字母 DHA	དྷ	组合用藏文主字 DHA
B07	ཐ	藏文字母 THA	ྠ	组合用藏文主字 THA	ཋ	藏文字母 THA	ྛ	组合用藏文主字 THA		
B08	ཇ	藏文字母 JA	ྗ	组合用藏文主字 JA	༼	藏文左括号	□	组合用藏文语音符 GING		
B09	ཉ	藏文字母 NYA	ྙ	组合用藏文主字 NYA	༽	藏文右括号	ྈ	藏文语音方形符 GING		

表 2（续）

键位号	组 1(主键盘)		组 2(辅助键盘一)		组 3(辅助键盘二)		组 4(辅助键盘三)		组 5(辅助键盘四)	
	符号	名称	符号	名称	符号	名称	符号	名称	符号	名称
C00	འ	藏文字母 AH	ྰ	组合用藏文主字 AHA	ཱ	组合用藏文元音符 AA	࿄	藏文符号 DRIL BU		
C01	ས	藏文字母 SA	ྶ	组合用藏文主字 SA	○×	白黑字	࿅	藏文符号 RDO RJE		
C02	ད	藏文字母 DA	ྡ	组合用藏文主字 DA	ཌ	藏文字母 DDA	ྜ	组合用藏文主字 DDA		
C03	བ	藏文字母 BA	ྦ	组合用藏文主字 BA	༽	符号 YUN CHUI	བྷ	藏文字母 BHA	ྦྷ	组合用藏文主字 BHA
C04	ང	藏文字母 NGA	ྔ	组合用藏文主字 NGA	༁	符号 YE CHUI	࿆	藏文符号 PADMA GDAN		
C05	མ	藏文字母 MA	ྨ	组合用藏文主字 MA	࿏	藏文符号 RDEL NGA GSUM	࿇	藏文符号 RDO RJE RGYA GRAM		
C06	་	藏文音节分隔符	྄	组合用藏文语音符 HA LAN DA	༆	藏文伏藏字首符 WUM-1	࿈	藏文符号 PHUR PA		
C07	ག	藏文字母 GA	ྒ	组合用藏文主字 GA	༆	藏文伏藏字首符 WUM-2	གྷ	藏文字母 GHA	ྒྷ	组合用藏文主字 GHA
C08	ལ	藏文字母 LA	ླ	组合用藏文主字 LA	༄	藏文章节起始符	࿉	藏文符号 NOR BU		
C09	ཞ	藏文字母 ZHA	ྮ	组合用藏文主字 ZHA	༂	古藏文字首符	࿊	藏文符号 NOR BU NYIS-KHYIL		
C10	།	藏文句子符 SHEY	༎	藏文章节段落结束符	▯	藏文敬重符	࿋	藏文符号 NOR BU GSUM-KHYIL		
D00	ཅ	藏文字母 CA	ྕ	组合用藏文主字 ZHA	༕	却日符	ྂ	组合用藏文语音符 CHU JAN		
D01	ཆ	藏文字母 CHA	ྖ	组合用藏文主字 ZHA	༖	重日符	༚	组合用藏文语音符 JE ZA JAN		
D02	ེ	组合用藏文元音符 E	ཻ	组合用藏文元音符 EE	༗	非吉日符	×	藏文符号 GU RU KHA		
D03	ར	藏文字母 RA	ྲ	组合用藏文主字 ZHA	ྼ	组合用藏文主字 RA	ཪ	藏文定形字母 (Fixed-form)RA		
D04	ཏ	藏文字母 TA	ྟ	组合用藏文主字 ZHA	ཊ	藏文字母 TTA	ྚ	组合用藏文主字 DDA	ྜྷ	组合用藏文主字 DDHA
D05	ཡ	藏文字母 YA	ྱ	组合用藏文主字 ZHA	ྻ	组合用藏文主字 YA	※	藏文符号 GU RU KHA BZHI MIG CAN		
D06	ུ	组合用藏文元音符 U	྄	组合用藏文主字 ZHA	༘	值耀符	ཱུ	组合用藏文元音符 UU		
D07	ི	组合用藏文元音符 I	ྀ	组合用藏文元音反写符 I	༷	组合用藏文语音符 YANG DA	ཱི	组合用藏文元音符 II		

表 2（续）

键位号	组 1（主键盘）		组 2（辅助键盘一）		组 3（辅助键盘二）		组 4（辅助键盘三）		组 5（辅助键盘四）	
	符号	名称	符号	名称	符号	名称	符号	名称	符号	名称
D08	ོ	组合用藏文元音符 O	ཽ	组合用藏文元音符 OO	༚	白字符	࿀	藏文音符 HEAVY BEAT		
D09	པ	藏文字母 PA	ྤ	组合用藏文主字 ZHA	༛	双白字符	࿁	藏文音符 LIGHT BEAT		
D10	ཙ	藏文字母 TSA	ྩ	组合用藏文主字 ZHA	༜	三白字符	࿂	藏文音符 CANG TEU		
D11	ཚ	藏文字母 TSHA	ྪ	组合用藏文主字 ZHA	༝	黑子符	࿃	藏文音符 SBUB CHAL		
D12	ཛ	藏文字母 DZA	ྫ	组合用藏文主字 ZHA	༞	双黑子符	ཛྷ	藏文字母 DZHA	ྫྷ	组合用藏文主字 DZHA
E00	ཨ	藏文字母 A	ྸ	组合用藏文主字 ZHA	[illegible]	藏文字首半 A	ༀ	藏文音节 OM		
E01	༡	藏文数字一	༄	藏文独立字首符	༪	藏文半值符一	ྲྀ	组合用藏文元音符 R		
E02	༢	藏文数字二	༅	藏文后连字首符	༫	藏文半值符二	ཷ	组合用藏文元音符 RR		
E03	༣	藏文数字三	ཾ	组合用藏文语音符 GO RO	༬	藏文半值符三	ླྀ	组合用藏文元音符 L		
E04	༤	藏文数字四	ྃ	组合用藏文语音符 NGA DHAN	༭	藏文半值符四	ཹ	组合用藏文元音符 LL		
E05	༥	藏文数字五	༷	藏文圆形着重符	༮	藏文半值符五	ཱྀ	组合用藏文元音反写符 II		
E06	༦	藏文数字六	ྂ	组合用藏文语音符	༯	藏文半值符六	༆	藏文书信字首符		
E07	༧	藏文数字七	[illegible]	藏文语音符 NUM JEY	༰	藏文半值符七	༇	藏文政令字首符		
E08	༨	藏文数字八	[illegible]		༱	藏文半值符八	།	藏文句子符 TSEK SHEY		
E09	༩	藏文数字九	[illegible]	藏文补字符	༲	藏文半值符九	༎	藏文句子符 NYI TSEK SHEY		
E10	༠	藏文数字 0	[illegible]	藏文章节起始符	༳	藏文半值符 0	[illegible]	藏文段落符		
E11	ཧ	藏文字母 HA	ྷ	组合用藏文主字 ZHA	༺	组合用藏文序号括号左				
E12	ཝ	藏文字母 WA	ྭ	组合用藏文主字 ZHA	༻	组合用藏文序号括号右				

附　录　A
（规范性附录）
键位编号系统

A.1　编号系统

本标准的编号系统与每个基于栅格的布局图有关。栅格的用途是表示键盘布局中键的相关位置。根据用户需要和现行键盘兼容，字母数字区栅格可用斜栅格（见图 A.1）或正栅格（见图 A.2）。

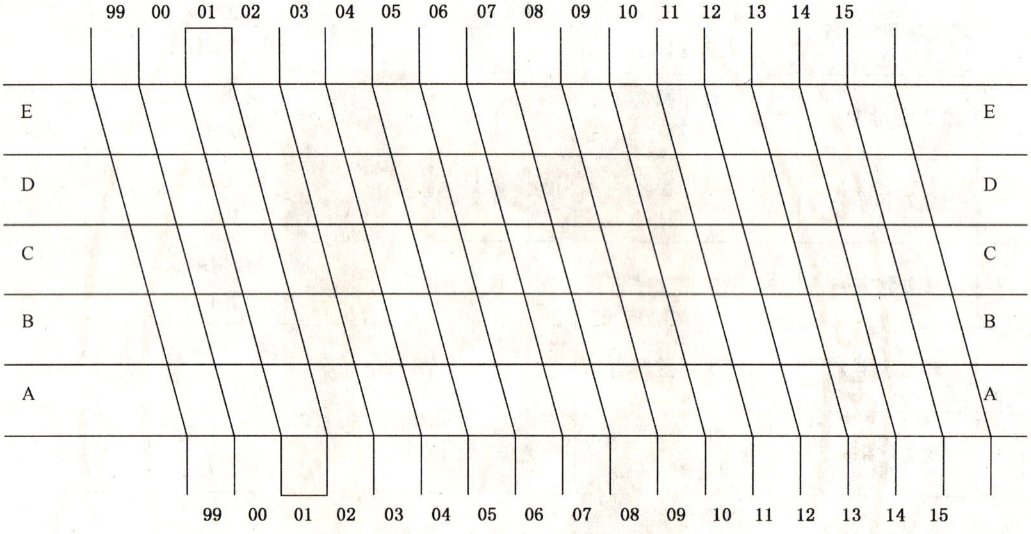

图 A.1　字母数字区斜栅格图

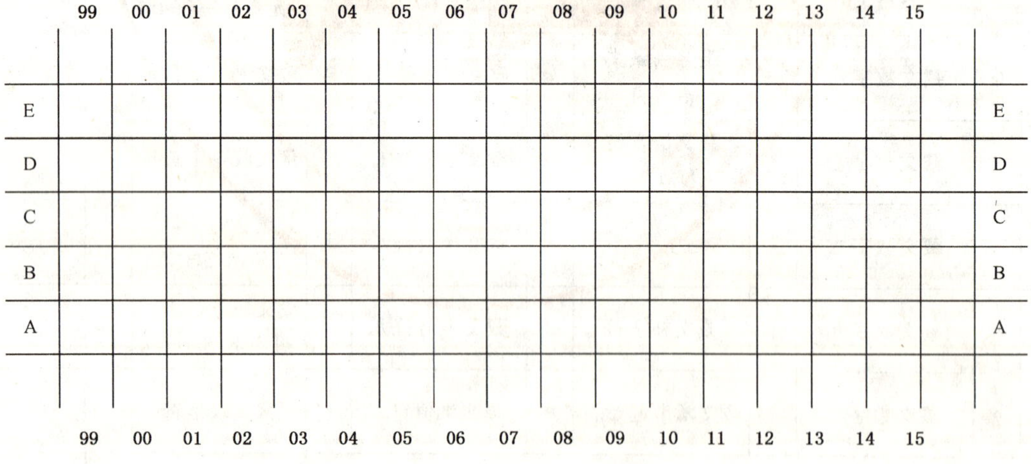

图 A.2　字母数字区正栅格图

A.2　键位的指定

在每个栅格上的每个键的位置用行和列的相交格来标识，行和列的标识如下：

a)　每行用大写拉丁字母来标识；

b)　每列用两位数字来标识。

行和列的标识，见图 A.1 和图 A.2。

附 录 B
（规范性附录）
键盘上键面的组的划分与位置标记

B.1 组的划分

一个键上对应多个图形字符和控制功能，逻辑上可以放在各个组中。组在每个键面上的标记位置有两种，如图 B.1 和图 B.2 所示。

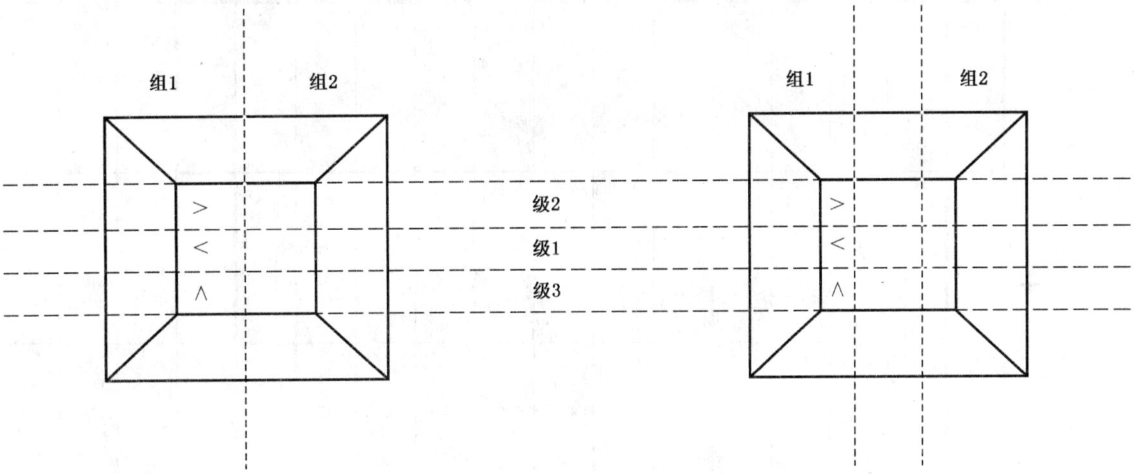

图 B.1 键顶三级的标记位置图

B.2 组的标记位置

键上凡属同一组图形字符的所有符号标记应放在键面的同一行(或列)上。

若有多个组，则属于组 1 的符号标记放在键面的左上，属于组 2 的符号标记放在键面的右上，属于组 3 的符号标记放在键面的左中，属于组 4 的符号标记放在键面的右中，拉丁字母的上档符号标记放在键面的左下，拉丁字母的下档符号标记放在键面的右下如图 B.1 所示；也可以把拉丁字母的上档符号标记放在键前侧面的左面，拉丁字母的下档符号标记放在键前侧面的左下如图 B.2 所示。

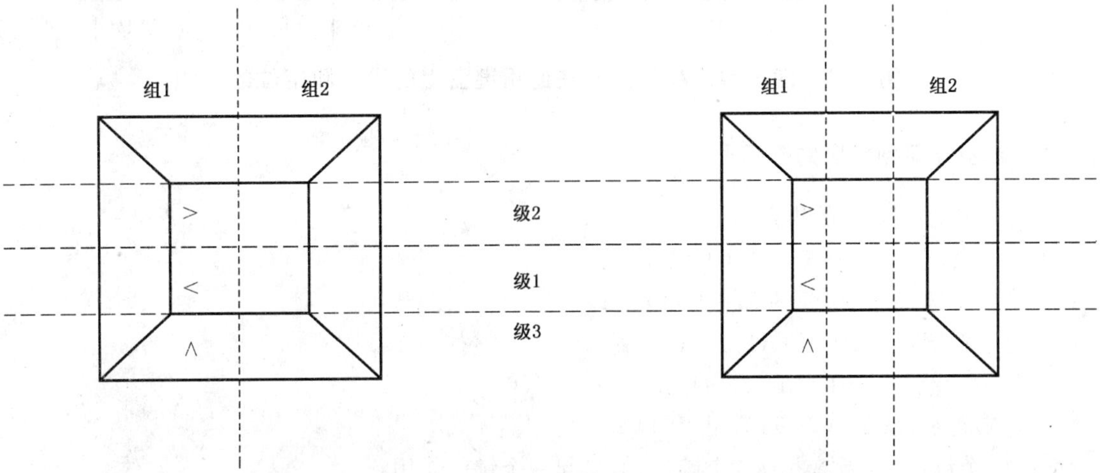

图 B.2 键顶二级键前侧面一级的标记位置图

附 录 C
（规范性附录）
通用键盘的排列

C.1 通用键盘字母数字区

图形字符和间隔键在通用键盘上的排列和定位的区域如图 C.1 所示：

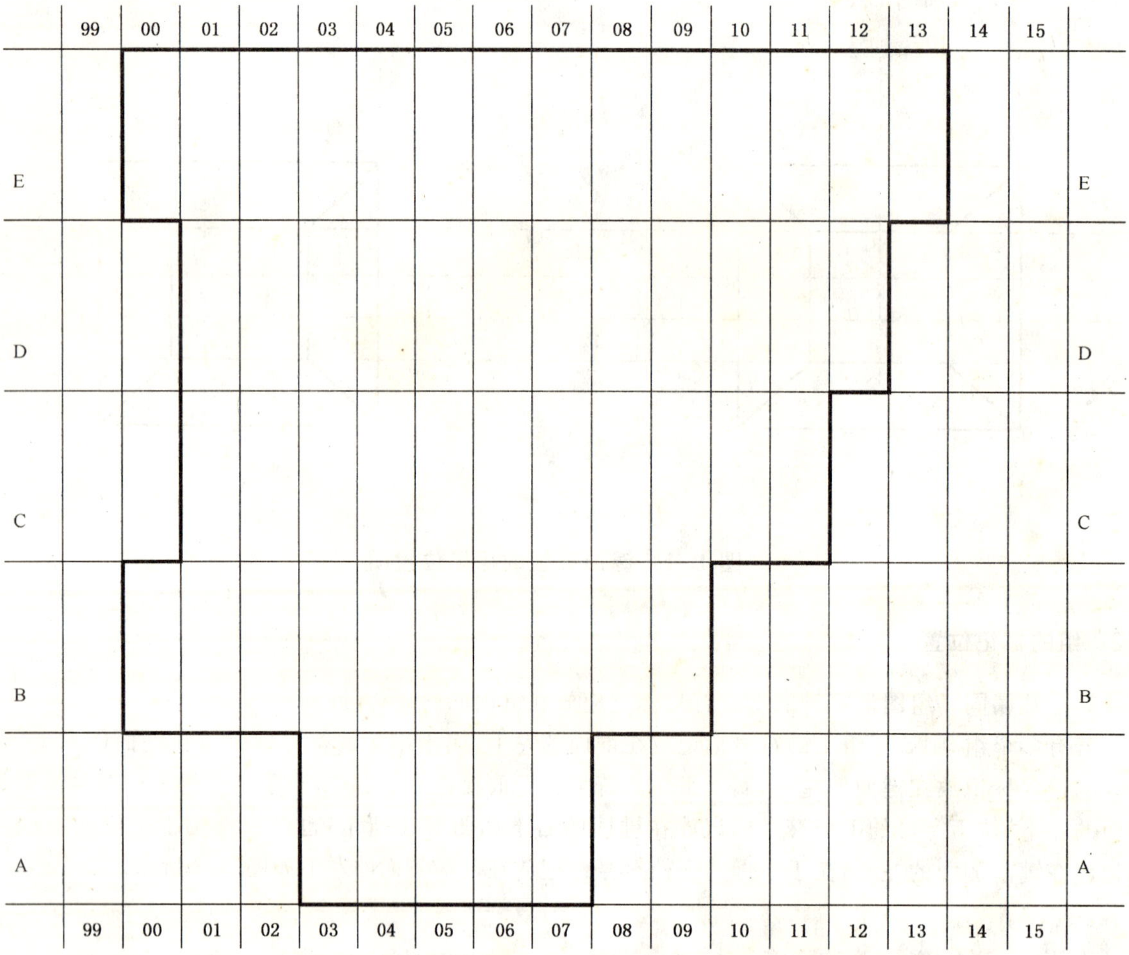

图 C.1 图形字符和间隔键在通用键盘上的排列和定位的区域

C.2 通用键盘字母数字区的键标号

图形字符键和间隔键的排列如下：

A 行是间隔键，从 A03 至 A07，占用 5 键；

B 行是字符键，从 B00 至 B09，占用 10 键；

C 行是字符键，从 C01 至 C11，占用 11 键；

D 行是字符键，从 D01 至 D12，占用 12 键；

E 行是字符键，从 E00 至 E13，占用 14 键。

共计 52 个键位，间隔键占有 5 个键位，但只起一个键的作用。

图形字符键（含输入控制键）只有 47 个键位。

附 录 D
（资料性附录）
信息交换用藏文编码基本字符集

表 D.1 信息交换用藏文编码基本字符集

	0F0	0F1	0F2	0F3	0F4	0F5	0F6	0F7	0F8	0F9	0FA	0FB	0FC	0FD	0FE	0FF
0	ༀ 0F00	༐ 0F10	༠ 0F20	༰ 0F30	ཀ 0F40	ཐ 0F50	འ 0F60		ྀ 0F80	ྐ 0F90	ྠ 0FA0	ྰ 0FB0	࿀ 0FC0			
1	༁ 0F01	༑ 0F11	༡ 0F21	༱ 0F31	ཁ 0F41	ད 0F51	ཡ 0F61	ཱ 0F71	ཱྀ 0F81	ྑ 0F91	ྡ 0FA1	ྱ 0FB1	࿁ 0FC1			
2	༂ 0F02	༒ 0F12	༢ 0F22	༲ 0F32	ག 0F42	དྷ 0F52	ར 0F62	ི 0F72	ྂ 0F82	ྒ 0F92	ྡྷ 0FA2	ྲ 0FB2	࿂ 0FC2			
3	༃ 0F03	༓ 0F13	༣ 0F23	༳ 0F33	གྷ 0F43	ན 0F53	ལ 0F63	ཱི 0F73	ྃ 0F83	ྒྷ 0F93	ྣ 0FA3	ླ 0FB3	࿃ 0FC3			
4	༄ 0F04	༔ 0F14	༤ 0F24	༴ 0F34	ང 0F44	པ 0F54	ཤ 0F64	ུ 0F74	྄ 0F84	ྔ 0F94	ྤ 0FA4	ྴ 0FB4	࿄ 0FC4			
5	༅ 0F05	༕ 0F15	༥ 0F25	༵ 0F35	ཅ 0F45	ཕ 0F55	ཥ 0F65	ཱུ 0F75	྅ 0F85	ྕ 0F95	ྥ 0FA5	ྵ 0FB5	࿅ 0FC5			
6	༆ 0F06	༖ 0F16	༦ 0F26	༶ 0F36	ཆ 0F46	བ 0F56	ས 0F66	ྲྀ 0F76	྆ 0F86	ྖ 0F96	ྦ 0FA6	ྶ 0FB6	࿆ 0FC6			
7	༇ 0F07	༗ 0F17	༧ 0F27	༷ 0F37	ཇ 0F47	བྷ 0F57	ཧ 0F67	ཷ 0F77	྇ 0F87	ྗ 0F97	ྦྷ 0FA7	ྷ 0FB7	࿇ 0FC7			
8	༈ 0F08	༘ 0F18	༨ 0F28	༸ 0F38		མ 0F58	ཨ 0F68	ླྀ 0F78	ྈ 0F88		ྨ 0FA8	ྸ 0FB8	࿈ 0FC8			
9	༉ 0F09	༙ 0F19	༩ 0F29	༹ 0F39	ཉ 0F49	ཙ 0F59	ཀྵ 0F69	ཹ 0F79	ྉ 0F89	ྙ 0F99	ྩ 0FA9	ྐྵ 0FB9	࿉ 0FC9			
A	༊ 0F0A	༚ 0F1A	༪ 0F2A	༺ 0F3A	ཊ 0F4A	ཚ 0F5A	ཪ 0F6A	ེ 0F7A	ྊ 0F8A	ྚ 0F9A	ྪ FAA	ྺ 0FBA	࿊ 0FCA			
B	་ 0F0B	༛ 0F1B	༫ 0F2B	༻ 0F3B	ཋ 0F4B	ཛ 0F5B		ཻ 0F7B	ྋ 0F8B	ྛ 0F9B	ྫ 0FAB	ྻ 0FBB	࿋ 0FCB			

表 D.1（续）

	0F0	0F1	0F2	0F3	0F4	0F5	0F6	0F7	0F8	0F9	0FA	0FB	0FC	0FD	0FE	0FF
C	༌ 0F0C	༜ 0F1C	༬ 0F2C	༼ 0F3C	ཌ 0F4C	ཛྷ 0F5C		ོ 0F7C		ྜ 0F9C	ྫྷ 0FAC	ྼ 0FBC	࿌ 0FCC			
D	། 0F0D	༝ 0F1D	༭ 0F2D	༽ 0F3D	ཌྷ 0F4D	ཝ 0F5D		ཽ 0F7D		ྜྷ 0F9D	ྭ 0FAD					
E	༎ 0F0E	༞ 0F1E	༮ 0F2E	༾ 0F3E	ཎ 0F4E	ཞ 0F5E		ཾ 0F7E		ྞ 0F9E	ྮ 0FAE	྾ 0FBE				
F	༏ 0F0F	༟ 0F1F	༯ 0F2F	༿ 0F3F	ཏ 0F4F	ཟ 0F5F		ཿ 0F7F		ྟ 0F9F	ྯ 0FAF	྿ 0FBF	࿏ 0FCF			